핵심이론+10개년 기출

가스산업기사
기출문제집 필기

저자 김재호

핵심이론 저자직강
동영상 강의 무료
cafe.naver.com/sehwabooks

NAVER 카페 cafe.naver.com/sehwabooks ▼ 🔍

머리말

우리나라는 산업화의 진전으로 인해 급속도로 발달하는 산업 사회에 살고 있습니다. 이러한 경제 성장과 함께 중화학 공업이 급진적으로 발전하면서 여기에 사용되는 고압가스의 종류도 다양해지고 이에 따른 안전사고가 증가함으로써 많은 인명 손실과 재산상의 피해가 늘고 있는 실정입니다. 그러므로 심각한 지경에 이른 안전 문제는 사업주들도 노사 간의 차원으로 신중하게 인식해야 합니다.

이러한 시대적 요청에 따라 가스 취급자의 수요는 더욱 증가하리라 생각됩니다.
복잡한 생활 속에서 시간적인 여유가 없을뿐더러 짧은 시간에 가스 취급에 대한 전반적인 지식을 습득하기에는 많은 어려움이 있을 것입니다.

이에 따라 그동안 강단에서의 오랜 강의 경험과 현장 실무 경험을 토대로 틈틈이 준비하였던 자료를 가지고 본서를 출간하게 되었습니다. 따라서 가스산업기사 수험생과 산업 현장에서 실무에 종사하는 산업 역군들에게 조그마한 도움이 되었으면 합니다.

앞으로 미흡한 점은 선배, 후배의 아낌없는 충고와 지도 편달에 힘입어 수정, 보완하여 보다 참신하고 알찬 기술 도서가 될 수 있도록 노력할 것입니다.

끝으로 본서의 출간을 위해 온갖 정성을 기울여 주신 도서출판 세화 임직원 여러분께 깊은 감사를 드립니다.

저자 드림

출제기준(필기)

- 직무 분야 : 안전관리
- 자격 종목 : 가스산업기사
- 검정 방법 : 객관식(시험시간 : 2시간, 문제수 : 80)
- 직무내용 : 가스 및 용기제조의 공정관리, 가스의 사용방법 및 취급요령 등을 위해 예방을 위한 지도 및 감독업무와 저장, 판매, 공급 등의 과정에서 안전관리를 위한 지도 및 감독 업무를 수행하는 직무이다.

시험 과목	출제 문제 수	주요 항목	세부 항목	세세 항목
연소공학	20	1. 연소이론	1. 연소기초	① 연소의 정의 ② 열역학 법칙 ③ 열전달 ④ 열역학의 관계식 ⑤ 연소속도 ⑥ 연소의 종류와 특성
			2. 연소계산	① 연소현상 이론 ② 이론 및 실제 공기량 ③ 공기비 및 완전연소 조건 ④ 발열량 및 열효율 ⑤ 화염온도 ⑥ 화염전파 이론
		2. 가스의 특성	1. 가스의 폭발	① 폭발 범위 ② 폭발 및 확산 이론 ③ 폭발의 종류
		3. 가스안전	1. 가스화재 및 폭발방지 대책	① 가스폭발의 예방 및 방호 ② 가스화재 소화이론 ③ 방폭구조의 종류 ④ 정전기 발생 및 방지대책
가스설비	20	1. 가스설비	1. 가스설비	① 가스제조 및 충전설비 ② 가스기화장치 ③ 저장설비 및 공급방식 ④ 내진설비 및 기술사항
			2. 조정기와 정압기	① 조정기 및 정압기의 설치 ② 정압기의 특성 및 구조 ③ 부속설비 및 유지관리
			3. 압축기 및 펌프	① 압축기의 종류 및 특성 ② 펌프의 분류 및 각종 현상 ③ 고장원인과 대책 ④ 압축기 및 펌프의 유지관리
			4. 저온장치	① 저온생성 및 냉동사이클, 냉동장치 ② 공기액화사이클 및 액화 분리장치
			5. 배관의 부식과 방식	① 부식의 종류 및 원리 ② 방식의 원리 ③ 방식시설의 설계, 유지관리 및 측정
			6. 배관재료 및 배관설계	① 배관설비, 관이음 및 가공법 ② 가스관의 용접·융착 ③ 관경 및 두께계산 ④ 재료의 강도 및 기계적 성질 ⑤ 유량 및 압력손실 계산 ⑥ 밸브의 종류 및 기능

〈적용 기간 : 2024. 1. 1. ~ 2027. 12. 31.〉

시험 과목	출제 문제 수	주요 항목	세부 항목	세세 항목
가스설비	20	2. 재료의 선정 및 시험	1. 재료의 선정	① 금속재료의 강도 및 기계적 성질 ② 고압장치 및 저압장치재료
			2. 재료의 시험	① 금속재료의 시험 ② 비파괴 검사
		3. 가스용기기	1. 가스사용기기	① 용기 및 용기밸브 ② 연소기 ③ 콕 및 호스 ④ 특정설비 ⑤ 안전장치 ⑥ 차단용밸브 ⑦ 가스누출경보/차단장치
가스안전 관리	20	1. 가스에 대한 안전	1. 가스제조 및 공급, 충전 등에 관한 안전	① 고압가스 제조 및 공급·충전 ② 액화석유가스 제조 및 공급·충전 ③ 도시가스 제조 및 공급·충전 ④ 수소 제조 및 공급·충전
		2. 가스사용시설 관리 및 검사	1. 가스저장 및 사용에 관한 안전	① 저장 탱크 ② 탱크로리 ③ 용기 ④ 저장 및 사용시설
		3. 가스사용 및 취급	1. 용기, 냉동기, 가스용품, 특정설비 등 제조 및 수리 등에 관한 안전	① 고압가스 용기제조 수리 검사 ② 냉동기기 제조, 특정설비 제조 수리 ③ 가스용품 제조
			2. 가스사용·운반·취급 등에 관한 안전	① 고압가스 ② 액화석유가스 ③ 도시가스 ④ 수소
			3. 가스의 성질에 관한 안전	① 가연성가스 ② 독성가스 ③ 기타가스
		4. 가스사고 원인 및 조사, 대책수립	1. 가스안전사고 원인 조사 분석 및 대책	① 화재사고 ② 가스폭발 ③ 누출사고 ④ 질식사고 등 ⑤ 안전관리 이론, 안전교육 및 자체검사
가스계측	20	1. 계측기기	1. 계측기기의 개요	① 계측기 원리 및 특성 ② 제어의 종류 ③ 측정과 오차
			2. 가스계측기기	① 압력계측 ② 유량계측 ③ 온도계측 ④ 액면 및 습도계측 ⑤ 밀도 및 비중의 계측 ⑥ 열량계측
		2. 가스분석	1. 가스분석	① 가스 검지 및 분석 ② 가스 기기분석
		3. 가스미터	1. 가스미터의 기능	① 가스미터의 종류 및 계량 원리 ② 가스미터의 크기선정 ③ 가스미터의 고장처리
		4. 가스시설의 원격 감시	1. 원격감시장치	① 원격감시장치의 원리 ② 원격감시장치의 이용 ③ 원격감시 설비의 설치·유지

차례

- 머리말 3
- 가스산업기사(필기) 출제기준 4

제1과목 연소공학

1 열역학 ·· 10
2 연소의 기초 ·· 14
3 연소의 계산 ·· 16
4 가스 폭발 ·· 20
5 가스 화재 및 폭발방지 대책 ·· 22

제2과목 가스설비

1 기체의 성질 ·· 26
2 고압가스의 제조 및 용도 ·· 27
3 LP가스의 설비 ·· 33
4 도시가스설비 ·· 38
5 압축기 및 펌프 ·· 41
6 저온장치 ·· 44
7 고압장치 ·· 47
8 배관의 부식과 방식 ·· 52

제3과목 가스계측기기

1. 계측기기의 개요 ··· 54
2. 가스검지 및 분석기기 ·· 58
3. 계측기기 일반 ··· 63
4. 가스미터 ·· 70

제4과목 가스 안전관리

1. 고압가스 안전관리법 ··· 74
2. 액화석유가스의 안전관리법 ·· 81
3. 도시가스 안전관리법 ··· 82

부록 과년도 기출문제

제1과목

연소공학

- **제1장** 열역학
- **제2장** 연소의 기초
- **제3장** 연소의 계산
- **제4장** 가스 폭발
- **제5장** 가스 화재 및 폭발방지 대책

1 열역학

(1) 온도(Temperature)

온도란 물질의 뜨겁고 차가운 정도를 표시하는 척도로서 표준온도와 절대온도로 나눈다.

예제

1. 100°F를 섭씨온도로 환산하면 약 몇 °C인가?

   풀이 $℃ = \dfrac{5}{9}(°F - 32) = \dfrac{5}{9}(100 - 32) = 37.8℃$

2. 70°C는 랭킨온도로 몇 °R인가?

   풀이 $°F = \dfrac{9}{5} \times ℃ + 32$

   $°R = °F + 460 = (1.8 \times 70 + 32) + 460 = 618°R$

(2) 압력(Pressure)

$1 atm = 760 mmHg = 1.0332 kg/cm^2 = 10.332 mH_2O(Aq) = 29.92 inHg = 14.7 psi(lb/in^2)$
$= 1.03325 bar = 1033.25 mmbar = 101,325 N/m^2 = 101,325 Pa = 1013.25 hpa$

예제

게이지압력 1,520mmHg는 절대압력으로 몇 기압인가?

풀이 $1atm = 760mmHg$이므로 $1,520mmHg$는 $2atm \left(\dfrac{1,520mmHg}{760mmHg} \right)$이다.

∴ 절대압력 = 대기압 + 게이지압력 = $1atm + 2atm = 3atm$

(3) 비열

비열비(k)는 정적비열에 대한 정압비열의 비로, 비열비는 항상 1보다 크다.

$$k = \dfrac{C_p}{C_v} > 1$$

(4) API도(American Petroleum Institure)

석유류 제품의 비중을 측정할 때 쓰인다.

$$\text{API도} = \dfrac{141.5}{S} - 131.5$$

여기서, S : 비중

> **예제**
>
> 비중(60/60°F)이 0.95인 액체연료의 API도는?
>
> **풀이** $API = \dfrac{141.5}{비중(60/60°F)} - 131.5 = \dfrac{141.5}{0.95} - 131.5 = 17.45$

(5) 증기

과열도(℃) = 과열증기온도(℃) − 포화증기온도(℃)

> **예제**
>
> 과열증기의 온도가 350℃일 때 과열도는?(단, 이 증기의 포화온도는 573K이다.)
>
> **풀이** 과열도 = 과열증기온도 − 포화온도 = (273+350) − 573 = 50K

(6) 이상기체의 상태방정식

> **예제**
>
> 0℃, 1기압에서 C_3H_8 5kg의 체적은 약 몇 m³인가?(단, 이상기체로 가정하고, C의 원자량은 12, H의 원자량은 1이다.)
>
> **풀이** $PV = GRT$
>
> $V = \dfrac{GRT}{P} = \dfrac{5 \times \dfrac{848}{44} \times 273}{10.332} = 2.55\text{m}^3$

실제 가스가 이상기체 상태방정식을 만족하기 위한 조건 : 고온, 저압

(7) 가스의 기초법칙

① 샤를의 법칙

> **예제**
>
> 정압하에서 30℃의 기체가 100℃로 되었을 때의 부피는 최초 부피의 몇 배가 되는가?
>
> **풀이** $\dfrac{V}{T} = \dfrac{V_1}{T_1}$
>
> $\therefore V_1 = \dfrac{T_1}{T} \times V = \dfrac{(273+100)}{(273+30)} \times V = 1.23V$

② 보일-샤를의 법칙

예제

온도 30℃, 압력 740mmHg인 어떤 기체 342mL를 표준상태(0℃, 1기압)로 하면 약 몇 mL가 되겠는가?

풀이 $V_1 = \dfrac{PVT_1}{TP_1} = \dfrac{740 \times 342 \times 273}{303 \times 760} = 300\text{mL}$

③ 돌턴(Dalton)의 법칙

예제

산소 64kg과 질소 14kg의 혼합기체가 나타내는 전압이 10기압이면 이때 산소의 분압은 얼마인가?

풀이 ㉠ 산소 몰수 $= \dfrac{64\text{kg}}{32\text{kg}} = 2,000$ ㉡ 질소 몰수 $= \dfrac{14\text{kg}}{28\text{kg}} = 500$

∴ 분압 = 전압 × $\dfrac{\text{성분 몰수}}{\text{전 몰수}}$ = $10 \times \dfrac{2,000}{2,000+500}$ = 8기압

④ 그레이엄(Graham)의 기체 확산속도법칙

예제

수소의 확산속도는 동일 조건에서 산소의 확산속도에 비하여 몇 배 빠른가?

풀이 $\dfrac{u_1}{u_2} = \sqrt{\dfrac{M_2}{M_1}}$

$\dfrac{\text{수소}}{\text{산소}} = \sqrt{\dfrac{32}{2}} = \sqrt{\dfrac{16}{1}} = \dfrac{4}{1}$

수소 : 산소 = 4 : 1
∴ 4배가 빠르다.

(8) 이상기체의 상태변화

① 가역변화

예제

1. 2kg의 기체를 0.15MPa, 15℃에서 체적이 0.1m³가 될 때까지 등온압축할 때 압축 후 압력은 약 몇 KPa인가? (단, 비열은 각각 C_P=0.8, C_V : 0.6kJ/kg·k이다.)

풀이 $PV = nRT$

$V = \dfrac{nRT}{P} = \dfrac{m(C_P - C_V)T}{P} = \dfrac{2 \times (0.8-0.6) \times (15+273)}{0.15 \times 10^3} = 0.768\text{m}^3$,

$P_1 V_1 = P_2 V_2$, $P_2 = P_1 \left(\dfrac{V_1}{V_2}\right) = 0.15 \left(\dfrac{0.768}{0.1}\right) = 1.15\text{MPa}$

2. 10℃의 공기를 단열압축하여 체적을 1/6로 하였을 때 가스의 온도는 약 몇 K인가?(단, 공기의 비열은 1.4이다.)

풀이 단열압축 후 온도

$$T_2 = T_1 \times \left(\frac{V_1}{V_2}\right)^{k-1}$$

$$\therefore T_2 = T_1 \times \left(\frac{1}{\frac{1}{6}}\right)^{k-1} = 283 \times (6)^{1.4-1} = 579.49 \text{K}$$

참고 내부에너지
분자의 운동 상태(분자의 병진운동, 회전운동, 분자 내 원자의 진동)와 분자의 집합 상태(고체, 액체, 기체의 상태)에 따라서 달라진다.

② 비가역변화

참고 가스의 압축방식
1. 등온압축
2. 단열압축
3. 폴리트로픽압축

(9) 열역학 법칙

① 열역학 제0법칙(열평형의 법칙) : 온도가 서로 다른 물질이 접촉하면 고온은 저온이 되고, 저온은 고온이 되어서 결국 시간이 흐르면 두 물체의 온도는 같게 된다.

② 열역학 제1법칙(에너지보존의 법칙)

㉮ 일의 열당량($\frac{1}{427}$ kcal/kg·m)

㉯ 열의 일당량(427 kg·m/kcal)

예제

1. 1kWh의 열당량은 약 몇 kcal인가?(단, 1cal은 4.2J이다.)

풀이 1W=1J/s
1kWh=1kW×1h=1,000W×3,600s=3,600×1,000J
$= \frac{3,600 \times 1,000}{4.2}$ cal=857,143cal=857kcal

2. 어떤 기체가 168kJ의 열을 흡수하면서 동시에 외부로부터 20kJ의 열을 받으면 내부에너지의 변화는 약 얼마인가?

풀이 $u_2 = u_1 + q = 168 + 20 = 188 \text{kJ}$

③ **열역학 제2법칙** : 자연현상을 판명해주고, 열이동의 방향성을 제시해주는 법칙

> **예제**
>
> 1kg의 공기가 100℃하에서 열량 25kcal를 얻어 등온팽창할 때 엔트로피의 변화량은 약 몇 kcal/K인가?
>
> **풀이** 엔트로피 변화량(ΔS) = $\dfrac{dQ}{T}$(kJ/K) = $\dfrac{25}{273+100}$ = 0.067kcal/K

④ **열역학 제3법칙** : 어떤 계의 온도를 절대영도(0K)까지 내릴 수 없다.

(10) 기체동력 사이클

① 오토 사이클(Otto Cycle)

> **예제**
>
> 오토 사이클에서 압축비(ε)가 10일 때 열효율은 약 몇 %인가? (단, 비열비 k는 1.4이다.)
>
> **풀이** 오토 사이클의 열효율
>
> $\eta_o = 1 - \left(\dfrac{1}{\varepsilon}\right)^{k-1} = 1 - \left(\dfrac{1}{10}\right)^{1.4-1} = 0.60189 = 60.18\% ≒ 60.2\%$

② 카르노 사이클(Carnot Cycle)

> **예제**
>
> 카르노 사이클 기관이 27℃와 −33℃ 사이에서 작동될 때 이 냉동기의 열효율은?
>
> **풀이** $\eta = \dfrac{T_1 - T_2}{T_1} = \dfrac{(273+27)-(273-33)}{273+27} = 0.2$

2 연소의 기초

(1) 연소

탄소, 수소 등의 가연성 물질이 산소와 화합하여 열과 빛을 발하는 현상

(2) 고온체의 색깔과 온도

① 발광에 따른 온도 측정

적열 상태	500℃ 부근
백열 상태	1,000℃ 이상

② 화염색에 따른 불꽃의 온도

암적색	700℃
적 색	850℃
회적색	950℃
황적색	1,100℃
백적색	1,300℃
회백색	1,500℃

(3) 최소점화에너지

가연성 혼합기체를 점화시키는 데 필요한 최소에너지
① 연소속도가 클수록, 열전도도가 작을수록 작은 값을 갖는다.
② 불꽃방전 시 일어나는 점화에너지의 크기는 전압의 제곱에 비례한다.
③ 일반적으로 산소농도가 높을수록, 압력이 증가할수록 값이 감소한다.
④ 최소점화에너지가 작을수록 위험성이 크다.

(4) 최소발화에너지(MIE)에 영향을 주는 요인

① 가연성 혼합기체의 압력
② 가연성 물질 중 산소의 농도
③ 공기 중에서 가연성 물질의 농도
④ 양론농도하에서 가연성 기체의 분자량 : MIE 변화를 가장 작게 한다.

> **참고** **착화온도와 착화열**
> - 착화온도 85℃ : 85℃로 가열하면 공기 중에서 스스로 발화
> - 착화열 : 연료를 초기 온도로부터 착화온도까지 가열하는 데 필요한 열량

(5) 생성열

다음 반응식을 이용하여 메탄(CH_4)의 생성열을 계산하시오.

① $C + O_2 \rightarrow CO_2$ $\Delta H = -97.2 \text{kcal/mol}$
② $H_2 + \dfrac{1}{2} O_2 \rightarrow H_2O$ $\Delta H = -57.6 \text{kcal/mol}$

③ $CH_4 + 2O_2 \rightarrow CO_2 + 2H_2O \quad \Delta H = -194.4 kcal/mol$

풀이 $CH_4 + 2O_2 \rightarrow CO_2 + 2H_2O + Q$
$-194.4 = -97.2 + 2 \times (-57.6) + Q \quad Q = 18$
∴ $\Delta H = -18 kcal/mol$

(6) 화학반응속도

온도가 높을수록 반응속도가 증가한다. 일반적으로 아레니우스의 화학반응 속도론에 의해서 온도가 10℃ 상승할 때마다 반응속도는 약 2배 증가한다(2^n배).

예제

일반적으로 온도가 10℃ 상승하면 반응속도는 약 2배 빨라진다. 40℃의 반응온도는 100℃로 상승 시키면 반응속도는 몇 배 빨라지는가?

풀이 10℃ 상승하면 2배 빨라지므로 $100 - 40 = 60℃$
∴ 반응속도는 2^6배 빨라진다.

(7) 연쇄반응

연쇄이동반응은 활성기의 종류가 교체되어가는 반응이다.
- $OH + H_2 \rightarrow H_2O + H$
- $O + HO_2 \rightarrow O_2 + OH$

3 연소의 계산

(1) 질소산화물의 주된 발생원인

① 연료가 불완전연소할 때
② 연료 중에 질소분의 연소 시
③ 연료 중에 회분이 많을 때

(2) 탄화도가 높은 경우 발생하는 현상

① 고정탄소가 많아져 발열량이 커진다.
② 수분, 휘발분이 감소한다.
③ 인화점, 착화온도가 높아진다.

④ 연료비가 증가하고 연소속도가 늦어진다.
⑤ 열전도율이 증가한다.
⑥ 비열이 감소한다.

(3) 탄화수소계 연료에서 연소 시 검댕이가 많이 발생하는 순서

나프탈렌계 > 벤젠계 > 올레핀계 > 파라핀계

(4) LPG를 연료로 사용할 때의 장점

① 발열량이 크다.
② 조성이 일정하다.
③ 용기, 조정기와 같은 공급설비가 필요하다.

(5) 고체 가연물을 연소시킬 때 나타나는 연소형태 순서

증발연소 – 분해연소 – 표면연소

(6) ① 그을음연소 : 열분해를 일으키기 쉬운 불안전한 물질에서 발생하기 쉬운 연소로, 열분해로 발생한 휘발분이 자기점화온도보다 낮은 온도에서 표면연소가 계속되기 때문에 일어나는 연소

② 펄스연소 : 고부하연소 중 내연기관의 동작과 같은 흡입, 연소, 팽창, 배기를 반복하면서 연소를 일으키는 것

(7) ① 액체연료의 연소에 있어서 1차 공기 : 연료의 무화에 필요한 공기

② 저압기류식 버너 : 소형 가열로, 열처리로 등 비교적 소규모의 가열장치에 사용되며, 공기압을 높일수록 무화공기량이 저감되는 버너

(8) Blow off

버너 출구에서 가연성 기체의 유출속도가 연소속도보다 큰 경우 불꽃이 노즐에 정착되지 않고 꺼져버리는 현상

(9) ① 층류확산화염에서 시간이 지남에 따라 유속 및 유량이 증대할 경우 화염의 높이는 높아진다.

② 난류확산화염에서 유속 또는 유량이 증대할 경우 시간이 지남에 따라 화염의 높이는 거의 변화가 없다.

(10) ① 가스연료와 공기의 흐름이 난류일 때의 연소 상태는 층류일 때보다 연소가 잘 되며, 화염이 짧아진다.

② 미연소 혼합기의 흐름이 화염 부근에서 층류에서 난류로 바뀌었을 때, 적화식 연소는 난류 확산연소로서 연소율이 높다.

(11) 옥탄의 완전연소반응식

$2C_8H_{18} + 25O_2 \rightarrow 16CO_2 + 18H_2O$

(12) 이론 공기량

① 탄소 2kg이 완전연소할 경우 이론 공기량은 약 몇 kg인가?

$$C + O_2 \rightarrow CO_2$$

12kg : 32kg
2kg : $x$kg

$x = \dfrac{2 \times 32}{12}$, $x = 5.33$kg

∴ 이론 공기량 $= \dfrac{O_2}{0.232} = \dfrac{5.33}{0.232}$
$= 23.0$kg

② 프로판 1Sm³를 완전연소시키는데 필요한 이론 공기량은 약 몇 Sm³인가?

$C_3H_8 + 5O_2 \rightarrow 3CO_2 + 4H_2O$

1Sm³ : 5Sm³

∴ 이론 공기량 $= 5 \times \dfrac{100}{21} = 23.8$Sm³

(13) 공기비(m)

$(CO_2)_{max}$%은 이론 공기량으로 연소시켰을 때 연소가스 중 탄산가스의 비율이 최대가 되는 CO_2의 양이다.

(14) 공기와 연료의 혼합기체의 표시

① 당량비(Equivalence Ratio) : 이론 연공비 대비 실제 연공비
② 공기비(Excess air Ratio) : 과잉공기계수라 하며, 실제 공기량(A)과 이론 공기량(A_o)의 비
③ 연공비(Fuel Air Ratio) : 가연혼합기 중 연료와 공기의 질량비
④ 공연비(Air Fuel Ratio) : 가연혼합기 중 공기와 연료의 질량비

(15) 발열량 및 열효율

① 프로판(C_3H_8)의 표준 총발열량이 $-530,600$ cal/g·mol일 때 표준 진발열량은 약 몇 cal/g·mol인가? (단, $H_2O(L) - H_2O(g)$, $\Delta H = 10,519$ cal/g·mol이다.)

$$C_3H_8 + 5O_2 \rightarrow 3CO_2 + 4H_2O$$

1mol의 C_3H_8 연소 시 4mol의 수증기가 발생하므로 총발열량은 4mol의 H_2O의 응축열을 포함하므로 이를 제외하면 진발열량이 된다.

즉, $H_L = -530,600$ cal/g·mol $- 4(-10,519$ cal/g·mol$) = -488,524$ cal/g·mol

② 물 250L를 30℃에서 60℃로 가열시킬 때 프로판 0.9kg이 소비되었다면 열효율은 약 몇 %인가? (단, 물의 비열은 1kcal/kg·℃, 프로판 발열량은 12,000kcal/kg이다.)

$$열효율 = \frac{유효열량}{공급열량} \times 100$$

$$\frac{250\text{kg} \times 1\text{kcal/kg}\cdot℃ \times (60℃ - 30℃)}{0.9\text{kg} \times 12,000\text{kcal/kg}} \times 100 = 69.4\%$$

(16) 연소효율(η_c)

중유의 저위발열량이 1,000kcal/kg의 연료 1kg를 연소시킨 결과 연소열은 5,500kcal/kg이었다. 연소효율은 얼마인가?

$$연소효율 = \frac{저위발열량}{연소열} \times 100(\%)$$

$$\eta = \frac{5,500}{10,000} \times 100(\%) = 55\%$$

(17) 이론 연소(화염)온도

연료발열량(H_L) 10,000kcal/kg, 이론 공기량 11m³/kg, 과잉 공기율 30%, 이론 습가스량 11.5m³/kg, 외기온도 20℃일 때의 이론 연소온도는 약 몇 ℃인가? (단, 연소가스의 평균비열은 0.31kcal/m³·℃이다.)

$$t(℃) = \frac{H_L}{GC_p}$$

여기서, G : 연소가스량(Nm³/kg) C_p : 실제 연소가스 비열(kcal/Nm³·℃)
H_L : 저발열량 H_h : 고발열량

$$t = \frac{10,000\text{kcal/kg}}{(11.5 + 11 \times 0.3\text{m}^3/\text{kg})} + 20℃ = 2,200℃$$

4 가스 폭발

(1) 폭발

① 화재와 폭발을 구별하기 위한 주된 차이점 : 에너지 방출속도
② 아세틸렌은 자체분해폭발이 가능하므로, 연소상한계를 100%로도 볼 수 있다.
③ 산화에틸렌은 가열만으로도 폭발의 우려가 가장 높다.
④ 르-샤틀리에의 혼합가스 폭발범위를 구하는 식

예제

어떤 혼합가스의 조성이 CO : 15%, H_2 : 30%, CH_4 : 55%일 때 혼합가스의 연소하한계(LEL) 값은 얼마인가?(단, 각 가스의 연소한계는 CO : 12.5~74%, H_2 : 4~75%, CH_4 : 5~15%이다.)

풀이 $\dfrac{100}{L} = \dfrac{15}{12.5} + \dfrac{30}{4} + \dfrac{55}{5} = 19.7$

$\therefore L = \dfrac{100}{19.7} = 5.076 ≒ 5.08$

⑤ 위험도(H, Hazards) : 가연성 혼합가스 연소범위의 제한치를 나타내는 것으로서 위험도가 클수록 위험하다.

예제

아세틸렌가스의 위험도는?

풀이 아세틸렌의 폭발범위는 2.5~81%이다.

$\therefore$ 위험도(H) $= \dfrac{U-L}{L} = \dfrac{81-2.5}{2.5} = 31.4$

⑥ 가연성가스의 폭발등급 및 이에 대응하는 내압방폭구조 폭발등급의 분류기준이 되는 것 : 최대안전틈새범위
⑦ 안전간격에 따른 폭발등급
   ㉮ 폭발 1등급(안전간격 : 0.6mm 초과) : 메탄, 에탄, 프로판, n-부탄, 가솔린, 일산화탄소, 암모니아, 아세톤, 벤젠, 에틸에테르
   ㉯ 폭발 2등급(안전간격 : 0.4mm 초과 0.6mm 이하) : 에틸렌, 석탄가스
   ㉰ 폭발 3등급(안전간격 : 0.4mm 이하) : 수소, 아세틸렌, 이황화탄소, 수성가스
⑧ 안전공간 : 액화가스 충전용기나 탱크에서 온도 상승에 따른 가스의 팽창을 고려한 공간 즉, 체적 %를 말한다.

> **예제**
>
> 내용적 47L인 용기에 C₃H₈ 15kg이 충전되어 있을 때 용기 내 안전공간은 약 몇 %인가?(단, C₃H₈의 액밀도는 0.5kg/L이다.)
>
> **풀이** $C_3H_8 \ x(L) = \dfrac{15\text{kg}}{0.5\text{kg/L}} = 30L$
>
> 용기 내 안전공간(%) = $\dfrac{\text{내용적} - C_3H_8(L)}{\text{내용적}} = \dfrac{47-30}{47} \times 100 = 36.17\%$

(2) 화학양론농도(C_{st})

화학양론농도 구하는 식은 $C_n H_m O_\lambda Cl_f$에서 다음 식으로 구한다.

$$C_{st} = \dfrac{100}{1 + 4.733\left(n + \dfrac{m-f-2\lambda}{4}\right)}(\%)$$

여기서, n : 탄소, m : 수소
f : 할로겐원소, λ : 산소의 원자수

> **예제**
>
> 부탄가스의 완전연소방정식을 다음과 같이 나타낼 때 화학양론농도(C_{st})는 몇 %인가?(단, 공기 중 산소는 21%이다.)
>
> $C_4H_{10} + 6.5O_2 \rightarrow 4CO_2 + 5H_2O$
>
> **풀이** $C_{st} = \dfrac{1}{1 + \dfrac{O_2 \ 몰수}{0.21}} \times 100 = \dfrac{1}{1 + \dfrac{6.5}{0.21}} \times 100 = 3.13\%$

(3) 증기폭발(Vapor Explosion)

고열의 고체와 저온의 물 등 액체가 접촉할 때 찬 액체가 큰 열을 받아 갑자기 증기가 발생하여 증기의 압력에 의하여 폭발하는 현상을 폭굉이라 한다.

(4) 폭굉(Detonation)

가스 중 음속보다 화염전파속도(1,000~3,500m/s)가 큰 것으로 선단의 압력파에 의해 파괴작용을 일으킨다. 폭굉이 발생하는 경우 파면의 압력은 정상연소에서 발생하는 것보다 일반적으로 2배가 크다.

① 아세틸렌-산소 : 혼합가스 중 폭굉범위가 넓은 것이 폭굉이 발생하기 가장 쉽다.
② 폭굉유도거리가 짧은 경우
    ㉮ 정상 연소속도가 빠른 혼합가스일수록
    ㉯ 관 속에 방해물이 있거나 관경이 가늘수록

㉰ 압력이 높을수록
㉱ 점화원의 에너지가 높을수록(연소열량이 클수록)

(5) 액화가스탱크의 폭발

BLEVE(Boiling Liquid Expanding Vapor Explosion)은 액화가스탱크의 폭발(비등액체팽창증기 폭발)로 과열 상태의 탱크에서 내부의 액화가스가 분출, 일시에 기화되어 착화·폭발하는 현상이다.

(6) 증기운폭발(Unconfined Vapor Cloud Explosion, UVCE)

영향을 주는 인자
① 방출된 물질의 양
② 증발된 물질의 분율
③ 증기운의 점화 확률
④ 점화되기 전 증기운이 움직인 거리
⑤ 증기운이 점화되기까지의 시간 지연
⑥ 폭발확률
⑦ 물질이 폭발할 수 있는 한계량 이상 존재
⑧ 폭발효율
⑨ 방출에 관련한 점화원의 위치

5 가스 화재 및 폭발방지 대책

(1) 가스 화재

제트 화재(Jet Fire)는 고압의 LPG가 누출 시 주위의 점화원에 의하여 점화되어 불기둥을 이루는 것을 말한다. 누출 압력으로 인하여 화염이 굉장한 운동량을 가지고 있으며 화재의 직경이 작다.

(2) 위험장소

① 제0종 위험장소 : 인화성 물질이나 가연성가스가 폭발성 분위기를 생성할 우려가 있는 장소 중 가장 위험한 장소이다.
② 제1종 위험장소 : 상용의 상태에서 가연성가스가 체류해 위험하게 될 우려가 있는 장소이다.
③ 제2종 위험장소 : 이상상태하에서 위험 분위기가 단시간 동안 존재할 수 있는 장소이다.

> **참고** 두 종류 이상의 가스가 같은 위험장소에 존재하는 경우에는 그 중 위험등급이 높은 것을 기준으로 하여 전기기기의 등급을 선정하여야 한다.

(3) 정전기를 제어하는 방법으로서 전하의 생성을 방지하는 방법

① 접속과 접지
② 도전성 재료 사용
③ 침액 파이프(Dip Pipes) 설치

(4) 화학적 소화방법

① **제거소화** : 가스화재 시 밸브 및 콕을 잠그는 소화방법(예 LPG 저장탱크의 배관이 파손되어 가스로 인한 화재가 발생하였을 때 안전관리자가 긴급차단장치를 조작하여 LPG 저장탱크로부터 LPG 공급을 차단하여 소화하는 방법)
② **질식소화** : 질식소화를 할 경우 공기 중의 산소농도의 유효한계는 10~15%이다.
③ **냉각소화** : 화재는 연소반응이 계속하여 진행하는 것으로 이 경우에 반응열이 주위의 가연물에 전해지는데, 이때 흡열량이 큰 물질을 가함으로써 화염 중의 반응열을 제거시켜 연소반응을 완만하게 하면서 정지시키는 소화방법이다.
④ **희석소화** : 가연성가스의 산소농도나 가연물 조성을 연소한계점 이하로 소화하는 방법이다.

(5) 방폭구조의 종류

① **내압방폭구조**
　㉮ 전폐쇄구조인 용기 내부에서 가연성가스의 폭발이 발생할 경우, 그 용기가 폭발 압력에 견디고 접합면, 개구부 등을 통하여 외부의 가연성가스에 인화되지 아니하도록 한 구조
　㉯ 내압방폭구조로 방폭전기기기를 설계할 때 가장 중요하게 고려해야 할 사항 : 가연성가스의 최대안전틈새
② **유입방폭구조** : 전기기기의 불꽃 또는 아크를 발생하는 부분을 기름 속에 넣어 유면상에 존재하는 폭발성가스에 인화될 우려가 없도록 한 구조
③ **압력방폭구조** : 용기 내부에 공기 또는 불활성가스 등의 보호가스를 압입하여 용기 내의 압력이 유지됨으로써 외부로부터 폭발성가스 또는 증기가 침입하지 못하도록 한 구조
④ 안전증방폭구조
⑤ 본질안전방폭구조
⑥ 특수방폭구조
⑦ 비점화 방폭구조

(6) 위험성평가기법

① **정성적평가기법**
　㉮ 체크리스트(Check list)기법
　㉯ 사고예상질문분석(WHAT-IF)기법

㉰ 위험과 운전분석(Hazard and Operablity Studies, HAZOP)기법 : 공정에 존재하는 위험 요소들과 공정의 효율을 떨어뜨릴 수 있는 운전상의 문제점을 찾아낼 수 있는 정성적인 위험평가기법으로 산업체(화학공장)에서 일반적으로 사용된다.

② 정량적 평가기법
㉮ 작업자실수분석(Human Error Analysis, HEA)기법
㉯ 결함수분석(Fault Tree Analysis, FTA)기법 : 사고를 일으키는 장치의 고장이나 운전자 실수의 상관관계를 연역적으로 분석하는 위험성평가기법
㉰ 사건수분석(Event Tree Analysis, ETA)기법 : 초기 사건으로 알려진 특정한 장치의 이상이나 운전자의 실수로부터 발생되는 잠재적인 사고 결과를 평가하는 것
㉱ 원인결과분석(Cause-Consequence Analysis, CCA)기법 : 잠재된 사고의 결과와 이러한 사고의 근본적인 원인을 찾아내고 사고 결과와 원인의 상호관계를 예측·평가하는 것

제2과목

가스설비

- 제1장 기체의 성질
- 제2장 고압가스의 제조 및 용도
- 제3장 LP가스의 설비
- 제4장 도시가스설비
- 제5장 압축기 및 펌프
- 제6장 저온장치
- 제7장 고압장치
- 제8장 배관의 부식과 방식

1 기체의 성질

(1) 고압가스의 정의

① 상용의 온도에서 압력(게이지압력)이 1MPa 이상이 되는 압축가스로서 실제로 그 압력이 1MPa 이상이 되는 것 또는 35℃의 온도에서 압력이 1MPa 이상이 되는 압축가스(아세틸렌가스를 제외)
② 15℃의 온도에서 압력이 0Pa을 초과하는 아세틸렌가스
③ 상용의 온도에서 압력이 0.2MPa 이상이 되는 액화가스로서 실제로 그 압력이 0.2MPa 이상이 되는 것 또는 압력이 0.2MPa이 되는 경우에 온도가 35℃ 이하인 액화가스
④ 35℃의 온도에서 압력이 0Pa을 초과하는 액화가스 중 액화시안화수소, 액화브롬화메탄 및 액화산화에틸렌가스

(2) 고압가스의 분류

① 상태에 의한 분류
  ㉮ 압축가스 : 수소, 질소, 산소, 메탄 등과 같이 비점이 낮은 가스
  ㉯ 액화가스 : 프로판, 부탄, 염소, 이산화탄소, 암모니아, 프레온 등
  ㉰ 용해가스 : 아세틸렌은 가압하면 분해폭발하므로 용제(아세톤, DMF)에 용해시켜 용기에 충전한다.
② 연소성에 의한 분류
  ㉮ 가연성가스
    ㉠ 폭발한계의 하한값이 10% 이하인 것
    ㉡ 폭발한계의 상한과 하한의 차가 20% 이상인 것
  ㉯ 조연성(지연성)가스 : Air, O_2, Cl_2, F_2, NO_2, 초산가스, O_3 등
  ㉰ 불연성가스 : N_2, Ar, He, Ne, CO_2, Freon 등
③ 독성에 의한 분류
  ㉮ 독성가스 : $COCl_2$, HCN, H_2S, SO_2, CH_3Br, Cl_2, NH_3, CO 등과 같이 인체에 악영향을 주는 가스
  ㉯ 비독성가스 : H_2, O_2, N_2 등과 같이 독성이 없는 가스
  ㉰ 독성·가연성가스 : CO, NH_3, CH_3Br, C_2H_4O, H_2S, HCN 등과 같이 가연성이면서 독성이 있는 가스

> **참고** 특수가스의 하나인 실란(SiH_4)의 주요 위험성
> 공기 중에 누출되면 자연발화한다.

2 고압가스의 제조 및 용도

(1) 수소(H_2)

① 물리적 성질

㉮ 상온에서 무색, 무미, 무취의 기체이며, 누출되었을 경우 색깔이나 냄새로 알 수 없다.
㉯ 기체 중에서 가장 가벼운 기체로 확산속도가 빠르고 최소의 밀도를 갖는다.

[수소의 성질]

구분	성질
증기 비중	0.07
폭발범위(공기 중)(vol%)	4~75

② 화학적 성질

㉮ 수소폭명기 : 공기중에서 산소와 체적비를 2:1로 530℃ 이상에서 폭발적으로 반응하여 수증기를 생성한다.

$H_2 + O_2 \rightarrow 2H_2O$

㉯ 고온·고압 하에서 강 중의 탄소와 반응하여 수소취성을 일으킨다.

$Fe_3C + 2H_2 \rightarrow 3Fe(탈탄작용) + CH_4$

㉰ 할로겐 원소와 격렬히 반응하여 폭발반응이 일어난다.

> **참고** 상온·상압에서 수소용기의 과열 원인
> ① 과충전
> ② 용기의 균열
> ③ 용기의 취급 불량

(2) 산소(O_2)

① 물리적 성질

㉮ 무색, 무취, 무미의 기체이며 물에는 약간 녹는다.
㉯ 액화산소는 담청색을 띠고, 비중이 약 1.13이며, 기체·액체·고체를 불문하고 상자성을 가지고 있다.
㉰ 강렬한 조연성가스이나 그 자신은 연소하지 않는다.

② 취급 시 주의사항

㉮ 밸브의 나사 부분에 그리스를 사용하면 폭발의 위험이 있으므로 유지류는 사염화탄소(CCl_4) 등으로 세척할 것
㉯ 액체 충전 시에는 불연성재료를 밑에 깔 것
㉰ 가연성가스 충전용기와 함께 저장하지 말 것

㉣ 고압가스설비의 기밀시험용으로 사용하지 말 것
㉤ 제조장치설비에 사용되는 건조제는 NaOH, SiO_2, Al_2O_3, 소바비이드 등이 있다.

(3) 질소(N_2)

① 화학적 성질 : 질소충전용기에서 비눗물로 질소가스의 누출여부를 확인한다.
② 용도 : 암모니아 합성원료, 극저온용 냉동기의 냉매, 화학적으로 안정하므로 금속공업의 산화방지용, 가연성가스를 취급하는 장치의 치환용

(4) 염소(Cl_2)

① 물리적 성질
  ㉮ 녹황색의 자극적인 냄새가 나는 기체이다.
  ㉯ 조연성(지연성)이며, 쉽게 액화하고, 물에 잘 녹으며 독성이 강하여 흡입하면 호흡기가 상한다.
② 화학적 성질
  ㉮ 화학적으로 활성이 강한 산화제이다.
    ㉠ 염소폭명기를 형성
    $H_2 + Cl_2 \rightarrow 2HCl$

    참고 **염소폭명기** : 염소와 수소가 점화원에 의해 폭발적으로 반응하는 현상

  ㉯ 습기가 있으면 철 등을 부식시키므로 수분과 격리시켜야 한다.
③ 용도 : 수돗물 소독제, 펄프, 섬유의 표백제, 염화비닐제조원료
④ 취급 시 주의사항 : 액체 염소가 누출된 경우 가성소다, 탄산소다 수용액, 소석회를 살포한다.

(5) 암모니아(NH_3)

① 합성법

[압력에 따른 암모니아 합성법]

구분	압력	방법
고압합성	60~100MPa	클로우드법, 카자레법
중압합성	30MPa	IG법, 뉴 우데법, 뉴 파우서법, 케미크법, JIC법, 동공시법
저압합성	15MPa	구 우데법, 켈로그법

② 암모니아의 검출 방법
  ㉮ 자극성 냄새가 난다.
  ㉯ 붉은 리트머스시험지에 접촉하면 푸른색으로 변한다.

㉰ 염화수소와 접촉하면 흰 연기를 낸다.
㉱ 고온에서 마그네슘과 반응하여 질화마그네슘을 만든다.
㉲ 산소 중에서 연소시키면 황색염을 내며, 질소와 물로 생성한다.
$$4NH_3 + 3O_2 \rightarrow 2N_2 + 6H_2O$$

(6) 시안화수소(HCN)

① 물리적 성질
  ㉮ 복숭아 냄새가 나는 기체이다.
  ㉯ 약산성으로 강한독성, 가연성, 폭발성이 있다.

② 화학적 성질
  ㉮ 시안화수소는 중합폭발 때문에 장기간 저장할 수 없다. → 충전 후 60일 경과하기 전에 다른 용기에 옮겨 충전한다.
  ㉯ 용기에 충전하는 경우 품질검사 시 합격순도 : 98% 이상

  > **참고** 부타디엔 : 중합폭발

  ㉰ 중합을 방지하는 안정제 : 황산, 동망, 오산화인, 염화칼슘, 인산, 아황산가스 등

③ 용도 : 살충제, 훈증제, 전기도금, 화학물질 합성에 이용

(7) 아세틸렌(C_2H_2)

① 폭발 형태에 따른 분류
  ㉮ 화합폭발 : Ag, Hg, Cu, Mg과 치환반응을 하여 폭발성의 금속 아세틸리드를 생성한다.
  ㉯ 분해폭발 : 흡열 화합물이므로 압축하면 분해폭발을 일으킨다.
  $$C_2H_2 \rightarrow 2C + H_2$$
  ㉰ 산화폭발 : 산소와 혼합하여 점화하면 폭발을 일으킨다.
  $$C_2H_2 + 2.5O_2 \rightarrow 4CO_2 + 2H_2O$$

② 아세틸렌 제조 공정
  ㉮ 가스발생기
    ㉠ 주수식 : 카바이드에 물을 넣는 방법
    ㉡ 접촉식(침지식) : 물과 카바이드를 소량씩 접촉시키는 방법
    ㉢ 투입식 : 물에 카바이드를 넣는 방법
      ⓐ 습식 아세틸렌 발생기의 표면은 70℃ 이하로 유지한다.
  ㉯ 충전 작업
    ㉠ 용기충전 중의 압력은 2.5MPa 이하로 하고, 충전 후에는 정치하여야 한다. 2.5MPa 이상의 압력으로 할 때는 희석제를 첨가한다.

ⓒ 압축 시 희석제로는 메탄(CH_4), 일산화탄소(CO), 수소(H_2), 프로판(C_3H_8), 질소(N_2), 에틸렌(C_2H_4), 탄산가스(CO_2)를 사용한다.
ⓒ 충전 후의 압력은 15℃에서 1.55MPa 이하로 한다.
㉣ 충전 후 24시간 정치하여야 한다.

㉯ 다공질물
　ⓐ 다공질물의 종류로는 규조토, 석면, 목탄, 산화철, 석회, 탄화마그네슘, 다공성 플라스틱 등이 있다.
　ⓑ 용기에 충전하는 다공질물의 다공도는 75% 이상 92% 미만이어야 한다.

예제

아세틸렌용기의 다공질물 용적이 150m³, 침윤 잔용적이 30m³일 때 다공도는 몇 %이며, 관련법상 합격인지 판단하면 어느 것인가?

풀이 ① 다공도(%) = $\dfrac{V-E}{V} \times 100$

= $\dfrac{150-30}{150} \times 100$

= 80%

② 판단 : 다공도 합격기준이 75% 이상 92% 미만이므로 합격이다.

　ⓒ 아세틸렌용 용접용기 제조 시 다공질물의 다공도는 다공질물을 용기에 충전한 상태로 20℃에서 아세톤 또는 물의 흡수량으로 측정한다.
③ 용도 : 산소아세틸렌 불꽃을 철공업의 용접, 절단에 이용된다.

(8) 산화에틸렌(C_2H_4O)

① 물리적 성질
　㉮ 무색의 가스로 가연성이며, 휘발성이 크며 고농도에서는 자극성의 냄새를 내는 독성가스이다.
　㉯ 물, 사염화탄소, 에테르 등에 잘 녹는다.
　㉰ 물에 녹으면 안정된 수화물을 형성한다.
② 화학적 성질
　㉮ **중합폭발** : 산, 알칼리, 금속의 염화물, 산화철, 산화알루미늄 등에 의해 쉽게 중합을 일으켜 중합폭발하기 쉬우므로 취급에 주의를 해야 한다.
　㉯ **분해폭발** : 증기는 열이나 충격 등에 의해 폭발을 일으킬 위험이 있다.
　㉰ **충전**
　　ⓐ 충전 전에 미리 그 내부를 질소가스 또는 탄산가스로 바꾼 후에 충전해야 한다.
　　ⓑ 저장탱크 또는 용기의 내부에 산 또는 알칼리를 함유하지 않은 상태이어야 한다.

(9) 포스겐($COCl_2$)

① 물리적 성질 : 독특한 냄새가 나는 맹독성 가스이다.

② 화학적 성질

 ㉮ 가열하면 일산화탄소와 염소가 분해한다.

 ㉯ 수산화나트륨에 급히 흡수된다.

③ 저장과 취급시 주의사항

 ㉮ 취급장소는 환기가 잘되는 곳이어야 한다.

 ㉯ 취급시 방독면을 착용한다.

 ㉰ 사용 후 폐가스를 방출할 때에는 중화시킨 후 옥외로 방출시킨다.

(10) 황화수소(H_2S)

① 물리적 성질 : 계란 썩는 냄새가 나고 유독한 기체로 무색이다.

② 화학적 성질

 ㉮ 각종 산화물을 환원시킨다.

 ㉯ 알칼리와 반응하여 염을 생성한다.

 ㉰ 습기를 함유한 공기 중에는 대부분 금속과 작용한다.

(11) 희가스(불활성가스, 비활성기체)

① 성질

 ㉮ 상온에너지 무색·무미·무취의 단원자 분자의 기체이다.

 ㉯ 방전관 속에서 방전을 시키면 특수한 빛깔을 띤다.

 ㉰ 아르곤은 구리 및 구리합금으로 된 장치를 사용할 수 있다.

② 용도 : 헬륨을 가스크토마토그랲프 분석용 캐리어 가스 및 수소 대신의 기구부양용 가스

(12) 메탄(CH_4)

① 물리적 성질 : 천연가스의 주성분

② 화학적 성질

 ㉮ 공기 중에서 담청색 불꽃을 내며 연소한다.

   $CH_4 + 2O_2 \rightarrow CO_2 + 2H_2O$

 ㉯ 고온에서 산소, 수증기와 작용하면 CO와 H_2를 생성한다.

 ㉰ 염소와 치환반응을 하여 메탄을 400℃로 염소와 함께 가열하여 염화물을 만든다.

(13) 에틸렌(C_2H_4)

① 성질
- ㉮ 분자량 26. 폭발범위 3.1~36.8vol%
- ㉯ 무색, 독특한 감미로운 냄새를 지닌 기체이다.
- ㉰ 물에는 거의 용해되지 않으나 알코올, 에테르에는 잘 용해된다.
- ㉱ 아세트알데하이드, 산화에틸렌, 에탄올, 이산화에틸렌 등을 얻는다.
- ㉲ 분해 폭발 반응을 한다.

(14) 이산화탄소(CO_2)

① 물리적 성질
- ㉮ 무색무취의 기체로 공기보다 무거우며 공기 중에 0.03% 정도 함유되어 있다.
- ㉯ 불연성이다.
- ㉰ 액체탄산가스를 냉각 또는 급격히 기화시키면 고체 탄산인 드라이아이스를 얻는다.

(15) 일산화탄소(CO)

① 물리적 성질 : 독성이 강하고 연료의 불완전연소에 의한 중독사고의 원인이 된다.
② 화학적 성질 : 전이원소(Fe, Co, Ni)과 휘발성의 금속 카르보닐을 생성한다.
 $Ni + 4CO \rightarrow Ni(CO)_4$ (니켈카보닐)
 $Fe + 5CO \rightarrow Fe(CO)_5$ (철카보닐)
③ 용도
- ㉮ 메탄올·부탄올 합성원료
- ㉯ 포스겐·개미산 제조원료

④ 취급시 주의사항 : 극히 유독한 가스이며, 호흡하면 적혈구와 헤모글로빈과 결합하여 일산화탄소 헤모글로빈이 되고 적혈구의 기능을 파괴하여 죽음에 이른다.

(16) 아황산가스(SO_2)

① 성질
- ㉮ 물에 용해되어 산성이 된다.
- ㉯ 공기 중의 농도가 0.5~1.0ppm일 때 감각적으로 그 소재를 알 수 있다.
- ㉰ 30~40ppm일 때 호흡이 곤란하게 된다.
- ㉱ 400~500ppm일 때 짧은 시간에 생명이 위험하게 된다.

(17) 프레온(freon)
① 액화되기 쉽고, 증발잠열이 크다.
② 프레온냉매가 실수로 눈에 들어 갔을 경우 눈 세척에 주로 사용하는 약품 : 희붕산 용액

(18) 염화메틸(CH_3Cl)
① 제법
  ㉮ 메탄의 염소화법 : 메탄을 400℃로 염소와 함께 가열하고, 생성된 염화메틸(CH_3Cl), 염화메틸렌(CH_2Cl_2), 클로로포름($CHCl_3$), 사염화탄소(CCl_4)의 혼합물을 분해 증류한다.
  ㉯ 메탄올법 : 메탄올과 염화수소를 반응시킨다.
  $CH_3OH + HCl \rightarrow CH_3Cl + H_2O$

(19) 포스핀(PH_3)
① 취급시 주의사항
  ㉮ 환기가 양호한 곳에서 취급하고 용기를 40℃ 이하를 유지한다.
  ㉯ 수분과의 접촉을 금지하고 정전기발생 방지시설을 갖춘다.
  ㉰ 가연성이 매우 강하여 모든 발화원으로부터 격리한다.
  ㉱ 특수호흡용 보호구를 비치하여 누출시 착용한다.

3 LP가스의 설비

(1) LP가스의 주성분
프로판, 프로필렌, 부탄, 부틸렌의 탄화수소 또는 그들의 혼합물이다.

> 참고 가스의 비중을 정하는 기준 물질로 공기가 이용된다.

(2) LP가스의 연소 특성
① 공기 중에서 쉽게 연소폭발하므로 연소 시 다량의 공기가 필요하다.
$C_3H_8 + 5O_2 \rightarrow 3CO_2 + 4H_2O$

> **예제**
>
> 부탄가스의 완전연소 방정식을 다음과 같이 나타낼 때 화학양론농도(C_{st})는 몇 %인가? (단, 공기 중 산소는 21%이다.)
>
> $$C_4H_{10} + 6.5O_2 \rightarrow 4CO_2 + 5H_2O$$
>
> **풀이**
> $$C_{st} = \frac{1}{1 + \frac{O_2 \text{몰수}}{0.21}} \times 100$$
> $$= \frac{1}{1 + \frac{6.5}{0.21}} \times 100$$
> $$= 3.13\%$$

② 발열량이 크다.
③ 발화온도가 높다.
④ 폭발범위가 좁고, 하한이 낮다.
⑤ 연소속도가 늦다.

(3) LP가스의 이송설비

① 차압방식
② 액송펌프에 의한 방법
③ 압축기를 이용한 이송방식

(4) 용기수 계산

> **예제**
>
> 소비자 1호당 1일 평균가스소비량 1.6kg/day, 소비호수 10호인 경우 자동절체조정기를 사용하는 설비를 설계하려면 용기는 몇 개가 필요한가? (단, 액화석유가스 50kg 용기 표준가스발생능력은 1.6kg/hr이고, 평균가스소비율은 60%, 용기는 2계열 집합으로 사용한다.)
>
> **풀이** 필요 용기수 = $\frac{\text{1호당 평균가스사용량} \times \text{호수} \times \text{소비율}}{\text{가스발생능력}}$
>
> $= \frac{1.6 \times 10 \times 0.6}{1.6} = 6$개
>
> ∴ 2계열 용기수 = 필요 용기수 × 2
> = 6 × 2 = 12개

(5) LPG 충전용기

충전량 계산식

$$G = \frac{V}{C}$$

여기서, G : 충전질량(kg), V : 용기 내용적(L)
C : 충전상수(C_3H_8 : 2.35, C_4H_{10} : 2.05)

예제

내용적 70L의 LPG용기에 프로판가스를 충전할 수 있는 최대량은 몇 kg인가?

풀이 $G = \frac{V}{C}, \frac{70L}{2.35} = 30kg$

(6) 조정기(Regulator)

① 사용 목적 : 공급되는 가스의 압력을 연소기구에 적당한 압력까지 감압시키는 것

참고 자동절체식 조정기 설치에 있어서 사용측과 예비측 용기의 밸브 개폐 방법
사용측, 예비측 밸브 전부를 연다.

(7) 기화기(Vaporizer)

① Submerged Vaporizer : LNG 인수기지에서 사용되고 있는 기화기 중 간헐적으로 평균수요를 넣는 경우 그 수요를 충족(Peak Saving용)시키는 목적으로 주로 사용하는 것
② 기화장치의 성능
  ㉮ 온수가열방식은 그 온수의 온도가 80℃ 이하이어야 한다.
  ㉯ 증기가열방식은 그 온수의 온도가 120℃ 이하이어야 한다.
  ㉰ 가연성가스용 기화장치의 접지저항치는 10Ω 이하이어야 한다.
  ㉱ 압력계는 계량법에 의한 검사 합격품이어야 한다.
③ 강제기화기 사용 시 특징
  ㉮ 기화량을 가감할 수 있다.
  ㉯ 공급가스의 조성이 일정하다.
  ㉰ 설비 장소가 작고, 설비비는 적게 든다.
  ㉱ LPG 종류에 관계없이 한랭 시에는 충분히 기화된다.

(8) 배관설비

① 스케줄번호(Schedule Number) : 사용압력과 배관재료의 허용응력과의 비에 의하여 배관두께의 체계를 표시한 것

$$\text{Sch No.} = 10 \times \frac{P}{S}$$

여기서, P : 사용압력(kg/cm²), S : 허용응력(kg/mm²)

예제

사용압력이 60kg/cm², 관의 허용응력이 20kg/mm²일 때의 스케줄번호는 얼마인가?

풀이 $\text{Sch No.} = 10 \times \frac{P}{S} = 10 \times \frac{60}{20} = 30$

② LP가스 배관 내의 압력손실

㉮ 압력강하 산출

예제

프로판의 비중을 1.5라 하면 입상 50m 지점에서의 배관의 수직 방향에 의한 압력손실은 약 몇 mmH₂O인가?

풀이
$H = 1.293(S-1)h$
$\quad = 1.293(1.5-1) \times 50$
$\quad = 32.3 \text{mmH}_2\text{O}$

③ 배관설계 시 고려하여야 할 사항

㉮ 가능한 한 옥외에 설치할 것
㉯ 굴곡을 적게 할 것
㉰ 최단거리로 할 것

(9) 유량 계산

① 저압배관

$$Q = K\sqrt{\frac{D^5 H}{S \cdot L}}, \quad D^5 = \frac{Q^2 \cdot S \cdot L}{K^2 \cdot H}, \quad H = \frac{Q^2 \cdot S \cdot L}{K^2 \cdot D^5}$$

여기서, Q : 가스유량(m³/h), D : 관의 안지름(cm)
L : 관의 길이(m), S : 가스의 비중(공기를 1로 한 경우)
H : 압력손실(mmAq), K : 유량계수(폴의 상수=0.707)

> **예제**
>
> 400m 길이의 저압본관에 시간당 200m³의 가스를 흐르도록 하려면 가스배관의 지름은 약 몇 cm가 있어야 하는가? (단, 기점·종점 간의 압력강하를 1.47mmHg, 가스비중을 0.64로 한다.)
>
> **풀이** $Q = K\sqrt{\dfrac{D^5 \cdot H}{S \cdot L}}$,
>
> $D^5 = \dfrac{Q^2 \cdot S \cdot L}{K^2 \cdot H}$
>
> $= \dfrac{200^2 \times 0.64 \times 400}{0.707^2 \times \dfrac{1.47}{760} \times 10,332} = 15.93 \text{cm}$

② 중·고압배관

$$Q = K\sqrt{\dfrac{D^5(P_1^2 - P_2^2)}{S \cdot L}} \text{ 에서 } D^5 = \dfrac{Q^2 \cdot S \cdot L}{K^2(P_1^2 - P_2^2)}$$

여기서, Q : 가스유량(m³/h), D : 관의 안지름(cm)

L : 관의 길이(m), S : 가스의 비중(공기를 1로 한 경우)

(10) 배관의 두께 계산

① 외경과 내경의 비가 1.2 미만인 경우

$$t = \dfrac{P \cdot D}{2 \cdot \dfrac{f}{s} - P} + C$$

② 외경과 내경의 비가 1.2 이상인 경우

$$t = \dfrac{D}{2}\left(\sqrt{\dfrac{\dfrac{f}{s} + P}{\dfrac{f}{s} - P}} - 1\right) + C$$

여기서, t : 배관의 두께(mm), P : 상용압력(MPa)

D : 내경에서 부식여유에 해당하는 부분을 뺀 부분의 수치(mm)

f : 재료의 인장강도 규격 최소치(N/mm²)

C : 관 내면의 부식여유 수치(mm), s : 안전율

(11) 연소기구

① 전용 보일러실에 반드시 설치해야 하는 보일러는 반밀폐식 보일러이다.
② 이동식 부탄연소기 : 사용하는 그릇은 연소기의 삼발이보다 폭이 좁은 것을 사용한다.
③ 역화(Flash Back) : 불꽃이 염공 속으로 들어가 혼합관 내에서 연소하는 현상이다.
  • 원인
    ㉠ 부식에 의한 염공이 크게 되었을 때

ⓒ 노즐의 구경이 너무 크게 된 경우
ⓓ 기구 콕의 공기에 먼지가 부착한 경우
ⓔ 가스의 압력이 저하되었을 경우
ⓕ 가스 곤로 위에 큰 냄비 등을 올려서 장시간 사용할 경우
ⓖ 버너의 위에 직접 탄을 올려서 불을 붙일 경우

④ 플레임 로드식 : 버너의 불꽃을 감지하여 정상적인 연소 중에 불꽃이 꺼졌을 때 신속하게 가스를 차단하여 생가스 누출을 방지하는 장치로, 불꽃의 도전성에 의한 정류성을 이용하여 불꽃을 감지하는 방식으로 대용량의 연소기에 사용하는 방식의 연소안전장치이다.

4 도시가스설비

(1) 액화천연가스(Liquefied Natural Gas, LNG)

지하에서 산출한 메탄을 주성분으로 하는 천연가스를 −162℃의 초저온까지 냉각하여 액화한 것이다.

(2) 대체(합성)천연가스(Substitute Natural Gas, SNG)

합성천연가스라 한다.

(3) 도시가스의 원료 분류

① 고체 원료 : 석탄, 코크스 등
② 액체 원료 : Naphtha, LPG, LNG 등
③ 기체 원료 : 천연가스(Natural Gas), 정유가스 등

(4) 도시가스의 제조

① 가스화 방식에 의한 분류
  ㉮ 열분해 프로세스(공정) : 원유, 중유, 나프타 등의 분자량이 큰 탄화수소 원료를 고온 (800~900℃)으로 분해하여 고열량의 가스를 제조하는 방법
  ㉯ 접촉분해 프로세스(공정) : 촉매를 사용하여 반응온도 400~800℃에서 탄화수소와 수증기를 반응시켜 메탄, 수소, 일산화탄소 등으로 변환시키는 방법
  ㉰ 부분연소 프로세스(공정)

㉣ 수소화분해 프로세스(공정)

㉤ 대체천연가스 제조 프로세스(공정)

② 가열방식에 의한 분류

㉮ 외열식

㉯ 축열식

㉰ 부분연소식 : 원료에 소량의 공기와 산소를 혼합하여 가스 발생의 반응기에 넣어 원료의 일부를 연소시켜 그 열을 열원으로 이용하는 방식

㉱ 자열식

(5) 부취제

① 부취제의 구비조건

㉮ 인체에 해가 없고 독성이 없을 것

㉯ 화학적으로 안정할 것

㉰ 보통 존재하는 냄새와는 명확하게 식별할 수 있을 것

㉱ 완전히 연소하고 연소 후에 유해한 냄새를 갖는 성질을 남기지 않을 것

㉲ 극히 낮은 농도에서도 냄새를 확인할 수 있을 것

㉳ 부식성이 없을 것

㉴ 가스관이나 가스미터 등에 흡착되지 않을 것

㉵ 물에 녹지 않을 것

㉶ 토양에 대한 투과성이 좋을 것

㉷ 가격이 저렴할 것

㉸ 공기혼합비율이 $\frac{1}{1,000}$(0.1%)의 농도에서 가스 냄새가 감지될 수 있을 것

② 부취제의 종류

㉮ TBM(Tertiary Buthyl Mercaptan) : 양파 썩는 냄새

㉯ THT(Tetra Hydro Thiophene) : 석탄가스의 냄새

㉰ DMS(Dimetyle Sulfide) : 마늘 냄새

㉱ EM(Ethyl Mercaptan) : 마늘 냄새

(6) 정압기(Governer)

> **참고** 다이어프램
> 2차 압력을 감지하여 그 2차 압력의 변동을 메인밸브로 전하는 부분으로 정압기의 부속품 중 2차 압력의 변화와 가장 밀접한 관계가 있다.

① 정압기의 설치 기준

㉮ 설치 위치 : 필터와 출구밸브 사이

㉯ 필터 : 정압기의 부속설비 중 조정기 전단에 설치되어 배관 내의 먼지 등을 제거하는 설비이다.

② 정압기의 이상감압에 대처할 수 있는 방법
  ㉮ 저압배관의 Loop화
  ㉯ 2차측 압력감시장치 설치
  ㉰ 정압기 2계열 설치

> **참고** 이상압력통보설비
> 도시가스 정압기 출구측의 압력이 설정압력보다 비정상적으로 상승하거나 낮아지는 경우에 이상유무를 상황실에서 알 수 있도록 알려주는 설비

(7) 도시가스의 측정

① 연소성 측정
  ㉮ 측정시간 : 매일 6시 30분부터 9시 사이, 17시부터 20시 30분 사이
  ㉯ 웨버지수 : 가스의 발열량을 비중의 평방근으로 나눈 것

예제

도시가스의 총발열량이 10,500kcal/m³이고 도시가스의 비중이 0.66인 경우 도시가스의 웨버지수(WI)는?

풀이 $WI = \dfrac{Q}{\sqrt{d}} = \dfrac{10,500}{\sqrt{0.66}} = 12,924.6$

② 연소속도지수(C_p)

$$C_p = K \dfrac{1.0H_2 + 0.6(CO + C_mH_n) + 0.3CH_4}{\sqrt{d}}$$

여기서, H_2 : 가스 중의 수소 함량(vol%), CO : 가스 중의 일산화탄소 함량(vol%)
C_mH_n : 가스 중의 탄화수소 함량(vol%), CH_4 : 가스 중의 메탄 함량(vol%)
d : 가스의 비중, K : 가스 중의 산소 함량에 따른 정수

③ 유해성분 측정
  유해성분량 : 황전량 0.5g, 황화수소 0.02g, 암모니아 0.2g 초과 금지

5 압축기 및 펌프

(1) 압축기(Compressor)

① **개방형**: 구동모터와 압축기가 분리된 구조로서 벨트나 커플링에 의하여 구동되는 압축기의 형식

② **압축기 압축비**: 흡입압력, 흡입온도가 같으면 압축비가 크게 될 때 토출가스의 온도가 높게 된다.

> **참고** **맥동현상**
> 왕복동식 압축기의 흡입구, 토출구에서 압력계의 바늘이 흔들리면서 유량이 감소되는 현상

③ 압축기의 용량 계산

예제

1. 실린더의 지름이 10cm, 행정거리가 20cm, 회전수가 1,000rpm인 왕복압축기의 토출량은 약 몇 m³/h인가?(단, 압축기의 체적효율은 70%이다.)

   풀이 왕복압축기의 토출량(m³/min)
   $$Q = \frac{\pi}{4}(0.1\text{m})^2 \times 0.2\text{m} \times 1{,}000\text{R/min} \times 60\text{min/1h} \times 0.7 = 66\text{m}^3/\text{h}$$

2. 지름이 150mm, 행정 100mm, 회전수 800rpm, 체적효율 85%인 4기통 압축기의 피스톤 압출량은 몇 m³/h인가?

   풀이 $Q(\text{압출량}) = \dfrac{3.14 \times 0.15^2}{4} \times 0.1 \times 800 \times 4 \times 0.85 \times 60 = 288\text{m}^3/\text{h}$

3. 직경 100mm, 행정 150mm, 회전수 600rpm, 체적효율이 0.8인 2기통 왕복압축기의 송출량은 약 몇 m³/min인가?

   풀이 $Q = \dfrac{\pi(0.1)^2}{4} \times 0.15 \times 600 \times 2 \times 0.8 = 1.13\text{m}^3/\text{min}$

④ 다단 압축기

$$\text{압축비}(\gamma) = \sqrt[z]{\frac{P_2}{P_1}}$$

여기서, P_2 : 최종압력(kg/cm²), P_1 : 흡입압력(kg/cm²)
Z : 단수

예제

최종도출압력이 60kg/cm²·g인 4단 공기압축기의 압축비는 얼마인가? (단, 흡입압력은 1kg/cm²·a이다.)

풀이 압축비$(\gamma) = \sqrt[4]{\dfrac{60+1}{1}}$
$= 3$

참고 압축기에서 발생할 수 있는 과열의 원인
① 가스량이 부족할 때
② 윤활유가 부족할 때
③ 압축비가 증대할 때

(2) 윤활유

① 압축기 실린더 내부 윤활제
  ㉮ 공기 압축기 : 양질의 광유
  ㉯ 산소 압축기 : 물 또는 10% 정도의 묽은 글리세린수

  참고 산소 압축기 윤활제로 물을 사용하는 주된 이유
  압축 산소에 유기물이 있으면 산화력이 커서 폭발하기 때문에

  ㉰ 염소 압축기 : 진한 황산
  ㉱ 아세틸렌 압축기 : 양질의 광유
  ㉲ 수소 압축기 : 양질의 광유
  ㉳ 메틸글로라이드(염화메탄) 압축기 : 화이트유
  ㉴ 이산화황(아황산)가스 압축기 : 화이트유, 정제된 용제 터빈유
  ㉵ LP가스 압축기 : 식물성유

(3) 펌프(Pump)

① 터보형 펌프
  ㉮ 원심펌프
  ㉯ 사류펌프
  ㉰ 축류펌프
② 터보펌프 정지 시의 작업 순서 : 토출밸브를 천천히 닫는다 → 전동기의 스위치를 끊는다 → 흡입밸브를 천천히 닫는다 → 드레인밸브를 개방시켜 펌프 속의 액을 빼낸다.
③ 원심(센트리퓨걸)펌프
  ㉮ 양수원리 : 회전차의 원심력을 압력에너지로 변환한다.

㉯ 송출구경을 흡입구경보다 작게 설계하는 이유
  ㉠ 회전차에서 빠른 속도로 송출된 액체를 갑자기 넓은 와류실에 넣게 되면 속도가 떨어지기 때문이다.
  ㉡ 에너지 손실이 커져서 펌프효율이 저하되기 때문이다.
  ㉢ 대형 펌프 또는 고양정의 펌프에 적용된다.
④ 용적식 펌프
  ㉮ 왕복펌프 : 작동이 단속적이고 송수량을 일정하게 하기 위하여 공기실을 장치할 필요가 있는 펌프
  ㉯ 회전펌프
    종류 : 기어펌프, 나사펌프, 베인펌프

(4) 펌프의 성능 계산

예제

1. 원심펌프로 물을 지하 10m에서 지상 20m 높이의 탱크에 유량 3m³/min로 양수하려고 한다. 이론적으로 필요한 동력은?

풀이 필요한 동력 $= \dfrac{\gamma Q H}{75 \times 60} = \dfrac{1,000 \times 3 \times (10+20)}{75 \times 60}$
$= 20 \text{PS}$

2. 전양정이 54m, 유량이 1.2m³/min인 펌프로 물을 이송하는 경우 이 펌프의 축동력은 약 몇 PS 인가? (단, 펌프의 효율은 80%, 물의 밀도는 1g/cm³이다.)

풀이 $L_s = \dfrac{\gamma Q H}{75 \times 60 \times \eta} (\text{PS})$
$= \dfrac{1,000 \times 1.2 \times 54}{75 \times 60 \times 0.8} = 18 \text{PS}$

3. 1,000rpm으로 회전하는 펌프를 3,000rpm으로 하였다. 이 경우 양정 및 소요동력은 각각 얼마가 되는가?

풀이 $H_2 = H_1 \times \left(\dfrac{3,000}{1,000}\right)^2 = 9H_1$
$P_2 = P_1 \times \left(\dfrac{3,000}{1,000}\right)^3 = 27P_1$

(5) 축봉장치

① 메커니컬실
  밸런스실 : 내압이 0.4~0.5MPa 이상이고, LPG나 액화가스와 같이 낮은 비점의 액체일 때 사용되는 터보식 펌프의 메커니컬실 형식

(6) 펌프에서 발생하는 주요 현상

① 공동(Cavitation)현상
- ㉮ 정의 : 유수 중에 그 수온의 증기압보다 낮은 부분이 생기면 물이 증발을 일으키고 기포를 발생하는 현상
- ㉯ 캐비테이션으로 인한 결과
    - ㉠ 기계 손상
    - ㉡ 진동
    - ㉢ 소음

② 수격작용(Water hammering)
- ㉮ 정의 : 펌프에서 물을 압송하고 있을 때 정전 등으로 급히 펌프가 멈춘 경우와 수량조절 밸브를 급히 개폐한 경우 등 관 내의 유속이 급변하면 물에 심한 압력변화가 생기는 현상
- ㉯ 발생방지법
    - ㉠ 관 내의 유속을 느리게 한다.
    - ㉡ 플라이휠을 설치하여 펌프의 속도가 급변하는 것을 막는다.
    - ㉢ 서지(Surge)탱크를 관 내에 설치한다.
    - ㉣ 밸브는 펌프 송출구 가까이에 설치하고, 밸브는 적당히 제어한다.
    - ㉤ 조압수조를 설치한다.

6 저온장치

(1) 가스액화사이클의 종류

① 린데(Linde)식 공기액화사이클
② 클라우드(Claude)식 공기액화사이클
③ 캐피자(Kapitza)식 공기액화사이클
④ 필립스(Philips)식 공기액화사이클 : 수소, 헬륨을 냉매로 하여 2개의 피스톤이 한 실린더에 설치되어 팽창기와 압축기의 역할을 동시에 하는 형식
⑤ 캐스케이드(Cascade)식(다원) 액화사이클 : 비등점이 점차 낮은 냉매를 사용하여 낮은 비등점의 기체를 액화시키는 액화사이클

(2) 냉동능력

1냉동톤 : 0℃의 순수한 물 1톤을 24시간 사이에 0℃의 얼음으로 냉동시키는 능력

> **예제**
>
> 시간당 66,400kcal를 흡수하는 냉동기의 용량은 몇 냉동톤인가?
>
> **풀이** 1냉동톤(RT) = 3,320kcal
>
> $RT = \dfrac{66,400}{3,320} = 20$

> **참고** 체적 냉동효과 : 압축기 입구에서 증기(건포화증기)의 체적당 흡열량(kcal/m^3)

(3) 성적계수

> **예제**
>
> −5℃에서 열을 흡수하여 35℃에 방열하는 역카르노사이클에 의해 작동하는 냉동기의 성능계수는?
>
> **풀이** $COP = \dfrac{T_2}{T_1 - T_2} = \dfrac{268}{308 - 268} = 6.7$

(4) 증기압축식 냉동기

① 작동순서 : 증발기 → 압축기 → 응축기 → 팽창밸브
② 팽창밸브
  ㉮ 냉매의 엔탈피가 일정하게 유지되는 부분
  ㉯ 고온, 고압의 액체 냉매를 교축작용에 의해 증발을 일으킬 수 있는 압력까지 감압시켜 주는 역할을 하는 기기

(5) 흡수식 냉동기

① 작동순서 : 증발기 → 응축기 → 팽창밸브 → 흡수기
② 재생기 : LiBr−H$_2$O계 흡수식 냉동기에서 가열원으로서 가스가 사용된다.

> **참고** CFC냉매 : 염소, 불소, 탄소만으로 화합된 냉매이다.

(6) 카르노사이클(Carnot Cycle)

예제

카르노사이클 기관이 27℃와 -33℃ 사이에서 작동될 때 이 냉동기의 열효율은?

풀이 $\eta(열효율) = 1 - \dfrac{T_2}{T_1}$, $1 - \dfrac{(273-33)}{(273+27)} = 0.2$

(7) 가스액화 분리장치

① 가스액화 분리장치의 구성요소
  ㉮ 한랭발생장치
  ㉯ 정류장치
  ㉰ 불순물제거장치

참고 정류(Rectification)
  ① 비점이 비슷한 혼합물의 분리에 효과적이다.
  ② 상층의 온도는 하층의 온도보다 낮다.
  ③ 환류비를 크게 하면 제품의 순도는 좋아진다.
  ④ 포종탑에서는 액량이 거의 일정하므로 접촉효과가 우수하다.

(8) 진공단열법

① 분류
  ㉮ 고진공단열법
  ㉯ 분말진공단열법
  ㉰ 다층진공단열법

(9) 공기액화 분리장치

예제

공기액화 분리기에서 이산화탄소 7.2kg을 제거하기 위해 필요한 건조제(NaOH)의 양은 약 몇 kg인가?

풀이 공기 중의 탄산가스는 가성소다 용액에 흡수하여 제거한다.

$2NaOH + CO_2 \rightarrow Na_2CO_3 + H_2O$
$2 \times 40\text{kg}$ 44kg
$x(\text{kg})$ 7.2kg

$\therefore x = \dfrac{2 \times 40 \times 7.2}{44} = 13\text{kg}$

참고 공기 중 아세틸렌가스가 혼입되면 응고되어 돌아다니다가 액체산소 속에서 폭발을 일으킨다.

① 공기액화 분리장치의 폭발원인과 대책
   ㉮ 압축기용 윤활유의 분해에 따른 탄화수소의 생성
   ㉯ 공기 취입구로부터의 아세틸렌의 침입

   > **참고** 공기 중 아세틸렌가스가 혼입되면 안 되는 주된 이유
   > 응고되어 돌아다니다가 산소 중에서 폭발할 수 있다.

   ㉰ 공기 중의 NO, NO_2 등 질소화합물의 혼입
   ㉱ 액체공기 중의 오존(O_3)의 축적

7 고압장치

(1) 기계적 성질
① 연신율 : 재료에 하중을 가했을 때 원래 길이에 늘어난 길이의 비, 온도가 낮으면 감소한다.
② 크리프(Creep) : 어느 온도 이상에서 일정 하중이 작용할 때 시간의 경과와 더불어 그 변형이 증대하고 때로 파괴되는 경우

(2) 응력(Stress)
① 원통형 용기에서 원주방향 응력은 축방향 응력의 2배이다.

$$\sigma = \frac{하중(W)}{단면적(A)}$$

여기서, σ : 응력(kg/cm^2), W : 하중(kg), A : 단면적(cm^2)

예제
직경 50mm의 강재로 된 둥근 막대가 8,000kgf의 인장하중을 받을 때의 응력은 얼마인가?

풀이 인장응력 = $\frac{하중(W)}{단면적(A)} = \frac{8,000}{\frac{3.14}{4} \times 50^2} = 4.07 \text{kgf/mm}^2$

② 원주방향 응력 : $\sigma_A = \frac{PD}{2t}$

예제
외경이 216.3mm, 두께 5.8mm인 200A의 배관용 탄소강관이 내압 0.99Mpa을 받았을 경우에 관에 생기는 원주방향 응력은?

풀이 $\sigma_A = \frac{PD}{2t} = \frac{0.99 \times (216 - 2 \times 5.8)}{2 \times 5.8} = 17.4 \text{Mpa}$

③ 축방향 응력 : $\sigma_B = \dfrac{PD}{4t}$

여기서, σ_A : 원주방향 응력(kg/cm²)

σ_B : 축방향 응력(kg/cm²)

P : 사용압력(kg/cm²)

D : 안지름(mm)

t : 두께(mm)

예제

원통형 용기에서 원주방향 응력은 축방향 응력의 얼마인가?

풀이 원통형 용기에서 원주방향 응력은 축방향 응력의 2배이다.

참고 **푸아송비**

재료 내부에 생기는 수직응력에 의한 가로 변형과 세로 변형과의 비

예제

푸아송의 비가 0.2일 때 푸아송의 수는 얼마인가?

풀이 푸아송비 = $\dfrac{가로\ 변형률}{세로\ 변형률}$, 푸아송수 = $\dfrac{1}{푸아송비} = \dfrac{1}{0.2} = 5$

(3) 안전율

재료의 인장강도와 허용응력의 비를 말한다.

$$안전율 = \dfrac{인장강도}{허용응력}$$

예제

단면적이 300mm²인 봉을 매달고 600kgf의 추를 그 자유단에 달았더니 재료의 허용인장응력에 도달하였다. 이 봉의 인장강도가 400kgf/cm²이라면 안전율은 얼마인가?

풀이 허용응력 = $\dfrac{하중}{단면적} = \dfrac{600}{300} = 2\text{kgf/mm}^2 = 200\text{kgf/cm}^2$

안전율 = $\dfrac{인장강도}{허용응력} = \dfrac{400\text{kgf/cm}^2}{200\text{kgf/cm}^2} = 2$

(4) 금속 재료의 종류

① 탄소강의 종류
  ㉮ 저탄소강 : C가 0.3% 이하
  ㉯ 중탄소강 : C가 0.3~0.6%
  ㉰ 고탄소강 : C가 0.6% 이상

> **참고** 예 냉간가공과 열가공을 구분하는 기준 : 재결정온도

(5) 강의 열처리

① 담금질(Quenching)
② 불림(Normalizing) : 불균일한 조직을 균일한 표준화된 조직으로 만들기 위한 방법
③ 풀림(Annealing)
④ 뜨임(Tempering)

> **참고** 고압가스 용기 및 장치가공 후 열처리를 실시하는 가장 큰 이유 : 가공 중 나타난 잔류응력을 제거하기 위하여

(6) 저온장치용 재료

> **참고** 심랭처리
> 오스테나이트 조직을 마텐자이트 조직으로 바꿀 목적으로 0℃ 이하로 처리하는 방법

(7) 재료에 대한 비파괴검사 방법

① 음향검사
② 침투탐상검사 : 표면의 미세한 균열, 작은 구멍, 슬러그 등을 검출할 수 있으며, 철 및 비철 재료에 모두 적용되고 전원이 없는 곳에서도 이용할 수 있다.
③ 자분(자기)탐상시험 : 결함자분 모양의 길이가 4mm를 초과한 경우에 불합격으로 한다.
④ 방사선투과검사 : 용접부의 내부결함검사에 가장 적합한 방법으로, 검사결과의 기록이 가능한 검사방법이다.
⑤ 초음파탐상시험법 : 재료 내·외부의 결함검사 방법이다.
⑥ 와류검사
⑦ 전위차법
⑧ 설파프린트법
⑨ 타진법

(8) 오토클레이브(Auto Clave)

① 교반형
② 진탕형
   ㉮ 가스누설의 가능성이 적다.
   ㉯ 고압력에 사용할 수 있고, 반응물의 오손이 없다.
   ㉰ 뚜껑판의 뚫어진 구멍에 촉매가 끼어들어갈 염려가 없다.
   ㉱ 교반형에 비하여 교반효과가 작다.
③ 회전형
④ 가스교반형

(9) 밸브의 종류

① 글로브(스톱)밸브 : 유체에 대한 저항은 크나, 개폐가 쉽고 유량조절에 주로 사용되는 밸브이다.
② 게이트밸브(Gate Valve) : 전개 시 유동저항이 작고 서서히 개폐가 가능하므로 충격을 일으키는 경우는 적지만, 유체 중 불순물이 있는 경우 밸브에 고이기 쉬우므로 차단능력이 저하될 수 있는 밸브이다.(예 도시가스 배관에 사용)

(10) 신축이음

① 루프형 : 설치 시 공간을 많이 차지하며, 신축에 따른 응력을 수반하나 고압에 잘 견뎌 고온, 고압용 옥외배관에 많이 사용되는 신축이음쇠이다.
② 슬리브형
③ 벨로스형
④ 스위블형
⑤ 상온 스프링 : 열의 영향에 의해 배관이 자유롭게 팽창하는 것을 예측하여 시공 시에 배관 길이를 약간 짧게 하여 강제로 배관하는 것을 말한다. 이 경우 절단 길이는 계산에서 얻은 자유팽창량의 1/2 정도이다.

> **참고** 고압가스관의 이음방법
> ① 용접
> ② 플랜지
> ③ 나사

(11) 관이음쇠

① 배관의 지름이 서로 다른 관을 이을 때 : 레듀서, 부싱 등
② 관의 분해, 수리, 교체가 필요한 경우 : 유니언, 플랜지 등

> **예제**
>
> 안지름 10cm의 파이프를 플랜지에 접속하였다. 이 파이프 내에 40kgf/cm²의 압력으로 볼트 1개에 걸리는 힘을 300kgf 이하로 하고자 할 때 볼트의 수는 최소 몇 개 필요한가?
>
> **풀이** 볼트의 수 = $\dfrac{\text{전체에 걸리는 힘}(P \cdot A)}{\text{볼트 1개에 걸리는 힘}} = \dfrac{40 \times \dfrac{\pi}{4} \times 10^2}{300} = 11$개

(12) 충전용기

① 가스용기 재료의 구비 조건
　㉮ 무게가 가볍고, 충분한 강도를 가져야 한다.
　㉯ 내식성, 내마모성을 가져야 한다.
　㉰ 가공 중 결함이 생기지 않아야 한다.
② 용접(계목)용기 : 프로판용기 및 액화가스용기 등의 비교적 저압용 용기로 많이 사용되고 있다.
③ 고압가스용기의 충전구
　㉮ 용기용 밸브의 충전구 형식
　　㉠ A형 : 가스 충전구가 수나사인 것
　　㉡ B형 : 가스 충전구가 암나사인 것
　　㉢ C형 : 가스 충전구가 나사가 없는 것
　㉯ 충전구의 나사 방향
　　㉠ 가연성가스 : 왼나사(단, 암모니아, 브롬화메탄은 오른나사)
　　㉡ 가연성가스를 제외한 것 : 오른나사
　㉰ 용기 충전구의 "V" 홈의 의미 : 왼나사

8 배관의 부식과 방식

(1) 지하매몰배관에 있어서 배관의 부식에 영향을 주는 요인
① pH
② 토양의 전기전도성
③ 배관 주위의 지하전선

(2) 갈바닉부식
두 개의 다른 금속이 접촉되어 전해질 용액 내에 존재할 때 다른 재질의 금속 간 전위차에 의해 용액 내에서 잔류가 흐르는데, 이에 의해 양극부가 부식이 되는 현상

(3) 전기방식의 종류
① 희생(유전)양극법 : 지하도시가스 매설배관에 Mg과 같은 금속을 배관과 전기적으로 연결하여 방식하는 방법

> **참고** 포화황산동 기준전극
> 전기방식을 실시하고 있는 도시가스 매몰배관에 대하여 전위측정을 위한 기준전극으로 사용되고 있으며, 방식전위기준으로 상한값 −0.85V 이하를 사용한다.

② 외부전원법

> **참고** 심매전극법
> 지표면의 비저항보다 깊은 곳의 비저항이 낮은 경우 적용하는 양극 설치방법

③ 배류법
④ 강제배류법 : 외부전원법과 선택배류법을 조합하여 레일의 전위가 높아도 방식전류를 흐르게 할 수 있는 방식

(4) 도시가스시설의 전위측정용 터미널(TB) 설치 기준
① 설치간격
  ㉮ 희생양극법, 배류법 : 배관길이 300m 이내
  ㉯ 외부전원법 : 배관길이 500m 이내

제3과목

가스계측기기

- **제1장** 계측기기의 개요
- **제2장** 가스검지 및 분석기기
- **제3장** 계측기기 일반
- **제4장** 가스미터

1 계측기기의 개요

(1) 기본단위

물리량을 나타내기 위한 기본적인 단위를 말한다.

[SI계의 기본단위]

내용	계량단위	명칭	내용	계량단위	명칭
질량	kg	킬로그램	온도	°K	켈빈
전류	A	암페어	-	-	-

 1. 자동조정의 제어량에서 물리량의 종류 : 위치, 속도, 압력 등
2. 유량의 단위 : m³/s, ft³/h, L/s

(2) 차원(Dimension)

 국제단위계(SI단위) 중 압력단위 : Pa

압력의 단위를 차원(Dimension)으로 바르게 나타낸 것은?

풀이   압력$(P) = \dfrac{F(\text{힘})}{A(\text{면적})} = \dfrac{\text{kg} \cdot \text{f}}{\text{m}^2} = \dfrac{\text{kg} \times \text{m/s}^2}{\text{m} \times \text{m}} = M/L \cdot T^2$

(3) 계측기기의 개요

① 계량에 관한 법률의 목적 : 계량의 기준을 정하여 적정한 계량을 실시하게 함으로써 공정한 상거래질서의 유지 및 산업의 선진화에 기여함을 목적으로 한다.
② 공업계측기기의 구비 조건
  ㉮ 주변 환경에 대하여 내구성이 있어야 한다.
  ㉯ 견고하고 신뢰성이 높아야 한다.
  ㉰ 구조가 간단하고 수리가 용이하여야 한다.
  ㉱ 경제적이어야 한다.
  ㉲ 원격조정 및 기록이 가능하고 연속 측정이 용이해야 한다.
③ 계측작업에서 반드시 필요한 장치
  ㉮ 자동급송장치
  ㉯ 자동선별장치
  ㉰ 자동검사장치

(4) 측정 방법의 종류

① 편위법(예 스프링 저울, 부르동관 압력계, 전류계 등)
② 영위법 : 미리 알고 있는 측정량과 측정치를 평형시켜 알고 있는 양의 크기로부터 측정량을 알아내는 방법이다(예 화학천칭을 이용하여 질량을 측정하는 방식).
③ 치환법(예 다이얼게이지를 이용하여 두께를 측정)
④ 보상법

(5) 오차 및 보정

예제

1. 실제 길이가 3.0cm인 물체를 측정하여 2.95cm를 얻었다. 이때 오차는 얼마인가?

   풀이 오차=측정값−참값=2.95−3.0=−0.05cm

2. 길이 2.19mm인 물체를 마이크로미터로 측정하였더니 2.10mm이었다. 오차율은 몇 %인가?

   풀이 오차율(%) = $\dfrac{측정값-참값}{참값} \times 100 = \dfrac{2.10-2.19}{2.19} \times 100 = -4.1\%$

   참고 계량, 계측기의 교정
   계량, 계측기의 지시값을 참값과 일치하도록 수정하는 것

(6) 오차의 종류

① 계통적 오차(Systematic Error) : 참값에 대하여 치우침이 생길 수 있으며, 측정조건변화에 따라 규칙적으로 생긴다.
② 기차(Instrument Error)

예제

시험 대상인 가스미터의 유량이 350m³/h이고, 기준 가스미터의 지시량이 330m³/h일 때 기준 가스미터의 기차는 약 몇 %인가?

풀이 $E = \dfrac{I-Q}{I} \times 100$, $\dfrac{350-330}{350} \times 100 = 5.71\%$

③ 정밀도(Precision) : 계측기기의 측정과 오차에서 흩어짐의 정도

(7) 자동제어

① 자동제어계의 동작 순서
　㉮ 검출
　㉯ 비교

㉰ 판단

㉱ 조작

> **참고**
> 1. 피드백 요소
>   피드백 자동제어계에서 목표값과 제어량이 같을 때 불필요한 것
> 2. Remote Terminal Unit
>   기지국에서 발생된 정보를 취합하여 통신선로를 통해 원격감시제어소에 실시간으로 전송하고, 원격감시제어소로부터 전송된 정보에 따라 해당 설비의 원격제어가 가능하도록 제어신호를 출력하는 장치

② 시퀀셜제어(Sequential Control, 개회로) : 공장자동화·전기세탁기·자동판매기·승강기·교통신호등·전기밥솥 등의 제어가 이에 속한다.

> **참고** 헌팅(난조)
> 제어계가 불안정하여 주기적으로 변화하는 좋지 못한 상태

(8) 자동제어의 블록선도

① 블록선도 : 제어신호의 전달경로를 표시한다.

> **예제**
>
> 외란의 영향으로 인하여 제어량의 목푯값 50L/min에서 53L/min으로 변화였다면 이때 제어편차는 얼마인가?
>
> **풀이** 제어편차 = 50 − 53 = −3L/min

> **참고**
> 1. Block 선도의 등가변환 : 전달요소치환, 인출점치환, 병렬결합, 피드백결합
> 2. Block 선도의 구성요소 : 전달요소, 가합점, 인출점

(9) 목푯값에 따라 분류

① 정치제어
② 추치제어 : 서보기구에 해당하는 제어로서 목표치가 임의의 변화를 하는 제어
  ㉮ 추종(자기조정)제어
  ㉯ 비율제어(Rate Control) : 목푯값이 다른 양과 일정한 비율 관계에서 변화되는 추치제어(예 유량비율제어, 공기비제어 등)
  ㉰ 프로그램제어(Program Control) : 목표차가 미리 정해진 시간적 순서에 따라 변할 경우의 추치제어 방법의 하나로, 가스크로마토그래피의 오븐온도제어 등에 사용되는 제어
③ 캐스케이드제어(Cacade Control) : 1차 제어장치가 제어량을 측정하여 제어명령을 하고, 2차 제어장치가 이 명령을 바탕으로 제어량을 조절하는 것

(10) 제어량의 성질에 따라 분류

① 서보기구(Servo Mechanism)(예 아날로그 공작기계, 미사일 유도기구 등)
② 프로세스제어(예 압력제어장치, 유량제어장치, 온도제어장치, 액위제어장치 등)
③ 자동조정
④ 다변수제어

> **참고** 펄스
> 계측시간이 짧은 에너지의 흐름

(11) 제어동작에 따른 분류

① 불연속동작
　㉮ 2위치동작(On-Off 제어기) : 잔류편차(Off-Set)는 제거되지만, 제어시간은 단축되지 않고 급변할 때 큰 진동이 발생하는 제어기
　㉯ 다위치동작
　㉰ 불연속속도동작(부동제어)
② 연속동작
　㉮ 비례동작(P동작, Proportional Action)

> **참고** 비례대역(%)
> 동작신호의 폭을 조절기전 눈금범위로 나눈 백분율(%)로 비례대를 좁게 하면 조작량이 커지며 2위치동작과 같게 된다.
>
> 비례대역(%) = $\dfrac{측정온도차}{조절온도차} \times 100$

예제

온도가 60°F에서 100°F까지 비례제어된다. 측정온도가 71°F에서 75°F로 변할 때 출력압력이 3psi에서 15psi로 도달하도록 조정될 때 비례대역(%)은?

풀이 비례대역(%) = $\dfrac{측정온도차}{조절온도차} \times 100$

$= \dfrac{75-71}{100-60} \times 100 = 10\%$

> **참고** 비례제어기
> 오차에 비례한 제어출력신호를 발생시키며, 공기식 제어기의 경우에는 압력 등을 제어출력신호로 이용하는 제어기

　㉯ 적분동작(I동작, Integral Action) : 편차의 크기에 비례하여 조절요소의 속도가 연속적으로 변하는 동작
　㉰ 미분동작(D동작, Derivative Action) : 진동이 발생하는 장치의 진동을 억제시키는데 가장 효과적이다.

③ 중합동작(Multiple Action)

> **참고** 비례대(Proportional Band)
> 비례동작에 있어서 단위 크기의 동작신호를 주었을 때, 조작단의 변화량은 비례감도를 정한다.
>
> 비례대 = $\dfrac{제어범위}{설정조절범위} \times 100$

예제

비례제어기는 60°C에서 100°C 사이의 온도를 조절하는 데 사용된다. 이 제어기로 측정된 온도가 81°C에서 89°C로 될 때의 비례대(Proportional Band)는?

풀이 온도조절기 비례대(%) = $\dfrac{측정온도차}{조절온도차} \times 100 = \dfrac{89-81}{100-60} \times 100 = 20\%$

(12) 제어기기의 일반

① 조절계

② 전송기

③ 조절기

④ 조작부 : 전압 또는 전력증폭기, 제어밸브 등으로 되어 있으며 조절부에서 나온 신호를 증폭시켜 제어대상을 작동시키는 장치

> **참고** 1. 액면 조절을 위한 자동제어의 구성 : 액면계 → 전송기 → 조절기 → 조작기 → 밸브
> 2. 제어기기의 대표적인 것을 들면 검출기, 증폭기, 조작기기(서보전동기), 변환기로 구분한다.

2 가스검지 및 분석기기

(1) 시험지법

[시험지와 검지가스]

시험지	검지가스	반응색
KI – 전분지	할로겐(Cl_2), NO_2, ClO	청~갈색으로 변함
리트머스지	산성가스	적색으로 변함
	NH_3(염기성가스)	청색으로 변함
염화제1동 착염지	아세틸렌(C_2H_2)	적색
하리슨(Harrison)시험지	포스겐($COCl_2$)	심등색으로 변함
염화팔라듐지	일산화탄소(CO)	흑색으로 변함

초산납시험지(연당지)	황화수소(H_2S)	회~흑색으로 변함
질산구리벤젠지(초산벤젠지)	시안화수소(HCN)	청색으로 변함

(2) 검지관법

① 화학공장에서 누출된 유독가스를 신속하게 현장에서 검지·정량하는 방법이다.
② 검지기는 검지관과 가스채취기 등으로 구성된다.
③ 검지관은 내경이 2~4mm의 유리관을 사용한다.
④ 검지관 내부에 시료가스가 송입되면 검지제와의 반응으로 변색한다.
⑤ 검지관은 한 번 사용하면 다시 사용할 수 없다.

(3) 가연성가스 누출검출기

메탄, 에틸알코올, 아세톤 등을 검지하고자 할 때 가장 적합한 검지법
① 안전등형
② 간섭계형
③ 열선형
  ㉮ 기체 열전도도식
  ㉯ 접촉연소식
④ 반도체식 : 산화철, 산화주석 등을 350℃ 전후에서 표면에 가연성가스를 통과시키면 표면에 가연성가스가 흡착되어 전기전도도가 상승하는 성질이 있다. 반도체 재료로는 산화알루미늄(Al_2O_3)을 사용한다.

(4) 가스분석 구분

① 화학적 가스분석계
  ㉮ 연소열을 이용하는 것
  ㉯ 고체 흡수제를 이용하는 것
  ㉰ 용액 흡수제를 이용하는 것

(5) 흡수분석법

① 오르자트(Orsat)법
  ㉮ 분석가스와 흡수액

분석순서	분석가스	흡수액
1	CO_2	30% KOH 용액
2	O_2	알칼리성 피로갈올 용액
3	CO	암모니아성 염화제1구리($CuCl_2$) 용액
4	N_2	전부 흡수되고 남은 것을 계산

④ 오르자트 분석기에 의한 배기가스 각 성분 % 계산

㉠ $CO_2\% = \dfrac{KOH\ 30\%\ 용액\ 흡수량}{시료\ 채취량} \times 100$

㉡ $O_2\% = \dfrac{알칼리성\ 피로갈롤\ 용액\ 흡수량}{시료\ 채취량} \times 100$

㉢ $CO\% = \dfrac{암모니아성\ 염화제1구리\ 용액흡수량}{시료\ 채취량} \times 100$

㉣ $N_2\% = 100 - (CO_2\% + O_2\% + CO\%)$

예제

50mL이 시료가스를 CO_2, O_2, CO순으로 흡수시켰을 때, 이때 남은 부피가 각각 32.5mL, 24.2mL, 17.8mL이었다면 이들 가스의 조성 중 N_2의 조성은 몇 %인가? (단, 시료가스는 CO_2, O_2, CO, N_2로 혼합되어 있다.)

풀이 $N_2 = 50mL - (17.5 + 8.3 + 6.4) = 17.8mL$

$\therefore N_2 = \dfrac{17.8}{50} \times 100 = 35.6\%$

② 헴펠(Hempel)법

㉮ 분석가스와 흡수제

분석순서	분석가스	흡수액
1	CO_2	30% KOH 용액
2	C_mH_n(중탄화수소)	무수황산 25%를 포함한 발연 황산
3	O_2	알칼리성 피로갈롤 용액
4	CO	암모니아성 염화제1구리($CuCl_2$) 용액
5	H_2 및 CH_4	연소시켜 감량으로 정량

③ 게겔(Gockel)법

㉮ 저급 탄화수소의 분석용에 사용한다.

㉯ 게겔(Gockel)법

분석순서	분석가스	흡수액
1	CO_2	30% KOH 용액
2	C_2H_2	옥소수은칼륨 용액
3	C_3H_6 및 $n-C_3H_8$	87% H_2SO_4
4	C_2H_4	취화수소(HBr)
5	O_2	알칼리성 피로갈롤 용액
6	CO	암모니아성 염화제1구리($CuCl_2$) 용액

(6) 연소분석법

① 폭발법
② 완만연소법(적열 백금법, 우인 클러법)
③ 분별연소법 : 2종류 이상의 동족 탄화수소와 수소가 혼합된 시료를 측정할 수 있는 것
  ㉮ 팔라듐관연소법
  ㉯ 산화구리법

(7) 화학분석법

① 적정법
  ㉮ 요오드(I_2)적정법
  ㉯ 중화적정법
  ㉰ 킬레이트적정법
② 중량법 : 침전법
③ 분광(흡광)광도법 : 램버트-비어(Lambert-Beer)의 법칙을 이용한 것

(8) 기기분석법

① 기체 크로마토그래피법(Gas Chromatography)
  ㉮ 기체 크로마토그래피의 주요 구성요소
    ㉠ 분리관(컬럼) : 사용되는 충전물은 실리카겔, 규조토, 활성탄이다.
    ㉡ 검출기
    ㉢ 기록계
  ㉯ 현재 산업체와 연구실에서 사용하는 가스 크로마토그래피의 각 피크(Peak) 면적 측정법으로 주로 이용되는 방식 : 적분계(Integrator)에 의한 방법
  ㉰ 가스 크로마토그래피 분석계에서 고체 지지체 물질 : 규조토
  ㉱ 분배 크로마토그래피 : 운반(Carrier)가스는 헬륨, 수소, 아르곤, 질소 등
  ㉲ 운반기체(Carrier gas)의 불순물을 제거하기 위하여 사용하는 부속품
    ㉠ 수분제거트랩(Moisture Trap)
    ㉡ 산소제거트랩(Oxygen Trap)
    ㉢ 화학필터(Chemical Filter)
  ㉳ 가스검출기의 종류
    ㉠ 불꽃이온화검출기(FID) : H_2, O_2, NH_3 등에는 감응이 없고, 탄화수소에 대한 감응이 가장 좋은 검출기이다. 유기화합물의 분리, 프로판의 성분을 가스 크로마토그래피를 이용하여 분석한다. 도로에 매설된 도시가스가 누출되는 것을 감지하여 분석한 후 가스누출유무를 알려준다.

      참고 FID검출기를 사용하는 가스 크로마토그래피는 검출기의 온도가 100℃ 이상에서 작동되어야 한다.
      • 주된 이유 : 연소시 발생하는 수분의 응축을 방지하기 위하여

ⓛ 전자포획검출기(ECD) : 방사성동위원소의 자연붕괴 과정에서 발생하는 베타입자를 이용하여 시료의 양을 측정하는 검출기

ⓒ 염광(불꽃)광도검출기(FPD) : 황화합물과 인화합물에 대하여 선택성이 높은 검출기로 탄화수소(C, H)는 전혀 감응하지 않는다.

㉕ 분리관 효율

예제

어떤 분리관에서 얻은 벤젠의 가스 크로마토그램을 분석하였더니 시료 도입점으로부터 피크 최고점까지의 길이가 85.4mm, 봉우리의 폭이 9.6mm이었다. 이론단수는?

풀이 $N = 16 \times \left(\dfrac{t_R}{W}\right)^2 = 16\left(\dfrac{85.4}{9.6}\right)^2 = 1,266$

(9) 적외선 분광분석계

화합물이 가지는 고유의 흡수 정도의 원리를 이용하여 정성 및 정량분석에 이용할 수 있는 분석방법

(10) 적외선 가스분석기

① 2원자 분자를 제외한 대부분의 가스가 고유한 흡수스펙트럼을 가지는 것을 응용한 것으로 대기오염측정에 사용되는 가스분석기
② 대칭 이원자 분자 및 Ar 등의 단원자 분자를 제외한 것의 대부분의 가스를 분석할 수 있으며, 선택성이 우수하고 연속분석이 가능한 가스분석방법

(11) 밀도식 CO_2 분석기

가스는 분자량에 따라 다른 비중값을 갖는다. 이 특성을 이용한 분석기이다.

(12) 열전도율식 CO_2 분석계

① 사용 시 주의사항

㉮ 가스의 유속을 거의 일정하게 한다.
㉯ 셀의 주위 온도와 측정가스의 온도를 거의 일정하게 유지시키고 과도한 상승을 피한다.
㉰ 브리지의 공급전류 점검을 확실하게 한다.

3 계측기기 일반

(1) 가스관리용 계기
① 유량계
② 온도계
③ 압력계

(2) 기준분동식
압력계 교정 또는 검정용 표준기로 사용되는 압력계

(3) 1차 압력계
① 액주식 압력계(Manometer)
　㉮ U자관 압력계
　㉯ 단관식 압력계
　㉰ 경사관식 압력계 : 미세압 측정이 가능하여 통풍계로도 사용되며, 감도(정도)가 아주 좋은 압력계
② 자유피스톤식 압력계
③ 침종식 압력계
④ 링밸런스식 압력계

(4) 2차 압력계
① 탄성 압력계
　㉮ 부르동(Bourdon)관 압력계 : 탄성을 이용하는 대표적인 압력계로, 종류는 C형, 스파이럴형, 헬리컬형, 버튼형이 있다.

> **참고** 부르동관 압력계 등으로 측정되는 압력을 게이지압력이다.

　　㉠ 특징
　　　ⓐ 넓은 범위의 압력을 측정할 수 있다.
　　　ⓑ 구조가 간단하고, 제작비가 저렴하다.
　　　ⓒ 측정 시 외부로부터 에너지를 필요로 하지 않는다.
　　　ⓓ 높은 압력은 측정 가능하지만, 정확도는 낮다.

> **참고** **부르동관 압력계의 호칭크기를 결정하는 기준**
> 눈금판의 바깥지름(mm)

㉯ 벨로스(Bellows)식 압력계

> **참고** 히스테리시스(Hysteresis)현상
> 벨로스식 압력계로 압력 측정 시 벨로스 내부에 압력이 가해질 경우 원래 위치로 돌아가지 않는 현상

㉰ 다이어프램(Diaphram)식 압력계 : 작은 압력 변화에도 크게 편향하는 성질이 있어 저기압의 압력 측정에 사용되고, 점도가 큰 액체나 고체 부유물이 있는 유체의 압력을 측정하기에 적합하다. 측정 범위는 20~5,000mmH$_2$O이다.

> **참고** 표준분동식 압력계
> 측정범위가 넓어 탄성체 압력계의 교정용으로 사용한다.

② 전기식 압력계
  ㉮ 전기저항 압력계
  ㉯ 피에조 전기압력계 : 수정이나 전기석 또는 로셀염 등 결정체의 특정 방향으로 압력을 가할 때 발생하는 표면 전기량으로 압력을 측정하는 압력계이다. 가스폭발 등 급속한 압력변화를 측정하는 데 가장 적합하다.
  ㉰ 스트레인 게이지

(5) 유량 측정

① 유체의 밀도가 변할 경우 질량유량을 측정하는 것이 좋다.
② 유체가 기체일 경우 온도와 압력에 의한 영향이 크다.
③ 유체가 기체일 때 온도나 압력에 의한 밀도의 변화는 무시할 수 없다.
④ 유체의 흐름이 층류일 때와 난류일 때의 유량 측정 방법은 다르다.

(6) 유량을 구하는 식

$$Q = AV = \frac{\pi}{4}d^2 \times V$$

여기서, Q : 유량(m³/s), A : 단면적(m²)
V : 유속(m/s)

> **예제**
> 내경 50mm의 배관으로 평균유속 1.5m/s의 속도로 흐를 때의 유량(m³/h)은 얼마인가?
> **풀이** $Q = AV = \frac{\pi}{4}d^2 \times V = \frac{\pi}{4} \times (0.05\text{m})^2 \times 1.5\text{m/s} \times 3,600\text{s} = 10.6\text{m}^3/\text{h}$

(7) 용적식(직접식) 유량계

점도가 높거나 점도 변화가 있는 유체에 가장 적합하다.
① 종류
  ㉮ 오벌형 유량계
  ㉯ 원판형 유량계
  ㉰ 로터리피스톤식 유량계
  ㉱ 루츠식 유량계
  ㉲ 가스미터

(8) 피토관

예제

1. 온도 25℃, 기압 760mmHg인 대기 속의 풍속을 피토관으로 측정하였더니 전압(全壓)이 대기압보다 40mmH₂O 높았다. 이때 풍속은 약 몇 m/s인가?(단, 피스톤 속도계수(C)는 0.9, 공기의 기체상수(R)는 29.27kgf · m/kg · K이다.)

  풀이 $V = C\sqrt{2g \times \dfrac{P}{\gamma}} = 0.9 \times \sqrt{2 \times 9.8 \times \dfrac{40}{1.184528}} = 23.15 \text{m/s}$

  $\gamma = \dfrac{P}{RT} = \dfrac{10,332}{29.27 \times (273+25)} = 1.184528 \text{kg/m}^3$

2. 유속이 6m/s인 물속에 피토(pitot)관을 세울 때 수주의 높이는 약 몇 m인가?

  풀이 $V = \sqrt{2g\Delta h}$, $\Delta h = \dfrac{V^2}{2g} = \dfrac{6^2}{2 \times 9.8} = 1.83 \text{m}$

> **참고** 터빈 유량계
> 유체 에너지를 이용하여 날개에 부딪히는 유체의 운동량으로 회전체를 회전시켜 운동량과 회전량의 변화로 가스 흐름을 측정하는 것으로, 측정범위가 넓고 압력손실이 작은 가스유량계

(9) 전자 유량계

패러데이의 전자유도법칙을 이용한 것

> **참고** 전자밸브(Solenoid Valve)의 작동 원리는 전류의 자기작용에 의한 작동이다.

(10) 초음파 유량계

도플러 효과를 이용한 것으로, 대구경 관로의 측정이 가능하며, 압력손실이 없고 비전도성 유체도 측정할 수 있다.

> **참고** 유량계측기 중 압력손실 크기 순서
> 오리피스＞플로노즐＞벤투리＞전자 유량계

(11) 열팽창을 이용한 것

① 알코올 온도계의 특징
  ㉮ 저온 측정에 적합하다.
  ㉯ 열팽창계수가 크고, 액주가 상승한 후 하강하는 데 시간이 걸린다. 열전도율이 나쁘다.
② 바이메탈 온도계의 특징
  ㉮ 기계적 변환 방식을 이용한다.
  ㉯ 히스테리시스 오차가 발생한다.
  ㉰ 온도변화에 대한 응답이 빠르다.
  ㉱ 온도조절스위치로 많이 사용한다. 온도자동기록장치로 많이 사용하고, 작용하는 힘이 크다.

(12) 전기저항변화를 이용한 것(전기저항 온도계)

예제

0℃에서 저항이 120Ω이고, 저항온도계수가 0.0025인 저항 온도계를 노 안에 삽입하였을 때 저항이 21Ω이 되었다면 노 안의 온도는 몇 ℃인가?

풀이 노 안의 온도 = $\dfrac{210-120}{120 \times 0.0025}$ = 300℃

① 구리 측온저항체 온도계
  ㉮ 측정 온도 : 0~120℃
  ㉯ 특징
    ㉠ 가격이 싸고 비례성이 좋다.
    ㉡ 고온에서 산화한다.
② 니켈 저항 측온저항체 온도계
  측정 온도 : -50~150℃
③ 반도체의 저항변화 이용
  서미스터 저항체 : 니켈, 망간, 코발트, 구리 등의 금속 산화물을 압축·소결시켜 만든 온도계

(13) 열기전력을 이용한 것(열전대 온도계)

2가지 다른 도체의 양끝을 접합하고 두 접점을 다른 온도로 유지할 경우 회로에 생기는 기전력에 의해 열전류가 흐르는 현상(제백효과), 사용온도범위가 넓고 가격이 비교적 저렴하며, 내구성이 좋아 공업용으로 가장 널리 사용되는 온도계이다.

예 가스보일러의 화염온도를 측정하여 가스 및 공기의 유량을 조절한다.

참고 열기전력을 이용하는 법칙
  ① 균일 회로의 법칙 ② 중간 금속의 법칙 ③ 중간 온도의 법칙

① 열전대 온도계의 구성
  ㉮ 열전대
    ㉠ 보상도선
    ㉡ 측온접점(열접점)
    ㉢ 기준접점(냉접점)
    ㉣ 보호관
② 열전대의 종류 및 특징

종류	측정범위	특징
백금-백금로듐 (P·R) : R형	0~1,600℃	• 열전대 중 내열성이 가장 우수하다. • 접촉식으로 가장 높은 온도를 측정할 수 있다. • 환원성 분위기에 약하고 금속증기 등에 침식되기 쉽다.
크로멜·알루멜 (C·A) : K형	-20~1,200℃	
철-콘스탄탄 (I·C) : J형	-20~800℃	
구리-콘스탄탄 (C·C) : T형	-200~350℃	• 열기전력이 크고, 저항 및 온도계수가 작다. • 수분에 의한 부식에 강하므로 저온 측정에 적합하다. • 비교적 저온의 실험용으로 주로 사용한다.

(14) 비접촉식 온도계

① 방사 온도계 : 스테판-볼츠만법칙이 적용된다.
② 색 온도계

온도와 색과의 관계

온도(℃)	600	800	1,000	1,200	1,500	2,000	2,500
색	어두운 색	붉은색	오렌지색	노란색	눈부신 황백색	매우 눈부신 흰색	푸른기가 있는 흰빛색

(15) 액면계

① 공업용 액면계(액위계)가 갖추어야 할 구비 조건
  ㉮ 연속 측정이 가능할 것
  ㉯ 구조가 간단하고 조작이 용이할 것
  ㉰ 고압·고온에 견디며 내식성이 있을 것
  ㉱ 값이 싸고 보수가 용이할 것
② 유리관(직관)식 액면계 : 직접적으로 자동제어가 가장 어렵다.
③ 초음파식 액면계 : 초음파(20kHz 이상)가 예리한 지향성을 가진다.

초음파의 송수파기에서 액면까지의 거리가 15m인 초음파 액면계에서 초음파가 수신될 때까지 0.3초가 걸렸다면 매질 중에서의 초음파의 전파속도는 약 몇 m/s인가?

풀이 전파속도 $V(\text{m/s}) = \dfrac{L[거리(\text{m})]}{t[시간(\text{s})]} = \dfrac{15}{0.3 \times \dfrac{1}{2}} = 100\text{m/s}$

④ 슬립튜브식 액면계 : 가스가 방출되었을 때 인화 또는 중독의 우려가 없는 장소에 주로 사용한다.
⑤ 편위식 액면계 : 아르키메데스의 원리를 이용한 액면 측정 방식이다.

참고 환형유리제 액면계
산소 또는 불활성가스 초저온 저장탱크의 경우에 한정하여 사용이 가능한 액면계

(16) 습도계

① 절대습도 : 습공기 중에서 건조공기 1kg에 대한 수증기 양과의 비율

온도 49℃, 압력 1atm의 습한 공기 205kg이 10kg의 수증기를 함유하고 있을 때 이 공기의 절대습도는? (단 49℃에서 물의 증기압은 88mmHg이다.)

풀이 습공기(대기) = 건공기 + 수증기, 건공기 = 습공기 − 수증기 = 205 − 10 = 195kg

$\therefore$ 절대습도$(X) = \dfrac{G_w}{G_a} = \dfrac{10}{195} = 0.051\text{kgH}_2\text{O/kg dry air}$

$= 0.051$수증기 무게(kg)/건증기 무게(kg)

여기서 G_a : 건증기 중량, G_w : 수증기 중량

참고 상대습도가 0이라는 것
공기 중에 수증기가 존재하지 않는다는 의미이다.

② 건습구 습도계

장점	단점
• 구조 및 취급이 간단하다. • 휴대하기 편리하고 값이 싸다. • 원격측정, 자동기록이 가능하다.	• 물이 필요하다. • 통풍 상태에 따라 오차가 발생한다.

③ 전기저항식 습도계

장점	단점
• 저온도의 측정이 가능하고, 응답이 빠르다. • 감도가 크고 전기저항의 변화가 쉽게 측정된다. • 연속기록, 원격측정, 자동제어에 주로 이용된다.	• 고습도에 장기간 방치하면 감습막이 유동한다. • 다소의 경년변화가 있어 온도계수가 비교적 크다.

④ 모발 습도계

장점	단점
• 재현성이 좋기 때문에 상대습도계의 감습소자로 사용된다. • 구조 및 취급이 간단하며, 상대습도가 즉시 나타난다. • 한랭지역에서 사용하기가 편리하다. • 실내의 습도 조절용으로 많이 이용된다.	• 히스테리시스가 있고, 시도가 틀리기 쉽다. • 정도가 좋지 못하며, 모발의 유효작동기간이 있어 불편하다.

(17) 밀도계

① 광학적 방법인 슐리렌법(Schlieren Method) : 기체의 흐름에 대한 밀도변화 측정
② 피크노미터(Pycno Meter) : 유체의 밀도 측정에 이용되는 기구

(18) 진공계

① 열전도형 진공계 : 필라멘트의 열전대로 측정하여 열전대진공계 측정범위는 10^{-3}~1torr 이다.
② 맥라우드 진공계 : 진공에 대한 폐관식 압력계로서 표준진공계로 사용되는 것

(19) 열량 계측

① 융커(Junker) 열량계 : 기체연료의 발열량 측정에 주로 사용된다.
② 습증기의 열량을 측정하는 기구
   ㉮ 조리개 열량계
   ㉯ 분리 열량계
   ㉰ 과열 열량계

4 가스미터

(1) 가스미터의 분류

가스미터	실측식	건식	막식 : 독립내기식, 클로버식
			회전식 : 루츠(Roots)식, 로터리피스톤식, 오벌식
		습식 : 드럼형 등	
	추량식	델타식(Delta Type)	
		터빈식(Turbine Type)	
		오리피스식(Orifice Type)	
		벤투리식(Venturi Type)	

예제

1. 최대유량이 10m³/h인 막식 가스미터기를 설치하고 도시가스를 사용하는 시설이 있다. 가스렌지 2.5m³/h를 1일 8시간 사용하고, 가스보일러 6m³/h를 1일 6시간 사용했을 경우 월 가스사용량은 약 몇 m³인가?(단, 1개월은 31일이다.)

    풀이 월 가스사용량 = 가스레인지 + 가스보일러
    $= (2.5 \times 8 \times 31) + (6 \times 6 \times 31)$
    $= 1,736 \text{m}^3$

2. 도시가스 사용압력이 2.0kPa인 배관에 설치된 막식 가스미터의 기밀시험압력은?

    풀이 가스사용시설(연소기 제외)을 안전을 확보하기 위하여 최고사용압력의 1.1배 또는 8.4kPa 중 높은 압력 이상에서 기밀성능을 가지는 것으로 하므로, 사용압력 2.0kPa의 1.1배는 2.2kPa이므로 기밀시험압력은 8.4kPa 이상으로 하여야 한다.

① 루츠미터(Roots meter) 용량범위 : 100~5,000m³/h

(2) 가스미터의 고장형태

① 막식 가스미터
  ㉮ 기차 불량
    ㉠ 계량막이 신축하여 계량실 부피가 변화
    ㉡ 막에서의 누설, 밸브와 밸브시트 사이에서의 누설
    ㉢ 패킹부에서의 누설
  ㉯ 감도 불량 : 미터의 지침의 시도에 변화가 나타나지 않는 고장으로, 계량막밸브와 밸브시트의 틈 사이 패킹부 등의 누출로 인하여 발생하는 고장

㉰ 이물질로 인한 불량 : 출구측 압력이 현저하게 낮아지는 고장
　㉠ 연동기구가 변형된 경우
　㉡ 크랭크축에 이물질이 들어가 회전부에 윤활유가 없어진 경우
　㉢ 밸브와 시트 사이에 점성 물질이 부착된 경우
② 회전자식 가스미터(루츠미터)
부동 : 회전자는 회전하고 있으나 미터의 지침이 작동하지 않는 고장의 형태

(3) 가스미터 크기의 선정

① 선정 시 고려할 사항
　㉮ 사용하고자 하는 가스 전용인 것을 선택한다.
　㉯ 가스의 최대사용유량에 적합한 계량능력인 것을 선택한다.
　㉰ 사용 시 기차가 없고 정확하게 계량할 수 있는 것을 선택한다.
　㉱ 가스의 기밀성이 좋고 내구성이 큰 것을 선택한다.
　㉲ 내열성, 내압성이 좋고 유지관리가 용이한 것을 선택한다.
② 가스미터의 표시

> **참고** 막스 가스미터의 정도는 실제 사용되고 있는 상태에서 ±4%가 되어야 한다.

예제

1. 어느 수용가에 설치한 가스미터의 기차를 측정하기 위하여 지시량을 보니 100m³을 나타내었다. 사용공차를 ±4%로 한다면 이 가스미터에는 최소 얼마의 가스가 통과되었는가?

　풀이 통과량 = 지시량 × (1 - 사용공차)
　　　　　　　 = 100 × (1 - 0.04)
　　　　　　　 = 96m³

2. 기준 가스미터의 지시량이 380m³/h이고 시험대상인 가스미터의 유량이 400m³/h라면 이 가스미터의 오차율은 얼마인가?

　풀이 오차율(기차) = $\dfrac{\text{시험미터 지시량} - \text{기준미터 지시량}}{\text{시험미터 지시량}} \times 100 = \dfrac{400 - 380}{400} \times 100 = 5\%$
　즉 오차율 5%란 시험대상 가스미터가 기준값보다 5% 낮게 측정되었다.

　㉮ 감도유량 : 가스미터가 작동하기 시작하는 최소유량

예제

MAX 1.0m³/h, 0.5L/rev로 표기된 가스미터가 시간당 50회전하였을 경우 가스 유량은?

　풀이 50회전 × 유량 = 50L/h × 0.5
　　　　　　　　　　 = 25L/h

> **참고** 가스미터를 검정하기 위해 표준미터로 시험할 때 시험미터를 최소유량부터 최대유량까지 7포인트 유량시험이 가능할 것

③ 계량기의 종류별 기호 중 가스미터의 표시기호

종류	기호	종류	기호
G	전력량계	K	주유기
H	가스미터	N	눈새김 탱크

> **참고** 가스미터 설치 시 입상배관을 금지하는 가장 큰 이유
> 겨울철 수분 응축에 따른 밸브, 밸브시트의 동결방지를 위함

제4과목
가스 안전관리

- **제1장** 고압가스 안전관리법
- **제2장** 액화석유가스의 안전관리법
- **제3장** 도시가스 안전관리법

1 고압가스 안전관리법

1. 용어

(1) 용어의 정의

① **가연성가스** : 폭발한계의 하한이 10% 이하인 것과 폭발한계의 상한과 하한의 차가 20% 이상인 것
② **독성가스** : 공기 중에 일정량 이상 존재하는 경우 인체에 유해한 독성을 가진 가스로서 허용농도가 100만분의 5000 이하인 것을 말한다.
③ **압축가스** : 일정한 압력에 의하여 압축되어 있는 가스
④ **충전용기** : 고압가스의 충전질량 또는 충전압력의 2분의 1 이상이 충전되어 있는 상태의 용기
⑤ **잔가스용기** : 고압가스의 충전질량 또는 충전압력의 2분의 1 미만이 충전되어 있는 상태의 용기
⑥ **처리능력** : 처리설비 또는 감압설비에 의하여 압축·액화나 그 밖의 방법으로 1일에 처리할 수 있는 가스의 양

(2) 고압가스 관련 설비

① 안전밸브·긴급차단장치·역화방지장치
② 기화장치
③ 압력용기
④ 자동차용 가스자동주입기
⑤ 독성가스 배관용밸브
⑥ 냉동설비([별표 11] 제4호 나목에서 정하는 일체형 냉동기는 제외한다)를 구성하는 압축기·응축기·증발기 또는 압력용기(이하 '냉동용 특정설비'라 한다)
⑦ 특정고압가스용 실린더캐비닛
⑧ 자동차용 압축천연가스 완속 충전설비(처리능력이 시간당 $18.5m^3$ 미만인 충전설비를 말한다)
⑨ 액화석유가스용 용기 잔류가스회수장치
⑩ 차량에 고정된 탱크

2. 저장능력 산정기준 [별표 1]

(1) 압축가스 저장탱크 및 용기

$Q = (10P+1)V_1$

> **예제**
>
> 내용적이 500L, 압력이 12MPa이고 용기 본수는 12개일 때 압축가스의 저장능력은 몇 m³인가?
>
> **풀이** 압축가스의 저장능력 $Q = (10P+1)V_1 = (10 \times 12 + 1) \times 0.5\text{m}^3 = 60.5\text{m}^3$
> ∴ $60.5\text{m}^3 \times 120 = 7,260\text{m}^3$

(2) 액화가스 저장탱크

$W = 0.9dV_2$

> **예제**
>
> 내부 용적이 25,000L인 액화산소 저장탱크의 저장능력은 얼마인가?
>
> **풀이** 액화산소 저장탱크의 저장능력 $W = 0.9dV_2 = 0.9 \times 1.14\text{kg/L} \times 25,000\text{L} = 25,650\text{kg}$

(3) 액화가스용기(차량에 고정된 탱크)

$W = \dfrac{V_2}{C}$

> **예제**
>
> 내용적 50L의 프로판을 충전할 때 최대충전량은 몇 kg인가?(단, 프로판의 충전정수는 2.35이다.)
>
> **풀이** 최대충전량$(W) = \dfrac{V_2}{C} = \dfrac{50}{2.35} = 21.28\text{kg}$

3. 보호시설 [별표 2]

(1) 제1종 보호시설

① 학교·유치원·어린이집·놀이방·어린이 놀이터·학원·병원(의원을 포함한다)·도서관·청소년수련시설·경로당·시장·공중목욕탕·호텔·여관·극장·교회 및 공회당

② 사람을 수용하는 건축물(가설건축물은 제외한다)로서 사실상 독립된 부분의 연면적이 1,000m² 이상인 것

③ 예식장·장례식장 및 전시장, 그 밖에 이와 유사한 시설로서 300명 이상 수용할 수 있는 건축물
④ 아동복지시설 또는 장애인복지시설로서 20명 이상 수용할 수 있는 건축물
⑤ 「문화재보호법」에 따라 지정문화재로 지정된 건축물

(2) 제2종 보호시설

① 주택
② 사람을 수용하는 건축물(가설건축물은 제외한다)로서 사실상 독립된 부분의 연면적이 100m² 이상 1,000m² 미만인 것

4. 냉동능력 산정기준 [별표 3]

예제

냉동톤을 얻고자 할 때 NH₃ 압축기 1개의 부피가 5,000cm³ 이하인 것에서 1시간당 압축량은 얼마인가?

풀이 $R = \dfrac{V}{C}$, $1 = \dfrac{V}{8.4}$, $V = 8.4 \text{m}^3/\text{h}$

여기서 압축기 1개의 부피가 5,000cm³ 이하이므로 C의 값은 8.4이다.

5. 고압가스 제조(특정제조·일반제조·용기 및 차량에 고정된 탱크 충전) 기준

(1) 시설 기준

① 화기와의 우회거리
  ㉮ 가스설비 또는 저장설비 : 2m 이상
  ㉯ 가연성가스, 산소가스설비 또는 저장설비 : 8m 이상
② 설비 사이의 거리
  ㉮ 가연성가스와 가연성가스 제조시설의 고압가스 : 5m 이상
  ㉯ 가연성가스와 산소제조시설의 고압가스 : 10m 이상

예제

최대지름이 6m인 고압가스 저장탱크 2기가 있다. 이 탱크에 물분무장치가 없을 때 상호 유지되어야 할 최소이격거리는?

풀이 저장된 탱크 간의 거리란, 저장탱크의 최대지름의 합산한 길이의 $\dfrac{1}{4}$ 이상에 해당하는 거리이다.

따라서 $(6\text{m} + 6\text{m}) \times \dfrac{1}{4} = 3\text{m}$이다.

③ 배관설비 기준

[독성가스 중 이중관으로 시공해야 하는 가스]

구 분		기 준
독성가스 중 이중관 설치 가스 및 누출확산 방지조치 가스		염소, 포스겐, 황화수소, 시안화수소, 아황산가스, 암모니아, 염화메탄, 산화에틸렌
하천수로 횡단 시	이중관	염소, 불소, 포스겐, 황화수소, 시안화수소, 아황산가스, 아크릴알데히드
	방호구조물에 설치하는 것	하천수로 횡단 시 이중관에 설치하는 독성가스를 제외한 그 이외의 독성가스
이중관의 규격		바깥층관 안지름은 안층관 바깥지름의 1.2배 이상

④ 사고예방설비 기준
  ㉮ 역류방지밸브 설치
    ㉠ 가연성가스를 압축하는 압축기와 충전용 주관과의 사이 배관
    ㉡ 아세틸렌을 압축하는 압축기의 유분리기와 고압건조기와의 사이 배관
    ㉢ 암모니아 또는 메탄올의 합성탑 및 정제탑과 압축기와의 사이 배관
  ㉯ 역화방지장치 설치
    ㉠ 가연성가스를 압축하는 압축기와 오토클레이브와의 사이 배관
    ㉡ 아세틸렌의 고압건조기와 충전용 교체밸브 사이 배관
    ㉢ 아세틸렌충전용 지관
  ㉰ 방폭전기기기 설치 : 가연성가스(암모니아, 브롬화메탄 및 공기 중에서 자기발화하는 가스 제외)의 가스설비

명 칭	표시방법
내압방폭구조	d
유입방폭구조	o
압력방폭구조	p
안전증방폭구조	e
본질안전방폭구조	ia · ib
특수방폭구조	s

⑤ 피해저감설비 기준
  ㉮ 방호벽 설치대상
    ㉠ 압축기와 충전장소 사이
    ㉡ 압축기와 가스충전용기 보관장소 사이
    ㉢ 충전장소와 가스충전용기 보관장소 사이
    ㉣ 충전장소와 충전용 주관밸브 도착 장소 사이

④ 독성가스 누출로 인한 피해방지시설 설치

㉠ 독성가스 및 제독제

독성가스	제독제(보유량)
염소	가성소다 수용액(670kg), 탄산소다 수용액(870kg), 소석회(620kg)
포스겐	가성소다 수용액(390kg), 소석회(360kg)
황화수소	가성소다 수용액(1,140kg), 탄산소다 수용액(1,500kg)
시안화수소	가성소다 수용액(250kg)
아황산가스	가성소다 수용액(530kg), 탄산소다 수용액(700kg), 다량의 물
암모니아, 산화에틸렌, 염화메탄	다량의 물

(2) 기술 기준

① 제조 및 충전 기준

㉮ 압축 금지

㉠ 가연성가스(C_2H_2, C_2H_4, H_2 제외) 중의 산소 용량이 전용량의 4% 이상인 것

㉡ 산소 중의 가연성가스(C_2H_2, C_2H_4, H_2 제외) 용량이 전용량의 4% 이상인 것

㉢ C_2H_2, C_2H_4, H_2 중의 산소 용량이 전용량의 2% 이상인 것

㉣ 산소 중의 C_2H_2, C_2H_4, H_2의 용량 합계가 전용량의 2% 이상인 것

㉯ 공기액화분리기에 설치된 액화산소 5L 중 아세틸렌 질량이 5mg, 탄화수소의 탄소 질량이 500mg을 넘을 때에는 운전을 중지하고 액화산소를 방출시킨다.

예제

공기액화분리장치의 액화산소 5L 중에 메탄이 360mg, 에틸렌이 196mg 섞여 있다면 탄화수소 중 탄소의 질량(mg)은 얼마인가?

풀이 공기액화분리기의 불순물 유입 금지

$$\therefore 360\text{mg} \times \frac{2}{16} + 196\text{mg} \times \frac{24}{28} = 438\text{mg}$$

㉰ 품질검사

가스의 종류	순 도	시험방법	충전압력
산 소	99.5% 이상	동-암모니아 시약 → 오르자트법	35℃, 11.8MPa
수 소	98.5% 이상	피로갈롤, 하이드로설파이드 시약 → 오르자트법	35℃, 11.8MPa
아세틸렌	98% 이상	• 발연 황산 → 오르자트법 • 브롬 시약 → 뷰렛법 • 질산은 시약 → 정성시험	질산은 시약을 사용한 정성시험에 합격할 것

6. 용기 제조 및 재검사 기준 [별표 10]

(1) 기술 기준

① 내압시험

㉮ 항구(영구)증가율 = $\dfrac{\text{항구증가량}}{\text{전증가량}} \times 100$

㉯ 합격기준

신규검사 : 항구증가율 10% 이하

예제

내용적이 50L인 가스용기에 내압시험압력 3.0MPa의 수압을 걸었더니 용기의 내용적이 50.5L로 증가하였고, 다시 압력을 제거하여 대기압으로 하였더니 용적이 50.002L가 되었다. 이 용기의 영구 증가율을 구하고, 합격인가 불합격인가를 판정하시오.

풀이 항구(영구)증가율 = $\dfrac{\text{항구증가량}}{\text{전증가량}} \times 100$ $\quad \dfrac{50.002 - 50}{50.5 - 50} \times 100 = 0.4\%$

∴ 영구증가율이 10% 이하이므로 합격이다.

② 초저온용기의 단열성능시험

예제

1,000L의 액산탱크에 액산을 넣어 방출밸브를 개방하여 12시간 방치하였더니 탱크 내의 액산이 4.8kg 방출되었다면 1시간당 탱크에 침입하는 열량은 약 몇 kcal인가?(단, 액산의 증발잠열은 60kcal/kg이다.)

풀이 침입열량(Q) = $\dfrac{\text{증발에 필요한 열량}}{\text{방치기간}} = \dfrac{4.8 \times 60}{12} = 24\text{kcal/h}$

㉮ 합격 기준

내용적	침입열량
1,000L 미만	0.0005kcal(0.002kJ)/h · ℃ · L
1,000L 이상	0.002kcal(0.0084kJ)/h · ℃ · L 이하

예제

내용적이 3,000L인 액화질소의 초저온용기에 단열성능시험을 하기 위하여 최초에 1,500kg을 충전하여 2시간이 경과한 후 잔량이 1,448kg이었다면 이 용기의 침입열량에 따른 합격 여부는?(단, 시험 시 외기의 온도는 20℃이며 액화질소의 비등점은 -196℃, 기화잠열은 48kcal/kg이다.)

풀이 침입열량 $Q = \dfrac{w \cdot q}{H \cdot \Delta t \cdot V} = \dfrac{(1{,}500 - 1{,}448) \times 48}{2 \times [20 - (-196)] \times 3{,}000} = 0.00192\text{kcal/h} \cdot \text{℃} \cdot \text{L}$

∴ 내용적이 1,000L 이상 침입열량이 0.002kcal(0.0084kJ)/h · ℃ · L 이하이므로 합격이다.

㉯ 충전용기의 시험압력

> **예제**

1. 가스안전사고를 방지하기 위하여 내압시험압력이 25MPa인 일반가스용기에 가스를 충전할 때는 최고충전압력을 얼마로 해야 하는가?

   풀이 내압시험압력(TP) = $FP \times \dfrac{5}{3}$

   ∴ $FP = TP \times \dfrac{3}{5} = 25 \times \dfrac{3}{5} = 15\,MPa$

2. 최고충전압력이 15MPa인 질소용기에 12MPa로 충전되어 있다. 이 용기의 안전밸브 작동압력은 얼마인가?

   풀이 안전밸브 작동압력 = 내압시험 × 0.8

   안전밸브 작동압력 = 최고충전압력 × $\dfrac{5}{3}$ × 0.8

   $= 15 \times \dfrac{5}{3} \times 0.8 = 20\,MPa$

7. 용기 등의 표시 [별표 24]

(1) 용기에 대한 표시

용기의 도색 표시

가연성 독성		의료용		그 밖의 가스	
종류	도색	종류	도색	종류	도색
LPG(액화석유가스)	밝은 회색	O_2(산소)	백색	O_2(산소)	녹색
H_2(수소)	주황색	액화탄산가스	회색	액화탄산가스	청색
C_2H_2(아세틸렌)	황색	He(헬륨)	갈색	N_2(질소)	회색
NH_3(액화암모니아)	백색	C_2H_4(에틸렌)	자색	소방용 용기	소방법에 따른 도색
Cl_2(액화염소)	갈색	N_2(질소)	흑색	그 밖의 가스	회색

(2) 용기의 종류별 부속품 기호

① 아세틸렌가스용 : AG
② 압축가스용 : PG
③ 액화석유가스용 : LPG
④ 저온 및 초저온가스용 : LT
⑤ 그 밖의 가스용 : LG

8. 고압가스 운반 등의 기준 [별표 30]

(1) 용기에 의한 운반기준

① 혼합적재 금지

㉮ 염소와 아세틸렌·암모니아 또는 수소

㉯ 가연성가스와 산소는 충전용기의 밸브가 서로 마주보지 않도록 적재할 것

㉰ 충전용기와 「위험물 안전관리법」에서 정하는 위험물

㉱ 독성가스 중 가연성가스와 조연성가스

③ 운반책임자 동승 기준

가스의 종류		기 준
액화가스	가연성가스	3천kg 이상(납붙임용기 및 접합용기의 경우는 2천kg 이상)
	독성가스	1천kg 이상
	조연성가스	6천kg 이상
압축가스	가연성가스	300m^3 이상
	독성가스	100m^3 이상
	조연성가스	600m^3 이상

2 액화석유가스의 안전관리법

1. 충전사업 기준 [별표 4]

(1) 용기 충전

① 통풍구 및 강제통풍시설

㉮ **통풍구조** : 바닥면적 1m^{2}마다 300cm^{2}의 비율로 계산한다(1개소 면적 : 2,400cm^2 이하)

㉯ 환기구는 2방향 이상으로 분산 설치한다.

㉰ 강제통풍장치

통풍능력	바닥면적 1m^{2}마다 0.5m^3/분 이상
흡입구	바닥면 가까이 설치한다.
배기가스 방출구	지면에서 5m 이상의 높이에 설치한다.

(2) 자동차 용기 충전

① 게시판
- ㉮ 충전 중 엔진 정지 : 황색 바탕, 흑색 글씨
- ㉯ 화기엄금 : 백색 바탕, 적색 글씨

2. 집단공급사업의 기준 [별표 5]

(1) 배관

① 배관의 재료
- ㉮ 매설배관의 재료 : 폴리에틸렌 피복강관, 가스용 폴리에틸렌강
- ㉯ 배관의 매설깊이
    - ㉠ 지면 : 1m 이상
    - ㉡ 차량이 통행하는 도로 : 1~2m 이상
    - ㉢ 공동주택 부지 내 및 1m의 매설깊이 유지가 곤란한 곳 : 0.6m 이상
    - ㉣ 보호관-보호판 : 0.3m 이상

② 관경에 따른 고정장치 부착 간격
- ㉮ 13mm 미만 : 1m마다
- ㉯ 13mm 이상 33mm 미만 : 2m마다
- ㉰ 33mm 이상 : 3m마다

3 도시가스 안전관리법

1. 일반도시가스사업의 기준 [별표 6]

(1) 정압기

① 정압기실의 시설 및 설비
- ㉮ 기밀시험
    - ㉠ 입구측 : 최고사용압력의 1.1배
    - ㉡ 출구측 : 최고사용압력의 1.1배 또는 8.4kPa 중 높은 압력 이상
- ㉯ 분해점검방법
    - ㉠ 정압기 : 2년에 1회 이상
    - ㉡ 필터 : 가스공급 개시 후 1월 이내 및 매년 1회 이상

ⓒ 가스사용시설 정압기 및 필터 : 3년까지는 1회 이상, 그 이후에는 4년에 1회 이상
ⓔ 작동상황 점검 : 1주일에 1회 이상

2. 가스사용시설의 기준 [별표 7]

(1) 연소기

① 월 사용예정량 산정 기준

$$Q = \frac{(A \times 240) + (B \times 90)}{11,000}$$

여기서, Q : 월 사용예정량(m³)
　　　　A : 산업용으로 사용하는 연소기의 명판에 적힌 도시가스소비량의 합계(kcal/h)
　　　　B : 산업용이 아닌 연소기의 명판에 적힌 도시가스소비량의 합계(kcal/h)

산업용 공장에서 사용하는 연소기의 명판에 표시된 용량이 6,000kcal/h인 경우 사용시설의 월 사용예정량(m³)은?

풀이 $Q = \dfrac{(A \times 240) + (B \times 90)}{11,000} = \dfrac{6,000 \times 240}{11,000} = 130.9 \text{m}^3$

3. 도시가스의 측정 [별표 10]

① 유해성분 측정

황전량	0.5g 이하
황화수소	0.02g 이하
암모니아	0.2g 이하

② 연소속도지수

부피 함유율이 C₃H₈ 10%, CH₄ 70%, H₂ 15%, O₂ 5%인 혼합가스의 연소속도는 얼마인가?(단, 가스의 비중은 0.6, K=1.2로 한다.)

풀이 도시가스의 연소속도

$$C_p = K \frac{1.0 H_2 + 0.6(CO + C_m H_n) + 0.3 CH_4}{\sqrt{d}}$$
$$= 1.2 \times \frac{1.0 \times 15 + 0.6 \times 10 + \sqrt{6} + 0.3 \times 70}{\sqrt{6}} = 65.07 \text{cm/sec}$$

부록

과년도 기출문제

2020년 4회 이후 문제부터는 CBT 복원 문제입니다.

2016 제1회 산업기사 (3. 6. 시행)

제1과목 연소공학

01 메탄 80v%, 프로판 5v%, 에탄 15v%인 혼합가스의 공기 중 폭발하한계는 약 얼마인가?

① 2.1% ② 3.3%
③ 4.3% ④ 5.1%

해설

$$\frac{100}{L} = \frac{V_1}{L_1} + \frac{V_2}{L_2} + \frac{V_3}{L_3}$$

$$\frac{100}{L} = \frac{80}{5} + \frac{5}{2.2} + \frac{12.6}{3}$$

$L = 4.3$

가스명	폭발범위(%)
메탄	5~15
프로판	2.2~9.5
에탄	3.0~12.5

02 $1Sm^3$의 합성가스 중의 CO와 H_2의 몰비가 1 : 1일 때 연소에 필요한 이론공기량은 약 몇 Sm^3/Sm^3인가?

① 0.50
② 1.00
③ 2.38
④ 4.76

해설

㉠ CO와 H_2 완전연소반응식에서

$CO + \frac{1}{2}O_2 \rightarrow CO_2$: 0.5mol

$H_2 + \frac{1}{2}O_2 \rightarrow H_2O$: 0.5mol

㉡ 이론공기량(A_o)

$= \frac{O_o}{0.21} = \left(0.5 \times \frac{0.5}{0.21}\right) + \left(0.5 \times \frac{0.5}{0.21}\right)$

$= 2.38 Sm^3/Sm^3$

03 다음 중 이론연소온도(화염온도, $t°C$)를 구하는 식은?(단, H_h : 고발열량, H_L : 저발열량, G : 연소가스량, C_p : 비열이다.)

① $t = \frac{H_L}{GC_p}$ ② $t = \frac{H_h}{GC_p}$

③ $t = \frac{GC_p}{H_L}$ ④ $t = \frac{GC_p}{H_h}$

해설

이론연소온도(화염온도, $t°C$) = $\frac{H_L}{GC_p}$

여기서, H_h : 고발열량 H_L : 저발열량
G : 연소가스량 C_p : 비열

04 고온체의 색깔과 온도를 나타낸 것 중 옳은 것은?

① 적색 : 1,500℃
② 휘백색 : 1,300℃
③ 황적색 : 1,100℃
④ 백적색 : 850℃

해설

① 적색 : 850℃
② 휘백색 : 1,500℃
④ 백적색 : 1,300℃

05 가연성 물질을 공기로 연소시키는 경우 공기 중의 산소농도를 높게 하면 어떻게 되는가?

① 연소속도는 빠르게 되고, 발화온도는 높게 된다.
② 연소속도는 빠르게 되고, 발화온도는 낮게 된다.
③ 연소속도는 느리게 되고, 발화온도는 높게 된다.
④ 연소속도는 느리게 되고, 발화온도는 낮게 된다.

해설 산소농도가 증가하면 연소속도는 빠르고, 발화속도는 낮아진다.

정답 01 ③ 02 ③ 03 ① 04 ③ 05 ②

06 공기 중에서 가스가 정상연소 할 때 속도는?

① 0.03~10m/s
② 11~20m/s
③ 21~30m/s
④ 31~40m/s

해설 공기 중 가스 정상연소속도 : 0.03~10m/s

07 폭굉을 일으킬 수 있는 기체가 파이프 내에 있을 때 폭굉방지 및 방호에 대한 설명으로 옳지 않은 것은?

① 파이프라인에 오리피스 같은 장애물이 없도록 한다.
② 공정라인에서 회전이 가능하면 가급적 완만한 회전을 이루도록 한다.
③ 파이프의 지름 길이의 비는 가급적 작게 한다.
④ 파이프라인에 장애물이 있는 곳은 관경을 축소한다.

해설 ④ 파이프라인에 장애물이 있는 곳은 관경을 확대한다.

08 연소속도에 대한 설명 중 옳지 않은 것은?

① 공기의 산소분압을 높이면 연소속도는 빨라진다.
② 단위면적의 화염면이 단위시간에 소비하는 미연소혼합기의 체적이라 할 수 있다.
③ 미연소혼합기의 온도를 높이면 연소속도는 증가한다.
④ 일산화탄소 및 수소, 기타 탄화수소계 연료는 당량비가 1.1 부근에서 연소속도의 피크가 나타난다.

해설 ④ 일산화탄소 및 수소, 기타 탄화수소계 연료는 당량비가 1 부근에서 연소속도의 피크가 나타난다.

09 점화원이 될 우려가 있는 부분을 용기 안에 넣고 불활성가스를 용기 안에 채워 넣어 폭발성가스가 침입하는 것을 방지한 방폭구조는?

① 압력방폭구조 ② 안전증방폭구조
③ 유입방폭구조 ④ 본질방폭구조

해설
② 안전증방폭구조 : 정상 운전 중에 가연성가스의 점화원이 될 전기불꽃, 아크 또는 고온부분 등의 발생을 방지하기 위하여 기계적, 전기적 구조상 또는 온도상승에 대하여, 특히 안전도를 증가시킨 구조
③ 유입방폭구조 : 전기기기의 불꽃 또는 아크를 발생하는 부분을 기름 속에 넣어 유면상에 존재하는 폭발성가스에 인화될 우리가 없도록 한 구조
④ 본질방폭구조 : 정상 시 및 사고(단선, 단락, 지락 등) 시에 발생하는 전기불꽃, 아크 또는 고온부에 의하여 가연성가스가 점화되지 아니하는 것이 점화시험, 기타 방법에 의하여 확인된 구조

10 "착화온도가 85℃이다."를 가장 잘 설명한 것은?

① 85℃ 이하로 가열하면 인화한다.
② 85℃ 이상 가열하고 점화원이 있으면 연소한다.
③ 85℃로 가열하면 공기 중에서 스스로 발화한다.
④ 85℃로 가열해서 점화원이 있으면 연소한다.

해설 착화온도가 85℃의 의미는 85℃로 가열하면 공기 중에서 스스로 발화한다는 것이다.

11 화재와 폭발을 구별하기 위한 주된 차이점은?

① 에너지 방출속도
② 점화원
③ 인화점
④ 연소한계

해설 화재와 폭발을 구별하기 위한 주된 차이점 에너지 방출속도

정답 06 ① 07 ④ 08 ④ 09 ① 10 ③ 11 ①

12 용기 내의 초기산소농도를 설정치 이하로 감소시키도록 하는 데 이용되는 퍼지방법이 아닌 것은?

① 진공퍼지 ② 온도퍼지
③ 스위프퍼지 ④ 사이펀퍼지

해설 퍼지방법
㉠ 진공퍼지
㉡ 압력퍼지
㉢ 스위프퍼지
㉣ 사이펀퍼지

13 최소점화에너지에 대한 설명으로 옳지 않은 것은?

① 연소속도가 클수록, 열전도도가 작을수록 큰 값을 갖는다.
② 가연성 혼합기체를 점화시키는 데 필요한 최소에너지를 최소점화에너지라 한다.
③ 불꽃방전 시 일어나는 점화에너지의 크기는 전압의 제곱에 비례한다.
④ 일반적으로 산소농도가 높을수록, 압력이 증가할수록 값이 감소한다.

해설 ① 연소속도가 클수록, 열전도도가 작을수록 작은 값을 갖는다.

14 다음 중 불연성 물질이 아닌 것은?

① 주기율표의 0족 원소
② 산화반응 시 흡열반응을 하는 물질
③ 완전연소한 산화물
④ 발열량이 크고 계의 온도 상승이 큰 물질

해설 ④는 가연성 물질에 대한 설명이다.

15 다음 중 가연물의 구비조건이 아닌 것은?

① 연소열량이 커야 한다.
② 열전도도가 작아야 된다.
③ 활성화에너지가 커야 한다.
④ 산소와의 친화력이 좋아야 한다.

해설 활성화에너지가 작아야 한다.

16 아세틸렌(C_2H_2)의 완전연소반응식은?

① $C_2H_2 + O_2 \rightarrow CO_2 + H_2O$
② $2C_2H_2 + O_2 \rightarrow 4CO_2 + H_2O$
③ $C_2H_2 + 5O_2 \rightarrow CO_2 + 2H_2O$
④ $2C_2H_2 + 5O_2 \rightarrow 4CO_2 + 2H_2O$

해설 아세틸렌의 완전연소반응식
$2C_2H_2 + 5O_2 \rightarrow 4CO_2 + 2H_2O$

17 LPG를 연료로 사용할 때의 장점으로 옳지 않은 것은?

① 발열량이 크다.
② 조성이 일정하다.
③ 특별한 가압장치가 필요하다.
④ 용기, 조정기와 같은 공급설비가 필요하다.

해설 LPG는 증기압을 이용하여 사용할 수 있으므로 특별한 가압장치가 필요 없다.

18 2kg의 기체를 0.15MPa, 15°C에서 체적이 0.1m³가 될 때까지 등온압축할 때 압축 후 압력은 약 몇 MPa인가?(단, 비열은 각각 $C_p = 0.8$, $C_v = 0.6$ KJ/kg·K이다.)

① 1.10
② 1.15
③ 1.20
④ 1.25

해설
$P_1 V_1 = mRT_1$,
$V_1 = \dfrac{mRT_1}{P_1} = \dfrac{m(C_p - C_v)T_1}{P_1}$
$= \dfrac{2 \times 0.2 \times (15+273)}{0.15 \times 10^3} = 0.768 \text{m}^3$
$P_1 V_1 = P_2 V_2$,
$P_2 = P_1 \left(\dfrac{V_1}{V_2}\right) = 0.15 \left(\dfrac{0.768}{0.1}\right) = 1.15 \text{MPa}$

정답 12 ② 13 ① 14 ④ 15 ③ 16 ④ 17 ③ 18 ②

19 아세틸렌가스의 위험도(H)는 약 얼마인가?

① 21　　② 23
③ 31　　④ 33

해설　아세틸렌 폭발범위 : 2.5~81%

위험도(H) = $\dfrac{U-L}{L}$ = $\dfrac{81-2.5}{2.5}$ = 31

20 기체연료의 주된 연소형태는?

① 확산연소
② 증발연소
③ 분해연소
④ 표면연소

해설　기체연료의 주된 연소형태 : 확산연소

제2과목　가스설비

21 도시가스 원료의 접촉분해공정에서 반응온도가 상승하면 일어나는 현상으로 옳은 것은?

① CH_4, CO가 많고 CO_2, H_2가 적은 가스 생성
② CH_4, CO_2가 적고 CO, H_2가 많은 가스 생성
③ CH_4, H_2가 많고 CO_2, CO가 적은 가스 생성
④ CH_4, H_2가 적고 CO_2, CO가 많은 가스 생성

해설　도시가스 원료의 접촉분해공정에서 반응온도가 상승하면 일어나는 현상
CH_4, CO_2가 적고 CO, H_2가 많은 가스가 생성된다.

22 2단 감압식 2차용 저압조정기의 출구쪽 기밀시험압력은?

① 3.3kPa
② 5.5kPa
③ 8.4kPa
④ 10.0kPa

해설　2단 감압식 2차용 저압조정기의 출구쪽 기밀시험 압력 : 5.5kPa

23 지하정압실 통풍구조를 설치할 수 없는 경우 적합한 기계환기설비 기준으로 맞지 않는 것은?

① 통풍능력이 바닥면적 $1m^2$마다 $0.5m^3$/분 이상으로 한다.
② 배기구는 바닥면(공기보다 가벼운 경우는 천장면) 가까이 설치한다.
③ 배기가스 방출구는 지면에서 5m 이상 높게 설치한다.
④ 공기보다 비중이 가벼운 경우에는 배기가스 방출구는 5m 이상 높게 설치한다.

해설　④ 공기보다 비중이 가벼운 경우에는 배기가스 방출구는 3m 이상 높게 설치한다.

24 유체에 대한 저항은 크나 개폐가 쉽고 유량조절에 주로 사용되는 밸브는?

① 글로브밸브
② 게이트밸브
③ 플러그밸브
④ 버터플라이밸브

해설　② 게이트밸브 : 배관 도중에 설치하여 유로의 차단에 사용하여 변체가 흐르는 방향에 대하여 직각으로 이동하여 유로를 개폐한다.
③ 플러그밸브 : 압력이 낮은 배관에 사용하는 밸브이다.
④ 버터플라이밸브 : 원판 중심선을 축으로 원판이 회전함에 따라 개폐가 이루어지는 밸브이며, 개폐 작용이 간단하게 이루어지므로 작동이 빠르고, 저압뿐만 아니라 고압의 물이나 증기, 공기, 가스용에도 널리 이용된다.

정답　19 ③　20 ①　21 ②　22 ②　23 ④　24 ①

부록 과년도 기출문제

25 기화기에 의해 기화된 LPG에 공기를 혼합하는 목적으로 가장 거리가 먼 것은?
① 발열량조절
② 재액화방지
③ 압력조절
④ 연소효율증대

해설 LPG에 공기를 혼합하는 목적
㉠ 발열량조절
㉡ 재액화방지
㉢ 연소효율증대
㉣ 누설 시의 손실 및 체류감소

26 다음 중 동 및 동합금을 장치의 재료로 사용할 수 있는 것은?
① 암모니아   ② 아세틸렌
③ 황화수소   ④ 아르곤

해설 아세틸렌은 동 및 동합금을 장치의 재료로 사용할 수 있다.

27 고온·고압에서 수소를 사용하는 장치는 일반적으로 어떤 재료를 사용하는가?
① 탄소강   ② 크롬강
③ 조강   ④ 실리콘강

해설 고온·고압에서 수소를 사용하는 장치재료
탄소강

28 다음은 터보펌프의 정지 시 조치사항이다. 정지 시의 작업순서가 올바르게 된 것은?

㉠ 토출밸브를 천천히 닫는다.
㉡ 전동기의 스위치를 끊는다.
㉢ 흡입밸브를 천천히 닫는다.
㉣ 드레인밸브를 개방시켜 펌프 속의 액을 빼낸다.

① ㉠-㉡-㉢-㉣
② ㉠-㉡-㉣-㉢
③ ㉡-㉠-㉢-㉣
④ ㉡-㉠-㉣-㉢

해설 터보펌프의 정지 시 작업순서
토출밸브를 천천히 닫는다 → 전동기의 스위치를 끊는다 → 흡입밸브를 천천히 닫는다 → 드레인밸브를 개방시켜 펌프 속의 액을 빼낸다.

29 다음 중 가스홀더의 기능이 아닌 것은?
① 가스 수요의 시간적 변화에 따라 제조가 따르지 못할 때 가스의 공급 및 저장
② 정전, 배관공사 등에 의한 제조 및 공급설비의 일시적 중단 시 공급
③ 조성의 변동이 있는 제조가스를 받아들여 공급가스의 성분, 열량, 연소성 등의 균일화
④ 공기를 주입하여 발열량이 큰 가스로 혼합공급

해설 가스홀더의 기능
㉠ 가스 수요의 시간적 변화에 따라 제조가 따르지 못 할 때 가스의 공급 및 저장
㉡ 정전, 배관공사 등에 의한 제조 및 공급설비의 일시적 중단 시 공급
㉢ 조성의 변동이 있는 제조가스를 받아들여 공급가스의 성분, 열량, 연소성 등의 균일화
㉣ 가스홀더를 사용처 부근에 설치하여 최고피크 시에 공장에서 수요지에 이르는 배관의 수동 능력

30 분젠식 버너의 특징에 대한 설명 중 틀린 것은?
① 고온을 얻기 쉽다.
② 역화의 우려가 없다.
③ 버너가 연소가스량에 비하여 크다.
④ 1차 공기와 2차 공기 모두를 사용한다.

해설 ② 선화현상이 발생한다.

정답 25 ③ 26 ② 27 ① 28 ① 29 ④ 30 ②

31 원유, 나프타 등의 분자량이 큰 탄화수소를 원료로 고온에서 분해하여 고열량의 가스를 제조하는 공정은?

① 열분해공정
② 접촉분해공정
③ 부분연소공정
④ 수소화분해공정

해설
① 열분해공정 : 원유, 나프타 등의 분자량이 큰 탄화수소를 원료로 고온에서 분해하여 고열량의 가스를 제조하는 공정
② 접촉분해공정 : 촉매를 사용하여 반응속도 400~800℃로서 탄화수소와 수증기를 반응시켜 CH_4, H_2, CO, CO_2로 변환하는 공정
③ 부분연소공정 : CH_4에서 원유까지의 탄화수소를 원료로 하고 O_2, 공기, 수증기를 가스화제로 하여 CH_4, H_2, CO, CO_2로 변환시키는 공정
④ 수소화분해공정 : C/H비가 큰 탄화수소를 고압, 고온으로 하여 수증기 흐름 중에서 분해시키는 방법과 니켈 등의 수소화 촉매를 사용해서 나프타 등의 비교적 C/H비가 낮은 탄화수소를 메탄으로 변환하여 고발열량의 가스를 제조하는 공정
⑤ 대체천연가스공정 : 원료 탄화수소에 수분, 산소, 수소를 반응시켜 수증기 개질, 부분연소, 수첨분해 등에 의해 가스화하고 메탄합성, 탈탄소 등의 공정과 병용해서 천연가스와 거의 일치하는 가스를 제조하는 공정

32 배관재료의 허용응력(S)이 $8.4 kg/mm^2$이고, 스케줄번호가 80일 때의 최고사용압력 $P(kg/cm^2)$는?

① 67
② 105
③ 210
④ 650

해설
$$Sch.\ No = 10 \times \frac{P}{S}$$
$$P = \frac{Sch \cdot No \times S}{10} = \frac{80 \times 8.4}{10} = 67 kg/cm^2$$

33 공기액화장치 중 수소, 헬륨을 냉매로 하며 2개의 피스톤이 한 실린더에 설치되어 팽창기와 압축기의 역할을 동시에 하는 형식은?

① 캐스케이드식
② 캐피자식
③ 클라우드식
④ 필립스식

해설
① 캐스케이드식 : 비점이 점차 낮은 냉매를 사용하여 저비점의 기체를 액화하는 형식이다.
② 캐피자식 : 팽창기가 터빈식이고 열교환에 축냉기를 채택한 것으로, 원료 공기를 냉각시킴과 동시에 원료 공기 중의 수분과 탄산가스를 제거한다.
③ 클라우드식 : 팽창기로 일을 하면서 단열 등 엔트로피 팽창에 의하여 공기의 온도를 강화시키는 방법이다.

34 고압가스 일반제조시설에서 저장탱크를 지하에 묻는 경우의 기준으로 틀린 것은?

① 저장탱크 정상부와 지면과의 거리는 60cm 이상으로 할 것
② 저장탱크의 주위에 마른 흙을 채울 것
③ 저장탱크를 2개 이상 인접하여 설치하는 경우 상호간에 1m 이상의 거리를 유지할 것
④ 저장탱크를 묻는 곳의 주위에는 지상에 경계표지를 할 것

해설
② 저장탱크의 주위에 마른 모래를 채울 것

35 강을 연하게 하여 기계가공성을 좋게 하거나 내부응력을 제거하는 목적으로 적당한 온도까지 가열한 다음 그 온도를 유지한 후에 서랭하는 열처리방법은?

① Marquenching
② Quenching
③ Tempering
④ Annealing

정답 31 ① 32 ① 33 ④ 34 ② 35 ④

해설 **열처리방법**
㉠ 담금질(Quenching) : 적당한 경도를 얻기 위하여 가열 후 급속히 냉각시키는 작업
㉡ 뜨임(Tempering) : 적당히 가열한 후 급랭하였을 때 취성이 있으므로 인성을 증가시키기 위해 조금 낮게 가열한 후 공기 중에서 서랭시키는 방법
㉢ 풀림(Annealing) : 강을 연하게 하여 기계가공성을 좋게 하거나 내부응력을 제거하는 목적으로 적당한 온도까지 가열한 다음 그 온도를 유지한 후 서랭하는 방법
㉣ 불림(Normalizing) : 결정조직을 미세화하고 균일하게 하여 조직의 변형을 제거하기 위하여 균일하게 가열한 후 공기 중에서 냉각하는 방법

36 펌프에서 일반적으로 발생하는 현상이 아닌 것은?
① 서징(Surging)현상
② 실링(Sealing)현상
③ 캐비테이션(공동)현상
④ 수격(Water Hammering)작용

해설 **펌프에서 일반적으로 발생하는 현상**
① 서징(Surging)현상
② 공동(Cavitation)현상
③ 수격(Water Hammering)작용
④ 베이퍼록(Vapor-Lock)현상

37 LPG 집단공급시설에서 입상관이란?
① 수용가에 가스를 공급하기 위해 건축물에 수직으로 부착되어 있는 배관을 말하며, 가스의 흐름방향이 공급자에서 수용가로 연결된 것을 말한다.
② 수용가에 가스를 공급하기 위해 건축물에 수평으로 부착되어 있는 배관을 말하며, 가스의 흐름방향이 공급자에서 수용가로 연결된 것을 말한다.
③ 수용가에 가스를 공급하기 위해 건축물에 수직으로 부착되어 있는 배관을 말하며, 가스의 흐름방향과 관계없이 수직배관은 입상관으로 본다.
④ 수용가에 가스를 공급하기 위해 건축물에 수평으로 부착되어 있는 배관을 말하며, 가스의 흐름방향과 관계없이 수직배관은 입상관으로 본다.

해설 **입상관**
수용가에 가스를 공급하기 위해 건축물에 수직으로 부착되어 있는 배관을 말하며, 가스의 흐름방향과 관계없이 수직배관은 입상관으로 본다.

38 직경 100mm, 행정 150mm, 회전수 600rpm, 체적효율이 0.8인 2기통 왕복압축기의 송출량은 약 몇 m³/min인가?
① 0.57   ② 0.84
③ 1.13   ④ 1.54

해설
$$Q = \frac{\pi (0.1)^2}{4} \times 0.15 \times 600 \times 2 \times 0.8$$
$$= 1.13 \, m^3/min$$

39 액화염소가스 68kg을 용기에 충전하려면 용기의 내용적은 약 몇 L가 되어야 하는가?(단, 염소가스의 정수 C는 0.8이다.)
① 54.4   ② 68
③ 71.4   ④ 75

해설
$$G = \frac{V}{C}$$
$$V = G \times C$$
$$= 68 \times 0.8$$
$$= 54.4L$$
여기서, G : 충전질량(kg)
V : 용기내용적(L)
C : 가스정수

정답 36 ② 37 ③ 38 ③ 39 ①

40 가스액화분리장치 구성기기 중 터보팽창기의 특징에 대한 설명으로 틀린 것은?

① 팽창비는 약 2 정도이다.
② 처리가스량은 10,000m³/h 정도이다.
③ 회전수는 10,000~20,000rpm 정도이다.
④ 처리가스에 윤활유가 혼입되지 않는다.

해설 팽창비는 약 5 정도이다.

제3과목 가스안전관리

41 산소 중에서 물질의 연소성 및 폭발성에 대한 설명으로 틀린 것은?

① 기름이나 그리스 같은 가연성 물질은 발화 시에 산소 중에서 거의 폭발적으로 반응한다.
② 산소농도나 산소분압이 높아질수록 물질의 발화온도는 높아진다.
③ 폭발한계 및 폭굉한계는 공기 중과 비교할 때 산소 중에서 현저하게 넓어진다.
④ 산소 중에서는 물질의 점화에너지가 낮아진다.

해설 ② 산소농도나 산소분압이 높아질수록 물질의 발화온도는 낮아진다.

42 정전기제거 또는 발생방지조치에 대한 설명으로 틀린 것은?

① 상대습도를 높인다.
② 공기를 이온화시킨다.
③ 대상물을 접지시킨다.
④ 전기저항을 증가시킨다.

해설 정전기제거 또는 발생방지조치
㉠ 상대습도를 높인다.
㉡ 공기를 이온화시킨다.
㉢ 대상물을 접지시킨다.

43 액화석유가스 판매사업소 및 영업소 용기저장소의 시설기준 중 틀린 것은?

① 용기보관소와 사무실은 동일 부지 내에 설치하지 않을 것
② 판매업소의 용기보관실 벽은 방호벽으로 할 것
③ 가스누출경보기는 용기보관실에 설치하되 분리형으로 설치할 것
④ 용기보관실은 불연성재료를 사용한 가벼운 지붕으로 할 것

해설 ① 용기보관소와 사무실은 동일 부지 내에 구분하여 설치한다.

44 가연성가스 및 독성가스용기의 도색 및 문자 표시의 색상으로 틀린 것은?

① 수소-주황색으로 용기 도색, 백색으로 문자 표기
② 아세틸렌-황색으로 용기 도색, 흑색으로 문자 표기
③ 액화암모니아-백색으로 용기 도색, 흑색으로 문자 표기
④ 액화염소-회색으로 용기 도색, 백색으로 문자 표기

해설 ㉠ 가연성가스 및 독성가스의 용기 도색

가스의 종류	도색의 구분
액화석유가스	회색
수소	주황색
아세틸렌	황색
액화암모니아	백색
액화염소	갈색
그 밖의 가스	회색

정답 40 ① 41 ② 42 ④ 43 ① 44 ④

ⓛ 고압가스용기에 사용하는 문자 색상

가스의 종류	문자의 색상	
	공업용	의료용
액화석유가스	적색	–
수 소	백색	–
아세틸렌	흑색	–
액화암모니아	흑색	–
액화염소	백색	–
산 소	백색	녹색
액화탄산가스	백색	백색
질 소	백색	백색
아산화질소	백색	백색
헬 륨	백색	백색
에틸렌	백색	백색
시클로프로판	백색	백색
그 밖의 가스	백색	–

45 고압가스용기의 재검사를 받아야 할 경우가 아닌 것은?
① 손상의 발생
② 합격표시의 훼손
③ 충전한 고압가스의 소진
④ 산업통상자원부령이 정하는 기간의 경과

[해설] 고압가스용기의 재검사를 받아야 할 경우
㉠ 손상의 발생
㉡ 합격표시의 훼손
㉢ 충전할 고압가스 종류의 변경
㉣ 산업통상자원부령이 정하는 기간의 경과

46 도시가스사업이 허가된 지역에서 도로를 굴착하고자 하는 자는 가스안전영향평가를 하여야 한다. 이때 가스안전영향평가를 하여야 하는 굴착공사가 아닌 것은?
① 지하보도공사
② 지하차도공사
③ 광역상수도공사
④ 도시철도공사

[해설] 가스안전영향평가를 하여야 하는 굴착공사
㉠ 지하보도공사 ㉡ 지하차도공사 ㉢ 도시철도공사

47 합격용기 각인사항의 기호 중 용기의 내압시험압력을 표시하는 기호는?
① TP ② TW
③ TV ④ FP

[해설] 합격용기 각인사항
㉠ TP : 내압시험압력
㉡ TW : 아세틸렌가스 충전용기
㉣ FP : 최고충전압력

48 전기방식전류가 흐르는 상태에서 토양 중에 매설되어 있는 도시가스배관의 방식전위는 포화황산동 기준전극으로 몇 V 이하이어야 하는가?
① -0.75 ② -0.85
③ -1.2 ④ -1.5

[해설] 도시가스배관의 방식전위
포화황산동 기준전극으로 -0.85V 이하

49 용기에 의한 액화석유가스 저장소에서 액화석유가스 저장설비 및 가스설비는 그 외면으로부터 화기를 취급하는 장소까지 최소 몇 m 이상의 우회거리를 두어야 하는가?
① 3 ② 5
③ 8 ④ 10

[해설] 저장설비 및 가스설비는 그 외면으로부터 화기를 취급하는 장소까지 최소 2m(가연성가스 및 산소는 8m) 이상의 우회거리를 두어야 한다.

50 LPG 압력조정기 중 1단감압식 저압조정기의 용량이 얼마 미만에 대하여 조정기의 몸통과 덮개를 일반공구(몽키 렌치, 드라이버 등)로 분리할 수 없는 구조로 하여야 하는가?
① 5kg/h
② 10kg/h
③ 100kg/h
④ 300kg/h

해설 LPG 압력조정기 중 1단감압식 저압조정기의 용량이 10kg/h 미만
조정기의 몸통과 덮개를 일반공구(몽키 렌치, 드라이버 등)로 분리할 수 없는 구조로 한다.

51 고압가스 운반 등의 기준에 대한 설명으로 옳은 것은?
① 염소와 아세틸렌, 암모니아 또는 수소는 동일 차량에 혼합 적재할 수 있다.
② 가연성가스와 산소는 충전용기의 밸브가 서로 마주 보게 적재할 수 있다.
③ 충전용기와 경유는 동일 차량에 적재하여 운반할 수 있다.
④ 가연성가스 또는 산소를 운반하는 차량에는 소화설비 및 응급조치에 필요한 자재 및 공구를 휴대한다.

해설 ① 염소와 아세틸렌, 암모니아 또는 수소는 동일 차량에 혼합 적재하여 운반하지 아니한다.
② 가연성가스와 산소는 충전용기의 밸브가 서로 마주 보지 않도록 적재한다.
③ 충전용기와 경유는 동일 차량에 적재하여 운반하지 아니한다.

52 다음 중 가스의 분류에 대하여 바르지 않게 나타낸 것은?
① 가연성가스 : 폭발범위 하한이 10% 이하이거나 상한과 하한의 차가 20% 이상인 가스
② 독성가스 : 공기 중에 일정량 이상 존재하는 경우 인체에 유해한 독성을 가진 가스
③ 불연성가스 : 반응을 하지 않는 가스
④ 조연성가스 : 연소를 도와주는 가스

해설 ③ 불연성가스 : 공기 중에서 점화원에 의해 연소하지 않는 가스

53 액화가스를 충전하는 탱크의 내부에 액면의 요동을 방지하기 위하여 설치하는 장치는?
① 방호벽 ② 방파판
③ 방해판 ④ 방지판

해설 방파판의 설명이다.

54 독성가스용기 운반차량 운행 후 조치사항에 대한 설명으로 틀린 것은?
① 충전용기를 적재한 차량은 제1종 보호시설에서 15m 이상 떨어진 장소에 주정차한다.
② 충전용기를 적재한 차량은 제2종 보호시설에서 10m 이상 떨어진 장소에 주정차한다.
③ 주정차장소 선정은 지형을 고려하여 교통량이 적은 안전한 장소를 택한다.
④ 차량의 고장 등으로 인하여 정차하는 경우는 적색 표지판 등을 설치하여 다른 차량과의 충돌을 피하기 위한 조치를 한다.

해설 ② 충전용기를 적재한 차량은 제2종 보호시설이 밀집한 지역은 피한다.

55 고압가스 제조시설은 안전거리를 유지해야 한다. 안전거리를 결정하는 요인이 아닌 것은?
① 가스사용량
② 가스저장능력
③ 저장하는 가스의 종류
④ 안전거리를 유지해야 할 건축물의 종류

해설 고압가스 제조시설의 안전거리를 결정하는 요인
㉠ 가스저장능력
㉡ 저장하는 가스의 종류
㉢ 안전거리를 유지해야 할 건축물의 종류

정답 51 ④ 52 ③ 53 ② 54 ② 55 ①

56 고압가스장치의 운전을 정지하고 수리할 때 유의할 사항으로 가장 거리가 먼 것은?

① 가스의 치환
② 안전밸브의 작동
③ 배관의 차단 확인
④ 장치 내 가스분석

해설 고압가스장치의 운전을 정지하고 수리할 때 유의할 사항
㉠ 가스의 치환 ㉡ 배관의 차단 확인 ㉢ 장치 내 가스분석

57 아세틸렌용기에 충전하는 다공물질의 다공도값은?

① 62~72%   ② 72~85%
③ 75~92%   ④ 82~95%

해설 다공물질의 다공도 : 75~92%

58 도시가스용 압력조정기란 도시가스 정압기 이외에 설치되는 압력조정기로서 입구쪽 호칭지름과 최대표시유량을 각각 바르게 나타낸 것은?

① 50A 이하, 300Nm³/h 이하
② 80A 이하, 300Nm³/h 이하
③ 80A 이하, 500Nm³/h 이하
④ 100A 이하, 500Nm³/h 이하

해설 도시가스용 압력조정기란, 도시가스 정압기 이외에 설치되는 압력조정기이다.
㉠ 입구쪽 호칭지름 : 50A 이하
㉡ 최대표시유량: 300Nm³/h 이하

59 전기기기의 내압방폭구조의 선택은 가연성 가스의 무엇에 의해 주로 좌우되는가?

① 인화점, 폭굉한계
② 폭발한계, 폭발등급
③ 최대안전틈새, 발화온도
④ 발화도, 최소발화에너지

해설 전기기기의 내압방폭구조의 선택
가연성가스의 최대안전틈새, 발화온도

60 HCN은 충전한 후 며칠이 경과하기 전에 다른 용기에 충전하여야 하는가?

① 30일   ② 60일
③ 90일   ④ 120일

해설 HCN은 충전 후 60일이 경과하기 전에 다른 용기로 옮겨 충전한다.

제4과목 가스계측

61 막식 가스미터에서 크랭크축이 녹슬거나, 날개 등의 납땜이 떨어지는 등 회전장치 부분에 고장이 생겨 가스가 미터기를 통과하지 않는 고장의 형태는?

① 부동   ② 불통
③ 누설   ④ 감도 불량

해설
① 부동 : 가스는 미터를 통과하나 미터지침이 작동하지 않는 고장이다.
② 누설 : 내부의 누설과 외부의 누설로 나눈다.
③ 감도 불량 : 미터에 감도유량을 흘렸을 때 미터의 지침의 시도에 변화가 나타나지 않는 고장이다.

62 수소염화이온화식 가스검지기에 대한 설명으로 옳지 않은 것은?

① 검지성분은 탄화수소에 한한다.
② 탄화수소의 상대감도는 탄소수에 반비례한다.
③ 검지감도가 다른 감지기에 비하여 아주 높다.
④ 수소 불꽃 속에 시료가 들어가면 전기전도도가 증대하는 현상을 이용한 것이다.

해설 ② 탄화수소의 상대감도는 탄소수에 비례한다.

정답 56 ② 57 ③ 58 ① 59 ③ 60 ② 61 ② 62 ②

63 현재 산업체와 연구실에서 사용하는 가스 크로마토그래피의 각 피크(Peak)면적측정법으로 주로 이용되는 방식은?

① 중량을 이용하는 방법
② 면적계를 이용하는 방법
③ 적분계(Integrator)에 의한 방법
④ 각 기체의 길이를 총량한 값에 의한 방법

해설 적분계에 의한 방법이 현재 가스 크로마토그래피의 면적측정법으로 주로 이용되고 있다.

64 2원자 분자를 제외한 대부분의 가스가 고유한 흡수스펙트럼을 가지는 것을 응용한 것으로 대기오염측정에 사용되는 가스분석기는?

① 적외선 가스분석기
② 가스 크로마토그래피
③ 자동화학식 가스분석기
④ 용액흡수도전율식 가스분석기

해설 적외선 가스분석기의 설명이다.

65 내경 50mm인 배관으로 비중이 0.98인 액체가 분당 1m³의 유량으로 흐르고 있을 때 레이놀즈수는 약 얼마인가?(단, 유체의 점도는 0.05kg/m · s이다.)

① 11,210
② 8,320
③ 3,230
④ 2,210

해설 $d = 0.05\text{m}$,
$e = 1,000 s = 1,000 \times 0.98 = 980 \text{kg/m}^3$
$Q = 1\text{m}^3/\text{min} = \dfrac{1}{60} = 0.167 \text{m}^3/\text{sec}$
$\mu = 0.05 \text{Pa} \cdot S(\text{kg/m} \cdot \text{sec})$
$V = \dfrac{Q}{A} = \dfrac{0.0167}{\dfrac{\pi}{4}(0.05)^2} = 8.493 \text{m/s}$
$Re = \dfrac{eVd}{\mu} = \dfrac{980 \times 8.493 \times 0.05}{0.05} = 8,320$

66 가스계량기 중 추량식이 아닌 것은?

① 오리피스식   ② 벤투리식
③ 터빈식   ④ 루츠식

해설 가스미터의 분류

실측식	건식	• 막식형 : 독립내기식, 클로버식 • 회전식 : 루츠식, 로터리피스톤식, 오벌식
	습식	드럼형 등
추량식		㉠ 델타식 ㉡ 터빈식 ㉢ 오리피스식 ㉣ 벤투리식

67 가스 성분과 그 분석 방법으로 가장 옳은 것은?

① 수분 - 노점법
② 전유황 - 요오드적정법
③ 나프탈렌 - 중화적정법
④ 암모니아 - 가스 크로마토그래피법

해설
② 전유황 - 중화적정법
③ 나프탈렌 - 가스 크로마토그래피법
④ 암모니아 - 중화적정법

68 액주식 압력계의 종류가 아닌 것은?

① U자관   ② 단관식
③ 경사관식   ④ 단종식

해설 액주식 압력계의 종류
㉠ U자관
㉡ 단관식
㉢ 경사관식

69 같은 무게와 내용적의 빈 실린더에 가스를 충전하였다. 다음 중 가장 무거운 것은?

① 5기압, 300K의 질소
② 10기압, 300K의 질소
③ 10기압, 360K의 질소
④ 10기압, 300K의 헬륨

정답 63 ③ 64 ① 65 ② 66 ④ 67 ① 68 ④ 69 ④

해설
$PV = nRT$, $n = \dfrac{질량(w)}{분자량(M)}$

V, R은 동일하므로 $w = \dfrac{P \cdot M}{T}$

① $w = \dfrac{5 \times 28}{300K} \fallingdotseq 0.467$

② $w = \dfrac{10 \times 28}{300K} \fallingdotseq 0.933$

③ $w = \dfrac{10 \times 28}{360K} \fallingdotseq 0.778$

④ $w = \dfrac{10 \times 4}{300K} \fallingdotseq 0.133$

70 가스검지법 중 아세틸렌에 대한 염화제1구리 착염지의 반응색은?
① 청색　② 적색
③ 흑색　④ 황색

해설

시험지	검지가스	반응색
염화제1구리 착염지	아세틸렌 (C_2H_2)	적색

71 가스미터의 필요조건이 아닌 것은?
① 구조가 간단할 것
② 감도가 좋을 것
③ 대형으로 용량이 클 것
④ 유지관리가 용이할 것

해설 ③ 소형이며, 용량이 클 것

72 전기식 제어방식의 장점에 대한 설명으로 틀린 것은?
① 배선작업이 용이하다.
② 신호전달지연이 없다.
③ 신호의 복잡한 취급이 쉽다.
④ 조작속도가 빠른 비례 조작부를 만들기 쉽다.

해설 ④ ON-OFF가 간단하다.

73 오차에 비례한 제어출력신호를 발생시키며, 공기식 제어기의 경우에는 압력 등을 제어출력신호로 이용하는 제어기는?
① 비례제어기
② 비례적분제어기
③ 비례미분제어기
④ 비례적분-미분제어기

해설
② 비례적분제어기 : 비례제어에서는 잔류편차를 없게 하기 위하여 수동리셋을 사용하는데, 이것을 자동화한 것
③ 비례미분제어기 : 미분시간이 크면 클수록 미분동작이 강하며, 실제의 기기에서는 다소 변형을 가한 미분동작으로 비례제어와 합친 제어
④ 비례적분-미분제어기 : 비례적분제어 비례미분제어가 가지는 결점을 제거할 목적으로 결합한 제어

74 미리 알고 있는 측정량과 측정치를 평형시켜 알고 있는 양의 크기로부터 측정량을 알아내는 방법의 대표적인 예로, 천칭을 이용하여 질량을 측정하는 방식을 무엇이라 하는가?
① 영위법　② 평형법
③ 방위법　④ 편위법

해설 계측기의 측정방법
㉠ 편위법 : 측정량이 원인이 되어 그 직접적인 결과로 생기는 지시로부터 측정량을 아는 방법
㉡ 치환법 : 지시량과 미리 알고 있는 양으로부터 측정량을 알아내는 방법
㉢ 보상법 : 측정량과 크기가 거의 같은, 미리 알고 있는 양을 준비하여 측정량과 그 미리 알고 있는 양의 차이로서 측정량을 알아내는 방법

75 수면에서 20m 깊이에 있는 지점에서의 게이지압이 3.16kgf/cm²이었다. 이 액체의 비중량은?
① 1,580kgf/m³
② 1,850kgf/m³

정답 70② 71③ 72④ 73① 74① 75①

③ 15,800kgf/m³
④ 18,500kgf/m³

해설
$P = \gamma h$, $\gamma = \dfrac{P}{h} = \dfrac{3.16 \times 10^4}{20} = 1,580 \text{kgf/m}^3$

76 습증기의 열량을 측정하는 기구가 아닌 것은?
① 조리개 열량계
② 분리 열량계
③ 과열 열량계
④ 봄베 열량계

해설 습증기의 열량을 측정하는 기구
㉠ 조리개 열량계
㉡ 분리 열량계
㉢ 과열 열량계

77 계측기의 원리에 대한 설명으로 가장 거리가 먼 것은?
① 기전력의 차이로 온도를 측정한다.
② 액주높이로부터 압력을 측정한다.
③ 초음파속도 변화로 유량을 측정한다.
④ 정전용량을 이용하여 유속을 측정한다.

해설 ④ 전압과 정압의 차를 이용하여 유속을 측정한다.

78 가스분석 중 화학적 방법이 아닌 것은?
① 연소열을 이용한 방법
② 고체 흡수제를 이용한 방법
③ 용액 흡수제를 이용한 방법
④ 가스밀도, 점성을 이용한 방법

해설 가스분석 중 화학적 방법
㉠ 연소열을 이용한 방법
㉡ 고체 흡수제를 이용한 방법
㉢ 용액 흡수제를 이용한 방법

79 검사절차를 자동화하려는 계측작업에서 반드시 필요한 장치가 아닌 것은?
① 자동가공장치
② 자동급송장치
③ 자동선별장치
④ 자동검사장치

해설 검사절차를 자동화하려는 계측작업에서 반드시 필요한 장치
㉠ 자동급송장치
㉡ 자동선별장치
㉢ 자동검사장치

80 400m 길이의 저압본관에 시간당 200m³ 가스를 흐르도록 하려면 가스배관의 관경은 약 몇 cm가 되어야 하는가?(단, 기점, 종점 간의 압력강하를 1.47mmHg, K값=0.707이고, 가스비중을 0.64로 한다.)
① 12.45cm
② 15.93cm
③ 17.23cm
④ 21.34cm

해설
저압배관의 유량식 $(Q) = K\sqrt{\dfrac{D^5 \cdot H}{S \cdot L}}$

$D^5 = \dfrac{Q^2 \cdot S \cdot L}{K^2 \cdot H} = \dfrac{200^2 \times 0.64 \times 400}{0.707^2 \times \dfrac{1.47}{760} \times 10,332}$

$= 15.93 \text{cm}$

정답 76 ④ 77 ④ 78 ④ 79 ① 80 ②

2016 제2회 산업기사 (5. 23. 시행)

제1과목 연소공학

01 다음 중 기상폭발에 해당되지 않는 것은?
① 혼합가스폭발
② 분해폭발
③ 증기폭발
④ 분진폭발

해설 기상폭발의 종류
㉠ 혼합가스폭발
㉡ 분해폭발
㉢ 분진폭발
㉣ 분무폭발
㉤ 증기운폭발

02 다음의 열기관에서 온도 10℃의 엔탈피 변화가 단위중량당 100kcal일 때 엔트로피 변화량(kcal/kg·K)은?
① 0.35
② 0.37
③ 0.71
④ 10

해설
$$x = \frac{kcal}{kg \cdot K} = \frac{100kcal}{kg} \times \frac{1}{(10+273)K}$$
$$= 0.3533 ≒ 0.35$$

03 내압(耐壓)방폭구조로 방폭전기기기를 설계할 때 가장 중요하게 고려해야 할 사항은?
① 가연성가스의 발화점
② 가연성가스의 연소열
③ 가연성가스의 최대안전틈새
④ 가연성가스의 최소점화에너지

해설 내압방폭구조로 방폭전기기기를 설계할 때 가장 중요하게 고려해야 할 사항은 가연성가스의 최대안전틈새이다.

04 가스의 폭발범위(연소범위)에 대한 설명 중 옳지 않은 것은?
① 일반적으로 고압일 경우 폭발범위가 더 넓어진다.
② 수소와 공기혼합물의 폭발범위는 저온보다 고온일 때 더 넓어진다.
③ 프로판과 공기혼합물에 질소를 더 가할 때 폭발범위가 더 넓어진다.
④ 메탄과 공기혼합물의 폭발범위는 저압보다 고압일 때 더 넓어진다.

해설 ③ 프로판과 공기혼합물에 질소를 더 가할 때 폭발범위가 좁아진다.

05 층류확산화염에서 시간이 지남에 따라 유속 및 유량이 증대할 경우 화염의 높이는 어떻게 되는가?
① 높아진다.
② 낮아진다.
③ 거의 변화가 없다.
④ 처음에는 어느 정도 낮아지다가 점점 높아진다.

해설 층류확산화염
시간이 지남에 따라 유속 및 유량이 증대할 경우 화염의 높이는 높아진다.

06 시안화수소를 장기간 저장하지 못하는 주된 이유는?
① 산화폭발
② 분해폭발
③ 중합폭발
④ 분진폭발

해설 시안화수소는 중합폭발을 하므로 장기간 저장하지 못한다.

정답 01 ③ 02 ① 03 ③ 04 ③ 05 ① 06 ③

07 상용의 상태에서 가연성가스가 체류해 위험하게 될 우려가 있는 장소를 무엇이라 하는가?

① 0종 장소
② 1종 장소
③ 2종 장소
④ 3종 장소

해설 방폭지역의 구분
㉠ 0종 장소 : 위험분위기가 지속적으로 또는 장시간 존재하는 장소
㉡ 1종 장소 : 상용의 상태에서 가연성가스가 체류해 위험하게 될 우려가 있는 장소
㉢ 2종 장소 : 이상상태에서 위험분위기가 단시간 동안 존재할 수 있는 장소

08 자연발화온도(Autoignition Temperature, AIT)에 영향을 주는 요인에 대한 설명으로 틀린 것은?

① 산소량의 증가에 따라 AIT는 감소한다.
② 압력의 증가에 의하여 AIT는 감소한다.
③ 용기의 크기가 작아짐에 따라 AIT는 감소한다.
④ 유기화합물의 동족열 물질은 분자량이 증가할수록 AIT는 감소한다.

해설 자연발화온도에 영향을 주는 요인
㉠ 산소량의 증가에 따라 AIT는 감소한다.
㉡ 압력의 증가에 의하여 AIT는 감소한다.
㉢ 유기화합물의 동족열 물질은 분자량이 증가할수록 AIT는 감소한다.

09 프로판가스의 연소 과정에서 발생한 열량이 13,000kcal/kg, 연소할 때 발생된 수증기의 잠열이 2,500kcal/kg이면 프로판가스의 연소효율(%)은 약 얼마인가?(단, 프로판가스의 진발열량은 11,000kcal/kg이다)

① 65.4
② 80.8
③ 92.5
④ 95.4

해설 연소효율
$= \dfrac{실제발열량}{진발열량} = \dfrac{13,000 - 2,500}{11,000} \times 100$
$= 95.4\%$

10 융점이 낮은 고체연료가 액상으로 용융되어 발생한 가연성 증기가 착화하여 화염을 내고, 이 화염의 온도에 의하여 액체표면에서 증기의 발생을 촉진시켜 연소를 계속해 나가는 연소 형태는?

① 증발연소
② 분무연소
③ 표면연소
④ 분해연소

해설
② 분무연소 : 액체연료를 분무기로 무수한 미세의 유적을 무화시켜, 공기나 산소와 혼합하게 하여 연소시키는 현상
③ 표면연소 : 고체 표면과 공기가 접촉되는 부분에서 연소반응이 일어나는 현상
④ 분해연소 : 증발온도보다 분해온도가 낮은 고체연료가 가열되어 열분해를 일으켜 휘발되기 쉬운 성분이 표면에서 연소하는 현상

11 다음 중 질소산화물의 주된 발생원인은?

① 연소실 온도가 높을 때
② 연료가 불완전연소할 때
③ 연료 중에 질소분의 연소 시
④ 연료 중에 회분이 많을 때

해설 질소산화물은 연소실 온도가 높을 때 발생된다.

12 탄소 1mol이 불완전연소하여 전량 일산화탄소가 되었을 경우 몇 mol이 되는가?

① $\dfrac{1}{2}$
② 1
③ $1\dfrac{1}{2}$
④ 2

해설 반응식
$C + \dfrac{1}{2}O_2 \rightarrow CO$
1mol   1/2mol   1mol

정답 07 ② 08 ③ 09 ④ 10 ① 11 ① 12 ②

13 다음 중 폭굉유도거리(DID)에 대한 설명으로 옳은 것은?

① 관경이 클수록 짧다.
② 압력이 낮을수록 짧다.
③ 점화원의 에너지가 약할수록 짧다.
④ 정상연소속도가 빠른 혼합가스일수록 짧다.

해설
① 관경이 가늘수록 짧다.
② 압력이 높을수록 짧다.
③ 점화원의 에너지가 강할수록 짧다.

14 다음 중 염소폭명기의 정의로 옳은 것은?

① 염소와 산소가 점화원에 의해 폭발적으로 반응하는 현상
② 염소와 수소가 점화원에 의해 폭발적으로 반응하는 현상
③ 염화수소가 점화원에 의해 폭발하는 현상
④ 염소가 물에 용해하여 염산이 되어 폭발하는 현상

해설 염소폭명기
염소와 수소가 점화원에 의해 폭발적으로 반응하는 현상(예 $H_2 + Cl_2 \rightarrow 2HCl + 44kcal$)

15 1기압, 40L의 공기를 4L 용기에 넣었을 때 산소의 분압은 얼마인가?(단, 압축 시 온도변화는 없고 공기는 이상기체로 가정하며, 공기 중 산소는 20%로 가정한다.)

① 1기압 ② 2기압
③ 3기압 ④ 4기압

해설 $P_1V_1 = P_2V_2$에서
$P_2 = \dfrac{P_1V_1}{V_2} = \dfrac{1기압 \cdot 40L}{4L} = 10기압$
∴ 산소의 분압 = 10기압 × 0.2 = 2기압

16 가연성 혼합기체가 폭발범위 내에 있을 때 점화원으로 작용할 수 있는 정전기의 방지대책으로 틀린 것은?

① 접지를 실시한다.
② 제전기를 사용하여 대전된 물체를 전기적 중성 상태로 한다.
③ 습기를 제거하여 가연성 혼합기가 수분과 접촉하지 않도록 한다.
④ 인체에서 발생하는 정전기를 방지하기 위하여 방전복 등을 착용하여 정전기 발생을 제거한다.

해설 ③ 상대습도를 70% 이상 유지한다.

17 다음 중 가연성 물질의 성질에 대한 설명으로 옳은 것은?

① 끓는점이 낮으면 인화의 위험성이 낮아진다.
② 가연성 액체는 온도가 상승하면 점성이 적어지고 화재를 확대시킨다.
③ 전기전도도가 낮은 인화성 액체는 유동이나 여과 시 정전기를 발생시키지 않는다.
④ 일반적으로 가연성 액체는 물보다 비중이 작으므로 연소 시 축소된다.

해설
① 끓는점이 낮으면 인화의 위험성이 높아진다.
③ 전기전도도가 낮은 인화성 액체는 유동이나 여과 시 정전기를 발생시킨다.
④ 일반적으로 가연성 액체는 물보다 비중이 작으므로 연소 시 확대된다.

18 연료와 공기를 별개로 공급하여 연료와 공기의 경계에서 연소시키는 것으로, 화염의 안정범위가 넓고 조작이 쉬우며 역화의 위험성이 적은 연소방식은?

① 예혼합연소 ② 분젠연소
③ 전1차식 연소 ④ 확산연소

정답 13 ④ 14 ② 15 ② 16 ③ 17 ② 18 ④

[해설]
① 예혼합연소 : 기체연료를 미리 공기와 혼합시켜 놓고 점화해서 연소하는 것으로, 혼합기만으로도 연소할 수 있는 연소방식
② 분젠연소 : 가스를 노즐로부터 분출시켜 주위의 공기를 1차 공기로 취한 후 나머지를 2차 공기를 취하는 방식의 연소
③ 전1차식 연소 : 완전연소에 필요한 공기를 모두 1차 공기로 하여 연소하는 방식의 연소

19 다음 연료 중 착화온도가 가장 높은 것은?
① 메탄
② 목탄
③ 휘발유
④ 프로판

[해설] 착화온도

연료	착화온도(℃)
메탄	650~750
목탄	320~370
휘발유	210~300
프로판	460~520

20 층류의 연소속도가 작아지는 경우는?
① 압력이 높을수록
② 비중이 작을수록
③ 온도가 높을수록
④ 분자량이 작을수록

[해설] ② 열전도율이 클수록

제2과목 가스설비

21 기지국에서 발생된 정보를 취합하여 통신선로를 통해 원격감시제어소에 실시간으로 전송하고, 원격감시제어소로부터 전송된 정보에 따라 해당 설비의 원격제어가 가능하도록 제어신호를 출력하는 장치를 무엇이라 하는가?
① Master Station
② Communication Unit
③ Remote Terminal Unit
④ 음성경보장치 및 Map Board

[해설] Remote Terminal Unit의 설명이다.

22 프로판(C_3H_8)과 부탄(C_4H_{10})의 몰비가 2 : 1인 혼합가스가 3atm(절대압력), 25℃로 유지되는 용기 속에 존재할 때 이 혼합기체의 밀도는?(단, 이상기체로 가정한다.)
① 5.40g/L
② 5.98g/L
③ 6.55g/L
④ 17.7g/L

[해설] ㉠ 혼합가스의 평균분자량
$$M = \left(44 \times \frac{2}{3}\right) + \left(58 \times \frac{1}{3}\right)$$
$$= 48.666 ≒ 48.67$$

㉡ $PV = \frac{W}{M}RT$

$$\rho = \frac{W}{V} = \frac{PM}{RT}$$
$$= \frac{3 \times 48.67}{0.082 \times (273+25)}$$
$$= 5.98 g/L$$

23 내용적 10m³의 액화산소 저장설비(지상설치)와 제1종 보호시설과 유지해야 할 안전거리는 몇 m인가?(단, 액화산소의 비중은 1.14이다.)
① 7
② 9
③ 14
④ 21

[해설] ㉠ 산소처리설비 및 저장능력

처리설비 및 저장능력	제1종 보호시설	제2종 보호시설
1만 이하	12m	8m
1만 초과 2만 이하	14m	9m
2만 초과 3만 이하	16m	11m
3만 초과 4만 이하	18m	13m
4만 초과	20m	14m

㉡ 액화산소탱크 저장능력$(w) = 0.9dV$
$= 0.9 \times 1.14 \times 10 \times 1,000 = 10,260 kg$

정답 19① 20② 21③ 22② 23③

24 가스배관의 구경을 산출하는 데 필요한 것으로만 짝지어진 것은?

┌─────────────────────────┐
│ ㉠ 가스유량   ㉡ 배관길이 │
│ ㉢ 압력손실   ㉣ 배관재질 │
│ ㉤ 가스의 비중   │
└─────────────────────────┘

① ㉠, ㉡, ㉢, ㉣
② ㉡, ㉢, ㉣, ㉤
③ ㉠, ㉡, ㉢, ㉤
④ ㉠, ㉡, ㉣, ㉤

해설 가스배관의 구경을 산출하는 데 필요한 사항
가스유량, 배관길이, 압력손실, 가스의 비중

25 배관의 기호와 그 용도 및 사용조건에 대한 설명으로 틀린 것은?

① SPPS는 350℃ 이하의 온도에서, 압력 9.8N/mm² 이하에 사용한다.
② SPPH는 450℃ 이하의 온도에서, 압력 9.8N/mm² 이하에 사용한다.
③ SPLT는 빙점 이하의 특히 낮은 온도의 배관에 사용한다.
④ SPPW는 정수두 100m 이하의 급수배관에 사용한다.

해설 ② SPPH는 350℃ 이하의 온도에서, 압력 9.8 N/mm² 이하에 사용한다.

26 동일한 가스 입상배관에서 프로판가스와 부탄가스를 흐르게 할 경우 가스 자체의 무게로 인하여 입상관에서 발생하는 압력손실을 서로 비교하면?(단, 부탄 비중은 2, 프로판 비중은 1.5이다.)

① 프로판이 부탄보다 약 2배 정도 압력손실이 크다.
② 프로판이 부탄보다 약 4배 정도 압력손실이 크다.
③ 부탄이 프로판보다 약 2배 정도 압력손실이 크다.
④ 부탄이 프로판보다 약 4배 정도 압력손실이 크다.

해설 입상배관에 의한 압력손실
$H = 1.293(S-1)h$
여기서, H : 가스의 압력손실(mmH₂O)
S : 가스비중(공기=1)
h : 입상높이(m)
① C_4H_{10} : $1.293(2-1) = 1.293$
② C_3H_8 : $1.293(1.5-1) = 0.6465$
∴ $\dfrac{1.293}{0.645} = 2$배

즉, 부탄이 프로판보다 2배 정도 압력손실이 크다.

27 작은 구멍을 통해 새어나오는 가스의 양에 대한 설명으로 옳은 것은?

① 비중이 작을수록 많아진다.
② 비중이 클수록 많아진다.
③ 비중과는 관계가 없다.
④ 압력이 높을수록 적어진다.

해설 작은 구멍을 통해 새어나오는 가스의 양
㉠ 비중이 작을수록 많아진다.
㉡ 압력이 높을수록 많아진다.

28 염소가스 압축기에 주로 사용되는 윤활제는?

① 진한 황산
② 양질의 광유
③ 식물성유
④ 묽은 글리세린

해설 압축가스와 윤활유

압축가스	윤활유
염소	진한 황산
아세틸렌	양질의 광유
산소	물 또는 10% 이하의 묽은 글리세린수
LP가스	식물성유
수소	양질의 광유
공기	식물성유
이산화황	정제된 용제 터빈유

정답 24 ③ 25 ② 26 ③ 27 ① 28 ①

29 프로판용기에 V : 47, TP : 31로 각인이 되어 있다. 프로판의 충전상수가 2.35일 때 충전량(kg)은?

① 10kg ② 15kg
③ 20kg ④ 50kg

해설 $G = \dfrac{V}{C} = \dfrac{47}{2.35} = 20\,kg$

30 다음의 냉동장치와 일치하는 행정위치를 표시한 TS선도는?

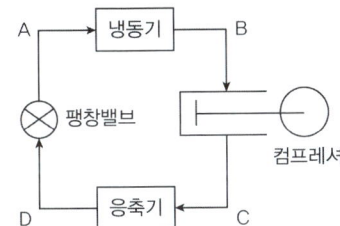

① 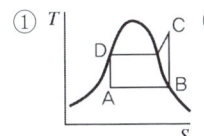 ②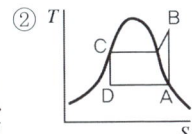

③ 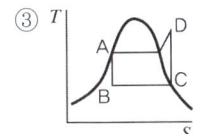 ④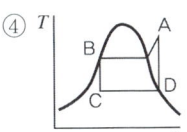

해설 냉동장치와 일치하는 행정위치를 표시한 TS선도
① A → B : 증발기($T = C$, $p = C$)
② B → C : 압축기($S = C$)
③ C → D : 응축기($p = C$)
④ D → A : 팽창밸브(교축팽창)($h = C$)

31 부식을 방지하는 효과가 아닌 것은?

① 피복한다.
② 잔류응력을 없앤다.
③ 이종금속을 접촉시킨다.
④ 관이 콘크리트 벽을 관통할 때 절연한다.

해설 부식을 방지하는 효과
㉠ 피복한다.
㉡ 잔류응력을 없앤다.
㉢ 관이 콘크리트 벽을 관통할 때 절연한다.

32 가스액화분리장치의 구성요소에 해당되지 않는 것은?

① 한랭발생장치
② 정류장치
③ 고온발생장치
④ 불순물제거장치

해설 가스액화분리장치의 구성요소
㉠ 한랭발생장지 ㉡ 정류장치 ㉢ 불순물제거장치

33 LPG 저장설비 중 저온저장탱크에 대한 설명으로 틀린 것은?

① 외부 압력이 내부 압력보다 저하됨에 따라 이를 방지하는 설비를 설치한다.
② 주로 탱커(Tanker)에 의하여 수입되는 LPG를 저장하기 위한 것이다.
③ 내부 압력이 대기압 정도로서 강재 두께가 얇아도 된다.
④ 저온액화의 경우에는 가스 체적이 적어 다량 저장에 사용된다.

해설 ① 내부 압력이 외부 압력보다 저하됨에 따라 그 저장 탱크가 파괴되는 것을 방지하는 설비를 설치한다.

34 나프타를 원료로 접촉분해 프로세스에 의하여 도시가스를 제조할 때 반응온도를 상승시키면 일어나는 현상으로 옳은 것은?

① CH_4, CO_2가 많이 포함된 가스가 생성된다.
② C_3H_8, CO_2가 많이 포함된 가스가 생성된다.
③ CO, CH_4가 많이 포함된 가스가 생성된다.
④ CO, H_2가 많이 포함된 가스가 생성된다.

해설 반응온도를 상승시키면 CH_4, CO_2가 적고, CO, H_2가 많이 포함된 가스가 생성된다.

정답 29 ③ 30 ① 31 ③ 32 ③ 33 ① 34 ④

35 고압가스 일반제조시설 중 고압가스설비의 내압시험압력은 상용압력의 몇 배 이상으로 하는가?

① 1
② 1.1
③ 1.5
④ 1.8

해설 고압가스 일반제조시설 중 고압가스설비의 내압시험압력은 상용압력의 1.5배 이상으로 한다.

36 다음은 수소용기의 각인이다. ㉠ V, ㉡ TP, ㉢ FP의 의미에 대하여 바르게 나타낸 것은?

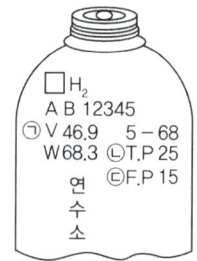

① ㉠ 내용적, ㉡ 최고충전압력, ㉢ 내압시험압력
② ㉠ 총부피, ㉡ 내압시험압력, ㉢ 기밀시험압력
③ ㉠ 내용적, ㉡ 내압시험압력, ㉢ 최고충전압력
④ ㉠ 내용적. ㉡ 사용압력, ㉢ 기밀시험압력

해설 수소용기의 각인
㉠ 내용적, ㉡ 내압시험압력, ㉢ 최고충전압력

37 냉동장치에서 냉매가 냉동실에서 무슨 열을 흡수함으로써 온도를 강하시키는가?

① 융해잠열
② 용해열
③ 증발잠열
④ 승화잠열

해설 냉동장치
냉매가 냉동실에서 증발잠열을 흡수함으로써 온도를 강하시킨다.

38 가스가 공급되는 시설 중 지하에 매설되는 강재배관에는 부식을 방지하기 위하여 전기적 부식방지조치를 한다. Mg-Anode를 이용하여 양극금속과 매설배관을 전선으로 연결하여 양극금속과 매설배관 사이의 전지작용에 의해 전기적 부식을 방지하는 방법은?

① 직접배류법
② 외부전원법
③ 선택배류법
④ 희생양극법

해설
① 직접(강제)배류법 : 외부전원법과 선택배류법을 종합한 방식이다.
② 외부전원법 : 외부 직류전원장치의 양극(+)은 매설배관이 설치되어 있는 토양이나 수중에 설치한 외부전원용 전극에 접속하고, 음극(-)은 매설배관에 접속시켜 전기적 부식을 방지하는 방법으로, 방식효과 범위가 넓다.
③ 선택배류법 : 매설 금속제와 전기철도의 레일 등을 전기적으로 접속하여 매설 금속제로부터 레일의 방향으로만 전류를 흐르게 하여 전식을 방지하는 방법이다.

39 지하매몰배관에 있어서 배관의 부식에 영향을 주는 요인으로 가장 거리가 먼 것은?

① pH
② 가스의 폭발성
③ 토양의 전기전도성
④ 배관 주위의 지하전선

해설 지하매몰배관에 있어서 배관의 부식에 영향을 주는 요인
㉠ pH
㉡ 토양의 전기전도성
㉢ 배관 주위의 지하전선

정답 35 ③ 36 ③ 37 ③ 38 ④ 39 ②

40 도시가스 공급시설에 해당되지 않는 것은?
① 본관
② 가스계량기
③ 사용자 공급관
④ 일반 도시가스사업자의 정압기

해설 도시가스 공급시설
㉠ 본관
㉡ 사용자 공급관
㉢ 일반 도시가스사업자의 정압기

제3과목 가스안전관리

41 흡수식 냉동설비에서 1일 냉동능력 1톤의 산정 기준은?
① 발생기를 가열하는 1시간의 입열량 3,320kcal
② 발생기를 가열하는 1시간의 입열량 4,420kcal
③ 발생기를 가열하는 1시간의 입열량 5,540kcal
④ 발생기를 가열하는 1시간의 입열량 6,640kcal

해설 흡수식 냉동설비에서 1일 냉동능력 1톤의 산정 기준
발생기를 가열하는 1시간의 입열량 6,640kcal

42 고압가스 특정제조시설에서 배관의 도로 밑 매설기준에 대한 설명으로 틀린 것은?
① 배관의 외면으로부터 도로의 경계까지 2m 이상의 수평거리를 유지한다.
② 배관은 그 외면으로부터 도로 밑의 다른 시설물과 0.3m 이상의 거리를 유지한다.
③ 시가지도로 노면 밑에 매설할 때는 노면으로부터 배관의 외면까지의 깊이를 1.5m 이상으로 한다.
④ 포장되어 있는 차도에 매설하는 경우에는 그 포장 부분의 노반 밑에 매설하고, 배관의 외면과 노반의 최하부와의 거리는 0.5m 이상으로 한다.

해설 ① 배관의 외면으로부터 도로의 경계까지 1m 이상의 수평거리를 유지한다.

43 시안화수소를 용기에 충전한 후 정치해 두어야 할 기준은?
① 6시간
② 12시간
③ 20시간
④ 24시간

해설 시안화수소를 용기에 충전한 후 정치해 두어야 할 기준 : 24시간

44 가스공급자가 수요자에게 액화석유가스를 공급할 때에는 체적판매방법으로 공급하여야 한다. 다음 중 중량판매방법으로 공급할 수 있는 경우는?
① 1개월 이내의 기간 동안만 액화석유가스를 사용하는 자
② 3개월 이내의 기간 동안만 액화석유가스를 사용하는 자
③ 6개월 이내의 기간 동안만 액화석유가스를 사용하는 자
④ 12개월 이내의 기간 동안만 액화석유가스를 사용하는 자

해설 액화석유가스를 중량판매방법으로 공급할 수 있는 경우
6개월 이내의 기간 동안만 액화석유가스를 사용하는 자

정답 40② 41④ 42① 43④ 44③

45 LPG 사용시설에서 충전질량이 500kg인 소형저장탱크를 2개 설치하고자 할 때 탱크 간 거리는 얼마 이상을 유지하여야 하는가?

① 0.3m
② 0.5m
③ 1m
④ 2m

해설 소형저장탱크 설치 거리

충전질량 (kg)	가스충전구로 부터 토지경계선에 대한 수평거리 (m)	탱크 간 거리 (m)	가스충전구로 부터 건축물 개구부에 대한 거리(m)
1,000kg 미만	0.5 이상	0.3 이상	0.5 이상
1,000~ 2,000kg 미만	3.0 이상	0.5 이상	3.0 이상
2,000kg 이상	5.5 이상	0.5 이상	3.5 이상

46 수소의 성질에 대한 설명으로 옳은 것은?

① 비중이 약 0.07 정도로 공기보다 가볍다.
② 열전도도가 아주 낮아 폭발하한계도 낮다.
③ 열에 대하여 불안정하여 해리가 잘 된다.
④ 산화제로 사용되며 용기의 색은 적색이다.

해설 ② 열전도도가 대단히 크고, 폭발하한계도 낮다.
③ 열에 대하여 안정하다.
④ 산화제로 사용되며 용기의 색은 회색이다.

47 수소의 품질검사에 사용하는 시약으로 옳은 것은?

① 동·암모니아 시약
② 피로갈롤 시약
③ 발연 황산 시약
④ 브롬 시약

해설 품질검사기준

대상 가스	검사방법	순도
산소	동·암모니아 시약을 사용한 오르자트법	99.5% 이상
수소	피로갈롤 또는 하이드로설파이드 시약을 사용한 오르자트법	98.5% 이상
아세틸렌	㉠ 발연 황산을 사용한 오르자트 또는 브롬 시약을 사용한 뷰렛법 ㉡ 질산은 시약을 사용한 정성 시험에도 합격할 것	98% 이상

48 고압가스 특정제조시설에서 저장량 15톤인 액화산소 저장탱크의 설치에 대한 설명으로 틀린 것은?

① 저장탱크 외면으로부터 인근 주택과의 안전거리는 9m 이상 유지하여야 한다.
② 저장탱크 또는 배관에는 그 저장탱크 또는 배관을 보호하기 위하여 온도상승방지 등 필요한 조치를 하여야 한다.
③ 저장탱크는 그 외면으로부터 화기를 취급하는 장소까지 2m 이상의 우회거리를 유지하여야 한다.
④ 저장탱크 주위에는 액상의 가스가 누출한 경우에 그 유출을 방지하기 위한 조치를 반드시 할 필요는 없다.

해설 ③ 저장탱크는 그 외면으로부터 화기를 취급하는 장소까지 8m 이상의 우회거리를 유지하여야 한다.

49 액화석유가스 사용시설의 기준에 대한 설명으로 틀린 것은?

① 용기저장능력이 100kg 초과 시에는 용기보관실을 설치한다.
② 저장설비를 용기로 하는 경우 저장능력은 500kg 이하로 한다.

정답 45① 46① 47② 48③ 49③

③ 가스온수기를 목욕탕에 설치할 경우에는 배기가 용이하도록 배기통을 설치한다.
④ 사이펀용기는 기화장치가 설치되어 있는 시설에서만 사용한다.

해설 ③ 가스온수기나 가스보일러는 목욕탕 또는 환기가 잘 되지 아니하는 곳에 설치하지 아니한다.

50 용접결함에 해당되지 않는 것은?
① 언더컷(Undercut)
② 피트(Pit)
③ 오버랩(Overlap)
④ 비드(Bead)

해설 용접결함의 종류
㉠ 언더컷 : 모재와 비드 경계부분에 홈이 파이는 결함
㉡ 피트 : 용접부 바깥면에 나타나는 작고 오목한 구멍
㉢ 오버랩 : 용융금속이 넘쳐서 표면에 융합되지 않고 덮여 있는 것
㉣ 용입불량 : 용입부의 바닥끝까지 용입이 불충분하여 비는 상태
㉤ 슬래그 섞임 : 용착금속의 안쪽에 또는 모재와의 융합부에 슬래그가 남는 경우
㉥ 균열 : 용접부에 발생하는 갈라진 용접결함을 말하며, 융착금속이 냉각 후 실모양으로 균열이 형성된 상태

51 공기 중에 누출되었을 때 바닥에 고이는 가스로만 나열된 것은?
① 프로판, 에틸렌, 아세틸렌
② 에틸렌, 천연가스, 염소
③ 염소, 암모니아, 포스겐
④ 부탄, 염소, 포스겐

해설 (1) ① C_3H_8 : $12 \times 3 + 1 \times 8 = 44$
② C_2H_4 : $12 \times 2 + 4 = 28$
③ C_2H_2 : $12 \times 2 + 1 \times 2 = 26$
④ 천연가스(CH_4) : $12 + 4 = 16$
⑤ Cl_2 : $35.5 \times 2 = 71$
⑥ NH_3 : $1 \times 14 + 1 \times 3 = 17$
⑦ $COCl_2$: $12 + 16 + 35.5 \times 2 = 99$
⑧ C_4H_{10} : $12 \times 4 + 1 \times 10 = 58$
(2) 공기의 평균분자량 29이므로 29보다 분자량이 커야만 누출 시 가스가 바닥에 고인다. 즉, 프로판, 부탄, 염소, 포스겐이다.

52 밸브가 돌출한 용기를 용기보관소에 보관하는 경우 넘어짐 등으로 인한 충격 및 밸브의 손상을 방지하기 위한 조치를 하지 않아도 되는 용기의 내용적의 기준은?
① 1L 미만
② 3L 미만
③ 5L 미만
④ 10L 미만

해설 밸브가 돌출한 용기 등에 충격 및 밸브의 손상을 방지하기 위한 조치를 하지 않는 용기 내용적의 기준 : 5L 미만

53 고압가스 저장탱크 및 처리설비를 실내에 설치하는 경우의 기준에 대한 설명으로 틀린 것은?
① 천장, 벽 및 바닥의 두께가 각각 30cm 이상인 철근콘크리트로 만든 실로서 방수처리가 된 것으로 한다.
② 저장탱크실과 처리설비실은 각각 구분하여 설치하되 출입문은 공용으로 한다.
③ 저장탱크의 정상부와 저장탱크실 천장과의 거리는 60cm 이상으로 한다.
④ 저장탱크에 설치한 안전밸브는 지상 5m 이상의 높이에 방출구가 있는 가스방출관을 설치한다.

해설 ② 저장탱크실과 처리설비실은 각각 구분하여 설치하되 강제통풍시설을 갖춘다.

정답 50 ④ 51 ④ 52 ③ 53 ②

54 내용적 50L의 용기에 프로판을 충전할 때 최대충전량은?(단, 프로판 충전정수는 2.35 이다.)

① 21.3kg
② 47kg
③ 117.5kg
④ 11.8kg

해설 $G = \dfrac{V}{C} = \dfrac{50L}{2.35} = 21.3kg$

55 고압가스배관을 보호하기 위하여 배관과의 수평거리 얼마 이내에서는 파일박기 작업을 하지 아니하여야 하는가?

① 0.1m　② 0.3m
③ 0.5m　④ 1m

해설 고압가스배관에서 배관과의 수평거리 0.3m 이내에는 파일박기 작업을 하지 않는다.

56 액화가스의 저장탱크 설계 시 저장능력에 따른 내용적 계산식으로 적합한 것은?[단, V : 용적(m³), W : 저장능력(톤), d : 상용온도에서 액화가스의 비중]

① $V = \dfrac{W}{0.9d}$
② $V = \dfrac{W}{0.85d}$
③ $V = \dfrac{W}{0.8d}$
④ $V = \dfrac{W}{0.6d}$

해설 액화가스의 저장탱크 설계 시 저장능력
$V = \dfrac{W}{0.9d}$
여기서, V : 용적(m³)
　　　　W : 저장능력(톤)
　　　　d : 상용온도에서 액화가스의 비중

57 염소 누출에 대비하여 보유하여야 하는 제독제가 아닌 것은?

① 가성소다 수용액
② 탄산소다 수용액
③ 암모니아수
④ 소석회

해설 제독제 종류 및 보유량

독성가스	제독제(보유량)
염소	가성소다 수용액(670kg), 탄산소다 수용액(870kg), 소석회(620kg)
포스겐	가성소다 수용액(390kg), 소석회(360kg)
황화수소	가성소다 수용액(1,140kg), 탄산소다 수용액(1,500kg)
시안화수소	가성소다 수용액(250kg)
아황산가스	가성소다 수용액(530kg), 탄산소다 수용액(700kg), 다량의 물
암모니아, 산화에틸렌, 염화메탄	다량의 물

58 다음 중 고압가스 운반기준에 대한 설명으로 틀린 것은?

① 충전용기와 휘발유는 동일 차량에 적재하여 운반하지 못한다.
② 산소탱크의 내용적은 1만 6천L를 초과하지 않아야 한다.
③ 액화염소탱크의 내용적은 1만 2천L를 초과하지 않아야 한다.
④ 가연성가스와 산소를 동일 차량에 적재하여 운반하는 때에는 그 충전용기의 밸브가 서로 마주보지 않도록 적재하여야 한다.

해설 내용적 제한
㉠ 가연성가스(LPG 제외), 산소 : 18,000L 초과
㉡ 독성가스(액화암모니아 제외) : 12,000L 초과

정답　54 ①　55 ②　56 ①　57 ③　58 ②

59 고압가스 충전 등에 대한 기준으로 틀린 것은?

① 산소충전 작업 시 밀폐형의 수전해조에는 액면계와 자동급수장치를 설치한다.
② 습식아세틸렌 발생기의 표면은 70℃ 이하의 온도로 유지한다.
③ 산화에틸렌의 저장탱크에는 45℃에서 그 내부 가스의 압력이 0.4MPa 이상이 되도록 탄산가스를 충전한다.
④ 시안화수소를 충전한 용기는 충전한 후 90일이 경과되기 전에 다른 용기에 옮겨 충전한다

해설 ④ 시안화수소를 충전한 용기는 충전한 후 60일이 경과되기 전에 다른 용기에 옮겨 충전한다.

60 「고압가스 안전관리법」에서 주택은 제 몇 종 보호시설로 분류되는가?

① 제0종   ② 제1종
③ 제2종   ④ 제3종

해설
① 제1종 보호시설
  ㉠ 학교, 유치원, 어린이집, 어린이놀이터, 학원, 병원(의원 포함), 도서관, 청소년수련시설, 경로당, 시장, 공중목욕탕, 호텔 및 여관, 극장, 교회 및 공회당
  ㉡ 사람을 수용하는 건축물(가설건축물은 제외)로 사실상 독립된 부분의 연면적이 1,000m² 이상인 것
  ㉢ 예식장, 장례식장 및 전시장 그 밖에 이와 유사한 시설로 300명 이상 수용할 수 있는 건축물
  ㉣ 아동복지시설 또는 장애인복지시설로서 20명 이상 수용할 수 있는 건축물
  ㉤ 「문화재보호법」에 따라 지정문화재로 지정된 건축물
② 제2종 보호시설
  ㉠ 주택
  ㉡ 사람을 수용하는 건축물(가설건축물은 제외) 사실상 독립된 부분의 연면적이 100m² 이상 1,000m² 미만인 것

제4과목 가스계측

61 접촉연소식 가스검지기의 특징에 대한 설명으로 틀린 것은?

① 가연성가스는 검지대상이 되므로 특정한 성분만을 검지할 수 없다.
② 측정가스의 반응열을 이용하므로 가스는 일정농도 이상이 필요하다.
③ 완전연소가 일어나도록 순수한 산소를 공급해준다.
④ 연소반응에 따른 필라멘트의 전기저항 증가를 검출한다.

해설 ③ 연소에 필요한 산소는 공기 중의 산소와 반응한다.

62 "계기로 같은 시료를 여러 번 측정하여도 측정값이 일정하지 않다." 여기에서 이 일치하지 않는 것이 작은 정도를 무엇이라고 하는가?

① 정밀도(精密度)
② 정도(程道)
③ 정확도(正確度)
④ 감도(感度)

해설
② 정도 : 계측기가 나타내는 값 또는 측정 결과의 정확도와 정밀도를 포함한 종합적인 결과가 좋음을 뜻한다.
③ 정확도 : 같은 조건하에서 무한히 많은 회수를 측정하여 그 측정값을 평균해보아도 참값에는 일치하지 않는다. 이 평균값과 차를 쏠림이라 하고, 쏠림이 작은 측정을 정확하다고 하며 작은 정도를 정확도라고 한다.
④ 감도 : 측정량의 변화에 민감한 정도를 나타낸다. 즉, 측정량의 변화를 지시량의 변화로 나누어 준 값이다.

정답 59 ④ 60 ③ 61 ③ 62 ①

63 날개에 부딪히는 유체의 운동량으로 회전체를 회전시켜 운동량과 회전량의 변화로 가스 흐름을 측정하는 것으로 측정 범위가 넓고 압력손실이 작은 가스유량계는?

① 막식 유량계
② 터빈 유량계
③ Roots 유량계
④ Vortex 유량계

해설 터빈 유량계의 설명이다.

64 기체 크로마토그래피에서 시료성분의 통과속도를 느리게 하여 성분을 분리시키는 부분은?

① 고정상　　② 이동상
③ 검출기　　④ 분리관

해설 고정상의 설명이다.

65 가스유량 측정기구가 아닌 것은?

① 막식 미터
② 토크 미터
③ 델타식 미터
④ 회전자식 미터

해설 가스유량 측정기구
㉠ 막식 미터
㉡ 델타식 미터
㉢ 회전자식 미터

66 피토관을 사용하여 유량을 구할 때의 식으로 옳은 것은?(단, Q : 유량, A : 관의 단면적, C : 유량계수, P_t : 전압, P_s 정압, τ : 유체의 비중량)

① $Q = AC(P_t - P_s)\sqrt{2g/\tau}$
② $Q = AC\sqrt{2g(P_t - P_s)/\tau}$
③ $Q = \sqrt{2gAC(P_t - P_s)/\tau}$
④ $Q = (P_t - P_s)\sqrt{2g/AC\tau}$

해설 피토관을 사용하여 유량을 구할 때의 식
$Q = AC\sqrt{2g(P_t - P_s)/\tau}$
여기서, Q : 유량
A : 관의 단면적
C : 유량계수
P_t : 전압
P_s 정압
τ : 유체의 비중량

67 도시가스로 사용하는 NG의 누출검지를 위하여 검지기는 어느 위치에 설치하여야 하는가?

① 검지기 하단은 천장면의 아래쪽 0.3m 이내
② 검지기 하단은 천장면의 아래쪽 3m 이내
③ 검지기 상단은 바닥면에서 위쪽으로 0.3m 이내
④ 검지기 상단은 바닥면에서 위쪽으로 3m 이내

해설 도시가스로 사용하는 NG의 누출을 검지하기 위한 검지기 위치
검지기 하단은 천장면의 아래쪽 0.3m 이내

68 막식 가스미터에서 이물질로 인한 불량이 생기는 원인으로 가장 옳지 않은 것은?

① 연동기구가 변형된 경우
② 계량기의 유리가 파손된 경우
③ 크랭크축에 이물질이 들어가 회전부에 윤활유가 없어진 경우
④ 밸브와 시트 사이에 점성물질이 부착된 경우

해설 ② 계량기의 유리가 파손된 경우 : 기타 고장

69 어떤 분리관에서 얻은 벤젠의 가스 크로마토그램을 분석하였더니 시료 도입점으로부터 피크 최고점까지의 길이가 85.4mm, 봉우리의 폭이 9.6mm이었다. 이론단수는?

① 835　　② 935

정답 63 ②　64 ①　65 ②　66 ②　67 ①　68 ②　69 ④

112

③ 1,046　　④ 1,266

해설
$$N = 16 \times \left(\frac{L}{W}\right)^2 = 16 \times \left(\frac{85.4}{9.6}\right)^2 = 1,266$$

70 방사고온계에 적용되는 이론은?
① 필터효과
② 제백효과
③ 원-프랑크법칙
④ 스테판-볼츠만법칙

해설 방사고온계
스테판-볼츠만법칙이 적용되며, 고온도에 있는 물체는 그 열에너지를 빛과 같은 파동에너지로 바꾸고 방사에너지로서 외부로 방출한다.

71 정확한 계량이 가능하여 기준기로 주로 이용되는 것은?
① 막식 가스미터
② 습식 가스미터
③ 회전자식 가스미터
④ 벤투리식 가스미터

해설 습식 가스미터의 설명이다.

72 계통적 오차(Systematic Error)에 해당되지 않는 것은?
① 계기오차　② 환경오차
③ 이론오차　④ 우연오차

해설 계통적 오차
㉠ 계기오차 ㉡ 환경오자 ㉢ 이론오차
㉣ 개인오차

73 계측시간이 짧은 에너지의 흐름을 무엇이라 하는가?
① 외란
② 시정수
③ 펄스
④ 응답

해설 펄스의 설명이다.

74 부르동관 압력계의 특징으로 옳지 않은 것은?
① 정도가 매우 높다.
② 넓은 범위의 압력을 측정할 수 있다.
③ 구조가 간단하고 제작비가 저렴하다.
④ 측정 시 외부로부터 에너지를 필요로 하지 않는다.

해설 ① 가장 높은 압력을 측정하지만 정확도는 가장 나쁘다.

75 가스 사용시설의 가스누출 시 검지법으로 틀린 것은?
① 아세틸렌 가스누출검지에 염화제1구리 착염지를 사용한다.
② 황화수소 가스누출검지에 초산연지를 사용한다.
③ 일산화탄소 가스누출검지에 염화팔라듐지를 사용한다.
④ 염소 가스누출검지에 묽은 황산을 사용한다.

해설 ④ 염소 가스누출검지에 KI-전분지를 사용한다.

76 MKS 단위에서 중력 환산 인자의 차원은?
① $kg \cdot m/sec^2 \cdot kgf$
② $kgf \cdot m/sec^2 \cdot kg$
③ $kgf \cdot m^2/sec \cdot kgf$
④ $kg \cdot m^2/sec \cdot kgf$

해설
㉠ $1N = 1kg \cdot m/s^2$
㉡ $1kgf = 1kg \times 9.8m/s^2 = 9.8kg \cdot m/s^2$
　　　$= 9.8N$
∴ $kg \cdot m/s^2 \cdot kgf$

정답 70 ④　71 ②　72 ④　73 ③　74 ①　75 ④　76 ①

77 길이 2.19mm인 물체를 마이크로미터로 측정하였더니 2.10mm이었다. 오차율은 몇 %인가?

① +4.1%
② -4.1%
③ +4.3%
④ -4.3%

해설
$$오차율(\%) = \frac{측정값 - 참값}{참값} \times 100$$
$$= \frac{2.10 - 2.19}{2.19} \times 100$$
$$= -4.1\%$$

78 루츠(Roots) 가스미터의 특징이 아닌 것은?

① 설치공간이 적다.
② 여과기 설치를 필요로 한다.
③ 설치 후 유지관리가 필요하다.
④ 소유량에서도 작동이 원활하다.

해설 ④ 대유량의 가스 측정에 적합하다.

79 속도계수가 C이고 수면의 높이가 h인 오리피스에서 유출하는 물의 속도수두는 얼마인가?

① $h \cdot C$
② h/C
③ $h \cdot C^2$
④ h/C^2

해설 오리피스에서 유출하는 물의 속도수두 : $h \cdot C^2$

80 다음 중 분리분석법에 해당하는 것은?

① 광흡수분석법
② 전기분석법
③ Polarography
④ Chromatography

해설 분리분석법 : Chromatography

정답 77 ② 78 ④ 79 ③ 80 ④

2016 제4회 산업기사 (10. 6. 시행)

제1과목　연소공학

01 가연물과 일반적인 연소형태를 짝지어 놓은 것 중 틀린 것은?
① 등유 – 증발연소
② 목재 – 분해연소
③ 코크스 – 표면연소
④ 니트로글리세린 – 확산연소

해설 ④ 니트로글리세린 – 자기(내부)연소

02 내압방폭구조에 대한 설명이 올바른 것은?
① 용기 내부에 보호가스를 압입하여 내부 압력을 유지하여 가연성가스가 침입하는 것을 방지한 구조
② 정상 및 사고 시에 발생하는 전기불꽃 및 고온부로부터 폭발성가스에 점화되지 않는다는 것을 공적기관에서 시험 및 기타 방법에 의해 확인한 구조
③ 정상운전 중에 전기불꽃 및 고온이 생겨서는 안 되는 부분에 이들이 생기는 것을 방지하도록 구조상 및 온도상승에 대비하여 특별히 안전도를 증가시킨 구조
④ 용기 내부에서 가연성 가스의 폭발이 일어났을 때 용기가 압력에 견디고 또한 외부의 가연성가스에 인화되지 않도록 한 구조

해설 내압방폭구조
용기 내부에서 가연성가스의 폭발이 일어났을 때 용기가 압력에 견디고 또한 외부의 가연성가스에 인화되지 않도록 한 구조

03 증기폭발(Vapor Explosion)에 대한 설명으로 옳은 것은?
① 수증기가 갑자기 응축하여 그 결과로 압력강하가 일어나 폭발하는 현상
② 가연성 기체가 상온에서 혼합기체가 되어 발화원에 의하여 폭발하는 현상
③ 가연성 액체가 비점 이상의 온도에서 발생한 증기가 혼합기체가 되어 폭발하는 현상
④ 고열의 고체와 저온의 물 등 액체가 접촉할 때 찬 액체가 큰 열을 받아 갑자기 증기가 발생하여 증기의 압력에 의하여 폭발하는 현상

해설 증기폭발
고열의 고체와 저온의 물 등 액체가 접촉할 때 찬 액체가 큰 열을 받아 갑자기 증기가 발생하여 증기의 압력에 의하여 폭발하는 현상

04 다음 폭발 원인에 따른 종류 중 물리적 폭발은?
① 압력폭발
② 산화폭발
③ 분해폭발
④ 촉매폭발

해설 폭발 원인에 따른 분류

물리적 폭발	• 증기폭발 • 금속선폭발 • 고체상 전이폭발 • 압력폭발
화학적 폭발	• 산화폭발 • 분해폭발 • 중합폭발 • 촉매폭발

정답 01 ④　02 ④　03 ④　04 ①

05 화학반응속도를 지배하는 요인에 대한 설명으로 옳은 것은?
① 압력이 증가하면 반응속도는 항상 증가한다.
② 생성물질의 농도가 커지면 반응속도는 항상 증가한다.
③ 자신은 변하지 않고 다른 물질의 화학변화를 촉진하는 물질을 부촉매라고 한다.
④ 온도가 높을수록 반응속도가 증가한다.

해설
① 압력에 영향을 받지 않는다.
② 반응물질의 농도의 곱에 비례한다.
③ 자신은 변하지 않고 다른 물질의 화학변화를 촉진하는 물질을 촉매라고 한다.

06 수소의 위험도(H)는 얼마인가?(단, 수소의 폭발하한 4%, 폭발상한 75%이다.)
① 5.25
② 17.75
③ 27.25
④ 33.75

해설
위험도(H) = $\dfrac{\text{폭발상한}(U) - \text{폭발하한}(L)}{\text{폭발하한}(L)}$
= $\dfrac{75-4}{4}$ = 17.75

07 CO_2 32vol%, O_2 5vol%, N_2 63vol%의 혼합기체의 평균분자량은 얼마인가?
① 29.3
② 31.3
③ 33.3
④ 35.3

해설 혼합기체의 평균분자량
$(44 \times 0.32) + (32 \times 0.05) + (28 \times 0.63)$
= 33.3

08 최소점화에너지(MIE)에 대한 설명으로 틀린 것은?
① MIE는 압력의 증가에 따라 감소한다.
② MIE는 온도의 증가에 따라 증가한다.
③ 질소농도의 증가는 MIE를 증가시킨다.
④ 일반적으로 분진의 MIE는 가연성가스보다 큰 에너지 준위를 가진다.

해설 ② MIE는 온도의 증가에 따라 감소한다.

09 착화열에 대한 가장 바른 표현은?
① 연료가 착화해서 발생하는 전열량
② 외부로부터 열을 받지 않아도 스스로 연소하여 발생하는 열량
③ 연료를 초기온도로부터 착화온도까지 가열하는 데 필요한 열량
④ 연료 1kg이 착화해서 연소하여 나오는 총 발열량

해설 착화열
연료를 초기온도로부터 착화온도까지 가열하는 데 필요한 열량

10 인화성 물질이나 가연성가스가 폭발성 분위기를 생성할 우려가 있는 장소 중 가장 위험한 장소 등급은?
① 1종 장소   ② 2종 장소
③ 3종 장소   ④ 0종 장소

해설 위험장소의 분류
㉠ 0종 장소 : 인화성 물질이나 가연성가스가 폭발성 분위기를 생성할 우려가 있는 장소 중 가장 위험한 장소 등급
㉡ 1종 장소 : 상용 상태에서 가연성가스가 체류하여 위험하게 될 우려가 있는 장소
㉢ 2종 장소 : 밀폐된 용기 또는 설비 내에 밀봉된 가연성가스가 그 용기 또는 설비의 사고로 인해 파손되거나 오조작의 경우에만 누출할 위험이 있는 장소

정답 05 ④ 06 ② 07 ③ 08 ② 09 ③ 10 ④

11 다음 중 가열만으로도 폭발의 우려가 가장 높은 물질은?

① 산화에틸렌 ② 에틸렌글리콜
③ 산화철   ④ 수산화나트륨

해설 산화에틸렌의 설명이다.

12 자연발화의 형태가 가장 거리가 먼 것은?

① 산화열에 의한 발열
② 분해열에 의한 발열
③ 미생물의 작용에 의한 발열
④ 반응생성물의 중합에 의한 발열

해설 자연발화의 형태
㉠ 산화열에 의한 발열
㉡ 분해열에 의한 발열
㉢ 미생물의 작용에 의한 발열
㉣ 중합열에 의한 발열

13 이상기체에 대한 달톤(Dalton)의 법칙을 옳게 설명한 것은?

① 혼합기체의 전압력은 각 성분의 분압의 합과 같다.
② 혼합기체의 부피는 각 성분의 부피의 합과 같다.
③ 혼합기체의 상수는 각 성분의 상수의 합과 같다.
④ 혼합기체의 온도는 항상 일정하다

해설 이상기체에 대한 달톤(Dalton)의 법칙 : 혼합기체의 전압력은 각 성분의 분압의 합과 같다.

14 0.5atm, 10L의 기체 A와 1.0atm 5.0L의 기체 B를 전체 부피 15L의 용기에 넣을 경우 전체 압력은 얼마인가?(단, 온도는 일정하다.)

① 1/3atm   ② 2/3atm
③ 1atm   ④ 2atm

해설 보일의 법칙
일정한 온도에서 일정량의 기체가 차지하는 부피는 압력에 반비례한다.

$$P_1 V_1 = P_2 V_2$$

㉠ 기체 A : $0.5 \times 10 = P_1 \times 15$

$P_1 = \frac{1}{3}$ atm

㉡ 기체 B : $1 \times 5 = P_2 \times 15$

$P_2 = \frac{1}{3}$ atm

$\therefore P_{total} = P_1 + P_2 = \frac{1}{3} + \frac{1}{3} = \frac{2}{3}$ atm

15 점화지연(Ignition Delay)에 대한 설명으로 틀린 것은?

① 혼합기체가 어떤 온도 및 압력 상태하에서 자기점화가 일어날 때까지 약간의 시간이 걸린다는 것이다.
② 온도에도 의존하지만 특히 압력에 의존하는 편이다.
③ 자기점화가 일어날 수 있는 최저온도를 점화온도(Ignition Temperature)라 한다.
④ 물리적 점화지연과 화학적 점화지연으로 나눌 수 있다.

해설 압력보다는 온도의 영향이 크다.

16 탄소 2kg이 완전연소할 경우 이론공기량은 약 몇 kg인가?

① 5.3   ② 11.6
③ 17.9   ④ 23.0

해설 $C(s) + O_2 \rightarrow CO_2$
탄소가 완전연소할 때 필요한 산소의 양 :
$\frac{20}{12} \times 32 = 5.33$ kg

$\therefore$ 이론공기량$(A_o) = \frac{O_o}{0.232}$ kg/kg $= \frac{5.33}{0.232}$

$= 23$ kg

정답 11 ① 12 ④ 13 ① 14 ② 15 ② 16 ④

17 프로판 30v% 및 부탄 70v%의 혼합가스 1L가 완전연소하는데 필요한 이론공기량은 약 몇 L인가?(단, 공기 중 산소농도는 20%로 한다.)

① 26　　② 28
③ 30　　④ 32

해설 프로판과 부탄의 완전연소반응식

$C_3H_8 + 5O_2 \rightarrow 3CO_2 + 4H_2O$
$C_4H_{10} + 6.5O_2 \rightarrow 4CO_2 + 5H_2O$

혼합가스 1L 중 프로판과 부탄의 비가 30 : 70 이므로

$$이론공기량(A_o) = \frac{O_o}{0.2}$$
$$= \frac{(5 \times 0.3) + (6.5 \times 0.7)}{0.2}$$
$$= 30L$$

18 폭발과 관련한 가스의 성질에 대한 설명으로 옳지 않은 것은?

① 인화온도가 낮을수록 위험하다.
② 연소속도가 큰 것일수록 위험하다.
③ 안전간격이 큰 것일수록 위험하다.
④ 가스의 비중이 크면 낮은 곳에 체류한다.

해설 ③ 안전간격이 작은 것일수록 위험하다.

19 폭발범위가 넓은 것부터 옳게 나열된 것은?

① $H_2 > CO > CH_4 > C_3H_8$
② $CO > H_2 > CH_4 > C_3H_8$
③ $C_3H_8 > CH_4 > CO > H_2$
④ $H_2 > CH_4 > CO > C_3H_8$

해설

가스의 종류	폭발범위
수소(H_2)	4~75%
일산화탄소(CO)	12.5~74%
메탄(CH_4)	5~15%
프로판(C_3H_8)	2.1~9.5%

20 다음 중 폭발방지를 위한 안전장치가 아닌 것은?

① 안전밸브　　② 가스누출경보장치
③ 방호벽　　　④ 긴급차단장치

해설 폭발방지를 위한 안전장치
㉠ 안전밸브
㉡ 가스누출경보장치
㉢ 긴급차단장치

제2과목　가스설비

21 펌프를 운전하였을 때에 주기적으로 한숨을 쉬는 듯한 상태가 되어 입·출구 압력계의 지침이 흔들리고 동시에 송출유량이 변화하는 현상과 이에 대한 대책을 옳게 설명한 것은?

① 서징현상 : 회전차, 안내깃의 모양 등을 바꾼다.
② 캐비테이션 : 펌프의 설치 위치를 낮추어 흡입양정을 짧게 한다.
③ 수격작용 : 플라이휠을 설치하여 펌프의 속도가 급격히 변하는 것을 막는다.
④ 베이퍼록현상 : 흡입관의 지름을 크게 하고 펌프의 설치 위치를 최대한 낮춘다.

해설 ㉠ 서징현상 : 펌프를 운전하였을 때에 주기적으로 한숨을 쉬는 듯한 상태가 되어 입출구 압력계의 지침이 흔들리고 동시에 송출유량이 변화하는 현상
㉡ 대책 : 회전차, 안내깃의 모양 등을 바꾼다.

22 촉매를 사용하여 반응온도 400~800℃에서 탄화수소와 수증기를 반응시켜 메탄, 수소, 일산화탄소 등으로 변환시키는 공정은?

① 열분해공정
② 접촉분해공정

정답　17 ③　18 ③　19 ①　20 ③　21 ①　22 ②

③ 부분연소공정
④ 대체천연가스공정

해설 가스화 방식에 의한 분류
㉠ 열분해공정 : 분자량이 큰 탄화수소를 원료로 하여 고온에서 분해하여 고칼로리의 가스를 제조하는 방법에 속하는 공정
㉡ 접촉분해공정 : 촉매를 사용하여 반응온도 400~800°C에서 탄화수소와 수증기를 반응시켜 메탄, 수소, 일산화탄소 등으로 변환시키는 공정
㉢ 부분연소공정 : 메탄에서 나프타까지의 탄화수소를 원료로 하여 탄화수소의 분해에 필요한 열을 노 내에 산소 또는 공기를 흡입시킴에 의해 원료의 일부를 연소시켜 연속적으로 2,000~3,000kcal/Nm³ 정도의 가스를 제조하는 공정
㉣ 수소화분해공정 : C/H비가 큰 탄화수소를 고압(20~60기압), 고온(700~800°C)으로 하여 수증기 흐름 중에서 분해시키는 방법과 니켈 등의 수소화 촉매를 사용해서 나프타 등의 비교적 C/H비가 낮은 탄화수소를 메탄으로 변화하여 고발열량(7,500kcal/Nm³ 전후)의 가스를 제조하는 공정
㉤ 대체천연가스공정 : 원료 탄화수소(LPG~원유)에 수분, 산소, 수소를 반응시켜 수증기개질, 부분연소, 수첨분해 등에 의해 가스화하고 메탄합성, 탈탄소 등의 공정과 병용해서 천연가스와 거의 일치하는 가스를 제조하는 공정

23 내용적 50L의 고압가스용기에 대하여 내압시험을 하였다. 이 경우 30kg/cm²의 수압을 걸었을 때 용기의 용적이 50.4L로 늘어났고 압력을 제거하여 대기압으로 하였더니 용기용적은 50.04L로 되었다. 영구증가율은 얼마인가?

① 0.5%   ② 5%
③ 8%   ④ 10%

해설 영구증가율 = $\dfrac{영구증가량}{전증가량} \times 100$

$= \dfrac{0.04}{0.4} \times 100 = 10\%$

24 양정(H)이 10m, 송출량(Q) 0.30m³/min, 효율(η) 0.65인 2단 터빈펌프의 축출력(L)은 약 몇 kW인가?(단, 수송유체인 물의 밀도는 1,000kg/m³이다.)

① 0.75
② 0.92
③ 1.05
④ 1.32

해설 축출력(L) = $\dfrac{Q \times H \times \gamma}{102 \times 60 \times \eta}$ kW

$= \dfrac{0.3 \times 10 \times 1,000}{102 \times 60 \times 0.65} = 0.75$ kW

여기서, γ : 액체의 비중량(kg/m³)
Q : 유량(m³/min)
H : 전양정(m)

25 이음매 없는 고압배관을 제작하는 방법이 아닌 것은?

① 연속주조법
② 만네스만법
③ 인발하는 방법
④ 전기저항용접법(ERW)

해설 이음매 없는 고압배관을 제작하는 방법
㉠ 연속주조법
㉡ 만네스만법
㉢ 인발하는 방법

26 Loading형으로 정특성, 동특성이 양호하며, 비교적 콤팩트한 형식의 정압기는?

① KRF식 정압기
② Fisher식 정압기
③ Reynolds식 정압기
④ Axial-Flow식 정압기

해설 Fisher식 정압기의 설명이다.

정답 23 ④ 24 ① 25 ④ 26 ②

27 플랜지이음에 대한 설명 중 틀린 것은?

① 반영구적인 이음이다.
② 플랜지 접촉면에는 기밀을 유지하기 위하여 패킹을 사용한다.
③ 유니언이음보다 관경이 크고 압력이 많이 걸리는 경우에 사용한다.
④ 패킹 양면에 그리스 같은 기름을 발라 두면 분해 시 편리하다.

해설 ① 관과 관 또는 관과 밸브 등을 접촉할 때, 배관 위치에 이상이 생겼을 때에 그 부분을 간단히 떼어 낼 수 있도록 한 관이음의 일종이므로 필요에 따라 해체와 체결이 가능한 이음이다.

28 LNG의 주성분은?

① 에탄
② 프로판
③ 메탄
④ 부탄

해설 LNG의 주성분 : 메탄

29 도시가스배관에 사용되는 밸브 중 전개 시 유동저항이 작고 서서히 개폐가 가능하므로 충격을 일으키는 것이 적으나, 유체 중 불순물이 있는 경우 밸브에 고이기 쉬우므로 차단능력이 저하될 수 있는 밸브는?

① 볼밸브
② 플러그밸브
③ 게이트밸브
④ 버터플라이밸브

해설 ① 볼밸브 : 볼에 구멍을 뚫은 모양의 폐자를 회전시킴으로써 개폐하는 것으로, 밸브 몸통과 볼과의 접촉면의 윤활성이 밸브 성능을 좌우하며, 흐름의 방향을 바꾸지 않고 배관 내경과 유로면적을 같게 할 수 있으므로 압력손실이 작다.

② 플러그밸브 : 콕(Cock)과 같은 형태로 원추형의 Plug를 축 주위에서 90도 회전시켜 개폐하며, 개폐는 신속히 이루어지나 배관 중의 이물질에 의해 차단효과가 나빠질 수도 있다.
④ 버터플라이밸브 : 일명 나비밸브라고도 하며, 원판상의 폐자를 회전시킴에 따라 유로를 개폐하는 구조이며, 유량을 가감할 수 있는 가장 간단한 구조이다.

30 배관을 통한 도시가스의 공급에 있어서 압력을 변경하여야 할 지점마다 설치되는 설비는?

① 압송기(壓送器)
② 정압기(Governor)
③ 가스전(栓)
④ 홀더(Holder)

해설 정압기(Governor)의 설명이다.

31 탄소강 그대로는 강의 조직이 약하므로 가공이 필요하다. 다음 설명 중 틀린 것은?

① 열간가공은 고온도로 가공하는 것이다.
② 냉간가공은 상온에서 가공하는 것이다.
③ 냉간가공하면 인장강도, 신장, 교축, 충격치가 증가한다.
④ 금속을 가공하는 도중 결정 내 변형이 생겨 경도가 증가하는 것을 가공경화라 한다.

해설 ③ 냉간가공하면 인장강도는 증가하고, 신장, 교축, 충격치가 감소한다.

32 저압배관의 내경만 10cm에서 5cm로 변화시킬 때 압력손실은 몇 배 증가하는가? (단, 다른 조건은 모두 동일하다고 본다.)

① 4
② 8
③ 16
④ 32

정답 27① 28③ 29③ 30② 31③ 32④

해설

$Q = K\sqrt{\dfrac{D^5 \cdot H}{S \cdot L}}$

여기서, Q : 가스의 유량(m³/h)
D : 관 안지름(cm)
H : 압력손실(mmH$_2$O)
S : 가스의 비중
L : 관의 길이(m)
K : 유량계수(상수 : 0.707)

저압배관의 내경과 압력손실만 변화하기 때문에 Q의 값은 일정하다.
Q의 값이 일정하고 S, L, K의 값이 변함없다면 D^5가 감소한 만큼 H가 증가해야 한다(즉, $D_1^5 H_1 = D_2^5 H_2$). 내경 D가 10cm → 5cm로 변화되었기 때문에 $D_1^5 H_1 = D_2^5 H_2$

∴ $\dfrac{H_2}{H_1} = \dfrac{10^5}{5^5} = 32$배 증가

33 전기방식법 중 가스배관보다 저전위의 금속(마그네슘 등)을 전기적으로 접촉시킴으로써 목적하는 방식으로 대상 금속자체를 음극화하여 방식하는 방법은?

① 외부전원법 ② 희생양극법
③ 배류법 ④ 선택법

해설 전기방식의 종류
㉠ 희생양극법
㉡ 선택배류법 : 매설 금속체와 전기철도의 레일 등을 전기적으로 접속하여 매설 금속체로부터 레일의 방향으로만 전류를 흐르게 하여 전식을 방지하는 방법
㉢ 강제배류법 : 직류전원장치, 레일, 변전소 등을 이용하여 지하에 매설된 가스배관을 방식하는 방법

34 프로판 충전용 용기로 주로 사용되는 것은?

① 용접용기
② 리벳용기
③ 주철용기
④ 이음매 없는 용기

해설 프로판 충전용 용기 : 용접용기

35 전기방식시설 시공 시 도시가스시설의 전위측정용 터미널(T/B) 설치방법으로 옳은 것은?

① 희생양극법의 경우에는 배관길이 300m 이내의 간격으로 설치한다.
② 배류법의 경우에는 배관길이 500m 이내의 간격으로 설치한다.
③ 외부전원법의 경우에는 배관길이 300m 이내의 간격으로 설치한다.
④ 희생양극법, 배류법, 외부전원법 모두 배관길이 500m 이내의 간격으로 설치한다.

해설 전위측정용 터미널(T/B) 설치 방법
㉠ 희생양극법, 배류법 : 300m 이내
㉡ 외부전원법 : 500m 이내

36 저온장치에 사용되는 진공단열법이 아닌 것은?

① 고진공단열법
② 분말진공단열법
③ 다층진공단열법
④ 저위도 단층진공단열법

해설 저온장치에 사용되는 진공단열법 종류
㉠ 고진공단열법
㉡ 분말진공단열법
㉢ 다층진공단열법

37 왕복펌프의 특징에 대한 설명으로 옳지 않은 것은?

① 진동과 설치 면적이 작다.
② 고압, 고점도의 소유량에 적당하다.
③ 단속적이므로 맥동이 일어나기 쉽다.
④ 토출량이 일정하여 정량 토출할 수 있다.

정답 33 ② 34 ① 35 ① 36 ④ 37 ①

해설 왕복펌프의 특징	
장점	단점
• 고압, 고점도의 소유량에 적당하다. • 토출량이 일정하므로 정량 토출할 수 있다. • 회전수가 변화하여도 토출압력 변화는 작다. • 송수량의 가감이 가능하며 흡입양정이 크다.	• 밸브의 글랜드(gland)부가 고장 나기 쉽다. • 단속적으로 맥동이 일어나기 쉽다. • 고압으로 액의 성질이 변하는 수가 있다. • 진동이 있고 설치 면적이 크다.

38 암모니아를 냉매로 하는 냉동설비의 기밀시험에 사용하기에 가장 부적당한 가스는?

① 공기 ② 산소
③ 질소 ④ 아르곤

해설 암모니아를 냉매로 하는 냉동설비의 기밀시험 가스
㉠ 공기
㉡ 질소
㉢ 아르곤

39 고압가스시설에서 사용하는 다음 용어에 대한 설명으로 틀린 것은?

① 압축가스라 함은 일정한 압력에 의하여 압축되어 있는 가스를 말한다.
② 충전용기라 함은 고압가스의 충전질량 또는 충전압력의 2분의 1 이상이 충전되어 있는 상태의 용기를 말한다.
③ 잔가스용기라 함은 고압가스의 충전질량 또는 충전압력의 10분의 1 미만이 충전되어 있는 상태의 용기를 말한다.
④ 처리능력이라 함은 처리설비 또는 감압설비로 압축, 액화 그 밖의 방법으로 1일에 처리할 수 있는 가스의 양을 말한다.

해설 ③ 잔가스용기라 함은 고압가스의 충전질량 또는 충전압력의 2분의 1 미만이 충전되어 있는 상태의 용기를 말한다.

40 도시가스 사용시설에서 액화가스란 상용의 온도 또는 섭씨 35도의 온도에서 압력이 얼마 이상이 되는 것을 말하는가?

① 0.1MPa
② 0.2MPa
③ 0.5MPa
④ 1MPa

해설 도시가스 사용시설에서 액화가스란 상용의 온도 또는 섭씨 35도의 온도에서 압력이 0.2MPa 이상이 되는 것이다.

제3과목 가스안전관리

41 고압가스를 압축하는 경우 가스를 압축하여서는 아니 되는 기준으로 옳은 것은?

① 가연성가스 중 산소의 용량이 전체 용량의 10% 이상의 것
② 산소 중의 가연성가스 용량이 전체 용량의 10% 이상의 것
③ 아세틸렌, 에틸렌 또는 수소 중의 산소용량이 전체 용량의 2% 이상의 것
④ 산소 중의 아세틸렌, 에틸렌 또는 수소의 용량 합계가 전체 용량의 4% 이상의 것

해설 ① 가연성가스 중 산소의 용량이 전체 용량의 4% 이상의 것
② 산소 중의 가연성가스 용량이 전체 용량의 4% 이상의 것
④ 산소 중의 아세틸렌, 에틸렌 또는 수소의 용량합계가 전체 용량의 2% 이상의 것

42 용접부에서 발생하는 결함이 아닌 것은?

① 오버랩(Over-Lap)
② 기공(Blow Hole)
③ 언더컷(Under-Cut)
④ 클래드(Clad)

정답 38 ② 39 ③ 40 ② 41 ③ 42 ④

> **해설** 용접부에서 발생하는 결함
> ㉠ 오버랩(over-Lap)
> ㉡ 기공(Blow Hole)
> ㉢ 언더컷(Under-Cut)

43 저장탱크에 의한 액화석유가스 저장소에 설치하는 방류둑의 구조 기준으로 옳지 않은 것은?

① 방류둑은 액밀한 것이어야 한다
② 성토는 수평에 대하여 30° 이하의 기울기로 한다.
③ 방류둑은 그 높이에 상당하는 액화가스의 액두압에 견딜 수 있어야 한다.
④ 성토 윗부분의 폭은 30cm 이상으로 한다.

> **해설** ② 성토는 수평에 대하여 45° 이하의 기울기로 한다.

44 배관 설계경로를 결정할 때 고려하여야 할 사항으로 가장 거리가 먼 것은?

① 최단 거리로 할 것
② 가능한 한 옥외에 설치할 것
③ 건축물 기초 하부 매설을 피할 것
④ 굴곡을 많게 하여 신축을 흡수할 것

> **해설** ④ 구부리거나 오르내림을 적게 직선으로 할 것

45 고압가스 특정제조시설에서 안전구역의 면적의 기준은?

① 1만m² 이하
② 2만m² 이하
③ 3만m² 이하
④ 5만m² 이하

> **해설** 고압가스 특정제조시설에서 안전구역의 면적의 기준 : 2만m² 이하

46 아세틸렌용 용접용기 제조 시 다공질물의 다공도는 다공질물을 용기에 충전한 상태로 몇 ℃에서 아세톤 또는 물의 흡수량으로 측정하는가?

① 0℃
② 15℃
③ 20℃
④ 25℃

> **해설** 다공물질의 다공도
> 다공물질을 용기에 충전한 상태로 20℃에서 아세톤 또는 물의 흡수량으로 측정한다.

47 아세틸렌가스에 대한 설명으로 옳은 것은?

① 습식 아세틸렌 발생기의 표면은 62℃ 이하의 온도를 유지한다.
② 충전 중의 압력은 일정하게 1.5MPa 이하로 한다.
③ 아세틸렌이 아세톤에 용해되어 있을 때에는 비교적 안정해진다.
④ 아세틸렌을 압축하는 때에는 희석제로 PH_3, H_2S, O_2를 사용한다.

> **해설** ① 습식 아세틸렌 발생기의 표면은 70℃ 이하의 온도를 유지한다.
> ② 충전 중의 압력은 2.5MPa 이하로 한다.
> ③ 아세틸렌을 압축하는 때에는 희석제로 질소(N_2), 메탄(CH_4), 일산화탄소(CO), 에틸렌(C_2H_4), 수소(H_2), 프로판(C_3H_8), 탄산가스(CO_2) 등을 사용한다.

48 액화석유가스 압력조정기 중 1단감압식 저압조정기의 조정압력은?

① 2.3~3.3MPa
② 5~30MPa
③ 2.3~3.3kPa
④ 5~30kPa

> **해설** 액화석유가스 압력조정기 중 1단감압식 저압조정기의 조정압력 : 2.3~3.3kPa

정답 43 ② 44 ④ 45 ② 46 ③ 47 ③ 48 ③

49 전가스 소비량이 232.6kW 이하인 가스온수기의 성능기준에서 전가스 소비량은 표시치의 얼마 이내이어야 하는가?

① ±1%
② ±3%
③ ±5%
④ ±10%

해설 전가스 소비량이 232.6kW 이하인 가스온수기의 성능기준에서 전가스 소비량
표시치의 ±10% 이내

50 일반 도시가스사업 정압기실의 시설기준으로 틀린 것은?

① 정압기실 주위에는 높이 1.2m 이상의 경계책을 설치한다.
② 지하에 설치하는 지역정압기실의 조명도는 150럭스를 확보한다.
③ 침수위험이 있는 지하에 설치하는 정압기에는 침수방지조치를 한다.
④ 정압기실에는 가스공급시설 외의 시설물을 설치하지 아니한다.

해설 ① 정압기실 주위에는 높이 1.5m 이상의 경계책을 설치한다.

51 용기에 의한 고압가스 판매소에서 용기보관실은 그 보관할 수 있는 압축가스 및 액화가스가 얼마 이상인 경우 보관실 외면으로부터 보호시설까지의 안전거리를 유지하여야 하는가?

① 압축가스 100m³ 이상, 액화가스 1톤 이상
② 압축가스 300m³ 이상, 액화가스 3톤 이상
③ 압축가스 500m³ 이상, 액화가스 5톤 이상
④ 압축가스 500m³ 이상, 액화가스 10톤 이상

해설 고압가스 판매소에서 용기보관실
압축가스 300m³ 이상, 액화가스 3톤 이상인 경우 보관실 외면으로부터 보호시설까지의 안전거리를 유지한다.

52 다음 가스용품 중 합격표시를 각인으로 하여야 하는 것은?

① 배관용 밸브
② 전기절연이음관
③ 금속 플렉시블호스
④ 강제혼합식 가스버너

해설 가스용품 중 합격표시를 각인하는 것
배관용 밸브

53 일반 도시가스사업 제조소의 가스공급시설에 설치하는 벤트스택의 기준에 대한 설명으로 틀린 것은?

① 벤트스택 높이는 방출된 가스의 착지농도가 폭발상한계 값 미만이 되도록 설치한다.
② 액화가스가 함께 방출될 우려가 있는 경우에는 기액분리기를 설치한다.
③ 벤트스택 방출구는 작업원이 통행하는 장소로부터 10m 이상 떨어진 곳에 설치한다.
④ 벤트스택에 연결된 배관에는 응축액의 고임을 제거할 수 있는 조치를 한다.

해설 ① 벤트스택 높이는 방출된 가스의 착지농도가 폭발하한계 값 미만이 되도록 설치한다.

정답 49 ④ 50 ① 51 ② 52 ① 53 ①

54 밀폐된 목욕탕에서 도시가스 순간온수기로 목욕하던 중 의식을 잃은 사고가 발생하였다. 사고 원인을 추정할 때 가장 옳은 것은?

① 일산화탄소 중독
② 가스누출에 의한 질식
③ 온도 급상승에 의한 쇼크
④ 부취제(Mercaptan)에 의한 질식

해설 밀폐된 목욕탕에서 도시가스 순간온수기로 목욕하던 중 의식을 잃은 사고 : 일산화탄소 중독

55 처리능력 및 저장능력이 20톤인 암모니아(NH₃)의 처리설비 및 저장설비와 제2종 보호시설과의 안전거리의 기준은?(단, 제2종 보호시설은 사업소 및 전용공업지역 안에 있는 보호시설이 아니다.)

① 12m
② 14m
③ 16m
④ 18m

해설 처리설비, 저장설비는 보호시설과 안전거리 유지

처리능력 및 저장능력	독성, 가연성		산소		그 밖의 가스	
	제1종	제2종	제1종	제2종	제1종	제2종
1만 이하	17	12	8	5		
1만 초과 2만 이하	21	14	9	7		
2만 초과 3만 이하	24	16	11	8		
3만 초과 4만 이하	27	18	13	9		
4만 초과 5만 이하	30	20	14	10		
5만 초과 99만 이하	30	20	–	–	–	–
99만 초과	30	20	–	–	–	–

1. 단위 : 압축가스(m³), 액화가스(kg)
2. 한 사업소 안에 2개 이상의 처리설비 또는 저장설비가 있는 경우 그 처리능력, 저장능력별로 각각 안전거리 유지
3. 가연성가스 저온저장탱크의 경우
   ㉠ 5만 초과 99만 이하
   　－제1종 $\frac{3}{25}\sqrt{X+10,000}$
   　－제2종 $\frac{2}{25}\sqrt{X+10,000}$
   ㉡ 99만 초과 : 제1종 120m, 제2종 80m
4. 산소 및 그 밖의 가스는 4만 초과까지임
처리능력 및 저장능력이 20톤인 암모니아의 처리설비 및 저장설비와 제2종 보호시설과의 안전거리 : 14m

56 LPG 용기에 있는 잔가스의 처리법으로 가장 부적당한 것은?

① 폐기 시에는 용기를 분리한 후 처리한다.
② 잔가스 폐기는 통풍이 양호한 장소에서 소량씩 실시한다.
③ 되도록 사용 후 용기에 잔가스가 남지 않도록 한다.
④ 용기를 가열할 때는 온도 60℃ 이상의 뜨거운 물을 사용한다.

해설 ④ 용기를 가열할 때는 열습포 또는 온도 40℃ 이하의 물을 사용한다.

57 질소 충전용기에서 질소가스의 누출여부를 확인하는 방법으로 가장 쉽고 안전한 방법은?

① 기름 사용
② 소리 감지
③ 비눗물 사용
④ 전기스파크 이용

해설 질소 충전용기에서 질소가스의 누출여부를 확인하는 방법
비눗물 사용

정답 54 ① 55 ② 56 ④ 57 ③

58 고압가스 특정제조시설 중 배관의 누출확산 방지를 위한 시설 및 기술기준으로 옳지 않은 것은?

① 시가지, 하천, 터널 및 수로 중에 배관을 설치하는 경우에는 누출된 가스의 확산방지조치를 한다.
② 사질토 등의 특수성 지반(해저 제외) 중에 배관을 설치하는 경우에는 누출 가스의 확산방지조치를 한다.
③ 고압가스의 온도와 압력에 따라 배관의 유지관리에 필요한 거리를 확보한다.
④ 독성가스의 용기보관실은 누출되는 가스의 확산을 적절하게 방지할 수 있는 구조로 한다.

해설 ③ 고압가스의 종류 및 압력과 배관의 주위상황에 따라 필요한 장소에는 배관을 이중관으로 하고, 가스누출 검지경보장치를 설치하여야 한다.

59 「고압가스 안전관리법 시행규칙」에서 정의하는 '처리능력'이라 함은?

① 1시간에 처리할 수 있는 가스의 양이다.
② 8시간에 처리할 수 있는 가스의 양이다.
③ 1일에 처리할 수 있는 가스의 양이다.
④ 1년에 처리할 수 있는 가스의 양이다.

해설 처리능력
1일에 처리할 수 있는 가스의 양이다.

60 액화가스를 충전한 차량에 고정된 탱크는 그 내부에 액면요동을 방지하기 위하여 무엇을 설치하는가?

① 슬립튜브   ② 방파판
③ 긴급차단밸브   ④ 역류방지밸브

해설 방파판의 설명이다.

제4과목 가스계측

61 소형으로 설치공간이 작고 가스압력이 높아도 사용이 가능하지만, 0.5m³/h 이하의 소용량에서는 작동하지 않을 우려가 있는 가스계측기는?

① 막식 가스미터
② 습식 가스미터
③ 델타형 가스미터
④ 루츠(Roots)식 가스미터

해설 ① 막식 가스미터 : 회전수가 비교적 낮기 때문에 100m³/h 이하의 소용량에 적합하고, 도시가스를 저압으로 사용하는 일반 가정에서 사용하는 가스계량기
② 습식 가스미터 : 계량이 정확하고 사용 중 기차의 변동이 거의 없으며, 설치 공간이 크고 수위조절 등의 관리가 필요
③ 델타형 가스미터 : 유량과 일정한 관계가 있는 다른 양을 측정함으로써 간접적인 가스의 양을 구하는 방식

62 가스 크로마토그래피의 칼럼(분리관)에 사용되는 충전물로 부적당한 것은?

① 실리카겔   ② 석회석
③ 규조토   ④ 활성탄

해설 가스 크로마토그래피의 칼럼에 사용되는 충전물
㉠ 실리카겔 ㉡ 규조토 ㉢ 활성탄

63 유황분 정량 시 표준용액으로 적절한 것은?

① 수산화나트륨
② 과산화수소
③ 초산
④ 요오드칼륨

해설 유황분 정량 시 표준용액으로 적절한 것
수산화나트륨

정답 58 ③   59 ③   60 ②   61 ④   62 ②   63 ①

64 표준대기압 1atm과 같지 않은 것은?

① 1.013bar
② 10.332mH₂O
③ 1.013N/m²
④ 22.92inHg

해설 표준대기압
1atm = 1.013bar = 10.332mH₂O
= 101,302.7N/m² = 29.92inHg

65 FID검출기를 사용하는 가스 크로마토그래피는 검출기의 온도가 100°C 이상에서 작동되어야 한다. 주된 이유로 옳은 것은?

① 가스소비량을 적게 하기 위하여
② 가스의 폭발을 방지하기 위하여
③ 100°C 이하에서는 점화가 불가능하기 때문에
④ 연소 시 발생하는 수분의 응축을 방지하기 위하여

해설 FID검출기를 사용하는 가스 크로마토그래피에서 검출기의 온도가 100°C 이상에서 작동되어야 하는 이유는 연소 시 발생하는 수분의 응축을 방지하기 위함이다.

66 작은 변화에도 크게 편향하는 성질이 있어 저기압의 압력측정에 사용되는 점도가 큰 액체나 고체 부유물이 있는 유체의 압력을 측정하기에 적합한 압력계는?

① 다이어프램 압력계
② 부르동관 압력계
③ 벨로스 압력계
④ 맥클라우드 압력계

해설
② 부르동관 압력계 : 압력계 중에서 가장 광범위하게 사용된다.
③ 벨로스 압력계 : 벨로스의 탄성을 이용하여 압력을 측정한다.

67 계량기 종류별 기호에서 LPG미터의 기호는?

① H   ② P   ③ L   ④ G

해설 계량기 종류별 기호 중 가스미터의 표시기호

종류	기호	종류	기호
A	판수동저울	K	주유기
B	접시지시 및 판지시저울	L	LPG미터
C	전기식 지시저울	M	오일미터
D	분동	N	눈새김 탱크
E	이동식 축중기	O	눈새김 탱크로리
F	체온계	P	혈압계
G	전력량계	Q	적산 열량계
H	가스미터	R	곡물 수분 측정기
I	수도미터	S	속도 측정기
J	온수미터	–	–

68 다음 온도계 중 연결이 바르지 않은 것은?

① 상태변화를 이용한 것 – 서모컬러
② 열팽창을 이용한 것 – 유리식 온도계
③ 열기전력을 이용한 것 – 열전대 온도계
④ 전기저항 변화를 이용한 것 – 바이메탈 온도계

해설 측정방법에 의한 온도계 종류

구분	측정원리	온도계 종류
접촉식 온도계	열팽창을 이용한 것	유리식 온도계, 바이메탈 온도계, 압력식 온도계
	열기전력을 이용한 것	열전대 온도계
	전기저항을 이용한 것	저항 온도계, 서미스터
	상태변화를 이용한 것	제게르콘, 서모컬러
비접촉식 온도계	전방사에너지를 이용한 것	방사 온도계
	단파장 에너지를 이용한 것	광고 온도계, 광전관 온도계, 색 온도계

정답 64 ③ 65 ④ 66 ① 67 ③ 68 ④

69 오르자트 가스분석기에서 가스의 흡수 순서로 옳은 것은?

① $CO \to CO_2 \to O_2$
② $CO_2 \to CO \to O_2$
③ $O_2 \to CO_2 \to CO$
④ $CO_2 \to O_2 \to CO$

해설
오르자트 가스분석기에서 가스의 흡수 순서
$CO_2 \to O_2 \to CO$

70 다음 중 탄성압력계의 종류가 아닌 것은?

① 시스턴(Cistern) 압력계
② 부르동(Bourdon)관 압력계
③ 벨로스(Bellows) 압력계
④ 다이어프램(Diaphragm) 압력계

해설
탄성 압력계의 종류
㉠ 부르동(Bourdon)관 압력계
㉡ 벨로스(Bellows) 압력계
㉢ 다이어프램(Diaphragm) 압력계

71 다음 중 가스의 발열량 측정에 주로 사용되는 계측기는?

① 봄베 열량계
② 단열 열량계
③ 융커스식 열량계
④ 냉온수 적산열량계

해설
융커스식 열량계의 설명이다.

72 가스미터에서 감도유량의 의미를 가장 바르게 설명한 것은?

① 가스미터 유량이 최대유량의 50%에 도달했을 때의 유량
② 가스미터가 작동하기 시작하는 최소 유량
③ 가스미터가 정상상태를 유지하는 데 필요한 최소유량
④ 가스미터 유량이 오차한도를 벗어났을 때의 유량

해설
감도유량
가스미터가 작동하기 시작하는 최소유량

73 평균유속이 5m/s인 원관에서 20kg/s의 물이 흐르도록 하려면 관의 지름은 약 몇 mm로 해야 하는가?

① 31 ② 51
③ 71 ④ 91

해설
$Q = AVp$
여기서, Q : 유량
A : 단면적
V : 속도
p : 밀도
물의 밀도 : 1,000kg/m³

$20kg = \frac{\pi}{4}(D \times 10^{-3})^2 \times 5 \times 1,000$

$D = \sqrt{20 \times 4 \times \frac{1}{5} \times \frac{1}{\pi} \times \frac{1}{10^{-6}} \times \frac{1}{10^3}}$

$= \sqrt{16 \times \frac{1}{\pi} \times \frac{1}{10^{-3}}}$

$= 71$

74 다음 중 차압식 유량계에 해당하지 않는 것은?

① 벤투리미터 유량계
② 로타미터 유량계
③ 오리피스 유량계
④ 플로노즐

해설
② 면적식 유량계 : 로터미터 유량계, 부자식(플로트식) 유량계

정답 69 ④ 70 ① 71 ③ 72 ② 73 ③ 74 ②

75 수정이나 전기석 또는 로셀염 등의 결정체의 특정 방향으로 압력을 가할 때 발생하는 표면 전기량으로 압력을 측정하는 압력계는?

① 스트레인 게이지
② 자기변형 압력계
③ 벨로스 압력계
④ 피에조 전기압력계

해설
① 스트레인 게이지 : 금속합금이나 금속산화물 등이 기계적 변형을 받으면 전기저항이 변화하는 것
③ 벨로스 압력계 : 벨로스의 탄성을 이용하여 압력을 측정할 수 있는 것

76 다음 유량계측기 중 압력손실의 크기 순서를 바르게 나타낸 것은?

① 전자유량계 > 벤투리 > 오리피스 > 플로노즐
② 벤투리 > 오리피스 > 전자유량계 > 플로노즐
③ 오리피스 > 플로노즐 > 벤투리 > 전자유량계
④ 벤투리 > 플로노즐 > 오리피스 > 전자유량계

해설
유량계측기 중 압력손실의 크기 순서
오리피스 > 플로노즐 > 벤투리 > 전자유량계

77 기체가 흐르는 관 안에 설치된 피토관의 수주 높이가 0.46m일 때 기체의 유속은 약 몇 m/s인가?

① 3　　② 4
③ 5　　④ 6

해설
$V = \sqrt{2gh}$, $V = \sqrt{2 \times 9.8 \times 0.46} = 3\text{m/s}$
여기서, V : 유속(m/s)
　　　　g : 중력가속도
　　　　h : 높이

78 제어계가 불안정하여 주기적으로 변화하는 좋지 못한 상태를 무엇이라 하는가?

① Step 응답
② 헌팅(난조)
③ 외란
④ 오버슈트

해설 헌팅(난조)의 설명이다.

79 오르자트 가스분석계로 가스분석 시 가장 적당한 온도는?

① 0~15℃
② 10~15℃
③ 16~20℃
④ 20~28℃

해설 오르자트 가스분석계로 가스분석 시 가장 적당한 온도 : 16~20℃

80 가스 크로마토그래피에서 운반기체(Carrier Gas)의 불순물을 제거하기 위하여 사용하는 부속품이 아닌 것은?

① 오일트랩(Oil Trap)
② 화학필터(Chemical Filter)
③ 산소제거트랩(Oxygen Trap)
④ 수분제거트랩(Moisture Trap)

해설 가스 크로마토그래피에서 운반기체의 불순물을 제거하기 위하여 사용하는 부속품
㉠ 화학필터(Chemical Filter)
㉡ 산소제거트랩(Oxygen Trap)
㉢ 수분제거트랩(Moistrue Trap)

정답 75 ④　76 ③　77 ①　78 ②　79 ③　80 ①

2017 제1회 산업기사 (3. 5. 시행)

제1과목 연소공학

01 연소속도를 결정하는 가장 중요한 인자는 무엇인가?
① 환원반응을 일으키는 속도
② 산화반응을 일으키는 속도
③ 불완전 환원반응을 일으키는 속도
④ 불완전 산화반응을 일으키는 속도

해설 연소속도를 결정하는 가장 중요한 인자
산화반응을 일으키는 속도

02 수소의 연소반응식이 다음과 같을 경우 1mol의 수소를 일정한 압력에서 이론산소량으로 완전연소시켰을 때의 온도는 약 몇 K인가?(단, 정압비열은 10cal/mol·K, 수소와 산소의 공급온도는 25°C, 외부로의 열손실은 없다.)

$$H_2 + \frac{1}{2}O_2 \rightarrow H_2O(g) + 57.8 kcal/mol$$

① 5,780 ② 5,805
③ 6,053 ④ 6,078

해설
$Q = C_p(T_2 - T_1)$, $T_2 = T_1 + \dfrac{Q}{C_p}$

$= (273 + 25) + \dfrac{57.8 \times 10^3}{1 \times 10} = 6,078K$

03 상온상압하에서 에탄(C_2H_6)이 공기와 혼합되는 경우 폭발범위는 약 몇 %인가?
① 3.0~10.5% ② 3.0~12.5%
③ 2.7~10.5% ④ 2.7~12.5%

해설

가스의 종류	폭발범위
에탄(C_2H_6)	3.0~12.5%

04 기체연료의 예혼합연소에 대한 설명 중 옳은 것은?
① 화염의 길이가 길다.
② 화염이 전파하는 성질이 있다.
③ 연료와 공기의 경계에서 주로 연소가 일어난다.
④ 연료와 공기의 혼합비가 순간적으로 변한다.

해설 기체연료의 예혼합연소 특징
㉠ 화염의 길이가 짧고, 고온의 화염을 얻을 수 있다.
㉡ 연료와 공기의 사전혼합형이다.
㉢ 연소의 부하가 크고, 역화의 위험성이 크다.
㉣ 조작범위가 좁다.
㉤ 탄화수소가 큰 가스에 적합하다.

05 공기와 혼합하였을 때 폭발성 혼합가스를 형성할 수 있는 것은?
① NH_3 ② N_2
③ CO_2 ④ SO_2

해설 $4NH_3 + 3O_2 \rightarrow 2N_2 + 6H_2O$

06 방폭구조 종류에 대한 설명으로 틀린 것은?
① 내압방폭구조는 용기 외부의 폭발에 견디도록 용기를 설계한 구조이다.
② 유입방폭구조는 기름면 위에 존재하는 가연성가스에 인화될 우려가 없도록 한 구조이다.

정답 01 ② 02 ④ 03 ② 04 ② 05 ① 06 ①

③ 본질안전방폭구조는 공적기관에서 점화시험 등의 방법으로 확인한 구조이다.
④ 안전증방폭구조는 구조상 및 온도의 상승에 대하여 특별히 안전도를 증가시킨 구조이다.

해설 ① 내압방폭구조는 용기 내부에서 가연성가스의 폭발이 발생할 경우 그 용기가 폭발압력에 견디고 접합면 개구부 등을 통하여 외부의 가연성가스에 인화하지 아니하도록 한 구조

07 다음 기체 가연물 중 위험도(H)가 가장 큰 것은?

① 수소
② 아세틸렌
③ 부탄
④ 메탄

해설 위험도(H) = $\dfrac{U-L}{L}$

① 수소(4~75%) : $\dfrac{75-4}{4} = 17.75$

② 아세틸렌(2.5~81%) : $\dfrac{81-2.5}{2.5} = 31.4$

③ 부탄(1.8~8.4%) : $\dfrac{8.4-1.8}{1.8} = 3.67$

④ 메탄(5~15%) : $\dfrac{15-5}{5} = 2$

08 열전도율 단위는 어느 것인가?

① $kcal/m \cdot h \cdot ℃$
② $kcal/m^2 \cdot h \cdot ℃$
③ $kcal/m^2 \cdot ℃$
④ $kcal/h$

해설 열전도율 단위 : $kcal/m \cdot h \cdot ℃$

09 연소 및 폭발에 대한 설명 중 틀린 것은?

① 폭발이란 주로 밀폐된 상태에서 일어나며 급격한 압력상승을 수반한다.
② 인화점이란 가연물이 공기 중에서 가열될 때 그 산화열로 인해 스스로 발화하게 되는 온도를 말한다.
③ 폭굉은 연소파의 화염전파속도가 음속을 돌파할 때 그 선단에 충격파가 발달하게 되는 현상을 말한다.
④ 연소란 적당한 온도의 열과 일정 비율의 산소와 연료와의 결합반응으로 발열 및 발광현상을 수반하는 것이다.

해설 ② 인화점이란 가연물을 가열할 때 가연성 증기가 연소범위 하한에 달하는 최저의 온도를 말한다.

10 가연성 가스의 폭발범위에 대한 설명으로 옳은 것은?

① 폭굉에 의한 폭풍이 전달되는 범위를 말한다.
② 폭굉에 의하여 피해를 받는 범위를 말한다.
③ 공기 중에서 가연성가스가 연소할 수 있는 가연성가스의 농도범위를 말한다.
④ 가연성가스와 공기의 혼합기체가 연소하는 데 있어서 혼합기체의 필요한 압력범위를 말한다.

해설 폭발범위
공기 중에서 가연성가스가 연소할 수 있는 가연성가스의 농도범위를 말한다.

11 프로판(C_3H_8)과 부탄(C_4H_{10})의 혼합가스가 표준상태에서 밀도가 2.25kg/m³이다. 프로판의 조성은 약 몇 %인가?

① 35.16%
② 42.72%
③ 54.28%
④ 68.53%

해설
가스밀도(kg/m³) = $\dfrac{분자량}{22.4}$

$2.25 kg/m^3 = \dfrac{44 \times x + 58(1-x)}{22.4}$

$14x = 58 - 2.25 \times 22.4$, $x = 0.5428$

∴ 54.28%

정답 07 ② 08 ① 09 ② 10 ③ 11 ③

12 연소의 3요소 중 가연물에 대한 설명으로 옳은 것은?

① 0족 원소들은 모두 가연물이다.
② 가연물은 산화반응 시 발열반응을 일으키며 열을 축적하는 물질이다.
③ 질소와 산소가 반응하여 질소산화물을 만드므로 질소는 가연물이다.
④ 가연물은 반응 시 흡열반응을 일으킨다.

해설 가연물
산화반응 시 발열반응을 일으키며, 열을 축적하는 물질

13 다음 중 액체 시안화수소를 장기간 저장하지 않는 이유로 옳은 것은?

① 산화폭발하기 때문에
② 중합폭발하기 때문에
③ 분해폭발하기 때문에
④ 고결되어 장치를 막기 때문에

해설 액체 시안화수소를 장기간 저장하지 않는 이유 중합폭발하기 때문에

14 다음에서 설명하는 소화제의 종류는?

- 유류 및 전기화재에 적합하다.
- 소화 후 잔여물을 남기지 않는다.
- 연소반응을 억제하는 효과와 냉각소화 효과를 동시에 가지고 있다.
- 소화기의 무게가 무겁고, 사용 시 동상의 우려가 있다.

① 물
② 할론
③ 이산화탄소
④ 드라이케미컬 분말

해설 이산화탄소(CO_2) 소화제의 설명이다.

15 연료의 구비조건이 아닌 것은?

① 발열량이 클 것
② 유해성이 없을 것
③ 저장 및 운반 효율이 낮을 것
④ 안전성이 있고 취급이 쉬울 것

해설 ③ 저장 및 운반 효율이 용이할 것

16 대기 중에 대량의 가연성가스나 인화성 액체가 유출되어 발생 증기가 대기 중의 공기와 혼합하여 폭발성인 증기운을 형성하고 착화·폭발하는 현상은?

① BLEVE   ② UVCE
③ Jet Fire   ④ Flash Over

해설 ① BLEVE : 과열 상태의 탱크에서 내부의 액화가스가 분출, 일시에 기화되어 착화·폭발하는 현상
③ Jet Fire : 고압의 LPG가 누출 시 주위 점화원에 의하여 점화되어서 불기둥을 이루는 현상
④ Flash Over : 폭발적인 착화현상 및 급격한 화염의 확대현상

17 표준상태에서 질소가스의 밀도는 몇 g/L인가?

① 0.97   ② 1.00
③ 1.07   ④ 1.25

해설 N_2의 분자량=28
밀도 = $\dfrac{분자량(g)}{22.4(L)} = \dfrac{28g}{22.4L} = 1.25 g/L$

18 "기체 분자의 크기가 0이고 서로 영향을 미치지 않는 이상기체의 경우 온도가 일정할 때 가스의 압력과 부피는 서로 반비례한다." 는 법칙과 관련된 것은?

① 보일의 법칙
② 샤를의 법칙

정답 12 ② 13 ② 14 ③ 15 ③ 16 ② 17 ④ 18 ①

③ 보일-샤를의 법칙
④ 돌턴의 법칙

해설 ② 샤를의 법칙 : 일정한 압력에서 일정량의 기체가 차지하는 부피는 절대온도에 비례한다.
③ 보일-샤를의 법칙 : 일정량의 기체의 부피는 압력에 반비례하고, 절대온도에 비례한다.
④ 돌턴의 법칙 : 기체 혼합물의 총 압력은 혼합물 중 각 기체 부분압의 합계와 같다.

19 부피로 Hexane 0.8v%, Methane 2.0v%, Ethylene 0.5v%로 구성된 혼합가스의 LFL을 계산하면 약 얼마인가?(단, Hexane, Methane, Ethylene의 폭발하한계는 각각 1.1v%, 5.0v%, 2.7v%라고 한다)

① 2.5% ② 3.0%
③ 3.3% ④ 3.9%

해설 ① 3종류 가스의 합계량
= 0.8 + 2.0 + 0.5 = 3.3v%
② 3.3%를 100%라고 보고 각각의 가스 체적 비율을 구한다.

Hexane = $\frac{0.8}{3.3} \times 100 = 24.24\%$

Methane = $\frac{2.0}{3.3} \times 100 = 60.61\%$

Ethylene = $\frac{0.5}{3.3} \times 100 = 15.15\%$

∴ $\frac{100}{L} = \frac{V_1}{L_1} + \frac{V_2}{L_2} + \frac{V_3}{L_3}$

$L = \frac{100}{\frac{24.24}{1.1} + \frac{60.61}{5.0} + \frac{15.15}{2.7}}$

∴ LFE(하한계) = 2.5%

20 불활성화에 대한 설명으로 틀린 것은?
① 가연성 혼합가스에 불활성가스를 주입하여 산소의 농도를 최소산소농도 이하로 낮게 하는 공정이다.
② 이너트가스로는 질소, 이산화탄소 또는 수증기가 사용된다.
③ 이너팅은 산소농도를 안전한 농도로 낮추기 위하여 이너트가스를 용기에 처음 주입하면서 시작한다.
④ 일반적으로 실시되는 산소농도의 제어점은 최소산소농도보다 10% 낮은 농도이다.

해설 ④ 일반적으로 실시하는 산소농도의 제어점은 최소산소농도 이하로 낮은 농도이다.

제2과목 가스설비

21 수격작용(Water Hammering)의 방지법으로 적합하지 않은 것은?
① 관 내의 유속을 느리게 한다.
② 밸브를 펌프 송출구 가까이 설치한다.
③ 서지탱크(Surge Tank)를 설치하지 않는다.
④ 펌프의 속도가 급격히 변화하는 것을 막는다.

해설 ③ 서지(Surge)탱크를 관 내에 설치한다.

22 다음은 수소의 성질에 대한 설명이다. 옳은 것으로만 나열된 것은?

㉠ 공기와 혼합된 상태에서의 폭발범위는 4.0~65%이다.
㉡ 무색, 무취, 무미이므로 누출되었을 경우 색깔이나 냄새로 알 수 없다.
㉢ 고온·고압 하에서 강(鋼)중의 탄소와 반응하여 수소취성을 일으킨다.
㉣ 열전달률이 아주 낮고, 열에 대하여 불안정하다.

① ㉠, ㉡ ② ㉠, ㉢
③ ㉡, ㉢ ④ ㉡, ㉣

정답 19 ① 20 ④ 21 ③ 22 ③

해설
- ㉠ 공기와 혼합된 상태에서의 폭발범위는 4~75%이다.
- ㉣ 열전달률이 대단히 크고, 열에 대하여 안정하다.

23 제1종 보호시설은 사람을 수용하는 건축물로서 사실상 독립된 부분의 연면적이 얼마 이상 인 것에 해당하는가?
① 100m²
② 500m²
③ 1,000m²
④ 2,000m²

해설
① 제1종 보호시설
  ㉠ 학교, 유치원, 어린이집, 어린이놀이터, 학원, 병원(의원 포함), 도서관. 청소년수련시설, 경로당, 시장, 공중목욕탕. 호텔 및 여관, 극장, 교회 및 공회당
  ㉡ 사람을 수용하는 건축물(가설건축물은 제외)로 사실상 독립된 부분의 연면적이 1,000m² 이상인 것
  ㉢ 예식장. 장례식장 및 전시장 그 밖에 이와 유사한 시설로 300명 이상 수용할 수 있는 건축물
  ㉣ 아동복지시설 또는 장애인복지시설로서 20명 이상 수용할 수 있는 건축물
  ㉤ 문화재보호법에 따라 지정문화재로 지정된 건축물
② 제2종 보호시설
  ㉠ 주택
  ㉡ 사람을 수용하는 건축물(가설건축물은 제외) 사실상 독립된 부분의 연면적이 100m² 이상 1,000m² 미만인 것

24 공기냉동기의 표준사이클은?
① 브레이튼 사이클
② 역브레이튼 사이클
③ 가르노 사이클
④ 역카르노 사이클

해설
공기냉동기의 표준사이클은 가스터빈의 기본 사이클인 브레이튼 사이클을 역방향으로 행하는 역브레이튼 사이클과 동일하며, 일량에 비해서 냉동효과가 작다.

25 기화장치의 구성이 아닌 것은?
① 검출부   ② 기화부
③ 제어부   ④ 조압부

해설
기화장치의 구성
㉠ 기화부 ㉡ 조압부 ㉢ 제어부

26 배관 내 가스 중의 수분 응축 또는 배관의 부식 등으로 인하여 지하수가 침입하는 등의 장애발생으로 가스의 공급이 중단되는 것을 방지하기 위해 설치하는 것은?
① 슬리브   ② 리시버탱크
③ 솔레노이드 ④ 후프링

해설
리시버탱크의 설명이다.

27 피스톤펌프의 특징으로 옳지 않은 것은?
① 고압, 고점도의 소유량에 적당하다.
② 회전수에 따른 토출압력 변화가 많다.
③ 토출량이 일정하므로 정량토출이 가능하다.
④ 고압에 의하여 물성이 변화하는 수가 있다.

해설
② 회전수가 변하여도 토출압력의 변화가 적다.

28 포스겐의 제조 시 사용되는 촉매는?
① 활성탄   ② 보크사이트
③ 산화철   ④ 니켈

해설
$CO + Cl_2 \xrightarrow{활성탄} COCl_2$

정답 23 ③ 24 ② 25 ① 26 ② 27 ② 28 ①

29 일정 압력 이하로 내려가면 가스분출이 정지되는 안전밸브는?

① 가용전식   ② 파열식
③ 스프링식   ④ 박판식

해설 안전밸브의 종류
㉠ 스프링식 : 일정 압력 이하로 내려가면 가스분출이 정지되는 안전밸브이다.
㉡ 가용전식 : 이상고압에 의하여 작동되는 것이 아니고 설정온도에서 밸브의 개구부 금속이 용융되어 압을 분출시킨다.
㉢ 파열판식(박판식, 랩튜어 디스크) : 얇은 평판을 작동부분에 설치하여 이상압력 발생 시에는 판을 파열시켜 장치 내의 가스를 분출시킨다.
㉣ 중추식 : 밸브장치에 무게가 있는 추를 달아 이상압력 발생 시에 추를 밀어 올려 장치 내의 고압가스를 분출시킨다.

30 대용량의 액화가스 저장탱크 주위에는 방류둑을 설치하여야 한다. 다음 중 방류둑의 주된 설치목적은?

① 테러범 등 불순분자가 저장탱크에 접근하는 것을 방지하기 위하여
② 액상의 가스가 누출될 경우 그 가스를 쉽게 방류시키기 위하여
③ 빗물이 저장탱크 주위로 들어오는 것을 방지하기 위하여
④ 액상의 가스가 누출된 경우 그 가스의 유출을 방지하기 위하여

해설 방류둑의 주된 설치목적은 액상의 가스가 누출된 경우 그 가스의 유출을 방지하기 위함이다.

31 3단 압축기로 압축비가 다같이 3일 때 각 단의 이론토출압력은 각각 몇 MPa · g인가? (단, 흡입압력은 0.1MPa이다.)

① 0.2, 0.8, 2.6
② 0.2, 1.2, 6.4
③ 0.3, 0.9, 2.7
④ 0.3, 1.2, 6.4

해설
$\varepsilon = \dfrac{P_2}{P_1}$

① $P_2 = \varepsilon P_1 = 3 \times (0.1) - 0.1 = 0.2 \text{MPa} \cdot \text{g}$

$\varepsilon = \dfrac{P_2'}{P_2}$

② $P_2' = \varepsilon P_2 = 3 \times 0.3 - 0.1 = 0.8 \text{MPa} \cdot \text{g}$

③ $P_3 = \varepsilon P_2' = 3 \times 0.9 - 0.1 = 2.6 \text{MPa} \cdot \text{g}$

32 최고사용온도가 100℃, 길이(L)가 10m인 배관을 상온(15℃)에서 설치하였다면 최고온도로 사용 시 팽창으로 늘어나는 길이는 약 몇 mm인가? (단, 선팽창계수 α는 12×10^{-6}m/m℃이다.)

① 5.1mm   ② 10.2mm
③ 102mm   ④ 204mm

해설 늘어나는 길이(λ) = $L\alpha \triangle t$
= 10,000 × 12 × 10^{-6} × (100 - 15) = 10.2mm

33 공기액화분리장치의 폭발원인으로 가장 거리가 먼 것은?

① 공기 취입구로부터의 사염화탄소의 침입
② 압축기용 윤활유의 분해에 따른 탄화수소의 생성
③ 공기 중에 있는 질소화합물(산화질소 및 과산화질소 등)의 흡입
④ 액체공기 중의 오존의 혼입

해설 ① 공기 취입구로부터의 아세틸렌의 혼입

34 원통형 용기에서 원주방향 응력은 축방향 응력의 얼마인가?

① 0.5배   ② 1배
③ 2배   ④ 4배

해설 ③ 원주방향 응력 = $\dfrac{PD}{2t}$ 이고, 축방향 응력 = $\dfrac{PD}{4t}$ 이므로, 원통형 용기에서 원주방향 응력은 축방향 응력의 2배이다.

정답 29 ③ 30 ④ 31 ① 32 ② 33 ① 34 ③

35 압축기에서 압축비가 커짐에 따라 나타나는 영향이 아닌 것은?

① 소요동력 감소
② 토출가스온도 상승
③ 체적효율 감소
④ 압축일량 증가

해설 ① 소요동력 증대

36 피셔(Fisher)식 정압기에 대한 설명으로 틀린 것은?

① 로딩형 정압기이다.
② 동특성이 양호하다.
③ 정특성이 양호하다.
④ 다른 것에 비하여 크기가 크다.

해설 ④ 다른 것에 비하여 크기가 작다.

37 발열량이 10,000kcal/Sm³ 비중이 1.2인 도시가스의 웨베지수는?

① 8,333
② 9,129
③ 10,954
④ 12,000

해설
$WI = \dfrac{Hg}{\sqrt{d}}$

여기서, WI : 웨베지수
Hg : 도시가스의 총발열량(kcal/m³)
d : 도시가스의 공기에 대한 비중

$WI = \dfrac{10,000 \text{kcal/Sm}^3}{\sqrt{1.2}} = 9,129$

38 아세틸렌 제조설비에서 정제장치는 주로 어떤 가스를 제거하기 위해 설치하는가?

① PH_3, H_2S, NH_3
② CO_2, SO_2, CO
③ H_2O(수증기), NO, NO_2, NH_3
④ $SiHCl_3$, SiH_2Cl_2, SiH_4

해설 아세틸렌 정제장치
PH_3, H_2S, NH_3, N_2, O_2, H_2, CO, SiH_4 등을 제거하기 위해 설치한다.

39 스테인리스강의 조성이 아닌 것은?

① Cr   ② Pb
③ Fe   ④ Ni

해설 스테인리스강 : Fe + Cr + Ni

40 산소제조장치설비에 사용되는 건조제가 아닌 것은?

① NaOH   ② SiO_2
③ $NaClO_3$ ④ Al_2O_3

해설 산소제조장치설비에 사용되는 건조제
NaOH, SiO_2, Al_2O_3, 소바비이드 등

제3과목 가스안전관리

41 고온·고압 시 가스용기의 탈탄작용을 일으키는 가스는?

① C_3H_8 ② SO_3
③ H_2 ④ CO

해설 탈탄작용
수소(H_2)는 고온·고압 하에서 탄소와 반응을 일으켜 수소취성을 일으킨다.
$Fe_3C + 2H_2 \rightarrow CH_4 + 3Fe$

42 정전기로 인한 화재·폭발 사고를 예방하기 위해 취해야 할 조치가 아닌 것은?

① 유체의 분출 방지
② 절연체의 도전성 감소
③ 공기의 이온화장치 설치
④ 유체 이·충전 시 유속의 제한

해설 ② 절연체에 도전성을 갖게 한다.

43 「고압가스 안전관리법」상 가스저장탱크 설치 시 내진설계를 하여야 하는 저장탱크는?(단, 비가연성 및 비독성인 경우는 제외한다.)

① 저장능력이 5톤 이상 또는 500m³ 이상인 저장탱크
② 저장능력이 3톤 이상 또는 300m³ 이상인 저장탱크
③ 저장능력이 2톤 이상 또는 200m³ 이상인 저장탱크
④ 저장능력이 1톤 이상 또는 100m³ 이상인 저장탱크

해설 내진설계를 하여야 하는 탱크
저장능력이 5톤 이상 또는 500m³ 이상인 저장탱크

44 「고압가스 안전관리법」에서 정하고 있는 특정고압가스가 아닌 것은?

① 천연가스 ② 액화염소
③ 게르만 ④ 염화수소

해설 특정고압가스
㉠ 법에서 정한 것 : 수소, 산소, 액화암모니아, 아세틸렌, 액화염소, 천연가스, 압축모노실란, 압축디보란, 액화알진, 그 밖에 대통령령이 정하는 고압가스
㉡ 대통령령이 정한 것 : 포스핀, 셀렌화수소, 게르만, 디실란, 오불화비소, 오불화인, 삼불화인, 삼불화질소, 삼불화붕소, 사불화유황, 사불화규소
㉢ 특수고압가스 : 압축모노실란, 압축디보란, 액화알진, 포스핀, 셀렌화수소, 게르만, 디실란 그 밖에 반도체의 세정 등 산업통상자원부 장관이 인정한 특수한 용도에 사용하는 고압가스

45 용기보관실을 설치한 후 액화석유가스를 사용 하여야 하는 시설기준은?

① 저장능력 1,000kg 초과
② 저장능력 500kg 초과
③ 저장능력 300kg 초과
④ 저장능력 100kg 초과

해설 용기보관실을 설치한 후 액화석유가스를 사용하는 시설
저장능력 100kg 초과

46 독성의 액화가스 저장탱크 주위에 설치하는 방류둑의 저장능력은 몇 톤 이상의 것에 한하는가?

① 3톤 ② 5톤
③ 10톤 ④ 50톤

해설 독성의 액화가스 저장탱크 주위에 설치하는 방류둑
저장능력 5톤 이상

47 가스사용시설에 퓨즈콕 설치 시 예방 가능한 사고 유형은?

① 가스레인지 연결호스 고의절단사고
② 소화안전장치 고장 가스누출사고
③ 보일러 팽창 탱크과열 파열사고
④ 연소기 전도 화재사고

해설 퓨즈콕 설치 시 예방 가능한 사고 유형
가스레인지 연결호스 고의절단사고

48 압력방폭구조의 표시 방법은?

① p ② d ③ ia ④ s

해설 방폭전기기기 구조별 표시 방법

명칭	표시 방법
내압방폭구조	d
유입방폭구조	o
압력방폭구조	p
안전증방폭구조	e
본질안전방폭구조	ia · ib
특수방폭구조	s

정답 43 ① 44 ④ 45 ④ 46 ② 47 ① 48 ①

부록 과년도 기출문제

49 아세틸렌가스 충전 시 희석제로 적합한 것은?

① N_2 ② C_3H_8 ③ SO_2 ④ H_2

해설 아세틸렌가스 충전 시 희석제
질소(N_2), 메탄(CH_4), 일산화탄소(CO), 에틸렌(C_2H_4), 수소(H_2), 프로판(C_3H_8), 이산화탄소(CO_2) 등

50 액화석유가스의 특성에 대한 설명으로 옳지 않은 것은?

① 액체는 물보다 가볍고, 기체는 공기보다 무겁다.
② 액체의 온도에 의한 부피변화가 작다.
③ 일반적으로 LNG보다 발열량이 크다.
④ 연소 시 다량의 공기가 필요하다.

해설 ② 액체의 온도에 의한 부피변화가 크다.

51 액화석유가스 사업자 등과 시공자 및 액화석유가스 특정사용자의 안전관리 등에 관계되는 업무를 하는 자는 시·도지사가 실시하는 교육을 받아야 한다. 교육대상자의 교육내용에 대한 설명으로 틀린 것은?

① 액화석유가스 배달원으로 신규종사하게 될 경우 특별교육을 1회 받아야 한다.
② 액화석유가스 특정사용시설의 안전관리책임자로 신규 종사하게 될 경우 신규종사 후 6개월 이내 및 그 이후에는 3년이 되는 해마다 전문교육을 1회 받아야 한다.
③ 액화석유가스를 연료로 사용하는 자동차의 정비작업에 종사하는 자가 한국가스안전공사에서 실시하는 액화석유가스 자동차정비 등에 관한 전문교육을 받은 경우에는 별도로 특별교육을 받을 필요가 없다.
④ 액화석유가스 충전시설의 충전원으로 신규종사하게 될 경우 6개월 이내 전문교육을 1회 받아야 한다.

해설

교육과정	교육대상자	교육시기
전문교육	㉠ 안전관리책임자와 안전관리원의 대상자는 제외 ㉡ 액화석유가스 특정사용시설의 안전관리책임자와 안전관리원 ㉢ 시공관리자(제1종 가스시설 시공업자에 채용된 시공관리자만을 말한다) ㉣ 시공자(제2종 가스시설 시공업자의 기술능력인 시공자 양성교육 또는 가스시설 시공관리자 양성교육을 이수한 자로 한정)와 제2종 가스시설 시공업자에게 채용된 시공관리자 ㉤ 온수보일러 시공자(제3종 가스시설 시공업자의 기술능력인 온수보일러 시공자 양성교육 또는 온수보일러 시공관리자 양성교육을 이수한 자로 한정)와 제3종 가스시설 시공업자에게 채용된 온수보일러 시공자 ㉥ 액화석유가스 운반책임자	신규종사 후 6개월 이내 및 그 후에는 3년이 되는 해마다 1회
특별교육	㉠ 액화석유가스 사용 자동차 운전자 ㉡ 액화석유가스 운반자동차 운전자와 액화석유가스 배달원 ㉢ 액화석유가스 충전시설의 충전원 ㉣ 제1종 또는 제2종 가스시설 시공업자 중 자동차정비업 또는 자동차폐업자의 사업소에서 액화석유가스를 연료로 사용하는 자동차의 액화석유가스 연료계통 부품의 정비작업 또는 폐차작업에 종사하는 자	신규종사 1회

정답 49 ① 50 ② 51 ④

교육과정	교육대상자	교육시기
양성교육	㉠ 일반시설 안전관리자가 되려는 자 ㉡ 액화석유가스 충전시설 안전관리자가 되려는 자 ㉢ 판매시설 안전관리자가 되려는 자 ㉣ 사용시설 안전관리자가 되려는 자 ㉤ 가스시설 시공관리자가 되려는 자 ㉥ 시공자가 되려는 자 ㉦ 온수보일러 시공자가 되려는 자 ㉧ 온수보일러 시공관리자가 되려는 자 ㉨ 폴리에틸렌관 융착원이 되려는 자	-

52 저장량 15톤의 액화산소 저장탱크를 지하에 설치할 경우 인근에 위치한 연면적 300m²인 교회와 몇 m 이상의 거리를 유지하여야 하는가?

① 6m ② 7m
③ 12m ④ 14m

해설 보호시설과 유지하여야 할 안전거리(m)

개요	고압가스 처리 저장설비의 유지거리 규정 지하저장설비는 규정 안전거리 1/2 이상 유지 저장능력 (압축가스 : m³, 액화가스 : kg)		
구분	저장능력	제1종 보호시설	제2종 보호시설
처리 및 저장 능력	-	학교, 유치원, 어린이집, 놀이방, 어린이놀이터, 학원, 병원, 청소년수련시설, 경로당, 시장, 공중목욕탕, 호텔, 여관, 극장, 교회, 공회당 300인 이상(예식장, 장례식장, 전시장), 20인 이상 수용 건축물(아동복지, 장애인복지시설) 면적 1000m² 이상인 곳, 지정문화재 건축물	주택 연면적 100m² 이상 1000m² 미만

개요	고압가스 처리 저장설비의 유지거리 규정 지하저장설비는 규정 안전거리 1/2 이상 유지 저장능력 (압축가스 : m³, 액화가스 : kg)		
구분	저장능력	제1종 보호시설	제2종 보호시설
산소의 저장 설비	1만 이하	12m	8m
	1만 초과 2만 이하	14m	9m
	2만 초과 3만 이하	16m	11m
	3만 초과 4만 이하	18m	13m
	4만 초과	20m	14m
독성 가스 또는 가연 성가 스의 저장 설비	1만 이하	17m	12m
	1만 초과 2만 이하	21m	14m
	2만 초과 3만 이하	24m	16m
	3만 초과 4만 이하	27m	18m
	4만 초과 5만 이하	30m	20m
	5만 초과 99만 이하	30m(가연성가스 저온저장탱크는 $\frac{3}{25}\sqrt{X+10,000}$ m)	20m(가연성가스 저온저장탱크는 $\frac{2}{25}\sqrt{X+10,000}$ m)
	99만 초과	30m(가연성가스 저온저장탱크는 120m)	20m(가연성가스 저온저장탱크는 80m)

∴ 저장설비를 지하에 설치할 경우 유지거리의 $\frac{1}{2}$을 곱한 거리를 유지하므로 14m × $\frac{1}{2}$ = 7m 이상

53 아세틸렌용 용접용기 제조 시 내압시험압력이란 최고압력수치의 몇 배의 압력을 말하는가?

① 1.2
② 1.5
③ 2
④ 3

해설 아세틸렌 용접용기 제조 시 내압시험압력(Tp) = 최고충전압력(최고압력수치) × 3

정답 52 ② 53 ④

54 액화암모니아 70kg을 충전하여 사용하고자 한다. 충전정수가 1.86일 때 안전관리상 용기의 내용적은?

① 27L
② 37.6L
③ 75L
④ 131L

해설
$G = \dfrac{V}{C}, \quad V = G \times C$

∴ 70 × 1.86 = 131L

55 차량에 혼합 적재할 수 없는 가스끼리 짝지어진 것은?

① 프로판, 부탄
② 염소, 아세틸렌
③ 프로필렌, 프로판
④ 시안화수소, 에탄

해설 차량에 혼합 적재할 수 없는 가스
염소와 아세틸렌, 암모니아, 수소

56 공업용 액화염소를 저장하는 용기의 도색은?

① 주황색   ② 회색
③ 갈색   ④ 백색

해설 용기의 도색 표시

가연성 독성		의료용		그 밖의 가스	
종류	도색	종류	도색	종류	도색
LPG	회색	O_2	백색	O_2	녹색
H_2	주황색	액화탄산	회색	액화탄산	청색
C_2H_2	황색	He	갈색	N_2	회색
NH_3	백색	C_2H_4	자색	소방용 용기	소방법의 도색
Cl_2	갈색	N_2	흑색	그 밖의 가스	회색

※ 의료용 시클로프로판 : 주황색, 용기에 가연성은 화기, 독성은 해골 그림 표시

57 냉동기의 냉매설비에 속하는 압력용기의 재료는 압력용기의 설계압력 및 설계온도 등에 따른 적절한 것이어야 한다. 다음 중 초음파탐상검사를 실시하지 않아도 되는 재료는?

① 두께가 40mm 이상인 탄소강
② 두께가 38mm 이상인 저합금강
③ 두께가 6mm 이상인 9% 니켈강
④ 두께가 19mm 이상이고 최소인장강도가 568.4N/mm² 이상인 강

해설 초음파탐상검사를 실시하는 재료
㉠ 두께가 50mm 이상인 탄소강
㉡ 두께가 38mm 이상인 저합금강
㉢ 두께가 19mm 이상이고 최소인장강도가 568.4N/mm² 이상인 강
㉣ 두께가 6mm 이상 9% 니켈강
㉤ 두께가 13mm 이상 2.5%, 3.5% 니켈강

58 고압가스 제조설비에서 기밀시험용으로 사용할 수 없는 것은?

① 질소
② 공기
③ 탄산가스
④ 산소

해설 고압가스 제조설비에서 기밀시험용으로 사용하는 가스 : N_2, CO_2, 공기 등

59 가스설비가 오조작되거나 정상적인 제조를 할 수 없는 경우 자동적으로 원재료를 차단하는 장치는?

① 인터록기구
② 원료제어밸브
③ 가스누출기구
④ 내부반응 감시기구

해설 인터록기구에 대한 설명이다.

정답 54 ④ 55 ② 56 ③ 57 ① 58 ④ 59 ①

60 저장능력이 20톤인 암모니아 저장탱크 2기를 지하에 인접하여 매설할 경우 상호간에 최소 몇 m 이상의 이격거리를 유지하여야 하는가?

① 0.6m
② 0.8m
③ 1m
④ 1.2m

해설 저장탱크 지하 설치 시 상호간 최소 1m 이상 이격거리를 유지한다.

제4과목 가스계측

61 다음 가스분석법 중 흡수분석법에 해당되지 않는 것은?

① 헴펠법
② 게겔법
③ 오르자트법
④ 우인클러법

해설 ④ 우인클러법(완만연소법) : 연소분석법

62 전기저항식 온도계에 대한 설명으로 틀린 것은?

① 열전대 온도계에 비하여 높은 온도를 측정하는 데 적합하다.
② 저항선의 재료는 온도에 의한 전기저항의 변화(저항온도계수)가 커야 한다.
③ 저항 금속재료는 주로 백금, 니켈, 구리가 사용된다.
④ 일반적으로 금속은 온도가 상승하면 전기저항값이 올라가는 원리를 이용한 것이다.

해설 ① 열전대 온도계에 비하여 낮은 온도를 측정하는 데 적합하다.

63 토마스식 유량계는 어떤 유체의 유량을 측정하는 데 가장 적당한가?

① 용액의 유량
② 가스의 유량
③ 석유의 유량
④ 물의 유량

해설 토마스식 유량계는 가스의 유량을 측정하는 데 가장 적당하다.

64 측정범위가 넓어 탄성체 압력계의 교정용으로 주로 사용되는 압력계는?

① 벨로스식 압력계
② 다이어프램식 압력계
③ 부르동관식 압력계
④ 표준분동식 압력계

해설 표준분동식 압력계의 설명이다.

65 일반적으로 기체 크로마토그래피 분석 방법으로 분석하지 않는 가스는?

① 염소(Cl_2)
② 수소(H_2)
③ 이산화탄소(CO_2)
④ 부탄($n-C_4H_{10}$)

해설 기체 크로마토그래피 분석가스
수소(H_2), 부탄($n-C_4H_{10}$), 이산화탄소(CO_2)

66 계량에 관한 법률의 목적으로 가장 거리가 먼 것은?

① 계량의 기준을 정함
② 공정한 상거래질서 유지
③ 산업의 선진화 기여
④ 분쟁의 협의 조정

해설 계량에 관한 법률의 목적
계량의 기준을 정하여 적정한 계량을 실시하게 함으로써 공정한 상거래질서의 유지 및 산업의 선진화에 이바지함을 목적으로 한다.

정답 60 ③ 61 ④ 62 ① 63 ② 64 ④ 65 ① 66 ④

67 가스 크로마토그래피에서 사용하는 검출기가 아닌 것은?

① 원자방출검출기(AED)
② 황화학발광검출기(SCD)
③ 열추적검출기(TTD)
④ 열이온검출기(TID)

해설 가스 크로마토그래피에서 사용하는 검출기
원자방출검출기(AED), 황화학발광검출기(SCD), 열이온검출기(TID), 방전이온화검출기(DID), 열전도형 검출기(TCD), 수소염이온화검출기(FID), 전자포획이온화검출기(ECD), 염광광도형 검출기(FPD), 알칼리성이온화검출기(FTD) 등

68 자동제어에 대한 설명으로 틀린 것은?

① 편차의 정(+), 부(−)에 의하여 조작신호가 최대, 최소가 되는 제어를 On−Off 동작이라고 한다.
② 1차 제어장치가 제어량을 측정하여 제어명령을 하고, 2차 제어장치가 이 명령을 바탕으로 제어량을 조절하는 것을 캐스케이드제어라고 한다.
③ 목표값이 미리 정해진 시간적 변화를 할 경우의 수치제어를 정치제어라고 한다.
④ 제어량 편차의 과소에 의하여 조작단을 일정한 속도로 정작동, 역작동 방향으로 움직이게 하는 동작을 부동제어라고 한다.

해설 프로그램제어
목표값이 미리 정해진 시간적 변화를 할 경우의 수치제어

69 습공기의 절대습도와 그 온도와 동일한 포화공기의 절대습도와의 비를 의미하는 것은?

① 비교습도　② 포화습도
③ 상대습도　④ 절대습도

해설 습도의 종류
㉠ 비교습도 : 습공기의 절대습도와 그 온도와 동일한 포화공기의 절대습도와의 비
㉡ 상대습도 : 현재의 온도 상태에서 현재 포함하고 있는 수증기의 양과의 비를 백분율(%)로 표시한 것
㉢ 절대습도 : 습공기 중에서 건조공기 1kg에 대한 수증기의 양과의 비율

70 관이나 수로의 유량을 측정하는 차압식 유량계는 어떠한 원리를 응용한 것인가?

① 토리첼리(Torricelli's)정리
② 페러데이(Faraday's)법칙
③ 베르누이(Bernoulli's)정리
④ 파스칼(Pascal's)원리

해설 관이나 수로의 유량을 측정하는 차압식 유량계 베르누이정리의 원리를 응용한 것

71 실측식 가스미터가 아닌 것은?

① 터빈식 가스미터
② 건식 가스미터
③ 습식 가스미터
④ 막식 가스미터

해설 가스미터의 분류

실측식	건식	• 막식형 : 독립내기식(T형, H형), 클로버식(B형) • 회전식 : 루츠식, 로터리피스톤식, 오벌식
	습식	드럼형 등
추량식		㉠ 델타식(Delta Type) ㉡ 터빈식(Turbine Type) ㉢ 오리피스식(Orifice Type) ㉣ 벤투리식(Venturi Type)

72 일반적으로 장치에 사용되고 있는 부르동관 압력계 등으로 측정되는 압력은?

① 절대압력　② 게이지압력

③ 진공압력　　④ 대기압

해설 부르동관 압력계 등으로 측정되는 압력을 게이지압력이라 한다.

73 가스미터에 공기가 통과 시 유량이 300m³/h라면 프로판가스를 통과하면 유량은 약 몇 kg/h로 환산되겠는가?(단, 프로판의 비중은 1.52, 밀도는 1.86kg/m³이다.)

① 235.9　　② 373.5
③ 452.6　　④ 579.2

해설
$Q = K\sqrt{\dfrac{D^5 H}{SL}}$ 에서 $Q = \dfrac{1}{\sqrt{s}}$ 이다.

$300 \text{m}^3/\text{hr} : \dfrac{1}{\sqrt{1}}$

$x \text{m}^3/\text{hr} : \dfrac{1}{\sqrt{1.52}}$

$x = \dfrac{300 \times \dfrac{1}{\sqrt{1.52}}}{1} = 243.33 \text{m}^3/\text{hr}$

∴ $243.33 \text{m}^3/\text{hr} \times 1.86 \text{kg/m}^3$
$= 452.6 \text{kg/hr}$

74 가스미터에 다음과 같이 표시되어 있었다. 다음 중 그 의미에 대한 설명으로 가장 옳은 것은?

0.6L/rev, MAX 1.8m³/hr

① 기준실 10주기 체적이 0.6L, 사용최대유량은 시간당 1.8m³이다.
② 계량실 1주기 체적이 0.6L, 사용감도유량은 시간당 1.8m³이다.
③ 기준실 10주기 체적이 0.6L, 사용감도유량은 시간당 1.8m³이다.
④ 계량실 1주기 체적이 0.6L, 사용최대유량은 시간당 1.8m³이다.

해설 가스미터 표시의미
㉠ 0.6L/rev : 계량실 1주기 체적이 0.6L
㉡ MAX 1.8m³/hr : 사용최대유량은 시간당 1.8m³

75 가스누출경보차단장치에 대한 설명 중 틀린 것은?

① 원격개폐가 가능하고 누출된 가스를 검지하여 경보를 울리면서 자동으로 가스통로를 차단하는 구조이어야 한다.
② 제어부에서 차단부의 개폐상태를 확인할 수 있는 구조이어야 한다.
③ 차단부가 검지부의 가스검지 등에 의하여 닫힌 후에는 복원조작을 하지 않는 한 열리지 않는 구조이어야 한다.
④ 차단부가 전자밸브인 경우에는 통전의 경우에는 닫히고, 정전의 경우에는 열리는 구조이어야 한다.

해설 ④ 차단부가 전자밸브인 경우에는 통전의 경우에는 열리고, 정전의 경우에는 닫히는 구조이어야 한다.

76 탐사침을 액 중에 넣어 검출되는 물질의 유전율을 이용하는 액면계는?

① 정전용량형 액면계
② 초음파식 액면계
③ 방사선식 액면계
④ 전극식 액면계

해설 정전용량형 액면계의 설명이다.

77 제어량의 종류에 따른 분류가 아닌 것은?

① 서보기구　　② 비례제어
③ 자동조정　　④ 프로세스제어

해설 제어량의 종류에 따른 분류
㉠ 서보기구
㉡ 자동조정
㉢ 프로세스제어

정답 73 ③　74 ④　75 ④　76 ①　77 ②

78 유량의 계측 단위가 아닌 것은?

① kg/h   ② kg/s
③ Nm³/s   ④ kg/m³

> **해설** 유량의 계측 단위
> 단위시간당 통과하는 유체의 양
> ㉠ kg/h ㉡ kg/s ㉢ Nm³/s

79 크로마토그램에서 머무름시간이 45초인 어떤 용질을 길이 2.5m의 칼럼에서 바닥에서의 나비를 측정하였더니 6초이었다. 이론단수는 얼마인가?

① 800   ② 900
③ 1,000   ④ 1,200

> **해설**
> $$N = 16\left(\frac{t_R}{W}\right)^2$$
> 여기서, t_R : 머무름시간
> W : 봉우리 너비
> $$N = 16\left(\frac{45}{6}\right)^2$$
> ∴ $N = 900$

80 시료가스를 각각 특정한 흡수액에 흡수시켜 흡수 전후의 가스체적을 측정하여 가스의 성분을 분석하는 방법이 아닌 것은?

① 오르자트(Orsat)법
② 헴펠(Hempel)법
③ 적정(滴定)법
④ 게겔(Gockel)법

> **해설**
>
> | | |
> |---|---|
> | 흡수분석법 | ㉠ 오르자트법
㉡ 헴펠법
㉢ 게겔법 |
> | 화학분석법 | ㉠ 적정법
㉡ 중량법
㉢ 흡광광도법(기기분석법) |

정답 78 ④ 79 ② 80 ③

2017 제2회 산업기사 (5. 7. 시행)

제1과목 연소공학

01 압력이 0.1MPa, 체적이 3m³인 273.15K의 공기가 이상적으로 단열압축되어 그 체적이 1/3로 되었다. 엔탈피의 변화량은 약 몇 kJ인가?(단, 공기의 기체상수는 0.287kJ/kg·K, 비열비는 1.4이다.)

① 480 ② 580
③ 680 ④ 780

해설

$$W = \frac{k}{k-1} P_1 V_1 \left\{ 1 - \left(\frac{V_1}{V_2}\right)^{k-1} \right\}$$

$$= \frac{1.4}{1.4-1} \times 0.1 \times 3 \left\{ 1 - \left(\frac{3}{3 \times \frac{1}{3}}\right)^{1.4-1} \right\}$$

$$= -579.43 \text{kJ}$$

$$\Delta H = -W = -(-579.43\text{kJ}) = 580\text{kJ}$$

02 다음 연소와 관련된 식으로 옳은 것은?

① 과잉공기비 = 공기비(m) − 1
② 과잉공기량 = 이론공기량(A_o) + 1
③ 실제공기량 = 공기비(m) + 이론공기량(A_o)
④ 공기비 = (이론산소량/실제공기량) − 이론공기량

해설

② 과잉공기량
= 실제공기량(A) − 이론공기량(A_o)
③ 실제공기량(A)
= 공기비(m) × 이론공기량(A_o)
④ 공기비(m) = $\dfrac{\text{실제공기량}(A)}{\text{이론공기량}(A_o)}$

03 다음 중 폭굉(Detonation)의 화염전파속도는?

① 0.1~10m/s
② 10~100m/s
③ 1,000~3,500m/s
④ 5,000~10,000m/s

해설 폭굉의 화염전파속도 : 1,000~3,500m/s

04 다음 중 착화온도가 낮아지는 이유가 되지 않는 것은?

① 반응활성도가 클수록
② 발열량이 클수록
③ 산소농도가 높을수록
④ 분자구조가 단순할수록

해설 ④ 분자구조가 복잡할수록

05 단원자분자의 정적비열(C_v)에 대한 정압비열(C_p)의 비인 비열비(k) 값은?

① 1.67
② 1.44
③ 1.33
④ 1.02

해설 비열비 값
㉠ 단원자분자 : 1.67
㉡ 이원자분자 : 1.4
㉢ 삼원자분자 : 1.33
㉣ 0℃에서의 공기 : 1.4

정답 01 ② 02 ① 03 ③ 04 ④ 05 ①

06 증기운폭발에 영향을 주는 인자로서 가장 거리가 먼 것은?

① 방출된 물질의 양
② 증발된 물질의 분율
③ 점화원의 위치
④ 혼합비

해설 증기운폭발에 영향을 주는 인자
㉠ 방출된 물질의 양
㉡ 증발된 물질의 분율
㉢ 증기운의 점화확률
㉣ 점화되기 전 증기운이 움직인 거리
㉤ 증기운이 점화되기까지의 시간지연
㉥ 폭발확률
㉦ 물질이 폭발할 수 있는 한계량 이상 존재
㉧ 폭발효율
㉨ 방출에 관련한 점화원의 위치

07 시안화수소는 장기간 저장하지 못하도록 규정되어 있다. 가장 큰 이유는?

① 분해폭발하기 때문에
② 산화폭발하기 때문에
③ 분진폭발하기 때문에
④ 중합폭발하기 때문에

해설 시안화수소를 장기간 저장하지 못하는 이유는 중합폭발하기 때문이다.

08 다음 중 물리적 폭발에 속하는 것은?

① 가스폭발
② 폭발적 증발
③ 데토네이션
④ 중합폭발

해설 폭발원에 의한 분류
㉠ 물리적 폭발 : 고압기체의 방출로서 대부분 기화현상에 의한 것(예 폭발적 증발)
㉡ 화학적 폭발 : 고압기체의 방출이 화학적 반응에 의한 것(예 가스폭발, 데토네이션, 중합폭발)

09 유동층 연소의 장점에 대한 설명으로 가장 거리가 먼 것은?

① 부하변동에 따른 적응력이 좋다.
② 광범위하게 연료에 적용할 수 있다.
③ 질소산화물의 발생량이 감소된다.
④ 전열면적이 적게 소요된다.

해설 ① 부하변동에 따른 적응력이 나쁘다.

10 0.5atm 10L의 기체 A와 1.0atm, 5L의 기체 B를 전체 부피 15L의 용기에 넣을 경우, 전압은 얼마인가?(단, 온도는 항상 일정하다)

① 1/3atm   ② 2/3atm
③ 1.5atm   ④ 1 atm

해설 $PV = P_1V_1 + P_2V_2$
$P = \dfrac{P_1V_1 + P_2V_2}{V} = \dfrac{0.5 \times 10 + 1.0 \times 5}{15} = \dfrac{2}{3}\,\text{atm}$

11 다음 가연성가스 중 폭발하한값이 가장 낮은 것은?

① 메탄   ② 부탄
③ 수소   ④ 아세틸렌

해설 가스의 종류와 연소범위

가스 종류	연소범위
메탄	5~15%
부탄	1.8~8.4%
수소	4~75%
아세틸렌	2.5~81%

12 피크노미터는 무엇을 측정하는 데 사용되는가?

① 비중   ② 비열
③ 발화점   ④ 열량

해설 피크노미터는 비중을 측정한다.

정답 06 ③ 07 ④ 08 ② 09 ① 10 ② 11 ② 12 ①

13 피스톤과 실린더로 구성된 어떤 용기 내에 들어 있는 기체의 처음 체적은 0.1m³이다. 200kPa의 일정한 압력으로 체적이 0.3m³으로 변했을 때의 일은 약 몇 kJ인가?

① 0.4
② 4
③ 40
④ 400

해설
$$W = \int_1^2 PdV = P(V_2 - V_1)$$
$$= 200\text{kPa}(0.3\text{m}^3 - 0.1\text{m}^3)$$
$$= 40\text{kJ}$$

14 미연소혼합기의 흐름이 화염 부근에서 층류에서 난류로 바뀌었을 때의 현상으로 옳지 않은 것은?

① 확산연소일 경우는 단위면적당 연소율이 높아진다.
② 적화식 연소는 난류확산연소로서 연소율이 높다.
③ 화염의 성질이 크게 바뀌며, 화염대의 두께가 증대한다.
④ 예혼합연소일 경우 화염전파속도가 가속된다.

해설 ② 적화식 연소는 난류확산연소로서 연소율이 낮다.

15 어떤 반응물질이 반응을 시작하기 전에 반드시 흡수하여야 하는 에너지의 양을 무엇이라 하는가?

① 점화에너지
② 활성화에너지
③ 형성엔탈피
④ 연소에너지

해설 활성화에너지의 설명이다.

16 압력이 2atm, 온도가 27°C에서 공기 2kg의 부피는 약 몇 m³인가?(단, 공기의 평균 분자량은 29이다)

① 0.45
② 0.65
③ 0.75
④ 0.85

해설
$$PV = \frac{W}{M}RT, \quad V = \frac{WRT}{PM}$$
$$\frac{2 \times 0.082 \times (273 + 27)}{2 \times 29} = 0.85\text{m}^3$$

17 정상동작 상태에서 주변의 폭발성가스 또는 증기에 점화시키지 않고 점화시킬 수 있는 고장이 유발되지 않도록 한 방폭구조는?

① 특수방폭구조
② 비점화방폭구조
③ 본질안전방폭구조
④ 몰드방폭구조

해설
① 특수방폭구조 : 가연성가스에 점화를 방지할 수 있다는 것이 시험, 기타의 방법에 의하여 확인된 구조
③ 본질안전방폭구조 : 방폭성능을 가진 전기기기 중 정상 및 사고(단선, 단락, 지락 등) 시에 발생하는 전기불꽃, 아크 또는 고온부로 인하여 가연성가스가 점화되지 않는 것이 점화시험, 기타 방법에 의하여 확인된 구조
④ 몰드방폭구조 : 전기기기의 불꽃 또는 열로 인해 폭발성 위험분위기에 점화되지 않도록 컴파운드를 충전해서 보호하는 구조

18 고부하연소 중 내연기관의 동작과 같은 흡입, 연소, 팽창, 배기를 반복하면서 연소를 일으키는 것은?

① 펄스연소
② 에멀전연소
③ 촉매연소
④ 고농도산소연소

해설 펄스연소의 설명이다.

정답 13③ 14② 15② 16④ 17② 18①

19 연소에서 사용되는 용어와 그 내용에 대하여 가장 바르게 연결된 것은?
① 폭발 – 정상연소
② 착화점 – 점화 시 최대에너지
③ 연소범위 – 위험도의 계산 기준
④ 자연발화 – 불씨에 의한 최고연소 시 작온도

해설
① 폭발 : 비정상연소
② 착화점 : 점화 시 최소에너지
④ 자연발화 : 불씨에 의한 최저연소 시작온도

20 버너 출구에서 가연성 기체의 유출속도가 연소속도보다 큰 경우 불꽃이 노즐에 정착되지 않고 꺼져버리는 현상을 무엇이라 하는가?
① Boil Over
② Flash Back
③ Blow Off
④ Back Fire

해설
① 보일오버 : 원추형 탱크의 지붕판이 폭발에 의해 날아가고 화재가 확대될 때 저장된 연소 중인 기름에서 발생할 수 있는 현상
② 플래시 백 : 연소속도보다 가스분출속도가 작을 때 발생한다.
④ 백파이어 : 화구에서 화염이 갑자기 연소실 밖으로 나오는 현상

제2과목 가스설비

21 용기 충전구의 "V" 홈의 의미는?
① 왼나사를 나타낸다.
② 독성가스를 나타낸다.
③ 가연성가스를 나타낸다.
④ 위험한 가스를 나타낸다.

해설 용기 충전구의 "V" 홈 : 왼나사

22 LP가스를 이용한 도시가스 공급방식이 아닌 것은?
① 직접혼입방식 ② 공기혼합방식
③ 변성혼입방식 ④ 생가스혼합방식

해설 LP가스를 이용한 도시가스 공급방식
㉠ 직접혼입방식 ㉡ 공기혼합방식
㉢ 변성혼입방식

23 고압가스설비 설치 시 지반이 단단한 점토질 지반일 때의 허용지지력도는?
① 0.05MPa   ② 0.1MPa
③ 0.2MPa   ④ 0.3MPa

해설 고압가스설비 설치 시 지반이 단단한 점토질일 때의 허용지지력도 : 0.1MPa

24 가스온수기에 반드시 부착하지 않아도 되는 안전장치는?
① 정전안전장치
② 역풍방지장치
③ 전도안전장치
④ 소화안전장치

해설 가스온수기 안정성 및 편리성을 확보하기 위하여 반드시 부착하는 안전장치(KGS AB135, 3.3장치)
㉠ 정전안전장치
㉡ 역풍방지장치
㉢ 소화안전장치
㉣ 그 밖의 장치(거버너, 과열방지장치, 물온도 조절장치, 점화장치, 물빼기장치, 수압자동 가스밸브, 동결방지장치, 과압방지안전장치)

25 폴리에틸렌관(Polyethylene Pipe)의 일반적인 성질에 대한 설명으로 틀린 것은?
① 인장강도가 작다.
② 내열성과 보온성이 나쁘다.
③ 염화비닐관에 비해 가볍다.
④ 상온에도 유연성이 풍부하다.

해설 ② 내열성과 보온성이 PVC관보다 우수하다.

정답 19 ③ 20 ③ 21 ① 22 ④ 23 ② 24 ③ 25 ②

26 실린더의 단면적 50cm², 피스톤행정 10cm, 회전수 200rpm, 체적효율 80%인 왕복압축기의 토출량은 약 몇 L/min인가?

① 60 ② 80
③ 100 ④ 120

해설
$V = \dfrac{\pi}{4} D^2 \cdot L \cdot n \cdot N \cdot nr$
$= 50 \times 10 \times 1 \times 200 \times 0.8 \times 10^{-3}$
$= 80 \text{L/min}$

27 철을 담금질하면 경도는 커지지만 탄성이 약해지기 쉬우므로 이를 적당한 온도로 재가열했다가 공기 중에서 서랭시키는 열처리 방법은?

① 담금질(Quenching)
② 뜨임(Tempering)
③ 불림(Normalizing)
④ 풀림(Annealing)

해설
㉠ 담금질 : 재료를 적당한 온도로 가열하여 이 온도에서 물, 기름 등에 급속냉각·경화시키는 것
㉡ 불림 : 조직의 변형을 제거하기 위하여 결정조직을 미세화하고 균일하게 하여 가열한 후 공기 중에 서랭하는 것
㉢ 풀림 : 가공 중에 생긴 내부응력을 제거하거나 가공·경화된 재료를 연화시킬 때 또는 열처리로 경화된 조직을 연화시켜 상온가공을 용이하게 할 목적으로 뜨임보다 약간 높은 온도로 가열하여 노 중에서 서서히 냉각시키는 것

28 금속의 시험편 또는 제품의 표면에 일정한 하중으로 일정 모양의 경질 압자를 압입하든가 또는 일정한 높이에서 해머를 낙하시키는 방법으로 금속재료를 시험하는 방법은?

① 인장시험
② 굽힘시험
③ 경도시험
④ 크리프시험

해설 경도시험의 설명이다.

29 전기방식 방법의 특징에 대한 설명으로 옳은 것은?

① 전위차가 일정하고 방식전류가 작아도 복장의 저항이 작은 대상에 알맞은 방식은 희생양극법이다.
② 매설배관과 변전소의 부극 또는 레일을 직접 도선으로 연결해야 하는 경우에 사용하는 방식은 선택배류법이다.
③ 외부전원법과 선택배류법을 조합하여 레일의 전위가 높아도 방식전류를 흐르게 할 수가 있는 방식은 강제배류법이다.
④ 전압을 임의적으로 선정할 수 있고, 전류의 방출을 많이 할 수 있어 전류구배가 작은 장소에 사용하는 방식은 외부전원법이다.

해설
강제배류법
외부전원법과 선택배류법을 조합하여 레일의 전위가 높아도 방식전류를 흐르게 할 수 있는 방식

30 고압가스용기 및 장치 가공 후 열처리를 실시하는 가장 큰 이유는?

① 재료 표면의 경도를 높이기 위하여
② 재료의 표면을 연화시켜 가공하기 쉽도록 하기 위하여
③ 가공 중 나타난 잔류응력을 제거하기 위하여
④ 부동태 피막을 형성시켜 내산성을 증가시키기 위하여

해설 고압가스 용기 및 장치 가공 후 열처리를 실시하는 이유
가공 중 나타난 잔류응력을 제거하기 위하여

정답 26 ② 27 ② 28 ③ 29 ③ 30 ③

31 원유, 중유, 나프타 등의 분자량이 큰 탄화수소 원료를 고온(800~900℃)으로 분해하여 고열량의 가스를 제조하는 방법은?

① 열분해 프로세스
② 접촉분해 프로세스
③ 수소화분해 프로세스
④ 대체천연가스 프로세스

> 해설
> ② 접촉분해 프로세스 : 촉매를 사용하여 반응 온도 400~800℃ 정도에서 탄화수소와 수증기를 반응시켜 CH_4, H_2, CO_2, CO로 변환하는 방법
> ③ 수소화분해 프로세스 : 주로 메탄을 생성시키려면 고압(20~60기압), 고온(700~800℃)에서 C/H비가 비교적 큰 탄화수소를 수증기 흐름 중에서 분해시키는 방법과 Ni 등의 수소화촉매를 사용해서 나프타 등의 비교적 C/H비가 낮은 탄화수소를 메탄으로 변환시키는 방법
> ④ 대체천연가스 프로세스 : 천연가스 이외의 석탄, 원유, 나프타, LPG 등의 각종 탄화수소 원료에서 천연가스의 물리적, 화학적 제 성질(조성, 열량, 연소성 등)과 거의 일치하는 가스를 제조하는 프로세스

32 고압가스용 기화장치의 기화통의 용접하는 부분에 사용할 수 없는 재료의 기준은?

① 탄소함유량이 0.05% 이상인 강재 또는 저합금강재
② 탄소함유량이 0.10% 이상인 강재 또는 저합금강재
③ 탄소함유량이 0.15% 이상인 강재 또는 저합금강재
④ 탄소함유량이 0.35% 이상인 강재 또는 저합금강재

> 해설
> 기화장치의 기화통의 용접하는 부분에 사용할 수 없는 재료
> 탄소함유량이 0.35% 이상인 강재 또는 저합금강재

33 내용적 70L의 LPG용기에 프로판가스를 충전할 수 있는 최대량은 몇 kg인가?

① 50kg   ② 45kg
③ 40kg   ④ 30kg

> 해설
> $W = \dfrac{V}{C} = \dfrac{70L}{2.35} = 30kg$

34 물을 전양정 20m, 송출량 500L/min로 이송할 경우 원심펌프의 필요 동력은 약 몇 kW인가?(단, 펌프의 효율은 60%이다)

① 1.7kW   ② 2.7kW
③ 3.7kW   ④ 4.7kW

> 해설
> $Kw = \dfrac{\gamma \cdot Q \cdot H}{102\eta} =$
> $\dfrac{1,000 kgf/m^3 \times 500 L/min \times \dfrac{1m^3}{1,000L} \times \dfrac{1min}{60sec} \times 20m}{102 \times 0.6}$
> $= 2.7kW$
> 여기서, η : 펌프의 효율
> γ : 비중량(kgf/m^3)
> Q : 유량(m^3/sec)
> H : 전양정(m)

35 펌프에서 발생하는 캐비테이션의 방지법 중 옳은 것은?

① 펌프의 위치를 낮게 한다.
② 유효흡입수두를 작게 한다.
③ 펌프의 회전수를 크게 한다.
④ 흡입관의 지름을 작게 한다.

> 해설
> ① 펌프의 위치는 흡수면에 가깝게 한다.

36 저온장치용 금속재료에서 온도가 낮을수록 감소하는 기계적 성질은?

① 인장강도
② 연신율
③ 항복점
④ 경도

해설 에너지가 없으면 결합을 느슨하게 할 수 없으므로 인장강도는 강해지고, 연신율은 감소한다.

37 LP가스용 조정기 중 2단 감압식 조정기의 특징에 대한 설명으로 틀린 것은?

① 1차용 조정기의 조정압력은 25kPa이다.
② 배관이 길어도 전 공급지역의 압력을 균일하게 유지할 수 있다.
③ 입상배관에 의한 압력손실을 적게 할 수 있다.
④ 배관구경이 작은 것으로 설계할 수 있다.

해설 ① 2차용 조정기의 조정압력은 25kPa이다.

38 펌프에서 발생하는 수격현상의 방지법으로 틀린 것은?

① 서지(Surge)탱크를 관 내에 설치한다.
② 관 내의 유속흐름속도를 가능한 적게 한다.
③ 플라이휠을 설치하여 펌프의 속도가 급변하는 것을 막는다.
④ 밸브는 펌프 주입구에 설치하고 밸브를 적당히 제어한다.

해설 ④ 밸브는 펌프 송출구 가까이에 설치하고, 밸브는 적당히 제어한다.

39 내압시험압력 및 기밀시험압력의 기준이 되는 압력으로, 사용 상태에서 해당 설비 등의 각부에 작용하는 최고사용압력을 의미하는 것은?

① 설계압력   ② 표준압력
③ 상용압력   ④ 설정압력

해설 상용압력에 대한 설명이다.

40 레이놀즈(Reynolds)식 정압기의 특징인 것은?

① 로딩형이다.
② 콤팩트하다.
③ 정특성, 동특성이 양호하다.
④ 정특성은 극히 좋으나 안정성이 부족하다.

해설 정압기의 종류

종류	특징
Reynolds식	㉠ Unloading형이다. ㉡ 본체는 복좌밸브로 되어 있어 상부에 다이어프램을 가진다. ㉢ 정특성은 극히 좋으나 안정성이 부족하다. ㉣ 다른 형식에 비하여 크기가 크다.
Fisher식	㉠ Loading형이다. ㉡ 구동압력이 증가하면 개조도 증가하는 방식이다. ㉢ 정특성, 동특성이 양호하다. ㉣ 비교적 콤팩트한 구조이다.
axial-flow식	㉠ 변칙 Unloading형이다. ㉡ 정특성, 동특성이 양호하다. ㉢ 고차압이 될수록 특성이 양호하다. ㉣ 극히 콤팩트하다.

제3과목 가스안전관리

41 냉동용 특정설비 제조시설에서 냉동기 냉매설비에 대하여 실시하는 기밀시험압력의 기준으로 적합한 것은?

① 설계압력 이상의 압력
② 사용압력 이상의 압력
③ 설계압력의 1.5배 이상의 압력
④ 사용압력의 1.5배 이상의 압력

해설 냉동기 냉매설비에 실시하는 기밀시험압력 설계압력 이상의 압력

정답 37 ① 38 ④ 39 ③ 40 ④ 41 ①

부록 과년도 기출문제

42 아세틸렌에 대한 설명이 옳은 것으로만 나열된 것은?

> ㉠ 아세틸렌이 누출하면 낮은 곳으로 체류한다.
> ㉡ 아세틸렌은 폭발범위가 비교적 광범위하고, 아세틸렌 100%에서도 폭발하는 경우가 있다.
> ㉢ 발열화합물이므로 압축하면 분해폭발할 수 있다.

① ㉠ ② ㉡
③ ㉡, ㉢ ④ ㉠, ㉡, ㉢

해설
㉠ 아세틸렌(비중 = $\frac{26}{29}$ = 0.90)이 누출하면 높은 곳으로 확산된다.
㉢ 흡열화합물이므로 압축하면 분해폭발할 수 있다.

43 밀폐식 보일러에서 사고원인이 되는 사항에 대한 설명으로 가장 거리가 먼 것은?

① 전용보일러실에 보일러를 설치하지 아니한 경우
② 설치 후 이음부에 대한 가스누출여부를 확인하지 아니한 경우
③ 배기통이 수평보다 위쪽을 향하도록 설치한 경우
④ 배기통과 건물의 외벽 사이에 기밀이 완전히 유지되지 않는 경우

해설
① 밀폐식 보일러는 전용보일러실에 설치하지 않아도 된다.

44 용기보관 장소에 대한 설명 중 옳지 않은 것은?

① 산소충전용기 보관실의 지붕은 콘크리트로 견고히 한다.
② 독성가스 용기보관실에는 가스누출 검지경보장치를 설치한다.
③ 공기보다 무거운 가연성가스의 용기보관실에는 가스누출 검지경보장치를 설치한다.
④ 용기보관장소의 경계표지는 출입구 등 외부로부터 보기 쉬운 곳에 게시한다.

해설
① 가연성가스 및 산소충전용기 보관실은 불연재료를 사용하고 지붕은 가벼운 재료를 사용한다.

45 다음 가스의 치환방법으로 가장 적당한 것은?

① 아황산가스는 공기로 치환할 필요 없이 작업한다.
② 염소는 제해시키고 허용농도 이하가 될 때까지 불활성가스로 치환한 후 작업한다.
③ 수소는 불활성가스로 치환한 즉시 작업한다.
④ 산소는 치환할 필요도 없이 작업한다.

해설
① 아황산가스는 독성가스이며, 치환이 필요하다. 치환 후에는 가스의 독성가스 허용농도 이하가 되었는지 확인해야 한다.
③ 가연성가스 검지기를 이용하여 폭발하한계의 $\frac{1}{4}$ 농도 이하가 되었는지 확인해야 한다.
④ 공기 또는 질소를 치환하며, 산소농도가 22% 이하가 되었는지 확인한다.

46 산소, 아세틸렌 및 수소를 제조하는 자가 실시하여야 하는 품질검사의 주기는?

① 1일 1회 이상
② 1주 1회 이상
③ 월 1회 이상
④ 년 2회 이상

해설
품질검사의 주기는 1일 1회 이상이다.

가스 종류	순도
산소	99.5% 이상
아세틸렌	98% 이상
수소	98.5% 이상

정답 42 ② 43 ① 44 ① 45 ② 46 ①

47 내용적이 50L인 용기에 프로판가스를 충전하는 때에는 얼마의 충전량(kg)을 초과할 수 없는가?(단, 충전상수 C는 프로판의 경우 2.35이다.)

① 20kg
② 20.4kg
③ 21.3kg
④ 24.4kg

해설 $G = \dfrac{V}{C} = \dfrac{50L}{2.35} = 21.3kg$

48 액화석유가스 제조시설 저장탱크의 폭발방지장치로 사용되는 금속은?

① 아연
② 알루미늄
③ 철
④ 구리

해설 액화석유가스 제조시설 저장탱크의 폭발방지장치로 알루미늄이 사용된다.

49 운반책임자를 동승시켜 운반해야 되는 경우에 해당되지 않는 것은?

① 압축산소 : 100m³ 이상
② 독성 압축가스 : 100m³ 이상
③ 액화산소 : 6,000kg 이상
④ 독성 액화가스 : 1,000kg 이상

해설
㉠ 압축산소 : 600m³ 이상
㉡ 운반책임자의 동승

가스의 종류		기 준
액화 가스	가연성가스	3,000kg 이상(단, 에어로졸 용기 2,000kg 이상)
	독성가스	1,000kg 이상
	조연성가스	6,000kg 이상
압축 가스	가연성가스	300m³ 이상
	독성가스	100m³ 이상
	조연성가스	600m³ 이상

50 염소의 성질에 대한 설명으로 틀린 것은?

① 화학적으로 활성이 강한 산화제이다.
② 녹황색의 자극적인 냄새가 나는 기체이다.
③ 습기가 있으면 철 등을 부식시키므로 수분과 격리시켜야 한다.
④ 염소와 수소를 혼합하면 냉암소에서도 폭발하여 염화수소가 된다.

해설 ④ 염소와 수소를 혼합하면 냉암소에서는 변화하지 않으나 가열, 일광의 직사, 자외선 등에 의해 폭발하여 염화수소가 된다.

51 다음 각 고압가스를 용기에 충전할 때의 기준으로 틀린 것은?

① 아세틸렌은 수산화나트륨 또는 디메틸포름아미드를 침윤시킨 후 충전한다.
② 아세틸렌을 용기에 충전한 후에는 15℃에서 1.5MPa 이하로 될 때까지 정치하여 둔다.
③ 시안화수소는 아황산가스 등의 안정제를 첨가하여 충전한다.
④ 시안화수소는 충전 후 24시간 정치한다.

해설 ① 아세틸렌은 아세톤 또는 디메틸포름아미드를 침윤시킨 후 충전한다.

52 이동식 부탄연소기용 용접용기의 검사방법에 해당하지 않는 것은?

① 고압가압검사
② 반복사용검사
③ 진동검사
④ 충수검사

해설 이동식 부탄연소기용 용접용기 검사방법(KGS AC312)
고압가압검사, 반복사용검사, 진동검사, 기밀검사, 외관검사 등

정답 47 ③ 48 ② 49 ① 50 ④ 51 ① 52 ④

53 LP가스용 염화비닐호스에 대한 설명으로 틀린 것은?

① 호스의 안지름지수의 허용차는 ±0.7mm로 한다.
② 강선보강층은 직경 0.18mm 이상의 강선을 상하로 겹치도록 편조하여 제조한다.
③ 바깥층의 재료는 염화비닐을 사용한다.
④ 호스는 안층과 바깥층이 잘 접착되어 있는 것으로 한다.

해설 ③ 안층의 재료는 염화비닐을 사용한다.

54 도시가스 사용시설에 설치하는 가스누출경보기의 기능에 대한 설명으로 틀린 것은?

① 가스의 누출을 검지하여 그 농도를 지시함과 동시에 경보를 울리는 것으로 한다.
② 미리 설정된 가스농도에서 60초 이내에 경보를 울리는 것으로 한다.
③ 담배연기 등 잡가스에 경보가 울리지 아니하는 것으로 한다.
④ 경보가 울린 후 주위의 가스농도가 기준 이하가 되면 멈추는 구조로 한다.

해설 ④ 경보기가 울린 후에는 주위의 가스농도가 변화되어도 계속 경보를 울리며, 그 확인 또는 대책을 강구함에 따라 경보가 정지되는 것으로 한다.

55 이동식 부탄연소기의 올바른 사용방법은?

① 바람의 영향을 줄이기 위해서 텐트 안에서 사용한다.
② 효율을 높이기 위해서 두 대를 나란히 연결하여 사용한다.
③ 사용하는 그릇은 연소기의 삼발이보다 폭이 좁은 것을 사용한다.
④ 연소기 운반 중에는 용기를 연소기 내부에 보관한다.

해설 이동식 부탄연소기의 사용하는 그릇은 연소기의 삼발이보다 폭이 좁은 것을 사용한다.

56 액화석유가스 자동차용 충전시설의 충전호스의 설치기준으로 옳은 것은?

① 충전호스의 길이는 5m 이내로 한다.
② 충전호스에 과도한 인장력을 가하여도 호스와 충전기는 안전하여야 한다.
③ 충전호스에 부착하는 가스주입기는 더블터치형으로 한다.
④ 충전기와 가스주입기는 일체형으로 하여 분리되지 않도록 하여야 한다.

해설 (KGS FP332, 2.4.4.3 충전호스 설치)
② 충전호스에 과도한 인장력이 가해졌을 때 충전기와 가스주입기가 분리될 수 있는 안전장치를 설치한다.
③ 원터치형으로 한다.
④ 충전기와 가스주입기가 분리될 수 있는 안전장치가 세이프티 커플링을 설치해야 한다.

57 고압가스용기의 파열사고의 큰 원인 중 하나는 용기의 내압(耐壓)이상상승이다. 이상상승의 원인으로 가장 거리가 먼 것은?

① 가열
② 일광의 직사
③ 내용물의 중합반응
④ 적정 충전

해설 용기 내압의 이상상승 원인
㉠ 가열
㉡ 일광의 직사
㉢ 내용물의 중합반응

정답 53 ③ 54 ④ 55 ③ 56 ① 57 ④

58 고압가스 특정제조시설의 특수반응설비로 볼 수 없는 것은?

① 암모니아 2차 개질로
② 고밀도 폴리에틸렌분해 중합기
③ 에틸렌 제조시설의 아세틸렌 수첨탑
④ 시클로헥산 제조시설의 벤젠수첨반응기

해설 (KGS FP111, 2.6.14)
특수반응설비 : 고압가스설비 중 반응기 또는 이와 유사한 설비이다. 현저한 발열반응 또는 부차적으로 발생하는 2차 반응으로 인하여 폭발 등의 위해가 발생할 가능성이 큰 설비로, 내부반응 감시설비를 설치해야 한다.
㉠ ①, ③, ④
㉡ 산화에틸렌 제조시설의 에틸렌과 산소 또는 공기와의 반응기
㉢ 석유 정제에 있어서 중유수첨탈황 반응기 및 수소화분해 반응기
㉣ 저밀도 폴리에틸렌 중합기
㉤ 메탄올 합성반응탑

59 독성가스용기 운반 등의 기준으로 옳지 않은 것은?

① 충전용기를 운반하는 가스운반 전용차량의 적재함에는 리프트를 설치한다.
② 용기의 충격을 완화하기 위하여 완충판 등을 비치한다.
③ 충전용기를 용기보관 장소로 운반할 때에는 가능한 손수레를 사용하거나 용기의 밑부분을 이용하여 운반한다.
④ 충전용기를 차량에 적재할 때에는 운행 중의 동요로 인하여 용기가 충돌하지 않도록 눕혀서 적재한다.

해설 ④ 충전용기를 차량에 적재할 때에는 운행 중의 동요로 인하여 용기가 충돌하지 않도록 고무링을 씌우거나 적재함에 넣어 세워서 운반한다. 단, 압축가스의 충전용기 중 그 형태 및 운반차량의 구조상 세워서 적재하기 곤란한 때에는 적재함 높이 이내로 눕혀서 적재할 수 있다.

60 액화석유가스설비의 가스안전사고 방지를 위한 기밀시험 시 사용이 부적합한 가스는?

① 공기
② 탄산가스
③ 질소
④ 산소

해설 기밀시험 가스는 불연성가스(공기, 탄산가스, 질소)이다.

제4과목 가스계측

61 가스계량기의 검정유효기간은 몇 년인가? (단, 최대유량 $10m^3/h$ 이하이다.)

① 1년 ② 2년
③ 3년 ④ 5년

해설 가스미터 검정유효기간

계량기		유효 기간
LPG용 가스미터	LPG용 최대유량 $10m^3/h$ 이하	5년
	그 밖의 가스미터	8년

62 헴펠식 분석장치를 이용하여 가스 성분을 정량하고자 할 때 흡수법에 의하지 않고 연소법에 의해 측정하여야 하는 가스는?

① 수소
② 이산화탄소
③ 산소
④ 일산화탄소

해설 연소법에 의해 측정하는 가스 : 수소(H_2)

정답 58 ② 59 ④ 60 ④ 61 ④ 62 ①

63 공업용 액면계(액위계)로서 갖추어야 할 조건으로 틀린 것은?

① 연속측정이 가능하고, 고온·고압에 잘 견뎌야 한다.
② 지시기록 또는 원격측정이 가능하고 부식에 약해야 한다.
③ 액면의 상·하한계를 간단히 계측할 수 있어야 하며, 적용이 용이해야 한다.
④ 자동제어장치에 적용이 가능하고, 보수가 용이해야 한다.

해설 ② 지시기록 또는 원격측정이 가능하고 내식성이 있어야 한다.

64 산소(O_2) 중에 포함되어 있는 질소(N_2) 성분을 가스 크로마토그래피로 정량하는 방법으로 옳지 않은 것은?

① 열전도도검출기(TCD)를 사용한다.
② 캐리어가스로는 헬륨을 쓰는 것이 바람직하다.
③ 산소(O_2)의 피크가 질소(N_2)의 피크보다 먼저 나오도록 칼럼을 선택한다.
④ 산소제거트랩(Oxygen Trap)을 사용하는 것이 좋다.

해설 ③ 질소(N_2)의 피크가 산소(O_2)의 피크보다 먼저 나오도록 칼럼을 선택한다.

65 수은을 이용한 U자관식 액면계에서 다음과 같이 높이가 70cm일 때 P_2는 절대압으로 약 얼마인가?

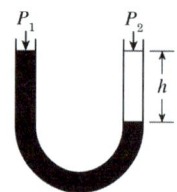

① 1.92kg/cm²
② 1.92atm
③ 1.87bar
④ 20.24mmH₂O

해설 1atm = 76cmHg

$1atm + (70cmHg \times \dfrac{1atm}{76cmHg}) = 1.92atm$

66 오리피스 플레이트 설계 시 일반적으로 반영되지 않아도 되는 것은?

① 표면 거칠기
② 엣지 각도
③ 베벨각
④ 스월

해설 오리피스 플레이트 설계 시 일반적으로 반영되는 것
㉠ 표면 거칠기 ㉡ 엣지 각도 ㉢ 베벨각

67 다음 중 기체의 열전도율을 이용한 진공계가 아닌 것은?

① 피라니 진공계
② 열전쌍 진공계
③ 서미스터 진공계
④ 맥클라우드 진공계

해설 맥클라우드 진공계
수은주를 이동함으로써 기체를 압축하고, 그 기체의 압력을 액주차를 사용하여 구하는 압축진공계

68 게이지압력(Gauge Pressure)의 의미를 가장 잘 나타낸 것은?

① 절대압력 0을 기준으로 하는 압력
② 표준대기압을 기준으로 하는 압력
③ 임의의 압력을 기준으로 하는 압력
④ 측정 위치에서의 대기압을 기준으로 하는 압력

해설 게이지압력
측정 위치에서의 대기압을 기준으로 하는 압력

정답 63 ② 64 ③ 65 ② 66 ④ 67 ④ 68 ④

69 아르키메데스의 원리를 이용한 것은?

① 부르동관식 압력계
② 침종식 압력계
③ 벨로스식 압력계
④ U자관식 압력계

해설 침종식 압력계는 아르키메데스의 원리를 이용한 것이다.

70 H_2와 O_2 등에는 감응이 없고 탄화수소에 대한 감응이 아주 우수한 검출기는?

① 열이온(TID)검출기
② 전자포획(ECD)검출기
③ 열전도도(TCD)검출기
④ 불꽃이온화(FID)검출기

해설 불꽃이온화(FID)검출기의 설명이다.

71 다음 가스분석법 중 물리적 가스-분석법에 해당하지 않는 것은?

① 열전도율법
② 오르자트법
③ 적외선 흡수법
④ 가스 크로마토그래피법

해설 ② 흡수분석법 : 오르자트법

72 가스누출경보기의 검지방법으로 가장 거리가 먼 것은?

① 반도체식
② 접촉연소식
③ 확산분해식
④ 기체 열전도도식

해설 가스누출경보기의 검지방법
㉠ 반도체식
㉡ 접촉연소식
㉢ 기체 열전도도식

73 측정지연 및 조절지연이 작을 경우 좋은 결과를 얻을 수 있으며, 제어량의 편차가 없어질 때까지 동작을 계속하는 제어동작은?

① 적분동작
② 비례동작
③ 평균 2위치 동작
④ 미분동작

해설
② 비례동작 : 제어 편차량이 검출되면 거기에 비례하여 조작량을 가감하는 조절동작
③ 평균 2위치 동작 : 제어량이 설정값에 어긋나면 조작부를 전폐하여 운전을 정지하거나 반대로 전개하여 운동을 시동하는 동작
④ 미분동작 : 조절계의 출력 변화가 편차의 변화 속도에 비례하는 동작

74 기체 크로마토그래피(Gas Chromatography)의 일반적인 특성에 해당하지 않는 것은?

① 연속분석이 가능하다.
② 분리능력과 선택성이 우수하다.
③ 적외선 가스분석계에 비해 응답속도가 느리다.
④ 여러 가지 가스 성분이 섞여 있는 시료가스 분석에 적당하다.

해설 ① 연속분석이 불가능하다.

75 오리피스, 플로노즐, 벤투리 유량계의 공통점은?

① 직접식
② 열전대를 사용
③ 압력강하측정
④ 초음속 유체만의 유량측정

해설 오리피스, 플로노즐, 벤투리 유량계의 공통점
압력강하측정

정답 69 ② 70 ④ 71 ② 72 ③ 73 ① 74 ① 75 ③

76 시료가스채취장치를 구성하는 데 있어 다음 설명 중 틀린 것은?

① 일반 성분의 분석 및 발열량·비중을 측정할 때, 시료가스 중의 수분이 응축될 염려가 있을 때는 도관 가운데에 적당한 응축액 트랩을 설치한다.
② 특수 성분을 분석할 때, 시료가스 중의 수분 또는 기름 성분이 응축되어 분석결과에 영향을 미치는 경우는 흡수장치를 보온하든가 또는 적당한 방법으로 가온한다.
③ 시료가스에 타르류, 먼지류를 포함하는 경우는 채취관 또는 도관 가운데에 적당한 여과기를 설치한다.
④ 고온의 장소로부터 시료가스를 채취하는 경우는 도관 가운데에 적당한 냉각기를 설치한다.

해설 ② 특수 성분을 분석할 때 시료가스 중의 수분 또는 기름 성분을 제거하기 위해 도관의 아랫부분에 응축액의 트랩을 설치한다.

77 가스미터의 구비조건으로 틀린 것은?

① 내구성이 클 것
② 소형으로 계량 용량이 작을 것
③ 감도가 좋고 압력손실이 작을 것
④ 구조가 간단하고 수리가 용이할 것

해설 ② 소형으로 검침이 쉽고 탈착이 편리할 것

78 계통적 오차에 대한 설명으로 옳지 않은 것은?

① 계기오차, 개인오차, 이론오차 등으로 분류된다.
② 참값에 대하여 치우침이 생길 수 있다.
③ 측정조건 변화에 따라 규칙적으로 생긴다.
④ 오차의 원인을 알 수 없어 제거할 수 없다.

해설 ④ 오차의 원인을 알 수 있고, 제거할 수 있다.

79 산소농도를 측정할 때 기전력을 이용하여 분석하는 계측기기는?

① 세라믹 O_2계
② 연소식 O_2계
③ 자기식 O_2계
④ 밀도식 O_2계

해설 세라믹 O_2계는 산소농도를 측정할 때 기전력을 이용하여 분석한다.

80 다음 루츠미터(Roots Meter)에 대한 설명 중 틀린 것은?

① 유량이 일정하거나 변화가 심한 곳, 깨끗하거나 건조하거나에 관계없이 많은 가스 타입을 계량하기에 적합하다.
② 액체 및 아세틸렌, 바이오가스, 침전가스를 계량하는 데에는 다소 부적합하다.
③ 공업용에 사용되고 있는 이 가스미터는 칼만(Karman)식과 스월(Swirl)식의 두 종류가 있다.
④ 측정의 정확도와 예상수명은 가스흐름 내에 먼지의 과다퇴적이나 다른 종류의 이물질에 따라 다르다.

해설 ③ 가스미터는 로터리피스톤식 미터가 있다.

정답 76 ② 77 ② 78 ④ 79 ① 80 ③

2017 제4회 산업기사 (9. 23. 시행)

제1과목 연소공학

01 1kg의 공기를 20℃, 1kgf/cm²인 상태에서 일정 압력으로 가열·팽창시켜 부피를 처음의 5배로 하려고 한다. 이때 온도는 초기온도와 비교하여 몇 ℃ 차이가 나는가?

① 1,172 ② 1,292
③ 1,465 ④ 1,561

해설

$\dfrac{V_2}{V_1} = \dfrac{T_2}{T_1}$, $\dfrac{5V_2}{V_1} = \dfrac{T_2}{20+273}$

$T_2 = 5 \times (20+273)\text{K}$
$T_2 = 1,465\text{K} - 273 = 1,192℃$
∴ $T_2 - T_1 = 1,192 - 20 = 1,172℃$

02 95℃의 온수를 100kg/h 발생시키는 온수보일러가 있다. 이 보일러에서 저위발열량이 45MJ/Nm³인 LNG를 1m³/h 소비할 때 열효율은 얼마인가?(단, 급수의 온도는 25℃이고, 물의 비열은 4.184kJ/kg·K이다.)

① 60.07%
② 65.08%
③ 70.09%
④ 75.10%

해설

열효율$(\eta) = \dfrac{\text{유효열량(온수)}}{\text{공급열량(LNG)}}$

- 온수가 받은 열량
  $= 100\text{kg/h} \times [(273+95)-(273+25)℃\text{K}]$
  $\times 4.184\text{kJ/kg·K}$
  $= 29,288\text{kJ}$
- LNG 공급열량
  $= 45\text{MJ/Nm}^3 \times 1\text{m}^3 \times \dfrac{1,000\text{kJ}}{1\text{MJ}}$
  $= 45,000\text{kJ/h}$

∴ 열효율$(\eta) = \dfrac{29,288\text{kJ/h}}{45,000\text{kJ/h}} \times 100 = 65.08\%$

03 완전기체에서 정적비열(C_v), 정압비열(C_p)의 관계식을 옳게 나타낸 것은?(단, R은 기체상수이다.)

① $C_p/C_v = R$
② $C_p - C_v = R$
③ $C_v/C_p = R$
④ $C_p + C_v = R$

해설

$d_H = d_E + Pdv$,
$C_p dT = C_v dT + RdT$
$C_p = C_v + R$,
$C_p - C_v = R$

04 다음 중 열역학 제2법칙에 대한 설명이 아닌 것은?

① 열은 스스로 저온체에서 고온체로 이동할 수 없다.
② 효율이 100%인 열기관을 제작하는 것은 불가능하다.
③ 자연계에 아무런 변화도 남기지 않고 어느 열원의 열을 계속해서 일로 바꿀 수 없다.
④ 에너지의 한 형태인 열과 일은 본질적으로 서로 같고, 열은 일로, 일은 열로 서로 전환이 가능하며, 이때 열과 일 사이의 변환에는 일정한 비례관계가 성립한다.

해설 ④ 열역학 제1(에너지보존의)법칙

정답 01 ① 02 ② 03 ② 04 ④

05 프로판 5L를 완전연소 시키기 위한 이론공기량은 약 몇 L인가?

① 25　　② 87
③ 91　　④ 119

해설
$C_3H_8 + 5O_2 \rightarrow 3CO_2 + 4H_2O$

　22.4L　　5×22.4L
　5L　　　 xL

$x = \dfrac{5 \times 5 \times 22.4}{22.4}$

$x = 25L$

∴ 이론공기량 = 이론산소량 × $\dfrac{100}{21}$

　　　　　　 = 25L × $\dfrac{100}{21}$ = 119L

06 이상기체를 일정한 부피에서 냉각하면 온도와 압력의 변화는 어떻게 되는가?

① 온도저하, 압력강하
② 온도상승, 압력강하
③ 온도상승, 압력일정
④ 온도저하, 압력상승

해설 냉각을 한다는 조건이 있기에 온도저하가 발생한다.
보일-샤를의 법칙에 의해 압력 또한 저하된다.

$\dfrac{PV}{T} = \dfrac{P_1 V_1}{T_1}$ ($V = V_1$, 부피일정)

$\dfrac{P}{T} = \dfrac{P_1}{T_1}$, $\dfrac{T_1}{T} = \dfrac{P_1}{P}$

즉, 절대온도(K)가 떨어지는 만큼 같은 비율로 압력도 저하된다.

07 가연성 물질을 공기로 연소시키는 경우에 공기 중의 산소농도를 높게 하면 연소속도와 발화온도는 어떻게 되는가?

① 연소속도는 느리게 되고, 발화온도는 높아진다.
② 연소속도는 빠르게 되고, 발화온도는 높아진다.
③ 연소속도는 빠르게 되고, 발화온도는 낮아진다.
④ 연소속도는 느리게 되고, 발화온도는 낮아진다.

해설 공기 중의 산소농도를 높게 하면 연소속도는 빠르게 되고, 발화온도는 낮아진다.

08 프로판과 부탄이 각각 50% 부피로 혼합되어 있을 때 최소산소농도(MOC)의 부피 %는?(단, 프로판과 부탄의 연소하한계는 각각 2.2v%, 1.8v%이다.)

① 1.9%　　② 5.5%
③ 11.4%　　④ 15.1%

해설 최소산소농도(MOC)

= 연소한계(LFL) × $\dfrac{산소몰수}{연료몰수}$

㉠ 프로판 완전연소 화공양론식
　$C_3H_8 + 5O_2 \rightarrow 3CO_2 + 5H_2O$

　프로판과 산소의 연료몰비 = $\dfrac{5}{1} = 5$

㉡ 부탄 완전연소 화공양론식
　$C_4H_{10} + 6.5O_2 \rightarrow 4CO_2 + 5H_2O$

　부탄과 산소의 연료몰비 = $\dfrac{6.5}{1} = 6.5$

∴ 최소산소농도(MOC)
= (0.5 × 5 × 2.2) + (0.5 × 6.5 × 1.8) = 11.4%

09 방폭구조 및 대책에 관한 설명으로 옳지 않은 것은?

① 방폭대책에는 예방, 국한, 소화, 피난대책이 있다.
② 가연성가스의 용기 및 탱크 내부는 제2종 위험장소이다.
③ 분진폭발은 1차 폭발과 2차 폭발로 구분되어 발생한다.
④ 내압방폭구조는 내부폭발에 의한 내용물 손상으로 영향을 미치는 기기에는 부적당하다.

해설 ② 가연성가스의 용기 및 탱크 내부는 제1종 위험장소이다.

정답　05 ④　06 ①　07 ③　08 ③　09 ②

10 "압력이 일정할 때 기체의 부피는 온도에 비례하여 변화한다."라는 법칙은?

① 보일(Boyle)의 법칙
② 샤를(Charles)의 법칙
③ 보일-샤를의 법칙
④ 아보가드로의 법칙

해설
① 보일의 법칙 : 온도가 일정할 때 기체의 부피는 절대압력에 반비례한다.
③ 보일-샤를의 법칙 : 일정량의 기체의 부피는 압력에 반비례하고, 절대온도에 비례한다.
④ 아보가드로의 법칙 : 모든 기체 1몰의 체적은 같은 온도, 같은 압력에서 모두 일정하다.

11 다음 가스 중 공기와 혼합될 때 폭발성 혼합가스를 형성하지 않는 것은?

① 아르곤
② 도시가스
③ 암모니아
④ 일산화탄소

해설 아르곤은 불활성가스이므로 공기와 혼합될 때 폭발성 혼합가스를 형성하지 않는다.

12 액체연료를 수 μm에서 수백 μm로 만들어 증발 표면적을 크게 하여 연소시키는 것으로, 공업적으로 주로 사용되는 연소방법은?

① 액면연소
② 등심연소
③ 확산연소
④ 분무연소

해설
① 액면연소 : 용기에 담겨진 액체연료의 표면에서 연소되는 것
② 등심연소 : 연료를 등의 심지로 빨아올려 대류나 복사작용에 따라 화염에서 등심에 열이 전해져 그 열에 따라 발생한 연료증기가 등심의 상부로 측면에서 확산연소를 하는 현상
③ 확산연소 : 가연성가스 분자와 공기 분자가 확산에 의해 급격하게 혼합되면서 연소가 일어나는 것

13 폭굉이 발생하는 경우 파면압력은 정상연소에서 발생하는 것보다 일반적으로 얼마나 큰가?

① 2배
② 5배
③ 8배
④ 10배

해설 폭굉이 발생하는 경우 파면의 압력은 정상연소에서 발생하는 것보다 2배 크다.

14 메탄 80vol%와 아세틸렌 20vol%로 혼합된 혼합가스의 공기 중 폭발하한계는 약 얼마인가?(단, 메탄과 아세틸렌의 폭발하한계는 5.0%와 2.5%이다.)

① 6.2%
② 5.6%
③ 4.2%
④ 3.4%

해설
$$\frac{100}{L} = \frac{V_1}{L_1} + \frac{V_2}{L_2} + \cdots$$

$$L = \frac{100}{\frac{V_1}{L_1} + \frac{V_2}{L_2}}$$

$$L = \frac{100}{\frac{80}{5} + \frac{20}{2.5}}$$

$$= 4.116 = 4.2\%$$

15 다음 중 연소부하율에 대하여 가장 바르게 설명한 것은?

① 연소실의 염공면적당 입열량
② 연소실의 단위체적당 열발생률
③ 연소실의 염공면적과 입열량의 비율
④ 연소혼합기의 분출속도와 연소속도와의 비율

해설 연소부하율
연소실의 단위체적당 열발생률

정답 10 ② 11 ① 12 ④ 13 ① 14 ③ 15 ②

16 열분해를 일으키기 쉬운 불안전한 물질에서 발생하기 쉬운 연소로, 열분해로 발생한 휘발분이 자기점화온도보다 낮은 온도에서 표면연소가 계속되기 때문에 일어나는 연소는?

① 분해연소
② 그을음연소
③ 분무연소
④ 증발연소

해설 그을음연소에 대한 설명이다.

17 다음은 가연성가스의 연소에 대한 설명이다. 이 중 옳은 것으로만 나열된 것은?

㉠ 가연성가스가 연소하는 데에는 산소가 필요하다.
㉡ 가연성가스가 이산화탄소와 혼합할 때 잘 연소된다.
㉢ 가연성가스는 혼합하는 공기의 양이 적을 때 완전연소한다.

① ㉠, ㉡
② ㉡, ㉢
③ ㉠
④ ㉢

해설 ㉡ 가연성가스가 이산화탄소와 혼합할 때 잘 연소하지 않는다.
㉢ 가연성가스는 혼합하는 공기의 양이 적을 때 불완전연소한다.

18 자연발화온도(Autoignition Temperature)에 영향을 주는 요인 중에서 증기의 농도에 관한 사항이다. 가장 바르게 설명한 것은?

① 가연성 혼합기체의 AIT는 가연성가스와 공기의 혼합비가 1 : 1일 때 가장 낮다.
② 가연성 증기에 비하여 산소의 농도가 클수록 AIT는 낮아진다.
③ AIT는 가연성 증기의 농도가 양론농도보다 약간 높을 때가 가장 낮다.
④ 가연성가스와 산소의 혼합비가 1 : 1일 때 AIT는 가장 낮다.

해설 ① 가연성 혼합기체의 AIT는 가연성가스와 공기의 혼합비가 1 : 1일 때 가장 높다.
② 가연성 증기에 비하여 산소의 농도가 클수록 AIT는 높아진다.
④ 가연성가스와 산소의 혼합비가 1 : 1일 때 AIT는 가장 높다.

19 가스를 연료로 사용하는 연소의 장점이 아닌 것은?

① 연소의 조절이 신속, 정확하며 자동제어에 적합하다.
② 온도가 낮은 연소실에서도 안정된 불꽃으로 높은 연소효율이 가능하다.
③ 연소속도가 커서 연료로서 안전성이 높다.
④ 소형버너를 병용 사용하여 노 내 온도 분포를 자유로이 조절할 수 있다.

해설 ③ 연소속도가 커서 연료로서 안전성이 낮다.

20 액체프로판(C_3H_8) 10kg이 들어 있는 용기에 가스미터가 설치되어 있다. 프로판가스가 전부 소비되었다고 하면 가스미터에서의 계량값은 약 몇 m^3로 나타나 있겠는가?(단, 가스미터에서의 온도와 압력은 각각 T=15℃와 P_g=200mHg이고 대기압은 0.101MPa이다.)

① 5.3
② 5.7
③ 6.1
④ 6.5

해설 C_3H_8 1mol은 44kg이다. 이때 부피는 22.4L (0℃, 1atm)이다.

여기서, $\frac{22.4L}{44kg} \times 10kg = 5.09L$

온도가 증가하면 부피도 증가하기에 온도보정을 취해준다.

즉, $5.09L \times \frac{(273+15)K}{273K} = 5.37L$

정답 16 ② 17 ③ 18 ③ 19 ③ 20 ①

제2과목 가스설비

21 연소기의 이상연소현상 중 불꽃이 염공 속으로 들어가 혼합관 내에서 연소하는 현상을 의미하는 것은?

① 황염
② 역화
③ 리프팅
④ 블로오프

해설
① 황염(Yellow Tip) : 불꽃 끝이 적황색이 되어 연소하는 현상을 말한다. 이것은 연소반응의 도중에 탄화수소가 열분해하여 탄소입자가 발생하고 미연소상태로 적열되어 적황색을 나타내는 것으로, 연소반응이 충분한 속도로 진행되지 않는 것을 나타낸다.
③ 리프팅 : 염공에서의 가스유출속도가 연소속도보다 크게 되었을 때, 가스는 염공에 접하여 연소하지 않고 염공을 떠난 상태에서 연소하는 현상이다.
④ 블로오프 : 불꽃의 주위, 특히 불꽃이 기저부에 대한 공기의 움직임이 세지면 불꽃이 노즐에서 정착하지 않고 떨어지게 되어 꺼지는 현상이다.

22 양정(H) 20m, 송수량(Q) 0.25m³/min, 펌프효율(η) 0.65인 2단 터빈펌프의 축동력은 약 몇 kW인가?

① 1.26
② 1.37
③ 1.57
④ 1.72

해설
펌프의 축동력(kW) = $\dfrac{\gamma \times Q \times H}{102 \times \eta}$

여기서, γ : 액체비중량(kgf/m³)
Q : 유량(m³/s)
H : 전양정(m)
η : 효율

kW = $\dfrac{1000 \text{kgf/m}^3 \times \dfrac{0.25 \text{m}^3}{60 \text{s}} \times 20 \text{m}}{102 \times 0.65}$

= 1.26kW

23 고압가스 충전용기의 가스 종류에 따른 색깔이 잘못 짝지어진 것은?

① 아세틸렌 : 황색
② 액화암모니아 : 백색
③ 액화탄산가스 : 갈색
④ 액화석유가스 : 회색

해설
액화탄산가스 : 청색

24 다음 중 도시가스 배관공사 시 주의사항으로 틀린 것은?

① 현장마다 그 날의 작업공정을 정하여 기록한다.
② 작업현장에는 소화기를 준비하여 화재에 주의한다.
③ 현장감독자 및 작업원은 지정된 안전모 및 완장을 착용한다.
④ 가스의 공급을 일시 차단할 경우에는 사용자에게 사전통보하지 않아도 된다.

해설
④ 가스의 공급을 일시 차단할 경우에는 사용자에게 사전통보를 하여야 한다.

25 금속 재료에서 어느 온도 이상에서 일정 하중이 작용할 때 시간의 경과와 더불어 그 변형이 증가하는 현상을 무엇이라고 하는가?

① 크리프
② 시효경과
③ 응력부식
④ 저온취성

해설
③ 응력부식 : 인장응력하에 있는 금속 재료가 재료와 부식환경이 특징적인 조합에서 취성적으로 파괴되는 현상이다.
④ 저온취성 : 저온에 있어서 강의 기계적 성질을 저온이 됨에 따라 인장강도, 항복점, 경도는 증가하나 늘음, 단면수축률은 급격히 저하한다.

정답 21 ② 22 ① 23 ③ 24 ④ 25 ①

26 용기의 내압시험 시 항구증가율이 몇 % 이하인 용기를 합격한 것으로 하는가?

① 3 ② 5
③ 7 ④ 10

> **해설** 용기의 내압시험
> 항구증가율이 10% 이하인 용기를 합격

27 지름이 150mm, 행정 100mm 회전수 800rpm, 체적효율 85%인 4기통 압축기의 피스톤 압출량은 몇 m³/h인가?

① 10.2
② 28.8
③ 102
④ 288

> **해설** 압축기의 피스톤 압출량(V_1)
> $= \frac{\pi}{4} \times D^2 \times L \times n \times N \times \eta_v \times 60$
> $= \frac{\pi}{4} \times (0.15)^2 \times 0.1 \times 800 \times 4 \times 0.85 \times 60$
> $= 288 \text{m}^3/\text{h}$
> 여기서, D : 피스톤지름(m)
> L : 행정거리(m)
> n : 기통수
> N : 분당회전수(rpm)
> η_v : 체적효율

28 가정용 LP가스용기로 일반적으로 사용되는 용기는?

① 납땜용기
② 용접용기
③ 구리용기
④ 이음새 없는 용기

> **해설** 가정용 LP가스 : 용접용기

29 도시가스 제조설비에서 수소화분해(수첨분해)법의 특징에 대한 설명으로 옳은 것은?

① 탄화수소의 원료를 수소기류 중에서 열분해 혹은 접촉분해로, 메탄올 주성분으로 하는 고열량의 가스를 제조하는 방법이다.
② 탄화수소의 원료를 산소 또는 공기 중에서 열분해 혹은 접촉분해로, 수소 및 일산화탄소를 주성분으로 하는 가스를 제조하는 방법이다.
③ 코크스를 원료로 하여 산소 또는 공기 중에서 열분해 혹은 접촉분해로, 메탄올 주성분으로 하는 고열량의 가스를 제조하는 방법이다.
④ 메탄을 원료로 하여 산소 또는 공기 중에서 부분연소로, 수소 및 일산화탄소를 주성분으로 하는 저열량의 가스를 제조하는 방법이다.

> **해설** 수소화분해(수첨분해)법의 특징
> 탄화수소의 원료를 수소기류 중에서 열분해 혹은 접촉분해로 메탄올 주성분으로 하는 고열량의 가스를 제조하는 방법

30 냉동장치에서 냉매의 일반적인 구비조건으로 옳지 않은 것은?

① 증발열이 커야 한다.
② 증기의 비체적이 작아야 한다.
③ 임계온도가 낮고, 응고점이 높아야 한다.
④ 증기의 비열은 크고, 액체의 비열은 작아야 한다.

> **해설** ③ 임계온도가 높고, 응고점이 낮아야 한다.

정답 26 ④ 27 ④ 28 ② 29 ① 30 ③

31 대기 중에 10m 배관을 연결할 때 중간에 상온 스프링을 이용하여 연결하려 한다면 중간 연결부에서 얼마의 간격으로 하여야 하는가?(단, 대기 중의 온도는 최저 −20℃, 최고 30℃이고, 배관의 열팽창계수는 7.2×10⁻⁵/℃이다)

① 18mm ② 24mm
③ 36mm ④ 48mm

해설
$\Delta L = L \times \alpha \times \Delta t$
$\Delta L = 10,000\text{mm} \times 7.2 \times 10^{-5}/℃ \times \{30-(-20)\}$
$= 36\text{mm}$
여기서, ΔL : 관 신축길이(mm)
L : 관 길이(mm)
α : 배관의 열(선)팽창계수(℃)
Δt : 온도차

32 펌프의 운전 중 공동현상(Cavitation)을 방지하는 방법으로 적합하지 않은 것은?

① 흡입양정을 크게 한다.
② 손실수두를 작게 한다.
③ 펌프의 회전수를 줄인다.
④ 양흡입 펌프 또는 두 대 이상의 펌프를 사용한다.

해설 ① 흡입양정을 작게 한다.

33 표면은 견고하게 하여 내마멸성을 높이고, 내부는 강인하게 하여 내충격성을 향상시킨 이중 조직을 가지게 하는 열처리는?

① 불림 ② 담금질
③ 표면경화 ④ 풀림

해설
① 불림 : 조직의 변형을 제거하기 위하여 결정조직을 미세화하고 균일하게 하여 가열한 후 공기 중에서 냉각하는 것
② 담금질 : 재료를 적당한 온도로 가열하여 이 온도에서 물, 기름 등에 급속냉각, 경화시키는 것
④ 풀림 : 가공 중에 생긴 내부응력을 제거하거나 가공·경화된 재료를 연화시킬 때 또는 열처리로 경화된 조직을 연화시켜 상온가공을 용이하게 할 목적으로 뜨임보다 약간 더 높은 온도로 가열하여 노 중에서 서서히 냉각시키는 것

34 다음 중 신축조인트 방법이 아닌 것은?

① 루프(Loop)형
② 슬라이드(Slide)형
③ 슬립-온(Slip-On)형
④ 벨로즈(Bellows)형

해설 신축조인트 방법
㉠ 루프형, ㉡ 슬라이드형, ㉢ 벨로즈형, ㉣ 스위블형, ㉤ 상온스프링형

35 왕복 압축기의 특징이 아닌 것은?

① 용적형이다.
② 효율이 낮다.
③ 고압에 적합하다.
④ 맥동현상을 갖는다.

해설 ② 효율이 높다.

36 다음 지상형 탱크 중 내진설계 적용대상 시설이 아닌 것은?

① 고법의 적용을 받는 3톤 이상의 암모니아탱크
② 도법의 적용을 받는 3톤 이상의 저장탱크
③ 고법의 적용을 받는 10톤 이상의 아르곤탱크
④ 액법의 적용을 받는 3톤 이상의 액화석유가스 저장탱크

해설 KGS GC 203, 2.1 적용대상
① 고법의 적용을 받는 5톤 이상의 암모니아탱크

정답 31 ③ 32 ① 33 ③ 34 ③ 35 ② 36 ①

37 액화석유가스 지상저장탱크 주위에는 저장능력이 얼마 이상일 때 방류둑을 설치하여야 하는가?

① 6톤
② 20톤
③ 100톤
④ 1,000톤

해설 KGS FP331, 2.7.1 방류둑 설치
④ 저장능력 1,000톤 이상의 지상저장탱크 주위에는 액상의 액화석유가스가 누출된 경우에 그 유출을 방지할 수 있도록 방류둑 또는 이와 같은 수준 이상의 효과가 있는 시설을 설치한다. 이 경우 2개 이상의 저장탱크가 설치된 곳에 대한 저장능력산정은 이들의 저장능력을 합한 것으로 한다.

38 다음과 같이 작동되는 냉동장치의 성적계수(ε_R)는?

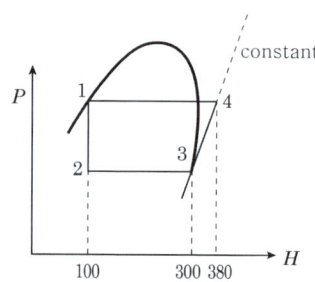

① 0.4
② 1.4
③ 2.5
④ 3.0

해설 냉동장치는 외부에서 일(W)을 받아 저온(Q_2)에서 열을 흡수하여 고온(Q_1)으로 배출한다.
냉동장치 능력의 척도는 COP 성적계수로 나타낸다.

성적계수(ε_R) = $\dfrac{Q_2}{W} = \dfrac{Q_2}{Q_1 - Q_2} = \dfrac{T_2}{T_1 - T_2}$

4 → 1 과정이 Q_1,
2 → 3 과정이 Q_2에 해당하므로

∴ $V = \dfrac{300 - 100}{380 - 300} = 2.5$

39 기계적인 일을 사용하지 않고 고온도의 열을 직접 적용시켜 냉동하는 방법은?

① 증기압축식 냉동기
② 흡수식 냉동기
③ 증기분사식 냉동기
④ 역브레이톤 냉동기

해설
㉠ 증기압축식 냉동기 : 냉매가스를 압축하여 고온, 고압의 가스를 만드는 것
㉡ 증기분사식 냉동기 : 물을 냉매로 하여 몇 기압 정도의 생증기로 운전되는 이젝터를 이용하여 냉매를 증발·냉각시키는 방식의 냉동기
㉢ 역브레이톤 냉동기

40 특정고압가스이면서 그 성분이 독성가스인 것으로 나열된 것은?

① 산소, 수소
② 액화염소, 액화질소
③ 액화암모니아, 액화염소
④ 액화암모니아, 액화석유가스

해설 특정고압가스이면서 그 성분이 독성가스인 것
액화암모니아, 액화염소

제3과목 가스안전관리

41 다음 중 독성가스의 제독조치로 가장 부적당한 것은?

① 흡수제에 의한 흡수
② 중화제에 의한 중화
③ 국소배기장치에 의한 포집
④ 제독제 살포에 의한 제독

해설 독성가스의 제독조치
㉠ 흡수제에 의한 흡수
㉡ 중화제에 의한 중화
㉢ 제독제 살포에 의한 제독

42 사람이 사망한 도시가스 사고 발생 시 사업자가 한국가스안전공사에 상보(서면으로 제출하는 상세한 통보)를 할 때 그 기한은 며칠 이내인가?

① 사고발생 후 5일
② 사고발생 후 7일
③ 사고발생 후 14일
④ 사고발생 후 20일

해설 사람이 사망한 도시가스 사고 발생 시 사업자가 한국가스안전공사에 상보를 할 때 그 기한
사고발생 후 20일 이내

43 20kg의 LPG가 누출하여 폭발할 경우 TNT의 폭발위력으로 환산하면 TNT 약 몇 kg에 해당하는가?(단, LPG의 폭발효율은 3%이고, 발열량은 12,000kcal/kg, TNT 연소열은 1,100kcal/kg이다.)

① 0.6
② 6.5
③ 16.2
④ 26.6

해설 LPG 20kg의 폭발열량
20kg×12,000kcal/kg×0.03 = 7,200kcal
TNT 1kg당 1,100kcal의 연소열이 발생한다.
즉, $7,200\text{kcal} \times \dfrac{1\text{kgTNT}}{1,100\text{kcal}} = 6.5\text{kg}$ TNT

44 「고압가스 안전관리법」에서 정한 특정설비가 아닌 것은?

① 기화장치
② 안전밸브
③ 용기
④ 압력용기

해설 특정설비
안전밸브, 긴급차단장치, 기화기, 자동차용 가스 자동주입기, 역화방지장치, 압력용기, 독성가스 배관용 밸브, 특정고압가스용 실린더 캐비닛, LPG용기 잔류가스 회수장치, 자동차용 압축천연가스 완속충전설비

45 우리나라는 1970년부터 시범적으로 동부이촌동의 3,000가구를 대상으로 LPG/AIR 혼합방식의 도시가스를 공급하기 시작하여 사용한 적이 있다. 다음 중 LPG에 AIR를 혼합하는 주된 이유는 무엇인가?

① 가스의 가격을 올리기 위해서
② 공기로 LPG가스를 밀어내기 위해서
③ 재액화를 방지하고 발열량을 조정하기 위해서
④ 압축기로 압축하려면 공기를 혼합해야 하므로

해설 LPG에 AIR를 혼합하는 주된 이유
재액화를 방지하고 발열량을 조정하기 위해

46 도시가스 압력조정기의 제품성능에 대한 설명 중 틀린 것은?

① 입구쪽은 압력조정기에 표시된 최대 입구압력의 1.5배 이상의 압력으로 내압시험을 하였을 때 이상이 없어야 한다.
② 출구쪽은 압력조정기에 표시된 최대 출구압력 및 최대폐쇄압력의 1.5배 이상의 압력으로 내압시험을 하였을 때 이상이 없어야 한다.
③ 입구쪽은 압력조정기에 표시된 최대 입구압력 이상의 압력으로 기밀시험을 하였을 때 누출이 없어야 한다.
④ 출구쪽은 압력조정기에 표시된 최대 출구압력 및 최대폐쇄압력의 1.5배 이상의 압력으로 기밀시험을 하였을 때 누출이 없어야 한다.

해설 AA431. '3.8.1 제품성능'
출구쪽은 압력조정기에 표시된 최대출구압력 및 최대폐쇄압력의 1.1배 이상의 압력으로 기밀시험을 하였을 때 누출이 없어야 한다.

47 고압가스의 운반기준에서 동일 차량에 적재하여 운반할 수 없는 것은?

① 염소와 아세틸렌
② 질소와 산소
③ 아세틸렌과 산소
④ 프로판과 부탄

해설 동일 차량에 적재하여 운반할 수 없는 것
염소와 아세틸렌, 암모니아 또는 수소

48 물분무장치 등은 저장탱크의 외면에서 몇 m 이상 떨어진 위치에서 조작이 가능하여야 하는가?

① 5m   ② 10m
③ 15m   ④ 20m

해설 물분무장치 등
저장탱크의 외면에서 15m 이상 떨어진 위치에서 조작이 가능해야 한다.

49 고압가스 특정제조시설에서 고압가스배관을 시가지 외의 도로 노면 밑에 매설하고자 할 때 노면으로부터 배관 외면까지의 매설깊이는?

① 1.0m 이상   ② 1.2m 이상
③ 1.5m 이상   ④ 2.0m 이상

해설 고압가스배관을 시가지 외의 도로 노면 밑에 매설하고자 할 때 노면으로부터 배관 외면까지의 매설깊이 : 1.2m 이상

50 국내에서 발생한 대형 도시가스 사고 중 대구 도시가스 폭발사고의 주원인은?

① 내부 부식
② 배관의 응력부족
③ 부적절한 매설
④ 공사 중 도시가스배관 손상

해설 공사 중 도시가스배관 손상으로 폭발사고가 발생하였다.

51 초저온용기 제조 시 적합여부에 대하여 실시하는 설계단계 검사 항목이 아닌 것은?

① 외관검사
② 재료검사
③ 마멸검사
④ 내압검사

해설 KGS Ac 213 4.321. 설계단계검사
제조기술기준에의 적합 여부에 대하여 실시하는 설계단계항목은 ①, ②, ④ 외에 설계검사, 용접부검사, 용접부단면 매크로검사, 방사선투과검사, 침투탐상검사, 기밀검사, 단열성능검사가 있다.

52 소비 중에는 물론 이동, 저장 중에도 아세틸렌용기를 세워두는 이유는?

① 정전기를 방지하기 위해서
② 아세톤의 누출을 막기 위해서
③ 아세틸렌이 공기보다 가볍기 때문에
④ 아세틸렌이 쉽게 나오게 하기 위해서

해설 소비, 이동, 저장 중 아세틸렌용기를 세워두는 이유
아세톤의 누출을 막기 위함이다.

53 도시가스 사용시설의 압력조정기 점검 시 확인하여야 할 사항이 아닌 것은?

① 압력조정기의 A/S 기간
② 압력조정기의 정상 작동 유무
③ 필터 또는 스트레이너의 청소 및 손상 유무
④ 건축물 내부에 설치된 압력조정기의 경우는 가스방출구의 실외 안전장소 설치 여부

정답 47 ① 48 ③ 49 ② 50 ④ 51 ③ 52 ② 53 ①

해설 KGS Fu 551 3.3.4 가스설비점검
㉠ ②, ③, ④ 외
㉡ 압력조정기의 몸체 및 연결부의 가스누출 유무
㉢ 격납상자 내부에 설치된 압력조정기는 격납상자에 견고한 고정여부

54 가연성가스 및 독성가스의 충전용기 보관실의 주위 몇 m 이내에서는 화기를 사용하거나 인화성 물질 또는 발화성 물질을 두지 않아야 하는가?

① 1   ② 2   ③ 3   ④ 5

해설 가연성가스 및 도시가스 충전용기 보관실의 주위 2m 이내에서는 화기를 사용하거나 인화성 물질 또는 발화성 물질을 두지 않아야 한다.

55 가연성가스를 운반하는 경우 반드시 휴대하여야 하는 장비가 아닌 것은?

① 소화설비
② 방독마스크
③ 가스누출검지기
④ 누출방지공구

해설 가연성가스를 운반하는 경우 반드시 휴대하여야 하는 장비
㉠ 소화설비
㉡ 가스누출검지기
㉢ 누출방지공구

56 다음 중 독성가스 저장탱크를 지상에 설치하는 경우 몇 톤 이상일 때 방류둑을 설치하여야 하는가?

① 5   ② 10
③ 50   ④ 100

해설 독성가스 저장탱크를 지상에 설치하는 경우 5톤 이상일 때 방류둑을 설치한다.

57 다량의 고압가스를 차량에 적재하여 운반할 경우 운전상의 주의사항으로 옳지 않은 것은?

① 부득이한 경우를 제외하고는 장시간 정차해서는 아니 된다.
② 차량의 운반책임자와 운전자가 동시에 차량에서 이탈하지 아니하여야 한다.
③ 300km 이상의 거리를 운행하는 경우에는 중간에 충분한 휴식을 취한 후 운행하여야 한다.
④ 가스의 명칭·성질 및 이동 중의 재해방지를 위하여 필요한 주의사항을 기재한 서면을 운반책임자 또는 운전자에게 교부하고 운반 중에 휴대를 시켜야 한다.

해설 ③ 200km 이상의 거리를 운행하는 경우에는 중간에 충분한 휴식을 취한 후 운행해야 한다.

58 시안화수소를 충전·저장하는 시설에서 가스누출에 따른 사고예방을 위하여 누출검사 시 사용하는 시험지(액)는?

① 묽은 염산 용액
② 질산구리벤젠지
③ 수산화나트륨 용액
④ 묽은 질산 용액

해설

시험지	검지가스
질산구리벤젠지	시안화수소

59 특정설비의 부품을 교체할 수 없는 수리 자격자는?

① 용기제조자
② 특정설비제조자
③ 고압가스제조자
④ 검사기관

정답 54 ②   55 ②   56 ①   57 ③   58 ②   59 ①

해설 특정설비의 부품을 교체할 수 있는 수리 자격자
㉠ 특정설비제조사
㉡ 고압가스제조사
㉢ 검사기관

60 다음 중 불연성가스가 아닌 것은?
① 아르곤 ② 탄산가스
③ 질소   ④ 일산화탄소

해설 ④ 일산화탄소 : 독성가스

제4과목 가스계측

61 물의 화학반응을 통해 시료의 수분 함량을 측정하며, 휘발성물질 중의 수분을 정량하는 방법은?
① 램프법
② 칼피셔법
③ 메틸렌블루법
④ 다트와이라법

해설 칼피셔법에 대한 설명이다.

62 25℃, 1atm에서 0.21mol%의 O_2와 0.79 mol%의 N_2로 된 공기혼합물의 밀도는 약 몇 kg/m^3인가?
① 0.118   ② 1.18
③ 0.134   ④ 1.34

해설 공기혼합물의 몰질량(M)
$= 0.21 \times 32 kg/mol + 0.79 \times 28 kg/mol$
$= 29 kg/kmol$

$\therefore PV = \dfrac{W}{M}RT$

$\dfrac{W}{V} = \dfrac{PM}{RT} = \dfrac{1atm \times 29kg/kmol}{0.082 atm \cdot m^3 \cdot K \times 298K}$
$= 1.18 kg/m^3$

63 압력에 대한 다음 값 중 서로 다른 것은?
① $101,325 N/m^2$
② $1013.25 hPa$
③ $76 cmHg$
④ $10,000 mmAq$

해설 1atm = $101,325 N/m^2$ = 1,013.25hpa
= 101,325Pa = 76cmHg = 10.332mAq
= 10,332mmAq

64 이동상으로 캐리어가스를 이용, 고정상으로 액체 또는 고체를 이용해서 혼합성분의 시료를 캐리어가스로 공급하여, 고정상을 통과할 때 시료 중의 각 성분을 분리하는 분석법은?
① 자동 오르자트법
② 화학발광식 분석법
③ 가스 크로마토그래피법
④ 비분산형 적외선분석법

해설 가스 크로마토그래피법의 설명이다.

65 감도(感度)에 대한 설명으로 틀린 것은?
① 감도는 측정량의 변화에 대한 지시량의 변화의 비로 나타낸다.
② 감도가 좋으면 측정시간이 길어진다.
③ 감도가 좋으면 측정범위는 좁아진다.
④ 감도는 측정결과에 대한 신뢰도의 척도이다.

해설 ④ 감도는 계측기가 측정량의 변화에 민감한 정도

66 400K는 약 몇 °R인가?
① 400   ② 620
③ 720   ④ 820

해설 °R = 1.8°K
°R = 1.8 × 400 = 720

정답 60 ④ 61 ② 62 ② 63 ④ 64 ③ 65 ④ 66 ③

67 되먹임제어계에서 설정한 목표값을 되먹임 신호와 같은 종류의 신호로 바꾸는 역할을 하는 것은?

① 조절부
② 조작부
③ 검출부
④ 설정부

해설
① 조절부 : 동작신호를 여러 가지 동작으로 처리해서 조작신호를 만들어내는 부분
② 조작부 : 실제로 제어대상에 대하여 작용을 걸어오는 부분으로 조작신호를 받아 이것을 조작량으로 바꾸는 부분
③ 검출부 : 제어량의 현상을 알기 위해 목표치 또는 기준입력과 비교할 수 있도록 같은 양으로 변환하는 부분

68 어느 수용가에 설치한 가스미터의 기차를 측정하기 위하여 지시량을 보니 100m³를 나타내었다. 사용공차를 ±4%로 한다면 이 가스미터에는 최소 얼마의 가스가 통과되었는가?

① 40m³
② 80m³
③ 96m³
④ 104m³

해설
가스미터의 기차를 측정하기 위하여 지시량을 100m³, 여기서 사용공차를 ±4%로 하면 가스미터에 최소 통과한 가스
∴ 100m³ − 4m³ = 96m³

69 가스계량기의 구비조건이 아닌 것은?

① 감도가 낮아야 한다.
② 수리가 용이해야 한다.
③ 계량이 정확하여야 한다.
④ 내구성이 우수해야 한다.

해설
① 감도가 높아야 한다.

70 가스 크로마토그래피 분석계에서 가장 널리 사용되는 고체 지지체 물질은?

① 규조토
② 활성탄
③ 활성알루미나
④ 실리카겔

해설
가스 크로마토그래피 분석계에서 가장 널리 사용되는 고체 지지체 물질 : 규조토

71 다음 중 자동제어계의 일반적인 동작순서로 맞는 것은?

① 비교 → 판단 → 조작 → 검출
② 조작 → 비교 → 검출 → 판단
③ 검출 → 비교 → 판단 → 조작
④ 판단 → 비교 → 검출 → 조작

해설
자동제어계의 일반적인 동작순서
검출 → 비교 → 판단 → 조작

72 가스누출검지기의 검지(Sensor) 부분에서 일반적으로 사용하지 않는 재질은?

① 백금
② 리튬
③ 동
④ 바나듐

해설
가스누출검지기의 검지 부분에서 일반적으로 사용하는 재질
백금, 리튬, 바나듐 등

73 제어계의 상태를 교란시키는 외란의 원인으로 가장 거리가 먼 것은?

① 가스의 유출량
② 탱크 주위의 온도
③ 탱크의 외관
④ 가스공급압력

해설
외란의 원인
㉠ 가스의 유출량
㉡ 탱크 주위의 온도
㉢ 가스공급압력

정답 67 ④ 68 ③ 69 ① 70 ① 71 ③ 72 ③ 73 ③

74 수소의 품질검사에 사용되는 시약은?

① 네슬러 시약
② 동·암모니아
③ 요오드화칼륨
④ 하이드로설파이드

해설

가스의 명칭	품질검사 시약
수소	하이드로설파이드

75 나프탈렌의 분석에 가장 적당한 분석방법은?

① 중화적정법
② 흡수평량법
③ 요오드적정법
④ 가스 크로마토그래피법

해설

물질의 명칭	분석방법
나프탈렌	가스 크로마토그래피법

76 다음 (   ) 안에 알맞은 것은?

> 가스미터(최대유량 10m³/h 이하)의 재검정 유효기간은 (   )년이다. 재검정의 유효기간은 재검정을 완료한 날의 다음 달 1일부터 기산한다.

① 1년
② 2년
③ 3년
④ 5년

해설 가스미터(최대유량 10m³/h 이하)의 재검정 유효기간
5년(단, 재검정의 유효기간은 재검증을 완료한 날의 다음 달 1일부터 기산한다.)

77 유속이 6m/s인 물속에 피토(Pitot)관을 세울 때 수주의 높이는 약 몇 m인가?

① 0.54
② 0.92
③ 1.63
④ 1.83

해설
$V = \sqrt{2gh}$

$h = \dfrac{V^2}{2g} = \dfrac{(6\text{m/s})^2}{2 \times 9.8\text{m/s}^2} = 1.83\text{m}$

여기서, V : 유속(m/s)
g : 중력가속도(9.8m/s²)
h : 수주(m)

78 회로의 두 접점 사이의 온도차로 열기전력을 일으키고 그 전위차를 측정하여 온도를 알아내는 온도계는?

① 열전대 온도계
② 저항 온도계
③ 광고 온도계
④ 방사 온도계

해설 열전대 온도계의 설명이다.

79 증기압식 온도계에 사용되지 않는 것은?

① 아닐린
② 알코올
③ 프레온
④ 에틸에테르

해설 증기압식 온도계에 사용되는 물질
아닐린, 프레온, 에틸에테르, 톨루엔, 염화메틸, 염화에틸 등

80 가스분석용 검지관법에서 검지관의 검지한도가 가장 낮은 가스는?

① 염소
② 수소
③ 프로판
④ 암모니아

해설 검지관법에서 측정대상가스 및 검지한도

측정대상가스	검지한도(ppm)
염소	0.1
수소	250
프로판	100
암모니아	5

정답 74 ④ 75 ④ 76 ④ 77 ④ 78 ① 79 ② 80 ①

2018 제1회 산업기사 (3. 4. 시행)

제1과목 연소공학

01 메탄의 완전연소반응식을 옳게 나타낸 것은?

① $CH_4 + 2O_2 \rightarrow CO_2 + 2H_2O$
② $CH_4 + 3O_2 \rightarrow 2CO_2 + 2H_2O$
③ $CH_4 + 3O_2 \rightarrow 2CO_2 + 3H_2O$
④ $CH_4 + 5O_2 \rightarrow 3CO_2 + 4H_2O$

해설
완전연소반응식
$CH_4 + 2O_2 \rightarrow CO_2 + 2H_2O$

02 최소발화에너지(MIE)에 영향을 주는 요인 중 MIE의 변화를 가장 작게 하는 것은?

① 가연성 혼합기체의 압력
② 가연성 물질 중 산소의 농도
③ 공기 중에서 가연성 물질의 농도
④ 양론농도하에서 가연성 기체의 분자량

해설
최소발화에너지(MIE)에 영향을 주는 요인은 기체압력, 산소농도, 가연성 물질의 농도, 분위기 온도 등이며, 기체의 분자량은 크게 영향을 주지 않는다.

03 에탄의 공기 중 폭발범위가 3.0~12.4%라고 할 때 에탄의 위험도는?

① 0.76 ② 1.95
③ 3.13 ④ 4.25

해설
위험도$(H) = \dfrac{U-L}{L}$

$= \dfrac{12.4 - 3.0}{3.0}$

$= 3.13$

04 액체연료의 연소형태 중 램프등과 같이 연료를 심지에 빨아올려 심지의 표면에서 연소시키는 것은?

① 액면연소
② 증발연소
③ 분무연소
④ 등심연소

해설
① 액면연소 : 용기에 담겨진 액체연료의 표면에서 연소되는 것으로, 화염에서 복사나 대류로 연료 표면에 열이 전파되어 발생된 증기가 공기와 접촉하여 유면의 상부에서 확산연소를 한다.
② 증발연소 : 액체연료를 증발관으로 증발시켜 기체연료와 같은 양상으로 연소시키는 것이다.
③ 분무연소 : 액체연료를 분무기를 통해 무수한 미세의 유적으로 무화시켜 공기나 산소와 혼합하여 연소시키는 것이다.

05 가스의 특성에 대한 설명 중 가장 옳은 내용은?

① 염소는 공기보다 무거우며 무색이다.
② 질소는 스스로 연소하지 않는 조연성이다.
③ 산화에틸렌은 분해폭발을 일으킬 위험이 있다.
④ 일산화탄소는 공기 중에서 연소하지 않는다.

해설
① 염소는 공기보다 무거우며, 녹황색의 자극적인 냄새가 나는 기체이다.
② 질소는 상온에서 대단히 안전된 불연성 기체이다.
④ 일산화탄소는 공기 중에서 연소한다.

정답 01 ① 02 ④ 03 ③ 04 ④ 05 ③

06 메탄 50v%, 에탄 25v%, 프로판 25v%가 섞여있는 혼합기체의 공기 중에서의 연소하한계(v%)는 얼마인가?(단, 메탄, 에탄, 프로판의 연소하한계는 각각 5v%, 3v%, 2.1v%이다.)

① 2.3 ② 3.3 ③ 4.3 ④ 5.3

해설

$$\frac{100}{L} = \frac{V_1}{L_1} + \frac{V_2}{L_2} + \frac{V_3}{L_3}$$

$$\frac{100}{L} = \frac{50}{5} + \frac{25}{3} + \frac{25}{2.1}$$

$$L = \frac{100}{30.2}, \quad L = 3.3v\%$$

07 연료가 구비하여야 할 조건으로 틀린 것은?
① 발열량이 클 것
② 구입하기 쉽고 가격이 저렴할 것
③ 연소 시 유해가스 발생이 적을 것
④ 공기 중에서 쉽게 연소되지 않을 것

해설 ④ 공기 중에서 연소하기 쉬울 것

08 다음 연료 중 표면연소를 하는 것은?
① 양초 ② 휘발유
③ LPG ④ 목탄

해설
① 양초 : 증발연소
② 휘발유 : 증발연소
③ LPG : 확산연소

09 자연발화를 방지하는 방법으로 옳지 않은 것은?
① 통풍을 잘 시킬 것
② 저장실의 온도를 높일 것
③ 습도가 높은 것을 피할 것
④ 열이 축적되지 않게 연료의 보관방법에 주의할 것

해설 ② 저장실의 온도를 낮춘다.

10 연소의 3요소가 바르게 나열된 것은?
① 가연물, 점화원, 산소
② 수소, 점화원, 가연물
③ 가연물, 산소, 이산화탄소
④ 가연물, 이산화탄소, 점화원

해설 연소의 3요소 : 가연물, 점화원, 산소

11 연료발열량(H_L) 10,000kcal/kg, 이론공기량 11m³/kg, 과잉공기율 30%, 이론습가스량 11.5m³/kg, 외기온도 20℃일 때의 이론연소온도는 약 몇 ℃인가?(단, 연소가스의 평균비열은 0.31kcal/m³·℃이다.)

① 1,510 ② 2,180
③ 2,200 ④ 2,530

해설

$$t = \frac{H_L}{G \times C_P} + t_a \, ℃$$

$$= \frac{10,000\text{kcal/kg}}{(11.5 + 11\text{m}^3/\text{kg} \times 0.3) \times 0.31\text{kcal/m}^3 \cdot ℃} + 20℃$$

$$= 2,200℃$$

12 다음 중 산소농도가 높을 때 연소의 변화에 대하여 올바르게 설명한 것으로만 나열한 것은?

Ⓐ 연소속도가 느려진다.
Ⓑ 화염온도가 높아진다.
Ⓒ 연소 kg당의 발열량이 높아진다.

① Ⓐ
② Ⓑ
③ Ⓐ, Ⓑ
④ Ⓑ, Ⓒ

해설 산소농도가 높을 때는 급격한 산화반응으로 인한 활성화에너지가 상승함으로써 화염온도가 상승한다.

13 가스화재 소화대책에 대한 설명으로 가장 거리가 먼 것은?

① LNG에 착화할 때에는 노출된 탱크, 용기 및 장비를 냉각시키면서 누출원을 막아야 한다.
② 소규모 화재 시 고성능 포말소화액을 사용하여 소화할 수 있다.
③ 큰 화재나 폭발로 확대될 위험이 있을 경우에는 누출원을 막지 않고 소화부터 해야 한다.
④ 진화원을 막는 것이 바람직하다고 판단되면 분말소화약제, 탄산가스, 할론소화기를 사용할 수 있다.

해설 ③ 큰 화재나 폭발로 확대될 위험이 있을 경우에는 누출원을 막고 소화한다.

14 폭발의 정의를 가장 잘 나타낸 것은?

① 화염의 전파속도가 음속보다 큰 강한 파괴작용을 하는 흡열반응
② 화염의 음속 이하의 속도로 미반응 물질 속으로 전파되어 가는 발열반응
③ 물질이 산소와 반응하여 열과 빛을 발생하는 현상
④ 물질을 가열하기 시작하여 발화할 때까지의 시간이 극히 짧은 반응

해설 폭발
화염이 음속 이하의 속도로 미반응 물질 속으로 전파되어 가는 발열반응이다.

15 프로판(C_3H_8)의 표준 총발열량이 $-530,600$ cal/gmol일 때 표준 진발열량은 약 몇 cal/gmol인가? [단, $H_2O(L) \rightarrow H_2O(g)$, $\Delta H = 10,519$ cal/gmol이다.]

① $-530,600$ ② $-488,524$
③ $-520,081$ ④ $-430,432$

해설 $C_3H_8 + 5O_2 \rightarrow 3CO_2 + 4H_2O$
1mol   4mol
총발열량은 4mol의 H_2O의 응축열을 포함하므로 이를 제외하면 진발열량이다.
$Hl = -530,600\,cal/gmol - 4(-10,519\,cal/gmol) = -488,524\,cal/gmol$

16 이상기체를 정적하에서 가열하면 압력과 온도의 변화는 어떻게 되는가?

① 압력 증가, 온도 상승
② 압력 일정, 온도 일정
③ 압력 일정, 온도 상승
④ 압력 증가, 온도 일정

해설 이상기체의 정적 변화
㉠ 가열 : 압력 증가, 온도 상승
㉡ 냉각 : 압력 강하, 온도 저하

17 가연물질이 연소하는 과정 중 가장 고온일 경우의 불꽃색은?

① 황적색   ② 적색
③ 암적색   ④ 회백색

해설 화염색에 따른 불꽃의 온도
① 황적색 : 1,100℃
② 적색 : 850℃
③ 암적색 : 700℃
④ 회백색 : 1,500℃

18 연소에 대한 설명 중 옳은 것은?

① 착화온도와 연소온도는 항상 같다.
② 이론연소온도는 실제연소온도보다 높다.
③ 일반적으로 연소온도는 인화점보다 상당히 높다.
④ 연소온도가 그 인화점보다 낮게 되어도 연소는 계속된다.

해설 ① 착화온도와 연소온도는 다르다.
③ 일반적으로 연소온도는 인화점보다 높다.
④ 연소온도가 그 인화점보다 낮게 되면 연소는 중단된다.

정답 13 ③ 14 ② 15 ② 16 ① 17 ④ 18 ②

부록 과년도 기출문제

19 폭굉유도거리에 대한 올바른 설명은?
① 최초의 느린 연소가 폭굉으로 발전할 때까지의 거리
② 어느 온도에서 가열, 발화, 폭굉에 이르기까지의 거리
③ 폭굉 등급을 표시할 때의 안전간격을 나타내는 거리
④ 폭굉이 단위시간당 전파되는 거리

해설 폭굉유도거리
최초의 느린 연소가 폭굉으로 발전할 때까지의 거리

20 어떤 혼합가스가 산소 10mol, 질소 10mol, 메탄 5mol을 포함하고 있다. 이 혼합가스의 비중은 약 얼마인가?(단, 공기의 평균분자량은 29이다.)
① 0.88　　② 0.94
③ 1.00　　④ 1.07

해설 혼합가스의 비중 = $\dfrac{e혼합가스}{e공기}$

$= \dfrac{\dfrac{32g/mol \times 10mol + 28g/mol \times 10mol + 16g/mol \times 5mol}{25mol}}{29g/mol}$

$= 0.94$

제2과목　가스설비

21 다단압축기에서 실린더 냉각의 목적으로 옳지 않은 것은?
① 흡입효율을 좋게 하기 위하여
② 밸브 및 밸브스프링에서 열을 제거하여 오손을 줄이기 위하여
③ 흡입 시 가스에 주어진 열을 가급적 높이기 위하여
④ 피스톤링에 탄소산화물이 발생하는 것을 막기 위하여

해설 ③ 흡입 시 가스에 주어진 열을 가급적 낮추기 위하여

22 도시가스용 압력조정기에서 스프링은 어떤 재질을 사용하는가?
① 주물
② 강재
③ 알루미늄합금
④ 다이케스팅

해설 도시가스용 압력조정기 스프링의 재질 : 강재

23 강의 열처리 중 일반적으로 연화를 목적으로 적당한 온도까지 가열한 다음 그 온도에서 서서히 냉각하는 방법은?
① 담금질　　② 뜨임
③ 표면경화　④ 풀림

해설
① 담금질 : 적당한 경도를 얻기 위하여 가열 후 급속히 냉각시키는 작업
② 뜨임 : 적당히 가열한 후 급랭하였을 때 취성이 있으므로, 인성을 증가시키기 위해 조금 낮게 가열한 후 공기 중에서 서랭시키는 방법
③ 표면경화 : 탄소함유량 0.2% 이하인 강의 표피만을 경화하여 내마모성을 증대시키고, 내부는 고유의 강성을 갖게 하는 열처리 방법

24 외부의 전원을 이용하여 그 양극을 땅에 접속시키고 땅속에 있는 금속체에 음극을 접속함으로써 매설된 금속체로 전류를 흘려보내 전기부식을 일으키는 전류를 상쇄하는 방법이다. 전식방지방법으로 매우 유효한 수단이며, 압출에 의한 전식을 방지할 수 있는 이 방법은?
① 희생양극법
② 외부전원법
③ 선택배류법
④ 강제배류법

정답　19 ①　20 ②　21 ③　22 ②　23 ④　24 ④

[해설] ① 희생양극법 : 가스배관보다 저전위 금속(마그네슘 등)을 전기적으로 접촉시킴으로써 목적하는 방식대상 금속 자체를 음극화하여 방식하는 방법
② 외부전원법 : 외부의 직류전원장치의 양극(+)을 매설배관이 설치되어 있는 토양이나 수중에 설치한 외부전원용 전극에 접속하고, 음극(-)은 매설배관에 접속시켜 전기적 부식을 방지하는 방법으로, 방식효과 범위가 넓다.
③ 선택배류법 : 매설 금속체와 전기철도의 레일 등을 전기적으로 접속하여 매설 금속체로부터 레일의 방향으로만 전류를 흐르게 하여 전식을 방지하는 방법

25 고압장치의 재료로 구리관의 성질과 특징으로 틀린 것은?
① 알칼리에는 내식성이 강하지만 산성에는 약하다.
② 내면이 매끈하여 유체저항이 작다.
③ 굴곡성이 좋아 가공이 용이하다.
④ 전도 및 전기절연성이 우수하다.

[해설] ④ 전도 및 전기전도율이 우수하다.

26 소비자 1호당 1일 평균가스소비량 1.6kg/day, 소비호수 10호인 경우 자동절체조정기를 사용하는 설비를 설계하려면 용기는 몇 개가 필요한가?(단, 액화석유가스 50kg 용기 표준가스발생능력은 1.6kg/hr이고, 평균가스소비율은 60%, 용기는 2계열 집합으로 사용한다.)
① 3개 ② 6개
③ 9개 ④ 12개

[해설] 필요 용기수
$= \dfrac{1호당\ 평균가스사용량 \times 호수 \times 소비율}{가스발생능력}$
$= \dfrac{1.6 \times 10 \times 0.6}{1.6} = 6개$
∴ 2계열 용기수 = 필요 용기수 × 2 = 6 × 2 = 12개

27 도시가스에 첨가하는 부취제로서 필요한 조건으로 틀린 것은?
① 물에 녹지 않을 것
② 토양에 대한 투과성이 좋을 것
③ 인체에 해가 없고 독성이 없을 것
④ 공기 혼합비율이 1/200의 농도에서 가스냄새가 감지될 수 있을 것

[해설] ④ 공기 혼합비율이 1/1,000(0.1%)의 농도에서 가스냄새가 감지될 수 있을 것

28 액화석유가스 압력조정기 중 1단 감압식 준저압조정기의 입구압력은?
① 0.07~1.56MPa
② 0.1~1.56MPa
③ 0.3~1.56MPa
④ 조정압력 이상~1.56MPa

[해설] 1단 감압식 압력조정기

저압 조정기	• 입구압력 : 0.07~1.56MPa • 조정압력 : 2.3~3.3kPa
준저압 조정기	• 입구압력 : 0.1~1.56MPa • 조정압력 : 5~30kPa 이내에 제조자가 설정한 기준압력의 ±20%

29 고압가스설비를 운전하는 중 플랜지부에서 가연성가스가 누출하기 시작할 때 취해야 할 대책으로 가장 거리가 먼 것은?
① 화기사용금지
② 가스공급 즉시 중지
③ 누출 전·후단 밸브 차단
④ 일상적인 점검 및 정기점검

[해설] 가스설비 운전 중 플랜지부에서 가연성가스가 누출하기 시작할 때 취해야 할 대책
㉠ 가스공급 즉시 중지
㉡ 누출 전·후단 밸브 차단
㉢ 화기사용금지

정답 25 ④ 26 ④ 27 ④ 28 ② 29 ④

30 배관의 자유팽창을 미리 계산하여 관의 길이를 약간 짧게 절단하여 강제배관을 함으로써 열팽창을 흡수하는 방법은?

① 콜드 스프링 ② 신축이음
③ U형 밴드   ④ 파열이음

해설 콜드 스프링에 대한 설명이다.

31 성능계수가 3.2인 냉동기가 10ton을 냉동하기 위해 공급하여야 할 동력은 약 몇 kW 인가?

① 10   ② 12   ③ 14   ④ 16

해설 냉동톤
0℃ 물 1톤(1,000kg)을 1일(24시간) 동안 0℃ 얼음으로 냉동시키는 능력
물 1kg의 융해열은 79.68kcal/kg이므로
1냉동톤 $= 79.68 \times \dfrac{1,000}{24} = 3,320$ kcal/hr
1kWh $= 860$ kcal
$\dfrac{10 \times 3,320}{3.2 \times 860} = 12.06$ kW

32 터보압축기에 대한 설명이 아닌 것은?

① 유급유식이다.
② 고속회전으로 용량이 크다.
③ 용량조정이 어렵고 범위가 좁다.
④ 연속적인 토출로 맥동현상이 작다.

해설 ① 원심형으로 무급유식이다.

33 산소 압축기의 내부 윤활제로 주로 사용되는 것은?

① 물   ② 유지류
③ 석유류   ④ 진한 황산

해설 압축가스와 윤활유

압축가스명	윤활유
산소	물 또는 10% 이하의 묽은 글리세린 수

34 −5℃에서 열을 흡수하여 35℃에 방열하는 역카르노사이클에 의해 작동하는 냉동기의 성능계수는?

① 0.125   ② 0.15
③ 6.7   ④ 9

해설
$$\text{COP} = \dfrac{T_2}{T_1 - T_2} = \dfrac{273-5}{(273+35)-(273-5)}$$
$$= 6.7$$

35 가연성가스 및 독성가스 용기의 도색 구분이 옳지 않은 것은?

① LPG − 회색
② 액화암모니아 − 백색
③ 수소 − 주황색
④ 액화염소 − 청색

해설 가연성가스 및 독성가스의 용기 도색

가스의 종류	도색 구분	가스의 종류	도색 구분
수소	주황색	액화암모니아	백색
아세틸렌	황색	액화염소	갈색
액화석유가스	회색	그 밖의 가스	회색

36 고압가스 제조장치의 재료에 대한 설명으로 틀린 것은?

① 상온, 건조 상태의 염소가스에서는 탄소강을 사용할 수 있다.
② 암모니아, 아세틸렌의 배관재료에는 구리재를 사용한다.
③ 탄소강에 나타나는 조직의 특성은 탄소(C)의 양에 따라 달라진다.
④ 암모니아 합성탑 내통의 재료에는 18−8 스테인리스강을 사용한다.

해설 ② 암모니아는 동을 침식시키고, 아세틸렌은 동과 접촉하면 금속 아세틸라이드를 형성하므로, 배관재료에 구리재를 사용할 수 없다.

정답 30 ① 31 ② 32 ① 33 ① 34 ③ 35 ④ 36 ②

37 저온 및 초저온용기의 취급 시 주의사항으로 틀린 것은?

① 용기는 항상 누운 상태를 유지한다.
② 용기를 운반할 때는 별도 제작된 운반 용구를 이용한다.
③ 용기를 물기나 기름이 있는 곳에 두지 않는다.
④ 용기 주변에서 인화성 물질이나 화기를 취급하지 않는다.

해설 ① 용기는 항상 세운 상태를 유지한다.

38 웨버지수에 대한 설명으로 옳은 것은?

① 정압기의 동특성을 판단하는 중요한 수치이다.
② 배관 관경을 결정할 때 사용되는 수치이다.
③ 가스의 연소성을 판단하는 중요한 수치이다.
④ LPG용기 설치본수 산정 시 사용되는 수치로 지역별 기화량을 고려한 값이다.

해설 웨베지수
가스의 연소성을 판단하는 중요한 수치

39 두 개의 다른 금속이 접촉되어 전해질 용액 내에 존재할 때 다른 재질의 금속 간 전위차에 의해 용액 내에서 전류가 흐르는데, 이에 의해 양극부가 부식이 되는 현상을 무엇이라 하는가?

① 공식
② 침식 부식
③ 갈바닉 부식
④ 농담 부식

해설 갈바닉 부식에 대한 설명이다.

40 고압장치 배관에 발생된 열응력을 제거하기 위한 이음이 아닌 것은?

① 루프형
② 슬라이드형
③ 벨로즈형
④ 플랜지형

해설 열응력을 제거하기 위한 이음
㉠ ①, ②, ③
㉡ 스위블형
㉢ 상온 스프링형(Cold Spring)

제3과목 가스안전관리

41 염소가스 취급에 대한 설명 중 옳지 않은 것은?

① 재해제로 소석회 등이 사용된다.
② 염소압축기의 윤활유는 진한 황산이 사용된다.
③ 산소와 염소폭명기를 일으키므로 동일 차량에 적재를 금한다.
④ 독성이 강하여 흡입하면 호흡기가 상한다.

해설 ③ 수소와 염소폭명기를 일으키므로 동일 차량에 적재를 금한다.

42 가연성가스의 폭발등급 및 이에 대응하는 내압방폭구조 폭발등급의 분류 기준이 되는 것은?

① 폭발범위
② 발화온도
③ 최대안전틈새 범위
④ 최소점화전류비 범위

해설 내압방폭구조 폭발등급의 분류 기준 : 최대안전틈새 범위

정답 37 ① 38 ③ 39 ③ 40 ④ 41 ③ 42 ③

43 액화석유가스의 안전관리 및 사업법에서 규정한 용어의 정의 중 틀린 것은?

① "방호벽"이란 높이 1.5미터, 두께 10센티미터의 철근콘크리트 벽을 말한다.
② "충전용기"란 액화석유가스 충전 질량의 2분의 1 이상이 충전되어 있는 상태의 용기를 말한다.
③ "소형저장탱크"란 액화석유가스를 저장하기 위하여 지상 또는 지하에 고정 설치된 탱크로서 그 저장능력이 3톤 미만인 탱크를 말한다.
④ "가스설비"란 저장설비 외의 설비로서 액화석유가스가 통하는 설비(배관은 제외)와 그 부속설비를 말한다.

해설 "방호벽"이란 높이 2m 이상, 두께 12cm 이상의 철근콘크리트 또는 이와 같은 수준 이상의 강도를 가지는 구조의 벽을 말한다.

44 동절기의 습도 50% 이하인 경우에는 수소용기밸브의 개폐를 서서히 하여야 한다. 주된 이유는?

① 밸브파열
② 분해폭발
③ 정전기방지
④ 용기압력유지

해설 동절기에 습도가 70% 이상이 안 되면 수소용기밸브의 개폐를 서서히 하지 않으면 정전기가 발생한다.

45 LPG 압력조정기를 제조하고자 하는 자가 반드시 갖추어야 할 검사설비가 아닌 것은?

① 유량측정설비
② 내압시험설비
③ 기밀시험설비
④ 과류차단성능시험설비

해설 KGS AA 434(일반용 액화석유가스 압력조정기 제조의 시설·기술·검사 기준) 2.2 검사설비에 의거 압력조정기를 제조하는 자가 갖추어야 할 검사설비
① 버니어캘리퍼스·마이크로미터·나사게이지 등 치수측정설비
② 액화석유가스액 또는 도시가스 침적설비
③ 염수분무시험설비
④ 내압시험설비
⑤ 기밀시험설비
⑥ 안전장치 작동시험설비
⑦ 출구압력측정시험설비
⑧ 내구시험설비
⑨ 저온시험설비
⑩ 유량측정설비
⑪ 그 밖에 필요한 검사 설비 및 기구

46 동일 차량에 적재하여 운반할 수 없는 가스는?

① C_2H_4와 HCN
② C_2H_4와 NH_3
③ CH_4와 C_2H_2
④ Cl_2와 C_2H_2

해설 염소와 아세틸렌, 암모니아 또는 수소는 동일 차량에 적재하여 운반하지 아니한다.

47 액화석유가스 자동차 충전소에 설치할 수 있는 건축물 또는 시설은?

① 액화석유가스 충전사업자가 운영하고 있는 용기를 재검사하기 위한 시설
② 충전소의 종사자가 이용하기 위한 연면적 $200m^2$ 이하의 식당
③ 충전소를 출입하는 사람을 위한 연면적 $200m^2$ 이하의 매점
④ 공구 등을 보관하기 위한 연면적 $200m^2$ 이하의 창고

해설 액화석유가스 자동차 충전소에 설치할 수 있는 건축물 또는 시설
① 충전소의 관계자가 근무하는 대기실
② 자동차의 세정을 위한 주차시설

정답 43 ① 44 ③ 45 ④ 46 ④ 47 ①

③ 충전소에 출입하는 사람을 대상으로 한 자동판매기 및 현금지급기
④ 충전을 하기 위한 작업장
⑤ 충전소의 업무를 행하기 위한 사무실 및 회의실
⑥ 기타 지식경제부 장관 고시에서 정한 용기 재검사시설, 충전소 종업원 이용을 위한 연면적 100m² 이하의 식당, 공구 등을 보관하기 위한 연면적 100m² 이하의 창고

48 가스보일러 설치 후 설치·시공확인서를 작성하여 사용자에게 교부하여야 한다. 이때 가스보일러 설치·시공 확인사항이 아닌 것은?

① 사용교육의 실시여부
② 최근의 안전점검 결과
③ 배기가스 적정 배기 여부
④ 연통의 접속부 이탈여부 및 막힘 여부

해설 KGS GC 208(주거용 가스보일러의 설치·검사기준) 2. 시설기준 중 2.1.4 그 밖의 기준에 의거 가스보일러 설치·시공 확인사항
① 사용교육의 실시여부
② 배기가스 적정 배기 여부
③ 연통의 접속부 이탈여부 및 막힘 여부
④ 급기구 상기 환기구의 적합 여부
⑤ 가스누출 여부
⑥ 보일러 정상 작동 여부
⑦ 연돌 기밀 확인 여부

49 냉동기에 반드시 표기하지 않아도 되는 기호는?

① RT ② DP ③ TP ④ DT

해설 냉동기에 반드시 표기하는 기호
① RT ② DP
③ TP ④ kW, A

50 액화염소가스를 운반할 때 운반책임자가 반드시 동승하여야 할 경우로 옳은 것은?

① 100kg 이상 운반할 때
② 1,000kg 이상 운반할 때
③ 1,500kg 이상 운반할 때
④ 2,000kg 이상 운반할 때

해설 운반책임자의 동승

가스의 종류		기준
액화가스	가연성가스	3,000kg 이상(단, 에어로졸 용기 2,000kg 이상)
	독성가스	1,000kg 이상
	조연성가스	6,000kg 이상
압축가스	가연성가스	300m³ 이상
	독성가스	100m³ 이상
	조연성가스	600m³ 이상

51 충전설비 중 액화석유가스의 안전을 확보하기 위하여 필요한 시설 또는 설비에 대하여는 작동상황을 주기적으로 점검, 확인하여야 한다. 충전설비의 경우 점검주기는?

① 1일 1회 이상
② 2일 1회 이상
③ 1주일 1회 이상
④ 1월 1회 이상

해설 충전설비 점검기준 : 1일 1회 이상

52 시안화수소는 충전 후 며칠이 경과되기 전에 다른 용기에 옮겨 충전하여야 하는가?

① 30일 ② 45일
③ 60일 ④ 90일

해설 시안화수소 충전 후 60일이 경과되기 전에 다른 용기에 옮겨 충전한다.

53 액체염소가 누출된 경우 필요한 조치가 아닌 것은?

① 물 살포
② 소석회 살포
③ 가성소다 살포
④ 탄산소다 수용액 살포

정답 48② 49④ 50② 51① 52③ 53①

해설 액화염소가 누출된 경우 필요한 조치
소석회, 가성소다, 탄산소다 수용액을 살포

54 고압가스용기의 취급 및 보관에 대한 설명으로 틀린 것은?
① 충전용기와 잔가스용기는 넘어지지 않도록 조치한 후 용기 보관장소에 놓는다.
② 용기는 항상 40℃ 이하의 온도를 유지한다.
③ 가연성가스 용기 보관장소에는 방폭형 손전등 외의 등화를 휴대하고 들어가지 아니한다.
④ 용기 보관장소 주위 2m 이내에는 화기 등을 두지 아니한다.

해설 ① 충전용기와 잔가스용기는 각각 구분하여 용기 보관장소에 놓는다.

55 액화석유가스의 일반적인 특징으로 틀린 것은?
① 증발잠열이 작다.
② 기화하면 체적이 커진다.
③ LP가스는 공기보다 무겁다.
④ 액상의 LP가스는 물보다 가볍다.

해설 ① 증발잠열이 크다.

56 용기내장형 가스난방기용으로 사용하는 부탄 충전용기에 대한 설명으로 옳지 않은 것은?
① 용기 몸통부의 재료는 고압가스용기용 강판 및 강대이다.
② 프로텍터의 재료는 일반구조용 압연 강재이다.
③ 스커트의 재료는 고압가스용기용 강판 및 강대이다.
④ 네크링의 재료는 탄소함유량이 0.48% 이하인 것으로 한다.

해설 네크링의 재료는 KS D 3752(기계공구용 탄소강재)의 규격에 적합한 것 또는 이와 동등 이상의 기계적 성질 또는 가공성을 가지는 것으로, 탄소함유량이 0.28% 이하인 것으로 한다.

57 내용적 50L인 가스용기에 내압시험압력 3.0MPa의 수압을 걸었더니 용기의 내용적이 50.5L로 증가하였고, 다시 압력을 제거하여 대기압으로 하였더니 용적이 50.002L가 되었다. 이 용기의 영구증가율을 구하고 합격인가, 불합격인가 판정한 것으로 옳은 것은?
① 0.2%, 합격
② 0.2%, 불합격
③ 0.4%, 합격
④ 0.4%, 불합격

해설
$$\text{영구증가율}(\%) = \frac{\text{항구증가율}}{\text{전증가량}} \times 100$$
$$= \frac{50.002 - 50}{50.5 - 50} \times 100$$
$$= 0.4\%$$
∴ 영구증가율이 10% 이하이므로 합격이다.

58 호칭지름 25A 이하이고 상용압력 2.94MPa 이하의 나사식 배관용 볼밸브는 10회/min 이하의 속도로 몇 회 개폐동작 후 기밀시험에서 이상이 없어야 하는가?
① 3,000회
② 6,000회
③ 30,000회
④ 60,000회

해설 나사식 배관용 볼밸브

호칭지름	상용압력	속도	개폐동작 후 기밀시험에 이상이 없어야 함
25A 이하	2.94MPa 이하	10회/min 이하	6,000회

정답 54 ① 55 ① 56 ④ 57 ③ 58 ②

59 암모니아 저장탱크에는 가스 용량이 저장탱크 내용적의 몇 %를 초과하는 것을 방지하기 위하여 과충전방지조치를 하여야 하는가?

① 65%
② 80%
③ 90%
④ 95%

해설) 과충전방지조치
가스 용량이 저장탱크 내용적의 90%를 초과하는 것을 방지하기 위한 것

60 다음 물질 중 아세틸렌을 용기에 충전할 때 침윤제로 사용되는 것은?

① 벤젠
② 아세톤
③ 케톤
④ 알데히드

해설) 아세틸렌용기에 충전 시 침윤제
아세톤, DMF

제4과목 가스계측

61 전기저항 온도계에서 측온저항체의 공칭저항치는 몇 ℃의 온도일 때 저항소자의 저항을 의미하는가?

① -273℃
② 0℃
③ 5℃
④ 21℃

해설) 측온저항체의 공칭저항치
0℃ 온도일 때 저항소자와 저항을 의미한다.

62 적외선 흡수식 가스분석계로 분석하기에 가장 어려운 가스는?

① CO_2
② CO
③ CH_4
④ N_2

해설) 적외선 흡수식 가스분석계로 분석하기 어려운 가스
이원자 분자(N_2)

63 기준 입력과 주피드백량의 차로 제어동작을 일으키는 신호는?

① 기준입력 신호
② 조작 신호
③ 동작 신호
④ 주피드백 신호

해설) 동작 신호의 설명이다.

64 가스미터의 구비조건으로 옳지 않은 것은?

① 감도가 예민할 것
② 기계오차 조정이 쉬울 것
③ 대형이며 계량용량이 클 것
④ 사용가스량을 정확하게 지시할 수 있을 것

해설) ③ 소형이며, 계량용량이 클 것

65 물체에서 방사된 빛의 강도와 비교된 필라멘트의 밝기가 일치되는 점을 비교 측정하여 약 3,000℃ 정도의 고온도까지 측정이 가능한 온도계는?

① 광고 온도계
② 수은 온도계
③ 베크만 온도계
④ 백금저항 온도계

해설) 광고 온도계에 대한 설명이다.

정답) 59 ③ 60 ② 61 ② 62 ④ 63 ③ 64 ③ 65 ①

66 가스누출 검지경보장치의 기능에 대한 설명으로 틀린 것은?

① 경보농도는 가연성가스인 경우 폭발하한계의 1/4 이하 독성가스인 경우 TLV-TWA 기준농도 이하로 할 것
② 경보를 발신한 후 5분 이내에 자동적으로 경보정지가 되어야 할 것
③ 지시계의 눈금은 독성가스인 경우 0~TLV-TWA 기준농도 3배 값을 명확하게 지시하는 것일 것
④ 가스검지에서 발신까지의 소요시간은 경보농도 1.6배 농도에서 보통 30초 이내일 것

해설 ② 경보를 울린 후에는 주위의 가스농도가 변화되어도 계속 경보를 울리며, 그 확인 또는 대책을 강구함에 따라 경보가 정지되도록 한다.

67 상대습도가 '0'이라 함은 어떤 뜻인가?

① 공기 중에 수증기가 존재하지 않는다.
② 공기 중에 수증기가 760mmHg만큼 존재한다.
③ 공기 중에 포화상태의 습증기가 존재한다.
④ 공기 중에 수증기압이 포화증기압보다 높음을 의미한다.

해설 상대습도가 '0'이라 함은 공기 중에 수증기가 존재하지 않는다.

68 가스 크로마토그래피(Gas Chromatography)에서 전개제로 주로 사용되는 가스는?

① He   ② CO
③ Rn   ④ Kr

해설 전개제로 사용되는 가스
H_2, N_2, He, Ar 등

69 다음 중 전자유량계의 원리는?

① 옴(Ohm)의 법칙
② 베르누이(Bernoulli)의 법칙
③ 아르키메데스(Archimedes)의 원리
④ 패러데이(Faraday)의 전자유도법칙

해설 전자유량계는 패러데이의 전자유도법칙을 이용하여 기전력을 측정하여 유량을 구한다.

70 초음파 유량계에 대한 설명으로 옳지 않은 것은?

① 정확도가 아주 높은 편이다.
② 개방수로에는 적용되지 않는다.
③ 측정체가 유체와 접촉하지 않는다.
④ 고온, 고압, 부식성 유체에도 사용이 가능하다.

해설 ② 개방수로에 적용된다.

71 계측계통의 특성을 정특성과 동특성으로 구분할 경우 동특성을 나타내는 표현과 가장 관계가 있는 것은?

① 직선성(Linerity)
② 감도(Sensitivity)
③ 히스테리시스(Hysteresis) 오차
④ 과도응답(Transient Response)

해설 과도응답에 대한 설명이다.

72 가스미터 설치 시 입상배관을 금지하는 가장 큰 이유는?

① 균열에 따른 누출방지를 위하여
② 고장 및 오차 발생 방지를 위하여
③ 겨울철 수분응축에 따른 밸브, 밸브시트 동결방지를 위하여
④ 계량막 밸브와 밸브시트 사이의 누출방지를 위하여

정답 66 ② 67 ① 68 ① 69 ④ 70 ② 71 ④ 72 ③

해설 가스미터는 겨울철 수분응축에 따른 밸브, 밸브시트 동결방지를 위하여 입상배관을 금지한다.

73 가스 크로마토그래피 캐리어가스의 유량이 70mL/min에서 어떤 성분시료를 주입하였더니 주입점에서 피크까지의 길이가 18cm이었다. 지속용량이 450mL라면 기록지의 속도는 약 몇 cm/min인가?

① 0.28　② 1.28
③ 2.8　④ 3.8

해설
㉠ 가스주입시간(T) = $\dfrac{450\text{mL}}{70\text{mL/min}}$ = 6.428min
㉡ 기록지속도(V) = $\dfrac{18}{6.428}$ = 2.8cm/min

74 방사성 동위원소의 자연붕괴 과정에서 발생하는 베타입자를 이용하여 시료의 양을 측정하는 검출기는?

① ECD　② FID
③ TCD　④ TID

해설 ECD에 대한 설명이다.

75 막식 가스미터에서 계량막의 파손, 밸브의 탈락, 밸브와 밸브시트 간격에서의 누설이 발생하여 가스는 미터를 통과하나 지침이 작동하지 않는 고장형태는?

① 부동　② 누출
③ 불통　④ 기차 불량

해설 부동에 대한 설명이다.

76 계량기의 감도가 좋으면 어떠한 변화가 오는가?

① 측정시간이 짧아진다.
② 측정범위가 좁아진다.
③ 측정범위가 넓어지고, 정도가 좋다.
④ 폭 넓게 사용할 수가 있고, 편리하다.

해설 계량기의 감도가 좋으면 측정범위가 좁아진다.

77 온도 25℃, 노점 19℃인 공기의 상대습도를 구하면?(단, 25℃ 및 19℃에서의 포화수증기압은 각각 23.76mmHg 및 16.47mmHg이다.)

① 56%　② 69%　③ 78%　④ 84%

해설
$\phi = \dfrac{P_W}{P_S} \times 100 = \dfrac{16.47\text{mmHg}}{23.76\text{mmHg}} \times 100 = 69\%$

여기서, P_W : 수증기분압
　　　　　　(노점에서의 포화증기압)
　　　　P_S : t℃에서 포화증기압
　　　　　　(포화습증기의 수증기분압)

78 50mL의 시료가스를 CO_2, O_2, CO순으로 흡수시켰을 때, 이때 남은 부피가 각각 32.5mL, 24.2mL, 17.8mL이었다면 이들 가스의 조성 중 N_2의 조성은 몇 %인가? (단, 시료가스는 CO_2, O_2, CO, N_2로 혼합되어 있다.)

① 24.2%　② 27.2%
③ 34.2%　④ 35.6%

해설 가스 분석에 흡수된 것 이외는 N_2이다.
$N_2 = 50\text{mL} - (17.5 + 8.3 + 6.4) = 17.8\text{mL}$
∴ $N_2 = \dfrac{17.8}{50} \times 100 = 35.6\%$

79 오리피스유량계의 유량계산식은 다음과 같다. 유량을 계산하기 위하여 설치한 유량계에서 유체를 흐르게 하면서 측정해야 할 값은?(단, C : 오리피스계수, A_2 : 오리피스 단면적, H : 마노미터 액주계 눈금, γ_1 : 유체의 비중량이다.)

$$Q = C \times A_2 \left(2gH\left[\dfrac{\gamma_1 - 1}{\gamma}\right]\right)^{0.5}$$

① C　② A_2　③ H　④ γ_1

정답　73 ③　74 ①　75 ①　76 ②　77 ②　78 ④　79 ③

[해설] 오리피스 유량계에서 유체를 흐르게 하면서 측정해야 할 값 : 마노미터 액주계 눈금

80 목표치가 미리 정해진 시간적 순서에 따라 변할 경우의 추치제어방법의 하나로서 가스크로마토그래피의 오븐 온도제어 등에 사용되는 제어방법은?
① 정격치제어
② 비율제어
③ 추종제어
④ 프로그램제어

[해설] 프로그램제어에 대한 설명이다.

정답 80 ④

2018 제2회 산업기사 (4. 28. 시행)

제1과목 연소공학

01 방폭구조 중 점화원이 될 우려가 있는 부분을 용기 내에 넣고 신선한 공기 또는 불연성가스 등의 보호기체를 용기의 내부에 넣음으로써 용기 내부에는 압력이 형성되어 외부로부터 폭발성가스 또는 증기가 침입하지 못하도록 한 구조는?

① 내압방폭구조
② 안전증방폭구조
③ 본질안전방폭구조
④ 압력방폭구조

해설
① 내압방폭구조 : 방폭전기기기의 용기에서 가연성가스가 폭발할 경우 그 용기가 폭발압력에 견디고 접합면, 개구부 등을 통하여 외부의 가연성가스에 인화되지 않도록 한 구조
② 안전증방폭구조 : 정상운전 중에 가연성가스의 점화원이 될 전기불꽃, 아크 등의 발생을 방지하기 위하여 기계적, 전기적 구조상 또는 온도상승에 대해서 안전도를 증가시킨 구조
③ 본질안전방폭구조 : 정상 시 및 사고(단선, 단락, 지락 등) 시에 발생하는 전기불꽃, 아크 또는 고온부에 의하여 가연성가스가 점화되지 아니하는 것이 점화시험, 기타 방법에 의해 확인된 구조

02 화염전파속도에 영향을 미치는 인자와 가장 거리가 먼 것은?

① 혼합기체의 농도
② 혼합기체의 압력
③ 혼합기체의 발열량
④ 가연 혼합기체의 성분조성

해설
화염전파속도에 영향을 미치는 인자
① 혼합기체의 농도
② 혼합기체의 압력
③ 가연 혼합기체의 성분조성

03 기체연료가 공기 중에서 정상연소할 때 정상 연소속도의 값으로 가장 옳은 것은?

① 0.1~10m/s
② 11~20m/s
③ 21~30m/s
④ 31~40m/s

해설
기체연료의 공기 중 정상연소속도
0.1~10m/s

04 BLEVE(Boiling Liquid Expanding Vapour Explosion)현상에 대한 설명으로 옳은 것은?

① 물이 점성이 있는 뜨거운 기름 표면 아래서 끓을 때 연소를 동반하지 않고 Overflow되는 현상
② 물이 연소유(Oil)의 뜨거운 표면에 들어갈 때 발생되는 Overflow 현상
③ 탱크 바닥에 물과 기름의 에멀젼이 섞여 있을 때 기름의 비등으로 인하여 급격하게 Overflow되는 현상
④ 과열 상태의 탱크에서 내부의 액화가스가 분출, 일시에 기화되어 착화·폭발하는 현상

해설
BLEVE 현상
과열 상태의 탱크에서 내부의 액화가스가 분출, 일시에 기화되어 착화·폭발하는 현상

정답 01 ④ 02 ③ 03 ① 04 ④

05 다음 중 가스 연소 시 기상정지반응을 나타내는 기본반응식은?

① $H+O_2 \rightarrow OH+O$
② $O+H_2 \rightarrow OH+H$
③ $OH+H_2 \rightarrow H_2O+H$
④ $H+O_2+M \rightarrow HO_2+M$

해설
①, ② 연쇄분자반응
③ 연쇄이동반응

06 비중(60/60°F)이 0.95인 액체연료의 API도는?

① 15.45
② 16.45
③ 17.45
④ 18.45

해설
$$API도 = \frac{141.5}{S(60/60°F)} - 131.5 = \frac{141.5}{0.95} - 131.5$$
$$= 17.45$$
여기서, S : 비중

07 메탄올 공기비 1.1로 완전연소시키고자 할 때 메탄 1Nm³당 공급해야 할 공기량은 약 몇 Nm³인가?

① 2.2
② 6.3
③ 8.4
④ 10.5

해설
실제공기량(A) = 공기비(m) × 이론공기량
$$= 1.1 \times \frac{2}{0.21} = 10.5 Nm^3$$

08 연소범위에 대한 설명 중 틀린 것은?

① 수소가스의 연소범위는 약 4~75v%이다.
② 가스의 온도가 높아지면 연소범위는 좁아진다.
③ 아세틸렌은 자체분해폭발이 가능하므로 연소상한계를 100%로도 볼 수 있다.
④ 연소범위는 가연성기체의 공기와의 혼합에 있어 점화원에 의해 연소가 일어날 수 있는 범위를 말한다.

해설
② 가스의 온도가 높아지면 연소범위는 넓어진다.

09 발화지연에 대한 설명으로 가장 옳은 것은?

① 저온, 저압일수록 발화지연은 짧아진다.
② 화염의 색이 적색에서 청색으로 변하는데, 걸리는 시간을 말한다.
③ 특정 온도에서 가열하기 시작하여 발화 시까지 소요되는 시간을 말한다.
④ 가연성가스와 산소의 혼합비가 완전 산화에 근접할수록 발화지연은 길어진다.

해설
발화지연
특정 온도에서 가열하기 시작하여 발화 시까지 소요되는 시간

10 다음 반응식을 이용하여 메탄(CH_4)의 생성열을 계산하면?

$C+O_2 \rightarrow CO_2$
$\quad \Delta H = -97.2 kcal/mol$
$H_2 + \frac{1}{2}O_2 \rightarrow H_2O$
$\quad \Delta H = -57.6 kcal/mol$
$CH_4 + 2O_2 \rightarrow CO_2 + 2H_2O$
$\quad \Delta H = -194.4 kcal/mol$

① $\Delta H = -17 kcal/mol$
② $\Delta H = -18 kcal/mol$
③ $\Delta H = -19 kcal/mol$
④ $\Delta H = -20 kcal/mol$

정답 05 ④ 06 ③ 07 ④ 08 ② 09 ③ 10 ②

해설 CH_4의 생성열 = 생성물질의 생성열 − CH_4의 연소열
= [(−97.2 + 2) × −57.6] − (−194.4)
= −18kcal/mol

11 공기 중 폭발한계의 상한값이 가장 높은 가스는?

① 프로판
② 아세틸렌
③ 암모니아
④ 수소

해설

가스	하한값	상한값
프로판	2.1	9.5
아세틸렌	2.5	81
암모니아	15	28
수소	4	75

12 폭발에 관한 가스의 일반적인 성질에 대한 설명 중 틀린 것은?

① 안전간격이 클수록 위험하다.
② 연소속도가 클수록 위험하다.
③ 폭발범위가 넓은 것이 위험하다.
④ 압력이 높아지면 일반적으로 폭발범위가 넓어진다.

해설 ① 안전간격이 작을수록 위험하다.

13 기체혼합물의 각 성분을 표현하는 방법에는 여러 가지가 있다. 혼합가스의 성분비를 표현하는 방법 중 다른 값을 갖는 것은?

① 몰분율
② 질량분율
③ 압력분율
④ 부피분율

해설 혼합가스의 성분비를 표현하는 방법 중 다른 값을 갖는 것 : 질량분율

14 공기비(m)에 대한 가장 옳은 설명은?

① 연료 1kg당 실제로 혼합된 공기량과 완전연소에 필요한 공기량의 비를 말한다.
② 연료 1kg당 실제로 혼합된 공기량과 불완전연소에 필요한 공기량의 비를 말한다.
③ 기체 1m³당 실제로 혼합된 공기량과 완전연소에 필요한 공기량의 차를 말한다.
④ 기체 1m³당 실제로 혼합된 공기량과 불완전연소에 필요한 공기량의 차를 말한다.

해설 공기비(m)
연료 1kg당 실제로 혼합된 공기량과 완전연소에 필요한 공기량의 비

15 기체연료의 연소에서 일반적으로 나타나는 연소의 형태는?

① 확산연소 ② 증발연소
③ 분무연소 ④ 액면연소

해설 확산연소
기체연료의 연소에서 일반적으로 나타나는 연소의 형태

16 아세톤, 톨루엔, 벤젠이 제4류 위험물로 분류되는 주된 이유는?

① 공기보다 밀도가 큰 가연성 증기를 발생시키기 때문에
② 물과 접촉하여 많은 열을 방출하여 연소를 촉진시키기 때문에
③ 니트로기를 함유한 폭발성 물질이기 때문에
④ 분해 시 산소를 발생하여 연소를 돕기 때문에

정답 11 ② 12 ① 13 ② 14 ① 15 ① 16 ①

해설 아세톤, 톨루엔, 벤젠이 제4류 위험물로 분류되는 주된 이유
공기보다 밀도가 큰 가연성 증기를 발생시키기 때문에

17 다음 중 조연성가스에 해당하지 않는 것은?
① 공기　　② 염소
③ 탄산가스　　④ 산소

해설 ③ 탄산가스 : 불연성가스

18 다음 중 연소의 3요소에 해당하는 것은?
① 가연물, 산소, 점화원
② 가연물, 공기, 질소
③ 불연재, 산소, 열
④ 불연재, 빛, 이산화탄소

해설 연소의 3요소 : 가연물, 산소, 점화원

19 표준상태에서 고발열량(총발열량)과 저발열량(진발열량)과의 차이는 얼마인가?(단, 표준상태에서 물의 증발잠열은 540kcal/kg이다.)
① 540kcal/kg-mol
② 1,970kcal/kg-mol
③ 9,720kcal/kg-mol
④ 15,400kcal/kg-mol

해설 고발열량(총발열량)과 저발열량(진발열량) 차는 수분의 증발열을 뜻한다.
540kcal/kg×18kg/kg-mol
=9,720kcal/kg-mol

20 아세틸렌(C_2H_2, 연소범위 : 2.5~81%)의 연소범위에 따른 위험도는?
① 30.4　　② 31.4
③ 32.4　　④ 33.4

해설 위험도(H) = $\dfrac{U-L}{L}$ = $\dfrac{81-2.5}{2.5}$ = 31.4

제2과목 가스설비

21 용기종류별 부속품의 기호가 틀린 것은?
① 초저온용기 및 저온용기의 부속품 - LT
② 액화석유가스를 충전하는 용기의 부속품 - LPT
③ 아세틸렌을 충전하는 용기의 부속품 - AG
④ 압축가스를 충전하는 용기의 부속품 - LG

해설 ④ 압축가스를 충전하는 용기의 부속품 - PG

22 펌프에서 공동현상(Cavitation)의 발생에 따라 일어나는 현상이 아닌 것은?
① 양정효율이 증가한다.
② 진동과 소음이 생긴다.
③ 임펠러의 침식이 생긴다.
④ 토출량이 점차 감소한다.

해설 공동현상(Cavitation)의 발생에 따라 일어나는 현상
① 진동과 소음이 생긴다.
② 임펠러의 침식이 생긴다.
③ 토출량이 점차 감소한다.

23 황화수소(H_2S)에 대한 설명으로 틀린 것은?
① 각종 산화물을 환원시킨다.
② 알칼리와 반응하여 염을 생성한다.
③ 습기를 함유한 공기 중에는 대부분 금속과 작용한다.
④ 발화온도가 약 450℃ 정도로서 높은 편이다.

해설 ④ 발화온도가 260℃로 낮은 편이다.

정답　17 ③　18 ①　19 ③　20 ②　21 ④　22 ①　23 ④

24 LPG 이송설비 중 압축기를 이용한 방식의 장점이 아닌 것은?

① 펌프에 비해 충전시간이 짧다.
② 재액화현상이 일어나지 않는다.
③ 사방밸브를 이용하면 가스의 이송방향을 변경할 수 있다.
④ 압축기를 사용하기 때문에 베이퍼록 현상이 생기지 않는다.

해설 LPG 이송설비 중 압축기를 이용한 방식의 단점으로, 재액화현상이 일어난다.

25 탱크에 저장된 액화프로판(C_3H_8)을 시간당 50kg씩 기체로 공급하려고 증발기에 전열기를 설치했을 때 필요한 전열기의 용량은 약 몇 kW인가?(단, 프로판의 증발열은 3,740cal/gmol, 온도변화는 무시하고, 1cal는 1.163×10^{-6}kW이다.)

① 0.2 ② 0.5
③ 2.2 ④ 4.9

해설 전열기의 용량
50kg/hr의 액화프로판을 증발시킬 수 있는 열

㉠ $3,740 \text{kcal/kgmol} \times \dfrac{50 \text{kg/h}}{44 \text{kg/kgmol}}$
$= 4,250 \text{kcal/h}$

㉡ $4,250 \text{kcal/h} \times \dfrac{1\text{h}}{3,600\text{s}} \times \dfrac{4.186\text{kW}}{1\text{kcal/s}}$
$= 4.94 \text{kW}$
여기서, 1kcal/s = 4.186kW

26 LPG 공급, 소비설비에서 용기의 크기와 개수를 결정할 때 고려할 사항으로 가장 그 거리가 먼 것은?

① 소비자 가구수
② 피크 시의 기온
③ 감압방식의 결정
④ 1가구당 1일의 평균가스소비량

해설 LPG 공급, 소비설비에서 용기의 크기와 개수를 결정할 때 고려할 사항
① 소비자 가구수
② 피크 시의 기온
③ 1가구당 1일의 평균가스소비량

27 저온, 고압재료로 사용되는 특수강의 구비조건이 아닌 것은?

① 크리프강도가 작을 것
② 접촉 유체에 대한 내식성이 클 것
③ 고압에 대하여 기계적 강도를 가질 것
④ 저온에서 재질의 노화를 일으키지 않을 것

해설 ① 크리프강도가 클 것

28 LPG 배관의 압력손실 요인으로 가장 거리가 먼 것은?

① 마찰저항에 의한 압력손실
② 배관의 이음류에 의한 압력손실
③ 배관의 수직 하향에 의한 압력손실
④ 배관의 수직 상향에 의한 압력손실

해설 LPG 배관의 압력손실 요인
① 마찰저항에 의한 압력손실
② 배관의 이음류에 의한 압력손실
③ 배관의 수직 상향에 의한 압력손실

29 고압가스용 안전밸브에서 밸브 몸체를 밸브시트에 들어 올리는 장치를 부착하는 경우에는 안전밸브 설정 압력의 얼마 이상일 때 수동으로 조작되고, 압력 해지 시 자동으로 폐지되는가?

① 60% ② 75%
③ 80% ④ 85%

해설 안전밸브에서 밸브 몸체를 밸브시트에 들어 올리는 장치를 부착하는 경우에는 안전밸브 설정 압력의 75% 이상일 때 수동으로 조작되고, 압력 해지 시 자동으로 폐지된다.

정답 24 ② 25 ④ 26 ③ 27 ① 28 ③ 29 ②

30 정압기의 부속설비가 아닌 것은?
① 수취기
② 긴급차단장치
③ 불순물 제거설비
④ 가스누출 검지통보설비

해설 정압기의 부속설비
① 이상압력 상승방지장치
② 긴급차단장치
③ 불순물 제거설비
④ 가스누출 검지통보설비

31 구형(Spherical Type) 저장탱크에 대한 설명으로 틀린 것은?
① 강도가 우수하다.
② 부지면적과 기초공사가 경제적이다.
③ 드레인이 쉽고 유지관리가 용이하다.
④ 동일 용량에 대하여 표면적이 가장 크다.

해설 ④ 동일 용량에 대하여 표면적이 작다.

32 매설관의 전기방식법 중 유전양극법에 대한 설명으로 옳은 것은?
① 타 매설물에의 간섭이 거의 없다.
② 강한 전식에 대해서도 효과가 좋다.
③ 양극만 소모되므로 보충할 필요가 없다.
④ 방식전류의 세기(강도) 조절이 자유롭다.

해설 유전양극법 : 타 매설물에의 간섭이 거의 없다.

33 오토클레이브(Auto Clave)의 종류 중 교반효율이 떨어지기 때문에 용기 벽에 장애판을 설치하거나 용기 내에 다수의 볼을 넣어 내용물의 혼합을 촉진시켜 교반효과를 올리는 형식은?
① 교반형 ② 정치형
③ 진탕형 ④ 회전형

해설 회전형에 대한 설명이다.

34 배관의 관경을 50cm에서 25cm로 변화시키면 일반적으로 압력손실은 몇 배가 되는가?
① 2배 ② 4배
③ 16배 ④ 32배

해설 $Q = K\sqrt{\dfrac{D^5 H}{S \cdot L}}$, $H = \dfrac{Q^2 \cdot S \cdot L}{K^2 \cdot D^5}$

관경이 $\dfrac{1}{2}$로 줄어 $\dfrac{1}{\left(\dfrac{1}{2}\right)^5}$ 이므로 32배가 된다.

35 부탄의 C/H 중량비는 얼마인가?
① 3 ② 4
③ 4.5 ④ 4.8

해설 부탄의 분자식 : C_4H_{10}

중량비$(x) = \dfrac{48\text{g/mol}}{10\text{g/mol}} = 4.8$

36 도시가스 제조에서 사이클링식 접촉분해(수증기개질)법에 사용하는 원료에 대한 설명으로 옳은 것은?
① 메탄만 사용할 수 있다.
② 프로판만 사용할 수 있다.
③ 석탄 또는 코크스만 사용할 수 있다.
④ 천연가스에서 원유에 이르는 넓은 범위의 원료를 사용할 수 있다.

해설 사이클링식 접촉분해(수증기개질)법에 사용하는 원료
천연가스에서 원유에 이르는 넓은 범위의 원료를 사용할 수 있다.

37 다음 중 암모니아의 공업적 제조방식은?
① 수은법
② 고압합성법
③ 수성가스법
④ 엔드류소오법

정답 30 ① 31 ④ 32 ① 33 ④ 34 ④ 35 ④ 36 ④ 37 ②

해설 암모니아의 공업적 제조방식
① 고압합성법 ② 석회질소법 ③ 부생암모니아

38 케이싱 내에 모인 임펠러가 회전하면서 기체가 원심력 작용에 의해 임펠러의 중심부에서 흡입되어 외부로 토출하는 구조의 압축기는?

① 회전식 압축기
② 축류식 압축기
③ 왕복식 압축기
④ 원심식 압축기

해설 원심식 압축기에 대한 설명이다.

39 아세틸렌용기의 다공물질의 용적이 30L, 침윤 잔용적이 6L일 때 다공도는 몇 %이며, 관련법상 합격여부의 판단으로 옳은 것은?

① 20%로서 합격이다.
② 20%로서 불합격이다.
③ 80%로서 합격이다.
④ 80%로서 불합격이다.

해설 다공도(%) $= \dfrac{V-E}{V} \times 100$

여기서, V : 다공물질의 용적
E : 아세톤 침윤 잔용적

$\dfrac{30-6}{30} \times 100 = 80\%$

∴ 다공도는 75% 이상 92% 미만이므로 합격이다.

40 저압배관의 관경 결정 공식이 다음 보기와 같을 때 ( )에 알맞은 것은?(단, H : 압력손실, Q : 유량, L : 배관 길이, D : 배관 관경, S : 가스비중, K : 상수)

$H = ($ Ⓐ $) \times S \times ($ Ⓑ $) / K^2 \times ($ Ⓒ $)$

① Ⓐ : Q^2, Ⓑ : L, Ⓒ : D^5
② Ⓐ : L, Ⓑ : D^5, Ⓒ : Q^2
③ Ⓐ : D^5, Ⓑ : L, Ⓒ : Q^2
④ Ⓐ : L, Ⓑ : Q^5, Ⓒ : D^2

해설 저압배관의 관경 결정 공식
$H = \dfrac{Q^2 \cdot S \cdot L}{K^2 \cdot D^5}$

여기서, H : 압력손실 Q : 유량
L : 배관 길이 D : 배관 관경
S : 가스비중 K : 상수

제3과목 가스안전관리

41 에어로졸의 충전 기준에 적합한 용기의 내용적은 몇 L 이하여야 하는가?

① 1 ② 2 ③ 3 ④ 5

해설 에어로졸 충전 기준에 적합한 용기의 내용적
1L 이하

42 최고사용압력이 고압이고 내용적이 5m³인 일반도시가스 배관의 자기압력기록계를 이용한 기밀시험 시 기밀유지시간은?

① 24분 이상   ② 240분 이상
③ 48분 이상   ④ 480분 이상

해설 KGS Fu551 '4.2.2.1.15 기밀시험'

압력측정기구	최고사용압력	용적	기밀유지시간
압력계 또는 자기압력기록계	고압	1m³ 미만	48분
		1m³ 이상 10m³ 미만	480분
		10m³ 이상 300m³ 미만	48×V분 (다만, 2,880분을 초과한 경우는 2,880분으로 할 수 있다)

여기서, V는 피시험부분의 용적(m³)이다.

정답 38 ④ 39 ③ 40 ① 41 ① 42 ④

43 산화에틸렌의 제독제로 적당한 것은?
① 물
② 가성소다 수용액
③ 탄산소다 수용액
④ 소석회

해설 제독제 종류 및 보유량

독성가스	제독제(보유량)
염소	가성소다 수용액(670kg), 탄산소다 수용액(870kg), 소석회(620kg)
포스겐	가성소다 수용액(390kg), 소석회(360kg)
황화수소	가성소다 수용액(1,140kg), 탄산소다 수용액(1,500kg)
시안화수소	가성소다 수용액(250kg)
아황산가스	가성소다 수용액(530kg), 탄산소다 수용액(700kg), 다량의 물
암모니아, 산화에틸렌, 염화메탄	다량의 물

44 「고압가스 안전관리법」 적용받는 고압가스 중 가연성가스가 아닌 것은?
① 황화수소
② 염화메탄
③ 공기 중에서 연소하는 가스로서 폭발한계의 하한이 10% 이하인 가스
④ 공기 중에서 연소하는 가스로서 폭발한계의 상한과 하한의 차가 20% 미만인 가스

해설 ④ 공기 중에서 연소하는 가스로서 폭발한계의 상한과 하한의 차가 20% 이상인 가스

45 고압가스를 운반하는 차량의 안전경계표지 중 삼각기의 바탕과 글자색은?
① 백색 바탕－적색 글씨
② 적색 바탕－황색 글씨
③ 황색 바탕－적색 글씨
④ 백색 바탕－청색 글씨

해설 고압가스 운반차량 삼각기
적색 바탕－황색 글씨

46 수소의 특성에 대한 설명으로 옳은 것은?
① 가스 중 비중이 큰 편이다.
② 냄새는 있으나 색깔은 없다.
③ 기체 중에서 확산속도가 가장 빠르다.
④ 산소, 염소와 폭발반응을 하지 않는다.

해설 수소는 기체 중에서 확산속도가 가장 빠르다.

47 가연성 및 독성가스의 용기 도색 후 그 표기 방법으로 틀린 것은?
① 가연성가스는 빨간색 테두리에 검정색 불꽃 모양이다.
② 독성가스는 빨간색 테두리에 검정색 해골 모양이다.
③ 내용적 2L 미만의 용기는 그 제조자가 정한 바에 의한다.
④ 액화석유가스 용기 중 프로판가스를 충전하는 용기는 프로판가스임을 표시하여야 한다.

해설 ④ 액화석유가스 용기 중 부탄가스를 충전하는 용기는 부탄가스임을 표시하여야 한다.

48 차량에 고정된 탱크에 의하여 가연성가스를 운반할 때 비치하여야 할 소화기의 종류와 최소수량은?(단, 소화기의 능력단위는 고려하지 않는다.)
① 분말소화기 1개
② 분말소화기 2개
③ 포말소화기 1개
④ 포말소화기 2개

정답 43① 44④ 45② 46③ 47④ 48②

해설 차량에 고정된 탱크 운반 시의 소화설비

가스의 구분	소화기의 종류		비치 개수
	소화약제의 종류	소화기의 능력단위	
가연성 가스	분말 소화제	BC용, B-10 이상 또는 ABC용, B-12 이상	차량 좌우에 각각 1개 이상
산소	분말 소화제	BC용, B-8 이상 또는 ABC용, B-10 이상	차량 좌우에 각각 1개 이상

49 유해물질의 사고예방 대책으로 가장 거리가 먼 것은?

① 작업의 일원화
② 안전보호구 착용
③ 작업시설의 정돈과 청소
④ 유해물질과 발화원 제거

해설 유해물질의 사고예방 대책
① 안전보호구 착용
② 작업시설의 정돈과 청소
③ 유해물질과 발화원 제거

50 고압가스 특정제조시설의 저장탱크 설치 방법 중 위해방지를 위하여 고압가스 저장탱크를 지하에 매설할 경우 저장탱크 주위에 무엇으로 채워야 하는가?

① 흙   ② 콘크리트
③ 모래   ④ 자갈

해설 고압가스 저장탱크를 지하 매설 시 저장탱크 주위에 모래를 채운다.

51 고압가스의 처리시설 및 저장시설기준으로 독성가스와 1종 보호시설의 이격거리를 바르게 연결한 것은?

① 1만 이하-13m 이상
② 1만 초과 2만 이하-17m 이상
③ 2만 초과 3만 이하-20m 이상
④ 3만 초과 4만 이하-27m 이상

해설 KGS Fu111 '2.1.2 보호시설과의 거리'에 의거한 처리능력 및 저장능력에 따른 이격거리

처리능력 및 저장능력	산소의 처리설비 및 저장설비		독성가스 또는 가연성가스의 처리설비 및 저장설비		그 밖의 가스의 처리설비 및 저장설비	
	제1종 보호시설	제2종 보호시설	제1종 보호시설	제2종 보호시설	제1종 보호시설	제2종 보호시설
1만 이하	12m	8m	17m	12m	8m	5m
1만 초과 2만 이하	14m	9m	21m	14m	9m	7m
2만 초과 3만 이하	16m	11m	24m	16m	11m	8m
3만 초과 4만 이하	18m	13m	27m	18m	13m	9m
4만 초과 5만 이하	20m	14m	30m	20m	14m	10m
5만 초과 99만 이하	–	–	30m	20m	–	–
99만 초과	–	–	30m	20m	–	–

52 초저온용기의 정의로 옳은 것은?

① 섭씨 -30℃ 이하의 액화가스를 충전하기 위한 용기
② 섭씨 -50℃ 이하의 액화가스를 충전하기 위한 용기
③ 섭씨 -70℃ 이하의 액화가스를 충전하기 위한 용기
④ 섭씨 -90℃ 이하의 액화가스를 충전하기 위한 용기

해설 초저온용기
섭씨 -50℃ 이하의 액화가스를 충전하기 위한 용기

정답 49 ① 50 ③ 51 ④ 52 ②

53 용기의 파열사고의 원인으로서 가장 거리가 먼 것은?

① 염소용기는 용기의 부식에 의하여 파열사고가 발생할 수 있다.
② 수소용기는 산소와 혼합충전으로 격심한 가스폭발에 의하여 파열사고가 발생할 수 있다.
③ 고압 아세틸렌가스는 분해폭발에 의하여 파열사고가 발생할 수 있다.
④ 용기 내 수증기는 불연성이므로 파열사고가 발생할 수 있다.

해설 ④ 용기 내 수증기 발생에 의해 파열사고가 발생할 수 없다.

54 고압가스용 이음매 없는 용기의 재검사는 그 용기를 계속 사용할 수 있는지 확인하기 위하여 실시한다. 재검사 항목이 아닌 것은?

① 외관검사   ② 침입검사
③ 음향검사   ④ 내압검사

해설 이음매 없는 용기 재검사 항목
㉠ 외관검사 ㉡ 음향검사 ㉢ 내압검사

55 의료용 산소가스용기를 표시하는 색깔은?

① 갈색   ② 백색
③ 청색   ④ 자색

해설 의료용 가스용기의 도색 표시

가스의 종류	도색의 구분
산소	백색
액화탄산가스	회색
헬륨	갈색
에틸렌	자색
질소	흑색
아산화질소	청색
시클로프로판	주황색
그 밖의 가스	회색

56 차량에 고정된 탱크로 고압가스를 운반할 때의 기준으로 틀린 것은?

① 차량의 앞뒤 보기 쉬운 곳에 붉은 글씨로 "위험고압가스"라는 경계표지를 한다.
② 액화가스를 충전하는 탱크는 그 내부에 방파판을 설치한다.
③ 산소탱크의 내용적은 1만 8천L를 초과하지 아니하여야 한다.
④ 염소탱크의 내용적은 1만 5천L를 초과하지 아니하여야 한다.

해설 ④ 염소탱크의 내용적은 1만 2천L를 초과하지 아니하여야 한다.

57 액화석유가스에 주입하는 부취제(냄새나는 물질)의 측정방법으로 볼 수 없는 것은?

① 무취실법
② 주사기법
③ 시험가스주입법
④ 오더(Odor)미터법

해설 액화석유가스에 주입하는 부취제의 측정방법
㉠ 무취실법
㉡ 주사기법
㉢ 오더(Odor)미터법

58 시안화수소(HCN)에 첨가되는 안정제로 사용되는 중합방지제가 아닌 것은?

① NaOH   ② SO_2
③ H_2SO_4 ④ $CaCl_2$

해설 시안화수소에 첨가되는 중합방지제
SO_2, H_2SO_4, $CaCl_2$, 동망, 오산화인, 인산 등

59 내용적이 50리터인 이음매 없는 용기 재검사 시 용기에 깊이가 0.5mm를 초과하는 점부식이 있을 경우 용기의 합격여부는?

① 등급분류 결과 3급으로서 합격이다.

정답 53 ④ 54 ② 55 ② 56 ④ 57 ③ 58 ① 59 ③

② 등급분류 결과 3급으로서 불합격이다.
③ 등급분류 결과 4급으로서 불합격이다.
④ 용접부 비파괴시험을 실시하여 합격 여부 결정한다.

해설 KGS AC 218 15.2.1.2 내용적 5L 이상 125L 미만인 용기에 의거 4급 중 부식점의 길이가 0.5mm를 초과하는 점부식에 해당하므로 등급 분류 결과 4급에 해당하는 용기는 재검사에 불합격이다.

60 다음 중 가장 무거운 기체는?
① 산소　　② 수소
③ 암모니아　④ 메탄

해설
① $O_2 = 32g$
② $H_2 = 2g$
③ $NH_3 = 17g$
④ $CH_4 = 16g$

제4과목　가스계측

61 아르키메데스 부력의 원리를 이용한 액면계는?
① 기포식 액면계
② 차압식 액면계
③ 정전용량식 액면계
④ 편위식 액면계

해설 편위식 액면계는 부자가 액 중에 잠기는 높이에 비례하는 아르키메데스 부력의 원리를 이용한 것이다.

62 건습구 습도계에 대한 설명으로 틀린 것은?
① 통풍형 건습구 습도계는 연료탱크 속에 부착하여 사용한다.
② 2개의 수은 유리온도계를 사용한 것이다.
③ 자연 통풍에 의한 간이 건습구 습도계도 있다.
④ 정확한 습도를 구하려면 3~5m/s 정도의 통풍이 필요하다.

해설 ① 통풍형 건습구 습도계는 휴대용으로 사용한다.

63 가스 크로마토그래피와 관련이 없는 것은?
① 칼럼　　② 고정상
③ 운반기체　④ 슬릿

해설 가스크로마토그래피와 관련이 있는 것
① 칼럼
② 고정상
③ 운반기체

64 도시가스 제조소에 설치된 가스누출 검지경보장치는 미리 설정된 가스농도에서 자동적으로 경보를 울리는 것으로 하여야 한다. 이때 미리 설정된 가스농도란?
① 폭발하한계 값
② 폭발상한계 값
③ 폭발하한계의 1/4 이하 값
④ 폭발하한계의 1/2 이하 값

해설 도시가스 제조소에 설치된 가스누출 검지경보장치에 미리 설정된 가스농도
폭발하한계의 1/4 이하 값

65 연속동작 중 비례동작(P동작)의 특징에 대한 설명으로 좋은 것은?
① 잔류편차가 생긴다.
② 사이클링을 제거할 수 없다.
③ 외란이 큰 제어계에 적당하다.
④ 부하변화가 작은 프로세스에는 부적당하다.

정답　60 ①　61 ④　62 ①　63 ④　64 ③　65 ①

해설 연속동작 중 비례동작(P동작)은 잔류편차가 생긴다.

66 압력의 종류와 관계를 표시한 것으로 옳은 것은?
① 전압=동압-정압
② 전압=게이지압+동압
③ 절대압=대기압+진공압
④ 절대압=대기압+게이지압

해설 압력의 종류와 관계
① 전압=동압+정압
② 절대압 = 대기압 - 진공압 = 대기압 + 게이지압

67 가스분석에서 흡수분석법에 해당하는 것은?
① 적정법
② 중량법
③ 흡광광도법
④ 헴펠법

해설 흡수분석법의 종류
① 오르자트법
② 헴펠법
③ 게겔법

68 가스설비에 사용되는 계측기기의 구비조건으로 틀린 것은?
① 견고하고 신뢰성이 높을 것
② 주위 온도, 습도에 민감하게 반응할 것
③ 원거리 지시 및 기록이 가능하고 연속측정이 용이할 것
④ 설치방법이 간단하고 조작이 용이하며 보수가 쉬울 것

해설 ② 경제적일 것

69 차압식 유량계 중 벤투리식(Venturi Type)에서 교축기구 전후의 관계에 대한 설명으로 옳지 않은 것은?
① 유량은 유량계수에 비례한다.
② 유량은 차압의 평방근에 비례한다.
③ 유량은 관지름의 제곱에 비례한다.
④ 유량은 조리개 비의 제곱에 비례한다.

해설 ④ 유량은 조리개 비의 제곱에 반비례한다.

70 HCN가스의 검지반응에 사용하는 시험지와 반응색이 좋게 짝지어진 것은?
① KI 전분지 - 청색
② 질산구리벤젠지 - 청색
③ 염화팔라듐지 - 적색
④ 염화제일구리 착염지 - 적색

해설

시험지	검지가스	반응
KI - 전분지	NO_2, ClO, 할로겐	청~갈색
리트머스지	산, 알칼리	적색, 청색
염화제1동 착염지	아세틸렌	적색
염화팔라듐지	CO	흑색
하리슨 시약	포스겐	심등색
연당지	H_2S	흑색
초산벤젠지	HCN	청색

71 2가지 다른 도체의 양끝을 접합하고 두 접점을 다른 온도로 유지할 경우 회로에 생기는 기전력에 의해 열전류가 흐르는 현상을 무엇이라고 하는가?
① 제백효과
② 존슨효과
③ 스테판-볼츠만 법칙
④ 스케링 삼승근 법칙

해설 제백효과의 설명이다.

정답 66 ④ 67 ④ 68 ② 69 ④ 70 ② 71 ①

72 고속회전이 가능하므로 소형으로 대유량의 계량이 가능하나 유지·관리로서 스트레이너가 필요한 가스미터는?

① 막식 가스미터
② 베인미터
③ 루츠미터
④ 습식 미터

해설 루츠미터에 대한 설명이다.

73 신호의 전송방법 중 유압전송 방법의 특징에 대한 설명으로 틀린 것은?

① 전송거리가 최고 300m이다.
② 조작력이 크고 전송지연이 적다.
③ 파일럿밸브식과 분사관식이 있다.
④ 내식성, 방폭이 필요한 설비에 적당하다.

해설 ④ 유압전송은 직접적인 가압이 되는 방폭설비에는 부적합하다.

74 파이프나 조절밸브로 구성된 계는 어떤 공정에 속하는가?

① 유동공정
② 1차계 액위공정
③ 데드타임공정
④ 적분계 액위공정

해설 유동공정에 대한 설명이다.

75 시험대상인 가스미터의 유량이 350m³/h이고, 기준 가스미터의 지시량이 330m³/h일 때 기준 가스미터의 기차는 약 몇 %인가?

① 4.4%
② 5.7%
③ 6.1%
④ 7.5%

해설 기차 = $\frac{\text{시험대상 가스미터 지시량} - \text{기준 가스미터 지시량}}{\text{시험대상 가스미터 지시량}}$

$\times 100 = \frac{350-330}{350} \times 100 = 5.71\%$

76 다음 중 유량의 단위가 아닌 것은?

① m^3/s
② ft^3/h
③ m^2/min
④ L/s

해설 유량의 단위는 부피에 해당 : m^3/s, ft^3/h, L/s

77 습식 가스미터의 계량 원리를 가장 바르게 나타낸 것은?

① 가스의 압력 차이를 측정
② 원통의 회전수를 측정
③ 가스의 농도를 측정
④ 가스의 냉각에 따른 효과를 이용

해설 습식 가스미터의 계량 원리
원통의 회전수를 측정

78 시정수(Time Constant)가 10초인 1차 지연형 계측기의 스텝응답에서 전체 변화의 95%까지 변화시키는 데 걸리는 시간은?

① 13초
② 20초
③ 26초
④ 30초

해설 1차 지연형 계측기의 스텝응답

시정수(Time Constant)	전체 변화의 95%까지 변화시키는 데 걸리는 시간
10초	30초

79 화학공장 내에서 누출된 유독가스를 현장에서 신속히 검지할 수 있는 방식으로 가장 거리가 먼 것은?

① 열선형
② 간섭계형
③ 분광광도법
④ 검지관법

해설 화학공장 내에서 누출된 유독가스를 현장에서 신속히 검지할 수 있는 방식
① 열선형
② 간섭계형
③ 검지관법

정답 72 ③ 73 ④ 74 ① 75 ② 76 ③ 77 ② 78 ④ 79 ③

80 압력계 교정 또는 검정용 표준기로 사용되는 압력계는?

① 기준 분동식
② 표준 침종식
③ 기준 박막식
④ 표준 부르동관식

해설 압력계 교정 또는 검정용 표준기로 사용되는 압력계 기준 분동식

정답 80 ①

2018 제4회 산업기사 (9. 15. 시행)

제1과목　연소공학

01 어떤 기체가 열량 80kJ을 흡수하여 외부에 대하여 20kJ의 일을 하였다면 내부에너지 변화는 몇 kJ인가?

① 20　② 60
③ 80　④ 100

해설
$d_Q = d_U + d_W$ (kJ),
$d_U = d_Q - d_W$
　　$= 80\text{kJ} - 20\text{kJ}$
　　$= 60\text{kJ}$

02 가스화재 시 밸브 및 콕을 잠그는 소화 방법은?

① 질식소화
② 냉각소화
③ 억제소화
④ 제거소화

해설 제거소화
가연물을 제거하는 것이다.

03 어떤 연료의 저위발열량은 9,000kcal/kg이다. 이 연료 1kg을 연소시킨 결과 발생한 연소열은 6,500kcal/kg이었다. 이 경우의 연소효율은 약 몇 %인가?

① 38%　② 62%
③ 72%　④ 138%

해설
연소효율(η)% = $\dfrac{\text{연소열}}{\text{저위발열량}} \times 100$
　　= $\dfrac{6,500}{9,000} \times 100 = 72\%$

04 연소에 대하여 가장 적절하게 설명한 것은?

① 연소는 산화반응으로 속도가 느리고, 산화열이 발생한다.
② 물질의 열전도율이 클수록 가연성이 되기 쉽다.
③ 활성화에너지가 큰 것은 일반적으로 발열량이 크므로 가연성이 되기 쉽다.
④ 가연성 물질이 공기 중의 산소 및 그 외의 산소원의 산소와 작용하여 열과 빛을 수반하는 산화작용이다.

해설 연소
가연성물질이 공기 중의 산소 및 그 외의 산소원의 산소와 작용하여 열과 빛을 수반하는 산화작용

05 파열의 원인이 될 수 있는 용기 두께 축소의 원인으로 가장 거리가 먼 것은?

① 과열　② 부식
③ 침식　④ 화학적 침해

해설 파열의 원인이 될 수 있는 용기 두께 축소 원인
① 부식 ② 침식 ③ 화학적 침해

06 1kg의 공기가 100℃하에서 열량 25kcal를 얻어 등온팽창할 때 엔트로피의 변화량은 약 몇 kcal/K인가?

① 0.038　② 0.043
③ 0.058　④ 0.067

해설 엔트로피의 변화량(ΔS)
$= \dfrac{dQ}{T} = \dfrac{25}{273+100} = 0.067 \text{kcal/K}$

정답　01 ②　02 ④　03 ③　04 ④　05 ①　06 ④

07 목재, 종이와 같은 고체 가연성 물질의 주된 연소 형태는?

① 표면연소
② 자기연소
③ 분해연소
④ 확산연소

> **해설** 분해연소
> 목재, 종이, 석탄 등

08 탄소(C) 1g을 완전연소시켰을 때 발생되는 연소가스인 CO_2는 약 몇 g 발생하는가?

① 2.7g　　② 3.7g
③ 4.7g　　④ 8.9g

> **해설** $C + O_2 \rightarrow CO_2$
> 12g　　44kg
> 1g　　　xg
> $x = \dfrac{1 \times 44}{12}$ ∴ $x = 3.7g$

09 일반기체상수의 단위를 바르게 나타낸 것은?

① $kg \cdot m/kg \cdot K$
② $kcal/kmol$
③ $kg \cdot m/kmol \cdot K$
④ $kcal/kg \cdot ℃$

> **해설** 일반가스상수(R)값 $= 848 \times \dfrac{kg-m}{kmol \cdot k}$

10 실제 기체가 완전 기체의 특성 식을 만족하는 경우는?

① 고온, 저압
② 고온, 고압
③ 저온, 고압
④ 저온, 저압

> **해설** 이상기체로 존재하기 쉬운 조건은 고온, 저압이다.

11 LPG에 대한 설명 중 틀린 것은?

① 포화탄화수소 화합물이다.
② 휘발유 등 유기용매에 용해된다.
③ 액체 비중은 물보다 무겁고, 기체 상태에서는 공기보다 가볍다.
④ 상온에서는 기체이나 가압하면 액화된다.

> **해설** ③ 액체의 비중은 물보다 가볍고, 기체 상태에서는 공기보다 무겁다.

12 이상기체에 대한 설명이 틀린 것은?

① 실제로는 존재하지 않는다.
② 체적이 커서 무시할 수 없다.
③ 보일의 법칙에 따르는 가스를 말한다.
④ 분자 상호간에 인력이 작용하지 않는다.

> **해설** ② 압력을 높이면 부피가 작아진다.

13 상온, 상압 하에서 메탄-공기의 가연성 혼합기체를 완전연소시킬 때 메탄 1kg을 완전연소시키기 위해서는 공기 약 몇 kg이 필요한가?

① 4　　② 17　　③ 19　　④ 64

> **해설** $CH_4 + 2O_2 \rightarrow CO_2 + 2H_2O$
> 16kg　　2×32kg
> 1kg　　　x kg
> $x = \dfrac{1 \times 2 \times 32}{16}$, $x = 4kg$
> ∴ $4 \times \dfrac{100}{23} = 17kg$

14 다음 중 중합폭발을 일으키는 물질은?

① 히드라진　　② 과산화물
③ 부타디엔　　④ 아세틸렌

> **해설** 중합폭발을 일으키는 물질 : 부타디엔

정답　07 ③　08 ②　09 ③　10 ①　11 ③　12 ②　13 ②　14 ③

15 다음 반응식을 이용하여 메탄(CH_4)의 생성열을 구하면?

> ㉠ $C+O_2 \rightarrow CO_2$,
> $\Delta H = -97.2 kcal/mol$
> ㉡ $H_2 + \frac{1}{2}O_2 \rightarrow H_2O$,
> $\Delta H = -57.6 kcal/mol$
> ㉢ $CH_4 + 2O_2 \rightarrow CO_2 + 2H_2O$,
> $\Delta H = -194.4 kcal/mol$

① $\Delta H = -20 kcal/mol$
② $\Delta H = -18 kcal/mol$
③ $\Delta H = 18 kcal/mol$
④ $\Delta H = 20 kcal/mol$

해설 CH_4의 생성열
=생성물질의 생성열-CH_4의 연소열
=$[-97.2+2\times(-57.6)]-(-194.4)$
=$-18 kcal/mol$

16 다음은 폭굉의 정의에 관한 설명이다. ( )에 알맞은 용어는?

> 폭굉이란 가스의 화염(연소)( )가(이) ( )보다 큰 것으로 파면선단의 압력파에 의해 파괴작용을 일으키는 것을 말한다.

① 전파속도-음속
② 폭발파-충격파
③ 전파온도-충격파
④ 전파속도-화염온도

해설 폭굉
가스의 화염(연소)전파속도가 음속보다 큰 것으로 파면선단의 압력파에 의해 파괴작용을 일으키는 것을 말한다.

17 화재나 폭발의 위험이 있는 장소를 위험장소라 한다. 다음 중 제1종 위험장소에 해당하는 것은?

① 상용의 상태에서 가연성가스의 농도가 연속해서 폭발하한계 이상으로 되는 장소
② 상용의 상태에서 가연성가스가 체류해 위험해질 우려가 있는 장소
③ 가연성가스가 밀폐된 용기 또는 설비의 사고로 인해 파손되거나 오조작의 경우에만 누출될 위험이 있는 장소
④ 환기장치에 이상이나 사고가 발생한 경우에 가연성가스가 체류하여 위험하게 될 우려가 있는 장소

해설 제1종 위험장소
상용의 상태에서 가연성가스가 체류해 위험해질 우려가 있는 장소

18 연소가스의 폭발 및 안전에 대한 다음 내용은 무엇에 관한 설명인가?

> 두 면의 평행판 거리를 좁혀가며 화염이 전파하지 않게 될 때의 면간거리

① 안전간격
② 한계직경
③ 소염거리
④ 화염일주

해설 소염거리에 대한 설명이다.

19 다음 중 가연성가스만으로 나열된 것은?

> Ⓐ 수소   Ⓑ 이산화탄소
> Ⓒ 질소   Ⓓ 일산화탄소
> Ⓔ LNG   Ⓕ 수증기
> Ⓖ 산소   Ⓗ 메탄

① Ⓐ, Ⓑ, Ⓔ, Ⓗ
② Ⓐ, Ⓓ, Ⓔ, Ⓗ
③ Ⓐ, Ⓓ, Ⓕ, Ⓗ
④ Ⓑ, Ⓓ, Ⓔ, Ⓗ

해설 B : 불연성가스
C : 불연성가스
F : 불연성가스
G : 조연(지연)성가스

정답 15 ② 16 ① 17 ② 18 ③ 19 ②

20 폭발하한계가 가장 낮은 가스는?
① 부탄   ② 프로판
③ 에탄   ④ 메탄

해설 폭발범위(%)

가스명	하한계	상한계
부탄	1.8	8.4
프로판	2.1	9.5
에탄	3	12.4
메탄	5	15

제2과목 가스설비

21 카르노사이클 기관이 27°C와 −33°C 사이에서 작동될 때 이 냉동기의 열효율은?
① 0.2   ② 0.25
③ 4   ④ 5

해설
$$\eta = \frac{T_1 - T_2}{T_1} = \frac{(273+27)-(273-33)}{273+27}$$
$$= 0.2$$

22 다음은 용접용기의 동판두께를 계산하는 식이다. 이 식에서 S는 무엇을 나타내는가?

$$t = \frac{PD}{2S\eta - 1.2P} + C$$

① 여유두께
② 동판의 내경
③ 최고충전압력
④ 재료의 허용응력

해설 S : 재료의 허용응력

23 강을 열처리하는 주된 목적은?
① 표면에 광택을 내기 위하여
② 사용시간을 연장하기 위하여
③ 기계적 성질을 향상시키기 위하여
④ 표면에 녹이 생기지 않게 하기 위하여

해설 강을 열처리하는 주된 목적
기계적 성질을 향상시키기 위하여

24 고압가스 냉동기의 발생기는 흡수식 냉동설비에 사용하는 발생기에 관계되는 설계온도가 몇 °C를 넘는 열교환기를 말하는가?
① 80°C   ② 100°C
③ 150°C   ④ 200°C

해설 고압가스 냉동기의 발생기
흡수식 냉동설비에 사용하는 발생기에 관계되는 설계온도가 200°C를 넘는 열교환기이다.

25 물을 양정 20m, 유량 2m³/min으로 수송하고자 한다. 축동력 12.7PS를 필요로 하는 원심펌프의 효율은 약 몇 %인가?
① 65%   ② 70%
③ 75%   ④ 80%

해설
$$L = \frac{\gamma \cdot Q \cdot H}{75\eta} \times 100$$
$$\therefore \eta(\%) = \frac{\gamma \cdot Q \cdot H}{75L} \times 100$$
$$= \frac{1{,}000 \times 2 \times 20}{75 \times 12.7 \times 60} \times 100 = 70\%$$

26 공기액화장치에 들어가는 공기 중 아세틸렌가스가 혼입되면 안 되는 가장 큰 이유는?
① 산소의 순도가 저하된다.
② 액체산소 속에서 폭발을 일으킨다.
③ 질소와 산소의 분리작용에 방해가 된다.
④ 파이프 내에서 동결되어 막히기 때문이다.

해설 공기 중 아세틸렌가스가 혼입되면 응고되어 돌아다니다가 액체산소 속에서 폭발한다.

27 다음 중 신축이음이 아닌 것은?
① 벨로즈형이음
② 슬리브형이음
③ 루프형이음
④ 턱걸이형이음

해설 신축이음
① 벨로즈형이음 ② 슬리브형이음
③ 루프형이음   ④ 스위블형이음
⑤ 상온스프링이음

28 냉간가공의 영역 중 약 210~360°C에서 기계적 성질인 인장강도는 높아지나 연신이 갑자기 감소하여 취성을 일으키는 현상을 의미하는 것은?
① 저온메짐   ② 뜨임메짐
③ 청열메짐   ④ 적열메짐

해설 청열메짐에 대한 설명이다.

29 원심펌프는 송출구경을 흡입구경보다 작게 설계한다. 이에 대한 설명으로 틀린 것은?
① 흡입구경보다 와류실을 크게 설계한다.
② 회전차에서 빠른 속도로 송출된 액체를 갑자기 넓은 와류실에 넣게 되면 속도가 떨어지기 때문이다.
③ 에너지 손실이 커져서 펌프효율이 저하되기 때문이다.
④ 대형펌프 또는 고양정의 펌프에 적용된다.

해설 흡입구경과 송출구경은 입·출량을 결정하는 것으로, 와류실의 크기는 흐름의 양과는 거의 관계가 없다.

30 용접장치에서 토치에 대한 설명으로 틀린 것은?
① 아세틸렌 토치의 사용압력은 0.1MPa 이상에서 사용한다.
② 가변압식 토치를 프랑스식이라 한다.
③ 불변압식 토치는 니들밸브가 없는 것으로 독일식이라 한다.
④ 팁의 크기는 용접할 수 있는 판 두께에 따라 선정한다.

해설 ① 아세틸렌 토치의 압력은 0.05MPa 이상에서 사용한다.

31 고압가스용기의 안전밸브 중 밸브 부근의 온도가 일정 온도를 넘으면 퓨즈 메탈이 녹아 가스를 전부 방출시키는 방식은?
① 가용전식   ② 스프링식
③ 파열판식   ④ 수동식

해설 가용전식에 대한 설명이다.

32 정압기의 이상감압에 대처할 수 있는 방법이 아닌 것은?
① 필터 설치
② 정압기 2계열 설치
③ 저압배관의 Loop화
④ 2차측 압력감시장치 설치

해설 정압기 이상감압에 대처할 수 있는 방법
① 정압기 2계열 설치
② 저압배관의 Loop화
③ 2차측 압력감시장치 설치

33 도시가스의 저압공급방식에 대한 설명으로 틀린 것은?
① 수요량의 변동과 거리에 무관하게 공급압력이 일정하다.
② 압송비용이 저렴하거나 불필요하다.
③ 일반수용가를 대상으로 하는 방식이다.
④ 공급계통이 간단하므로 유지관리가 쉽다.

해설 ① 정전 시에도 공급이 중단되지 않으므로 공급의 안정성이 있다.

정답 27 ④ 28 ③ 29 ① 30 ① 31 ① 32 ① 33 ①

34 액화암모니아용기의 도색 색깔로 옳은 것은?

① 밝은 회색 ② 황색
③ 주황색 ④ 백색

해설 가연성가스 및 독성가스의 용기 도색

가스의 종류	도색의 구분
액화석유가스	회색
수소	주황색
아세틸렌	황색
액화암모니아	백색
액화염소	갈색
그 밖의 가스	회색

35 가스시설의 전기방식에 대한 설명으로 틀린 것은?

① 전기방식이란 강재배관 외면에 전류를 유입시켜 양극반응을 저지함으로써 배관의 전기적 부식을 방지하는 것을 말한다.
② 방식전류가 흐르는 상태에서 토양 중에 있는 방식전위는 포화황산동 기준전극으로 -0.85V 이하로 한다.
③ "희생양극법"이란 매설배관의 전위가 주위의 타 금속구조물의 전위보다 높은 장소에서 매설배관과 주위의 타 금속구조물을 전기적으로 접속시켜 매설배관에 유입된 누출전류를 전기회로적으로 복귀시키는 방법을 말한다.
④ "외부전원법"이란 외부 직류전원장치의 양극은 매설배관이 설치되어 있는 토양에 접속하고, 음극은 매설배관에 접속시켜 부식을 방지하는 방법을 말한다.

해설 희생양극법
가스배관보다 저전위의 금속을 전기적으로 접촉시킴으로써 목적하는 방식대상 금속 자체를 음극화하여 방식하는 방법이다.

36 특수강에 내식성, 내열성 및 자경성을 부여하기 위하여 주로 첨가하는 원소는?

① 니켈
② 크롬
③ 몰리브덴
④ 망간

해설 Cr(크롬)
특수강에 내식성, 내열성 및 자경성을 부여하기 위하여 주로 첨가한다.

37 직경 5m 및 7m인 두 구형 가연성 고압가스 저장탱크가 유지해야 할 간격은?(단, 저장탱크에 물분무장치는 설치되어 있지 않다.)

① 1m 이상
② 2m 이상
③ 3m 이상
④ 4m 이상

해설 두 저장탱크 간의 거리
저장탱크의 최대지름을 합산한 길이의 1/4 이상에 해당하는 거리를 유지해야 하므로, $(5+7) \times \frac{1}{4} = 3m$ 이상이다.

38 다음은 가정용 LP가스 소비시설이다. R_1에 사용되는 조정기의 종류는?

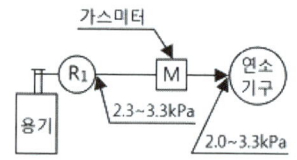

① 1단 감압식 저압조정기
② 1단 감압식 준저압조정기
③ 2단 감압식 1차용 조정기
④ 2단 감압식 2차용 조정기

해설 1단 감압식 저압조정기에 해당한다.

39 부식에 대한 설명으로 옳지 않은 것은?

① 혐기성 세균이 번식하는 토양 중의 부식속도는 매우 빠르다.
② 전식 부식은 주로 전철에 기인하는 미주전류에 의한 부식이다.
③ 콘크리트와 흙이 접촉된 배관은 토양 중에서 부식을 일으킨다.
④ 배관이 점토나 모래에 매설된 경우 점토보다 모래 중의 관이 더 부식되는 경향이 있다.

> **해설** ④ 배관이 점토나 모래에 매설된 경우 모래보다 점토 중의 관이 더 부식되는 경향이 있다.

40 공기액화분리장치의 폭발 원인과 대책에 대한 설명으로 옳지 않은 것은?

① 장치 내에 여과기를 설치하여 폭발을 방지한다.
② 압축기의 윤활유에는 안전한 물을 사용한다.
③ 공기 취입구에서 아세틸렌의 침입으로 폭발이 발생한다.
④ 질소화합물의 혼입으로 폭발이 발생한다.

> **해설** ② 압축기의 윤활유는 양질의 광유를 사용한다.

제3과목 가스안전관리

41 소형저장탱크 가스방출구의 위치를 지면에서 5m 이상 또는 소형저장탱크 정상부로부터 2m 이상 중 높은 위치에 설치하지 않아도 되는 경우는?

① 가스방출구의 위치를 건축물 개구부로부터 수평거리 0.5m 이상 유지하는 경우
② 가스방출구의 위치를 연소기의 개구부 및 환기용 공기흡입구로부터 각각 1m 이상 유지하는 경우
③ 가스방출구의 위치를 건축물 개구부로부터 수평거리 1m 이상 유지하는 경우
④ 가스방출구의 위치를 건축물 연소기의 개구부 및 환기용 공기흡입구로부터 각각 1.2m 이상 유지하는 경우

> **해설** KGS Fu432 '1.5.4 소형저장탱크 설치 거리에 관한 조치'에 의거
> 소형저장탱크의 안전밸브에는 가스방출관을 설치한다. 이 경우 가스방출구의 위치를 건축물 개구부로부터 수평거리 1m 이상, 연소기의 개구부 및 환기용 공기흡입구로부터 각각 1.5m 이상 떨어지게 한 경우에는 지면에서 5m 이상 또는 소형저장탱크 정상부로부터 2m 이상 중 높은 위치에 설치하지 아니할 수 있다.

42 다음은 고압가스를 제조하는 경우 품질검사에 대한 내용이다. ( ) 안에 들어갈 사항을 알맞게 나열한 것은?

> 산소, 아세틸렌 및 수소를 제조하는 자는 일정한 순도 이상의 품질유지를 위하여 (Ⓐ) 이상 적절한 방법으로 품질검사를 하여 그 순도가 산소의 경우에는 (Ⓑ)%, 아세틸렌의 경우에는 (Ⓒ)%, 수소의 경우에는 (Ⓓ)% 이상이어야 하고 그 검사결과를 기록할 것

① Ⓐ 1일 1회 Ⓑ 99.5 Ⓒ 98 Ⓓ 98.5
② Ⓐ 1일 1회 Ⓑ 99 Ⓒ 98.5 Ⓓ 98
③ Ⓐ 1주 1회 Ⓑ 99.5 Ⓒ 98 Ⓓ 98.5
④ Ⓐ 1주 1회 Ⓑ 99 Ⓒ 98.5 Ⓓ 98

> **해설** 품질검사 기준 : 1일 1회 이상
>
> | 가스의 종류 | 순도 |
> | --- | --- |
> | 산소 | 99.5% 이상 |
> | 아세틸렌 | 98% 이상 |
> | 수소 | 98.5% 이상 |

정답 39 ④ 40 ② 41 ③ 42 ①

43 아세틸렌의 품질검사에 사용하는 시약으로 맞는 것은?

① 발연 황산 시약
② 구리, 암모니아 시약
③ 피로갈롤 시약
④ 하이드로설파이드 시약

해설 품질검사 기준

대상 가스	검사 방법
산소	동암모니아 시약을 사용한 오르자트법
수소	피로갈롤 또는 하이드로설파이드 시약을 사용한 오르자트법
아세틸렌	⊙ 발연 황산을 사용한 오르자트 또는 브롬 시약을 사용한 뷰렛법 ⓒ 질산은 시약을 사용한 정성시험에도 합격할 것

44 저장탱크에 의한 액화석유가스 사용시설에서 배관이음부와 절연조치를 한 전선과의 이격거리는?

① 10cm 이상 ② 20cm 이상
③ 30cm 이상 ④ 60cm 이상

해설 KGS Fu432 '2.5.7.6 배관노출 설치'에 의거 배관이음부(용접이음매는 제외)와 절연조치를 한 전선(가스누출자동차단장치를 작동시키기 위한 전선은 제외)과의 거리는 10cm 이상의 거리를 유지한다.

45 고압가스 사용상 주의할 점으로 옳지 않은 것은?

① 저장탱크의 내부압력이 외부압력보다 낮아짐에 따라 그 저장탱크가 파괴되는 것을 방지하기 위하여 긴급차단장치를 설치한다.
② 가연성가스를 압축하는 압축기와 오토클레이브 사이의 배관에 역화방지장치를 설치해두어야 한다.
③ 밸브, 배관, 압력게이지 등의 부착부로부터 누출(Leakage) 여부를 비눗물, 검지기 및 검지액 등으로 점검한 후 작업을 시작해야 한다.
④ 각각의 독성에 적합한 방독마스크, 가급적이면 송기식 마스크, 공기호흡기 및 보안경 등을 준비해 두어야 한다.

해설 ① 저장탱크의 내부압력이 외부압력보다 낮아짐에 따라 그 저장탱크가 파괴되는 것을 방지하기 위하여 부압파괴방지조치를 한다.

46 독성가스의 처리설비로서 1일 처리능력이 15,000m^3인 저장시설과 21m 이상 이격하지 않아도 되는 보호시설은?

① 학교
② 도서관
③ 수용능력이 15인 이상인 아동복지시설
④ 수용능력이 300인 이상인 교회

해설 처리설비, 저장설비와 보호시설과의 안전거리

처리능력 및 저장능력	독성, 가연성		산소		그 밖의 가스	
	제1종	제2종	제1종	제2종	제1종	제2종
1만 이하	17	12			8	5
1만 초과 2만 이하	21	14			9	7
2만 초과 3만 이하	24	16			11	8
3만 초과 4만 이하	27	18			13	9
4만 초과 5만 이하	30	20			14	10
5만 초과 99만 이하	30	20	–	–	–	–
99만 초과	30	20	–	–	–	–

• 단위 : 압축가스(m^3), 액화가스(kg)
• 학교, 도서관, 수용능력이 300인 이상인 교회의 경우 제1종 보호시설에 해당되므로 21m 이상 이격이 필요하다.

정답 43 ① 44 ① 45 ① 46 ③

47 이동식 부탄연소기 및 접합용기(부탄캔) 폭발사고의 예방대책이 아닌 것은?

① 이동식 부탄연소기보다 큰 과대불판을 사용하지 않는다.
② 접합용기(부탄캔) 내 가스를 다 사용한 후에는 용기에 구멍을 내어 내부의 가스를 완전히 제거한 후 버린다.
③ 이동식 부탄연소기를 사용하여 음식물을 조리한 경우에는 조리 완료 후 이동식 부탄연소기의 용기 체결 홀더 밖으로 접합용기(부탄캔)를 분리한다.
④ 접합용기(부탄캔)는 스틸이므로 가스를 다 사용한 후에는 그대로 재활용쓰레기통에 버린다.

해설 이동식 부탄연소기 및 접합용기(부탄캔) 폭발사고 예방대책
① 이동식 부탄연소기보다 큰 과대불판을 사용하지 않는다.
② 접합용기(부탄캔) 내 가스를 다 사용한 후에는 용기에 구멍을 내어 내부의 가스를 완전히 제거한 후 버린다.
③ 이동식 부탄연소기를 사용하여 음식물을 조리한 경우에는 조리 완료 후 이동식 부탄연소기의 용기 체결 홀더 밖으로 접합용기(부탄캔)를 분리한다.

48 고압호스 제조시설설비가 아닌 것은?

① 공작기계
② 절단설비
③ 동력용 조립설비
④ 용접설비

해설 KGS AA531 '2.1 제조설비'에 의거 고압고무호스 제조시설설비
① 나사가공·구멍가공 및 외경절삭이 가능한 공작기계
② 금속 및 고압호스의 절단이 가능한 절단설비
③ 연결기구와 고압고무호스를 조립할 수 있는 동력용 조립설비·작업공구 및 작업대

49 차량에 고정된 탱크로 고압가스를 운반하는 차량의 운반기준으로 적합하지 않은 것은?

① 액화가스를 충전하는 탱크에는 그 내부에 방파판을 설치한다.
② 액화가스 중 가연성가스, 독성가스 또는 산소가 충전된 탱크에는 손상되지 아니하는 재료로 된 액면계를 사용한다.
③ 후부취출식 외의 저장탱크는 저장탱크 후면과 차량 뒷 범퍼와의 수평거리가 20cm 이상 유지되어야 한다.
④ 2개 이상의 탱크를 동일한 차량에 고정하여 운반하는 경우에는 탱크마다 탱크의 주밸브를 설치한다.

해설 ③ 후부취출식 외의 저장탱크는 저장탱크 후면과 차량 뒷 범퍼와의 수평거리가 30cm 이상이 되도록 탱크를 차량에 고정시킨다.

50 공기의 조성 중 질소, 산소, 아르곤, 탄산가스 이외의 비활성 기체에서 함유량이 가장 많은 것은?

① 헬륨
② 크립톤
③ 제논
④ 네온

해설 공기의 조성

구분	질소 (N_2)	산소 (O_2)	아르곤 (Ar)	탄산가스 (CO_2)	헬륨 (He)
조성 (vol%)	78.03	20.99	0.93	0.03	0.0005

구분	크립톤 (Kr)	제논 (Xe)	네온 (Ne)
조성 (vol%)	0.0001	0.000009	0.0018

정답 47 ④ 48 ④ 49 ③ 50 ④

51 가스레인지를 점화시키기 위하여 점화동작을 하였으나 점화가 이루어지지 않았다. 다음 중 조치방법으로 가장 거리가 먼 내용은?

① 가스용기밸브 및 중간밸브가 완전히 열렸는지 확인한다.
② 버너캡 및 버너바디를 바르게 조립한다.
③ 창문을 열어 환기시킨 다음 다시 점화 동작을 한다.
④ 점화플러그 주위를 깨끗이 닦아준다.

해설 가스레인지를 점화가 이루어지지 않을 때 조치방법
① 가스용기밸브 및 중간밸브가 완전히 열렸는지 확인한다.
② 버너캡 및 버너바디를 바르게 조립한다.
④ 점화플러그 주위를 깨끗이 닦아준다.

52 고압가스 충전용기의 운반 기준 중 운반책임자가 동승하지 않아도 되는 경우는?

① 가연성 압축가스 400m³을 차량에 적재하여 운반하는 경우
② 독성 압축가스 90m³을 차량에 적재하여 운반하는 경우
③ 조연성 액화가스 6,500kg을 차량에 적재하여 운반하는 경우
④ 독성 액화가스 1,200kg을 차량에 적재하여 운반하는 경우

해설 ① 고압가스 운반책임자의 동승 기준

가스의 종류		기준
액화가스	가연성가스	3,000kg 이상 (단, 에어졸용기 2,000kg 이상)
	독성가스	1,000kg 이상
	조연성가스	6,000kg 이상
압축가스	가연성가스	300m³ 이상
	독성가스	100m³ 이상
	조연성가스	600m³ 이상

② 독성가스 운반책임자의 동승 기준

가스의 종류		기준
액화가스	허용농도가 100만분의 200 초과 100만분의 5,000 이하	1,000kg 이상
	허용농도가 100만분의 200 이하	100kg 이상
압축가스	허용농도가 100만분의 200 초과 100만분의 5,000 이하	100m³ 이상
	허용농도가 100만분의 200 이하	10m³ 이상

53 특정고압가스 사용시설기준 및 기술상 기준으로 옳은 것은?

① 산소의 저장설비 주위 20m 이내에는 화기취급을 하지 말 것
② 사용시설은 당해 설비의 작동상황을 연 1회 이상 점검할 것
③ 액화가스의 저장능력이 300kg 이상인 고압가스설비에는 안전밸브를 설치할 것
④ 액화가스 저장량이 10kg 이상인 용기보관실의 벽은 방호벽으로 할 것

해설 KGS Fu211에 의거
① '2.1.1 화기와의 거리'의 2.1.1.1 일부 발췌
가연성가스의 가스설비 및 저장설비 외면과 화기(그 설비 내의 것을 제외)를 취급하는 장소 사이에 유지하여야 하는 안전거리는 우회거리 8m(산소의 저장설비는 5m) 이상으로 한다.
② '3.3.4 가스설비 점검' 일부 발췌
사용시설의 사용 개시 전 및 사용 종료 후에는 사용시설의 이상 유무를 점검하는 외에 1일 1회 이상 사용시설의 작동상황에 대해 점검·확인을 실시한다.
④ '2.9.2 방호벽 설치' 일부 발췌
고압가스의 저장량이 300kg(압축가스의 경우에는 1m³을 5kg으로 본다) 이상인 용기보관실의 벽은 기준에 따라 방호벽을 설치한다.

54 특정고압가스 사용시설의 기준에 대한 설명 중 옳은 것은?

① 산소저장설비 주위 8m 이내에는 화기를 취급하지 않는다.
② 고압가스설비는 상용압력 2.5배 이상의 내압시험에 합격한 것을 사용한다.
③ 독성가스 감압설비와 당해 가스반응 설비 간의 배관에는 역류방지장치를 설치한다.
④ 액화가스 저장량이 100kg 이상인 용기보관실에는 방호벽을 설치한다.

해설
① 산소저장설비와 우회거리를 5m 이상으로 한다.
② 고압가스설비는 상용압력 1.5배 이상의 내압시험에 합격한 것을 사용한다.
④ 고압가스의 저장량이 300kg(압축가스의 경우에는 1m³을 5kg으로 본다) 이상인 용기보관실의 벽은 기준에 따라 방호벽을 설치한다.

55 다음 액화가스 저장탱크 중 방류둑을 설치하여야 하는 것은?

① 저장능력이 5톤인 염소저장탱크
② 저장능력이 8백톤인 산소저장탱크
③ 저장능력이 5백톤인 수소저장탱크
④ 저장능력이 9백톤인 프로판저장탱크

해설
KGS FP112 '2.7.1 방류둑 설치'에 의거
가연성가스 · 산소는 저장능력 1,000톤 이상, 독성가스는 저장능력 5톤 이상인 경우 방류둑을 설치한다(여기서 수소, 프로판은 가연성가스, 염소는 독성가스에 해당).

56 고압가스 저장설비에 설치하는 긴급차단장치에 대한 설명으로 틀린 것은?

① 저장설비의 내부에 설치하여도 된다.
② 조작 버튼(Button)은 저장설비에서 가장 가까운 곳에 설치한다.
③ 동력원(動力源)은 액압, 기압, 전기 또는 스프링으로 한다.
④ 간단하고 확실하며, 신속히 차단되는 구조로 한다.

해설
KGS FP112 '2.6.3.3 긴급차단장치 차단조작기구 및 기능'에 의거
긴급차단장치를 조작할 수 있는 위치는 해당 탱크로부터 5m 이상 떨어진 곳(방류둑 등을 설치한 경우에는 그 외측)이고 액화가스의 대량유출 시를 대비하여 안전한 장소로 한다.

57 1일 처리능력이 60,000m³인 가연성가스 저온저장탱크와 제2종 보호시설과의 안전거리의 기준은?

① 20.0m
② 21.2m
③ 22.0m
④ 30.0m

해설
가연성가스 저온저장탱크와 보호시설과의 안전거리
① 처리능력이 5만m³ 초과 99만m³ 이하
　㉠ 제1종 보호시설 : $\frac{3}{25}\sqrt{x+10,000}$ m
　㉡ 제2종 보호시설 : $\frac{2}{25}\sqrt{x+10,000}$ m
② 처리능력이 99만m³ 초과
　㉠ 제1종 보호시설 : 120m
　㉡ 제2종 보호시설 : 80m
∴ 안전거리 $= \frac{2}{25}\sqrt{x+10,000}$ m
$= \frac{2}{25}\sqrt{60,000+10,000}$
$= 21.2$m

58 독성가스 누출을 대비하기 위하여 충전설비에 제해설비를 한다. 제해설비를 하지 않아도 되는 독성가스는?

① 아황산가스　② 암모니아
③ 염소　　　　④ 사염화탄소

정답 54 ③　55 ①　56 ②　57 ②　58 ④

해설 KGS FP112 '2.7.4 제독설비 설치'에 의거 독성가스 중 아황산가스, 암모니아, 염소, 염화메탄, 산화에틸렌, 시안화수소, 포스겐 또는 황화수소의 제조설비에는 그 설비로부터 독성가스가 누출될 경우 그 독성가스로 인한 중독을 방지하기 위하여 제독설비를 설치하고 제독제 및 제독작업에 필요한 보호구를 구비한다.

59 공기액화분리장치의 폭발 원인이 아닌 것은?
① 이산화탄소와 수분제기
② 액체공기 중 오존의 혼입
③ 공기취입구에서 아세틸렌 혼입
④ 윤활유 분해에 따른 탄화수소 생성

해설 ① 질소화합물의 혼입

60 액화석유가스 판매사업소 용기보관실의 안전사항으로 틀린 것은?
① 용기는 3단 이상 쌓지 말 것
② 용기보관실 주위의 2m 이내에는 인화성 및 가연성 물질을 두지 말 것
③ 용기보관실 내에서 사용하는 손전등은 방폭형일 것
④ 용기보관실에는 계량기 등 작업에 필요한 물건 이외에 두지 말 것

해설 ① 용기는 2단 이상으로 쌓지 않을 것(다만, 내용적이 30L 미만의 용기는 2단으로 쌓을 수 있다.)

제4과목 가스계측

61 표준전구의 필라멘트 휘도와 복사에너지의 휘도를 비교하여 온도를 측정하는 온도계는?
① 광고 온도계
② 복사 온도계
③ 색 온도계
④ 더미스터(Thermister)

해설 광고 온도계의 설명이다.

62 일산화탄소 검지 시 흑색반응을 나타내는 시험지는?
① KI-전분지 ② 연당지
③ 하리슨 시약 ④ 염화팔라듐지

해설 가스누출 시험지

시험지	검지가스	반응
KI-전분지	NO_2, ClO, 할로겐	청~갈색
리트머스지	산, 알칼리	적색, 청색
염화제1동 착염지	아세틸렌	적색
염화팔라듐지	CO	흑색
하리슨 시약	포스겐	심등색
연당지	H_2S	흑색
초산벤젠지	HCN	청색

63 가스분석법 중 흡수분석법에 해당하지 않는 것은?
① 헴펠법   ② 산화구리법
③ 오르자트법 ④ 게겔법

해설 ② 산화구리법 : 연소분석법

64 정밀도(Precision Degree)에 대한 설명 중 옳은 것은?
① 산포가 큰 측정은 정밀도가 높다.
② 산포가 작은 측정은 정밀도가 높다.
③ 오차가 큰 측정은 정밀도가 높다.
④ 오차가 작은 측정은 정밀도가 높다.

해설 산포가 작은 측정은 정밀도가 높다.

정답 59 ① 60 ① 61 ① 62 ④ 63 ② 64 ②

65 가연성 가스검출기의 종류가 아닌 것은?
① 안전등형 ② 간섭계형
③ 광조사형 ④ 열선형

해설 ③ 반도체형

66 액면계의 구비조건으로 틀린 것은?
① 내식성 있을 것
② 고온, 고압에 견딜 것
③ 구조가 복잡하더라도 조작은 용이할 것
④ 지시, 기록 또는 원격측정이 가능할 것

해설 ③ 구조가 간단하고 조작이 용이할 것

67 어느 가정에 설치된 가스미터의 기차를 검사하기 위해 계량기의 지시량을 보니 100m³이었다. 다시 기준기로 측정하였더니 95m³이었다면 기차는 약 몇 %인가?
① 0.05 ② 0.95
③ 5   ④ 95

해설 $E = \dfrac{I-Q}{I} \times 100$
여기서, E : 기차(%)
I : 시험용 미터의 지시량
Q : 기준미터의 지시량
$\therefore \dfrac{100-95}{100} \times 100 = 5\%$

68 Roots 가스미터에 대한 설명으로 옳지 않은 것은?
① 설치 공간이 적다.
② 대유량 가스 측정에 적합하다.
③ 중압가스의 계량이 가능하다.
④ 스트레이너의 설치가 필요 없다.

해설 ④ 스트레이너의 설치가 필요하다.

69 국제단위계(SI단위) 중 압력단위에 해당되는 것은?
① Pa   ② bar
③ atm   ④ kgf/cm²

해설 압력에 해당하는 국제단위는 Pa(파스칼)이다.

70 가스분석계 중 화학반응을 이용한 측정 방법은?
① 연소열법
② 열전도율법
③ 적외선흡수법
④ 가시광선 분광광도법

해설 물리적 반응을 이용한 측정 방법
㉠ 열전도율법
㉡ 적외선흡수법
㉢ 가시광선 분광광도법

71 오리피스 유량계의 측정원리로 옳은 것은?
① 패닝의 법칙
② 베르누이의 원리
③ 아르키메데스의 원리
④ 하이젠-포아제의 원리

해설 오리피스 유량계의 측정원리 : 베르누이의 원리

72 다음과 같이 시차액주계의 높이 H가 60mm일 때 유속(V)은 약 몇 m/s인가?(단, 비중 γ와 γ'는 1과 13.6이고, 속도계수는 1, 중력가속도는 9.8m/s²이다.)

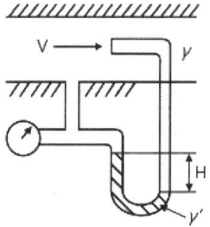

① 1.1 ② 2.4 ③ 3.8 ④ 5.0

해설
$$V = C\sqrt{2gH\left(\frac{\gamma'}{\gamma}-1\right)} =$$
$$1\sqrt{2\times9.8\times0.06\left(\frac{13.6}{1}-1\right)} = 3.85\text{m/s}$$

73 일반적인 계측기의 구조에 해당하지 않는 것은?
① 검출부 ② 보상부
③ 전달부 ④ 수신부

해설 계측기의 구조
㉠ 검출부 : 정보원으로부터 받은 정보를 전달부나 수신부에 전달하기 위한 신호로 변환한다.
㉡ 전달부 : 검출부에서 입력신호를 수신부에 전달하는 데 편리한 신호로 변환하거나 그 크기를 바꾸는 역할을 한다.
㉢ 수신부 : 검출부나 전달부의 출력신호를 받아 지시·기록 및 경보를 하는 부분이다.

74 건습구 습도계에서 습도를 정확히 하려면 얼마 정도의 통풍속도가 가장 적당한가?
① 3~5m/sec
② 5~10m/sec
③ 10~15m/sec
④ 30~50m/sec

해설 건습구 습도계
습도를 정확히 하려면 3~5m/sec 정도의 통풍속도가 적당하다.

75 차압식 유량계의 교축기구로 사용되지 않는 것은?
① 오리피스
② 피스톤
③ 플로노즐
④ 벤투리

해설 차압식 유량계의 종류
㉠ 오리피스
㉡ 플로노즐
㉢ 벤투리

76 Dial Gauge는 다음 중 어느 측정 방법에 속하는가?
① 비교측정
② 절대측정
③ 간접측정
④ 직접측정

해설 Dial Gauge는 직접 변위를 측정하여 비교해 그 값을 나타내는 것으로, 미소오차도 측정이 가능하다.

77 다음 중 막식 가스미터는?
① 클로버식
② 루츠식
③ 오리피스식
④ 터빈식

해설 가스계량기
① 실측식
　㉠ 건식
　　• 막식형 : 독립내기식(T형, H형), 클로버식(B형)
　　• 회전식 : 루츠형(Roots type), 로터리피스톤식, 오벌식
　㉡ 습식 : 드럼형 등
② 추량식
　㉠ 델타형(Delta type)
　㉡ 터빈형(Turbine type)
　㉢ 오리피스식(Orifice type)
　㉣ 벤투리식(Venturi type)
　㉤ 볼텍스식(Vortex type)

78 다음은 불꽃이온화검출기(FID)의 구조를 나타낸 것이다. ①~④의 명칭으로 부적당한 것은?

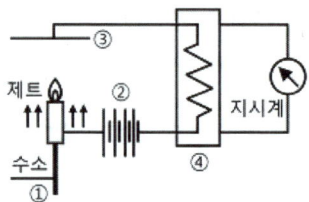

정답 73② 74① 75② 76① 77① 78④

① 시료가스   ② 직류전압
③ 전극   ④ 가열부

해설 ④ 증폭부

79 공정제어에서 비례미분(PD) 제어동작을 사용하는 주된 목적은?
① 안정도   ② 이득
③ 속응성   ④ 정상특성

해설 공정제어 비례미분(PD) 제어동작 사용의 주된 목적은 속응성이다.

80 다음에서 설명하는 액주식 압력계의 종류는?

- 통풍계로도 사용한다.
- 정도가 0.01~0.05mmH$_2$O로서 아주 좋다.
- 미세압 측정이 가능하다.
- 측정범위는 약 10~50mmH$_2$O 정도이다.

① U자관 압력계
② 단관식 압력계
③ 경사관식 압력계
④ 링밸런스 압력계

해설 경사관식 압력계에 대한 설명이다.

정답 79 ③   80 ③

2019 제1회 산업기사 (3. 3. 시행)

제1과목 연소공학

01 $(CO_2)max$는 어느 때의 값인가?
① 실제공기량으로 연소시켰을 때
② 이론공기량으로 연소시켰을 때
③ 과잉공기량으로 연소시켰을 때
④ 부족공기량으로 연소시켰을 때

해설 $(CO_2)max$값
이론공기량으로 연소시켰을 때 연소가스 중 탄산가스의 비율이 최대가 되는 CO_2의 양

02 배관 내 혼합가스의 한 점에서 착화되었을 때 연소파가 일정거리를 진행한 후 급격히 화염전파속도가 증가되어 1,000~3,500m/s에 도달하는 경우가 있다. 이와 같은 현상을 무엇이라 하는가?
① 폭발(Explosion)
② 폭굉(Detonation)
③ 충격(Shock)
④ 연소(Combustion)

해설 폭굉의 정의이다.

03 폭굉을 일으킬 수 있는 기체가 파이프 내에 있을 때 폭굉방지 및 방호에 대한 설명으로 틀린 것은?
① 파이프라인에 오리피스 같은 장애물이 없도록 한다.
② 공정라인에서 회전이 가능하면 가급적 완만한 회전을 이루도록 한다.
③ 파이프의 지름 대 길이의 비는 가급적 작게 한다.
④ 파이프라인에 장애물이 있는 곳은 관경을 축소한다.

해설 ④ 파이프라인에 장애물이 있는 곳은 관경을 확대한다.

04 동일 체적의 에탄, 에틸렌, 아세틸렌을 완전 연소시킬 때 필요한 공기량의 비는?
① 3.5 : 3.0 : 2.5
② 7.0 : 6.0 : 6.0
③ 4.0 : 3.0 : 5.0
④ 6.0 : 6.5 : 5.0

해설
㉠ $C_2H_6 + 3.5O_2 \rightarrow 2CO_2 + 3H_2O$
㉡ $C_2H_4 + 3O_2 \rightarrow 2CO_2 + 2H_2O$
㉢ $C_2H_2 + 2.5O_2 \rightarrow 2CO_2 + H_2O$

05 이상기체에 대한 설명 중 틀린 것은?
① 이상기체는 분자 상호간의 인력을 무시한다.
② 이상기체에 가까운 실제기체로는 H_2, He 등이 있다.
③ 이상기체는 분자 자신이 차지하는 부피를 무시한다.
④ 저온, 고압일수록 이상기체에 가까워진다.

해설 ④ 고온, 저압일수록 이상기체에 가까워진다.

06 가연물의 연소형태를 나타낸 것 중 틀린 것은?
① 금속분 – 표면연소
② 파라핀 – 증발연소
③ 목재 – 분해연소
④ 유황 – 확산연소

해설 ④ 유황 – 증발연소

정답 01 ② 02 ② 03 ④ 04 ① 05 ④ 06 ④

07 층류연소속도에 대한 설명으로 옳은 것은?
① 미연소 혼합기의 비열이 클수록 층류연소속도는 크게 된다.
② 연소 혼합기의 비중이 클수록 층류연소속도는 크게 된다.
③ 미연소 혼합기의 분자량이 클수록 층류연소속도는 크게 된다.
④ 미연소 혼합기의 열전도율이 클수록 층류연소속도는 크게 된다.

해설 층류연소속도
① 미연소 혼합기의 비열이 작을수록 층류연소속도는 크게 된다.
② 미연소 혼합기의 비중이 작을수록 층류연소속도는 크게 된다.
③ 미연소 혼합기의 분자량이 작을수록 층류연소속도는 크게 된다.

08 수소가스의 공기 중 폭발범위로 가장 가까운 것은?
① 2.5~81% ② 3~80%
③ 4.0~75% ④ 12.5~74%

해설

가스의 종류	폭발범위
수소	4~75%

09 기체연료 중 수소가 산소와 화합하여 물이 생성되는 경우에 있어 $H_2 : O_2 : H_2O$의 비례관계는?
① 2:1:2 ② 1:1:2
③ 1:2:1 ④ 2:2:3

해설 $2H_2 + O_2 \rightarrow 2H_2O$

10 액체연료가 공기 중에서 연소하는 현상은 다음 중 어느 것에 해당하는가?
① 증발연소 ② 확산연소
③ 분해연소 ④ 표면연소

해설 증발연소에 대한 설명이다.

11 기상폭발에 대한 설명으로 틀린 것은?
① 반응이 기상으로 일어난다.
② 폭발 상태는 압력에너지의 축적 상태에 따라 달라진다.
③ 반응에 의해 발생하는 열에너지는 반응기 내 압력상승의 요인이 된다.
④ 가연성 혼합기를 형성하면 혼합기의 양에 관계없이 압력파가 생겨 압력상승을 기인한다.

해설 ④ 가연성 혼합기를 형성하면 혼합기의 양에 따라 압력파가 생겨 압력상승을 기인한다.

12 임계 상태를 가장 올바르게 표현한 것은?
① 고체, 액체, 기체가 평형으로 존재하는 상태
② 순수한 물질이 평형에서 기체-액체로 존재할 수 있는 최고 온도 및 압력 상태
③ 액체상과 기체상이 공존할 수 있는 최소한의 한계 상태
④ 기체를 일정한 온도에서 압축하면 밀도가 아주 작아져 액화가 되기 시작하는 상태

해설 임계 상태
순수한 물질이 평형에서 기체-액체로 존재할 수 있는 최고 온도 및 압력 상태

13 에틸렌(ethylene) $1m^3$를 완전연소시키는 데 필요한 산소의 양은 약 몇 m^3인가?
① 2.5
② 3
③ 3.5
④ 4

해설 $C_2H_2 + 3O_2 \rightarrow 2CO_2 + 2H_2O$
　　$1m^3$　$3m^3$

정답 07 ④ 08 ③ 09 ① 10 ① 11 ④ 12 ② 13 ②

14 폭발에 관련된 가스의 성질에 대한 설명으로 틀린 것은?

① 폭발범위가 넓은 것은 위험하다.
② 압력이 높게 되면 일반적으로 폭발범위가 좁아진다.
③ 가스의 비중이 큰 것은 낮은 곳에 체류할 염려가 있다.
④ 연소속도가 빠를수록 위험하다.

해설 ② 압력이 높게 되면 일반적으로 폭발범위가 넓어진다.

15 다음 중 연소속도에 영향을 미치지 않는 것은?

① 관의 단면적　② 내염표면적
③ 염의 높이　　④ 관의 염경

해설 연소속도에 영향을 미치는 것
㉠ 관의 단면적 ㉡ 내염표면적 ㉢ 관의 염경

16 가스의 성질을 바르게 설명한 것은?

① 산소는 가연성이다.
② 일산화탄소는 불연성이다.
③ 수소는 불연성이다.
④ 산화에틸렌은 가연성이다.

해설 ① 산소는 조연(지연)성이다.
② 일산화탄소는 독성·가연성이다.
③ 수소는 가연성이다.

17 휘발유의 한 성분인 옥탄의 완전연소반응식으로 옳은 것은?

① $C_8H_{18} + O_2 \rightarrow CO_2 + H_2O$
② $C_8H_{18} + 25O_2 \rightarrow CO_2 + 18H_2O$
③ $2C_8H_{18} + 25O_2 \rightarrow 16CO_2 + 18H_2O$
④ $2C_8H_{18} + O_2 \rightarrow 16CO_2 + H_2O$

해설 옥탄의 완전연소반응식
$2C_8H_{18} + 25O_2 \rightarrow 16CO_2 + 18H_2O$

18 다음 탄화수소 연료 중 착화온도가 가장 높은 것은?

① 메탄
② 가솔린
③ 프로판
④ 석탄

해설

탄화수소연료	착화온도
메탄	650~750℃
가솔린	210~300℃
프로판	460~520℃
석탄	330~450℃

19 메탄 80v%, 프로판 5v%, 에탄 15v%인 혼합가스의 공기 중 폭발하한계는 약 얼마인가?

① 2.1%
② 3.3%
③ 4.3%
④ 5.1%

해설
$$\frac{100}{L} = \frac{V_1}{L_1} + \frac{V_2}{L_2} + \frac{V_3}{L_3}$$
$$\frac{100}{L} = \frac{80}{5} + \frac{5}{2.1} + \frac{15}{3}$$
$$L = \frac{100}{23.38}$$
$$= 4.3\%$$

20 착화온도가 낮아지는 조건이 아닌 것은?

① 발열량이 높을수록
② 압력이 작을수록
③ 반응활성도가 클수록
④ 분자구조가 복잡할수록

해설 ② 압력이 높을수록

정답　14② 15③ 16④ 17③ 18① 19③ 20②

제2과목 가스설비

21 전기방식을 실시하고 있는 도시가스 매몰배관에 대하여 전위측정을 위한 기준전극으로 사용되고 있으며, 방식전위 기준으로 상한값 -8.5V 이하를 사용하는 것은?

① 수소 기준전극
② 포화황산동 기준전극
③ 염화은 기준전극
④ 칼로멜 기준전극

해설 포화황산동 기준전극의 설명이다.

22 냉간가공과 열간가공을 구분하는 기준이 되는 온도는?

① 끓는 온도 ② 상용온도
③ 재결정온도 ④ 섭씨 0도

해설 냉간가공과 열간가공은 재료의 재결정온도로 구분한다.

23 냉동기의 성적(성능)계수를 ϵ_R로 하고 열펌프의 성적계수를 ϵ_H로 할 때 ϵ_R과 ϵ_H 사이에는 어떠한 관계가 있는가?

① $\epsilon_R < \epsilon_H$
② $\epsilon_R = \epsilon_H$
③ $\epsilon_R > \epsilon_H$
④ $\epsilon_R > \epsilon_H$ 또는 $\epsilon_R < \epsilon_H$

해설 $\epsilon_R > \epsilon_H$ 여기서, ϵ_R : 냉동기의 성적(성능)계수
ϵ_H : 열펌프의 성적계수

24 다층 진공단열법에 대한 설명으로 틀린 것은?

① 고진공 단열법과 같은 두께의 단열재를 사용해도 단열효과가 더 우수하다.
② 최고의 단열성능을 얻기 위해서는 높은 진공도가 필요하다.
③ 단열층이 어느 정도의 압력에 잘 견딘다.
④ 저온부일수록 온도분포가 완만하여 불리하다.

해설 ④ 고온부일수록 온도분포가 완만하여 불리하다.

25 1단 감압식 저압조정기의 최대폐쇄압력 성능은?

① 3.5kPa 이하
② 5.5kPa 이하
③ 95kPa 이하
④ 조정압력의 1.25배 이하

해설 1단 감압식 저압조정기의 최대폐쇄압력
3.5kPa 이하

26 LPG용기의 내압시험압력은 얼마 이상이어야 하는가?(단, 최고충전압력은 1.56MPa이다.)

① 1.56MPa ② 2.08MPa
③ 2.34MPa ④ 2.60MPa

해설 내압시험압력(TP) = $FP \times \dfrac{5}{3} = 1.56 \times \dfrac{5}{3}$
　　　　　　　　= 2.6MPa

27 LPG 충전소 내의 가스 사용시설 수리에 대한 설명으로 옳은 것은?

① 화기를 사용하는 경우에는 설비 내부의 가연성가스가 폭발하한계의 1/4 이하인 것을 확인하고 수리한다.
② 충격에 의한 불꽃에 가스가 인화될 염려는 없다고 본다.
③ 내압이 완전히 빠져 있으면 화기를 사용해도 좋다.
④ 볼트를 조일 때는 한 쪽만 잘 조이면 된다.

해설 ② 충격에 의한 불꽃에 가스가 인화될 염려가 있다고 본다.
③ 내압이 완전히 빠져 있어도 화기를 사용할 수 없다.
④ 볼트를 조일 때는 양쪽을 모두 잘 조인다.

정답 21 ② 22 ③ 23 ③ 24 ④ 25 ① 26 ④ 27 ①

28 소형저장탱크에 대한 설명으로 틀린 것은?
① 옥외에 지상설치식으로 설치한다.
② 소형저장탱크를 기초에 고정하는 방식은 화재 등의 경우에도 쉽게 분리되지 않는 것으로 한다.
③ 건축물이나 사람이 통행하는 구조물의 하부에 설치하지 아니한다.
④ 동일 장소에 설치하는 소형저장탱크의 수는 6기 이하로 한다.

해설 ② 소형저장탱크를 기초에 고정하는 방식은 화재 등의 경우에도 쉽게 분리되는 것으로 한다.

29 냉동설비에 사용되는 냉매가스의 구비조건으로 틀린 것은?
① 안전성이 있어야 한다.
② 증기의 비체적이 커야 한다.
③ 증발열이 커야 한다.
④ 응고점이 낮아야 한다.

해설 ② 증기의 비체적이 작아야 한다.

30 용기 내압시험 시 뷰렛의 용적은 300mL이고 전증가량은 200mL, 항구증가량은 15mL일 때 이 용기의 항구증가율은?
① 5% ② 6%
③ 7.5% ④ 8.5%

해설 항구증가율(%)
$= \dfrac{\text{항구증가량}}{\text{전증가량}} \times 100, \dfrac{15}{200} \times 100 = 7.5\%$

31 내진설계 시 지반의 분류는 몇 종류로 하고 있는가?
① 6 ② 5
③ 4 ④ 3

해설 내진 설계 시 지반의 종류 : 6종류

32 LPG 저장탱크에 가스를 충전하려면 가스의 용량이 상용온도에서 저장탱크 내용적의 얼마를 초과하지 아니하여야 하는가?
① 95%
② 90%
③ 85%
④ 80%

해설 LPG 저장탱크 가스용량
상용온도에서 저장탱크 내용적의 90%를 초과하지 아니하여야 한다.

33 고압산소용기로 가장 적합한 것은?
① 주강용기
② 이중용접용기
③ 이음매 없는 용기
④ 접합용기

해설 고압산소용기 : 이음매 없는 용기

34 산소 또는 불활성가스 초저온저장탱크의 경우에 한정하여 사용이 가능한 액면계는?
① 평형반사식 액면계
② 슬립튜브식 액면계
③ 환형유리제 액면계
④ 플로트식 액면계

해설 환형유리제 액면계에 대한 설명이다.

35 고압가스 일반제조시설에서 고압가스설비의 내압시험압력은 상용압력의 몇 배 이상으로 하는가?
① 1 ② 1.1
③ 1.5 ④ 1.8

해설 고압가스설비의 내압시험압력
＝상용압력×1.5배 이상

정답 28 ② 29 ② 30 ③ 31 ① 32 ② 33 ③ 34 ③ 35 ③

36 유체가 흐르는 관의 지름이 입구 0.5m, 출구 0.2m이고, 입구유속이 5m/s이라면 출구유속은 약 몇 m/s인가?

① 21　② 31
③ 41　④ 51

> 해설　$Q = AV(m^3/s)$, $A_1V_1 = A_2V_2$이므로
> $V_2 = V_1\left(\dfrac{A_1}{A_2}\right) = V_1\left(\dfrac{d_1}{d_2}\right)^2 = 5\left(\dfrac{0.5}{0.2}\right)^2$
> $= 31.25 \text{m/s}$

37 압축기 실린더 내부 윤활유에 대한 설명으로 틀린 것은?

① 공기 압축기에는 광유(鑛油)를 사용한다.
② 산소 압축기에는 기계유를 사용한다.
③ 염소 압축기에는 진한 황산을 사용한다.
④ 아세틸렌 압축기에는 양질의 광유(鑛油)를 사용한다.

> 해설　② 산소 압축기에는 물 또는 10% 정도의 묽은 글리세린수를 사용한다.

38 저온장치에서 CO_2와 수분이 존재할 때 그 영향에 대한 설명으로 옳은 것은?

① CO_2는 저온에서 탄소와 산소로 분리된다.
② CO_2는 저장장치에서 촉매역할을 한다.
③ CO_2는 가스로서 별로 영향을 주지 않는다.
④ CO_2는 드라이아이스가 되고 수분은 얼음이 되어 배관밸브를 막아 흐름을 저해한다.

> 해설　저온장치에서 CO_2와 수분이 존재하면 CO_2는 드라이아이스가 되고 수분은 얼음이 되어 배관밸브를 막아 흐름을 저해한다.

39 알루미늄(Al)의 방식법이 아닌 것은?

① 수산법　② 황산법
③ 크롬산법　④ 메타인산법

> 해설　알루미늄(Al)의 방식법
> ㉠ 수산법
> ㉡ 황산법
> ㉢ 크롬산법

40 탄소강에 대한 설명으로 틀린 것은?

① 용도가 다양하다.
② 가공변형이 쉽다.
③ 기계적 성질이 우수하다.
④ C의 양이 적은 것은 스프링, 공구강 등의 재료로 사용된다.

> 해설　④ C의 양이 많은 것은 스프링, 공구강 등의 재료로 사용된다.

제3과목　가스안전관리

41 액화프로판을 내용적인 4,700L인 차량에 고정된 탱크를 이용하여 운행 시 기준으로 적합한 것은?(단, 폭발방지장치가 설치되지 않았다)

① 최대저장량이 2,000kg이므로 운반책임자 동승이 필요 없다.
② 최대저장량이 2,000kg이므로 운반책임자 동승이 필요하다.
③ 최대저장량이 5,000kg이므로 200km 이상 운행 시 운반책임자 동승이 필요하다.
④ 최대저장량이 5,000kg이므로 운행거리에 관계없이 운반책임자 동승이 필요 없다.

해설 운반책임자 동승 기준

가스의 종류		기준
액화 가스	독성가스	1,000kg 이상
	가연성가스	3,000kg 이상
	조연성가스	6,000kg 이상
압축 가스	독성가스	100m³ 이상
	가연성가스	300m³ 이상
	조연성가스	600m³ 이상

$G = \dfrac{V}{C} = \dfrac{4,700}{2.35} = 2,000kg$

즉, 가연성 액화가스의 최대저장량이 2,000kg이므로 운반책임자 동승이 필요 없다.

42 가연성 액화가스 저장탱크에서 가스누출에 의해 화재가 발생했다. 다음 중 그 대책으로 가장 거리가 먼 것은?

① 즉각 송입펌프를 정지시킨다.
② 소정의 방법으로 경보를 울린다.
③ 즉각 저조 내부의 액을 모두 플로다운(Flow Down)시킨다.
④ 살수장치를 작동시켜 저장탱크를 냉각한다.

해설 가연성 액화가스 저장탱크 가스누출에 의한 화재 발생 시 대책
㉠ 즉각 송입펌프를 정지시킨다.
㉡ 소정의 방법으로 경보를 울린다.
㉢ 살수장치를 작동시켜 저장탱크를 냉각한다.

43 고압가스 저장시설에서 가스누출 사고가 발생하여 공기와 혼합하여 가연성, 독성가스로 되었다면 누출된 가스는?

① 질소
② 수소
③ 암모니아
④ 아황산가스

해설 ① 질소 : 불연성가스
② 수소 : 가연성가스
③ 암모니아 : 가연성, 독성가스
④ 아황산가스 : 독성가스

44 가스 사용시설에 상자콕 설치 시 예방 가능한 사고유형으로 가장 옳은 것은?

① 연소기 과열 화재사고
② 연소기 폐가스 중독 질식사고
③ 연소기 호스이탈 가스누출사고
④ 연소기 소화안전장치 고장 가스폭발사고

해설 상자콕 설치 시 예방 가능한 사고 유형
연소기 호스이탈 가스누출사고

45 LP가스용기를 제조하여 분체도료(폴리에스테르계) 도장을 하려 한다. 최소도장두께와 도장 횟수는?

① 25μm, 1회 이상
② 25μm, 2회 이상
③ 60μm, 1회 이상
④ 60μm, 2회 이상

해설 LP가스용기 분체도료 도장작업 시
① 최소도장두께 : 60μm
② 도장횟수 : 1회 이상

46 「도시가스사업법」상 배관 구분 시 사용되지 않는 것은?

① 본관
② 사용자 공급관
③ 가정관
④ 공급관

해설 「도시가스 사업법」상 배관 구분
㉠ 본관
㉡ 사용자 공급관
㉢ 공급관

정답 42 ③ 43 ③ 44 ③ 45 ③ 46 ③

47 포스핀(PH₃)의 저장과 취급 시 주의사항에 대한 설명으로 가장 거리가 먼 것은?

① 환기가 양호한 곳에서 취급하고 용기는 40℃ 이하를 유지한다.
② 수분과의 접촉을 금지하고 정전기발생 방지시설을 갖춘다.
③ 가연성이 매우 강하여 모든 발화원으로부터 격리한다.
④ 방독면을 비치하여 누출 시 착용한다.

해설 ④ 포스핀(PH₃) 누출 시 주의사항이다.

48 고압가스 특정설비 제조자의 수리범위에 해당되지 않는 것은?

① 단열재 교체
② 특정설비의 부품 교체
③ 특정설비의 부속품 교체 및 가공
④ 아세틸렌용기 내의 다공질물 교체

해설

수리자격자	수리범위
특정설비 제조자	• 특정설비의 몸체의 용접 • 특정설비의 부속품(그 부품을 포함) 교체 및 가공 • 단열재 교체

49 저장능력 1,800m³인 산소저장시설은 전시장, 그 밖에 이와 유사한 시설로서 수용능력이 300인 이상인 건축물에 대하여 몇 m의 안전거리를 두어야 하는가?

① 12m
② 14m
③ 16m
④ 18m

해설 ① 제1종 보호시설
　㉠ 학교, 유치원, 어린이집, 어린이놀이터, 학원, 병원(의원 포함), 도서관, 청소년 수련시설, 경로당, 시장, 공중목욕탕, 호텔 및 여관, 극장, 교회 및 공회당
　㉡ 사람을 수용하는 건축물(가설건축물은 제외)로 사실상 독립된 부분의 연면적이 1,000m² 이상인 것
　㉢ 예식장, 장례식장 및 전시장 그 밖에 이와 유사한 시설로 300명 이상 수용할 수 있는 건축물
　㉣ 아동복지시설 또는 장애인복지시설로서 20명 이상 수용할 수 있는 건축물
　㉤ 문화재보호법에 따라 지정문화재로 지정된 건축물
② 제2종 보호시설
　㉠ 주택
　㉡ 사람을 수용하는 건축물(가설건축물은 제외) 사실상 독립된 부분의 연면적이 100m² 이상 1,000m² 미만인 것
③ 처리능력 및 저장능력에 따른 이격거리

처리능력 및 저장능력	산소의 처리설비 및 저장설비		독성가스 또는 가연성가스의 처리설비 및 저장설비		그 밖의 가스의 처리설비 및 저장설비	
	제1종 보호시설	제2종 보호시설	제1종 보호시설	제2종 보호시설	제1종 보호시설	제2종 보호시설
1만 이하	12m	8m	17m	12m	8m	5m
1만 초과 2만 이하	14m	9m	21m	14m	9m	7m
2만 초과 3만 이하	16m	11m	24m	16m	11m	8m
3만 초과 4만 이하	18m	13m	27m	18m	13m	9m
4만 초과 5만 이하	20m	14m	30m	20m	14m	10m
5만 초과 99만 이하	-	-	30m	20m	-	-
99만 초과	-	-	30m	20m	-	-

※ 1종 보호시설로 산소저장시설의 저장능력이 18,000m³이므로 1만 초과 2만 이하에 해당되므로 14m이다.

50 고압가스용기의 파열사고 주 원인은 용기의 내압력(耐壓力) 부족에 기인한다. 내압력 부족의 원인으로 가장 거리가 먼 것은?

① 용기내벽의 부식
② 강재의 피로
③ 적정 충전
④ 용접불량

해설 용기 내압력 부족의 원인
① 용기내벽의 부식
② 강재의 피로
③ 용접불량

51 고압가스용기(공업용)의 외면에 도색하는 가스 종류별 색상이 바르게 짝지어진 것은?

① 수소 – 갈색
② 액화염소 – 황색
③ 아세틸렌 – 밝은 회색
④ 액화암모니아 – 백색

해설 가연성가스 및 독성가스의 용기 도색

가스의 종류	도색의 구분
수소	주황색
아세틸렌	황색
액화석유가스	회색
액화암모니아	백색
액화염소	갈색
그 밖의 가스	회색

52 산소, 수소 및 아세틸렌의 품질검사에서 순도는 각각 얼마 이상이어야 하는가?

① 산소 : 99.5%, 수소 : 98.0%, 아세틸렌 : 98.5%
② 산소 : 99.5%, 수소 : 98.5%, 아세틸렌 : 98.0%
③ 산소 : 98.0%, 수소 : 99.5%, 아세틸렌 : 98.5%
④ 산소 : 98.5%, 수소 : 99.5%, 아세틸렌 : 98.0%

해설 품질검사의 순도
㉠ 산소 : 99.5% 이상
㉡ 수소 : 98.5% 이상
㉢ 아세틸렌 : 98% 이상

53 「액화석유가스의 안전관리 및 사업법」에 의한 액화석유가스의 주성분에 해당되지 않는 것은?

① 액화된 프로판
② 액화된 부탄
③ 기화된 프로판
④ 기화된 메탄

해설 ④ 기화된 부탄

54 액화석유가스 집단공급사업 허가 대상인 것은?

① 70개소 미만의 수요자에게 공급하는 경우
② 전체수용가구수가 100세대 미만인 공동주택의 단지 내인 경우
③ 시장 또는 군수가 집단공급사업에 의한 공급이 곤란하다고 인정하는 공공주택단지에 공급하는 경우
④ 고용주가 종업원의 후생을 위하여 사원주택·기숙사 등에게 직접 공급하는 경우

해설 액화석유가스 집단공급사업 허가 대상
전체수용가구수가 100세대 미만인 공동주택의 단지 내인 경우

55 다음에서 고압가스 제조설비의 사용개시 전 점검사항을 모두 나열한 것은?

㉠ 가스설비에 있는 내용물의 상황
㉡ 전기, 물 등 유틸리티시설의 준비상황
㉢ 비상전력 등의 준비사항
㉣ 회전기계의 윤활유 보급상황

정답 50 ③ 51 ④ 52 ② 53 ④ 54 ② 55 ④

① ㉠, ㉢
② ㉡, ㉢
③ ㉠, ㉡, ㉢
④ ㉠, ㉡, ㉢, ㉣

해설 고압가스 제조설비의 사용개시 전 점검사항
㉠ 가스설비에 있는 내용물의 상황
㉡ 전기, 물 등 유틸리티시설의 준비사항
㉢ 비상전력 등의 준비사항
㉣ 회전기계의 윤활유 보급상황

56 시안화수소를 저장하는 때에는 1일 1회 이상 다음 중 무엇으로 가스의 누출검사를 실시하는가?

① 질산구리벤젠지
② 묽은 질산은 용액
③ 묽은 황산 용액
④ 염화팔라듐지

해설

반응가스	시험지	변색
시안화수소	질산구리벤젠지	청색

57 고압가스 특정제조시설에서 고압가스설비의 수리 등을 할 때의 가스치환에 대한 설명으로 옳은 것은?

① 가연성가스의 경우 가스의 농도가 폭발하한계의 1/2에 도달할 때까지 치환한다.
② 가스 치환 시 농도의 확인은 관능법에 따른다.
③ 불활성가스의 경우 산소의 농도가 16% 이하에 도달할 때까지 공기로 치환한다.
④ 독성가스의 경우 독성가스의 농도가 TLV-TWA 기준농도 이하로 될 때까지 치환을 계속한다.

해설 ① 고압가스설비의 수리 시 가연성가스는 폭발하한의 $\frac{1}{4}$ 이하 또는 허용농도 이하가 되도록 치환한다.

58 일반 도시가스사업 제조소의 가스홀더 및 가스발생기는 그 외면으로부터 사업장의 경계까지 최고사용압력이 중압인 경우 몇 m 이상의 안전거리를 유지하여야 하는가?

① 5m   ② 10m
③ 20m ④ 30m

해설 일반 도시가스사업 제조소의 가스홀더 및 가스발생기는 그 외면으로부터 사업장의 경계까지 최고사용압력
㉠ 고압 : 20m 이상
㉡ 중압 : 10m 이상
㉢ 저압 : 5m 이상

59 저장탱크에 부착된 배관에 유체가 흐르고 있을 때 유체의 온도 또는 주위의 온도가 비정상적으로 높아진 경우 또는 호스커플링 등의 접속이 빠져 유체가 누출될 때 신속하게 작동하는 밸브는?

① 온도조절밸브 ② 긴급차단밸브
③ 감압밸브   ④ 전자밸브

해설 긴급차단밸브에 대한 설명이다.

60 냉매설비에는 안전을 확보하기 위하여 액면계를 설치하여야 한다. 가연성 또는 독성가스를 냉매로 사용하는 수액기에 사용할 수 없는 액면계는?

① 환형유리관 액면계
② 정전용량식 액면계
③ 편위식 액면계
④ 회전튜브식 액면계

해설 환형유리관 액면계에 대한 설명이다.

정답 56 ① 57 ④ 58 ② 59 ② 60 ①

제4과목 가스계측

61 액위(Level) 측정 계측기기의 종류 중 액체용 탱크에 사용되는 사이트글라스(Sight Glass)의 단점에 해당하지 않는 것은?

① 측정 범위가 넓은 곳에서 사용이 곤란하다.
② 동결방지를 위한 보호가 필요하다.
③ 파손되기 쉬우므로 보호대책이 필요하다.
④ 내부 설치 시 요동(Turbulence) 방지를 위해 Stilling Chamber 설치가 필요하다.

해설 ④ 외부에 설치 시 요동방지를 위해 Stilling Chamber 설치가 필요하다.

62 열전도형 진공계 중 필라멘트의 열전대로 측정하는 열전대 진공계의 측정 범위는?

① $10^{-5} \sim 10^{-3}$ torr
② $10^{-3} \sim 0.1$ torr
③ $10^{-3} \sim 1$ torr
④ $10 \sim 100$ torr

해설 열전대 진공계 측정 범위 : $10^{-3} \sim 1$ torr

63 제어동작에 따른 분류 중 연속되는 동작은?

① On-Off동작
② 다위치동작
③ 단속도동작
④ 비례동작

해설 ④ 비례동작 : 연속되는 동작

64 다음에서 설명하는 열전대 온도계는?

- 열전대 중 내열성이 가장 우수하다.
- 측정온도 범위가 0~1,600℃ 정도이다.
- 환원성 분위기에 약하고, 금속 증기 등에 침식하기 쉽다.

① 백금-백금로듐 열전대
② 크로멜-알루멜 열전대
③ 철-콘스탄탄 열전대
④ 동-콘스탄탄 열전대

해설 열전대의 종류 및 특성

종류	측정범위	특성
백금-백금로듐 (P.R)	0~1,600℃	고온에 잘 견디며, 산화성 분위기에는 침식되지 않으나 환원성에는 약하다.
크로멜-알루멜(C.A)	-20~1,200℃	기전력이 크고 산화성 분위기에서 열화가 빠르다. 가장 많이 사용한다.
철-콘스탄탄(I.C)	-20~800℃	환원성에는 강하나 산화성에는 약하다.
동-콘스탄탄(C.C)	-200~350℃	수분에 의한 부식에 강하고, 저온용으로 우수하다.

65 가스 사용시설의 가스누출 시 검지법으로 틀린 것은?

① 아세틸렌 가스누출 검지에 염화제1구리 착염지를 사용한다.
② 황화수소 가스누출 검지에 초산납시험지를 사용한다.
③ 일산화탄소 가스누출 검지에 염화팔라듐지를 사용한다.
④ 염소 가스누출 검지에 묽은 황산을 사용한다.

해설 ④ 염소 가스누출 검지에 KI-전분지를 사용한다.

정답 61 ④ 62 ③ 63 ④ 64 ① 65 ④

66 차압식 유량계로 유량을 측정하였더니 교축 기구 전후의 차압이 20.25Pa일 때 유량이 25m³/h이었다. 차압이 10.50Pa일 때의 유량은 액 몇 m³/h인가?

① 13 ② 18
③ 23 ④ 28

해설 유량은 차압의 평방근에 비례한다.

유량(Q) = $\sqrt{\dfrac{25^2 \times 10.50}{20.25}} = 18 m^3/h$

67 오르자트 분석법은 어떤 시약이 CO를 흡수하는 방법을 이용하는 것이다. 이때 사용하는 흡수액은?

① 수산화나트륨 25% 용액
② 암모니아성 염화제1구리 용액
③ 30% KOH 용액
④ 알칼리성 피로갈롤 용액

해설 오르자트 분석법

분석가스	흡수액
CO	암모니아성 염화제1구리 용액

68 계량이 정확하고 사용 기차의 변동이 크지 않아 발열량 측정 및 실험실의 기준 가스미터로 사용되는 것은?

① 막식 가스미터
② 건식 가스미터
③ Roots 미터
④ 습식 가스미터

해설 습식 가스미터에 대한 설명이다.

69 가스는 분자량에 따라 다른 비중값을 갖는다. 이 특성을 이용하는 가스분석기기는?

① 자기식 O_2 분석기기
② 밀도식 CO_2 분석기기
③ 적외선식 가스분석기기
④ 광화학 발광식 NOx 분석기기

해설 ② 밀도식 CO_2 분석기기 : 분자량에 따른 다른 비중값을 갖는다.

70 화학공장에서 누출된 유독가스를 신속하게 현장에서 검지·정량하는 방법은?

① 전위적정법
② 흡광광도법
③ 검지관법
④ 적정법

해설 검지관법은 검지관 양단을 절단하여 가스 채취기로 시료가스를 넣은 후 착색층의 길이 정도로 성분을 분석하는 것으로, 유독가스를 신속하게 검지·정량한다.

71 다음 중 기본단위가 아닌 것은?

① 킬로그램(kg)
② 센티미터(cm)
③ 캘빈(K)
④ 암페어(A)

해설 기본단위

기본량	기본단위	기본량	기본단위
길이	m	물질량	mol
질량	kg	온도	K
시간	s	광도	cd
전류	A	–	–

72 다음 중 정도가 가장 높은 가스미터는?

① 습식 가스미터
② 벤투리미터
③ 오리피스미터
④ 루츠미터

해설 습식 가스미터 : 정도가 가장 높다.

정답 66 ② 67 ② 68 ④ 69 ② 70 ③ 71 ② 72 ①

73 도시가스로 사용하는 NG의 누출을 검지하기 위하여 검지기는 어느 위치에 설치하여야 하는가?

① 검지기 하단은 천장면의 아래쪽 0.3m 이내
② 검지기 하단은 천장면의 아래쪽 3m 이내
③ 검지기 상단은 바닥면에서 위쪽으로 0.3m 이내
④ 검지기 상단은 바닥면에서 위쪽으로 3m 이내

해설 NG의 누출을 검지하기 위하여 검지기 하단은 천장면의 아래쪽 0.3m 이내에 설치해야 한다.

74 제어기기의 대표적인 것을 들면 검출기, 증폭기, 조작기기, 변환기로 구분되는데 서보전동기(Servo Motor)는 어디에 속하는가?

① 검출기
② 증폭기
③ 변환기
④ 조작기기

해설 서보전동기는 조작기기에 속한다.

75 다음 온도계 중 가장 고온을 측정할 수 있는 것은?

① 저항 온도계
② 서미스터 온도계
③ 바이메탈 온도계
④ 광고 온도계

해설

종류	측정온도
저항 온도계	0~120℃
서미스터 온도계	-100~300℃
바이메탈 온도계	30~300℃
광고 온도계	700~3,500℃

76 온도 49℃, 압력 1atm의 습한 공기 205kg이 10kg의 수증기를 함유하고 있을 때 이 공기의 절대습도는?(단, 49℃에서 물의 증기압은 88mmHg이다.)

① 0.025kg H$_2$O/kg dryair
② 0.048kg H$_2$O/kg dryair
③ 0.051kg H$_2$O/kg dryair
④ 0.25kg H$_2$O/kg dryair

해설 습공기(대기) = 건공기 + 수증기
건공기 = 습공기 - 수증기 = 205 - 10 = 195kg

$$\therefore 절대습도(x) = \frac{G_w}{G_a} = \frac{10}{195}$$

= 0.051kg H$_2$O/kg dryair
= 0.051 수증기 무게(kg)/건공기 무게(kg)
여기서, G_a : 건공기 중량
G_w : 수증기 중량

77 시안화수소(HCN)가스 누출 시 검지지와 변색 상태로 옳은 것은?

① 염화팔라듐지 - 흑색
② 염화제1구리 착염지 - 적색
③ 연당지 - 흑색
④ 초산(질산)구리벤젠지 - 청색

해설

시험지	반응가스	변색
염화팔라듐지	일산화탄소(CO)	흑색
염화제1구리 착염지	아세틸렌(C$_2$H$_2$)	적갈색
연당지	황화수소(H$_2$S)	흑색
초산(질산)구리 벤젠지	시안화수소(HCN)	청색

78 피드백(Feed Back)제어에 대한 설명으로 틀린 것은?

① 다른 제어계보다 판단·기억의 논리기능이 뛰어나다.
② 입력과 출력을 비교하는 장치는 반드시 필요하다.

정답 73 ① 74 ④ 75 ④ 76 ③ 77 ④ 78 ①

③ 다른 제어계보다 정확도가 증가된다.
④ 제어대상 특성이 다소 변하더라도 이것에 의한 영향을 제어할 수 있다.

해설 ① 다른 제어계보다 판단·기억의 논리기능이 떨어진다.

79 최대유량이 10m³/h인 막식 가스미터기를 설치하여 도시가스를 사용하는 시설이 있다. 가스레인지 2.5m³/h를 1일 8시간 사용하고, 가스보일러 6m³/h를 1일 6시간 사용했을 경우 월 가스사용량은 약 몇 m³인가?(단 1개월은 31일이다.)

① 1,570 ② 1,680
③ 1,736 ④ 1,950

해설 월 가스사용량
=가스레인지+가스보일러
=(2.5×8×31)+(6×6×31)
=1,736m³

80 다음 중 면적유량계의 특징에 대한 설명으로 틀린 것은?

① 압력손실이 아주 크다.
② 정밀 측정용으로는 부적당하다.
③ 슬러지 유체의 측정이 가능하다.
④ 균등 유량 눈금으로 측정치를 얻을 수 있다.

해설 ① 압력손실이 작다.

정답 79 ③ 80 ①

2019 제2회 산업기사 (4. 27. 시행)

제1과목 연소공학

01 가연성 물질의 인화 특성에 대한 설명으로 틀린 것은?

① 비점이 낮을수록 인화위험이 커진다.
② 최소점화에너지가 높을수록 인화위험이 커진다.
③ 증기압을 높게 하면 인화위험이 커진다.
④ 연소범위가 넓을수록 인화위험이 커진다.

해설 ② 최소점화에너지가 낮을수록 인화위험이 커진다.

02 프로판 1kg을 완전연소시키면 약 몇 kg의 CO_2가 생성되는가?

① 2kg ② 3kg
③ 4kg ④ 5kg

해설
$C_3H_8 + 5O_2 \rightarrow 3CO_2 + 4H_2O$
44kg → 3×44kg
1kg → x kg
$x = \dfrac{1 \times 3 \times 44}{44}$ ∴ $x = 3$kg

03 분진폭발은 가연성 분진이 공기 중에 분산되어 있다가 점화원이 존재할 때 발생한다. 분진폭발이 전파되는 조건과 다른 것은?

① 분진은 가연성이어야 한다.
② 분진은 적당한 공기를 수송할 수 있어야 한다.
③ 분진의 농도는 폭발범위를 벗어나 있어야 한다.
④ 분진은 화염을 전파할 수 있는 크기로 분포해야 한다.

해설 ③ 분진의 농도는 폭발범위 내에 있어야 한다.

04 오토사이클에서 압축비(ε)가 10일 때 열효율은 약 몇 %인가? [단 비열비(k)는 1.4이다]

① 58.2
② 59.2
③ 60.2
④ 61.2

해설 오토사이클의 열효율
$\eta = 1 - \left(\dfrac{1}{\varepsilon}\right)^{k-1} = 1 - \left(\dfrac{1}{10}\right)^{1.4-1}$
$= 0.60189$
$= 60.2\%$

05 가연성 고체의 연소에서 나타나는 연소현상으로 고체가 열분해되면서 가연성가스를 내며 연소열로 연소가 촉진되는 연소는?

① 분해연소
② 자기연소
③ 표면연소
④ 증발연소

해설 분해연소의 설명이다.

06 완전가스의 성질에 대한 설명으로 틀린 것은?

① 비열비는 온도에 의존한다.
② 아보가드로의 법칙에 따른다.
③ 보일-샤를의 법칙을 만족한다.
④ 기체의 분자력과 크기는 무시된다.

해설 ① 비열비는 온도에 무관하며, 일정하다.

정답 01 ② 02 ② 03 ③ 04 ③ 05 ① 06 ①

07 용기의 내부에서 가스폭발이 발생하였을 때 용기가 폭발압력을 견디고 외부의 가연성가스에 인화되지 않도록 한 구조는?

① 특수(特殊)방폭구조
② 유입(油入)방폭구조
③ 내압(耐壓)방폭구조
④ 안전증(安全增)방폭구조

해설 내압방폭구조의 설명이다.

08 혼합기체의 온도를 고온으로 상승시켜 자연착화를 일으키고, 혼합기체의 전 부분이 극히 단시간 내에 연소하는 것으로서 압력상승의 급격한 현상을 무엇이라고 하는가?

① 전파연소 ② 폭발
③ 확산연소 ④ 예혼합연소

해설 폭발의 설명이다.

09 가스용기의 물리적 폭발의 원인으로 가장 거리가 먼 것은?

① 누출된 가스의 점화
② 부식으로 인한 용기의 두께 감소
③ 과열로 인한 용기의 강도 감소
④ 압력조정 및 압력방출장치의 고장

해설 ①은 화학적 폭발의 원인

10 $CO_{2max}[\%]$는 어느 때의 값인가?

① 실제공기량으로 연소시켰을 때
② 이론공기량으로 연소시켰을 때
③ 과잉공기량으로 연소시켰을 때
④ 부족공기량으로 연소시켰을 때

해설 $CO_{2max}[\%]$
이론공기량으로 연소시켰을 때 연소가스 중 탄산가스의 비율이 최대가 되는 CO_2의 양

11 다음 혼합가스 중 폭굉이 발생되기 가장 쉬운 것은?

① 수소 – 공기
② 수소 – 산소
③ 아세틸렌 – 공기
④ 아세틸렌 – 산소

해설 혼합가스 중 폭발범위가 넓은 것이 폭굉이 발생하기 가장 쉽다(아세틸렌–산소).

12 프로판가스 1kg을 완전연소 시킬 때 필요한 이론공기량은 약 몇 Nm^3/kg인가?(단, 공기 중 산소는 21v%이다.)

① 10.1 ② 11.2
③ 12.1 ④ 13.2

해설
$C_3H_8 + 5O_2 \rightarrow 3CO_2 + 4H_2O$

44kg ―― $5 \times 22.4 m^3$
1kg ―― $x \, m^3$

$x = \dfrac{1 \times 5 \times 22.4}{44} = 2.55 Nm^3/kg$

$\therefore 2.55 \times \dfrac{100}{21} = 12.1 Nm^3/kg$

13 자연발화를 방지하기 위해 필요한 사항이 아닌 것은?

① 습도를 높여 준다.
② 통풍을 잘 시킨다.
③ 저장실 온도를 낮춘다.
④ 열이 쌓이지 않도록 주의한다.

해설 ① 습도를 낮게 해준다.

14 불완전연소의 원인으로 가장 거리가 먼 것은?

① 불꽃의 온도가 높을 때
② 필요량의 공기가 부족할 때
③ 배기가스의 배출이 불량할 때
④ 공기와의 접촉 혼합이 불충분할 때

해설 ① 불꽃의 온도가 낮을 때

정답 07 ③ 08 ② 09 ① 10 ② 11 ④ 12 ③ 13 ① 14 ①

15 연소 및 폭발 등에 대한 설명 중 틀린 것은?
① 점화원의 에너지가 약할수록 폭굉유도거리는 길어진다.
② 가스의 폭발범위는 측정 조건을 바꾸면 변화한다.
③ 혼합가스의 폭발한계는 르샤틀리에 식으로 계산한다.
④ 가스 연료의 최소점화에너지는 가스 농도에 관계없이 결정되는 값이다.

해설 ④ 가스 연료의 최소점화에너지는 가스농도가 높을수록 값이 감소한다.

16 고체연료의 성질에 대한 설명 중 옳지 않은 것은?
① 수분이 많으면 통풍불량의 원인이 된다.
② 휘발분이 많으면 점화가 쉽고, 발열량이 높아진다.
③ 착화온도는 산소량이 증가할수록 낮아진다.
④ 회분이 많으면 연소를 나쁘게 하여 열효율이 저하된다.

해설 ② 휘발분이 많으면 연소는 잘 되지만, 발열량은 물질 특성에 따라 다르다.

17 물질의 화재 위험성에 대한 설명으로 틀린 것은?
① 인화점이 낮을수록 위험하다.
② 인화점이 높을수록 위험하다.
③ 연소범위가 넓을수록 위험하다.
④ 착화에너지가 낮을수록 위험하다.

해설 ② 발화점이 낮을수록 위험하다.

18 열역학 제1법칙을 바르게 설명한 것은?
① 열평형에 관한 법칙이다.
② 제2종 영구기관의 존재가능성을 부인하는 법칙이다.
③ 열은 다른 물체에 아무런 변화도 주지 않고, 저온 물체에서 고온 물체로 이동하지 않는다.
④ 에너지보존법칙 중 열과 일의 관계를 설명한 것이다.

해설 ① 열역학 제0법칙
② 열역학 제2법칙
③ 열역학 제2법칙

19 다음 반응에서 평형을 오른쪽으로 이동시켜 생성물을 더 많이 얻으려면 어떻게 해야 하는가?

$$CO + H_2O \rightleftharpoons H_2 + CO_2 + Q\,kcal$$

① 온도를 높인다.
② 압력을 높인다.
③ 온도를 낮춘다.
④ 압력을 낮춘다.

해설 발열반응 : 온도를 낮춘다.

20 탄소 2kg을 완전연소시켰을 때 발생된 연소가스(CO_2)의 양은 얼마인가?
① 3.66kg
② 7.33kg
③ 8.89kg
④ 12.34kg

해설
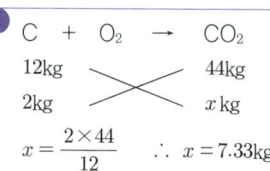
$$x = \frac{2 \times 44}{12} \quad \therefore \ x = 7.33\,kg$$

정답 15 ④ 16 ② 17 ② 18 ④ 19 ③ 20 ②

제2과목 가스설비

21 도시가스 제조공정 중 촉매 존재하에 약 400~800°C의 온도에서 수증기와 탄화수소를 반응시켜 CH_4, H_2, CO, CO_2 등으로 변화시키는 프로세스는?

① 열분해 프로세스
② 부분연소 프로세스
③ 접촉분해 프로세스
④ 수소화 프로세스

해설 ③ 접촉분해 프로세스의 설명이다.

22 직류전철 등에 의한 누출전류의 영향을 받는 배관에 적합한 전기방식법은?

① 희생양극법
② 교호법
③ 배류법
④ 외부전원법

해설 배류법의 설명이다.

23 전양정이 54m, 유량이 1.2m³/min인 펌프로 물을 이송하는 경우, 이 펌프의 축동력은 약 몇 PS인가?(단, 펌프의 효율은 80%, 물의 밀도는 1g/cm³이다.)

① 13
② 18
③ 23
④ 28

해설
$$L = \frac{\gamma QH}{75 \times 60 \times \eta} [PS]$$
$$= \frac{1{,}000 \times 1.2 \times 54}{75 \times 60 \times 0.8} = 18 PS$$

24 LNG 수입기지에서 LNG를 NG로 전환하기 위하여 가열원을 해수로 기화시키는 방법은?

① 냉열기화
② 중앙매체식 기화기
③ Open Rack Vaporizer
④ Submerged Conversion Vaporizer

해설 Open Rack : Vaporizer의 설명이다.

25 Vapor-Rock 현상의 원인과 방지 방법에 대한 설명으로 틀린 것은?

① 흡입관 지름을 작게 하거나 펌프의 설치 위치를 높게 하여 방지할 수 있다.
② 흡입관로를 청소하여 방지할 수 있다.
③ 흡입관로의 막힘, 스케일 부착 등에 의해 저항이 증대했을 때 원인이 된다.
④ 액 자체 또는 흡입배관 외부의 온도가 상승될 때 원인이 될 수 있다.

해설 ① 흡입관 지름을 크게 하거나 펌프의 설치 위치를 낮게 하여 방지할 수 있다.

26 저압가스배관에서 관의 내경이 1/2로 되면 압력손실은 몇 배가 되는가?(단, 다른 모든 조건은 동일한 것으로 본다.)

① 4
② 16
③ 32
④ 64

해설
$$Q = K\sqrt{\frac{D^5 H}{S \cdot L}} \text{ (m}^3\text{/h)}$$
$$\left(\frac{Q}{K}\right)^2 = \frac{D^5 H}{S \cdot L}, \quad H \propto \frac{1}{D^5}$$
$$\therefore \frac{H_2}{H_1} = \left(\frac{D_1}{D_2}\right)^5 = 2^5 = 32 \text{배}$$

27 사용압력이 60kg/cm², 관의 허용응력이 20kg/mm²일 때의 스케줄번호는 얼마인가?

① 15
② 20
③ 30
④ 60

해설
$$\text{Sch No.} = 10 \times \frac{P}{S} = 10 \times \frac{60}{20} = 30$$

정답 21 ③ 22 ③ 23 ② 24 ③ 25 ① 26 ③ 27 ③

28 도시가스배관 등의 용접 및 비파괴검사 중 용접부의 육안검사에 대한 설명으로 틀린 것은?

① 보강 덧붙임은 그 높이가 모재 표면보다 낮지 않도록 하고, 3mm 이상으로 할 것
② 외면의 언더컷은 그 단면이 V자형으로 되지 않도록 하며, 1개의 언더컷 길이 및 깊이는 각각 30mm 이하 및 0.5mm 이하일 것
③ 용접부 및 그 부근에는 균열, 아크스트라이크, 위해하다고 인정되는 지그의 흔적, 오버랩 및 피트 등의 결함이 없을 것
④ 비드 형상이 일정하며, 슬러그, 스패터 등이 부착되어 있지 않을 것

> **해설** ① 보강 덧붙임은 그 높이가 모재 표면보다 낮지 않게 하고, 3mm 이하(알루미늄은 제외)를 원칙으로 한다.

29 기화장치의 성능에 대한 설명으로 틀린 것은?

① 온수가열방식은 그 온수의 온도가 80℃ 이하이어야 한다.
② 증기가열방식은 그 온수의 온도가 120℃ 이하이어야 한다.
③ 기화통 내부는 밀폐구조로 하며 분해할 수 없는 구조로 한다.
④ 액유출방지장치로서의 전자식밸브는 액화가스 인입부의 필터 또는 스트레이너 후단에 설치한다.

> **해설** ③ 기화통 내부는 밀폐구조로 하며, 분해할 수 있는 구조로 한다.

30 동일한 펌프로 회전수를 변경시킬 경우 양정을 변화시켜 상사 조건이 되려면 회전수와 유량은 어떤 관계가 있는가?

① 유량에 비례한다.
② 유량에 반비례한다.
③ 유량의 2승에 비례한다.
④ 유량의 2승에 반비례한다.

> **해설** 펌프의 상사법칙
> 회전수와 유량에 비례한다.

31 도시가스 정압기 출구 측의 압력이 설정압력보다 비정상적으로 상승하거나 낮아지는 경우에 이상 유무를 상황실에서 알 수 있도록 알려 주는 설비는?

① 압력기록장치
② 이상압력통보설비
③ 가스누출경보장치
④ 출입문 개폐통보장치

> **해설** 이상압력통보설비의 설명이다.

32 가연성가스를 충전하는 차량에 고정된 탱크 및 용기에 부착되어 있는 안전밸브의 작동압력으로 옳은 것은?

① 상용압력의 1.5배 이하
② 상용압력의 10분의 8 이하
③ 내압시험압력의 1.5배 이하
④ 내압시험압력의 10분의 8 이하

> **해설** 안전밸브의 작동압력 = 내압시험압력의 10분의 8 이하

33 자연기화와 비교한 강제기화기 사용 시 특징에 대한 설명으로 틀린 것은?

① 기화량을 가감할 수 있다.
② 공급가스의 조성이 일정하다.
③ 설비장소가 커지고 설비비는 많이 든다.
④ LPG 종류에 관계없이 한랭 시에도 충분히 기화된다.

> **해설** ③ 설비장소가 작고, 설비비는 적게 든다.

정답 28 ① 29 ③ 30 ① 31 ② 32 ④ 33 ③

34 재료의 성질 및 특성에 대한 설명으로 옳은 것은?

① 비례한도 내에서 응력과 변형은 반비례한다.
② 안전율은 파괴강도와 허용응력에 각각 비례한다.
③ 인장시험에서 하중을 제거시킬 때 변형이 원상태로 되돌아가는 최대응력값을 탄성한도라 한다.
④ 탄성한도 내에서 가로와 세로 변형률의 비는 재료에 관계없이 일정한 값이 된다.

해설
① 비례한도 내에서 응력과 변형은 비례한다.
② 안전율은 파괴강도에 비례, 허용응력에 반비례한다.
③ 인장시험에서 하중을 제거시킬 때 변형이 원상태로 되돌아가는 최대응력값을 탄성이라 한다.

35 펌프에서 일어나는 현상 중, 송출압력과 송출유량 사이에 주기적인 변동이 일어나는 현상은?

① 서징현상
② 공동현상
③ 수격현상
④ 진동현상

해설 ① 서징현상의 설명이다.

36 냉동기에 대한 옳은 설명으로만 모두 나열된 것은?

Ⓐ CFC 냉매는 염소, 불소, 탄소만으로 화합된 냉매이다.
Ⓑ 물은 비체적이 커서 증기압축식 냉동기에 적당하다.
Ⓒ 흡수식 냉동기는 서로 잘 용해하는 두 가지 물질을 사용한다.
Ⓓ 냉동기의 냉동효과는 냉매가 흡수한 열량을 뜻한다.

① Ⓐ, Ⓑ
② Ⓑ, Ⓒ
③ Ⓐ, Ⓓ
④ Ⓐ, Ⓒ, Ⓓ

해설 물은 비체적이 커서 증기압축식 냉동기에 부적당하다.

37 정류(Rectification)에 대한 설명으로 틀린 것은?

① 비점이 비슷한 혼합물의 분리에 효과적이다.
② 상층의 온도는 하층의 온도보다 높다.
③ 환류비를 크게 하면 제품의 순도는 좋아진다.
④ 포종탑에서는 액량이 거의 일정하므로 접촉효과가 우수하다.

해설 ② 상층의 온도는 하층의 온도보다 낮다.

38 고압가스설비에 설치하는 압력계의 최고눈금은?

① 상용압력의 2배 이상 3배 이하
② 상용압력의 1.5배 이상 2배 이하
③ 내압시험압력의 1배 이상 2배 이하
④ 내압시험압력의 1.5배 이상 2배 이하

해설
압력계의 최고눈금
상용압력의 1.5배 이상 2배 이하

39 천연가스의 비점은 약 몇 °C인가?

① −84
② −162
③ −183
④ −192

해설 천연가스의 비점 : −162°C

정답 34 ④ 35 ① 36 ④ 37 ② 38 ② 39 ②

40 가스용기 재료의 구비조건으로 가장 거리가 먼 것은?
① 내식성을 가질 것
② 무게가 무거울 것
③ 충분한 강도를 가질 것
④ 가공 중 결함이 생기지 않을 것

해설 ② 무게가 가벼울 것

제3과목 가스안전관리

41 고압가스용기의 보관에 대한 설명으로 틀린 것은?
① 독성가스, 가연성가스 및 산소용기는 구분한다.
② 충전용기 보관은 직사광선 및 온도와 관계없다.
③ 잔가스용기와 충전용기는 구분한다.
④ 가연성가스 용기보관장소에는 방폭형 휴대용 손전등 외의 등화를 휴대하지 않는다.

해설 ② 충전용기는 항상 40℃ 이하의 온도를 유지하고, 직사광선을 받지 않도록 한다.

42 고압가스 분출 시 정전기가 가장 발생하기 쉬운 경우는?
① 가스의 온도가 높을 경우
② 가스의 분자량이 작을 경우
③ 가스 속에 액체 미립자가 섞여 있을 경우
④ 가스가 충분히 건조되어 있을 경우

해설 가스 속에 액체 미립자가 섞여 있을 경우 정전기가 가장 발생하기 쉽다.

43 냉동기를 제조하고자 하는 자가 갖추어야 할 제조설비가 아닌 것은?
① 프레스설비 ② 조립설비
③ 용접설비   ④ 도막측정기

해설 냉동기 제조에 필요한 설비는 프레스설비, 제관설비, 건조설비, 용접설비 또는 조립설비 등이다.

44 일반도시가스사업 제조소의 도로 및 도시가스배관 직상단에는 배관의 위치, 흐름방향을 표시한 라인마크(Line Mark)를 설치(표시)하여야 한다. 직선 배관인 경우 라인마크의 최소설치간격은?
① 25m   ② 50m
③ 100m   ④ 150m

해설 직선배관인 경우 라인마크 최소설치간격 : 50m

45 액화석유가스 저장탱크에는 자동차에 고정된 탱크에서 가스를 이입할 수 있도록 로딩암을 건축물 내부에 설치할 경우 환기구를 설치하여야 한다. 환기구 면적의 합계는 바닥면적의 얼마 이상을 기준으로 하는가?
① 1% ② 3% ③ 6% ④ 10%

해설 로딩암을 건축물 내부에 설치할 경우 환기구를 설치하여야 한다. 환기구 면적의 합계는 바닥면적의 6% 이상을 기준으로 한다.

46 가연성가스를 충전하는 차량에 고정된 탱크에 설치하는 것으로, 내압시험압력의 10분의 8 이하의 압력에서 작동하는 것은?
① 역류방지밸브
② 안전밸브
③ 스톱밸브
④ 긴급차단장치

해설 안전밸브 작동압력=내압시험압력×$\frac{8}{10}$ 배 이하

정답 40 ② 41 ② 42 ③ 43 ④ 44 ② 45 ③ 46 ②

47 차량에 고정된 탱크의 운반기준에서 가연성 가스 및 산소탱크의 내용적은 얼마를 초과할 수 없는가?

① 18,000L
② 12,000L
③ 10,000L
④ 8,000L

해설
㉠ 가연성가스(LPG 제외), 산소 : 18,000L 초과
㉡ 독성가스(액화암모니아 제외) : 12,000L 초과

48 공기액화분리장치의 액화산소 5L 중에 메탄 360mg, 에틸렌 196mg이 섞여 있다면 탄화수소 중 탄소의 질량(mg)은 얼마인가?

① 438
② 458
③ 469
④ 500

해설 탄화수소(메탄, 에틸렌) 중의 탄소의 질량은
$\left(360 \times \frac{12}{16}\right) + \left(196 + \frac{24}{28}\right) = 438\text{mg}$

49 산소용기를 이동하기 전에 취해야 할 사항으로 가장 거리가 먼 것은?

① 안전밸브를 떼어 낸다.
② 밸브를 잠근다.
③ 조정기를 떼어 낸다.
④ 캡을 확실히 부착한다.

해설 산소용기를 이동하기 전에 취해야 할 사항
㉠ 밸브를 잠근다.
㉡ 조정기를 떼어낸다.
㉢ 캡을 확실히 부착한다.

50 고압가스용기 파열사고의 주요 원인으로 가장 거리가 먼 것은?

① 용기의 내압력(耐壓力) 부족
② 용기밸브의 용기에서의 이탈
③ 용기내압(耐壓)의 이상상승
④ 용기 내에서의 폭발성 혼합가스의 발화

해설 용기파열 사고의 주요 원인
㉠ 용기의 내압력 부족
㉡ 용기내압의 이상상승
㉢ 용기 내에서의 폭발성 혼합가스의 발화

51 내용적이 25,000L인 액화산소 저장탱크의 저장능력은 얼마인가?(단, 비중은 1.04이다.)

① 26,000kg
② 23,400kg
③ 22,780kg
④ 21,930kg

해설 액화산소 저장탱크의 저장능력(kg)
$W = 0.9dV = 0.9 \times 1.04 \times 25,000 = 23,400\text{kg}$

52 다음 중 독성가스와 그 제독제가 옳지 않게 짝지어진 것은?

① 아황산가스 : 물
② 포스겐 : 소석회
③ 황화수소 : 물
④ 염소 : 가성소다 수용액

해설 제독제의 종류 및 보유량

독성가스	제독제(보유량)
염소	가성소다 수용액(670kg), 탄산소다 수용액(870kg), 소석회(620kg)
포스겐	가성소다 수용액(390kg), 소석회(360kg)
황화수소	가성소다 수용액(1,140kg), 탄산소다 수용액(1,500kg)
시안화수소	가성소다 수용액(250kg)
아황산가스	가성소다 수용액(530kg), 탄산소다 수용액(700kg), 다량의 물

정답 47 ① 48 ① 49 ① 50 ② 51 ② 52 ③

53 용기에 의한 액화석유가스 사용시설에서 과압안전장치 설치 대상은 자동절체기가 설치된 가스설비의 경우 저장능력의 몇 kg 이상인가?

① 100kg
② 200kg
③ 400kg
④ 500kg

해설 액화석유가스 사용시설에서 자동절체기가 설치된 가스설비의 경우 저장능력 : 500kg 이상

54 용접부의 용착상태의 양부를 검사할 때 가장 적당한 시험은?

① 인장시험
② 경도시험
③ 충격시험
④ 피로시험

해설 용접부의 융착상태의 양부를 검사할 때 가장 적당한 시험 : 인장시험

55 수소의 성질에 관한 설명으로 틀린 것은?

① 모든 가스 중에 가장 가볍다.
② 열전달률이 아주 작다.
③ 폭발범위가 아주 넓다.
④ 고온, 고압에서 강제 중의 탄소와 반응한다.

해설 ② 열전달률이 대단히 크다.

56 일정 기준 이상의 고압가스를 적재 운반 시에는 운반책임자가 동승한다. 다음 중 운반책임자의 동승기준으로 틀린 것은?

① 가연성 압축가스 : 300m³ 이상
② 조연성 압축가스 : 600m³ 이상
③ 가연성 액화가스 : 4,000kg 이상
④ 조연성 액화가스 : 6,000kg 이상

해설 운반책임자 동승 기준

가스의 종류		기준
액화가스	독성가스	1,000kg 이상
	가연성가스	3,000kg 이상
	조연성가스	6,000kg 이상
압축가스	독성가스	100m³ 이상
	가연성가스	300m³ 이상
	조연성가스	600m³ 이상

57 다음 중 특정고압가스에 해당하는 것만으로 나열된 것은?

① 수소, 아세틸렌, 염화수소, 천연가스, 포스겐
② 수소, 산소, 액화석유가스, 포스핀, 압축디보레인
③ 수소, 염화수소, 천연가스, 포스겐, 포스핀
④ 수소, 산소, 아세틸렌, 천연가스, 포스핀

해설
㉠ 특정 고압가스 : 수소, 산소, 액화암모니아, 아세틸렌, 액화염소, 천연가스, 압축모노실란트, 압축디보레인, 액화알진, 그 밖에 대통령령이 정하는 고압가스를 말한다.
㉡ 대통령령이 정하는 고압가스 : 포스핀, 셀렌화수소, 게르만, 디실란, 오불화비소, 오불화인, 삼불화인, 삼불화질소, 삼불화붕소, 사불화유황, 사불화규소

58 아세틸렌가스를 2.5MPa의 압력으로 압축할 때 첨가하는 희석제가 아닌 것은?

① 질소
② 메탄
③ 일산화탄소
④ 산소

해설 아세틸렌가스의 분해폭발을 방지하기 위해 희석제로서 질소, 에틸렌, 메탄, 일산화탄소 등을 사용한다.

정답 53 ④ 54 ① 55 ② 56 ③ 57 ④ 58 ④

59 LP가스 사용시설의 배관 내용적이 10L인 저압배관에 압력계로 기밀시험을 할 때 기밀시험압력 유지시간은 얼마인가?

① 5분 이상
② 10분 이상
③ 24분 이상
④ 48분 이상

해설 LP가스 배관 내용적이 10L인 저압배관 기밀시험 압력유지시간 : 5분 이상

60 액화염소 2,000kg을 차량에 적재하여 운반할 때 휴대하여야 할 소석회는 몇 kg 이상을 기준으로 하는가?

① 10
② 20
③ 30
④ 40

해설 독성가스 응급조치 약제

품명	운반하는 독성가스의 양	
	액화가스질량 1,000kg	
	미만인 경우	이상인 경우
소석회	20kg 이상	40kg 이상

제4과목 가스계측

61 바이메탈 온도계에 사용되는 변환 방식은?

① 기계적 변환
② 광학적 변환
③ 유도적 변환
④ 전기적 변환

해설 바이메탈 온도계는 기계식 변환 방식을 이용했다.

62 계량, 계측기의 교정이라 함은 무엇을 뜻하는가?

① 계량, 계측기의 지시값과 표준기의 지시값과의 차이를 구하여 주는 것
② 계량, 계측기의 지시값을 평균하여 참값과의 차이가 없도록 가산하여 주는 것
③ 계량, 계측기의 지시값과 참값과의 차를 구하여 주는 것
④ 계량, 계측기의 지시값을 참값과 일치하도록 수정하는 것

해설 계량, 계측기
여러 가지 물리적 양을 측정하는 데 사용하는 기구와 계기
㉠ 교정 : 계량, 계측기의 지시값을 참값과 일치하도록 수정하는 것
㉡ 오차 : 측정값과 참값의 차이(오차=측정값−참값)
㉢ 보정 : 측정값이 참값에 가깝도록 행하는 조작으로, 오차와의 크기가 같으나 부호는 반대임(보정=참값−측정값)

63 주로 기체연료의 발열량을 측정하는 열량계는?

① Richter 열량계
② Scheel 열량계
③ Junker 열량계
④ Thomson 열량계

해설 Junker 열량계의 설명이다.

64 염소(Cl_2)가스 누출 시 검지하는 가장 적당한 시험지는?

① 연당지
② KI−전분지
③ 초산벤젠지
④ 염화제일구리 착염지

정답 59 ① 60 ④ 61 ① 62 ④ 63 ③ 64 ②

해설

시험지	검지 가스	반응
KI-전분지	NO₂, ClO, 할로겐	청~갈색
리트머스지	산·알칼리	적색, 청색
염화제1동 착염지	아세틸렌	적색
염화팔라듐지	CO	흑색
하리슨 시약	포스겐	심등색
연당지	H₂S	흑색
초산벤젠지	HCN	청색

65 전기식 제어방식의 장점으로 틀린 것은?

① 배선작업이 용이하다.
② 신호전달 지연이 없다.
③ 신호의 복잡한 취급이 쉽다.
④ 조작속도가 빠른 비례 조작부를 만들기 쉽다.

해설
④ on-off가 간단하다.

66 오리피스로 유량을 측정하는 경우 압력차가 4배로 증가하면 유량은 몇 배로 변하는가?

① 2배 증가
② 4배 증가
③ 8배 증가
④ 16배 증가

해설
오리피스의 질량 유량(Q)
$= C \cdot A\sqrt{2gh\left(\dfrac{S_o}{S}-1\right)}$ (m³/s)
$Q \propto \sqrt{P}$, $Q = \sqrt{4} = 2$배

67 내경 50mm의 배관에서 평균유속 1.5m/s의 속도로 흐를 때의 유량(m³/h)은 얼마인가?

① 10.6
② 11.2
③ 12.1
④ 16.2

해설
$Q = AV = \dfrac{\pi}{4}d^2 \times V$
$= \dfrac{\pi}{4} \times (0.05\text{m})^2 \times 1.5\text{m/s} \times 3{,}600\text{s}$
$= 10.6 \text{m}^3/\text{h}$

68 습증기의 열량을 측정하는 기구가 아닌 것은?

① 조리개 열량계
② 분리 열량계
③ 과열 열량계
④ 봄베 열량계

해설
습증기의 열량을 측정하는 기구
㉠ 조리개 열량계
㉡ 분리 열량계
㉢ 과열 열량계

69 가스 크로마토그래피에 사용되는 운반기체의 조건으로 가장 거리가 먼 것은?

① 순도가 높아야 한다.
② 비활성이어야 한다.
③ 독성이 없어야 한다.
④ 기체 확산을 최대로 할 수 있어야 한다.

해설
④ 기체 확산을 최소로 할 수 있어야 한다.

70 막식 가스미터 고장의 종류 중 부동(不動)의 의미를 가장 바르게 설명한 것은?

① 가스가 크랭크축이 녹슬거나 밸브와 밸브시트가 타르(tar)접착 등으로 통과하지 않는다.
② 가스의 누출로 통과하나 정상적으로 미터가 작동하지 않아 부정확한 양만 측정된다.
③ 가스가 미터는 통과하나 계량막의 파손, 밸브의 탈락 등으로 계량기 지침이 작동하지 않는 것이다.
④ 날개나 조절기에 고장이 생겨 회전장치에 고장이 생긴 것이다.

해설
부동
가스미터는 통과하나 계량막의 파손, 밸브의 탈락 등으로 계량기 지침이 작동하지 않는 것

정답 65 ④ 66 ① 67 ① 68 ④ 69 ④ 70 ③

71 오르자트 가스분석기에서 CO가스의 흡수액은?

① 30% KOH 용액
② 염화제1구리 용액
③ 피로갈롤 용액
④ 수산화나트륨 25% 용액

해설 가스와 흡수액

분석가스	흡수액
CO_2	30% KOH 용액
O_2	알칼리성 피로갈롤 용액
CO	염화제1구리 용액

72 1kΩ 저항에 100V의 전압이 사용되었을 때 소모된 전력은 몇 W인가?

① 5 ② 10 ③ 20 ④ 50

해설 전력(Electric Power)

$$EP = VI = V \cdot \left(\frac{V}{R}\right) = \frac{V^2}{R} = \frac{(100)^2}{1,000}$$
$$= 10 \text{watt}$$

73 공업용 계측기의 일반적인 주요구성으로 가장 거리가 먼 것은?

① 전달부 ② 검출부
③ 구동부 ④ 지시부

해설 공업용 계측기의 일반적인 주요구성
㉠ 검출부 ㉡ 전달부 ㉢ 지시부

74 다음 [그림]과 같은 자동제어 방식은?

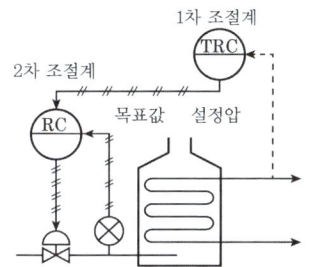

① 피드백제어
② 시퀀스제어
③ 캐스케이드제어
④ 프로그램제어

해설 캐스케이드제어
제어계를 조합하여 1차 제어장치에서 측정된 명령을 바탕으로 2차 제어계에서 제어량을 조절하는 제어 방식이다.

75 가스의 자기성(磁氣性)을 이용하여 검출하는 분석기기는?

① 가스 크로마토그래피
② SO_2계
③ O_2계
④ CO_2계

해설 O_2계의 설명이다.

76 가스미터의 종류 중 정도(정확도)가 우수하여 실험실용 등 기준기로 사용되는 것은?

① 막식 가스미터
② 습식 가스미터
③ Roots 가스미터
④ Orifice 가스미터

해설 습식 가스미터의 설명이다.

77 후크의 법칙에 의해 작용하는 힘과 변형이 비례한다는 원리를 적용한 압력계는?

① 액주식 압력계
② 점성 압력계
③ 부르동관식 압력계
④ 링밸런스 압력계

해설 부르동관식 압력계의 설명이다.

정답 71 ② 72 ② 73 ③ 74 ③ 75 ③ 76 ② 77 ③

78 루츠 가스미터에서 일반적으로 일어나는 고장의 형태가 아닌 것은?

① 부동 ② 불통
③ 감도 ④ 기차 불량

해설 ③ 감도 : 막식 가스미터 고장의 형태

79 수분 흡수제로 사용하기에 가장 부적당한 것은?

① 염화칼륨 ② 오산화인
③ 황산 ④ 실리카겔

해설 수분흡수제
㉠ 오산화인
㉡ 황산
㉢ 실리카겔

80 다음 중 계통오차가 아닌 것은?

① 계기오차 ② 환경오차
③ 과오오차 ④ 이론오차

해설 계통오차
㉠ 계기오차
㉡ 환경오차
㉢ 이론오차

정답 78 ③ 79 ① 80 ③

2019 제4회 산업기사 (9. 21. 시행)

제1과목 연소공학

01 수소 25v%, 메탄 50v%, 에탄 25v%인 혼합가스가 공기와 혼합된 경우 폭발하한계(v%)는 약 얼마인가?(단, 폭발하한계는 수소 4v%, 메탄 5v%, 에탄 3v%이다.)
① 3.1 ② 3.6
③ 4.1 ④ 4.6

해설
$$\frac{100}{L} = \frac{V_1}{L_1} + \frac{V_2}{L_2} + \frac{V_3}{L_3}$$
$$\frac{100}{L} = \frac{25}{4} + \frac{50}{5} + \frac{25}{3}$$
$$L = \frac{100}{24.58} \quad \therefore L = 4.1$$

02 $C_m H_n$ $1Sm^3$을 완전연소시켰을 때 생기는 H_2O의 양은?
① $\frac{n}{2} Sm^3$ ② $n Sm^3$
③ $2n Sm^3$ ④ $4n Sm^3$

해설 탄화수소($C_m H_n$)의 완전연소반응식
$$C_m H_n + \left(m + \frac{n}{4}\right) O_2 \rightarrow m CO_2 + \frac{n}{2} H_2O$$

03 실제가스가 이상기체 상태방정식을 만족하기 위한 조건으로 옳은 것은?
① 압력이 낮고, 온도가 높을 때
② 압력이 높고, 온도가 낮을 때
③ 압력과 온도가 낮을 때
④ 압력과 온도가 높을 때

해설 이상기체로 존재하기 쉬운 조건은 압력이 낮고, 온도가 높을 때이다.

04 0℃, 1atm에서 2L의 산소와 0℃, 2atm에서 3L의 질소를 혼합하여 1L로 하면 압력은 약 몇 atm이 되는가?
① 1 ② 2 ③ 6 ④ 8

해설
$$P = \frac{P_1 V_1 + P_2 V_2}{V} = \frac{(1 \times 2) + (2 \times 3)}{1} = 8 atm$$

05 가연성가스의 위험성에 대한 설명으로 틀린 것은?
① 폭발범위가 넓을수록 위험하다.
② 폭발범위 밖에서는 위험성이 감소한다.
③ 일반적으로 온도나 압력이 증가할수록 위험성이 증가한다.
④ 폭발범위가 좁고 하한계가 낮은 것은 위험성이 매우 작다.

해설 ④ 폭발범위가 좁고 하한계가 높은 것은 위험성이 매우 작다.

06 메탄올을 이론공기로 연소시켰을 때 생성물 중 질소의 분압은 약 몇 kPa인가?(단, 메탄과 공기는 100kPa, 25℃에서 공급되고 생성물의 압력은 100kPa이다.)
① 36 ② 71 ③ 81 ④ 92

해설 분압=(전압×몰수)/전체 몰수
$CH_4 + 2O_2 \rightarrow CO_2 + 2H_2O$
단, 질소는 직접 반응하지 않지만, 공기 중에 산소 : 질소=21 : 79의 비율로 존재하므로, 그 비율만큼 같이 들어가게 된다. 따라서 산소 2몰이 들어갈 때 $2 \times \frac{79}{21} = 7.524$몰의 질소가 들어간다.
∴ 질소분압=$100 kPa \times 7.524/(1+2+7.524)$
       =$71.49 kPa$

정답 01 ③ 02 ① 03 ① 04 ④ 05 ④ 06 ②

07 아세틸렌가스의 위험도(H)는 약 얼마인가?

① 21 ② 23 ③ 31 ④ 33

해설 위험도(H) = $\dfrac{U-L}{L} = \dfrac{81-2.5}{2.5} = 31$

08 물질의 상변화는 일으키지 않고 온도만 상승시키는 데 필요한 열을 무엇이라고 하는가?

① 잠열 ② 현열
③ 증발열 ④ 융해열

해설 현열의 설명이다.

09 불꽃 중 탄소가 많이 생겨서 황색으로 빛나는 불꽃을 무엇이라 하는가?

① 휘염 ② 층류염
③ 환원염 ④ 확산염

해설 휘염의 설명이다.

10 전 폐쇄 구조인 용기 내부에서 폭발성가스의 폭발이 일어났을 때, 용기가 압력을 견디고 외부의 폭발성가스에 인화할 우려가 없도록 한 방폭구조는?

① 안전증방폭구조
② 내압방폭구조
③ 특수방폭구조
④ 유입방폭구조

해설 방폭전기기기의 분류
㉠ 내압방폭구조 : 방폭전기기기의 용기 내부에서 가연성가스의 폭발이 발생할 경우 그 용기가 폭발 압력에 견디고, 접합면·개구부 등을 통하여 외부의 가연성가스에 인화되지 아니하도록 한 구조를 말한다.
㉡ 유입방폭구조 : 용기 내부에 절연유를 주입하여 불꽃·아크 또는 고온 발생 부분이 기름 속에 잠기게 함으로써 기름면 위에 존재하는 가연성가스에 인화되지 아니하도록 한 구조를 말한다.
㉢ 압력방폭구조 : 용기 내부에 보호가스(신선한 공기 또는 불활성가스)를 압입하여 내부 압력을 유지함으로써 가연성가스가 용기 내부로 유입되지 아니하도록 한 구조를 말한다.
㉣ 안전증방폭구조 : 정상 운전 중에 가연성가스의 점화원이 될 전기불꽃·아크 또는 고온 부분 등의 발생을 방지하기 위하여 기계적, 전기적, 구조상 또는 온도 상승에 대하여 특히 안전도를 증가시킨 구조를 말한다.

11 공기 중에서 압력을 증가시켰더니 폭발범위가 좁아지다가 고압 이후부터 폭발범위가 넓어지기 시작했다. 이는 어떤 가스인가?

① 수소 ② 일산화탄소
③ 메탄 ④ 에틸렌

해설 수소의 설명이다.

12 일정온도에서 발화할 때까지의 시간을 발화지연이라 한다. 발화지연이 짧아지는 요인으로 가장 거리가 먼 것은?

① 가열온도가 높을수록
② 압력이 높을수록
③ 혼합비가 완전산화에 가까울수록
④ 용기의 크기가 작을수록

해설 발화지연이 짧아지는 요인
① 가열온도가 높을수록
② 압력이 높을수록
③ 혼합비가 완전산화에 가까울수록

13 다음 중 공기비를 옳게 표시한 것은?

① $\dfrac{실제공기량}{이론공기량}$
② $\dfrac{이론공기량}{실제공기량}$
③ $\dfrac{사용공기량}{1-이론공기량}$
④ $\dfrac{이론공기량}{1-사용공기량}$

정답 07 ③ 08 ② 09 ① 10 ② 11 ① 12 ④ 13 ①

해설 공기비 = $\dfrac{실제공기량}{이론공기량}$

14 B, C급 분말소화기의 용도가 아닌 것은?
① 유류화재   ② 가스화재
③ 전기화재   ④ 일반화재

해설
- B급 : 유류(가스)화재
- C급 : 전기화재

15 기계동력 사이클 중 가장 이상적인 이론 사이클로, 열역할 제2법칙과 엔트로피의 기초가 되는 사이클은?
① 카르노사이클(Carnot cycle)
② 사바테사이클(Sabathe cycle)
③ 오토사이클(Otto cycle)
④ 브레이턴사이클(Brayton cycle)

해설 카르노사이클의 설명이다.

16 가스의 연소속도에 영향을 미치는 인자에 대한 설명으로 틀린 것은?
① 연소속도는 주변 온도가 상승함에 따라 증가한다.
② 연소속도는 이론혼합기 근처에서 최대이다.
③ 압력이 증가하면 연소속도는 급격히 증가한다.
④ 산소농도가 높아지면 연소범위가 넓어진다.

해설 ③ 압력이 증가하면 연소속도는 감소한다.

17 난류확산화염에서 유속 또는 유량이 증대할 경우 시간이 지남에 따라 화염의 높이는 어떻게 되는가?
① 높아진다.
② 낮아진다.
③ 거의 변화가 없다.
④ 어느 정도 낮아지다가 높아진다.

해설 난류유동은 화염전파를 증가시키지만, 화학적인 내용들은 거의 변화하지 않는다.

18 층류 연소속도 측정법 중 단위화염 면적당 단위시간에 소비되는 미연소 혼합기체의 체적을 연소속도로 정의하여 결정하며, 오차가 크지만 연소속도가 큰 혼합기체에 편리하게 이용되는 측정 방법은?
① Slot 버너법
② Bunsen 버너법
③ 평면화염 버너법
④ Soap Bubble법

해설 Bunsen 버너법의 설명이다.

19 최소점화에너지에 대한 설명으로 옳은 것은?
① 유속이 증가할수록 작아진다.
② 혼합기 온도가 상승함에 따라 작아진다.
③ 유속 20m/s까지는 점화에너지가 증가하지 않는다.
④ 점화에너지의 상승은 혼합기 온도 및 유속과는 무관하다.

해설 최소점화에너지
혼합기 온도가 상승함에 따라 작아진다.

20 분젠버너에서 공기의 흡입구를 닫았을 때의 연소나 가스라이터의 연소 등 주변에서 볼 수 있는 전형적인 기체연료의 연소형태로서 화염이 전파하는 특징을 갖는 연소는?
① 분무연소   ② 확산연소
③ 분해연소   ④ 예비혼합연소

해설 확산연소의 설명이다.

정답 14 ④ 15 ① 16 ③ 17 ③ 18 ② 19 ② 20 ②

제2과목 가스설비

21 펌프의 토출량이 6m³/min이고, 송출구의 안지름이 20cm일 때 유속은 약 몇 m/s인가?

① 1.5　② 2.7
③ 3.2　④ 4.5

해설
$$V = \frac{Q}{A} = \frac{\left(\frac{6}{60}\right)}{\frac{\pi}{4}(0.2)^2} = 3.2 \text{m/s}$$

22 탄소강에서 탄소함유량의 증가와 더불어 증가하는 성질은?

① 비열
② 열팽창률
③ 탄성계수
④ 열전도율

해설 탄소강
탄소함유량의 증가와 더불어 비열이 증가한다.

23 탱크로리로부터 저장탱크로 LPG 이송 시 잔가스 회수가 가능한 이송방법은?

① 압축기 이용법
② 액송펌프 이용법
③ 차압에 의한 방법
④ 압축가스용기 이용법

해설 압축기 이용법의 설명이다.

24 메탄가스에 대한 설명으로 옳은 것은?

① 담청색의 기체로서 무색의 화염을 낸다.
② 고온에서 수증기와 작용하면 일산화탄소와 수소를 생성한다.
③ 공기 중에 30%의 메탄가스가 혼합된 경우 점화하면 폭발한다.
④ 올레핀계 탄화수소로서 가장 간단한 형의 화합물이다.

해설
① 무색의 기체로서 청색의 화염을 낸다.
③ 공기 중에 5~15%의 메탄가스가 혼합된 경우 점화하면 폭발한다.
④ 파라핀계 탄화수소로서 가장 간단한 형의 화합물이다.

25 조정압력이 3.3kPa 이하이고 노즐 지름이 3.2mm 이하인 일반용 LP가스 압력조정기의 안전장치 분출용량은 몇 L/h 이상이어야 하는가?

① 100　② 140
③ 200　④ 240

해설 안전장치 분출용량(Q) = 44×노즐 관경
= 44×2 = 88L/h
즉, 노즐 관경이 3.2mm 이하일 때 안전장치 분출용량이 140L/h 이하라도 140L/h 이상으로 본다.

26 시간당 50,000kcal를 흡수하는 냉동기의 용량은 약 몇 냉동톤인가?

① 3.8　② 7.5
③ 15　④ 30

해설 냉동기의 냉동톤(RT)
$$\frac{Q_2}{3.320} = \frac{50,000}{3.320} = 15.06 \text{RT}$$

27 메탄염소화에 의해 염화메틸(CH_3Cl)을 제조할 때 반응 온도는 얼마 정도로 하는가?

① 100℃
② 200℃
③ 300℃
④ 400℃

해설 $CH_4 + Cl_2 \rightarrow CH_3Cl + HCl$
(반응 온도 200℃)

정답　21 ③　22 ①　23 ①　24 ②　25 ②　26 ③　27 ④

28 동관용 공구 중 동관 끝을 나팔형으로 만들어 압축이음 시 사용하는 공구는?

① 익스펜더 ② 플레어링 툴
③ 사이징 툴 ④ 리머

해설 플레어링 툴의 설명이다.

29 원심펌프의 회전수가 1,200rpm일 때 양정 15m, 송출유량 2.4m³/min, 축동력 10PS이다. 이 펌프를 2,000rpm으로 운전할 때의 양정(H)은 약 몇 m가 되겠는가?(단, 펌프의 효율은 변하지 않는다.)

① 41.67   ② 33.75
③ 27.78   ④ 22.72

해설
$$\frac{H_2}{H_1}=\left(\frac{N_2}{N_1}\right)^2,\ \frac{H_2}{15}=\left(\frac{2,000}{1,200}\right)^2$$
∴ $H_2 = 41.67$

30 금속의 열처리에서 풀림(Annealing)의 주된 목적은?

① 강도 증가
② 인성 증가
③ 조직의 미세화
④ 강을 연하게 하여 기계 가공성을 향상

해설 풀림의 주된 목적
강을 연하게 하여 기계 가공성을 향상

31 기밀성 유지가 양호하고 유량조절이 용이하지만, 압력손실이 비교적 크고 고압의 대구경 밸브로는 적합하지 않은 특징을 가지는 밸브는?

① 플러그밸브 ② 글로브밸브
③ 볼밸브   ④ 게이트밸브

해설 글로브밸브의 설명이다.

32 가스배관의 구경을 산출하는 데 필요한 것으로만 짝지어진 것은?

㉮ 가스유량   ㉯ 배관길이
㉰ 압력손실   ㉱ 배관재질
㉲ 가스의 비중

① ㉮, ㉯, ㉰, ㉱
② ㉯, ㉰, ㉱, ㉲
③ ㉮, ㉯, ㉰, ㉲
④ ㉮, ㉯, ㉱, ㉲

해설 가스배관의 구경을 산출하는 데 필요한 것
㉠ 가스유량
㉡ 배관길이
㉢ 압력손실
㉣ 가스의 비중

33 LPG 소비설비에서 용기의 개수를 결정할 때 고려사항으로 가장 거리가 먼 것은?

① 감압방식
② 1가구당 1일 평균가스소비량
③ 소비자 가구수
④ 사용 가스의 종류

해설 LPG 소비설비에서 용기의 개수를 결정할 때 고려사항
① 1가구당 1일 평균가스소비량
② 소비자 가구수
③ 사용 가스의 종류

34 밀폐식 가스연소기의 일종으로 시공성은 물론 미관상도 좋고, 배기가스 중독사고의 우려도 적은 연소기 유형은?

① 자연배기(CF)식
② 강제배기(FE)식
③ 자연급배기(BF)식
④ 강제급배기(FF)식

해설 강제급배기(FF)식의 설명이다.

정답 28 ② 29 ① 30 ④ 31 ② 32 ③ 33 ① 34 ④

35 가스 충전구의 나사방향이 왼나사이어야 하는 것은?
① 암모니아 ② 브롬화메틸
③ 산소 ④ 아세틸렌

해설 충전구의 나사 형식
㉮ 왼나사 : 가연성 가스[(암모니아, 브롬화메탄은 오른나사)(예 C_2H_2 등)]
㉯ 오른나사 : 가연성 이외의 것

36 펌프의 공동현상(Cavitation) 방지방법으로 틀린 것은?
① 흡입양정을 짧게 한다.
② 양흡입 펌프를 사용한다.
③ 흡입 비교 회전도를 크게 한다.
④ 회전차를 물속에 완전히 잠기게 한다.

해설 ③ 펌프의 회전수를 늦춘다.

37 공기액화장치 중 수소, 헬륨을 냉매로 하며, 2개의 피스톤이 한 실린더에 설치되어 압축기의 역할을 동시에 하는 형식은?
① 캐스케이드식
② 캐피자식
③ 클라우드식
④ 필립스식

해설
① 캐스케이드식 : 비점이 점차 낮은 냉매를 사용하여 저비점의 기체를 액화하는 형식이다.
② 캐피자식 : 팽창기가 터빈식이고, 열교환에 축냉기를 채택한 것으로 원료공기를 냉각시킴과 동시에 원료공기 중의 수분과 탄산가스를 제거하고 있다.
③ 클라우드식 : 팽창기로 일을 하면서 단열 등엔트로피 팽창에 의하여 공기의 온도를 강화시키는 방법이다.

38 가스액화분리장치의 구성이 아닌 것은?
① 한랭발생장치
② 불순물제거장치
③ 정류(분축, 흡수)장치
④ 내부연소식 반응장치

해설 가스액화 분리장치의 구성
① 한랭발생장치
② 불순물제거장치
③ 정류(분축, 흡수)장치

39 강제급배기식 가스온수보일러에서 보일러의 최대가스소비량과 각 버너의 가스소비량은 표시치의 얼마 이내인 것으로 하여야 하는가?
① ±5% ② ±8%
③ ±10% ④ ±15%

해설 강제급배기식 가스온수보일러
보일러의 최대가스소비량과 각 버너의 가스소비량은 표시치의 ±10% 이내

40 공기액화분리장치의 폭발 원인이 될 수 없는 것은?
① 공기 취입구에서 아르곤 혼입
② 공기 취입구에서 아세틸렌 혼입
③ 공기 중 질소화합물(NO, NO_2) 혼입
④ 압축기용 윤활유의 분해에 의한 탄화수소의 생성

해설 액체 공기 중의 오존(O_3)의 축적

제3과목 가스안전관리

41 다음의 액화가스를 이음매 없는 용기에 충전할 경우 그 용기에 대하여 음향검사를 실시하고 음향이 불량한 용기는 내부조명검사를 하지 않아도 되는 것은?
① 액화프로판
② 액화암모니아
③ 액화탄산가스
④ 액화염소

정답 35 ④ 36 ③ 37 ④ 38 ④ 39 ③ 40 ① 41 ①

해설 액화프로판의 설명이다.

42 고압가스 냉동제조시설에서 해당 냉동설비의 냉동능력에 대응하는 환기구의 면적을 확보하지 못하는 때에는 그 부족한 환기구 면적에 대하여 냉동능력 1ton당 얼마 이상의 강제환기장치를 설치해야 하는가?

① 0.05m³/분   ② 1m³/분
③ 2m³/분   ④ 3m³/분

해설 고압가스 냉동제조시설에서 환기구의 면적을 확보하지 못하는 때
냉동능력 1ton당 2m³/분 이상의 강제환기장치를 설치한다.

43 산소와 혼합가스를 형성할 경우 화염온도가 가장 높은 가연성가스는?

① 메탄   ② 수소
③ 아세틸렌   ④ 프로판

해설

가연성가스	화염온도
메탄	2,005℃
수소	2,252℃
아세틸렌	3,500℃
프로판	2,120℃

44 신규검사 후 경과연수가 20년 이상된 액화석유가스용 100L 용접용기의 재검사 주기는?

① 1년마다   ② 2년마다
③ 3년마다   ④ 5년마다

해설 재검사 기간

용기의 종류		신규검사 후 경과연수에 따른 재검사 주기		
		15년 미만	15년 이상 20년 미만	20년 이상
용접용기 (액화석유가스용 용접용기 제외)	500L 이상	5년마다	2년마다	1년마다
	500L 미만	3년마다	2년마다	1년마다

용기의 종류		신규검사 후 경과연수에 따른 재검사 주기		
		15년 미만	15년 이상 20년 미만	20년 이상
액화석유가스용 용접용기	500L 이상	5년마다	2년마다	1년마다
	500L 미만	5년마다		2년마다
이음매 없는 용기 또는 복합재료 용기	500L 이상	5년마다		
	500L 미만	신규검사 후 경과연수가 10년 이하인 것은 5년마다, 10년을 초과한 것은 3년마다		
액화석유가스용 복합재료용기		5년마다(설계조건에 반영되고, 산업통상자원부장관으로부터 안전한 것으로 인정을 받은 경우에는 10년마다)		

45 용기에 의한 액화석유가스 사용시설에서 호칭지름이 20mm인 가스배관을 노출하여 설치할 경우 배관이 움직이지 않도록 고정장치를 몇 m마다 설치하여야 하는가?

① 1m   ② 2m
③ 3m   ④ 4m

해설 호칭지름에 따른 고정장치 부착간격
㉠ 13mm 미만 : 1m마다
㉡ 13mm 이상 33mm 미만 : 2m마다
㉢ 33mm 이상 : 3m마다

46 기업활동 전반을 시스템으로 보고 시스템 운영 규정을 작성·시행하여 사업장에서의 사고 예방을 위하여 모든 형태의 활동 및 노력을 효과적으로 수행하기 위한 체계적이고 종합적인 안전관리체계를 의미하는 것은?

① MMS
② SMS
③ CRM
④ SSS

해설 SMS의 설명이다.

정답 42 ③ 43 ③ 44 ② 45 ② 46 ②

47 도시가스용 압력조정기란 도시가스 정압기 이외에 설치되는 압력조정기로서 입구 쪽 호칭지름과 최대표시유량을 각각 바르게 나타낸 것은?

① 50A 이하, 300Nm³/h 이하
② 80A 이하, 300Nm³/h 이하
③ 80A 이하, 500Nm³/h 이하
④ 100A 이하, 500Nm³/h 이하

해설 도시가스용 압력조정기
도시가스 정압기 이외에 설치되는 압력조정기이다.
㉠ 입구쪽 호칭지름 : 50A 이하
㉡ 최대표시유량 : 300Nm³/h 이하

48 일반도시가스시설에서 배관 매설 시 사용하는 보호포의 기준으로 틀린 것은?

① 일반형 보호포와 내압력형 보호포로 구분한다.
② 잘 끊어지지 않는 재질로 직조한 것으로 두께는 0.2mm 이상으로 한다.
③ 최고사용압력이 중압 이상인 배관의 경우에는 보호판의 상부로부터 30cm 이상 떨어진 곳에 보호포를 설치한다.
④ 보호포는 호칭지름에 10cm를 더한 폭으로 설치한다.

해설 ① 일반형 보호포와 탐지형 보호포로 구분한다.

49 공업용 용기의 도색 및 문자표시의 색상으로 틀린 것은?

① 수소 – 주황색으로 용기도색, 백색으로 문자표기
② 아세틸렌 – 황색으로 용기도색, 흑색으로 문자표기
③ 액화암모니아 – 백색으로 용기도색, 흑색으로 문자표기
④ 액화염소 – 회색으로 용기도색, 백색으로 문자표기

해설 ㉠ 가연성가스 및 독성가스의 용기 도색 표시

가스의 종류	도색의 구분
액화석유가스	회색
수소	주황색
아세틸렌	황색
액화암모니아	백색
액화질소	갈색
그 밖의 가스	회색

㉡ 고압가스 용기에 사용하는 문자 색상

가스의 종류	문자의 색상	
	공업용	의료용
액화석유가스	적색	–
수소	백색	–
아세틸렌	흑색	–
액화암모니아	흑색	–
액화염소	백색	–
산소	백색	녹색
액화탄산가스	백색	백색
질소	백색	백색
아산화질소	백색	백색
헬륨	백색	백색
에틸렌	백색	백색
시클로프로판	백색	백색
그 밖의 가스	백색	–

50 용기의 각인 기호에 대해 잘못 나타낸 것은?

① V : 내용적
② W : 용기의 질량
③ TP : 기밀시험압력
④ FP : 최고충전압력

해설 TP : 내압시험압력(MPa)

51 차량에 고정된 탱크의 내용적에 대한 설명으로 틀린 것은?

① 액화천연가스탱크의 내용적은 1만 8천L를 초과할 수 없다.
② 산소탱크의 내용적은 1만 8천L를 초과할 수 없다.

정답 47 ① 48 ① 49 ④ 50 ③ 51 ④

③ 염소탱크의 내용적은 1만 2천L를 초과할 수 없다.
④ 암모니아탱크의 내용적은 1만 2천L를 초과할 수 없다.

해설 내용적 제한
㉠ 가연성가스(LPG 제외), 산소 : 18,000L 초과
㉡ 독성가스(액화암모니아 제외) : 12,000L 초과

52 액화석유가스의 안전관리 및 사업법상 허가 대상이 아닌 콕은?
① 퓨즈콕
② 상자콕
③ 주물연소기용 노즐콕
④ 호스콕

해설 액화가스 안전 및 사업법상 검사 대상인 콕
① 퓨즈콕
② 상자콕
③ 주물연소기용 노즐콕

53 가스안전평가기법 중 정성적 안전성평가기법은?
① 체크리스트기법
② 결함수분석기법
③ 원인결과분석기법
④ 작업자실수분석기법

해설 체크리스트기법의 설명이다.

54 다음 중 가연성가스가 아닌 것은?
① 아세트알데히드
② 일산화탄소
③ 산화에틸렌
④ 염소

해설 ④ 염소 : 조연성(지연성)가스

55 용기에 의한 액화석유가스 사용시설에서 저장능력이 100kg을 초과하는 경우에 설치하는 용기보관실의 설치기준에 대한 설명으로 틀린 것은?
① 용기는 용기보관실 안에 설치한다.
② 단층구조로 설치한다.
③ 용기보관실의 지붕은 무거운 방염재료로 설치한다.
④ 보기 쉬운 곳에 경계표지를 설치한다.

해설 ③ 용기보관실의 지붕은 가벼운 불연성재료를 사용한 것으로 설치한다.

56 안전관리규정의 실시기록은 몇 년간 보존하여야 하는가?
① 1년
② 2년
③ 3년
④ 5년

해설 안전관리규정의 실시 기록
5년간 보존한다.

57 다음 중 특정고압가스가 아닌 것은?
① 수소
② 질소
③ 산소
④ 아세틸렌

해설 특정고압가스
수소, 산소, 액화암모니아, 아세틸렌, 액화염소, 천연가스, 압축모노실란트, 압축디보레인, 액화알진, 그 밖에 대통령령이 정하는 고압가스를 말한다.

58 사람이 사망하거나 부상, 중독 가스사고가 발생하였을 때 사고의 통보 내용에 포함되는 사항이 아닌 것은?
① 통보자의 인적사항
② 사고발생 일시 및 장소
③ 피해자 보상 방안
④ 사고내용 및 피해현황

정답 52 ④ 53 ① 54 ④ 55 ③ 56 ④ 57 ② 58 ③

> **[해설]** 가스사고가 발생 시 사고의 통보 내용
> ① 통보자의 인적사항
> ② 사고발생 일시 및 장소
> ③ 사고내용 및 피해현황

59 고압가스 일반제조시설의 설치기준에 대한 설명으로 틀린 것은?

① 아세틸렌의 충전용 교체밸브는 충전하는 장소에서 격리하여 설치한다.
② 공기액화분리기로 처리하는 원료공기의 흡입구는 공기가 맑은 곳에 설치한다.
③ 공기액화분리기의 액화공기탱크와 액화산소증발기 사이에는 석유류, 유지류, 그 밖의 탄화수소를 여과, 분리하기 위한 여과기를 설치한다.
④ 에어로졸제조시설에는 정압충전을 위한 레벨장치를 설치하고 공업용 제조시설에는 불꽃길이 시험장치를 설치한다.

> **[해설]** ④ 에어로졸제조시설에는 과압을 방지할 수 있는 자동충전기를 설치한다.

60 저장탱크에 의한 액화석유가스 저장소에서 지상에 설치하는 저장탱크, 그 받침대, 저장탱크에 부속된 펌프 등이 설치된 가스설비실에는 그 외면으로부터 몇 m 이상 떨어진 위치에서 조작할 수 있는 냉각장치를 설치하여야 하는가?

① 2m   ② 5m
③ 8m   ④ 10m

> **[해설]** 저장탱크에 의한 액화석유가스 저장소 지상에 설치하는 저장탱크 등
> 외면으로부터 5m 이상 떨어진 위치에서 조작할 수 있는 냉각장치를 설치한다.

제3과목 가스계측

61 가스누출검지기 중 가스와 공기의 열전도도가 다른 것을 측정원리로 하는 검지기는?

① 반도체식 검지기
② 접촉연소식 검지기
③ 서머스테드식 검지기
④ 불꽃이온화식 검지기

> **[해설]** 서머스테드식 검지기의 설명이다.

62 렌즈 또는 반사경을 이용하여 방사열을 수열판으로 모아 고온 물체의 온도를 측정할 때 주로 사용하는 온도계는?

① 열전 온도계
② 저항 온도계
③ 열팽창 온도계
④ 복사 온도계

> **[해설]** 복사 온도계의 설명이다.

63 계량기의 형식 승인 번호의 표시방법에서 계량기의 종류별 기호 중 가스미터의 표시 기호는?

① G   ② M
③ L   ④ H

> **[해설]** 계량기의 종류별 기호
>
> | 종류 | 기호 |
> |---|---|
> | A | 판수동 저울 |
> | B | 접시지시 및 판지시 저울 |
> | C | 전기식 지시 저울 |
> | D | 분동 |
> | E | 이동식 축중기 |
> | F | 체온계 |
> | G | 전력량계 |
> | H | 가스미터 |
> | I | 수도미터 |
> | J | 온수미터 |

정답 59 ④ 60 ② 61 ③ 62 ④ 63 ④

종류	기호
K	주유기
L	LPG미터
M	오일미터
N	눈새김 탱크
O	눈새김 탱크로리
P	혈압계
Q	적산 열량계
R	곡물 수분 측정기
S	속도 측정기
–	–

64 화씨[°F]와 섭씨[°C]의 온도눈금 수치가 일치하는 경우의 절대온도[K]는?

① 201 ② 233
③ 313 ④ 345

해설 화씨(°F)와 섭씨(°C)의 일치점은 −40이므로
- A[K] = 273 − 40 = 233K
- B[°R] = 460 − 40 = 420°F

65 가스계량기의 1주기 체적의 단위는?

① L/min
② L/hr
③ L/rev
④ cm^3/g

해설 가스계량기의 1주기 체적의 단위 : L/rev

66 오리피스로 유량을 측정하는 경우 압력차가 2배로 변했다면 유량은 몇 배로 변하겠는가?

① 1배
② $\sqrt{2}$ 배
③ 2배
④ 4배

해설 오리피스의 질량 유량 $(Q) = K \cdot A\sqrt{2gh}$
유량은 차압의 평방근(제곱근)에 비례한다. 즉, $\sqrt{2}$ 배이다.

67 기체 크로마토그래피의 측정 원리로서 가장 옳은 설명은?

① 흡착제를 충전한 관속에 혼합시료를 넣고, 용제를 유동시키면 흡수력 차이에 따라 성분의 분리가 일어난다.
② 관속을 지나가는 혼합기체 시료가 운반기체에 따라 분리가 일어난다.
③ 혼합기체의 성분이 운반기체에 녹는 용해도 차이에 따라 성분의 분리가 일어난다.
④ 혼합기체의 성분은 관내에 자기장의 세기에 따라 분리가 일어난다.

해설 기체 크로마토그래피의 측정 원리
흡착제를 충전한 관속에 혼합시료를 넣고, 용제를 유동시키면 흡수력 차이에 따라 성분의 분리가 일어난다.

68 압력계와 진공계 두 가지 기능을 갖춘 압력게이지를 무엇이라고 하는가?

① 전자압력계
② 초음파압력계
③ 부르동관(Bourdon tube)압력계
④ 컴파운드게이지(Compound gauge)

해설 컴파운드게이지의 설명이다.

69 전기세탁기, 자동판매기, 승강기, 교통신호기 등에 기본적으로 응용되는 제어는?

① 피드백제어
② 시퀀스제어
③ 정치제어
④ 프로세스제어

해설 시퀀스제어의 설명이다.

정답 64 ② 65 ③ 66 ② 67 ① 68 ④ 69 ②

부록 과년도 기출문제

70 다음 중 기기분석법이 아닌 것은?
① Chromatography
② Iodometry
③ Colorimetry
④ Polarography

해설 기기분석법
㉠ Chromatography
㉡ Colorimetry
㉢ Polarography

71 루츠미터에 대한 설명으로 가장 옳은 것은?
① 설치면적이 작다.
② 실험용으로 적합하다.
③ 사용 중에 수위 조정 등의 유지관리가 필요하다.
④ 습식 가스미터에 비해 유량이 정확하다.

해설 루츠미터는 설치면적이 작다.

72 가스 누출 시 사용하는 시험지의 변색 현상이 옳게 연결된 것은?
① H_2S : 전분지 → 청색
② CO : 염화팔라듐지 → 적색
③ HCN : 하리슨 시약 → 황색
④ C_2H_2 : 염화제일동 착염지 → 적색

해설 ① H_2S : 연당지(흑색)
② CO : 염화팔라듐지(흑색)
③ HCN : 초산벤젠지(청색)

73 목표치에 따른 자동제어의 종류 중 목표값이 미리 정해진 시간적 변화를 행할 경우 목표값에 따라서 변동하도록 한 제어는?
① 프로그램제어
② 캐스케이드제어
③ 추종제어
④ 프로세스제어

해설 프로그램(Program)제어
목표값이 미리 정해진 계측에 따라 시간적 변화를 할 경우 목표값에 따라 변동하도록 한 제어 방법이다.

74 도로에 매설된 도시가스가 누출되는 것을 감지하여 분석한 후 가스누출 유무를 알려주는 가스검출기는?
① FID   ② TCD
③ FTD   ④ FPD

해설 FID의 설명이다.

75 다음 중 유체에너지를 이용하는 유량계는?
① 터빈유량계
② 전자기유량계
③ 초음파유량계
④ 열유량계

해설 유체에너지를 이용하는 유량계
㉠ 전자기유량계
㉡ 초음파유량계
㉢ 열유량계

76 오르자트 가스분석계에서 알칼리성 피로갈롤 흡수액으로 하는 가스는?
① CO
② H_2S
③ CO_2
④ O_2

해설 ㉠ 오르자트(Orsat) 가스분석기의 가스 흡수 순서 : CO_2 → O_2 → CO
㉡ 가스와 흡수액

분석가스	흡수액
CO_2	30% KOH 용액
O_2	알칼리성 피로갈롤 용액
CO	암모니아성 염화제1동 용액

정답 70 ② 71 ① 72 ④ 73 ① 74 ① 75 ① 76 ④

77 고압으로 밀폐된 탱크에 가장 적합한 액면계는?
① 기포식 ② 차압식
③ 부자식 ④ 편위식

해설 차압식 액면계의 설명이다.

78 출력이 일정한 값에 도달한 이후의 제어계의 특성을 무엇이라고 하는가?
① 스텝응답
② 과도특성
③ 정상특성
④ 주파수응답

해설 정상특성의 설명이다.

79 공업용 액면계가 갖추어야 할 조건으로 옳지 않은 것은?
① 자동제어장치에 적용 가능하고, 보수가 용이해야 한다.
② 지시, 기록 또는 원격측정이 가능해야 한다.
③ 연속측정이 가능하고 고온, 고압에 견디어야 한다.
④ 액위의 변화속도가 느리고, 액면의 상·하한계의 적용이 어려워야 한다.

해설 ④ 액면의 상·하한계를 간단히 할 수 있든가 또는 적용이 용이한 방식일 것

80 감도에 대한 설명으로 옳지 않은 것은?
① 지시량 변화/측정량 변화로 나타낸다.
② 측정량의 변화에 민감한 정도를 나타낸다.
③ 감도가 좋으면 측정시간은 짧아지고 측정범위는 좁아진다.
④ 감도의 표시는 지시계의 감도와 눈금 나비로 표시한다.

해설 ③ 감도가 좋으면 측정시간이 길어지고, 측정범위가 좁아진다.

정답 77 ② 78 ③ 79 ④ 80 ③

2020 제1·2회 통합 산업기사
(6. 6. 시행)

제1과목 연소공학

01 증기운폭발에 영향을 주는 인자로서 가장 거리가 먼 것은?
① 혼합비
② 점화원의 위치
③ 방출된 물질의 양
④ 증발된 물질의 분율

해설 증기운폭발에 영향을 주는 인자
㉠ ②, ③, ④
㉡ 증기운이 점화하기까지 움직인 거리
㉢ 폭발효율

02 일반적인 연소에 대한 설명으로 옳은 것은?
① 온도의 상승에 따라 폭발범위는 넓어진다.
② 압력 상승에 따라 폭발범위는 좁아진다.
③ 가연성가스에서 공기 또는 산소의 농도 증가에 따라 폭발범위는 좁아진다.
④ 공기 중에서보다 산소 중에서 폭발범위는 좁아진다.

해설
② 압력 상승에 따라 폭발범위는 넓어진다.
③ 가연성가스에서 공기 또는 산소의 농도 증가에 따라 폭발범위는 넓어진다.
④ 공기 중에서보다 산소 중에서 폭발범위는 넓어진다.

03 최소점화에너지(MIE)에 대한 설명으로 틀린 것은?
① MIE는 압력의 증가에 따라 감소한다.
② MIE는 온도의 증가에 따라 감소한다.
③ 질소 농도의 증가는 MIE를 증가시킨다.
④ 일반적으로 분진의 MIE는 가연성가스보다 큰 에너지 준위를 가진다.

해설 ② MIE는 온도의 증가에 따라 감소한다.

04 표면연소란 다음 중 어느 것을 말하는가?
① 오일 표면에서 연소하는 상태
② 고체연료가 화염을 길게 내면서 연소하는 상태
③ 화염의 외부 표면에 산소가 접촉하여 연소하는 현상
④ 적열된 코크스 또는 숯의 표면 또는 내부에 산소가 접촉하여 연소하는 상태

해설 표면연소
적열된 코크스 또는 숯의 표면 또는 내부에 산소가 접촉하여 연소하는 형태

05 등심연소 시 화염의 길이에 대하여 옳게 설명한 것은?
① 공기 온도가 높을수록 길어진다.
② 공기 온도가 낮을수록 길어진다.
③ 공기 유속이 높을수록 길어진다.
④ 공기 유속 및 공기 온도가 낮을수록 길어진다.

해설 등심연소 시 화염길이
공기 온도가 높을수록 길어진다.

06 이산화탄소로 가연물을 덮는 방법은 소화의 3대 효과 중 다음 어느 것에 해당하는가?
① 제거효과 ② 질식효과

정답 01 ① 02 ① 03 ② 04 ④ 05 ① 06 ②

③ 냉각효과 ④ 촉매효과

해설 CO_2로 가연물을 덮는 방법
질식효과

07 화재와 폭발을 구별하기 위한 주된 차이는?
① 에너지 방출 속도
② 점화원
③ 인화점
④ 연소한계

해설 화재와 폭발을 구별하기 위한 주된 차이
에너지 방출 속도

08 완전연소의 구비조건으로 틀린 것은?
① 연소에 충분한 시간을 부여한다.
② 연료를 인화점 이하로 냉각하여 공급한다.
③ 적정량의 공기를 공급하여 연료와 잘 혼합한다.
④ 연소실 내의 온도를 연소 조건에 맞게 유지한다.

해설 ② 일시에 많은 양의 연료를 공급하지 말고, 일정량씩 균일한 속도로 연료를 공급한다.

09 위험성평가기법 중 공정에 존재하는 위험요소들과 공정의 효율을 떨어뜨릴 수 있는 운전상의 문제점을 찾아내어 그 원인을 제거하는 정성적인 안전성평가기법은?
① What-if
② HEA
③ HAZOP
④ FMECA

해설 HAZOP의 설명이다.

10 폭굉유도거리(DID)에 대한 설명으로 옳은 것은?
① 관경이 클수록 짧다.
② 압력이 낮을수록 짧다.
③ 점화원의 에너지가 약할수록 짧다.
④ 정상연소속도가 빠른 혼합가스일수록 짧다.

해설 ① 관경이 가늘수록 짧다.
② 압력이 높을수록 짧다.
③ 점화원의 에너지가 높을수록 짧다.

11 메탄올 96g과 아세톤 116g을 함께 진공상태의 용기에 넣고 기화시켜 25℃의 혼합기체를 만들었다. 이때 전압력은 약 몇 mmHg인가?(단, 25℃에서 순수한 메탄올과 아세톤의 증기압 및 분자량은 각각 96.5mmHg, 56mmHg 및 32, 58이다.)
① 76.3
② 80.3
③ 152.5
④ 170.5

해설 ㉠ 메탄올과 아세톤의 몰(mol)수
• 메탄올 몰(mol)수 $= \dfrac{W}{M} = \dfrac{96}{32} = 3\,\text{mol}$
• 아세톤 몰(mol)수 $= \dfrac{W}{M} = \dfrac{116}{58} = 2\,\text{mol}$
㉡ 전압력 계산
$P = P_A + P_B$
$\left(96.5 \times \dfrac{3}{3+2}\right) + \left(56 \times \dfrac{2}{3+2}\right)$
$= 80.3\,\text{mmHg}$

12 프로판 $1Sm^3$를 완전연소시키는 데 필요한 이론공기량은 몇 Sm^3인가?
① 5.0
② 10.5
③ 21.0
④ 23.8

해설 $C_3H_8 + 5O_2 \rightarrow 3CO_2 + 4H_2O$
$1Sm^3 : 5Sm^3$
$\therefore 5Sm^3 \times \dfrac{100}{21} = 23.88Sm^3$

정답 07 ① 08 ② 09 ③ 10 ④ 11 ② 12 ④

13 중유의 저위발열량이 10,000kcal/kg의 연료 1kg을 연소시킨 결과 연소열은 5,500 kcal/kg이었다. 연소효율은 얼마인가?

① 45% ② 55%
③ 65% ④ 75%

해설

연소효율 = $\dfrac{\text{연소열}}{\text{저위발열량}} \times 100\%$

$\eta = \dfrac{5,500}{10,000} \times 100\% = 55\%$

14 이상기체에 대한 설명으로 틀린 것은?

① 이상기체 상태방정식을 따르는 기체이다.
② 보일-샤를의 법칙을 따르는 기체이다.
③ 아보가드로법칙을 따르는 기체이다.
④ 반데르발스법칙을 따르는 기체이다.

해설 이상기체
이상기체 상태 방정식, 보일-샤를의 법칙, 아보가드로의 법칙을 따르는 기체이다.

15 시안화수소 위험도(H)는 약 얼마인가?

① 5.8 ② 8.8
③ 11.8 ④ 14.8

해설
㉠ 시안화수소(HCN)의 폭발범위 : 6~41%
㉡ 위험도(H) = $\dfrac{U-L}{L}$
     = $\dfrac{41-6}{6}$ = 5.8

16 LPG를 연료로 사용할 때의 장점으로 옳지 않은 것은?

① 발열량이 크다.
② 조성이 일정하다.
③ 특별한 가압장치가 필요하다.
④ 용기, 조정기와 같은 공급설비가 필요하다.

해설 ③ LPG는 증기압을 이용하여 사용할 수 있으므로 특별한 가압장치가 필요 없다.

17 연소반응이 일어나기 위한 필요충분조건으로 볼 수 없는 것은?

① 점화원 ② 시간
③ 공기 ④ 가연물

해설 연소반응이 일어나기 위한 필요충분조건
㉠ 점화원
㉡ 공기
㉢ 가연물

18 다음 기체연료 중 CH_4, 및 H_2를 주성분으로 하는 가스는?

① 고로가스
② 발생로가스
③ 수성가스
④ 석탄가스

해설 석탄가스의 주성분 : CH_4 및 H_2

19 기체연료-공기혼합기체의 최대연소속도(대기압, 25℃)가 가장 빠른 가스는?

① 수소 ② 메탄
③ 일산화탄소 ④ 아세틸렌

해설

구분	수소	메탄	일산화탄소	아세틸렌
최대연소속도 (cm/s)	346	43	–	–

20 메탄 85v%, 에탄 10v%, 프로판 4v%, 부탄 1v%의 조성을 갖는 혼합가스의 공기 중 폭발하한계는 약 얼마인가?

① 4.4% ② 5.4%
③ 6.2% ④ 7.2%

정답 13 ② 14 ④ 15 ① 16 ③ 17 ② 18 ④ 19 ① 20 ①

해설
$$\frac{100}{L} = \frac{V_1}{L_1} + \frac{V_2}{L_2} + \frac{V_3}{L_3} + \frac{V_4}{L_4}$$
$$\frac{100}{L} = \frac{85}{5} + \frac{10}{3} + \frac{4}{2.1} + \frac{1}{1.9}$$
$$L = \frac{100}{22.72} = 4.4\%$$

제2과목 가스설비

21 조정압력이 3.3kPa 이하인 액화석유가스 조정기의 안전장치 작동정지압력은?

① 7kPa
② 5.04~8.4kPa
③ 5.6~8.4kPa
④ 8.4~10kPa

해설 안전장치의 작동압력은 조정압력이 3.3kPa 이하일 것

안전장치작동 압력	작동표준압력	7kPa
	작동개시압력	5.6~8.4kPa
	작동정지압력	5.04~4kPa

22 어떤 냉동기에서 0℃의 물로 0℃의 얼음 2톤을 만드는 데 50kW·h의 일이 소요되었다. 이 냉동기의 성능계수는?(단, 물의 응고열은 80kcal/kg이다.)

① 3.7 ② 4.7 ③ 5.7 ④ 6.7

해설 냉동기 성능계수(ε)
$$= \frac{Q_2}{A_W} = \frac{2,000 \times 80}{50 \times 860} = 3.72$$

23 가스용 폴리에틸렌 관의 장점이 아닌 것은?

① 부식에 강하다.
② 일광, 열에 강하다.
③ 내한성이 우수하다.
④ 균일한 단위제품을 얻기 쉽다.

해설 ② 일광, 열에 약하다.

24 정압기(Governor)의 기본 구성 중 2차 압력을 감지하고, 변동사항을 알려주는 역할을 하는 것은?

① 스프링
② 메인밸브
③ 다이어프램
④ 웨이트

해설 다이어프램의 설명이다.

25 도시가스 저압배관의 설계 시 반드시 고려하지 않아도 되는 사항은?

① 허용압력손실
② 가스소비량
③ 연소기의 종류
④ 관의 길이

해설 도시가스 저압배관 설계 시 고려사항
㉠ ①, ②, ④
㉡ 용기의 크기 및 수량의 결정
㉢ 감압방법 및 조종기 종류의 결정

26 일반도시가스 사업자의 정압기에서 시공감리 기준 중 기능검사에 대한 설명으로 틀린 것은?

① 2차 압력을 측정하여 작동압력을 확인한다.
② 주정압기의 압력변화에 따라 예비정압기가 정상 작동되는지 확인한다.
③ 가스차단장치의 개폐 상태를 확인한다.
④ 지하에 설치된 정압기실 내부에 100Lux 이상의 조명도가 확보되는지 확인한다.

해설 ④ 지하에 설치된 정압기실 내부에 150Lux 이상의 조명도가 확보되는지 확인한다.

정답 21 ② 22 ① 23 ② 24 ③ 25 ③ 26 ④

27 발열량이 10,500kcal/m³인 가스를 출력 12,000kcal/h인 연소기에서 연소효율 80%로 연소시켰다. 이 연소기의 용량은?

① 0.7m³/h ② 0.91m³/h
③ 1.14m³/h ④ 1.43m³/h

해설
$$\eta = \frac{Q_C}{H_L \times G_f} \times 100\%$$
$$G_f = \frac{Q_C}{H_L \times \eta} = \frac{12,000}{10,500 \times 0.8} = 1.43 m^3/h$$

28 전기방식에 대한 설명으로 틀린 것은?

① 전해질 중 물, 토양, 콘크리트 등에 노출된 금속에 대하여 전류를 이용하여 부식을 제어하는 방식이다.
② 전기방식은 부식 자체를 제거할 수 있는 것이 아니고, 음극에서 일어나는 부식을 양극에서 일어나도록 하는 것이다.
③ 방전류는 양극에서 양극반응에 의하여 전해질로 이온 누출되어 금속 표면으로 이동하게 되고, 음극 표면에서는 음극반응에 의하여 전류가 유입되게 된다.
④ 금속에서 부식을 방지하기 위해서는 방식전류가 부식전류 이하가 되어야 한다.

해설 ④ 금속에서 부식을 방지하기 위해서는 방식전류가 부식전류 이상이 되어야 한다.

29 LPG를 탱크로리에서 저장탱크로 이송 시 작업을 중단해야 하는 경우로서 가장 거리가 먼 것은?

① 누출이 생긴 경우
② 과충전이 된 경우
③ 작업 중 주위에 화재 발생 시
④ 압축기 이용 시 베이퍼록 발생 시

해설 LPG를 탱크로리에서 저장탱크로 이송 시 작업을 중단해야 하는 경우
㉠ ①, ②, ③
㉡ 압축기 사용 시 워터해머가 발생하는 경우
㉢ 펌프 사용 시 액배관 내에서 베이퍼록이 심한 경우

30 터보형 펌프에 속하지 않는 것은?

① 사류펌프
② 축류펌프
③ 플런저펌프
④ 센트리퓨걸펌프

해설 ③ 플런저펌프 : 용적식 펌프

31 Loading형으로 정특성, 동특성이 양호하며 비교적 콤팩트한 형식의 정압기는?

① KRF식 정압기
② Fisher식 정압기
③ Reynoldst식 정압기
④ Axial-flow식 정압기

해설 Fisher식 정압기의 설명이다.

32 2개의 단열과정과 2개의 등압과정으로 이루어진 가스터빈의 이상 사이클은?

① 에릭슨사이클
② 브레이턴사이클
③ 스털링사이클
④ 아트킨슨사이클

해설 브레이턴사이클의 설명이다.

33 캐비테이션현상의 발생 방지책에 대한 설명으로 가장 거리가 먼 것은?

① 펌프의 회전수를 높인다.
② 흡입 관경을 크게 한다.

정답 27 ④ 28 ④ 29 ④ 30 ③ 31 ② 32 ② 33 ①

③ 펌프의 위치를 낮춘다.
④ 양흡입 펌프를 사용한다.

해설 ① 펌프의 회전수를 낮춘다.

34 LP가스를 이용한 도시가스 공급방식이 아닌 것은?
① 직접혼입방식
② 공기혼입방식
③ 변성혼입방식
④ 생가스혼입방식

해설 LP가스를 이용한 도시가스 공급방식
㉠ 직접혼입방식
㉡ 공기혼입방식
㉢ 변성혼입방식

35 암모니아 압축기 실린더에 일반적으로 워터재킷을 사용하는 이유가 아닌 것은?
① 윤활유의 탄화를 방지한다.
② 압축 소요일량을 크게 한다.
③ 압축효율의 향상을 도모한다.
④ 밸브스프링의 수명을 연장시킨다.

해설 ② 압축 소요일량을 작게 한다.

36 금속재료에 대한 풀림의 목적으로 옳지 않은 것은?
① 인성을 향상시킨다.
② 내부응력을 제거한다.
③ 조직을 조대화하여 높은 경도를 얻는다.
④ 일반적으로 경도가 낮아져 연화된다.

해설 ③ 상온 가공을 용이하게 한다.

37 유수식 가스홀더의 특징에 대한 설명으로 틀린 것은?
① 제조설비가 저압인 경우에 사용한다.
② 구형 홀더에 비해 유효 가동량이 많다.
③ 가스가 건조하면 물탱크의 수분을 흡수한다.
④ 부지면적과 기초공사비가 적게 소요된다.

해설 ④ 부지면적과 기초공사비가 크게 소요된다.

38 염소가스 압축기에 주로 사용되는 윤활제는?
① 진한 황산   ② 양질의 광유
③ 식물성유   ④ 묽은 글리세린

해설

압축가스명	윤활유
염소	진한 황산
아세틸렌	양질의 광유
산소	물 또는 10% 이하의 묽은 글리세린수
LP가스	식물성 섬유
수소	양질의 광유
공기	식물성 섬유
이산화황	정제된 용제 터빈유

39 아세틸렌가스를 2.5MPa의 압력으로 압축할 때 주로 사용되는 희석제는?
① 질소   ② 산소
③ 이황화탄소 ④ 암모니아

해설 C_2H_2의 희석제
질소(N_2), 메탄(CH_4), 일산화탄소(CO), 에틸렌(C_2H_4), 수소(H_2), 프로판(C_3H_8), 탄산가스(CO_2) 등

40 액화프로판 400kg을 내용적 50L의 용기에 충전 시 필요한 용기의 개수는?
① 13개   ② 15개
③ 17개   ④ 19개

해설 용기의 수=질량×가스정수(2.35)÷내용적(L)
=400kg×2.35÷50=19개

정답 34 ④ 35 ② 36 ③ 37 ④ 38 ① 39 ① 40 ④

제3과목 가스안전관리

41 암모니아 저장탱크에는 가스의 용량이 저장탱크 내용적의 몇 %를 초과하는 것을 방지하기 위하 과충전 방지조치를 강구하여야 하는가?

① 85% ② 90%
③ 95% ④ 98%

해설 과충전방지조치
가스의 용량이 저장탱크 내용적이 90%를 초과하는 것을 방지하기 위하여

42 고압가스 일반제조의 시설기준에 대한 설명으로 옳은 것은?

① 산소 초저온저장탱크에는 환형유리관 액면계를 설치할 수 없다.
② 고압가스설비에 장치하는 압력계는 상용압력의 1.1배 이상 2배 이하의 최고눈금이 있어야 한다.
③ 공기보다 가벼운 가연성가스의 가스설비실에는 1방향 이상의 개구부 또는 자연환기설비를 설치하여야 한다.
④ 저장능력이 1,000톤 이상인 가연성 액화가스의 지상저장탱크의 주위에는 방류둑을 설치하여야 한다.

해설
① 산소 또는 불활성가스의 초저온저장탱크의 경우에 한정하여 환형유리제 액면계를 설치할 수 있다.
② 고압가스설비에 설치하는 압력계는 상용압력의 1.5배 이상 2배 이하의 최고눈금이 있는 것으로 한다.
③ 공기보다 가벼운 가연성가스의 경우 가스의 성질, 처리 또는 저장하는 가스의 양, 설비의 특성 및 실의 넓이 등을 고려하여 충분한 면적을 가진 두 방향 이상의 개구부 또는 강제환기설비를 설치하거나 이들을 병설하여 환기를 양호하게 한 구조로 한다.

43 가스를 충전하는 경우에 밸브 및 배관이 얼었을 때의 응급조치하는 방법으로 부적절한 것은?

① 열습포를 사용한다.
② 미지근한 물로 녹인다.
③ 석유버너 불로 녹인다.
④ 40℃ 이하의 물로 녹인다.

해설 가스 충전 시 밸브 및 배관이 얼었을 때의 응급조치방법
㉠ 열습포를 사용한다.
㉡ 미지근한 물로 녹인다.
㉢ 40℃ 이하의 물로 녹인다.

44 폭발 및 인화성 위험물 취급 시 주의하여야 할 사항으로 틀린 것은?

① 습기가 없고 양지바른 곳에 둔다.
② 취급자 외에는 취급하지 않는다.
③ 부근에서 화기를 사용하지 않는다.
④ 용기는 난폭하게 취급하거나 충격을 주어서는 아니 된다.

해설 ① 습기가 없고 어둡고 통풍이 잘되는 곳에 둔다.

45 일반적인 독성가스의 제독제로 사용되지 않는 것은?

① 소석회
② 탄산소다 수용액
③ 물
④ 암모니아 수용액

해설 ④ 암모니아 수용액은 누출 시 암모니아를 발생하는 독성가스이다.

46 고압가스 안전성평가기준에서 정한 위험성 평가기법 중 정성적 평가기법에 해당되는 것은?

① Check List기법
② HEA기법

정답 41 ② 42 ④ 43 ③ 44 ① 45 ④ 46 ①

③ FTA기법
④ CCA기법

해설
① 체크리스트(Checklist)기법 : 공정 및 설비의 오류, 결함 상태, 위험 상황 등을 목록화한 형태로 작성하여 경험적으로 비교함으로써 위험성을 정성적으로 파악하는 안전성평가기법
② 작업자실수분석(Human Error Analysis, HEA)기법 : 설비의 운전원, 정비보수원, 기술자 등의 작업에 영향을 미칠만한 요소를 평가하여 그 실수의 원인을 파악하고 추적하여 정량적으로 실수의 상대적 순위를 결정하는 안전성평가기법
③ 결함수분석(Fault Tree Analysis, FTA)기법 : 사고를 일으키는 장치의 이상이나 운전사 실수의 조합을 연역적으로 분석하는 정량적 안전성평가기법
④ 원인결과분석(Cause – Consequence Analysis, CCA)기법 : 잠재된 사고의 결과와 이러한 사고의 근본적인 원인을 찾아내고 사고 결과와 원인의 상호 관계를 예측·평가하는 정량적 안전성평가기법

47 아세틸렌용 용접용기 제조 시 내압시험압력이란 최고충전압력 수치의 몇 배의 압력을 말하는가?
① 1.2
② 1.8
③ 2
④ 3

해설 아세틸렌 용접용기 제조 시 내압시험압력(TP) = 최고충전압력(최고압력수치)×3

48 지름이 각각 8m인 LPG 지상저장탱크 사이에 물분무장치를 하지 않은 경우 탱크 사이에 유지해야 되는 간격은?
① 1m
② 2m
③ 4m
④ 8m

해설 저장탱크 간의 거리
저장탱크 최대지름을 합산한 길이의 1/4 이상에 해당하는 거리이다.
$(8m + 8m) \times \dfrac{1}{4} = 4m$

49 고압가스 특정제조시설에서 안전구역 안의 고압가스설비는 그 외면으로부터 다른 안전구역 안에 있는 고압가스설비의 외면까지 몇 m 이상의 거리를 유지하여야 하는가?
① 10m
② 20m
③ 30m
④ 50m

해설 고압가스 특정제조시설
안전구역 안에 있는 고압인 가스공급시설의 외면까지 30m 이상의 거리를 유지할 것

50 액화석유가스 자동차에 고정된 용기충전의 시설에 설치되는 안전밸브 중 압축기의 최종단에 설치된 안전밸브의 작동조정 최소주기는?
① 6월에 1회 이상
② 1년에 1회 이상
③ 2년에 1회 이상
④ 3년에 1회 이상

해설 압축기의 최종단에 설치되는 안전밸브 작동조정의 최소주기 : 1년에 1회 이상

51 액화가스 저장탱크의 저장능력을 산출하는 식은?[단, Q : 저장능력(m³), W : 저장능력(kg), V : 내용적(L), P : 35℃에서 최고충전압력(MPa), d : 사용온도 내에서 액화가스 비중(kg/L), C : 가스의 종류에 따른 정수이다.]
① $W = V/C$
② $W = 0.9dV$
③ $Q = (10P+1)V$
④ $Q = (P+2)V$

해설 액화가스 저장능력 산출하는 식 : $W = 0.9dV$

정답 47 ④ 48 ③ 49 ③ 50 ② 51 ②

52 고압가스 일반제조시설에서 저장탱크 및 처리설비를 실내에 설치하는 경우의 기준으로 틀린 것은?

① 저장탱크실과 처리설비실을 각각 구분하여 설치하고, 강제환기시설을 갖춘다.
② 저장탱크실의 천장, 벽 및 바닥의 두께는 20cm 이상으로 한다.
③ 저장탱크를 2개 이상 설치하는 경우에는 저장탱크실을 각각 구분하여 설치한다.
④ 저장탱크에 설치한 안전밸브는 지상 5m 이상의 높이에 방출구가 있는 가스방출관을 설치한다.

해설 ② 저장탱크실의 천장, 벽 및 바닥의 두께는 30cm 이상으로 한다.

53 고압가스 운반차량의 운행 중 조치사항으로 틀린 것은?

① 400km 이상 거리를 운행할 경우 중간에 휴식을 취한다.
② 독성가스를 운반 중 도난당하거나 분실한 때에는 즉시 그 내용을 경찰서에 신고한다.
③ 독성가스를 운반하는 때는 그 고압가스의 명칭, 성질 및 이동 중의 재해방지를 위하여 필요한 주의사항을 기재한 서류를 운전자 또는 운반책임자에게 교부한다.
④ 고압가스를 적재하여 운반하는 차량은 차량의 고장, 교통사정, 운전자 또는 운반책임자가 휴식할 경우 운반책임자와 운전자가 동시에 이탈하지 아니 한다.

해설 ① 200km 이상 거리를 운행할 경우 중간에 휴식을 취한다.

54 초저온용기의 재료로 적합한 것은?

① 오스테나이트계 스테인리스강 또는 알루미늄합금
② 고탄소강 또는 Cr강
③ 마텐자이트계 스테인리스강 또는 고탄소강
④ 알루미늄합금 또는 Ni-Cr강

해설 초저온용기의 재료
오스테나이트계 스테인리스강 또는 알루미늄합금

55 질소충전용기에서 질소가스의 누출여부를 확인하는 방법으로 가장 쉽고 안전한 방법은?

① 기름 사용
② 소리 감지
③ 비눗물 사용
④ 전기스파크 사용

해설 질소충전용기에서 질소가스의 누출여부를 확인하는 방법 : 비눗물 사용

56 고압가스용 이음매 없는 용기 제조 시 탄소 함유량은 몇 % 이하를 사용하여야 하는가?

① 0.04   ② 0.05
③ 0.33   ④ 0.55

해설 용기의 재료
탄소, 인 및 황의 함유량이 각각 0.33%(이음매 없는 용기의 경우 0.55%) 이하, 0.04% 이하 및 0.05% 이하인 강

57 포스겐가스($COCl_2$)를 취급할 때의 주의사항으로 옳지 않은 것은?

① 취급 시 방독마스크를 착용할 것
② 공기보다 가벼우므로 환기시설은 보관 장소의 위쪽에 설치할 것
③ 사용 후 폐가스를 방출할 대에는 중화시킨 후 옥외로 방출시킬 것

정답 52 ② 53 ① 54 ① 55 ③ 56 ④ 57 ②

④ 취급장소는 환기가 잘되는 곳일 것

해설 ② 공기보다 가벼우므로 환기시설은 보관 장소의 아래쪽에 설치할 것

58 2단 감압식 1차용 액화석유가스 조정기를 제조할 때 최대폐쇄압력은 얼마 이하로 해야 하는가?(단, 입구압력이 0.1∼1.56MPa이다)

① 3.5kPa
② 83kPa
③ 95kPa
④ 조정압력의 2.5배 이하

해설 2단 감압식 1차용 액화석유가스 조정기 최대폐쇄압력 : 95kPa 이하

59 폭발예방대책을 수립하기 위하여 우선적으로 검토하여야 할 사항으로 가장 거리가 먼 것은?

① 요인분석
② 위험성평가
③ 피해예측
④ 피해보상

해설 폭발예방대책을 수립하고자 할 경우 우선분석사항
㉠ 요인분석
㉡ 위험성평가
㉢ 피해예측

60 특정설비에 대한 표시 중 기화장치에 각인 또는 표시해야 할 사항이 아닌 것은?

① 내압시험압력
② 가열방식 및 형식
③ 설비별 기호 및 번호
④ 사용하는 가스의 명칭

해설 기화장치에 각인 또는 표시해야 할 사항
㉠ 내압시험압력
㉡ 가열방식 및 형식
㉢ 사용하는 가스의 명칭

제4과목 가스계측

61 가스미터의 원격계측(검침) 시스템에서 원격계측 방법으로 가장 거리가 먼 것은?

① 제트식
② 기계식
③ 펄스식
④ 전자식

해설 가스미터의 검침 시스템에서 원격계측 방법
㉠ 기계식
㉡ 펄스식
㉢ 전자식

62 외란의 영향으로 인하여 제어량이 목표치 50L/min에서 53L/min으로 변하였다면, 이때 제어편차는 얼마인가?

① +3L/min
② −3L/min
③ +6.0%
④ −6.0%

해설 제어편차=50−53=−3L/min

63 He가스 중 불순물로서 N_2 : 2%, CO : 55%, CH_4 : 1%, H_2 : 5%가 들어있는 가스를 가스 크로마토그래피로 분석하고자 한다. 다음 중 가장 적당한 검출기는?

① 열전도도검출기(TCD)
② 불꽃이온화검출기(FID)
③ 불꽃광도검출기(FPD)
④ 환원성가스검출기(RGD)

해설 열전도도검출기(TCD)의 설명이다.

64 초음파 유량계에 대한 설명으로 틀린 것은?

① 압력손실이 거의 없다.
② 압력은 유량에 비례한다.
③ 대구경 관로의 측정이 가능하다.
④ 액체 중 고형물이나 기포가 많이 포함되어 있어도 점도가 좋다.

정답 58 ③ 59 ④ 60 ③ 61 ① 62 ② 63 ① 64 ④

해설 ④ 액체 중 고형물이나 기포가 섞여 있지 않으며, 점도가 좋다.

65 접촉식 온도계의 종류와 특징을 연결한 것 중 틀린 것은?
① 유리 온도계 – 액체의 온도에 따른 팽창을 이용한 온도계
② 바이메탈 온도계 – 바이메탈이 온도에 따라 굽히는 정도가 다른 점을 이용한 온도계
③ 열전대 온도계 – 온도 차이에 의한 금속의 열상승 속도의 차이를 이용한 온도계
④ 저항 온도계 – 온도 변화에 따른 금속의 전기저항 변화를 이용한 온도계

해설 ③ 열전대 온도계 – 온도에 따라 금속의 열기전력이 서로 다른 관계를 이용한 온도계

66 습식 가스미터의 특징에 대한 설명으로 옳지 않은 것은?
① 계량이 정확하다.
② 설치 공간이 작다.
③ 사용 중에 기차의 변동이 거의 없다.
④ 사용 중에 수위 조정 등의 관리가 필요하다.

해설 ② 설치 면적이 크다.

67 다음은 가스분석법 중 흡수분석법에 해당되지 않는 것은?
① 햄펠법
② 게겔법
③ 오르자트법
④ 우인클러법

해설 ④ 우인클러법 : 연소분석법

68 아르키메데스의 원리를 이용하는 압력계는?
① 부르동관 압력계
② 링밸런스식 압력계
③ 침종식 압력계
④ 벨로즈식 압력계

해설 ③ 침종식 압력계 : 아르키메데스의 원리

69 되먹임제어에 대한 설명으로 옳은 것은?
① 열린회로 제어이다.
② 비교부가 필요 없다.
③ 되먹임이란 출력신호를 입력신호로 다시 되돌려 보내는 것을 말한다.
④ 되먹임제어 시스템은 성형제어 시스템에 속한다.

해설 되먹임제어
되먹임이란 출력신호를 입력신호로 다시 되돌려 보내는 것

70 계측에 사용되는 열전대 중 다음의 특징을 가지는 온도계는?

- 열기전력이 크고, 저항 및 온도계수가 작다.
- 수분에 의한 부식에 강하므로 저온측정에 적합하다.
- 비교적 저온의 실험용으로 주로 사용한다.

① R형　　② T형
③ J형　　④ K형

해설 T형(구리-콘스탄탄) 온도계의 설명이다.

71 평균유속이 3m/s인 파이프를 25L/s의 유량이 흐르도록 하려면 이 파이프의 지름을 약 몇 mm로 해야 하는가?
① 88mm　　② 93mm
③ 98mm　　④ 103mm

정답 65 ③ 66 ② 67 ④ 68 ③ 69 ③ 70 ② 71 ④

해설
$$Q = 25\text{L/s} = 25 \times 10^{-3} \text{m}^3/\text{s}$$
$$Q = AV = \frac{\pi d^2}{4} V(\text{m}^3/\text{s}) \text{에서}$$
$$d = \sqrt{\frac{4Q}{\pi V}} = \sqrt{\frac{4 \times 25 \times 10^{-3}}{\pi \times 3}}$$
$$= 0.103\text{m}$$
$$= 103\text{mm}$$

72 전기저항식 습도계의 특징에 대한 설명 중 틀린 것은?

① 저온도의 측정이 가능하고, 응답이 빠르다.
② 고습도에 장기간 방치하면 감습막이 유동된다.
③ 연속기록, 원격측정, 자동제어에 주로 이용된다.
④ 온도계수가 비교적 작다.

해설 ④ 온도계수가 비교적 크다.

73 여과기(Strainer)의 설치가 필요한 가스미터는?

① 터빈 가스미터
② 루츠 가스미터
③ 막식 가스미터
④ 습식 가스미터

해설 루츠 가스미터의 설명이다.

74 가스보일러에서 가스를 연소시킬 때 불완전연소로 발생하는 가스에 중독될 경우 생명을 잃을 수도 있다. 이때 이 가스를 검지하기 위하여 사용하는 시험지는?

① 연당지
② 염화팔라듐지
③ 하리슨 시약
④ 질산구리벤젠지

해설 불완전연소 시 CO가 발생되며, CO에 중독되면 생명을 잃는다.

시험지	검지가스
염화팔라듐지	일산화탄소(CO)

75 Block선도의 등가변환에 해당하는 것만으로 짝지어진 것은?

① 전달요소결합, 가합점치환, 직렬결합, 피드백치환
② 전달요소치환, 인출점치환, 병렬결합, 피드백결합
③ 인출점치환, 가합점결합, 직렬결합, 병렬결합
④ 전달요소이동, 가합점결합, 직렬결합, 피드백결합

해설 블록선도는 전달요소, 인출점, 병렬결합, 피드백결합 등으로 구성된다.

76 가스센서에 이용되는 물리적 현상으로 가장 옳은 것은?

① 압전효과
② 조셉슨효과
③ 흡착효과
④ 광전효과

해설 가스센서에 이용되는 물리적 현상 : 흡착효과

77 실측식 가스미터가 아닌 것은?

① 터빈식
② 건식
③ 습식
④ 막식

해설 ① 터빈식 : 추량식 가스미터

정답 72 ④ 73 ② 74 ② 75 ② 76 ③ 77 ①

부록 과년도 기출문제

78 전극식 액면계의 특징에 대한 설명으로 틀린 것은?

① 프로브 형성 및 부착위치와 길이에 따라 정전용량이 변화한다.
② 고유저항이 큰 액체에는 사용이 불가능하다.
③ 액체의 고유저항 차이에 따라 동작점이 차이가 발생하기 쉽다.
④ 내식성이 강한 전극봉이 필요하다.

해설 ① 프로브 형성 및 부착위치와 길이에 따라 정전용량이 변화하지 않는다.

79 반도체 스트레인게이지의 특징이 아닌 것은?

① 높은 저항
② 높은 안전성
③ 큰 게이지상수
④ 낮은 피로수명

해설 ④ 높은 피로수명

80 헴펠(Hemple)법에 의한 분석순서가 바른 것은?

① $CO_2 \to C_mH_n \to O_2 \to CO$
② $CO \to C_mH_n \to O_2 \to CO_2$
③ $CO_2 \to O_2 \to C_mH_n \to CO$
④ $CO \to O_2 \to C_mH_n \to CO_2$

해설 헴펠법의 분석순서
$CO_2 \to C_mH_n \to O_2 \to CO$

정답 78 ① 79 ④ 80 ①

2020 제3회 산업기사 (8. 22. 시행)

제1과목 연소공학

01 연소열에 대한 설명으로 틀린 것은?
① 어떤 물질이 완전연소할 때 발생하는 열량이다.
② 연료의 화학적 성분은 연소열에 영향을 미친다.
③ 이 값이 클수록 연료로서 효과적이다.
④ 발열반응과 함께 흡열반응도 포함한다.

해설 ④ 발열반응만 포함한다.

02 연소가스량 10m³/kg, 비열 0.325kcal/m³·℃인 어떤 연료의 저위발열량이 6,700kcal/kg이었다면 이론연소온도는 약 몇 ℃인가?
① 1,962℃ ② 2,062℃
③ 2,162℃ ④ 2,262℃

해설 $t = \dfrac{H_L}{G \times C_p} = \dfrac{6,700}{10 \times 0.325} = 2,061.538℃$

여기서, T : 이론연소온도
G : 연소가스량
C_p : 비열
H_L : 저발열량

03 황(S) 1kg이 이산화황(SO_2)으로 완전연소할 경우 이론산소량(kg/kg)과 이론공기량(kg/kg)은 각각 얼마인가?
① 1, 4.31 ② 1, 8.62
③ 2, 4.31 ④ 2, 8.62

해설 ㉠ 이론산소량 : 유황 1kg의 이론산소량
$= \dfrac{32}{32} = 1$kg/kg

㉡ 이론공기량 : 유황 1kg의 이론산소량
$= 1 \times \dfrac{100}{23.2} = 4.31$kg/kg

04 메탄 60v%, 에탄 20v%, 프로판 15v%, 부탄 5v%인 혼합가스의 공기 중 폭발하한계(v%)는 약 얼마인가?(단, 각 성분의 폭발하한계는 메탄 5.0v%, 에탄 3.0v%, 프로판 2.1v%, 부탄 1.8v%로 한다.)
① 2.5 ② 3.0
③ 3.5 ④ 4.0

해설
$\dfrac{100}{L} = \dfrac{V_1}{L_1} + \dfrac{V_2}{L_2} + \dfrac{V_3}{L_3} + \dfrac{V_4}{L_4}$

$\dfrac{100}{L} = \dfrac{60}{5} + \dfrac{20}{3} + \dfrac{15}{2.1} + \dfrac{5}{1.8}$

$L = \dfrac{100}{28.59}$, $L = 3.5$v%

05 기체연료의 확산연소에 대한 설명으로 틀린 것은?
① 확산연소는 폭발의 경우에 주로 발생하는 형태이며, 예혼합연소에 비해 반응대가 좁다.
② 연료가스와 공기를 별개로 공급하여 연소하는 방법이다.
③ 연소형태는 연소기기의 위치에 따라 달라지는 비균일연소이다.
④ 일반적으로 확산 과정은 화학반응이나 화염의 전파 과정보다 늦기 때문에 확산에 의한 혼합속도가 연소속도를 지배한다.

해설 ① 확산연소는 폭발의 경우에 주로 발생하는 형태이며, 예혼합연소에 비해 반응대가 넓다.

정답 01 ④ 02 ② 03 ① 04 ③ 05 ①

06 프로판가스의 분자량은 얼마인가?

① 17 ② 44
③ 58 ④ 64

해설 $C_3H_8 = 12 \times 3 + 1 \times 8 = 44$

07 0℃, 1기압에서 C_3H_8 5kg의 체적은 약 몇 m^3인가?(단, 이상기체로 가정하고, C의 원자량은 12, H의 원자량은 1이다.)

① 0.6 ② 1.5
③ 2.5 ④ 3.6

해설

$$x = \frac{5 \times 22.4}{44}, \quad x = 2.5 m^3$$

08 다음의 성질을 가지고 있는 가스는?

- 무색, 무취, 가연성 기체
- 폭발범위 : 공기 중 4~75vol%

① 메탄
② 암모니아
③ 에틸렌
④ 수소

해설 수소의 설명이다.

09 공기비가 작을 경우 나타나는 현상과 가장 거리가 먼 것은?

① 매연발생이 심해진다.
② 폭발사고 위험성이 커진다.
③ 연소실 내의 연소온도가 저하된다.
④ 미연소로 인한 열손실이 증가한다.

해설 ③ 연소실 내의 연소온도가 높아진다.

10 1atm, 27℃의 밀폐된 용기에 프로판과 산소가 1:5 부피비로 혼합되어 있다. 프로판이 완전 연소하여 화염의 온도가 1,000℃가 되었다면 용기 내에 발생하는 압력은 약 몇 atm인가?

① 1.95atm ② 2.95atm
③ 3.95atm ④ 4.95atm

해설 $C_3H_8 + 5CO_2 \rightarrow 3CO_2 + 4H_2O$
$PV = nRT$에서
반응 전의 상태 $P_1V_1 = n_1R_1T_1$
반응 후의 상태 $P_2V_2 = n_2R_2T_2$라 하면
$V_1 = V_2, \ R_1 = R_2$이므로 $\frac{P_2}{P_1} = \frac{n_2T_2}{n_1T_1}$ 이다.

$$\therefore P_2 = \frac{n_2T_2}{n_1T_1} \times P_1 = \frac{7 \times (273+1,000)}{6 \times (273+27)} \times 1$$
$$= 4.95 atm$$

11 기체상수 R을 계산한 결과 1.987이었다. 이때 사용되는 단위는?

① $cal/mol \cdot K$
② $erg/kmol \cdot K$
③ $Joule/mol \cdot K$
④ $L \cdot atm/mol \cdot K$

해설
$$848 \times \frac{kg \cdot m}{kmol \cdot k} \times \frac{1 kcal}{427 kg \cdot m}$$
$$= 1.987 kcal/kmol \cdot K (cal/mol \cdot K)$$

12 분진폭발과 가장 관련이 있는 물질은?

① 소백분 ② 에테르
③ 탄산가스 ④ 암모니아

해설 분진폭발 : 소백분

13 폭굉이란 가스 중의 음속보다 화염전파속도가 큰 경우를 말하는데, 마하수 약 얼마를 말하는가?

① 1~2 ② 3~12

정답 06 ② 07 ③ 08 ④ 09 ③ 10 ④ 11 ① 12 ① 13 ②

③ 12~21   ④ 21~30

해설 폭굉 마하수 : 3~12

14 다음 중 자기연소를 하는 물질로만 나열된 것은?
① 경유, 프로판
② 질화면, 셀룰로이드
③ 황산, 나프탈렌
④ 석탄, 플라스틱(FRP)

해설 자기연소 : 질화면, 셀룰로이드

15 가연물의 위험성에 대한 설명으로 틀린 것은?
① 비등점이 낮으면 인화의 위험성이 높아진다.
② 파라핀 등 가연성 고체는 화재 시 가연성 액체가 되어 화재를 확대한다.
③ 물과 혼합되기 쉬운 가연성 액체는 물과 혼합되면 증기압이 높아져 인화점이 낮아진다.
④ 전기전도도가 낮은 인화성 액체는 유동이나 여과 시 정전기를 발생하기 쉽다.

해설 ③ 물과 혼합되기 쉬운 가연성 액체는 물과 혼합되면 증기압이 낮아져 인화점이 높아진다.

16 정전기를 제어하는 방법으로서 전하의 생성을 방지하는 방법이 아닌 것은?
① 접속과 접지(Bonding and Grounding)
② 도전성 재료 사용
③ 침액파이프(Dip pipes) 설치
④ 첨가물에 의한 전도도 억제

해설 전하의 생성을 방지하는 방법
㉠ 접속과 접지
㉡ 도전성 재료 사용
㉢ 침액파이프 설치

17 어떤 반응물질이 반응을 시작하기 전에 반드시 흡수하여야 하는 에너지의 양을 무엇이라 하는가?
① 점화에너지
② 활성화에너지
③ 형성엔탈피
④ 연소에너지

해설 활성화에너지의 설명이다.

18 연료의 발열량 계산에서 유효수소를 옳게 나타낸 것은?
① $\left(H + \dfrac{O}{8}\right)$ ② $\left(H - \dfrac{O}{8}\right)$
③ $\left(H + \dfrac{O}{16}\right)$ ④ $\left(H - \dfrac{O}{16}\right)$

해설 유효수소 $\left(H - \dfrac{O}{8}\right)$
연료가 연소할 때 열을 내게 할 수 있는 수소의 양

19 표준상태에서 기체 $1m^3$은 약 몇 몰인가?
① 1
② 2
③ 22.4
④ 44.6

해설 $1m^3 = 1,000L$, $\dfrac{1,000}{22.4} = 44.6$몰

20 다음 중 열전달계수의 단위는?
① kcal/h
② kcal/m² · h · ℃
③ kcal/m · h · ℃
④ kcal/℃

해설 열전달계수 단위 : kcal/m² · h · ℃

정답 14 ② 15 ③ 16 ④ 17 ② 18 ② 19 ④ 20 ②

제2과목 가스설비

21 조정기 감압방식 중 2단 감압방식의 장점이 아닌 것은?
① 공급압력이 안정하다.
② 장치와 조작이 간단하다.
③ 배관의 지름이 가늘어도 된다.
④ 각 연소기구에 알맞은 압력으로 공급이 가능하다.

[해설] ②는 단단(1단) 감압식 조정기의 장점

22 지하 도시가스 매설배관에 Mg과 같은 금속을 배관과 전기적으로 연결하여 방식하는 방법은?
① 희생양극법 ② 외부전원법
③ 선택배류법 ④ 강제배류법

[해설] 희생양극법의 설명이다.

23 고압가스설비 내에서 이상상태가 발생한 경우 긴급이송설비에 의하여 이송되는 가스를 안전하게 연소시킬 수 있는 안전장치는?
① 벤트스택 ② 플레어스택
③ 인터록기구 ④ 긴급차단장치

[해설] 플레어스택의 설명이다.

24 도시가스시설에서 전기방식효과를 유지하기 위하여 빗물이나 이물질의 접촉으로 인한 절연의 효과가 상쇄되지 아니하도록 절연이음매 등을 사용하여 절연한다. 절연조치를 하는 장소에 해당되지 않는 것은?
① 교량횡단 배관의 양단
② 배관과 철근콘크리트 구조물 사이
③ 배관과 배관지지물 사이
④ 타 시설물과 30cm 이상 이격되어 있는 배관

[해설] 절연조치 장소
㉠ 교량횡단 배관의 양단
㉡ 배관과 철근콘크리트 구조물 사이
㉢ 배관과 배관지지물 사이
㉣ 배관과 강재 보호관 사이
㉤ 지하에 매설된 배관 부분과 지상에 설치된 부분의 경계(가스 사용자에게 공급하기 위하여 지중에서 지상으로 연결되는 배관에 한한다)
㉥ 타 시설물과 접근교차지점(단, 타 시설물과 30cm 이상 이격 설치된 경우에는 제외할 수 있다)
㉦ 저장탱크와 배관 사이
㉧ 기타 절연이 필요한 장소

25 원심펌프를 병렬로 연결하는 것은 무엇을 증가시키기 위한 것인가?
① 양정 ② 동력
③ 유량 ④ 효율

[해설] 원심펌프
㉠ 직렬연결 : 유량은 불변, 양정은 증가
㉡ 병렬연결 : 유량은 증가, 양정은 불변

26 저온장치에서 저온을 얻을 수 있는 방법이 아닌 것은?
① 단열교축팽창
② 등엔트로피팽창
③ 단열압축
④ 기체의 액화

[해설] 저온장치에서 저온을 얻을 수 있는 방법
㉠ 단열교축팽창
㉡ 등엔트로피팽창
㉢ 기체의 액화

27 두께 3mm, 내경 20mm, 강관에 내압이 $2kgf/cm^2$일 때, 원주방향으로 강관에 작용하는 응력은 약 몇 kgf/cm^2인가?
① 3.33 ② 6.67
③ 9.33 ④ 12.67

정답 21 ② 22 ① 23 ② 24 ④ 25 ③ 26 ③ 27 ②

해설 원주방향 응력
$$\delta_A = \frac{PD}{2t} = \frac{2\text{kgf/cm}^2 \times 2\text{cm}}{2 \times 0.3\text{cm}} = \frac{2}{0.3}$$
$$= 6.67\text{kgf/cm}^2$$

28 용적형 압축기에 속하지 않는 것은?
① 왕복 압축기
② 회전 압축기
③ 나사 압축기
④ 원심 압축기

해설 용적형 압축기
㉠ ①, ②, ③ ㉡ 다단식 압축기

29 비교회전도 175, 회전수 3,000rpm, 양정 210m인 3단 원심펌프의 유량은 약 몇 m³/min인가?
① 1
② 2
③ 3
④ 4

해설
$$\eta_S = \frac{N\sqrt{Q}}{\left(\frac{H}{i}\right)^{\frac{3}{4}}}, \quad \sqrt{Q} = \frac{\eta_S \left(\frac{H}{i}\right)^{\frac{3}{4}}}{N}$$
$$\therefore Q = \left(\frac{\eta_S}{N}\right)^2 \left(\frac{H}{i}\right)^{\frac{3}{2}} = \left(\frac{175}{3,000}\right)^2 \times \left(\frac{210}{3}\right)^{\frac{3}{2}}$$
$$= 2\text{m}^3/\text{min}$$

30 고압고무호스의 제품성능 항목이 아닌 것은?
① 내열 성능
② 내압 성능
③ 호스부 성능
④ 내이탈 성능

해설 고압고무호스의 제품성능 항목
㉠ 내열 성능
㉡ 호스부 성능
㉢ 내이탈 성능

31 이중각식 구형 저장탱크에 대한 설명으로 틀린 것은?
① 상온 또는 -30℃ 전후까지의 저온의 범위에 적합하다.
② 내구에는 저온 강재, 외구에는 보통 강판을 사용한다.
③ 액체산소, 액체질소, 액화메탄 등의 저장에 사용된다.
④ 단열성이 아주 우수하다.

해설 ① 상온 또는 -50℃ 전후까지의 저온의 범위에 부적합하다.

32 저온(T_2)으로부터 고온(T_1)으로 열을 보내는 냉동기의 성능계수 산정식은?
① $\dfrac{T_2}{T_1}$
② $\dfrac{T_2}{T_1 - T_2}$
③ $\dfrac{T_1}{T_1 - T_2}$
④ $\dfrac{T_1 - T_2}{T_1}$

해설 냉동기의 성능계수 : $\dfrac{T_2}{T_1 - T_2}$

33 액화석유가스를 소규모 소비하는 시설에서 용기수량을 결정하는 조건으로 가장 거리가 먼 것은?
① 용기의 가스 발생능력
② 조정기의 용량
③ 용기의 종류
④ 최대가스소비량

해설 LPG 소규모 소비하는 시설에서 용기수량을 결정하는 조건
㉠ 용기의 가스 발생능력
㉡ 용기의 종류
㉢ 최대가스소비량

정답 28 ④ 29 ② 30 ② 31 ① 32 ② 33 ②

34 LPG용기 충전설비의 저장설비실에 설치하는 자연환기설비에서 외기에 면하여 설치된 환기구의 통풍가능면적의 합계는 어떻게 하여야 하는가?

① 바닥면적 1m²마다 100cm²의 비율로 계산한 면적 이상
② 바닥면적 1m²마다 300cm²의 비율로 계산한 면적 이상
③ 바닥면적 1m²마다 500cm²의 비율로 계산한 면적 이상
④ 바닥면적 1m²마다 600cm²의 비율로 계산한 면적 이상

해설 LPG용기 충전시설 환기구의 통풍가능면적의 합계 바닥면적 1m²마다 300cm²의 비율로 계산한 면적 이상

35 정압기를 사용압력별로 분류한 것이 아닌 것은?

① 단독사용자용 정압기
② 중압 정압기
③ 지역 정압기
④ 지구 정압기

해설 정압기를 사용압력별로 분류
㉠ 단독사용자용 정압기
㉡ 지역 정압기
㉢ 지구 정압기

36 액화사이클 중 비점이 점차 낮은 냉매를 사용하여 저비점의 기체를 액화하는 사이클은?

① 린데 공기 액화사이클
② 가역가스 액화사이클
③ 캐스케이드 액화사이클
④ 필립스 공기 액화사이클

해설 캐스케이드 액화사이클의 설명이다.

37 추의 무게가 5kg이며, 실린더의 지름이 4cm일 때 작용하는 게이지압력은 약 몇 kg/cm²인가?

① 0.3   ② 0.4
③ 0.5   ④ 0.6

해설 $P = \dfrac{W}{A} = \dfrac{5}{\dfrac{\pi(4)^2}{4}} = \dfrac{5}{\pi \times 4} = 0.4 \text{kg/cm}^2$

여기서, $A = \dfrac{\pi d^2}{4}$

38 시안화수소를 용기에 충전하는 경우 품질검사 시 합격최저순도는?

① 98%   ② 98.5%
③ 99%   ④ 99.5%

해설 시안화수소 품질검사 시 합격최저순도 : 98%

39 용적형(왕복식) 펌프에 해당하지 않는 것은?

① 플런저 펌프
② 다이어프램 펌프
③ 피스톤 펌프
④ 제트 펌프

해설 용적형(왕복식) 펌프
㉠ 플런저 펌프
㉡ 다이어프램 펌프
㉢ 피스톤 펌프

40 조정기의 주된 설치 목적은?

① 가스의 유속조절
② 가스의 발열량조절
③ 가스의 유량조절
④ 가스의 압력조절

해설 조정기의 주된 설치 목적 : 가스의 압력조절

정답 34 ② 35 ② 36 ③ 37 ② 38 ① 39 ④ 40 ④

제3과목 가스안전관리

41 고압가스 저장탱크를 지하에 묻는 경우 지면으로부터 저장탱크의 정상부까지의 깊이는 최소 얼마 이상으로 하여야 하는가?
① 20cm ② 40cm
③ 60cm ④ 1m

[해설] 고압가스 저장탱크에서 탱크 정상부와 지면과의 거리 : 60cm 이상

42 동일 차량에 적재하여 운반이 가능한 것은?
① 염소와 수소
② 염소와 아세틸렌
③ 염소와 암모니아
④ 암모니아와 LPG

[해설] 염소와 아세틸렌, 암모니아 또는 수소는 동일 차량에 적재하여 운반하지 아니한다.

43 고압가스 제조 시 압축하면 안 되는 경우는?
① 가연성가스(아세틸렌, 에틸렌 및 수소를 제외) 중 산소 용량이 전용량의 2%일 때
② 산소 중의 가연성가스(아세틸렌, 에틸렌 및 수소를 제외)의 용량이 전용량의 2%일 때
③ 아세틸렌, 에틸렌 또는 수소 중의 산소 용량이 전용량의 3%일 때
④ 산소 중 아세틸렌, 에틸렌 및 수소의 용량 합계가 전용량의 1%일 때

[해설] 고압가스 제조 시 압축하면 안 되는 경우
㉠ 가연성가스 중 산소 용량이 전체 용량의 4% 이상일 때
㉡ 산소 중의 가연성가스 용량이 전체 용량의 4% 이상일 때
㉢ 아세틸렌, 에틸렌 또는 수소 중의 산소 용량이 전체 용량의 2% 이상일 때
㉣ 산소 중의 아세틸렌, 에틸렌 또는 수소의 용량 합계가 전용량의 2% 이상일 때

44 액화석유가스의 특성에 대한 설명으로 옳지 않은 것은?
① 액체는 물보다 가볍고, 기체는 공기보다 무겁다.
② 액체의 온도에 의한 부피변화가 작다.
③ LNG보다 발열량이 크다.
④ 연소 시 다량의 공기가 필요하다.

[해설] ② 액체의 온도에 의한 부피변화가 크다.

45 자기압력기록계로 최고사용압력이 중압인 도시가스배관에 기밀시험을 하고자 한다. 배관의 용적이 15m³일 때 기밀유지시간은 몇 분 이상이어야 하는가?
① 24분   ② 36분
③ 240분 ④ 360분

[해설] 자기압력계로 기밀시험 시 유지시간은 배관의 내용적이 10m³ 이상 시 24에 배관의 용적을 곱한 시간으로 한다.
∴ 유지시간=24×15=360분

46 차량에 고정된 탱크 운행 시 반드시 휴대하지 않아도 되는 서류는?
① 고압가스 이동계획서
② 탱크 내압시험 성적서
③ 차량등록증
④ 탱크 용량 환산표

[해설] 차량에 고정된 탱크 운행 시 휴대서류
㉠ 고압가스 이동계획서
㉡ 탱크 내압시험 성적서
㉢ 탱크 용량 환산표
㉣ 운전면허증
㉤ 차량운행일지
㉥ 그 밖에 필요한 서류

정답 41 ③ 42 ④ 43 ③ 44 ② 45 ④ 46 ③

47 이동식 부탄연소기와 관련된 사고가 액화석유가스 사고의 약 10% 수준으로 발생하고 있다. 이를 예방하기 위한 방법으로 가장 부적당한 것은?

① 연소기에 접합용기를 정확히 장착한 후 사용한다.
② 과대한 조리기구를 사용하지 않는다.
③ 잔가스 사용을 위해 용기를 가열하지 않는다.
④ 사용한 접합용기는 파손되지 않도록 조치한 후 버린다.

해설 ④ 사용한 접합용기는 재사용할 수 없도록 구멍을 뚫어서 잔가스를 처리한 후 버린다.

48 액화석유가스 사용시설의 시설기준에 대한 안전사항으로 다음 (　) 안에 들어갈 수치가 모두 바르게 나열된 것은?

가스계량기와 전기계량기와의 거리는 (㉠) 이상, 전기점멸기와의 거리는 (㉡) 이상, 절연조치를 하지 아니한 전선과의 거리는 (㉢) 이상의 거리를 유지할 것
주택에 설치된 저장설비는 그 설비 안의 것을 제외한 화기 취급장소와 (㉣) 이상의 거리를 유지하거나 누출된 가스가 유동되는 것을 방지하기 위한 시설을 설치할 것

① ㉠ : 60cm, ㉡ : 30cm, ㉢ : 15cm, ㉣ : 8m
② ㉠ : 30cm, ㉡ : 20cm, ㉢ : 15cm, ㉣ : 8m
③ ㉠ : 60cm, ㉡ : 30cm, ㉢ : 15cm, ㉣ : 2m
④ ㉠ : 30cm, ㉡ : 20cm, ㉢ : 15cm, ㉣ : 2m

해설 액화석유가스 사용시설
㉠ 가스계량기와 전기계량기와의 거리 : 60cm 이상, 전기점멸기와의 거리 : 30cm 이상, 절연조치를 하지 아니한 전선과의 거리 : 15cm 이상

㉡ 주택에 설치된 저장설비는 그 설비 안의 것을 제외한 화기 취급장소와의 거리 : 2m 이상

49 독성가스용기 운반 등의 기준으로 옳은 것은?

① 밸브가 돌출한 운반용기는 이동식 프로텍터 또는 보호구를 설치한다.
② 충전용기를 차에 실을 때에는 넘어짐 등으로 인한 충격을 고려할 필요가 없다.
③ 기준 이상의 고압가스를 차량에 적재하여 운반할 경우 운반책임자가 동승하여야 한다.
④ 시·도지사가 지정한 장소에서 이륜차에 적재할 수 있는 충전용기는 충전량이 50kg 이하이고, 적재 수는 2개 이하이다.

해설 ① 밸브가 돌출한 운반용기는 이동식 프로텍터 또는 보호구를 설치하지 아니한다.
② 충전용기를 차에 실을 때에는 넘어짐 등으로 인한 충격을 고려할 필요가 있다.
④ 시·도지사가 지정한 장소에서 이륜차에 적재할 수 있는 충전용기는 충전량이 20kg 이하이고, 적재 수는 2개 이하이다.

50 독성가스이면서 조연성가스인 것은?

① 암모니아　② 시안화수소
③ 황화수소　④ 염소

해설 ①, ②, ③ : 독성가스

51 다음 각 용기의 기밀시험압력으로 옳은 것은?

① 초저온가스용 용기는 최고충전압력의 1.1배의 압력
② 초저온가스용 용기는 최고충전압력의 1.5배의 압력
③ 아세틸렌용 용기는 최고충전압력의 1.1배의 압력

정답　47 ④　48 ③　49 ③　50 ④　51 ①

④ 아세틸렌용 용기는 최고충전압력의 1.6배의 압력

해설 용기의 기밀시험압력
㉠ 초저온가스용 용기 : 최고충전압력의 1.1배의 압력
㉡ 아세틸렌용 용기 : 최고충전압력의 1.8배의 압력

52 LPG용 가스레인지를 사용하는 도중 불꽃이 치솟는 사고가 발생하였을 때 가장 직접적인 사고 원인은?

① 압력조정기 불량
② T관으로 가스누출
③ 연소기의 연소불량
④ 가스누출자동차단기 미작동

해설 LPG용 가스레인지를 사용하는 도중 불꽃이 치솟는 사고의 직접 원인 : 압력조정기 불량

53 고압가스용 이음매 없는 용기에서 내용적 50L인 용기에 4MPa의 수압을 걸었더니 내용적이 50.8L가 되었고, 압력을 제거하여 대기압으로 하였더니 내용적이 50.02L가 되었다면 이 용기의 영구증가율은 몇 %이며, 이 용기는 사용이 가능한지를 판단하면?

① 1.6%, 가능 ② 1.6%, 불능
③ 2.5%, 가능 ④ 2.5%, 불능

해설
$$영구증가율(\%) = \frac{항구증가율}{전증가율} \times 100$$
$$= \frac{50.02 - 50}{50.8 - 50} \times 100 = 2.5\%$$
∴ 영구증가율이 10% 이하이므로 사용 가능

54 산소와 함께 사용하는 액화석유가스 사용시설에서 압력조정기와 토치 사이에 설치하는 안전장치는?

① 역화방지기
② 안전밸브
③ 파열판
④ 조정기

해설 산소 및 액화석유가스 사용시설에서 압력조정기와 토치 사이에 설치하는 안전장치 : 역화방지장치

55 아세틸렌을 2.5MPa의 압력으로 압축할 때 첨가하는 희석제가 아닌 것은?

① 질소 ② 에틸렌
③ 메탄 ④ 황화수소

해설 아세틸렌가스의 분해폭발을 방지하기 위해 희석제로 질소, 에틸렌, 메탄, 일산화탄소 등을 사용한다.

56 LPG 충전기의 충전호스의 길이는 몇 m 이내로 하여야 하는가?

① 2m ② 3m ③ 5m ④ 8m

해설 LPG 충전용기 충전호스의 길이 : 5m 이내

57 염소 누출에 대비하여 보유하여야 하는 제독제가 아닌 것은?

① 가성소다 수용액
② 탄산소다 수용액
③ 암모니아 수용액
④ 소석회

해설 제독제 종류 및 보유량

독성가스	제독제(보유량)
염소	가성소다 수용액(670kg), 탄산소다 수용액(870kg), 소석회(620kg)
포스겐	가성소다 수용액(390kg), 소석회(360kg)
황화수소	가성소다 수용액(1,140kg), 탄산소다 수용액(1,500kg)
시안화수소	가성소다 수용액(250kg)
아황산수소	가성소다 수용액(530kg), 탄산소다 수용액(700kg), 다량의 물

정답 52 ① 53 ③ 54 ① 55 ④ 56 ③ 57 ③

58 가스설비가 오조작되거나 정상적인 제조를 할 수 없는 경우 자동적으로 원재료를 차단하는 장치는?

① 인터록기구
② 원료제어밸브
③ 가스누출기구
④ 내부반응 감시기구

해설 인터록기구의 설명이다.

59 도시가스사업법에서 정한 가스사용시설에 해당되지 않는 것은?

① 내관
② 본관
③ 연소기
④ 공동주택 외벽에 설치된 가스계량기

해설 도시가스사업법에서 정한 가스사용시설
㉠ 내관
㉡ 연소기
㉢ 공동주택 외벽에 설치된 가스계량기

60 도시가스 사용시설에서 입상관은 환기가 양호한 장소에 설치하며, 입상관의 밸브는 바닥으로부터 몇 m 이내에 설치하는가?

① 1m 이상~1.3m 이내
② 1.3m 이상~1.5m 이내
③ 1.5m 이상~1.8m 이내
④ 1.6m 이상~2m 이내

해설 도시가스 입상관의 밸브
1.6m 이상~2m 이내

제4과목 가스계측

61 다음 중 기본단위가 아닌 것은?

① 길이　　② 광도
③ 물질량　④ 압력

해설 기본단위는 ①, ②, ③ 이외에 시간, 온도, 질량 등이 해당된다.

62 기체 크로마토그래피를 이용하여 가스를 검출할 때 반드시 필요하지 않는 것은?

① Column
② Gas Sampler
③ Carrier gas
④ UV detector

해설 가스 크로마토그래피로 가스 검출 시 반드시 필요한 것
㉠ Column
㉡ Gas Sampler
㉢ Carrier Gas

63 적분동작이 좋은 결과를 얻기 위한 조건이 아닌 것은?

① 불감시간이 적을 때
② 전달지연이 적을 때
③ 측정지연이 적을 때
④ 제어대상의 속응도(速應度)가 적을 때

해설 ④ 제어대상의 속응도가 클 때

64 보상도선의 색깔이 갈색이며 매우 낮은 온도를 측정하기에 적당한 열전대 온도계는?

① PR 열전대
② IC 열전대
③ CC 열전대
④ CA 열전대

해설 CC 열전대의 설명이다.

65 측정기의 감도에 대한 일반적인 설명으로 옳은 것은?

① 감도가 좋으면 측정시간이 짧아진다.
② 감도가 좋으면 측정범위가 넓어진다.

정답 58 ① 59 ② 60 ④ 61 ④ 62 ④ 63 ④ 64 ③ 65 ③

③ 감도가 좋으면 아주 작은 양의 변화를 측정할 수 있다.
④ 측정량의 변화를 지시량의 변화로 나누어 준 값이다.

해설 측정기의 감도
감도가 좋으면 아주 작은 양의 변화를 측정할 수 있다.

66 가스누출 확인 시험지와 검지가스가 옳게 연결된 것은?
① KI 전분지 – CO
② 연당지 – 할로겐가스
③ 염화팔라듐지 – HCN
④ 리트머스시험지 – 알칼리성가스

해설

가스누출시험지	검지가스	반응
KI 전분지	NO_2, ClO, 할로겐	청~갈색
리트머스시험지	산, 알칼리	적색, 청색
염화제1동 착염지	아세틸렌	적색
염화팔라듐지	CO	흑색
하리슨 시약	포스겐	심등색
연당지	H_2S	흑색
초산벤젠지	HCN	청색

67 시료가스를 각각 특정한 흡수액에 흡수시켜 흡수 전후의 가스체적을 측정하여 가스의 성분을 분석하는 방법이 아닌 것은?
① 적정(寂定)법
② 게겔(Gockel)법
③ 헴펠(Hempel)법
④ 오르자트(Orsat)법

해설 ① 흡수분석법 : ㉠ 게겔법 ㉡ 헴펠법 ㉢ 오르자트법
② 화학분석법 : ㉠ 적정법 ㉡ 중량법 ㉢ 분관(흡광)광도법

68 가연성가스 누출검지기에는 반도체 재료가 널리 사용되고 있다. 이 반도체 재료로 가장 적당한 것은?
① 산화니켈(NiO)
② 산화주석(SnO_2)
③ 이산화망간(MnO_2)
④ 산화알루미늄(Al_2O_3)

해설 반도체 재료
산화주석(SnO_2), 산화철 등

69 접촉식 온도계 중 알코올 온도계의 특징에 대한 설명으로 옳은 것은?
① 열전도율이 좋다.
② 열팽창계수가 작다.
③ 저온측정에 적합하다.
④ 액주의 복원시간이 짧다.

해설
① 열전도율이 나쁘다.
② 열팽창계수가 크다.
④ 액주의 복원시간이 길다.

70 계량이 정확하고 사용 중 기차의 변동이 거의 없는 특징의 가스미터는?
① 벤투리 미터
② 오리피스 미터
③ 습식 가스미터
④ 로터리피스톤식 미터

해설 습식 가스미터의 설명이다.

71 전기저항식 습도계의 특징에 대한 설명으로 틀린 것은?
① 자동제어에 이용된다.
② 연속기록 및 원격측정이 용이하다.
③ 습도에 의한 전기저항의 변화가 작다.
④ 저온도의 측정이 가능하고, 응답이 빠르다.

정답 66 ④ 67 ① 68 ② 69 ③ 70 ③ 71 ③

해설 ③ 습도에 의한 전기저항의 변화가 쉽게 측정된다.

72 FID검출기를 사용하는 기체 크로마토그래피는 검출기의 온도가 100℃ 이상에서 작동되어야 한다. 주된 이유로 옳은 것은?
① 가스소비량을 적게 하기 위하여
② 가스의 폭발을 방지하기 위하여
③ 100℃ 이하에서는 점화가 불가능하기 때문에
④ 연소 시 발생하는 수분의 응축을 방지하기 위하여

해설 FID검출기를 사용하는 가스 크로마토그래피에서 검출기의 온도가 100℃ 이상에서 작동되어야하는 이유 : 연소 시 발생하는 수분의 응축을 방지하기 위함

73 가스시험지법 중 염화제일구리 착염지로 검지하는 가스 및 반응색으로 옳은 것은?
① 아세틸렌 – 적색
② 아세틸렌 – 흑색
③ 할로겐화물 – 적색
④ 할로겐화물 – 청색

해설

가스누출시험지	검지가스	반응
염화제1구리 착염지	아세틸렌	적색

74 탄성식 압력계에 속하지 않는 것은?
① 박막식 압력계
② U자관형 압력계
③ 부르동관식 압력계
④ 벨로스식 압력계

해설 ② 액주식 압력계 : U자관형 압력계

75 도시가스 사용압력이 2.0kPa인 배관에 설치된 막식 가스미터의 기밀시험압력은?
① 2.0kPa 이상
② 4.4kPa 이상
③ 6.4kPa 이상
④ 8.4kPa 이상

해설 가스사용시설(연소기 제외)을 안전을 확보하기 위하여 최고사용압력의 1.1배 또는 8.4kPa 중 높은 압력 이상에서 기밀성능을 가지는 것으로 하므로, 사용압력 2.0kPa의 1.1배는 2.2kPa이므로 기밀시험압력은 8.4kPa 이상으로 하여야 한다.

76 가스계량기의 검정 유효기간은 몇 년인가? (단, 최대유량 10m³/h 이하이다.)
① 1년
② 2년
③ 3년
④ 5년

해설 가스계량기의 검정 유효기간
5년(LPG 가스계량기 : 2년, 기준 가스계량기 : 2년)

77 습한 공기 200kg 중에 수증기가 25kg 포함되어 있을 때의 절대습도는?
① 0.106
② 0.125
③ 0.143
④ 0.171

해설 절대습도 $= \dfrac{G_W}{G - G_W} = \dfrac{25}{200 - 25} = 0.143$
여기서, G : 습공기 전중량
G_W : 수증기 중량

78 계측기의 원리에 대한 설명으로 가장 거리가 먼 것은?
① 기전력의 차이로 온도를 측정한다.
② 액주높이로부터 압력을 측정한다.
③ 초음파속도 변화로 유량을 측정한다.
④ 정전용량을 이용하여 유속을 측정한다.

정답 72 ④ 73 ① 74 ② 75 ④ 76 ④ 77 ③ 78 ④

해설 ④ 전압과 정압의 차를 이용하여 유속을 측정한다.

79 전기저항식 온도계에 대한 설명으로 틀린 것은?

① 열전대 온도계에 비하여 높은 온도를 측정하는 데 적합하다.
② 저항선의 재료는 온도에 의한 전기저항의 변화(저항 온도계수)가 커야 한다.
③ 저항 금속재료는 주로 백금, 니켈, 구리가 사용된다.
④ 일반적으로 금속은 온도가 상승하면 전기저항값이 올라가는 원리를 이용한 것이다.

해설 ① 열전대 온도계에 비하여 낮은 온도를 측정하는 데 적합하다.

80 평균유속이 5m/s인 배관 내에 물의 질량유속이 15kg/s이 되기 위해서는 관의 지름을 약 몇 mm로 해야 하는가?

① 42 ② 52
③ 62 ④ 72

해설
$$m = eAV = e\frac{\pi d^2}{4} \text{(kg/s)},$$
$$d = \sqrt{\frac{4m}{e\pi V}} = \sqrt{\frac{4 \times 15}{1,000 \times \pi \times 5}} = 0.062\text{m}$$
$$= 62\text{mm}$$

정답 79 ① 80 ③

2020 제4회 산업기사 (9. 26. 시행)

제1과목 연소공학

01 고열원 T_1, 저열원 T_2인 카르노사이클의 열효율을 옳게 나타낸 것은?

① $\eta_e = \dfrac{T_1 - T_2}{T_2}$ ② $\eta_e = \dfrac{T_1 - T_2}{T_1}$

③ $\eta_e = \dfrac{T_2 - T_1}{T_1}$ ④ $\eta_e = \dfrac{T_2 - T_1}{T_2}$

해설 카르노사이클 열효율
$$\eta_e = \dfrac{T_1 - T_2}{T_1}$$

02 탄화수소계 연료에서 연소 시 검댕이가 많이 발생하는 순서를 바르게 나타낸 것은?

① 파라핀계>올레핀계>벤젠계>나프탈렌계
② 나프탈렌계>벤젠계>올레핀계>파라핀계
③ 벤젠계>나프탈렌계>파라핀계>올레핀계
④ 올레핀계>파라핀계>나프탈렌계>벤젠계

해설 탄화수소계의 미연소분(검댕이)는 불포화도가 클수록 많이 발생한다. 따라서 나프탈렌계>벤젠계>올레핀계>파라핀계의 순서이다.

03 상온상압하에서 메탄-공기의 가연성 혼합기체를 완전연소시킬 때 메탄 1kg을 완전연소시키기 위해서는 공기 몇 kg이 필요한가?

① 4   ② 17.3
③ 19.04   ④ 64

해설
$$CH_4 + 2O_2 \rightarrow CO_2 + 2H_2O$$
16kg 2×32kg
1kg   x kg

$x = \dfrac{2 \times 32 \times 1}{16} = 4\text{kg}$

$4\text{kg} = x'(공기) \times \dfrac{23}{100}$

$\therefore x'(공기) = 4 \times \dfrac{100}{23} = 17.39\text{kg}$

04 다음 중 가연성 물질이 아닌 것은?

① 프로판   ② 부탄
③ 암모니아 ④ 사염화탄소

해설 사염화탄소는 소화제로 사용한다.

05 정적변화인 때의 비열인 정적비열(C_V)과 정압변화인 때의 비열인 정압비열(C_P)의 일반적인 관계로 알맞은 것은?

① $C_P > C_V$
② $C_P < C_V$
③ $C_P = C_V$
④ C_P와 C_V는 일반적인 관계가 없다.

해설
$$k(비열비) = \dfrac{C_P(정압비열)}{C_V(정적비열)}$$

06 질소와 산소를 같은 질량으로 혼합하였을 때 평균분자량은 약 얼마인가?(단, 질소와 산소의 분자량은 각각 28, 32이다.)

① 28.25   ② 28.97
③ 29.87   ④ 30.45

정답 01 ② 02 ② 03 ② 04 ④ 05 ① 06 ③

해설 같은 질량의 경우 부피비는

$N_2 \text{ mol} = \dfrac{100}{28} = 3.5714$

$O_2 \text{ mol} = \dfrac{100}{32} = 3.125$

N_2 부피% $= \dfrac{3.5714}{3.5714+3.125} \times 100 = 53.3$

O_2 부피% $= \dfrac{3.125}{3.5714+3.125} \times 100 = 46.7$

$\therefore 28 \times \dfrac{53.3}{100} + 32 \times \dfrac{46.7}{100} \fallingdotseq 29.87$

07 연료온도와 공기온도가 모두 25℃인 경우 기체연료의 이론화염온도가 옳게 표시된 것은?

① 수소 − 2,252℃
② 메탄 − 3,122℃
③ 일산화탄소 − 4,315℃
④ 프로판 − 5,123℃

해설 수소(H_2)의 화염온도는 2,252℃이다.

08 10℃의 공기를 단열압축하여 체적을 1/6로 하였을 때 가스의 온도는 약 몇 K인가?(단, 공기의 비열비는 1.4이다.)

① 580 ② 585
③ 590 ④ 595

해설
$\dfrac{T_2}{T_1} = \left(\dfrac{V_1}{V_2}\right)^{k-1} = \left(\dfrac{P_2}{P_1}\right)^{\frac{k-1}{k}}$

$\dfrac{T_2}{273+10} = \left(\dfrac{6}{1}\right)^{1.4-1}$

$\therefore T_2 = 283 \times 2.0476 \fallingdotseq 580K$

09 상온·상압 하의 수소가 공기와 혼합하였을 때 폭발범위는 몇 %인가?

① 4.0~75.1%
② 2.5~81.0%
③ 10.0~42.0%
④ 1.8~7.8%

해설 수소(H_2)의 연소범위는 4~75%이다.

10 위험성평가기법 중 공정에 존재하는 위험요소들과 공정의 효율을 떨어뜨릴 수 있는 운전상의 문제점을 찾아내어 그 원인을 제거하는 정성적인 안전성평가기법은?

① What−if
② HEA
③ HAZOP
④ FMECA

해설 위험과 운전분석(HAZOP)기법의 설명이다.

11 다음 중 각 화재의 분류가 옳지 않은 것은?

① A급 − 일반화재
② B급 − 유류화재
③ C급 − 전기화재
④ D급 − 가스화재

해설 ④ D급 − 금속화재

12 압력이 0.1MPa 체적이 3m^3인 273.15K의 공기가 이상적으로 단열 압축되어 그 체적이 1/3로 되었다. 엔탈피의 변화량은 약 몇 kJ인가?(단, 공기의 기체 상수=0.287kJ/kg·K, 비열비=1.4이다.)

① 480 ② 580
③ 680 ④ 780

해설
$\dfrac{T_2}{T_1} = \left(\dfrac{V_1}{V_2}\right)^{k-1} = \left(\dfrac{P_2}{P_1}\right)^{\frac{k-1}{k}}$

$P_2 = P_1\left(\dfrac{V_1}{V_2}\right)^k = 0.1 \times \left(\dfrac{3}{1}\right)^{1.4} = 0.4656 MPa$

$\Delta H = -\dfrac{k}{k-1}(P_1V_1 - P_2V_2)$

$= -\dfrac{1.4}{1.4-1}(0.1 \times 10^3 \times 3 - 0.4656 \times 10^3 \times 1)$

$= 576.6 kJ$

정답 07 ① 08 ① 09 ① 10 ③ 11 ④ 12 ②

13 다음 중 증기 속에 수분이 많을 때 일어나는 현상은?

① 건조도가 증가된다.
② 증기엔탈피가 증가된다.
③ 증기배관에 수격작용이 방지된다.
④ 증기배관 및 장치 부식이 발생된다.

해설 증기배관 속에 수분이 많으면 배관 및 장치의 부식이 발생한다.

14 어떤 가역 열기관이 300°C에서 500kcal 열을 흡수하여 일을 하고 100°C에서 열을 방출한다고 할 때 열기관이 한 최대일(Work)은 약 얼마인가?

① 174.5   ② 180
③ 200   ④ 250

해설
$$\eta(효율) = \frac{T_1 - T_2}{T_1} = \frac{AW}{Q}$$
$$\frac{573 - 373}{573} = \frac{AW}{500}$$
$$AW = 500 \times \frac{200}{573} = 174.5 \text{kcal}$$

15 가연성가스의 위험성에 대한 설명으로 틀린 것은?

① 폭발범위가 넓을수록 위험하다.
② 폭발범위 밖에서는 위험성이 감소한다.
③ 온도나 압력이 증가할수록 위험성이 증가한다.
④ 폭발범위가 좁고 하한계가 낮은 것은 위험성이 매우 작다.

해설 ④ 폭발범위가 넓고 하한이 낮을수록 위험성이 크다.

16 가스의 연소속도에 영향을 미치는 인자에 대한 설명 중 틀린 것은?

① 연소속도는 주변 온도가 상승함에 따라 증가한다.
② 연소속도는 이론 혼합기 근처에서 최대이다.
③ 압력이 증가하면 연소속도는 급격히 증가한다.
④ 산소농도가 높아지면 연소범위가 넓어진다.

해설 일반적으로 가스압력이 높을수록 발화온도는 낮아지고, 폭발범위는 넓어진다.

17 어떤 혼합가스가 산소 10mol, 질소 10mol, 메탄 5mol을 포함하고 있다. 이 혼합가스의 비중은 약 얼마인가?(단, 공기의 평균분자량은 29이다.)

① 0.88   ② 0.94
③ 1.00   ④ 1.07

해설
$$가스비중(s) = \frac{가스의\ 평균분자량}{공기의\ 평균분자량}$$
$$= \frac{\left(32 \times \frac{10}{25}\right) + \left(25 \times \frac{10}{25}\right) + \left(16 \times \frac{5}{25}\right)}{29}$$
$$= 0.937$$

18 다음 중 폭발방지를 위한 안전장치가 아닌 것은?

① 안전밸브   ② 가스누출경보장치
③ 방호벽   ④ 긴급차단장지

해설 방호벽은 가스화재·폭발 등으로 재해가 발생했을 때 주변으로 확산되는 것을 방지하도록 막아주는 벽이다.

19 기체연료 중 공기와 혼합기체를 만들었을 때 연소속도가 가장 빠른 것은?

① 수소   ② 메탄
③ 프로판   ④ 톨루엔

해설 기체확산속도는 일정한 온도와 압력하에서 그 기체의 분자량의 제곱근에 반비례한다.

정답 13 ④ 14 ① 15 ④ 16 ③ 17 ② 18 ③ 19 ①

20 이산화탄소로 가연물을 덮는 방법은 소화의 3대 효과 중 다음 어느 것에 해당하는가?

① 제거효과 ② 질식효과
③ 냉각효과 ④ 촉매효과

해설 이산화탄소는 질식소화제이다.

제2과목 가스설비

21 펌프에서 발생하는 수격작용방지 방법으로 틀린 것은?

① 펌프에 플라이휠을 설치한다.
② 조압수조를 설치한다.
③ 관 내 유속을 빠르게 한다.
④ 밸브를 송출구에 설치하고, 적당히 제어한다.

해설 수격작용방지법
㉠ 관 내의 유속을 낮게 한다.
㉡ 펌프에 플라이휠(Fly Wheel)을 설치한다.
㉢ 조압수조를 관선에 설치한다.
㉣ 밸브는 펌프 송출구 가까이에 설치하고, 밸브는 적당히 제어한다.

22 양정(H) 20m, 송수량(Q) 0.25m³/min, 펌프효율(η) 0.65인 2단 터빈펌프의 축동력은 약 몇 kW인가?

① 1.26 ② 1.37
③ 1.57 ④ 1.72

해설 $L_s = \dfrac{Q \times H \times \gamma}{102 \times 60 \times \eta} = \dfrac{0.25 \times 20 \times 1,000}{102 \times 60 \times 0.65}$
$= 1.26 \text{kW}$

23 상온·상압에서 수소용기의 과열 원인으로 가장 거리가 먼 것은?

① 과충전

② 용기의 균열
③ 용기의 취급 불량
④ 수소취성

해설 수소취성은 고온·고압에서 수소의 화학적 반응이다.

24 LPG와 공기를 일정한 혼합비율로 조절해 주면서 가스를 공급하는 Mixing System 중 벤투리식이 아닌 것은?

① 원료가스 압력제어방식
② 전자밸브개폐방식
③ 공기흡입조절방식
④ 열량제어방식

해설 벤투리방식은 차압에 의한 제어방식이다.

25 커플러 안전기구와 과류차단 안전기구가 부착된 콕은?

① 호스콕
② 퓨즈콕
③ 상자콕
④ 주물 연소기용 노즐콕

해설 상자콕은 퀵 커플러 안전기구와 과류차단 안전기구가 부착된 것으로 배관과 퀵 커플러를 연결하는 구조이다.

26 황화수소(H_2S)에 대한 설명이 아닌 것은?

① 알칼리와 반응하여 염을 생성한다.
② 발화온도가 약 450℃ 정도로서 높은 편이다.
③ 습기를 함유한 공기 중에는 대부분 금속과 작용한다.
④ 각종 산화물을 환원시킨다.

해설 ② 황화수소(H_2S)의 발화온도는 약 260℃이다.

정답 20 ② 21 ③ 22 ① 23 ④ 24 ④ 25 ③ 26 ②

27 이음매 없는 용기 제조 시 재료시험 항목이 아닌 것은?
① 인장시험   ② 충격시험
③ 압궤시험   ④ 기밀시험

해설 이음매 없는 용기 제조 시의 재료검사
㉠ 인장시험
㉡ 압궤시험
㉢ 충격시험
㉣ 굽힘시험

28 도시가스에서 액화가스가 기화되고 다른 물질과 혼합되지 않은 경우에 중압의 범위는?
① 0.1MPa 미만
② 0.1MPa 이상 1MPa 미만
③ 1MPa 이상
④ 10MPa 이상

해설 도시가스 압력 구분
㉠ 고압 : 1MPa 이상
㉡ 중압 : 0.1~1MPa
㉢ 저압 : 0.1MPa 미만

29 프로판의 비중을 1.5라 하면 입상 50m 지점에서의 배관의 수직 방향에 의한 압력손실은 약 몇 mmH_2O인가?
① 12.9   ② 19.4
③ 32.3   ④ 75.2

해설 $H = 1.293(S-1)h = 1.293 \times (1.5-1) \times 50$
$= 32.3 mmH_2O$

30 원유, 중유, 나프타 등의 분자량이 큰 탄화수소 원료를 고온(800~900°C)으로 분해하여 고열량의 가스를 제조하는 방법은?
① 열분해 프로세스
② 접촉분해 프로세스
③ 수소화분해 프로세스
④ 대체천연가스 프로세스

해설 열분해 프로세스의 설명이다.

31 산소 압축기의 내부 윤활제로 주로 사용되는 것은?
① 물   ② 유지류
③ 석유류   ④ 진한 황산

해설 산소 압축기 내부 윤활제는 물 또는 10% 이하의 글리세린수이다.

32 압력 22.5MPa로 내압시험을 하는 용기에 아세틸렌가스가 아닌 압축가스를 충전할 때 그 최고충전압력은 몇 MPa인가?
① 12.5   ② 13.5
③ 14.0   ④ 15.0

해설 압축가스용기 내압시험 = 최고충전압력 $\times \dfrac{5}{3}$

$22.5MPa = x \times \dfrac{5}{3}$

$\therefore x = 22.5 \times \dfrac{3}{5} = 13.5MPa$

33 펌프에서 발생하는 현상인 캐비테이션(Cavitation)으로 인한 결과가 아닌 것은?
① 기계 손상
② 정압 증가
③ 진동
④ 소음

해설 캐비테이션이 발생하면 소음, 진동, 임펠러의 침식이 생기고, 토출량과 양정·효율이 저하한다.

34 지름이 150mm, 행정 100mm, 회전수 800rpm, 체적효율 85%인 4기통 압축기의 피스톤 압출량은 몇 m^3/h인가?
① 10.2   ② 28.8
③ 102   ④ 288

정답 27 ④ 28 ② 29 ③ 30 ① 31 ① 32 ② 33 ② 34 ④

해설
$Q(\text{유출량})$
$= \dfrac{3.14 \times 0.15^2}{4} \times 0.1 \times 800 \times 4 \times 0.85 \times 60$
$= 288 \text{m}^3/\text{h}$

35 정압기 설치에 대한 설명으로 가장 거리가 먼 것은?

① 출구에는 수분 및 불순물제거장치를 설치한다.
② 출구에는 가스압력측정장치를 설치해야 한다.
③ 입구에는 가스차단장치를 설치한다.
④ 정압기의 분해 점검 및 고장을 대비하여 예비 정압기를 설치한다.

해설
① 여과기 및 수분, 불순물 등의 제거장치는 정압기 입구에 설치한다.

36 압축기 운전 개시 전에 주의하여야 할 사항으로 맞지 않는 것은?

① 압력조정밸브는 천천히 잠그고, 주밸브를 열어 압력을 조정한다.
② 냉각수밸브를 닫고, 워터재킷 내부의 물을 드레인한다.
③ 드레인밸브를 1단에서 다음 단으로 서서히 잠근다.
④ 압력계, 압력조절밸브, 드레인밸브를 전개하여 지시압력의 이상 유무를 확인한다.

해설
④는 압축기 운전 개시 후의 처리사항이다.

37 전기방식 조치 대상 시설로서, 전기방식을 하지 않아도 되는 배관은?

① 지중에 설치하는 폴리에틸렌 피복강관
② 지중에 설치하는 강제강관
③ 수중에 설치하는 폴리에틸렌관
④ 수중에 설치하는 강제강관

해설
폴리에틸렌관은 전기부도체로서 전기방식을 하지 않아도 된다.

38 다음 지상형 탱크 중 내진설계 적용 대상 시설이 아닌 것은?

① 고법의 적용을 받는 10톤 이상의 아르곤탱크
② 도법의 적용을 받는 3톤 이상의 저장탱크
③ 액법의 적용을 받는 3톤 이상의 액화석유가스 저장탱크
④ 고법의 적용을 받는 3톤 이상의 암모니아탱크

해설
내진설계기준
㉠ 고법의 내진설계기준은 5톤(비가연성, 비독성의 경우 10톤) 또는 500m³(비가연성, 독성은 1,000m³) 이상이고, 동체의 길이가 5m 이상의 원통형 응축기 수액기로 5,000L 이상인 경우
㉡ 액법의 경우 3톤 이상의 저장탱크(지하에 설치된 것은 제외)
㉢ 도법의 경우 3톤 이상의 저장탱크(압축가스는 300m³)

39 직경 50mm의 강재로 된 둥근 막대가 8,000kgf의 인장하중을 받을 때의 응력은 얼마인가?

① 2kgf/mm²
② 4kgf/mm²
③ 6kgf/mm²
④ 8kgf/mm²

해설
인장강도 $= \dfrac{\text{하중}}{\text{단면적}} = \dfrac{8,000}{\dfrac{3.14}{4} \times 50^2} = 4.07 \text{kgf/mm}^2$

정답 35 ① 36 ④ 37 ③ 38 ④ 39 ②

40 배관 용접부의 비파괴검사인 자분탐상시험을 한 경우 결함자분 모양의 길이가 몇 mm를 초과한 경우에 불합격으로 하는가?

① 3 ② 4
③ 5 ④ 6

해설 비파괴검사에서 결함자분 모양의 길이가 4mm 이상 초과한 경우 불합격으로 한다.

제3과목 가스안전관리

41 도시가스 사용시설에서 연소기 설치 기준에 대한 설명으로 틀린 것은?

① 개방형 연소기를 설치한 실에는 급기구 또는 배기통을 설치한다.
② 가스 온풍기와 배기통의 접합은 나사식이나 플랜지식 또는 밴드식 등으로 한다.
③ 배기통의 재료는 스테인리스 강관이나 내열, 내식성 재료를 사용한다.
④ 밀폐형 연소기는 급기통·배기통과 벽과의 사이에 배기가스가 실내에 들어올 수 없도록 밀폐하여 설치한다.

해설 ① 개방형 연소기를 설치한 실에는 급기구 또는 배기통을 설치하지 않는다.

42 내용적 1,500L, 내압시험압력 50MPa인 차량에 고정된 탱크의 안전유지 기준에 대한 설명으로 틀린 것은?

① 고압가스를 충전하거나 그로부터 가스를 이입받을 때에는 차량 정지목을 설치하여야 하지만, 주변 상황에 따라 이를 생략할 수 있다.
② 차량에 고정된 탱크에는 안전밸브가 부착되어야 하며, 안전밸브는 40MPa 이하의 압력에서 작동되어야 한다.
③ 차량에 고정된 탱크에 부착되는 밸브, 부속배관 및 긴급차단장치는 50MPa 이상의 압력으로 내압시험을 실시하고, 이에 합격된 제품이어야 한다.
④ 긴급차단장치는 원격조작에 의하여 작동되고, 차량에 고정된 탱크 외면의 온도가 100℃일 때에 자동으로 작동되어야 한다.

해설 긴급차단장치는 110℃ 이상일 때 자동으로 작동되어야 한다.

43 액화가스를 충전하는 탱크의 내부에 액면요동을 방지하기 위하여 설치하는 장치는?

① 방호벽 ② 방파판
③ 방해판 ④ 방지판

해설 액화가스를 충전하는 탱크의 내부에 액면요동을 방지하는 방파판을 설치한다.

44 용기 내장형 가스난방기용으로 사용하는 부탄 충전용기에 대한 설명으로 옳지 않은 것은?

① 용기 몸통부의 재료는 고압가스 용기용 강판 및 강대이다.
② 프로텍터의 재료는 KS D 3503 SS400의 규격에 적합하여야 한다.
③ 스커트의 재료는 KS D 3533 SG295 이상의 강도 및 성질을 가져야 한다.
④ 네크링의 재료는 탄소 함유량이 0.48% 이하인 것으로 한다.

해설 ④ 네크링의 재료는 KS D 3752(기계구조용 탄소강재)의 적합한 것 또는 이와 동등 이상의 기계적 성질 가공성을 가진 것으로 탄소 함유량이 0.28% 이하인 것으로 한다.

45 다음 중 독성가스의 제독제로 사용되지 않는 것은?

① 가성소다 수용액

정답 40 ② 41 ① 42 ④ 43 ② 44 ④ 45 ④

② 탄산소다 수용액
③ 물
④ 암모니아수

해설 암모니아수는 누출 시 암모니아를 발생하는 독성가스이다.

46 고압가스 일반제조시설에서 운전 중의 1일 1회 이상 점검 항목이 아닌 것은?

① 가스설비로부터의 누출
② 안전밸브 작동
③ 온도, 압력, 유량 등 조업 조건의 변동상황
④ 탑류, 저장탱크류, 배관 등의 진동 및 이상음

해설 안전밸브는 압축기의 최종단에 설치한 경우 1년 1회 이상, 그 밖의 것은 2년에 1회 이상 점검한다.

47 다음 중 고압가스 충전용기 운반 시 운반책임자의 동승이 필요한 경우는?(단, 독성가스는 허용농도가 100만 분의 200을 초과한 경우이다)

① 독성 압축가스 100m³ 이상
② 가연성 압축가스 100m³ 이상
③ 가연성 액화가스 1,000kg 이상
④ 독성 액화가스 500kg 이상

해설 운반책임자 동승 기준

가스의 종류		기준
액화가스	독성가스	1,000kg 이상
	가연성가스	3,000kg 이상
	조연성가스	6,000kg 이상
압축가스	독성가스	100m³ 이상
	가연성가스	300m³ 이상
	조연성가스	600m³ 이상

48 가스의 폭발상한계에 영향을 주는 요인으로 가장 거리가 먼 것은?

① 온도
② 가스의 농도
③ 산소의 농도
④ 부피

해설 폭발범위에 영향을 주는 인자는 온도, 가스의 농도, 산소의 농도에 영향을 받는다.

49 다음 중 밀폐식 보일러에서 사고 원인이 되는 사항에 대한 설명으로 가장 거리가 먼 내용은?

① 전용 보일러실에 보일러를 설치하지 아니한 경우
② 설치 후 이음부에 대한 가스누출 여부를 확인하지 아니한 경우
③ 배기통이 수평보다 위쪽을 향하도록 설치한 경우
④ 배기통과 건물의 외벽 사이에 기밀이 완전히 유지되지 않는 경우

해설 ① 밀폐식 보일러는 전용 보일러실에 설치하여야 하나 사고(질식)의 위험과는 직접적인 원인이 아니다.

50 염소의 성질에 대한 설명으로 틀린 것은?

① 화학적으로 활성이 강한 산화제이다.
② 녹황색의 자극적인 냄새가 나는 기체이다.
③ 습기가 있으면 철 등을 부식시키므로 수분과 격리시켜야 한다.
④ 염소와 수소를 혼합하면 냉암소에서도 폭발하여 염화수소가 된다.

해설 염소와 수소는 햇빛 등의 촉매에 의해 폭발성을 형성하는 염소폭명기를 형성한다.

51 차량에 고정된 2개 이상을 서로 연결한 이음매 없는 용기의 운반차량에 반드시 설치하지 않아도 되는 것은?

① 역류방지밸브
② 검지봉
③ 압력계
④ 긴급탈압밸브

해설 역류방지밸브는 유체의 역류를 방지하기 위한 밸브로, 용기운반차량에는 제외한다.

52 암모니아에 대한 설명으로 틀린 것은?

① 강한 자극성이 있고 무색이며, 물에 잘 용해된다.
② 붉은 리트머스 시험지에 접촉하면 푸른색으로 변한다.
③ 20℃에서 2.15kgf/cm² 이상으로 압축하면 액화된다.
④ 고온에서 마그네슘과 반응하여 질화마그네슘을 만든다.

해설 암모니아는 임계압력이 높아 쉽게 액화한다.

53 방폭전기기기의 용기에서 가연성가스가 폭발할 경우 그 용기가 폭발압력에 견디고, 접합면, 개구부 등을 통하여 외부의 가연성가스에 인화되지 않도록 한 구조는?

① 압력방폭구조
② 내압방폭구조
③ 유입방폭구조
④ 안전증방폭구조

해설 방폭전기기기의 분류
① 압력방폭구조 : 용기 내부에 보호가스(신선한 공기 또는 불활성가스)를 압입하여 내부 압력을 유지함으로써 가연성가스가 용기 내부로 유입되지 아니하도록 한 구조를 말한다.
③ 유입방폭구조 : 용기 내부에 절연유를 주입하여 불꽃·아크 또는 고온 발생 부분이 기름 속에 잠기게 함으로써 기름면 위에 존재하는 가연성가스에 인화되지 아니하도록 한 구조를 말한다.
④ 안전증방폭구조 : 정상 운전 중에 가연성가스의 점화원이 될 전기 불꽃·아크 또는 고온 부분 등의 발생을 방지하기 위하여 기계적·전기적·구조상 또는 온도 상승에 대하여 특히 안전도를 증가시킨 구조를 말한다.

54 고압가스 특정제조설비에는 비상전력설비를 설치하여야 한다. 다음 중 가스누출 검지경보장치에 설치하는 비상전력설비가 아닌 것은?

① 타처공급전력
② 자가발전
③ 엔진구동발전
④ 축전지장치

해설 엔진구동발전장치는 불꽃이 발생할 우려가 있다.

55 고압가스를 운반하는 차량의 안전경계표지 중 삼각기의 바탕과 글자색은?

① 백색 바탕 – 적색 글씨
② 적색 바탕 – 황색 글씨
③ 황색 바탕 – 적색 글씨
④ 백색 바탕 – 청색 글씨

해설 고압가스 경계표지의 삼각기는 적색 바탕에 황색 글씨로 한다.

56 공기 중 폭발범위가 가장 넓은 가스는?

① 수소
② 아세트알데히드
③ 에탄
④ 산화에틸렌

해설
① 수소 : 4~75%
② 아세트알데히드 : 4~60%
③ 에탄 : 3~12.5%
④ 산화에틸렌 : 3~80%

정답 51 ① 52 ③ 53 ② 54 ③ 55 ② 56 ④

57 다음 중 고압가스시설의 안전을 확보하기 위한 고압가스설비 설치 기준에 대한 설명으로 틀린 것은?

① 아세틸렌 충전용 교체 밸브는 충전하는 장소에서 격리하여 설치한다.
② 공기액화분리기에 설치하는 피트는 양호한 환기 구조로 한다.
③ 에어로졸 제조시설에는 과압을 방지할 수 있는 수동충전기를 설치한다.
④ 고압가스설비는 상용압력의 1.5배 이상의 압력으로 내압시험을 실시하여 이상이 없어야 한다.

해설 ③ 에어로졸 제조시설에는 과압을 방지할 수 있는 자동충전기를 설치한다.

58 도시가스사업자가 가스시설에 대한 안전성 평가서를 작성할 때 반드시 포함하여야 할 사항이 아닌 것은?

① 절차에 관한 사항
② 결과 조치에 관한 사항
③ 품질 보증에 관한 사항
④ 기법에 관한 사항

해설 ③ 품질 보증에 관한 사항은 안전성평가 사항에서 제외한다.

59 다음 독성가스별 제독제 및 제독제 보유량의 기준이 잘못 연결된 것은?

① 염소 : 소석회 – 620kg
② 포스겐 : 소석회 – 200kg
③ 아황산가스 : 가성소다 수용액 – 530kg
④ 암모니아 : 물 – 다량

해설 포스겐은 가성소다 수용액 390kg과 소석회 390kg을 보유한다.

60 도로 밑 도시가스배관 직상단에는 배관의 위치, 흐름 방향을 표시한 라인마크(Line Mark)를 설치(표시)하여야 한다. 직선배관인 경우 라인마크의 최소설치간격은?

① 25m   ② 50m
③ 100m   ④ 150m

해설 도시가스배관이 지하를 지나가는 경우 50m마다 가스 흐름 방향으로 표시한다.

제4과목 가스계측

61 도시가스 제조소에 설치된 가스누출 검지경보장치는 미리 설정된 가스농도에서 자동적으로 경보를 울리는 것으로 하여야 한다. 이 때 미리 설정된 가스농도란?

① 폭발하한계값
② 폭발상한계값
③ 폭발하한계의 1/4 이하 값
④ 폭발하한계의 1/2 이하 값

해설 가스누출 검지경보장치는 가연성가스의 경우 폭발하한계의 1/4 이하 값에서, 독성가스는 허용농도 이하에서 자동적으로 경보가 울려야 한다.

62 국제단위계(SI 단위) 중 압력 단위에 해당되는 것은?

① Pa
② bar
③ atm
④ kgf/cm^2

해설 압력의 국제단위는 Pa(파스칼)이다.

정답 57 ③ 58 ③ 59 ② 60 ② 61 ③ 62 ①

63 접촉식 온도계 중 알코올 온도계의 특징에 대한 설명으로 옳은 것은?

① 저온 측정에 적합하다
② 열팽창계수가 작다.
③ 열전도율이 좋다.
④ 액주의 복원시간이 짧다.

해설 알코올 온도계의 특징
㉠ 측정 범위는 통상 −30~300℃ 정도이다.
㉡ 가급적 온도계 전체를 측정하는 물체에 접촉시킨다.
㉢ 접촉식이므로 오차를 최소하여야 한다.

64 50mL의 시료가스를 CO_2, O_2, CO순으로 흡수시켰을 때, 이때 남은 부피가 각각 32.5mL, 24.2mL 17.8mL이었다면 이들 가스의 조성 중 N_2의 조성은 몇 %인가? (단, 시료가스는 CO_2, O_2, CO, N_2로 혼합되어 있다.)

① 24.2   ② 27.2
③ 34.2   ④ 35.6

해설 가스 분석에서 흡수된 것 이외는 N_2이다.
$N_2 = 50ml - (17.5 + 8.3 + 6.4) = 17.8ml$
$\therefore N_2 = \frac{17.8}{50} \times 100 = 35.6\%$

65 화씨(℉)와 섭씨(℃)의 온도 눈금 수치가 일치하는 경우의 절대온도(K)는?

① 201   ② 233
③ 313   ④ 345

해설 화씨(℉)와 섭씨(℃)의 일치점은 −40이므로
$A(K) = 273 - 40 = 233K$
$B(°R) = 460 - 40 = 420°F$

66 초음파식 액위계에서 사용하는 초음파의 주파수는?

① 1kHz 이상
② 20kHz 이상
③ 100kHz 이상
④ 200kHz 이상

해설 초음파식 액위계는 수정이나 티탄산, 바륨 등을 이용하여 초음파 발진하는데, 보통 주파수는 10~50kHz 범위를 이용한다.

67 다음 중 차압식 유량계에 해당하지 않는 것은?

① 벤투리미터 유량계
② 로터미터 유량계
③ 오리피스 유량계
④ 플로노즐

해설 차압에 의한 교축 기구는 벤투리미터, 오리피스, 플로노즐 등이 유량계로 사용한다.

68 다음 중 회전자식 가스미터는?

① 막식 미터   ② 루츠 미터
③ 벤투리 미터   ④ 델타 미터

해설 루츠 미터는 회전자식 대용량 가스미터이다.

69 자동제어장치의 검출부에 대한 설명으로 옳은 것은?

① 목표값을 주피드백 신호와 같은 종류의 신호로 교환하는 부분이다.
② 제어 대상에 대한 작용 신호를 전달하는 부분이다.
③ 제어 대상으로부터 제어에 필요한 신호를 나타내는 부분이다.
④ 기준 입력과 주피드백 신호와의 차이에 의해서 조작부에 신호를 송출하는 부분이다.

해설 검출부는 제어 대상의 상태를 검출하여 그 상태를 전기적인 신호로 변화한다.

정답 63 ① 64 ④ 65 ② 66 ② 67 ② 68 ② 69 ③

70 잔류편차(Off-Set)는 제거되지만, 제어시간은 단축되지 않고 급변할 때 큰 진동이 발생하는 제어기는?

① P제어기 ② PD제어기
③ PI제어기 ④ On-Off제어기

해설 On-Off제어
일명 2위치 동작이라 하며, 조작량 또는 제어량을 지배하는 신호가 입력의 크기에 의해 2개의 정해진 값(On, Off) 중 어느 한쪽인가를 취하는 동작이며, 특히 잔류편차는 제거되지만 제어시간은 단축되지 않고 급변할 때 큰 진동이 발생한다.

71 대칭 이원자 분자 및 Ar 등의 단원자 분자를 제외한 것의 대부분의 가스를 분석할 수 있으며, 선택성이 우수하고 연속 분석이 가능한 가스 분석 방법은?

① 적외선법
② 반응열법
③ 용약전도율법
④ 열전도율법

해설 적외선법은 적외선을 분광하지 않고 측정 성분의 흡수파장을 그대로 분석하기 때문에 가스의 종류가 많고, 측정 범위도 넓다.

72 다음 가스분석 방법 중 연소분석법이 아닌 것은?

① 폭발법 ② 완만연소법
③ 분별연소법 ④ 증발연소법

해설 연소분석법으로 폭발법, 완만연소법, 분별연소법 등이 있다.

73 압력의 단위를 차원(Dimension)으로 바르게 나타낸 것은?

① MLT ② ML²T²
③ M/LT² ④ M/L²T²

해설
$$압력(P) = \frac{F(힘)}{A(면적)} = \frac{kg \cdot f}{m^2} = \frac{kg \times m/s^2}{m \times m}$$
$$= M/L \cdot T^2$$

74 비접촉식 온도계의 특징으로 옳지 않은 것은?

① 내열성 문제로 고온 측정이 불가능하다.
② 움직이는 물체의 온도 측정이 가능하다.
③ 물체의 표면온도만 측정 가능하다.
④ 방사율의 보정이 필요하다.

해설 ① 비접촉식 온도계는 주로 고온 측정에 이용한다.

75 가스압력조정기(Regulator)의 역할에 대한 설명으로 가장 옳은 것은?

① 용기 내로의 역화를 방지한다.
② 가스를 정제하고 유량을 조절한다.
③ 용기 내의 압력이 급상승할 경우 정상화한다.
④ 공급되는 가스의 압력을 연소기구에 적당한 압력까지 감압시킨다.

해설 가스압력조정기는 공급된 가스의 압력을 연소기구에 적당한 압력으로 공급하는 역할을 한다.

76 계측에 사용되는 열전대 중 다음의 특징을 가지는 온도계는?

- 열기전력이 크고, 저항 및 온도계수가 작다.
- 수분에 의한 부식에 강하므로 저온 측정에 적합하다.
- 비교적 저온의 실험용으로 주로 사용한다.

① R형 ② T형
③ J형 ④ K형

해설 T형(구리-콘스탄탄)의 설명이다.

정답 70 ④ 71 ① 72 ④ 73 ③ 74 ① 75 ④ 76 ②

77 어떤 가스의 유량을 시험용 가스미터로 측정하였더니 $50m^3/h$이었다. 같은 가스를 기준 가스미터로 측정하였을 때의 유량이 $52m^3/h$이었다면 이 시험용 가스미터의 기차는?

① +2.0% ② -2.0%
③ +4.0% ④ -4.0%

해설 기차(오차율)

$= \dfrac{시험용미터 지시량 - 기준미터 지시량}{시험용미터 지시량}$

$\therefore \dfrac{52-50}{51} \times 100 = 3.92\%$

여기서 $(50m^3/h + 52m^3/h) \div 2 = 51m^3/h$
즉 오차율 3.92%란 시험대상 가스미터가 기준값보다 3.92% 낮게 측정되었다.

78 다음 중 가스 크로마토그래피의 구성 요소가 아닌 것은?

① 분리관(칼럼)
② 검출기
③ 유속조절기
④ 단색화장치

해설 가스 크로마토그래피의 구성 요소
㉠ 분리관(칼럼)
㉡ 검출기
㉢ 유속조절기

79 헴펠법 가스분석법에서 CO_2의 흡수제는?

① 발연 황산
② 피로갈롤 알칼리 용액
③ NH_4Cl
④ KOH

해설
① C_mH_n - 발연 황산
② O_2 - 피로갈롤 알칼리성 용액
③ CO - NH_4Cl
④ CO_2 - 30% KOH

80 막식 가스미터에서 다음과 같은 원인은 어떤 고장인가?

- 계량막이 신축하여 계량실 부피가 변화
- 막에서의 누설, 밸브와 밸브시트 사이에서의 누설
- 패킹부에서의 누설

① 부동 ② 불통
③ 기차 불량 ④ 감도 불량

해설 막식 가스미터의 고장
① 부동 : 가스는 통과하나 미터 지침이 작동하지 않는 고장
② 불통 : 가스가 가스미터를 통과하지 않는 고장
③ 기차 불량 : 사용 중에 계량실의 부피 변화, 부품의 마모 또는 누설 등 기차가 변화한 고장
④ 감도 불량 : 계량기의 통과 가스가 미약하여 기차를 변화시키지 못하는 고장

정답 77 ③ 78 ④ 79 ④ 80 ③

2021 제1회 산업기사 (3. 7. 시행)

제1과목 연소공학

01 증발연소 시 발생하는 화염을 무엇이라 하는가?
① 산화화염 ② 표면화염
③ 확산화염 ④ 환원화염

해설 확산화염의 설명이다.

02 고열원 T_1, 저열원 T_2인 카르노사이클의 열효율을 옳게 나타낸 것은?

① $\eta_e = \dfrac{T_1 - T_2}{T_1}$

② $\eta_e = \dfrac{T_1 - T_2}{T_2}$

③ $\eta_e = \dfrac{T_2 - T_1}{T_1}$

④ $\eta_e = \dfrac{T_2 - T_1}{T_2}$

해설 카르노사이클 열효율
$\eta_e = \dfrac{T_1 - T_2}{T_1}$

03 공기 중에서 폭발하한계 값이 가장 낮은 가스는?
① 수소   ② 메탄
③ 부탄   ④ 일산화탄소

해설 폭발범위
① 수소(H_2) : 4~75%
② 메탄(CH_4) : 5~15%
③ 부탄(C_4H_{10}) : 1.8~8.4%
④ 일산화탄소(CO) : 12.5~74%

04 탄화수소계 연료에서 연소 시 검댕이가 많이 발생하는 순서를 바르게 나타낸 것은?
① 파라핀계 > 올레핀계 > 벤젠계 > 나프탈렌계
② 나프탈렌계 > 벤젠계 > 올레핀계 > 파라핀계
③ 벤젠계 > 나프탈렌계 > 파라핀계 > 올레핀계
④ 올레핀계 > 파라핀계 > 나프탈렌계 > 벤젠계

해설 탄화수소계의 미연소분(검댕이)는 불포화도가 클수록 많이 발생한다. 따라서 나프탈렌계 > 벤젠계 > 올레핀계 > 파라핀계의 순서이다.

05 다음 중 연소가스와 폭발등급이 바르게 짝지어진 것은?
① 수소 - 1등급
② 메탄 - 1등급
③ 에틸렌 - 1등급
④ 아세틸렌 - 1등급

해설 폭발등급
㉠ 폭발 1등급 : 메탄, 에탄, 가솔린 등
㉡ 폭발 2등급 : 에틸렌, 석탄가스 등
㉢ 폭발 3등급 : 수소, 아세틸렌, 이황화탄소, 수성가스 등

06 상온상압하에서 메탄-공기의 가연성 혼합기체를 완전연소시킬 때 메탄 1kg을 완전연소시키기 위해서는 공기 몇 kg이 필요한가?
① 4   ② 17.3
③ 19.04   ④ 64

정답 01 ③ 02 ① 03 ③ 04 ② 05 ② 06 ②

해설

$CH_4 + 2O_2 \rightarrow CO_2 + 2H_2O$

16kg   2×32kg
1kg : x(산소)

$x = \dfrac{2 \times 32 \times 1}{16} = 4$kg

$4\text{kg} = x'(\text{공기}) \times \dfrac{23}{100}$

$\therefore x'(\text{공기}) = 4 \times \dfrac{100}{23} = 17.39$kg

07 다음 중 중합폭발을 일으키는 물질은?

① 히드라진
② 과산화물
③ 부타디엔
④ 아세틸렌

해설 중합폭발은 부타디엔, 시안화수소 등 중합열에 의해 폭발하는 것이다.

08 다음 중 가연성 물질이 아닌 것은?

① 프로판   ② 부탄
③ 암모니아 ④ 사염화탄소

해설 사염화탄소는 소화제로 사용한다.

09 가정용 연료가스는 프로판과 부탄가스를 액화한 혼합물이다. 이 혼합물이 30°C에서 프로판과 부탄의 몰비가 5:1로 되어 있다면 이 용기 내의 압력은 약 몇 atm인가?(단, 30°C에서의 증기압은 프로판 9,000mmHg이고, 부탄은 2,400mmHg이다.)

① 2.6   ② 5.5
③ 8.8   ④ 10.4

해설

$P = P_A \times m + P_B \times m + \cdots$

$= 9,000 \times \dfrac{5}{6} + 2,400 \times \dfrac{1}{6}$

$= 7,900$mmHg

$= 10.39$atm

10 정적변화인 때의 비열인 정적비열(C_V)과 정압변화인 때의 비열인 정압비열(C_P)의 일반적인 관계로 알맞은 것은?

① $C_P > C_V$
② $C_P < C_V$
③ $C_P = C_V$
④ C_P와 C_V는 일반적인 관계가 없다.

해설

$k(\text{비열비}) = \dfrac{C_P(\text{정압비열})}{C_V(\text{정적비열})}$

11 연소속도에 영향을 주는 요인이 아닌 것은?

① 화염온도
② 가연물질의 종류
③ 지연성 물질의 온도
④ 미연소가스의 열전도율

해설 지연성 물질은 연소 요소에 해당한다.

12 질소와 산소를 같은 질량으로 혼합하였을 때 평균분자량은 약 얼마인가?(단, 질소와 산소의 분자량은 각각 28, 32이다.)

① 28.25
② 28.97
③ 29.87
④ 30.45

해설 같은 질량의 경우 부피비는

$N_2 \text{ mol} = \dfrac{100}{28} = 3.5714$

$O_2 \text{ mol} = \dfrac{100}{32} = 3.125$

$N_2 \text{ 부피\%} = \dfrac{3.5714}{3.5714 + 3.125} \times 100 = 53.3$

$O_2 \text{ 부피\%} = \dfrac{3.125}{3.5714 + 3.124} \times 100 = 46.7$

$\therefore 28 \times \dfrac{53.3}{100} + 32 \times \dfrac{46.7}{100} \fallingdotseq 29.87$

정답 07 ③ 08 ④ 09 ④ 10 ① 11 ③ 12 ③

13 일산화탄소(CO) 10Sm³를 완전연소시키는 데 필요한 공기량은 약 몇 Sm²인가?

① 17.2 ② 23.8
③ 35.7 ④ 45.0

해설
$2CO + O_2 \rightarrow 2CO_2$
$2m^3 : 1m^3$
$10m^3 : x$
$x = \dfrac{10 \times 1}{2} = 5m^3$
$\therefore x'(공기량) = 5 \times \dfrac{100}{21} = 23.8m^3$

14 연료온도와 공기온도가 모두 25℃인 경우 기체연료의 이론화염온도가 옳게 표시된 것은?

① 수소 – 2,252℃
② 메탄 – 3,122℃
③ 일산화탄소 – 4,315℃
④ 프로판 – 5,123℃

해설 수소(H_2)의 화염온도는 2,252℃이다.

15 물질의 화재위험성에 대한 설명으로 틀린 것은?

① 인화점이 낮을수록 위험하다.
② 발화점이 높을수록 위험하다.
③ 연소범위가 넓을수록 위험하다.
④ 착화에너지가 낮을수록 위험하다

해설 ② 발화점이 낮을수록 위험하다.

16 10℃의 공기를 단열압축하여 체적을 1/6로 하였을 때 가스의 온도는 약 몇 K인가?(단, 공기의 비열비는 1.4이다.)

① 580 ② 585 ③ 590 ④ 595

해설
$\dfrac{T_2}{T_1} = \left(\dfrac{V_1}{V_2}\right)^{k-1} = \left(\dfrac{P_2}{P_1}\right)^{\frac{k-1}{k}}$
$\dfrac{T_2}{273+10} = \left(\dfrac{6}{1}\right)^{1.4-1}$
$\therefore T_2 = 283 \times 2.0476 ≒ 580K$

17 어떤 용기 중에 들어 있는 1kg의 기체를 압축하는 데 1,281kg 일이 소요되었으며, 도중에 3.7kcal의 열이 용기 외부로 방출되었다. 이 기체 1kg당 내부 에너지의 변화값은 약 몇 kcal인가?

① 0.7kcal/kg
② –0.7kcal/kg
③ 1.4kcal/kg
④ –1.4kcal/kg

해설
$\triangle H = u + AW$
$1,281 = u + 3.7 \times 427$
$u = 1,281 - 1,579.9 = -298.7 kg \cdot m/kg$
$\therefore -\dfrac{298.7}{427} = -0.7 kcal/kg$

18 상온·상압 하의 수소가 공기와 혼합하였을 때 폭발범위는 몇 %인가?

① 4.0~75.1%
② 2.5~81.0%
③ 10.0~42.0%
④ 1.8~7.8%

해설 수소(H_2) 연소범위는 4~75%이다.

19 가연성 혼합기체가 폭발범위 내에 있을 때 점화원으로 작용할 수 있는 정전의 방지대책으로 틀린 것은?

① 접지를 실시한다.
② 제전기를 사용하여 대전된 물체를 전기적 중성 상태로 한다.
③ 습기를 제거하여 가연성 혼합기가 수분과 접촉하지 않도록 한다.
④ 인체에서 발생하는 정전기를 방지하기 위하여 방전복 등을 착용하여 정전기 발생을 제거한다.

해설 ③ 습기는 전기 양도체이므로 적당한 습기를 유지하면 정전기를 제거할 수 있다.

정답 13② 14① 15② 16① 17② 18① 19③

20 위험성평가기법 중 공정에 존재하는 위험요소들과 공정의 효율을 떨어뜨릴 수 있는 운전상의 문제점을 찾아내어 그 원인을 제거하는 정성적인 안전성평가기법은?

① What-if
② HEA
③ HAZOP
④ FMECA

해설 위험과 운전분석(HAZOP)기법의 설명이다.

제2과목 가스설비

21 압축기에서 발생할 수 있는 과열의 원인이 아닌 것은?

① 증발기의 부하가 감소했을 경우
② 가스량이 부족할 때
③ 윤활유가 부족할 때
④ 압축비가 증대할 때

해설 증발기의 부하가 감소하면 저항이 작아 과열의 발생이 어렵다.

22 펌프에서 발생하는 수격작용방지 방법으로 틀린 것은?

① 펌프에 플라이휠을 설치한다.
② 조압수조를 설치한다.
③ 관 내 유속을 빠르게 한다.
④ 밸브를 송출구에 설치하고, 적당히 제어한다.

해설 수격작용방지법
㉠ 관 내의 유속을 낮게 한다.
㉡ 펌프에 플라이휠(Fly Wheel)을 설치한다.
㉢ 조압수조를 관선에 설치한다.
㉣ 밸브는 펌프 송출구 가까이에 설치하고, 밸브는 적당히 제어한다.

23 외경과 내경의 비가 1.2 미만인 경우 배관 두께 계산식은?[단, t는 배관의 두께 수치(mm), P는 상용압력의 수치(MPa), D는 내경에서 부식 여유에 해당하는 부분을 뺀 부분의 수치(mm), f는 재료의 인장강도 규격 최소값(N/mm²), C는 관 내면의 부식 여유의 수치(mm), s는 안전율을 나타낸다]

① $t = \dfrac{PD}{2\dfrac{f}{s} - P} + C$

② $t = \dfrac{PD}{2\dfrac{f}{s} + P} + C$

③ $t = \dfrac{Ps}{\dfrac{2D}{f} - P} + C$

④ $t = \dfrac{Ps}{\dfrac{2D}{f} + P} + C$

해설 ㉠ 배관의 두께 계산에서 외경과 내경의 비가 1.2 미만인 경우
$$t = \dfrac{PD}{2\dfrac{f}{s} - P} + C$$

㉡ 배관의 두께 계산에서 외경과 내경의 비가 1.2 이상인 경우
$$t = \dfrac{D}{2}\left(\sqrt{\dfrac{\dfrac{f}{s} + P}{\dfrac{f}{s} - P}} - 1\right) + C$$

24 양정(H) 20m, 송수량(Q) 0.25m³/min, 펌프효율(η) 0.65인 2단 터빈펌프의 축동력은 약 몇 kW인가?

① 1.26
② 1.37
③ 1.57
④ 1.72

해설
$$L_s = \dfrac{Q \times H \times \gamma}{102 \times 60 \times \eta} = \dfrac{0.25 \times 20 \times 1,000}{102 \times 60 \times 0.65}$$
$$= 1.26 \text{kW}$$

정답 20 ③ 21 ① 22 ③ 23 ① 24 ①

25 지하 도시가스 매설배관에 Mg과 같은 금속을 배관과 전기적으로 연결하여 방식하는 방법은?

① 희생양극법
② 외부전원법
③ 선택배류법
④ 강제배류법

> **해설** 희생양극법의 설명이다.

26 상온·상압에서 수소용기의 과열 원인으로 가장 거리가 먼 것은?

① 과충전
② 용기의 균열
③ 용기의 취급 불량
④ 수소취성

> **해설** 수소취성은 고온·고압에서 수소의 화학적 반응이다.

27 LP가스의 연소방식 중 분젠식 연소방식에 대한 설명으로 틀린 것은?

① 일반 가스기구에 주로 적용되는 방식이다
② 연소에 필요한 공기를 모두 1차 공기에서 취하는 방식이다.
③ 염의 길이가 짧다.
④ 염의 온도는 1,300℃ 정도이다.

> **해설** 분젠식 연소방식
> 가스가 노즐에서 일정한 압력으로 분출하고 그때의 운동에너지로 공기 중에서 연소 시 필요한 공기 일부를 1차 공기로 흡입하여 혼합관 내에서 혼합시켜 염공으로 나와 연소하며, 이때 부족한 공기는 주위의 2차 공기로 연소하는 방식이다.
> ② 전1차 공기식 연소방법에 대한 설명이다.

28 LPG와 공기를 일정한 혼합비율로 조절해 주면서 가스를 공급하는 Mixing System 중 벤투리식이 아닌 것은?

① 원료가스 압력제어방식
② 전자밸브 개폐방식
③ 공기흡입조절방식
④ 열량제어방식

> **해설** 벤투리방식은 차압에 의한 제어방식이다.

29 다음 중 마크로셀 부식이 아닌 것은?

① 토양의 용존염류에 의한 부식
② 콘크리트·토양 부식
③ 토양의 통기차에 의한 부식
④ 이종금속의 접촉 부식

> **해설** 커크로셀(Microcell) 부식
> 토양과 접촉해 가스관의 표면에 표면 상태, 조성, 환경 등의 작은 차이에 미시적인 양극과 음극 국부전지 부식으로, 토양의 용존염류의 부식과는 거리가 멀다.

30 커플러 안전기구와 과류차단 안전기구가 부착된 콕은?

① 호스콕
② 퓨즈콕
③ 상자콕
④ 주물 연소기용 노즐콕

> **해설** 상자콕은 퀵 커플러 안전기구와 과류차단 안전기구가 부착된 것으로 배관과 퀵 커플러를 연결하는 구조이다.

정답 25 ① 26 ④ 27 ② 28 ④ 29 ① 30 ③

31 최고사용온도가 100℃, 길이(L)가 10m인 배관을 상온(15℃)에서 설치하였다면 최고 온도로 사용 시 팽창으로 늘어나는 길이는 약 몇 mm인가?(단, 선팽창계수 α는 12×10^{-6}m/m℃이다.)
① 5.1   ② 10.2
③ 102   ④ 204

해설
$\Delta t = l \times \alpha \times \Delta t$
$= 100 \times 12 \times 10^{-6} \times (100-15)$
$= 0.0102\text{m} = 10.2\text{mm}$

32 황화수소(H_2S)에 대한 설명이 아닌 것은?
① 알칼리와 반응하여 염을 생성한다.
② 발화온도가 약 450℃ 정도로서 높은 편이다.
③ 습기를 함유한 공기 중에는 대부분 금속과 작용한다.
④ 각종 산화물을 환원시킨다.

해설 ② 황화수소(H_2S)의 발화온도는 약 260℃이다.

33 부취제인 EM(Ethyl Mercaptan)의 냄새는?
① 하수구 냄새
② 마늘 냄새
③ 석탄가스 냄새
④ 양파 썩는 냄새

해설 EM(Ethyl Mercaptan) 냄새는 마늘 냄새이다.

34 이음매 없는 용기 제조 시 재료시험 항목이 아닌 것은?
① 인장시험   ② 충격시험
③ 압궤시험   ④ 기밀시험

해설 이음매 없는 용기 제조 시의 재료검사
㉠ 인장시험 ㉡ 압궤시험
㉢ 충격시험 ㉣ 굽힘시험

35 다음 중 재료에 대한 비파괴검사 방법이 아닌 것은?
① 타진법
② 초음파탐상시험법
③ 인장시험법
④ 방사선투과시험법

해설 인장시험은 용기검사의 재료시험에 해당한다.

36 도시가스에서 액화가스가 기화되고 다른 물질과 혼합되지 않은 경우에 중압의 범위는?
① 0.1MPa 미만
② 0.1MPa 이상 1MPa 미만
③ 1MPa 이상
④ 10MPa 이상

해설 도시가스 압력 구분
㉠ 고압 : 1MPa 이상
㉡ 중압 : 0.1~1MPa
㉢ 저압 : 0.1MPa 미만

37 -5℃에서 열을 흡수하여 35℃에 방열하는 역카르노 사이클에 의해 작동하는 냉동기의 성능계수는?
① 0.125   ② 0.15
③ 6.7   ④ 9

해설
$\text{COP} = \dfrac{T_2}{T_1 - T_2} = \dfrac{268}{308-268} = 6.7$

38 프로판의 비중을 1.5라 하면 입상 50m 지점에서의 배관의 수직 방향에 의한 압력손실은 약 몇 mmH₂O인가?
① 12.9   ② 19.4
③ 32.3   ④ 75.2

해설
$H = 1.293(S-1)h = 1.293 \times (1.5-1) \times 50$
$= 32.3 \text{mmH}_2\text{O}$

정답 31 ② 32 ② 33 ② 34 ④ 35 ③ 36 ② 37 ③ 38 ③

39 가스액화분리장치 구성기기 중 터보팽창기의 특징에 대한 설명으로 틀린 것은?

① 처리 가스에 윤활유가 혼입되지 않는다.
② 회전수는 10,000~20,000rpm 정도이다.
③ 처리 가스량은 10,000m³/h 정도이다.
④ 팽창비는 약 2 정도이다.

해설 터보팽창기의 팽창비는 10 이상으로 효율저하의 원인이다.

40 원유, 중유, 나프타 등의 분자량이 큰 탄화수소 원료를 고온(800~900℃)으로 분해하여 고열량의 가스를 제조하는 방법은?

① 열분해 프로세스
② 접촉분해 프로세스
③ 수소화분해 프로세스
④ 대체천연가스 프로세스

해설 열분해 프로세스의 설명이다.

제3과목 가스안전관리

41 고압가스 제조자 또는 고압가스 판매자가 실시하는 용기의 안전점검 및 유지관리 기준으로 틀린 것은?

① 용기는 도색 및 표시가 되어 있는지의 여부를 확인할 것
② 용기캡이 씌워져 있거나 프로텍터가 부착되어 있는지의 여부를 확인할 것
③ 용기의 재검사 기간의 도래 여부를 확인할 것
④ 유통 중 열영향을 받았는지 여부를 점검하고, 열영향을 받은 용기는 재도색할 것

해설 열영향을 받은 용기는 재사용하지 않는다.

42 도시가스 사용시설에서 연소기 설치 기준에 대한 설명으로 틀린 것은?

① 개방형 연소기를 설치한 실에는 급기구 또는 배기통을 설치한다.
② 가스 온풍기와 배기통의 접합은 나사식이나 플랜지식 또는 밴드식 등으로 한다.
③ 배기통의 재료는 스테인리스 강관이나 내열, 내식성 재료를 사용한다.
④ 밀폐형 연소기는 급기통·배기통과 벽과의 사이에 배기가스가 실내에 들어올 수 없도록 밀폐하여 설치한다.

해설 ① 개방형 연소기를 설치한 실에는 급기구 또는 배기통을 설치하지 않는다.

43 연소기에서 역화(Flash Back)가 발생하는 경우를 바르게 설명한 것은?

① 가스의 분출속도보다 연소속도가 느린 경우
② 부식에 의해 염공이 커진 경우
③ 가스압력의 이상상승 시
④ 가스량이 과도할 경우

해설 연소기의 염공이 커진 경우 역화의 우려가 있다.

44 내용적 1,500L, 내압시험압력 50MPa인 차량에 고정된 탱크의 안전유지기준에 대한 설명으로 틀린 것은?

① 고압가스를 충전하거나 그로부터 가스를 이입받을 때에는 차량 정지목을 설치하여야 하지만, 주변 상황에 따라 이를 생략할 수 있다.
② 차량에 고정된 탱크에는 안전밸브가 부착되어야 하며, 안전밸브는 40MPa 이하의 압력에서 작동되어야 한다.

정답 39 ④ 40 ① 41 ④ 42 ① 43 ② 44 ④

③ 차량에 고정된 탱크에 부착되는 밸브, 부속배관 및 긴급차단장치는 50MPa 이상의 압력으로 내압시험을 실시하고, 이에 합격된 제품이어야 한다.
④ 긴급차단장치는 원격조작에 의하여 작동되고, 차량에 고정된 탱크 외면의 온도가 100℃일 때에 자동으로 작동되어야 한다.

해설 긴급차단장치는 110℃ 이상일 때 자동으로 작동되어야 한다.

45 매몰 용접형 볼밸브에 대한 설명으로 옳은 것은?

① 가스 유로를 볼로 개폐하는 구조인 것으로 한다.
② 개폐용 핸들 휠은 열림 방향이 시계바늘 방향이다.
③ 볼밸브 퍼지관의 구조는 소켓에 고정시켜 소켓 용접한 것으로 한다.
④ 294.2N의 힘으로 90° 회전시켰을 때 1/2의 개폐되는 구조로 한다.

해설 볼밸브는 가스 유로를 볼로 개폐하는 구조로 한다.

46 액화가스를 충전하는 탱크의 내부에 액면 요동을 방지하기 위하여 설치하는 장치는?

① 방호벽   ② 방파판
③ 방해판   ④ 방지판

해설 방파판의 설명이다.

47 압력 0.3MPa, 온도 100℃에서 압력 용기 속에 수증기로 포화된 공기가 밀봉되어 있다. 이 기체 100L 중에 포함된 산소는 몇 mol인가?(단, 이상기체의 법칙이 성립하며, 공기 중 산소는 21vol%로 한다.)

① 1.37   ② 2.37
③ 3.57   ④ 6.54

해설
$PV = nRT$
$n = \dfrac{PV}{RT}$

$\therefore\ n(\text{mol수}) = \dfrac{\dfrac{0.3+0.1}{0.1} \times 100 \times \dfrac{1}{2} \times \dfrac{21}{100}}{0.082 \times (273+100)}$

$= 1.37\,\text{mol}$

48 용기 내장형 가스난방기용으로 사용하는 부탄 충전용기에 대한 설명으로 옳지 않은 것은?

① 용기 몸통부의 재료는 고압가스 용기용 강판 및 강대이다.
② 프로텍터의 재료는 KS D 3503 SS400의 규격에 적합하여야 한다.
③ 스커트의 재료는 KS D 3533 SG295 이상의 강도 및 성질을 가져야 한다.
④ 네크링의 재료는 탄소 함유량이 0.48% 이하인 것으로 한다.

해설 ④ 네크링의 자료는 KS D 3752(기계구조용 탄소강재)의 적합한 것 또는 이와 동등 이상의 기계적 성질 가공성을 가진 것으로 탄소 함유량이 0.28% 이하인 것으로 한다.

49 다음 중 동일 차량에 적재하여 운반할 수 없는 가스는?

① Cl_2와 C_2H_2
② C_2H_4와 HCN
③ C_2H_4와 NH_3
④ CH_4와 C_2H_2

해설 염소와 아세틸렌, 암모니아 또는 수소는 동일 차량에 적재 운반하지 않는다.

50 다음 중 독성가스의 제독제로 사용되지 않는 것은?

① 가성소다 수용액
② 탄산소다 수용액

정답 45 ① 46 ② 47 ① 48 ④ 49 ① 50 ④

③ 물
④ 암모니아수

해설 암모니아수는 누출 시 암모니아를 발생하는 독성가스이다.

51 자동차 용기충전시설에서 충전용 호스의 끝에 반드시 설치하여야 하는 것은?

① 긴급차단장지
② 가스누출경보기
③ 정전기제거장치
④ 인터록장치

해설 충전용 호스는 가스 흐름에 의한 정전기제거장치를 반드시 설치하여야 한다.

52 고압가스 일반제조시설에서 운전 중의 1일 1회 이상 점검 항목이 아닌 것은?

① 가스설비로부터의 누출
② 안전밸브 작동
③ 온도, 압력, 유량 등 조업 조건의 변동 상황
④ 탑류, 저장탱크류, 배관 등의 진동 및 이상음

해설 안전밸브는 압축기의 최종단에 설치한 경우 1년 1회 이상, 그 밖의 것은 2년에 1회 이상 점검한다.

53 타 공사로 인하여 노출된 도시가스배관을 점검하기 위한 점검통로의 설치 기준에 대한 설명으로 틀린 것은?

① 점검 통로의 폭은 80m 이상으로 한다.
② 가드레일은 90m 이상의 높이로 설치한다.
③ 배관 양 끝단 및 곡관은 항상 관찰이 가능하도록 점검통로를 설치한다.
④ 점검통로는 가스배관에서 가능한 한 멀리 설치하는 것을 원칙으로 한다.

해설 ④ 도시가스배관의 점검통로는 가스배관에서 가능한 한 가까이 설치한다.

54 다음 중 고압가스 충전용기 운반 시 운반책임자의 동승이 필요한 경우는?(단, 독성가스는 허용농도가 100만 분의 200을 초과한 경우이다)

① 독성 압축가스 100m³ 이상
② 가연성 압축가스 100m³ 이상
③ 가연성 액화가스 1,000kg 이상
④ 독성 액화가스 500kg 이상

해설 운반책임자 동승 기준

가스의 종류		기준
액화 가스	독성가스	1,000kg 이상
	가연성가스	3,000kg 이상
	조연성가스	6,000kg 이상
압축 가스	독성가스	100m³ 이상
	가연성가스	300m³ 이상
	조연성가스	600m³ 이상

55 가스도매사업 가스공급시설의 설치 기준에 따르면 액화가스 저장탱크의 저장능력이 얼마 이상일 때 방류둑을 설치하여야 하는가?

① 100톤
② 300톤
③ 500톤
④ 1,000톤

해설 액화가스 저장탱크의 저장능력이 500톤 이상 시 방류둑을 설치한다.

56 가스의 폭발상한계에 영향을 주는 요인으로 가장 거리가 먼 것은?

① 온도
② 가스의 농도
③ 산소의 농도
④ 부피

해설 폭발범위에 영향을 주는 인자는 온도, 압력, 가스의 농도, 산소의 농도에 영향을 받는다.

정답 51 ③ 52 ② 53 ④ 54 ① 55 ③ 56 ④

57 아세틸렌가스 또는 압력이 9.8MPa 이상인 압축가스를 용기에 충전하는 시설에서 방호벽을 설치하지 않아도 되는 경우는?
① 압축기와 그 충전장소 사이
② 충전장소와 긴급차단장치 조작장소 사이
③ 압축기와 그 가스충전용기 보관장소 사이
④ 충전장소와 그 충전용 주관밸브 조작밸브 사이

해설 방호벽을 설치할 장소
㉠ 압축기와 그 충전용기 보관장소 사이
㉡ 압축기와 충전용 주관밸브 조작장소 사이
㉢ 압축기와 충전장소 사이
㉣ 판매시설의 용기 보관실 벽

58 다음 중 밀폐식 보일러에서 사고 원인이 되는 사항에 대한 설명으로 가장 거리가 먼 내용은?
① 전용 보일러실에 보일러를 설치하지 아니한 경우
② 설치 후 이음부에 대한 가스누출 여부를 확인하지 아니한 경우
③ 배기통이 수평보다 위쪽을 향하도록 설치한 경우
④ 배기통과 건물의 외벽 사이에 기밀이 완전히 유지되지 않는 경우

해설 ① 밀폐식 보일러는 전용 보일러실에 설치하여야 하나 사고(질식)의 위험과는 직접적인 원인이 아니다.

59 고압가스 일반제조시설에서 가연성가스 제조시설의 고압가스설비 외면으로부터 산소 제조시설의 고압가스설비까지의 거리는 몇 m 이상으로 하여야 하는가?
① 5
② 8
③ 10
④ 20

해설 일반고압가스 제조시설에서 가연성가스 제조시설의 고압가스설비는 그 외면으로부터 다른 가연성가스 제조시설의 고압가스설비와 5m 이상, 산소 제조시설의 고압가스설비와 10m 이상 거리를 유지할 것

60 염소의 성질에 대한 설명으로 틀린 것은?
① 화학적으로 활성이 강한 산화제이다.
② 녹황색의 자극적인 냄새가 나는 기체이다.
③ 습기가 있으면 철 등을 부식시키므로 수분과 격리시켜야 한다.
④ 염소와 수소를 혼합하면 냉암소에서도 폭발하여 염화수소가 된다.

해설 염소와 수소는 햇빛 등의 촉매에 의해 폭발성을 형성하는 염소폭명기를 형성한다.

제4과목 가스계측

61 가스관리용 계기에 포함되지 않는 것은?
① 유량계
② 온도계
③ 압력계
④ 탁도계

해설 탁도계는 물의 탁한 정도를 측정하는 기기이다.

62 도시가스 제조소에 설치된 가스누출 검지경보장치는 미리 설정된 가스농도에서 자동적으로 경보를 울리는 것으로 하여야 한다. 이때 미리 설정된 가스농도란?
① 폭발하한계 값
② 폭발상한계 값
③ 폭발하한계의 1/4 이하 값
④ 폭발하한계의 1/2 이하 값

정답 57 ② 58 ① 59 ③ 60 ④ 61 ④ 62 ③

해설 가스누출 검지경보장치는 가연성가스의 경우 폭발하한계의 1/4 이하 값에서, 독성가스는 허용농도 이하에서 자동적으로 경보가 울려야 한다.

63 다이어프램 압력계의 측정 범위로 가장 옳은 것은?
① 20~5,000mmH₂O
② 1,000~10,000mmH₂O
③ 1~10kgf/cm²
④ 10~100kgf/cm²

해설 다이어프램 압력계는 미압 측정에 이용되며, 공업용의 경우 20~5,000mmH₂O 정도이다.

64 국제단위계(SI 단위) 중 압력단위에 해당되는 것은?
① Pa
② bar
③ atm
④ kgf/cm²

해설 압력의 국제단위는 Pa(파스칼)이다.

65 다음과 같은 자동제어방식은?

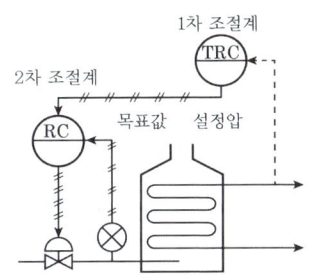

① 피드백제어
② 시퀀스제어
③ 캐스케이드제어
④ 프로그램제어

해설 캐스케이드제어
제어계를 조합하여 1차 제어장치에서 측정된 명령을 바탕으로 2차 제어계에서 제어량을 조절하는 제어방식이다.

66 접촉식 온도계 중 알코올 온도계의 특징에 대한 설명으로 옳은 것은?
① 저온 측정에 적합하다
② 열팽창계수가 작다.
③ 열전도율이 좋다.
④ 액주의 복원시간이 짧다.

해설 알코올 온도계의 특징
㉠ 측정 범위는 통상 -30~300℃ 정도이다.
㉡ 가급적 온도계 전체를 측정하는 물체에 접촉시킨다.
㉢ 접촉식이므로 오차를 최소하여야 한다.

67 시료가스 채취장치를 구성하는 데 있어 다음 설명 중 틀린 것은?
① 일반 성분의 분석 및 발열량·비중을 측정할 때, 시료가스 중의 수분이 응축될 염려가 있을 때는 도관 가운데에 적당한 용축액 트랩을 설치한다.
② 특수 성분을 분석할 때 시료가스 중의 수분 또는 기름 성분이 응축되어 분석 결과에 영향을 미치는 경우는 흡수장치를 보온하든가 또는 적당한 방법으로 가온한다.
③ 시료가스에 타르류, 먼지류를 포함하는 경우는 채취관 또는 도관 가운데에 적당한 여과기를 설치한다.
④ 고온의 장소로부터 시료가스를 채취하는 경우는 도관 가운데에 적당한 냉각기를 설치한다.

해설 시료가스 채취장치에서 시료가스 중의 수분 또는 기름 성분이 유입되지 않도록 분리장치 및 여과장치를 설치한다.

정답 63 ① 64 ① 65 ③ 66 ① 67 ②

68 50mL의 시료가스를 CO_2, O_2, CO순으로 흡수시켰을 때, 이때 남은 부피가 각각 32.5mL, 24.2mL 17.8mL이었다면 이들 가스의 조성 중 N_2의 조성은 몇 %인가? (단, 시료가스는 CO_2, O_2, CO, N_2로 혼합 되어 있다.)

① 24.2
② 27.2
③ 34.2
④ 35.6

해설 가스분석에서 흡수된 것 이외는 N_2이다.
$N_2 = 50mL - (17.5 + 8.3 + 6.4) = 17.8mL$
$\therefore N_2 = \frac{17.8}{50} \times 100 = 35.6\%$

69 주로 기체연료의 발열량을 측정하는 열량계는?

① Richter 열량계
② Scheel 열량계
③ Junker 열량계
④ Tinomaon 열량계

해설 기체연료 발열량 측정은 융커(Junker) 열량계를 사용한다.

70 화씨(°F)와 섭씨(℃)의 온도 눈금 수치가 일치하는 경우의 절대온도(K)는?

① 201
② 233
③ 313
④ 345

해설 화씨(°F)와 섭씨(℃)의 일치점은 -40이므로
$A(K) = 273 - 40 = 233K$
$B(°R) = 460 - 40 = 420°F$

71 가스의 자기성(磁器性)을 이용하여 검출하는 분석기기는?

① 가스 크로마토그래피
② SO_2계
③ O_2계
④ CO_2계

해설 산소는 강한 자성체를 지니고 있어 가스의 자기성을 이용하여 검출한다.

72 초음파식 액위계에서 사용하는 초음파의 주파수는?

① 1kHz 이상
② 20kHz 이상
③ 100kHz 이상
④ 200kHz 이상

해설 초음파식 액위계는 수정이나 티탄산, 바륨 등을 이용하여 초음파 발진하는데, 보통 주파수는 10~50kHz 범위를 이용한다.

73 다음 중 운동하는 유체의 에너지법칙을 이용한 유량계는?

① 면적식
② 용적식
③ 차압식
④ 터빈식

해설 측정 관로 내에 교축기구(오리피스, 플로노즐, 벤투리관 등)를 이용한 차압에 의한 운동에너지 변화로 유량을 측정한다.

74 다음 중 차압식 유량계에 해당하지 않는 것은?

① 벤투리미터 유량계
② 로터미터 유량계
③ 오리피스 유량계
④ 플로노즐

해설 차압에 의한 교축기구는 벤투리미터, 오리피스, 플로노즐 등이 유량계로 사용한다.

75 다음 중 터빈미터의 특징이 아닌 것은?

① 스월(Swirl)의 영향을 전혀 받지 않는다.
② 정밀도가 높고, 압력손실이 작다.

정답 68 ④ 69 ③ 70 ② 71 ③ 72 ② 73 ③ 74 ② 75 ①

③ 오염물에 의한 영향이 크다.
④ 소용량에서 대용량까지 유량 측정의 범위가 넓다.

[해설] 터빈미터
속도 또는 압력에너지를 운동에너지로 변화하여 회전날개로 유량을 계측하는 것으로, 오염물질·와류(스월, Swirl) 등의 영향을 받으나 정밀도가 높고 소용량에서 대용량까지 사용 범위가 넓은 특징을 지니고 있다.

76 다음 중 회전자식 가스미터는?
① 막식 미터
② 루츠 미터
③ 벤투리 미터
④ 델타 미터

[해설] 루츠미터는 회전자식 대용량 가스미터이다.

77 불꽃광도검출기(FPD)에 대한 설명으로 옳은 것은?
① 감도 안정에 시간이 걸리고, 다른 검출기보다 나쁘다.
② 탄화수소(C, H)는 전혀 감응하지 않는다.
③ 가장 널리 사용하는 검출기이다.
④ 시료는 검출하는 동안 파괴되지 않는다.

[해설] 불꽃광도검출기(FPD)
황, 인 화합물을 H_2(수소) 과잉인 불꽃으로 연소하여 시료 성분을 분석하는 것으로, 탄화수소는 전혀 감응하지 않는다.

78 자동제어장치의 검출부에 대한 설명으로 옳은 것은?
① 목표값을 주피드백 신호와 같은 종류의 신호로 교환하는 부분이다.
② 제어 대상에 대한 작용 신호를 전달하는 부분이다.
③ 제어 대상으로부터 제어에 필요한 신호를 나타내는 부분이다.
④ 기준 입력과 주피드백 신호와의 차이에 의해서 조작부에 신호를 송출하는 부분이다.

[해설] 검출부는 제어 대상의 상태를 검출하여 그 상태를 전기적인 신호로 변화한다.

79 시안화수소(HCN) 가스누출 시 검지지와 변색 상태로 옳은 것은?
① 염화팔라듐지 – 흑색
② 염화제1동 착염지 – 적색
③ 연당지 – 흑색
④ 초산(질산)구리벤젠지 – 청색

[해설] 가스누출검지지

가스명	검지지	변색
Cl_2(할로겐)	KI – 전분지	청갈색
HCN(시안화수소)	초산(질산)구리벤젠지	청색
CO(일산화탄소)	염화팔라듐지	흑색
C_2H_2(아세틸렌)	염화 제1동 착염지	적갈색
H_2S(황화수소)	연당지	흑색

80 잔류편차(Off-Set)는 제거되지만, 제어시간은 단축되지 않고 급변할 때 큰 진동이 발생하는 제어기는?
① P제어기
② PD제어기
③ PI제어기
④ On-Off제어기

[해설] On-Off제어
일명 2위치 동작이라 하며, 조작량 또는 제어량을 지배하는 신호가 입력의 크기에 의해 2개의 정해진 값(On, Off) 중 어느 한쪽인가를 취하는 동작이며, 특히 잔류편차는 제거되지만 제어시간은 단축되지 않고 급변할 때 큰 진동이 발생한다.

정답 76 ② 77 ② 78 ③ 79 ④ 80 ④

2021 제2회 산업기사 (5. 15. 시행)

제1과목 연소공학

01 다음 중 각 화재의 분류가 옳지 않은 것은?
① A급 – 일반화재
② B급 – 유류화재
③ C급 – 전기화재
④ D급 – 가스화재

해설 ④ D급 – 금속화재

02 고체연료의 성질에 대한 설명 중 옳지 않은 것은?
① 수분이 많으면 통풍 불량의 원인이 된다.
② 휘발분이 많으면 점화가 쉽고, 발열량이 높아진다.
③ 회분이 많으면 연소를 나쁘게 하여 열효율이 저하된다.
④ 착화온도는 산소량이 증가할수록 낮아진다.

해설 ② 휘발분이 많으면 연소는 잘 되나 발열량은 물질 특성에 따라 다르다.

03 압력이 0.1MPa 체적이 3m³인 273.15K의 공기가 이상적으로 단열압축되어 그 체적이 1/3로 되었다. 엔탈피의 변화량은 약 몇 kJ인가?(단, 공기의 기체상수=0.287kJ/kg·K, 비열비=1.4이다.)
① 480
② 580
③ 680
④ 780

해설
$$\frac{T_2}{T_1} = \left(\frac{V_1}{V_2}\right)^{k-1} = \left(\frac{P_2}{P_1}\right)^{\frac{k-1}{k}}$$

$$P_2 = P_1\left(\frac{V_1}{V_2}\right)^k$$

$$= 0.1 \times \left(\frac{3}{1}\right)^{1.4}$$

$$= 0.4656\text{MPa}$$

$$\triangle H = -\frac{k}{k-1}(P_1V_1 - P_2V_2)$$

$$= -\frac{1.4}{1.4-1}(0.1 \times 10^3 \times 3 - 0.4656 \times 10^3 \times 1)$$

$$= 576.6\text{kJ}$$

04 아세틸렌을 일정 압력 이상으로 압축하면 위험하다. 이때의 폭발 형태는?
① 산화폭발
② 중합폭발
③ 분해폭발
④ 분진폭발

해설 아세틸렌은 자기분해를 일으키고, 탄소와 수소로 분해된다.
$C_2H_2 \rightarrow 2C + H_2 + 54.2\text{kcal/mol}$

05 다음 중 증기 속에 수분이 많을 때 일어나는 현상은?
① 건조도가 증가된다.
② 증기엔탈피가 증가된다.
③ 증기배관에 수격작용이 방지된다.
④ 증기배관 및 장치 부식이 발생된다.

해설 증기배관 속에 수분이 많으면 배관 및 장치의 부식이 발생한다.

정답 01 ④ 02 ② 03 ② 04 ③ 05 ④

06 설치 장소의 위험도에 대한 방폭구조의 선정에 관한 설명 중 틀린 것은?

① 0종 장소에서는 원칙적으로 내압방폭구조를 사용한다.
② 2종 장소에서 사용하는 전선관용 부속품은 KS에서 정하는 일반품으로서 나사 접속의 것을 사용할 수 있다.
③ 두 종류 이상의 가스가 같은 위험 장소에 존재하는 경우에는 그 중 위험등급이 높은 것을 기준으로 하여 방폭전기기기의 등급을 선정하여야 한다.
④ 유입방폭구조는 1종 장소에서는 사용을 피하는 것이 좋다.

해설 0종 장소에서는 원칙적으로 본질안전방폭구조를 사용한다.

07 어떤 가역 열기관이 300°C에서 500kcal 열을 흡수하여 일을 하고 100°C에서 열을 방출한다고 할 때 열기관이 한 최대일(Work)은 약 얼마인가?

① 174.5 ② 180.2
③ 185.5 ④ 192.2

해설
$$\eta(\text{효율}) = \frac{T_1 - T_2}{T_1} = \frac{AW}{Q}$$
$$\frac{573 - 373}{573} = \frac{AW}{500}$$
$$AW = 500 \times \frac{200}{573} = 174.5 \text{kcal}$$

08 부탄 10kg을 완전연소시키는 데 필요한 이론산소량은 약 몇 kg인가?

① 29.8 ② 31.2
③ 33.8 ④ 35.9

해설
$C_4H_{10} + 6.5O_2 \rightarrow 4CO_2 + 5H_2O$
58kg : 6.5×32kg
10kg : x kg
$x = \frac{10 \times 6.5 \times 32}{58} = 35.86$kg

09 가연성가스의 위험성에 대한 설명으로 틀린 것은?

① 폭발범위가 넓을수록 위험하다.
② 폭발범위 밖에서는 위험성이 감소한다.
③ 온도나 압력이 증가할수록 위험성이 증가한다.
④ 폭발범위가 좁고 하한계가 낮은 것은 위험성이 매우 작다.

해설 ④ 폭발범위가 넓고 하한이 낮을수록 위험성이 크다.

10 다음 중 연료의 가연 성분 원소가 아닌 것은?

① 유황 ② 질소
③ 수소 ④ 탄소

해설 질소는 불연성가스이다.

11 가스의 연소속도에 영향을 미치는 인자에 대한 설명 중 틀린 것은?

① 연소속도는 주변 온도가 상승함에 따라 증가한다.
② 연소속도는 이론 혼합기 근처에서 최대이다.
③ 압력이 증가하면 연소속도는 급격히 증가한다.
④ 산소농도가 높아지면 연소범위가 넓어진다.

해설 일반적으로 가스압력이 높을수록 발화온도는 낮아지고, 폭발범위는 넓어진다.

12 이상기체가 담겨 있는 용기를 가열하면 이 용기 내부의 압력과 온도의 변화는 어떻게 되는가?(단, 부피 변화는 없다고 가정한다.)

① 압력 증가, 온도 상승
② 압력 증가, 온도 일정
③ 압력 일정, 온도 상승
④ 압력 일정, 온도 일정

정답 06 ① 07 ① 08 ④ 09 ④ 10 ② 11 ③ 12 ①

해설 기체의 부피와 압력은 서로 반비례하고 절대온도에 정비례한다. 즉, 가열하면 온도가 상승하므로 압력과 온도도 상승한다.

13 어떤 혼합가스가 산소 10mol, 질소 10mol, 메탄 5mol을 포함하고 있다. 이 혼합가스의 비중은 약 얼마인가?(단, 공기의 평균분자량은 29이다.)

① 0.88 ② 0.94
③ 1.00 ④ 1.07

해설 가스비중(s)

$$= \frac{\text{가스평균 분자량}}{\text{공기 분자량}}$$

$$= \frac{\left(32 \times \frac{10}{25}\right) + \left(28 \times \frac{10}{25}\right) + \left(16 \times \frac{5}{25}\right)}{29}$$

$$= 0.937$$

14 실제기체가 이상기체에 가까워지기 위한 조건으로 옳은 것은?

① 고온, 저압 상태
② 저온, 저압 상태
③ 고온, 고압 상태
④ 분자량이 크거나 비체적이 클 때

해설 실제기체가 이상기체에 가까워지려면 온도가 높고 압력이 낮아야 한다.

15 다음 중 폭발방지를 위한 안전장치가 아닌 것은?

① 안전밸브
② 가스누출경보장치
③ 방호벽
④ 긴급차단장치

해설 방호벽은 가스화재·폭발 등으로 재해가 발생했을 때 주변으로 확산되는 것을 방지하도록 막아주는 벽이다.

16 가연물과 그 연소 형태를 짝지어 놓은 것 중 옳은 것은?

① 알루미늄 박 – 분해연소
② 목재 – 표면연소
③ 경유 – 증발연소
④ 휘발유 – 확산연소

해설 연소의 종류
㉠ 확산연소 : 가연성가스와 공기 분자가 서로 확산에 의하여 혼합되면서 연소하는 형태(수소, 아세틸렌 등)
㉡ 증발연소 : 가연성 액체에서 생긴 증기에 착화하여 연소하는 형태(알코올, 에테르, 경유, 휘발유 등)
㉢ 분해연소 : 고체가 연소하면서 열분해에 의해 가연성가스를 수반하여 연소하는 형태(종이, 석탄 등)
㉣ 표면연소 : 고체 표면에서 공기와 접촉한 부분에서 착화되어 연소하는 형태(숯, 목탄, 금속분 등)

17 기체연료 중 공기와 혼합기체를 만들었을 때 연소속도가 가장 빠른 것은?

① 수소 ② 메탄
③ 프로판 ④ 톨루엔

해설 기체확산속도는 일정한 온도와 압력 하에서 그 기체의 분자량의 제곱근에 반비례한다.

18 인화성물질이나 가연성가스가 폭발성 분위기를 생성할 우려가 있는 장소 중 가장 위험한 장소 등급은?

① 1종 장소 ② 2종 장소
③ 3종 장소 ④ 0종 장소

해설 장소의 분류
㉠ 0종 장소 : 상용의 상태에서 가연성가스의 농도가 연속해서 폭발한계 이상으로 되는 장소

정답 13 ② 14 ① 15 ③ 16 ③ 17 ① 18 ④

ⓒ 1종 장소 : 상용 상태에서 가연성가스가 체류하여 위험하게 될 우려가 있는 장소
ⓒ 2종 장소 : 밀폐된 용기 또는 설비 내에 밀봉된 가연성가스가 그 용기 또는 설비의 사고로 인해 파손되거나 오조작의 경우에만 누출할 위험이 있는 장소

19 이산화탄소로 가연물을 덮는 방법은 소화의 3대 효과 중 다음 어느 것에 해당하는가?
① 제거효과   ② 질식효과
③ 냉각효과   ④ 촉매효과

해설 이산화탄소는 질식소화제이다.

20 다음 중 화염전파에 대한 설명으로 틀린 것은?
① 연료와 공기가 혼합된 혼합기체 안에서 화염이 전파해 가는 현상을 말한다.
② 가연가스와 미연가스의 경계를 화염면이라 한다.
③ 연소파는 화염면 전후에 압력파가 있으며, 전파속도는 음속을 넘는다.
④ 데토네이션파(Detonation Wave)와 연소파(Combustion Wave)로 크게 나눌 수 있다.

해설 ③ 화염전파에서 연소파는 화염면 전후에 압력파가 있으며, 전파속도는 음속을 넘지 않는다.

제2과목 가스설비

21 산소 압축기의 내부 윤활제로 주로 사용되는 것은?
① 물   ② 유지류
③ 석유류   ④ 진한 황산

해설 산소 압축기 내부 윤활제는 물 또는 10% 이하의 글리세린수이다.

22 고압식 액체산소분리장치에서 원료공기는 압축기에 흡입되어 몇 atm 정도까지 압축되는가?
① 80~140   ② 110~150
③ 150~200   ④ 180~230

해설 고압식 액화산소분리장치는 원료공기를 압축기에 흡입하여 150~200atm으로 압축한다.

23 압력 22.5MPa로 내압시험을 하는 용기에 아세틸렌가스가 아닌 압축가스를 충전할 때 그 최고충전압력은 몇 MPa인가?
① 12.5   ② 13.5
③ 14.0   ④ 15.0

해설 압축가스용기 내압시험
$= 최고충전압력 \times \dfrac{5}{3}$

$22.5\text{MPa} = x \times \dfrac{5}{3}$

$\therefore x = 22.5 \times \dfrac{3}{5} = 13.5\text{MPa}$

24 용기 부속품에 대한 표시사항으로 옳은 것은?
① 압축가스를 충전하는 용기의 부속품 : PG
② 초저온용기 부속품 : LG
③ 저온용기 부속품 : LG
④ 아세틸렌가스를 충전하는 용기의 부속품 : APG

해설 용기 종류별 부속품의 기호
㉠ 아세틸렌가스를 충전하는 용기의 부속품 : AG
㉡ 압축가스를 충전하는 용기의 부속품 : PG
㉢ 액화석유가스 외의 액화가스를 충전하는 용기의 부속품 : LG
㉣ 액화석유가스를 충전하는 용기의 부속품 : LPG
㉤ 초저온용기 및 저온용기의 부속품 : LT

정답 19 ② 20 ③ 21 ① 22 ③ 23 ② 24 ①

25 펌프에서 발생하는 현상인 캐비테이션(Cavitation)으로 인한 결과가 아닌 것은?

① 기계 손상   ② 정압 증가
③ 진동   ④ 소음

해설 캐비테이션이 발생하면 소음, 진동, 임펠러의 침식이 생기고, 토출량과 양정·효율이 저하한다.

26 다음 중 LPG 탱크로리에서 지하저장탱크로 LPG를 이송하는 방법 중 빠르게 잔가스를 회수할 수 있고 베이퍼록현상이 생기지 않는 방법은?

① 압축기에 의한 방법
② 펌프에 의한 방법
③ 차압에 의한 방법
④ 중력에 의한 방법

해설 베이퍼록현상은 주로 저비점 액체의 이송 시 발생하는 것으로, 압축기에서는 거의 볼 수 없다.

27 지름이 150mm, 행정 100mm, 회전수 800rpm, 체적효율 85%인 4기통 압축기의 피스톤 압출량은 몇 m³/h인가?

① 10.2   ② 28.8
③ 102   ④ 288

해설 Q(압출량)

$= \dfrac{3.14 \times 0.15^2}{4} \times 0.1 \times 800 \times 4 \times 0.85 \times 60$

$= 288 \text{m}^3/\text{h}$

28 냉간가공과 열간가공을 구분하는 기준이 되는 온도는?

① 끓는 온도
② 상용온도
③ 재결정온도
④ 섭씨 0도

해설 냉간가공과 열간가공은 재료의 재결정온도로 구분한다.

29 정압기 설치에 대한 설명으로 가장 거리가 먼 것은?

① 출구에는 수분 및 불순물제거장치를 설치한다.
② 출구에는 가스압력측정장치를 설치해야 한다.
③ 입구에는 가스차단장치를 설치한다.
④ 정압기의 분해 점검 및 고장을 대비하여 예비 정압기를 설치한다.

해설 ① 여과기 및 수분, 불순물 등의 제거장치는 정압기 입구에 설치한다.

30 안지름 10cm의 파이프를 플랜지에 접속하였다. 이 파이프 내에 40kgf/cm²의 압력으로 볼트 1개에 걸리는 힘을 400kgf 이하로 하고자 할 때 볼트수는 최소 몇 개 필요한가?

① 5개   ② 8개
③ 12개 ④ 15개

해설 ㉠ 플랜지의 힘(F)

$= \dfrac{3.14 \times 10^2}{4} \times 40 = 3{,}140 \text{kgf}$

㉡ 볼트수 $= \dfrac{3{,}140}{400} = 7.82 = 8$개

31 압축기 운전 개시 전에 주의하여야 할 사항으로 맞지 않는 것은?

① 압력조정밸브는 천천히 잠그고, 주밸브를 열어 압력을 조정한다.
② 냉각수밸브를 닫고, 워터재킷 내부의 물을 드레인한다.
③ 드레인밸브를 1단에서 다음 단으로 서서히 잠근다.

정답 25 ② 26 ① 27 ④ 28 ③ 29 ① 30 ② 31 ④

④ 압력계, 압력조절밸브, 드레인밸브를 전개하여 지시 압력의 이상 유무를 확인한다.

해설 ④는 압축기 운전 개시 후의 처리사항이다.

32 왕복동식 압축기의 흡입구 토출구에서 압력계의 바늘이 흔들리면서 유량이 감소되는 현상은?

① 공동현상
② 히스테리시스현상
③ 수격현상
④ 맥동현상

해설 맥동현상
운전 중에 압력이 주기적으로 변동하여 운전 상태가 매우 불안정하게 되는 현상으로, 왕복동 압축기에서 이런 현상이 나타나기 쉽다.

33 전기방식 조치 대상 시설로서, 전기방식을 하지 않아도 되는 배관은?

① 지중에 설치하는 폴리에틸렌피복 강관
② 지중에 설치하는 강제 강관
③ 수중에 설치하는 폴리에틸렌관
④ 수중에 설치하는 강제 강관

해설 폴리에틸렌관은 전기부도체로서 전기방식을 하지 않아도 된다.

34 다음 중 보일러 입구 또는 실내 저압배관부에 주로 사용되는 호스는?

① 염화비닐호스
② 저압고무호스
③ 고압고무호스
④ 금속플렉시블호스

해설 금속플렉시블호스의 설명이다.

35 다음 지상형 탱크 중 내진설계 적용 대상 시설이 아닌 것은?

① 고법의 적용을 받는 10톤 이상의 아르곤탱크
② 도법의 적용을 받는 3톤 이상의 저장탱크
③ 액법의 적용을 받는 3톤 이상의 액화석유가스 저장탱크
④ 고법의 적용을 받는 3톤 이상의 암모니아탱크

해설 내진설계기준
㉠ 고법의 내진설계기준은 5톤(비가연성, 비독성의 경우 10톤) 또는 500m³(비가연성, 독성은 1,000m³) 이상이고, 동체의 길이가 5m 이상의 원통형 응축기 수액기로 5,000L 이상인 경우
㉡ 액법의 경우 3톤 이상의 저장탱크(지하에 설치된 것은 제외)
㉢ 도법의 경우 3톤 이상의 저장탱크(압축가스는 300m³)

36 다음 중 압축기에서 다단압축을 하는 주된 목적은?

① 압축일과 체적효율 감소
② 압축일과 체적효율 증가
③ 압축일 증가와 체적효율 감소
④ 압축일 감소와 체적효율 증가

해설 압축기에서 다단압축하는 주된 목적은 압축일량 감소와 체적효율 증가이다.

37 직경 50mm의 강재로 된 둥근 막대가 8,000kgf의 인장하중을 받을 때의 응력은 얼마인가?

① $2kgf/mm^2$
② $4kgf/mm^2$
③ $6kgf/mm^2$
④ $8kgf/mm^2$

정답 32 ④ 33 ③ 34 ④ 35 ④ 36 ④ 37 ②

해설
$$\text{인장응력} = \frac{\text{하중}}{\text{단면적}}$$
$$= \frac{8,000}{\frac{3.14}{4} \times 50^2}$$
$$= 4.07 \text{kgf/mm}^2$$

38 다음 정압기의 부속설비 중 조정기 전단에 설치되어 배관 내의 먼지 등을 제거하는 설비는?

① 필터
② 이상압력통보설비
③ 동결방지장치
④ 긴급차단장치

해설 필터는 이물질, 먼지 등의 제거 용도로 사용한다.

39 배관 용접부의 비파괴검사인 자분탐상시험을 한 경우 결함자분 모양의 길이가 몇 mm를 초과한 경우에 불합격으로 하는가?

① 3 ② 4
③ 5 ④ 6

해설 비파괴검사에서 결함자분 모양의 길이가 4mm 이상 초과한 경우 불합격으로 한다.

40 동일한 가스 입상배관에서 프로판가스와 부탄가스를 흐르게 할 경우 가스 자체의 무게로 인하여 입상관에서 발생하는 압력손실을 서로 비교하면?(단, 부탄의 비중은 2, 프로판의 비중은 1.5이다.)

① 프로판이 부탄보다 약 2배 정도 압력손실이 크다.
② 프로판이 부탄보다 약 4배 정도 압력손실이 크다.
③ 부탄이 프로판보다 약 2배 정도 압력손실이 크다.
④ 부탄이 프로판보다 약 4배 정도 압력손실이 크다.

해설 입상관 압력손실$(h) = 1.293 \times (S-1) \times H$이므로, 비중차$(2-1=1, 1.5-1=0.5)$가 2배 발생한다.

제3과목 가스안전관리

41 차량에 고정된 2개 이상을 서로 연결한 이음매 없는 용기의 운반차량에 반드시 설치하지 않아도 되는 것은?

① 역류방지밸브
② 검지봉
③ 압력계
④ 긴급탈압밸브

해설 역류방지밸브는 유체의 역류를 방지하기 위한 밸브로, 용기운반차량에는 제외한다.

42 LPG 자동차 용기충전시설에 설치되는 충전호스에 대한 기준으로 틀린 것은?

① 충전호스의 길이는 5m 이내이어야 한다.
② 정전기제거장치를 설치해야 한다.
③ 가스주입구는 원터치형으로 한다.
④ 호스에 과도한 인장력이 가해졌을 때 긴급차단장치가 작동해야 한다.

해설 ④ 호스에 과도한 인장력이 가해졌을 때 충전기와 가스주입기가 분리되는 구조로 한다.

43 암모니아에 대한 설명으로 틀린 것은?

① 강한 자극성이 있고 무색이며, 물에 잘 용해된다.
② 붉은 리트머스 시험지에 접촉하면 푸른색으로 변한다.

정답 38 ① 39 ② 40 ③ 41 ① 42 ④ 43 ③

③ 20℃에서 2.15kgf/cm² 이상으로 압축하면 액화된다.
④ 고온에서 마그네슘과 반응하여 질화마그네슘을 만든다.

해설 암모니아는 임계압력이 높아 쉽게 액화한다.

44 방폭전기기기의 용기에서 가연성가스가 폭발할 경우 그 용기가 폭발압력에 견디고, 접합면, 개구부 등을 통하여 외부의 가연성가스에 인화되지 않도록 한 구조는?

① 압력방폭구조
② 내압방폭구조
③ 유입방폭구조
④ 안전증방폭구조

해설 방폭전기기기의 분류
① 압력방폭구조 : 용기 내부에 보호가스(신선한 공기 또는 불활성가스)를 압입하여 내부 압력을 유지함으로써 가연성가스가 용기 내부로 유입되지 아니하도록 한 구조를 말한다.
③ 유입방폭구조 : 용기 내부에 절연유를 주입하여 불꽃·아크 또는 고온 발생 부분이 기름 속에 잠기게 함으로써 기름면 위에 존재하는 가연성가스에 인화되지 아니하도록 한 구조를 말한다.
④ 안전증방폭구조 : 정상 운전 중에 가연성가스의 점화원이 될 전기 불꽃·아크 또는 고온 부분 등의 발생을 방지하기 위하여 기계적·전기적·구조상 또는 온도 상승에 대하여 특히 안전도를 증가시킨 구조를 말한다.

45 다음 중 프로판가스의 폭발위험도는 약 얼마인가?

① 3.5
② 12.5
③ 15.5
④ 20.2

해설 프로판가스의 폭발범위는 2.1~9.5%이므로,

$$위험도(H) = \frac{폭발상한 - 폭발하한}{폭발하한}$$
$$= \frac{9.5 - 2.1}{2.1}$$
$$= 3.5$$

46 고압가스 특정제조설비에는 비상전력설비를 설치하여야 한다. 다음 중 가스누출 검지 경보장치에 설치하는 비상전력설비가 아닌 것은?

① 타처공급전력
② 자가발전
③ 엔진구동발전
④ 축전지장치

해설 엔진구동발전장치는 불꽃이 발생할 우려가 있다.

47 고압가스 특정제조시설에서 사업소 밖의 가연성가스 배관을 노출하여 설치 시 다음 시설과 지상배관과의 수평거리를 가장 멀리하여야 하는 시설은?

① 도로
② 철도
③ 병원
④ 주택

해설 병원은 제1종 보호시설에 해당한다.

48 고압가스를 운반하는 차량의 안전경계표지 중 삼각기의 바탕과 글자색은?

① 백색 바탕 - 적색 글씨
② 적색 바탕 - 황색 글씨
③ 황색 바탕 - 적색 글씨
④ 백색 바탕 - 청색 글씨

해설 고압가스 경계표시의 삼각기는 적색 바탕에 황색 글씨로 한다.

정답 44 ② 45 ① 46 ③ 47 ③ 48 ②

49 도시가스 공급 시 패널(Panel)에 의한 가스 냄새 농도 측정에서 냄새 판정을 위한 시료의 희석 배수가 아닌 것은?

① 100배 ② 500배
③ 1,000배 ④ 4,000배

해설 도시가스 공급 시 패널에 의한 가스농도의 희석 배수는 500배 이상으로 한다.

50 공기 중 폭발범위가 가장 넓은 가스는?

① 수소 ② 아세트알데히드
③ 에탄 ④ 산화에틸렌

해설
① 수소 : 4~75%
② 아세트알데히드 : 4~60%
③ 에탄 : 3~12.5%
④ 산화에틸렌 : 3~80%

51 용기에 의한 고압가스 판매의 시설 기준으로 틀린 것은?

① 보관할 수 있는 고압가스량이 300m³를 넘는 경우에는 보호시설과 안전거리를 유지해야 한다.
② 가연성가스, 산소 및 독성가스의 저장실은 각각 구분하여 설치한다.
③ 용기보관실의 지붕은 불연성 재질의 가벼운 것으로 설치한다.
④ 가연성가스 충전용기 보관실의 주위 8m 이내에는 화기가 없어야 한다.

해설 용기보관장소의 주위 2m 이내에는 화기 또는 인화성 물질이나 발화성 물질을 두지 않는다.

52 다음 중 고압가스시설의 안전을 확보하기 위한 고압가스설비 설치 기준에 대한 설명으로 틀린 것은?

① 아세틸렌 충전용 교체 밸브는 충전하는 장소에서 격리하여 설치한다.
② 공기액화분리기에 설치하는 피트는 양호한 환기 구조로 한다.
③ 에어로졸 제조시설에는 과압을 방지할 수 있는 수동충전기를 설치한다.
④ 고압가스설비는 상용압력의 1.5배 이상의 압력으로 내압시험을 실시하여 이상이 없어야 한다.

해설 ③ 에어로졸 제조시설에는 과압을 방지할 수 있는 자동충전기를 설치한다.

53 아세틸렌을 용기에 충전할 때 다음 물질 중 침윤제로 사용되는 것은?

① 아세톤
② 벤젠
③ 케톤
④ 알데히드

해설 아세틸렌가스 침윤제에는 아세톤, 디메틸포름아미드(DMF) 등을 사용한다.

54 도시가스사업자가 가스시설에 대한 안전성 평가서를 작성할 때 반드시 포함하여야 할 사항이 아닌 것은?

① 절차에 관한 사항
② 결과 조치에 관한 사항
③ 품질 보증에 관한 사항
④ 기법에 관한 사항

해설 ③ 품질 보증에 관한 사항은 안전성평가 사항에서 제외한다.

55 냉동용기에 표시된 각인 기호 및 단위로서 틀린 것은?

① 냉동능력 : RT
② 원동기 소요전력 : kW
③ 최고사용압력 : DP
④ 내압시험압력 : AP

정답 49 ① 50 ④ 51 ④ 52 ③ 53 ① 54 ③ 55 ④

해설 냉동용기의 표시
  ㉠ 냉동능력 : RT
  ㉡ 원동기 소요전력 및 전류 : kW, A
  ㉢ 내압시험압력 : TP
  ㉣ 최고사용압력 : DP

56 다음 독성가스별 제독제 및 제독제 보유량의 기준이 잘못 연결된 것은?

① 염소 : 소석회 – 620kg
② 포스겐 : 소석회 – 200kg
③ 아황산가스 : 가성소다 수용액 – 530kg
④ 암모니아 : 물 – 다량

해설 포스겐은 가성소다 수용액 390kg과 소석회 390kg을 보유한다.

57 가스배관 내진설계기준에서 고압가스배관의 지진 해석 시 적용사항에 대한 설명으로 틀린 것은?

① 지반운동의 수평 2축 방향 성분과 수직 방향 성분을 고려한다.
② 지반을 통한 파의 방사 조건을 적절하게 반영한다.
③ 배관 – 지반의 상호작용 해석 시 배관의 유연성과 변형성을 고려한다.
④ 기능 수행 수준 지진 해석에서 배관의 거동은 거물형으로 가정한다.

해설 ④ 지진 해석에서 배관은 비선형 거동 특성으로 한다.

58 도로 밑 도시가스배관 직상단에는 배관의 위치, 흐름 방향을 표시한 라인마크(Line Mark)를 설치(표시)하여야 한다. 직선배관인 경우 라인마크의 최소설치간격은?

① 25m   ② 50m
③ 100m   ④ 150m

해설 도시가스배관이 지하를 지나가는 경우 50m마다 가스 흐름 방향으로 표시한다.

59 다음의 특징을 가지는 가스는?

- 약산성으로 강한 독성, 가연성, 폭발성이 있다.
- 순수한 액체는 안정하나 소량의 수분에 급격한 중합을 일으키고 폭발할 수 있다.
- 살충용 훈증제, 전기도금, 화학물질합성에 이용된다.

① 아크릴로니트릴
② 불화수소
③ 시안화수소
④ 브롬화메탄

해설 시안화수소의 설명이다.

60 고압가스설비의 수리 등을 할 때 가스 치환에 대한 설명으로 옳은 것은?

① 가연성가스의 경우 가스의 농도가 폭발하한계의 1/2에 도달할 때까지 치환한다.
② 가스 치환 시 농도 확인은 관능법에 따른다.
③ 불활성가스의 경우 산소의 농도가 16% 이상에 도달할 때까지 공기로 치환한다.
④ 독성가스의 경우 독성가스의 농도가 TLV – TWA 기준 농도 이하로 될 때까지 치환을 계속한다.

해설 고압가스설비의 수리 시 가연성가스는 폭발하한의 1/4 이하 또는 허용농도 이하가 되도록 치환한다.

정답 56 ② 57 ④ 58 ② 59 ③ 60 ④

제4과목 가스계측

61 다음 중 물리적 가스분석계에 해당하지 않는 것은?
① 가스의 화학반응을 이용하는 것
② 가스의 열전도율을 이용하는 것
③ 가스의 자기적 성질을 이용하는 것
④ 가스의 광학적 성질을 이용하는 것

해설 가스분석계는 물리적 성질을 이용하여 분석한다.

62 대칭 이원자 분자 및 Ar 등의 단원자 분자를 제외한 것의 대부분의 가스를 분석할 수 있으며, 선택성이 우수하고 연속 분석이 가능한 가스분석 방법은?
① 적외선법
② 반응열법
③ 용액전도율법
④ 열전도율법

해설 적외선법은 적외선을 분광하지 않고 측정 성분의 흡수파장을 그대로 분석하기 때문에 가스의 종류가 많고, 측정 범위도 넓다.

63 검지관식 가스검지기에 대한 설명으로 틀린 것은?
① 검지기는 검지관과 가스채취기 등으로 구성된다.
② 검지관은 내경 2~4mm의 구리관을 사용한다.
③ 검지관 내부에 시료가스가 송입되면 검지제와의 반응으로 변색한다.
④ 검지관은 한 번 사용하면 다시 사용할 수 없다.

해설 ② 검지관식 가스검지기의 검지관은 내경이 2~4mm의 유리관을 사용한다.

64 다음가스 분석 방법 중 연소분석법이 아닌 것은?
① 폭발법
② 완만연소법
③ 분별연소법
④ 증발연소법

해설 연소분석법으로 폭발법, 완만연소법, 분별연소법 등이 있다.

65 가스미터를 검정하기 위해서는 표준(기준)미터를 갖추고, 가스미터시험에 적합한 유량 범위를 가지고 있어야 한다. 다음 중 옳은 규격은?
① 시험미터를 최소유량부터 최대유량까지 3포인트 유량시험이 가능할 것
② 시험미터를 최소유량부터 최대유량까지 5포인트 유량시험이 가능할 것
③ 시험미터를 최소유량부터 최대유량까지 7포인트 유량시험이 가능할 것
④ 시험미터를 최소유량부터 최대유량까지 10포인트 유량시험이 가능할 것

해설 가스미터를 검정하기 위해 표준미터로 시험할 때 시험미터를 최소유량부터 최대유량까지 7포인트 유량시험이 가능할 것

66 압력의 단위를 차원(Dimension)으로 바르게 나타낸 것은?
① MLT
② ML^2T^2
③ M/LT^2
④ M/L^2T^2

해설
$$압력(P) = \frac{F(힘)}{A(면적)} = \frac{kg \cdot f}{m^2} = \frac{kg \times m/s^2}{m \times m}$$
$$= M/L \cdot T^2$$

67 Dial Gauge는 다음 중 어느 측정 방법에 속하는가?
① 비교측정
② 절대측정
③ 변위측정
④ 직접측정

정답 61 ① 62 ① 63 ② 64 ④ 65 ③ 66 ③ 67 ①

해설 Dial Gauge는 직접 변위를 측정하여 비교적 그 값을 나타내는 것으로, 미소 오차도 측정이 가능하다.

68 비접촉식 온도계의 특징으로 옳지 않은 것은?
① 내열성 문제로 고온 측정이 불가능하다.
② 움직이는 물체의 온도 측정이 가능하다.
③ 물체의 표면온도만 측정 가능하다.
④ 방사율의 보정이 필요하다.

해설 ① 비접촉식 온도계는 주로 고온 측정에 이용한다.

69 일반적으로 사용되는 진공계 중 정밀도가 가장 좋은 것은?
① 격막식 탄성 진공계
② 열음극 전리 진공계
③ 맥로드 진공계
④ 피라니 진공계

해설 진공계 중 열음극 전리 진공계가 정밀도가 가장 좋다.

70 가스압력조정기(Regulator)의 역할에 대한 설명으로 가장 옳은 것은?
① 용기 내로의 역화를 방지한다.
② 가스를 정제하고 유량을 조절한다.
③ 용기 내의 압력이 급상승할 경우 정상화한다.
④ 공급되는 가스의 압력을 연소기구에 적당한 압력까지 감압시킨다.

해설 가스압력조정기는 공급된 가스의 압력을 연소기구에 적당한 압력으로 공급하는 역할을 한다.

71 생성열을 나타내는 표준온도로 사용되는 온도는?
① 0℃
② 4℃
③ 25℃
④ 35℃

해설 화학반응에 사용되는 표준온도는 25℃이다.

72 계측에 사용되는 열전대 중 다음의 특징을 가지는 온도계는?

- 열기전력이 크고, 저항 및 온도계수가 작다.
- 수분에 의한 부식에 강하므로 저온 측정에 적합하다.
- 비교적 저온의 실험용으로 주로 사용한다.

① R형
② T형
③ J형
④ K형

해설 T형(구리-콘스탄탄)의 설명이다.

73 다음 중 시퀀셜제어(Sequential Control)에 해당되지 않는 것은?
① 교통신호등의 신호제어
② 승강기의 작동제어
③ 자동판매기의 작동제어
④ 피드백에 의한 유량제어

해설 시퀀셜제어는 미리 정해진 순서에 의해 순차적으로 제어되는 것으로, 피드백에 의한 유량제어는 어렵다.

74 어떤 가스의 유량을 시험용 가스미터로 측정하였더니 50m³/h이었다. 같은 가스를 기준 가스미터로 측정하였을 때의 유량이 52m³/h이었다면 이 시험용 가스미터의 기차는?
① +2.0%
② -2.0%
③ +4.0%
④ -4.0%

해설
$$오차(\%) = \frac{기준값 - 측정값}{기준값} \times 100$$
$$= \frac{50-52}{50} \times 100 = -4\%$$

정답 68 ① 69 ② 70 ④ 71 ③ 72 ② 73 ④ 74 ④

75 출력이 목표값과 비교되어 제어편차를 수정하는 과정이 없는 제어는?
① 폐회로(Closed Loop)제어
② 개회로(Open Loop)제어
③ 프로그램(Program)제어
④ 피드백(Feedback)제어

해설 개회로 제어는 출력제어를 할 때 입력만을 고려하고 출력은 전혀 고려하지 않는 제어방식이다.

76 다음 중 가스 크로마토그래피의 구성 요소가 아닌 것은?
① 분리관(칼럼)
② 검출기
③ 유속조절기
④ 단색화장치

해설 가스 크로마토그래피의 구성 요소
㉠ 분리관(칼럼), ㉡ 검출기, ㉢ 유속조절기

77 가스 크로마토그래피 캐리어가스의 유량이 70mL/min에서 어떤 성분 시료를 주입하였더니 주입점에서 피크까지의 길이가 18cm이었다. 지속 용량이 450mL라면 기록지의 속도는 약 몇 cm/min인가?
① 0.28 ② 1.28
③ 2.8 ④ 3.8

해설
㉠ 가스주입시간(T) = $\frac{450\text{mL}}{70\text{mL/min}}$ = 6.428min
㉡ 기록지속도(V) = $\frac{18}{6.428}$ = 2.8cm/min

78 헴펠법 가스분석법에서 CO_2의 흡수제는?
① 발연 황산
② 피로갈롤 알칼리 용액
③ NH_4Cl
④ KOH

해설
① C_mH_n - 발연 황산
② O_2 - 피로갈롤 알칼리성 용액
③ CO - NH_4Cl
④ CO_2 - 30% KOH

79 다음 중 비례제어(P동작)에 대한 설명으로 가장 옳은 것은?
① 비례대의 폭을 좁히는 등 오프셋은 극히 작게 된다.
② 조작량은 제어 편차의 변화 속도에 비례한 제어동작이다.
③ 제어 편차와 지속 시간에 비례하는 속도로 조작량을 변화시킨 제어 조작이다.
④ 비례대의 폭을 넓히는 등 제어동작이 작동할 때는 비례동작이 강하게 되며, 피드백제어로 되먹임된다.

해설 비례동작(Proportional Action, P동작)
조작량은 제어 편차의 변화 속도에 비례하는 동작으로, 연속동작 중 가장 기본적이다.

80 막식 가스미터에서 다음과 같은 원인은 어떤 고장인가?

• 계량막이 신축하여 계량실 부피가 변화
• 막에서의 누설, 밸브와 밸브시트 사이에서의 누설
• 패킹부에서의 누설

① 부동 ② 불통
③ 기차 불량 ④ 감도 불량

해설 막식 가스미터의 고장
① 부동 : 가스는 통과하나 미터 지침이 작동하지 않는 고장
② 불통 : 가스가 가스미터를 통과하지 않는 고장
③ 기차 불량 : 사용 중에 계량실의 부피 변화, 부품의 마모 또는 누설 등 기차가 변화한 고장
④ 감도 불량 : 계량기의 통과 가스가 미약하여 기차를 변화시키지 못하는 고장

정답 75 ② 76 ④ 77 ③ 78 ④ 79 ② 80 ③

2021 제4회 산업기사 (9. 5. 시행)

제1과목 연소공학

01 등심연소 시 화염의 길이에 대하여 옳게 설명한 것은?
① 공기온도가 높을수록 길어진다.
② 공기온도가 낮을수록 길어진다.
③ 공기유속이 높을수록 길어진다.
④ 공기유속 및 공기온도가 낮을수록 길어진다.

해설 등심연소
연료의 모세관현상에 의해 등심 선단에 빨려 올라가 표면연소하는 형태로, 대류·복사열에 의해 결정되므로 공기의 온도가 높을수록 길어진다.

02 연료와 공기를 인접한 2개의 분출구에서 각각 분출시켜 양자의 계면에서 연소를 일으키는 형태는?
① 분무연소   ② 확산연소
③ 액면연소   ④ 예혼합연소

해설 확산연소는 연료인 가스가 공기와 접촉해 분출하여 연소가 활발히 진행한다.

03 연소속도의 지배인자로만 바르게 나열한 것은?
① 산소와의 혼합비, 산소농도, 반응계 온도
② 웨베지수, 기체상수, 밀도계수
③ 착화에너지, 기체상수, 밀도계수
④ 발열반응, 웨베지수, 기체상수

해설 연소속도 지배요인
가스의 혼합비, 산소농도, 반응온도 등

04 폭굉을 일으킬 수 있는 기체가 파이프 내에 있을 때 폭굉방지 및 방호에 대한 설명으로 옳지 않은 것은?
① 파이프의 지름 대 길이의 비는 가급적 작도록 한다.
② 파이프라인에 오리피스 같은 장애물이 없도록 한다.
③ 파이프라인에 장애물이 있는 곳은 가급적이면 축소한다.
④ 공정라인에서 회전이 가능하면 가급적 완만한 회전을 이루도록 한다.

해설 ③ 폭굉유도거리가 짧아지는 요인은 관경이 작거나 장애물이 있을 경우이다.

05 폭발한계(폭발범위)에 영향을 주는 요인으로 가장 거리가 먼 것은?
① 온도   ② 압력
③ 산소량   ④ 발화지연시간

해설 발화지연시간은 스스로 연소될 때까지의 시간으로, 폭발범위와는 거리가 멀다.

06 산소가 20°C 5m³의 탱크 속에 들어 있다. 이 탱크의 압력이 10kgf/cm²이라면 산소의 질량은 약 몇 kg인가?(단, 기체상수 R =848kg·m/kmol·K)
① 0.65   ② 1.6
③ 55   ④ 65

해설
$$PV = nRT = \frac{W}{M}RT$$
$$W = \frac{PVM}{RT} = \frac{10 \times 5 \times 32 \times 10^4}{848 \times 293} = 64.5 \text{kg}$$

정답 01 ① 02 ② 03 ① 04 ③ 05 ④ 06 ④

07 고체연료의 탄화도가 높은 경우 발생하는 현상이 아닌 것은?

① 휘발분이 감소한다.
② 수분이 감소한다.
③ 연소속도가 빨라진다.
④ 착화온도가 높아진다.

해설 연소속도는 탄화도와 거리가 멀다.

08 1kg의 공기를 20℃, 1kgf/cm² 인 상태에서 일정 압력으로 가열·팽창시켜 부피를 처음의 5배로 하려고 한다. 이때 필요한 온도 상승은 약 몇 ℃인가?

① 1,172 ② 1,292
③ 1,465 ④ 1,561

해설
$$\frac{V}{T} = \frac{V_2}{T_2}, \quad \frac{1}{273+20} = \frac{5}{T_2}$$
$T_2 = 293 \times 5 = 1,465K$
∴ 상승온도 $= 1,465 - 293 = 1,172℃$

09 화염색에 따른 불꽃의 온도가 낮은 것에서 높은 것의 순서로 바르게 나타낸 것은?

① 암적색 → 황적색 → 적색 → 백적색 → 휘백색
② 암적색 → 적색 → 백적색 → 황적색 → 휘백색
③ 암적색 → 백적색 → 적색 → 황적색 → 휘백색
④ 암적색 → 적색 → 황적색 → 백적색 → 휘백색

해설 화염온도 개략적 구분

색상	온도(℃)	색상	온도(℃)
암적색	750	황백색	1,350
적색	950	백색	1,400
황적색	1,100	휘백색	1,500
백적색	1,300	–	–

10 용기 내부에서 폭발성 혼합가스의 폭발이 일어날 경우 용기가 폭발 압력에 견디고 외부의 폭발성 분위기에 불꽃이 전파되는 것을 방지하도록 한 방폭구조는?

① 압력방폭구조 ② 내압방폭구조
③ 유입방폭구조 ④ 안전증방폭구조

해설 내압방폭구조는 용기가 내부 폭발에 견디는 구조로 된 것을 말한다.

11 가연성가스의 폭발범위에 대한 설명으로 옳은 것은?

① 폭굉에 의한 폭풍이 전달되는 범위를 말한다.
② 폭굉에 의하여 피해를 받는 범위를 말한다.
③ 공기 중에서 가연성가스가 연소할 수 있는 가연성가스의 농도 범위를 말한다.
④ 가연성가스와 공기의 혼합기체가 연소하는 데 있어서 혼합기체에 필요한 압력 범위를 말한다.

해설 폭발범위는 가연성가스가 조연성가스와 적당히 혼합하여 연소·폭발이 일어날 수 있는데, 이 범위를 연소범위, 연소한계, 폭발범위 등으로 표현한다.

12 다음 가스 중 비중이 가장 큰 것은?

① 메탄 ② 프로판
③ 염소 ④ 이산화탄소

해설 가스비중$(S) = \frac{분자량}{공기분자량}$

① $CH_4 = \frac{16}{29} = 0.55$
② $C_2H_8 = \frac{44}{29} = 1.52$
③ $Cl_2 = \frac{71}{29} = 2.45$
④ $CO_2 = \frac{44}{29} = 1.52$

정답 07 ③ 08 ① 09 ④ 10 ② 11 ③ 12 ③

13 다음 가스가 같은 조건에서 같은 질량이 연소할 때 발열량(kcal/kg)이 가장 높은 것은?
① 수소　② 메탄
③ 프로판　④ 아세틸렌

해설　수소는 산소와 폭발적으로 반응한다.

14 다음 중 시강 특성에 해당하지 않는 것은?
① 부피　② 온도
③ 압력　④ 몰분율

해설　시강 특성은 온도, 압력, 몰분율 등을 말한다.

15 가연성 물질의 인화특성에 대한 설명으로 틀린 것은?
① 증기압을 높게 하면 인화위험이 커진다.
② 연소범위가 넓을수록 인화위험이 커진다.
③ 비점이 낮을수록 인화위험이 커진다.
④ 최소점화에너지가 높을수록 인화위험이 커진다.

해설　④ 최소점화에너지가 낮을수록 인화위험이 커진다.

16 공업적으로 액체연료 연소에 가장 효율적인 연소 방법은?
① 액적연소　② 표면연소
③ 분해연소　④ 분무연소

해설　액체연료는 표면적을 넓혀 연소하는 분무연소가 효과적이다.

17 다음 반응 중 화학폭발의 원인과 관련이 가장 먼 것은?
① 압력폭발
② 중합폭발
③ 분해폭발
④ 산화폭발

해설　① 압력폭발은 물리적 폭발에 해당한다.

18 76mmHg, 23°C에서 수증기 100m³의 질량은 얼마인가?(단, 수증기는 이상기체 거동을 한다고 가정한다.)
① 0.74kg　② 7.4kg
③ 74kg　④ 740kg

해설
$$PV = \frac{W}{M}RT$$
$$W = \frac{PVM}{RT} = \frac{\frac{76}{760} \times 100 \times 18}{848 \times 300} = 7.35\text{kg}$$

19 상용의 상태에서 가연성가스가 체류해 위험하게 될 우려가 있는 장소는 무엇인가?
① 0종 장소
② 1종 장소
③ 2종 장소
④ 3종 장소

해설　가연성가스가 상용 상태에서 체류 위험이 높은 경우는 제1종 장소이다.

20 폭굉유도거리(DID)가 짧아지는 요인은?
① 압력이 낮을수록
② 관의 직경이 작을수록
③ 점화원의 에너지가 작을수록
④ 정상 연소속도가 느린 혼합가스일수록

해설　폭굉유도거리가 짧아지는 경우
㉠ 압력이 높을수록
㉡ 관 직경이 작을수록
㉢ 점화원의 에너지가 강할수록
㉣ 정상 연소속도가 빠른 혼합가스일수록

정답　13 ①　14 ①　15 ④　16 ④　17 ①　18 ②　19 ②　20 ②

제2과목　가스설비

21 LNG 인수기지에서 사용되고 있는 기화기 중 간헐적으로 평균 수요를 넘을 경우 그 수요를 충족(Peak Saving용)시키는 목적으로 주로 사용하는 것은?
① Open Rack Vaporizer
② Intermediate Fluid Vaporizer
③ 전기 가압식 기화기
④ Submerged Vaporizer

해설 Submerged Vaporizer는 물탱크 내에 LNG 튜브와 수중버너(Burner)를 배치하고, 메탄가스를 연소시켜 물의 온도를 높인다. 이때 발생한 약간의 기포가 수중에서 상승하여 물을 대류시키고 수온을 균일하게 하면서 튜브 내를 통과하는 LNG와 온수가 열교환하여 기화하는 방식을 말하며, 피크 충족을 위해 간헐적으로 사용한다.

22 다음 중 금속 피복 방법이 아닌 것은?
① 용융도금법
② 클래딩법
③ 전기도금법
④ 희생양극법

해설 희생양극법은 배관부식방지 방법이다.

23 다음 중 원심 압축기의 특징에 대한 설명으로 옳은 것은?
① 효율이 높다.
② 무급유식이다.
③ 기체의 비중에 큰 영향을 받지 않는다.
④ 감속장치가 필요하다.

해설 원심 압축기의 특징
㉠ 원심형이다.
㉡ 무급유식이다.
㉢ 기체에는 맥동이 없고 연속송출이 가능하다.
㉣ 형태가 작고 경량이며, 대용량에 적합하다.
㉤ 마찰손실이 작다.

24 관 내부의 마찰계수가 0.002, 길이 100m, 관의 내경 40mm, 평균유속 1m/s, 중력가속도 9.8m/s²일 때 마찰에 의한 수두손실은 약 몇 m인가?
① 0.0102
② 0.102
③ 0.255
④ 10.2

해설
$$h(마찰손실) = f \frac{L \times V^2}{D \times 2g}$$
$$= 0.002 \times \frac{100 \times 1^2}{0.04 \times 2 \times 9.8}$$
$$= 0.255 \text{m}$$

25 탄소강을 냉간가공하였을 경우 나타나는 성질로 틀린 것은?
① 인장강도 증가
② 단면수축률 감소
③ 피로한도 증가
④ 경도 감소

해설 냉간가공 시 경도는 증가한다.

26 증기 압축기 냉동사이클에서 교축 과정이 일어나는 곳은?
① 압축기
② 응축기
③ 팽창밸브
④ 증발기

해설 팽창밸브는 교축 팽창하여 온도가 내려간다.

27 다음 중 어떤 성분을 많이 함유하고 있는 탄소강이 적열취성을 일으키는가?
① B
② P
③ Si
④ S

해설 S(황)은 적열취성을 일으킨다.

정답　21 ④　22 ④　23 ②　24 ③　25 ④　26 ③　27 ④

28 가연성가스를 충전하는 차량에 고정된 탱크 및 용기에 부착되어 있는 안전밸브의 작동압력으로 옳은 것은?

① 내압시험압력의 10분의 8 이하
② 내압시험압력의 1.5배 이하
③ 상용압력의 10분의 8 이하
④ 상용압력의 1.5배 이하

해설 안전밸브의 작동압력은 내압시험의 $\frac{8}{10}$ 이다.

29 도시가스 제조에서 사이클링식 접촉분해(수증기개질)법에 사용하는 원료에 대한 설명으로 옳은 것은?

① 천연가스에서 원유에 이르는 넓은 범위의 원료를 사용할 수 있다.
② 석탄 또는 코크스만 사용할 수 있다.
③ 메탄만 사용할 수 있다.
④ 프로판만 사용할 수 있다.

해설 접촉분해법은 넓은 범위의 도시가스 제조법에 해당한다.

30 부탄의 C/H 중량비는 얼마인가?

① 3   ② 4
③ 4.5   ④ 4.8

해설 C_4H_{10}(부탄)의 C/H(탄화수소)비 = $\frac{12 \times 4}{1 \times 10}$ = 4.8

31 버너의 불꽃을 감지하여 정상적인 연소 중에 불꽃이 꺼졌을 때 신속하게 가스를 차단하여 생가스 누출을 방지하는 장치로, 불꽃의 도전성에 의한 정류성을 이용하여 불꽃을 감지하는 방식으로 대용량의 연소기에 사용하는 방식의 연소안전장치는?

① 열전대식   ② 플레임 로드식
③ 광전식   ④ 바이메탈식

해설 플레임 로드식은 불꽃을 감지하는 안전장치로, 불꽃이 꺼지면 신속하게 가스를 차단한다.

32 고압가스 냉동장치의 용어에 대한 설명으로 옳은 것은?

① 냉동능력 : 냉매 1kg에서 흡수하는 열량(kcal/kg)
② 체적냉동효과 : 압축기 입구에서 증기(건포화증기)의 체적당 흡열량(kcal/m³)
③ 냉동효과 : 1시간에 냉동기가 흡수한 열량(kcal/h)
④ 냉동톤 : 0℃의 물 10톤을 0℃ 얼음으로 냉동시키는 능력

해설
① 냉동능력 : 시간에 냉동기가 흡수하는 열량(kcal/h)
② 체적냉동효과 : 압축기 입구에서의 증기(건포화증기)의 체적당 흡열량(kcal/kgf)
③ 냉동효과 : 냉매 1kgf이 흡수하는 열량(kcal/kgf)
④ 냉동톤 : 1냉동톤(1RT)은 0℃의 물 1ton(1,000kgf)을 1일간(24시간)에 0℃의 얼음으로 냉동시키는 능력이며, 물 1kgf의 융해잠열은 79.68kcal/kgf이므로 다음과 같이 계산한다.
1냉동톤 = $79.68 \times \frac{1,000}{24}$ ≒ 3,320kcal/h

33 배관 내의 마찰저항에 의한 압력손실에 대한 설명으로 옳지 않은 것은?

① 관 내경의 5승에 반비례한다.
② 유속의 제곱에 비례한다.
③ 관의 길이에 반비례한다.
④ 유체 점도가 크면 압력손실이 커진다.

해설 배관의 압력손실을 구하는 식에 준한다.
$h = \frac{Q^2 \times S \times L}{K^2 \times D^5}$

정답 28 ①   29 ①   30 ④   31 ②   32 ②   33 ③

부록 과년도 기출문제

34 작동이 단속적이고 송수량을 일정하게 하기 위하여 공기실을 장치할 필요가 있는 펌프는?
① 치차펌프
② 원심펌프
③ 축류펌프
④ 왕복펌프

해설 왕복펌프의 설명이다.

35 역화방지장치를 설치할 장소로 옳지 않은 곳은?
① 가연성가스를 압축하는 압축기와 오토클레이브 사이
② 아세틸렌 충전용 지관
③ 가연성가스를 압축하는 압축기와 저장탱크 사이
④ 아세틸렌의 고압 건조기와 충전용 교체밸브 사이

해설 ③은 역류방지밸브를 설치한다.

36 프로판 20kg이 내용적 50L의 용기에 들어 있다. 이 프로판을 매일 0.5m³씩 사용한다면 약 며칠을 사용할 수 있겠는가?(단, 25°C, 1atm 기준이며, 이상기체로 가정한다.)
① 22일
② 31일
③ 35일
④ 45일

해설 $20kg \times \dfrac{22.4m^3}{44kg} \times \dfrac{day}{0.5m^3} = 22$일

37 총 발열량이 10,000kcal/Sm³ 비중이 1.2인 도시가스의 웨베지수는?
① 8,333
② 9,129
③ 10,954
④ 12,000

해설 웨베지수$(WI) = \dfrac{Hg}{\sqrt{d}}$
$= \dfrac{10,000}{\sqrt{1.2}} = 9,128.7$

38 프로판의 비중을 1.5로 하면 입상관의 높이가 20m인 경우 압력손실은 몇 mmH₂O인가?
① 1.293
② 12.93
③ 129.3
④ 1,293

해설 입상관 압력손실$(H) = 1.293 \times (S-1)h$
$= 1.293 \times (1.5-1) \times 20 = 12.93$mmHg

39 배관의 스케줄번호를 정하기 위한 식은?
[단, P : 사용압력(kg/cm²), S : 허용응력(kg/mm²)]
① $10 \times \dfrac{P}{S}$
② $10 \times \dfrac{S}{P}$
③ $1,000 \times \dfrac{P}{S}$
④ $1,000 \times \dfrac{S}{P}$

해설 sch No $= 10 \times \dfrac{P}{S}$

40 펌프의 공동현상(Cavitation) 방지법으로 틀린 것은?
① 흡입양정을 짧게 한다.
② 양흡입펌프를 사용한다.
③ 흡입 비교회전도를 크게 한다.
④ 회전차를 물속에 완전히 잠기게 한다.

해설 흡입 비교회전도 토출량에 대한 양정의 설계 기준에 해당한다.

정답 34 ④ 35 ③ 36 ① 37 ② 38 ② 39 ① 40 ③

제3과목　가스안전관리

41 지상에 설치된 저장탱크 중 저장능력 몇 톤 이상인 저장탱크에 폭발방지장치를 설치하여야 하는가?

① 10톤　② 20톤
③ 50톤　④ 100톤

해설) 저장능력이 10톤 이상인 저장탱크는 폭발방지장치를 설치한다.

42 용기의 종류별 부속품 기호로 틀린 것은?

① 아세틸렌 : AG
② 압축가스 : PG
③ 액화가스 : LP
④ 초저온 및 저온 : LT

해설) ③ LPG 이외의 액화가스 : LG

43 메탄이 주성분인 가스는?

① 프로판가스
② 천연가스
③ 나프타가스
④ 수성가스

해설) 천연가스 성분은 CH_4이다.

44 다음 중 분해폭발(分角律發)을 일으키는 가스가 아닌 것은?

① 아세틸렌
② 에틸렌
③ 산화에틸렌
④ 메탄가스

해설) 메탄은 공기보다 가볍고, 연소범위도 좁아 비교적 안정된 가스이다.

45 독성가스의 처리설비로 1일 처리 능력이 15,000m³인 저장시설과 21m 이상 이격하지 않아도 되는 보호시설은?

① 학교
② 도서관
③ 수용능력이 15인 이상인 아동복지시설
④ 수용능력이 300인 이상인 교회

해설) 이격하지 않아도 되는 보호시설은 수용능력이 15인 이상인 아동복지시설이다.

46 밸브가 돌출한 용기를 용기보관소에 보관하는 경우 넘어짐 등으로 인한 충격 및 밸브의 손상을 방지하기 위한 조치를 하지 않아도 되는 용기의 내용적 기준은?

① 1L 이하
② 3L 이하
③ 5L 이하
④ 10L 이하

해설) 5L 이하인 용기는 밸브보호장치를 하지 않아도 된다.

47 저장량이 각각 1,000톤인 LP가스 저장탱크 2기에서 발생할 수 있는 사고와 상해 발생 Mechanism으로 적절하지 않은 것은?

① 누출 → 화재 → BLEVE → Fireball → 복사열 → 화상
② 누출 → 증기운 → 확산 → 증기운 폭발 → 폭발 과압 → 폐출혈
③ 누출 → 화재 → BLEVE → Fireball → 화재 확대 → BLEVE
④ 누출 → 증기운 확산 → BLEVE → FirebaII → 화상

해설) ④는 누출로 확산된 후 점화원, 폭발이 없으면 증기운 화재(BLEVE)가 없다.

정답　41 ①　42 ③　43 ②　44 ④　45 ③　46 ③　47 ④

48 차량에 고정된 탱크로 고압가스를 운반할 때의 기준으로 틀린 것은?

① 차량의 앞뒤 보기 쉬운 곳에 각각 붉은 글씨로 '위험고압가스'라는 경계표시를 하여야 한다.
② 수소 및 산소탱크의 내용적은 1만 8천L를 초과하지 아니하여야 한다.
③ 염소탱크의 내용적은 1만 5천L를 초과하지 아니하여야 한다.
④ 액화가스를 충전하는 탱크는 그 내부에 방파판 등을 설치한다.

해설 ③ 염소가스는 1만 2천L를 초과하지 않는다.

49 다음 중 아세틸렌가스 충전 시 희석제로 적합한 것은?

① N_2 ② C_3H_8
③ SO_2 ④ H_2

해설 아세틸렌 희석제에는 질소, 메탄, 일산화탄소 등이 있다.

50 저장탱크에 의한 액화석유가스 저장소에서 지상에 설치하는 저장탱크 및 그 받침대에는 외면으로부터 몇 m 이상 떨어진 위치에서 조작할 수 있는 냉각장치를 설치하여야 하는가?

① 2m ② 5m
③ 8m ④ 10m

해설 저장탱크의 냉각살수장치는 5m 이상 떨어진 곳에서 작동한다.

51 다음 가스용품 중 합격표시를 각인으로 하여야 하는 것은?

① 배관용 밸브
② 전기절연이음관
③ 강제혼합식 가스버너
④ 금속 플렉시블호스

해설 가스용품 각인 대상은 배관용 밸브이며, 나머지는 증명서로 한다.

52 자연기화방식에 의한 가스발생설비를 설치하여 가스를 공급할 때 피크 시의 평균가스수요량은?(단, 1월은 30일로 한다)

㉠ 공급 세대수 : 140세대
㉡ 피크 월(月) 세대당 평균가스수요량 : 27kg/月
㉢ 피크일(日)률 : 120%
㉣ 최고 피크시(時)율 : 25%
㉤ 피크시(時)율 : 16%

① 12kg/시 ② 24kg/시
③ 32kg/시 ④ 44kg/시

해설 피크 시 가스 수요량
= 일 피크 사용량×세대수×피크시율
$= \frac{27}{30} \times 140 \times \frac{16}{100} \times \frac{120}{100}$
= 24.2kg/h

53 「고압가스 안전관리법」의 공급자의 안전점검 기준에 따라 공급자는 가스 공급 시마다 해당 시설에 대한 점검을 실시하고, 주기적으로 정기점검을 실시하여야 한다. 이때 정기점검을 실시한 후 작성한 기록은 몇 년간 보존하여야 하는가?

① 2년 ② 3년
③ 5년 ④ 영구

해설 정기점검 기록은 2년간 보존한다.

54 에어로졸의 충전 기준에 적합한 용기의 내용적은 몇 L 미만이어야 하는가?

① 1 ② 2
③ 3 ④ 5

해설 에어로졸의 충전용기 내용적은 1L 미만으로 한다.

정답 48 ③ 49 ① 50 ② 51 ① 52 ② 53 ① 54 ①

55 액화석유가스설비의 가스안전 사고방지를 위한 기밀시험 시 사용이 부적합한 가스는?

① 공기
② 탄산가스
③ 질소
④ 산소

해설 기밀시험은 불연성가스를 사용한다.

56 우리나라는 1970년부터 시범적으로 동부이촌동의 3,000가구를 대상으로 LPG/AIR 혼합 방식의 도시가스를 공급하기 시작하였다. LPG에 AIR를 혼합하는 주된 이유는?

① 가스의 가격을 올리기 위해서
② 재액화를 방지하고 발열량을 조정하기 위해서
③ 공기로 LPG가스를 밀어내기 위해서
④ 압축기로 압축하려면 공기를 혼합해야 하므로

해설 LPG 공기 혼합은 경제적인 면도 있지만, 재액화 방지와 발열량 조절을 위해서 한다.

57 시안화수소의 충전 시 주의사항의 기준으로 틀린 것은?

① 용기에 충전하는 시안화수소의 순도는 99% 이상이어야 한다.
② 아황산가스 또는 황산을 안정제로 첨가하여야 한다.
③ 충전한 용기는 24시간 이상 정치하여야 한다.
④ 질산구리벤젠 시험지로 1일 1회 이상 가스누출검사를 한다.

해설 ① 시안화수소의 순도는 98% 이상으로 착색되지 아니한 것으로 한다.

58 가연성가스의 위험성에 대한 설명으로 틀린 것은?

① 온도, 압력이 높을수록 위험성이 커진다.
② 폭발한계 밖에서는 폭발의 위험성이 작다.
③ 폭발한계가 넓을수록 위험하다.
④ 폭발한계가 좁고, 하한이 낮을수록 위험성이 작다.

해설 ④ 폭발하한이 낮으면 낮은 농도에서 연소될 수 있어 위험하다.

59 액화석유가스 집단공급사업 허가대상인 것은?

① 70개소 미만의 수요자에게 공급하는 경우
② 전체 수용 가구수가 100세대 미만인 공동주택의 단지 내인 경우
③ 시장 또는 군수가 집단공급사업에 의한 공급이 곤란하다고 인정하는 공공주택단지에 공급하는 경우
④ 고용주가 종업원의 후생을 위하여 사원 주택·기숙사 등에게 직접 공급하는 경우

해설 집단공급사업자는 전체 수용 가구수가 100세대 미만의 공동주택인 경우 허가 대상으로 한다.

60 가스보일러의 급배기방식 중 연소용 공기는 옥내에서 취하고, 연소배기가스는 배기용 송풍기를 사용하여 강제로 옥외로 배출하는 방식은?

① 자연급배기식
② 자연배기식(CF식)
③ 강제배기식(FE식)
④ 강제급배기식(FF식)

해설 강제배기방식은 연소용 공기를 실내에서 취하고, 배기가스는 밖으로 배출하는 방식이다.

정답 55 ④ 56 ② 57 ① 58 ④ 59 ② 60 ③

제4과목 가스계측

61 플로트(Float)형 액위(Level) 측정 계측 기기의 종류에 속하지 않는 것은?

① 도르래식
② 차동변압식
③ 전기저항식
④ 다이어프램식

해설: 액면계는 다이어프램식은 거의 사용하지 않는다.

62 파이프나 조절밸브로 구성된 계는 어떤 공정에 속하는가?

① 유동 공정
② 1차계 액위 공정
③ 데드타임 공정
④ 적분계 액위 공정

해설: 파이프, 밸브는 유체흐름에 관련된 유동 공정이다.

63 아황산가스의 흡수제 및 중화제로 사용되지 않는 것은?

① 가성소다 ② 탄산소다
③ 물   ④ 염산

해설: 아황산가스는 습기와 작용하면 산성을 유지하기 때문에 산성인 염산은 중화제로 부적당하다.

64 가스미터에 0.3L/rev의 표시가 의미하는 것은?

① 사용최대유량이 0.3L이다.
② 계량실의 1주기 체적이 0.3L이다.
③ 사용최소유량이 0.3L이다.
④ 계량실의 흐름속도가 0.3L이다.

해설: 0.3L/rev는 계량실 1주기 용량으로 한다.

65 다음 제어동작 중 비례적분동작을 나타낸 것은?

①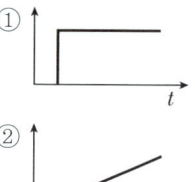

②

③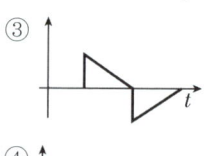

④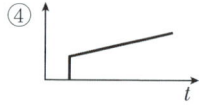

해설: 비례적분동작은 비례제어에서 잔류편차를 제거해 주는 것으로 ④로 표기된다.

66 다음 중 부르동관 압력계의 호칭크기를 결정하는 기준은?

① 눈금판의 바깥지름(mm)
② 눈금판의 안지름(mm)
③ 지침의 길이(mm)
④ 바깥틀의 지름(mm)

해설: 부르동관 압력계의 호칭크기는 눈금판의 외경(mm)으로 한다.

67 벤투리 유량계의 특성에 대한 설명으로 틀린 것은?

① 내구성이 좋다.
② 압력손실이 작다.
③ 침전물의 생성 우려가 작다.
④ 좁은 장소에 설치할 수 있다.

해설: 벤투리 유량계는 차압에 의한 유량 측정으로, 넓은 설치 공간이 필요하다.

정답 61 ④ 62 ① 63 ④ 64 ② 65 ④ 66 ① 67 ④

68 다음 중 기본 단위가 아닌 것은?
① 길이 ② 광도
③ 몰질량 ④ 밀도

해설 기본 단위는 ①, ②, ③ 외에 시간, 온도, 전류, 질량 등이 있다.

69 막식 가스미터에서 계량막이 신축하여 계량식 부피가 변화하거나 막에서의 누출, 밸브 시트 사이에서의 누출 등이 원인이 되어 발생하는 고장의 형태는?
① 감도 불량
② 기차 불량
③ 부동
④ 불통

해설 기차 불량은 막식의 기차 변동이 없어 계기 작동이 안 되는 상태이다.

70 온도 25℃, 기압 760mmHg인 대기 속의 풍속을 피토관으로 측정하였더니 전압(全壓)이 대기압보다 40mmH₂O 높았다. 이때 풍속은 약 몇 m/s인가?(단, 피스톤 속도계수(C) =0.9, 공기의 기체상수(R)=29.27kgf·m/kg·K)
① 17.2 ② 23.2
③ 32.2 ④ 37.4

해설
$$V = C_v \sqrt{2gH\left(\frac{\gamma_w}{\gamma_{Air}} - 1\right)}$$
$$= 0.9\sqrt{2 \times 9.8 \times 0.04\left(\frac{1,000}{1.185} - 1\right)}$$
$$= 23.2 \text{m/s}$$

여기서, $\gamma_{Air} = \dfrac{P}{RT}$
$$= \frac{10.332}{29.27 \times (25+273)}$$
$$= 1.185 \text{kgf/m}^3$$

71 다음 중 비중이 가장 큰 가스는?
① CH_4 ② O_2
③ C_2H_2 ④ CO

해설 가스 비중은 분자량이 클수록 크다.

72 계통적 오차(Systematic Error)에 해당되지 않는 것은?
① 계기오차
② 환경오차
③ 이론오차
④ 우연오차

해설 계통적 오차
발생 원인을 알고 있는 오차로, 종류는 다음과 같다.
㉠ 이론오차 : 이론적으로 보정할 수 있는 오차, 열팽창, 실온 등에 의한 오차이다.
㉡ 계기오차 : 사용하는 계기에 원인이 있어서 생기는 오차, 그 계기보다 오차가 작은 표준 계기에 의해 보정할 수 있다.
㉢ 환경오차 : 측정할 때 온도, 습도, 압력 등 외부 환경의 영향으로 생기는 오차이다.

73 Block 선도의 등가변환에 해당하는 것만으로 짝지어진 것은?
① 전달요소결합, 가합점치환, 직렬결합, 피드백치환
② 전달요소치환, 인출점치환, 병렬결합, 피드백결합
③ 인출점치환, 가합점결합, 직렬결합, 병렬결합
④ 전달요소이동, 가합점결합, 직렬결합, 피드백결합

해설 블록선도는 전달요소, 인출점, 병렬결합, 피드백결합 등으로 구성한다.

정답 68 ④ 69 ② 70 ② 71 ② 72 ④ 73 ②

74 비례적분미분 제어동작에서 큰 시정수가 있는 프로세스제어 등에서 나타나는 오버슈트(Over Shoot)를 감소시키는 역할을 하는 동작은?

① 적분동작 ② 미분동작
③ 비례동작 ④ 뱅뱅동작

해설 비례적분미분(PDI)은 연속동작의 대표적으로 사용되며, 미분동작은 오버슈트를 감소시킨다.

75 다음 열전대에 대한 설명 중 틀린 것은?

① R열전대의 조성은 백금과 로듐이며, 내열성이 강하다.
② K열전대는 온도와 기전력의 관계가 거의 선형적이며, 공업용으로 널리 사용된다.
③ J열전대는 철과 콘스탄탄으로 구성되며, 산에 강하다.
④ T열전대는 저온 계측에 주로 사용된다.

해설 ③ 철-콘스탄탄은 산화성가스에 약하다.

76 신호의 전송 방법 중 유압전송 방법의 특징에 대한 설명으로 틀린 것은?

① 조작력이 크고, 전송지연이 작다.
② 전송거리가 최고 300m이다.
③ 파일럿 밸브식과 분사관식이 있다.
④ 내식성, 방폭이 필요한 설비에 적당하다.

해설 ④ 유압전송은 직접적인 가압이 되는 방폭설비에는 부적합하다.

77 초산납을 물에 용해하여 만든 가스 시험지는?

① 리트머스지 ② 연당지
③ KI-전분지 ④ 초산벤젠지

해설 초산납지의 다른 이름은 연당지라 한다.

78 다음 중 가스분석 방법으로 옳지 않은 것은?

① 흡수분석법
② 연소분석법
③ 용량분석법
④ 기기분석법

해설 현재 가스분석에는 흡수분석법, 연소분석법, 기기분석으로 대별한다.

79 다음 중 추량식 가스미터는?

① 막식 ② 오리피스식
③ 루츠식 ④ 습식

해설 추량식은 오리피스식·터빈식 등이 있고, 실측식은 습식·루츠식·오벌식 등이 있다.

80 다음 중 분리 분석법은?

① 광흡수분석법
② 전기분석법
③ Polarography
④ Chromatography

해설 크로마토그래피는 분리관, 검출기, 기록계 등으로 구성되어 있어 가스분석 시 분리하여 분석한다.

정답 74 ② 75 ③ 76 ④ 77 ② 78 ③ 79 ② 80 ④

2022 제1회 산업기사 (3. 2. 시행)

제1과목 연소공학

01 가스의 폭발범위에 영향을 주는 요인이 아닌 것은?
① 온도 ② 조성
③ 압력 ④ 비중

해설 가스폭발의 영향을 주는 인자는 온도, 압력, 조성(농도)으로 구분한다.

02 공기 중에서 연소하한값이 가장 낮은 가스는?
① 수소
② 부탄
③ 아세틸렌
④ 에틸렌

해설 폭발(연소)범위(1기압, 상온에서 공기 중 v%)
① 수소 : 4~75%
② 부탄 : 1.8~8.4%
③ 아세틸렌 : 2.5~81%
④ 에틸렌 : 3.1~36%

03 액체 프로판(C_3H_8) 10kg이 들어 있는 용기에 가스미터가 설치되어 있다. 프로판가스가 전부 소비되어 있다고 하면 가스미터에서의 계량값은 약 몇 m³로 나타나 있겠는가?(단, 가스미터에서의 온도와 압력은 각각 T=15℃와 P_1=200mmHg이고 대기압은 0.101MPa이다.)
① 5.3
② 5.7
③ 6.1
④ 6.5

해설 계량부피량(m³)
$$= 10\text{kg} \times \frac{22.4\text{m}^3}{44\text{kg}} \times \frac{273+15}{273} = 5.3\text{m}^3$$

04 불활성화에 대한 설명으로 틀린 것은?
① 가연성 혼합가스에 불활성가스를 주입하여 산소의 농도를 최소산소농도 이하로 낮게 하는 공정이다.
② 이너트가스로는 질소, 이산화탄소 또는 수증기가 사용된다.
③ 이너팅은 산소농도를 안전한 농도로 낮추기 위하여 이너트가스를 용기에 처음 주입하면서 시작한다.
④ 일반적으로 실시되는 산소농도의 제어점은 최소산소농도보다 10% 낮은 농도이다.

해설 불활성화는 화학적 반응이 일어나지 않도록 하거나, 연소범위 내에 가스 조성이 되지 않도록 불연성가스로 치환하는 것이다.

05 열역학 제1법칙을 바르게 설명한 것은?
① 제2종 영구기관의 존재 가능성을 부인하는 법칙이다.
② 열은 다른 물체에 아무런 변화도 주지 않고 저온 물체에서 고온 물체로 이동하지 않는다.
③ 열평형에 관한 법칙이다.
④ 에너지보존법칙 중 열과 일의 관계를 설명한 것이다.

해설 열역학 제1법칙은 일과 열은 서로 교환된다는 열교환법칙이다.

정답 01 ④ 02 ② 03 ① 04 ④ 05 ④

06 층류 예혼합 화염의 연소 특성을 결정하는 요소로 가장 거리가 먼 것은?

① 연료와 산화제의 혼합비
② 압력 및 온도
③ 연소실 응력
④ 혼합기의 물리·화학적 특성

해설 층류 예혼합 화염은 기체확산연소로 연소실 응력은 거의 영향이 없다.

07 중유의 저위 발열량이 10,000kcal/kg의 연료 1kg을 연소시킨 결과 연소열은 5,500kcal/kg이었다. 연소 효율은 얼마인가?

① 45% ② 55%
③ 65% ④ 75%

해설 연소효율$(\eta) = \dfrac{유효율}{총발열량} \times 100$

$= \dfrac{5,500}{10,000} \times 100 = 55\%$

08 다음은 가스의 화재 중 어떤 화재에 해당하는가?

- 고압의 LPG가 누출 시 주위의 점화원에 의하여 점화되어 불기둥을 이루는 것을 말한다.
- 누출압력으로 인하여 화염이 굉장한 운동량을 가지고 있으며, 화재의 직경이 작다.

① 제트 화재(Jet Fire)
② 풀 화재(Pool Fire)
③ 플래시 화재(Flash Fire)
④ 인퓨전 화재(Infusion Fire)

해설 제트화재의 설명이다.

09 BLEVE 현상이 일어나는 경우는?

① 비점 이상에서 저장되어 있는 휘발성이 강한 액체가 누출되었을 때
② 비점 이상에서 저장되어 있는 휘발성이 약한 액체가 누출되었을 때
③ 비점 이하에서 저장되어 있는 휘발성이 강한 액체가 누출되었을 때
④ 비점 이하에서 저장되어 있는 휘발성이 약한 액체가 누출되었을 때

해설 BLEVE(Boiling Liquid Expanding Vapor Explosion, 비등액체팽창 증기폭발)
주변의 제트 화재(Jet Fire) 또는 풀 화재(Pool Fire)의 화염이 LPG 저장탱크를 가열할 경우 탱크 속 휘발성 물질의 온도가 상승하여서 높은 증기압이 발생되며, 이로 인하여 안전밸브를 작동시킨다. 그리고 급격한 압력의 상승은 열화되기 쉬운 탱크에서 기상부와 같은 가장 약한 부분이 찢어져 폭발하는 BLEVE의 사고가 일어난다.

10 메탄올 96g과 아세톤 116g을 함께 진공 상태의 용기에 넣고 기화시켜 25℃의 혼합기체를 만들었다. 이때 전압력은 약 몇 mmHg인가?(단, 25℃에서 순수한 메탄올과 아세톤의 증기압 및 분자량은 각각 96.5mmHg, 56mmHg 및 32,58이다.)

① 76.3 ② 80.3
③ 52.5 ④ 70.5

해설 ㉠ 메탄올의 압력(mmHg)

$= 96.5 \times \left(\dfrac{\frac{96}{32}}{\frac{96}{32} + \frac{116}{58}} \right) = 57.9 \text{mmHg}$

㉡ 아세톤의 압력(mmHg)

$= 56 \times \left(\dfrac{\frac{116}{58}}{\frac{96}{32} + \frac{116}{58}} \right) = 22.4 \text{mmHg}$

∴ 전압력 = 57.9 + 22.4 = 80.3mmHg

11 다음 중 조연성가스에 해당하지 않는 것은?

① 공기 ② 염소
③ 탄산가스 ④ 산소

정답 06 ③ 07 ② 08 ① 09 ① 10 ② 11 ③

해설 탄산가스는 불연성가스이다.

12 폭굉이 발생하는 경우 파면의 압력은 정상연소에서 발생하는 것보다 일반적으로 얼마나 큰가?
① 2배　　② 6배
③ 8배　　④ 10배

해설 폭굉은 정상연소에서 발생하는 것보다 약 2배 이상의 압력이 발생한다.

13 과열 증기의 온도가 350°C일 때 과열도는?(단, 이 증기의 포화온도는 573K이다)
① 23°C　　② 30°C
③ 40°C　　④ 50°C

해설 포화온도 = 573K − 273 = 300°C,
과열도 = 350°C − 300°C = 50°C

14 온도가 30°C, 압력이 740mmHg인 어떤 기체 342mL를 표준상태(0°C, 1기압)로 하면 약 몇 mL가 되겠는가?
① 300　　② 315
③ 350　　④ 390

해설
$$\frac{P \cdot V}{T} = \frac{P_1 \cdot V_1}{T_1}$$
$$= \frac{740 \times 342}{(273+30)} = \frac{760 \times V_1}{273}$$
$$\therefore V_1 = 300\,ml$$

15 화재는 연소반응이 계속하여 진행하는 것으로, 이 경우 반응열이 주위의 가연물에 전해지는데, 이때 흡열량이 큰 물질을 가함으로써 화염 중의 반응열을 제거시켜 연소반응을 완만하게 하면서 정지시키는 소화방법은?
① 냉각소화
② 희석소화
③ 화염의 불안정화에 의한 소화
④ 연소 일제에 의한 소화

해설 화염의 온도를 낮추어 소화하는 것을 냉각소화라 한다.

16 실제 가스가 이상기체 상태방정식을 만족하기 위한 조건으로 옳은 것은?
① 압력이 낮고, 온도가 높을 때
② 압력이 높고, 온도가 낮을 때
③ 압력과 온도가 낮을 때
④ 압력과 온도가 높을 때

해설 이상기체로 존재하기 쉬운 조건은 압력이 낮고, 온도가 높을 때이다.

17 다음 중 용기의 한 개구부로부터 피지가스를 가하고 다른 개구부로부터 대기 또는 스크러버로 혼합가스를 용기에서 축출시키는 공정은?
① 압력퍼지
② 스위프퍼지
③ 사이펀퍼지
④ 진공퍼지

해설
① 압력퍼지(Pressure Purge) : 불활성가스로 용기를 가압한 후 대기 중으로 방출하는 작업을 반복하여 원하는 최소산소농도에 이르는 것
② 스위프퍼지(Sweep Through Purge) : 한 쪽으로는 불활성가스를 주입하고, 반대쪽에서는 가스를 방출하는 작업을 반복하는 것으로 저장탱크 등에서 한다.
③ 사이펀퍼지(Siphon Purge) : 용기에 물을 충만시킨 다음 용기로부터 물을 배출시킴과 동시에 불활성가스를 주입하여 원하는 최소산소농도를 만드는 작업
④ 진공퍼지(Vacuum Purge) : 용기를 진공시킨 후 불활성가스를 주입시켜서 원하는 최소산소농도에 이르게 하는 것

정답　12 ①　13 ④　14 ①　15 ①　16 ①　17 ②

18 다음 중 자기연소를 하는 물질로만 나열된 것은?

① 경유, 프로판
② 질화면, 셀룰로이드
③ 황산, 나프탈렌
④ 석탄, 플라스틱(FRP)

해설 자기연소(내부연소)
가연성 고체물질이 자체 내에 산소를 함유하고 있어 외부에서 열을 가하면 분해되어 가연성 기체와 산소를 발생하게 되므로 공기 중의 산소를 필요로 하지 않고 그 자체의 산소에 의해 연소하는 형태(질산에스테르류, 질화면, 셀룰로이드류, 니트로화합물, 히드라진과 유도체 등)

19 소화의 원리에 대한 설명으로 틀린 것은?

① 가연성가스나 가연성증기의 공급을 차단시킨다.
② 연소 중에 있는 물질에 물이나 냉각제를 뿌려 온도를 낮춘다.
③ 연소 중에 있는 물질에 공기를 많이 공급하여 혼합기체의 농도를 높게 한다.
④ 연소 중에 있는 물질의 표면에 불활성 가스를 덮어 씌워 가연성 물질과 공기의 접촉을 차단시킨다.

해설 ③ 연소 중에 있는 물질에 공기를 많이 공급하여 혼합기체의 농도를 높게 하면 연소가 활성화된다.

20 가연성 물질을 공기로 연소시키는 경우에 공기 중의 산소농도를 높게 하면 연소속도와 발화온도는 어떻게 되는가?

① 연소속도는 느리게 되고, 발화온도는 높아진다.
② 연소속도는 빠르게 되고, 발화온도도 높아진다.
③ 연소속도는 빠르게 되고, 발화온도는 낮아진다.
④ 연소속도는 느리게 되고, 발화온도는 낮아진다.

해설 ③ 산소농도가 증가하면 연소속도는 빠르고, 발화온도는 낮아진다.

제2과목 가스설비

21 다음 중 펌프용 윤활유의 구비 조건으로 틀린 것은?

① 인화점이 낮을 것
② 분해 및 탄화가 안 될 것
③ 온도에 따른 점성의 변화가 없을 것
④ 사용하는 유체와 화학반응을 일으키지 않을 것

해설 윤활유는 인화점이 높을수록 안정하다.

22 펌프에서 일어나는 현상으로 유수 중에 그 수온의 증기압보다 낮은 부분이 생기면 물이 증발을 일으키고 기포를 발생하는 현상을 무엇이라고 하는가?

① 베이퍼록현상 ② 수격현상
③ 서징현상 ④ 공동현상

해설 펌프의 공동현상(Cavitation)
유수 중에 그 수온의 증기 압력보다 낮은 부분이 생기면 물이 증발을 일으키고 또 수중에 용해하고 있는 공기가 석출하여 작은 기포를 다수 발생한다. 이 현상을 캐비테이션(Cavitation)현상이라고 한다. 이 기포는 수류에 따라 이동하며, 압력이 높은 곳에 이르면 소멸한다. 이와 같이 하여 많은 기포가 생성·소멸을 반복하고, 이것에 따라 소음·진동이 일어나 에로젼(Erosion)이 생긴다. 펌프에서는 임펠러 입구에서 가장 압력이 낮아지므로 이 부분에 캐비테이션이 생기기 쉽다.

정답 18 ② 19 ③ 20 ③ 21 ① 22 ④

23 용량이 50kg/h인 LPG용 2단 감압식 1차용 조정기의 입구 압력(MPa) 범위는 얼마인가?

① 0.07~1.56
② 0.1~1.56
③ 0.3~1.56
④ 조정 압력 이상~1.55

해설) 조정기 입구 압력
㉠ 저압 조정기 : 0.07~1.56MPa
㉡ 2단 감압식 2차용 조정기 : 0.01~0.1MPa
㉢ 그 외 : 0.1~1.56MPa

24 LP가스 집합공급설비의 배관설계 시 기본 사항에 해당되지 않는 것은?

① 사용목적에 적합한 기능을 가질 것
② 사용상 안전할 것
③ 고장이 적고 내구성이 있을 것
④ 가스사용자의 선택에 따를 것

해설) ④ 가스사용자의 선택보다는 안전규정을 준수한다.

25 다음 중 가스의 비중에 대한 설명으로 가장 옳은 것은?

① 비중의 크기는 kg/cm^2로 표시한다.
② 비중을 정하는 기존 물질로 공기가 이용된다.
③ 가스의 부력은 비중에 의해 정해지지 않는다.
④ 비중은 기구의 염구(炎口)의 형에 의해 변화한다.

해설) 가스비중$(S) = \dfrac{\text{가스분자량}(M)}{\text{공기분자량}(29)}$

26 액화석유가스 공급시설에 사용되는 기화기(Vaporizer) 설치의 장점으로 가장 거리가 먼 것은?

① 가스 조성이 일정하다.
② 공급압력이 일정하다.
③ 연속공급이 가능하다.
④ 한랭 시에도 공급이 가능하다.

해설) ② 조정기가 공급압력을 일정하게 한다.

27 왕복형 압축기의 장점에 관한 설명으로 옳지 않은 것은?

① 쉽게 고압을 얻을 수 있다.
② 압축효율이 높다.
③ 용량조절의 범위가 넓다.
④ 고속회전하므로 형태가 작고, 설치 면적이 작다.

해설) ④ 왕복동 압축기는 비교적 설치 면적이 크다.

28 금속 재료에서 어느 온도 이상에서 일정 하중이 작용할 때 시간의 경과와 더불어 그 변형이 증가하는 현상을 무엇이라고 하는가?

① 크리프   ② 시효검과
③ 응력부식   ④ 저온취성

해설) 크리프(Creep)현상의 설명이다.

29 도시가스용 가스 냉·난방제어는 운전 상태를 감시하기 위하여 재생기에 무엇을 설치하여야 하는가?

① 과압방지장치
② 인터록
③ 온도계
④ 냉각수 흐름스위치

해설) 가스 냉·난방제어를 위하여 재생기에는 온도계 및 압력계를 설치한다.

정답 23② 24④ 25② 26② 27④ 28① 29③

30 최종 도출압력이 60kg/cm² · g인 4단 공기압축기의 압축비는 얼마인가?(단, 흡입압력은 1kg/cm² · a이다.)

① 2 ② 3
③ 4 ④ 5

해설 압축비$(\gamma) = \sqrt[4]{\frac{60+1}{1}} = 2.8 ≒ 3$

31 전기방식 중 희생양극법의 특징이 아닌 것은?

① 간편하다.
② 양극의 소모가 거의 없다.
③ 과방식의 염려가 없다.
④ 다른 매설 금속에 대한 간섭이 거의 없다.

해설 ② Mg, Zn 등의 소모가 있어 일정한 기간 내에 보충하여야 한다.

32 내경 100mm, 길이 400m인 수질관이 유속 2m/s로 물이 흐를 때의 마찰손실수두는 약 몇 m인가?(단, 마찰계수(λ)는 0.04이다.)

① 32.7 ② 34.5
③ 40.2 ④ 45.3

해설 $H = f \frac{L}{D} \cdot \frac{U^2}{2g}$ 에서 $0.04 \times \frac{400}{0.1} \times \frac{2^2}{2 \times 9.8}$
$= 32.7$

33 압축기 압축비에 대한 설명으로 옳은 것은?

① 압축비는 고압축 압력계의 압력을 저압축 압력계의 압력으로 나눈 값이다.
② 압축비가 작을수록 체적효율은 낮아진다.
③ 흡입압력, 흡입온도가 같으면 압축비가 크게 될 때 토출가스의 온도가 높게 된다.
④ 압축비는 토출가스의 온도에는 영향을 주지 않는다.

해설 압축기의 압축비가 클 때
㉠ 소요동력이 증대한다.
㉡ 실린더 내의 온도가 상승한다.
㉢ 체적효율이 저하한다.
㉣ 토출가스량이 감소한다.

34 카르노사이클 기관이 27°C와 -33°C 사이에서 작동될 때 이 냉동기의 열효율은 어느 것인가?

① 0.2 ② 0.25
③ 4 ④ 5

해설 η(열효율)$= 1 - \frac{T_2}{T_1}$
$= 1 - \frac{(273-33)}{(273+27)}$
$= 0.2$

35 일반 소비기기용, 지구정압기로 널리 사용되며 구조와 기능이 우수하고 정특성이 좋지만, 안전성이 부족하고 크기가 다른 것에 비하여 대형인 정압기는?

① 피셔식 ② AFV식
③ 레이놀즈식 ④ 시비스식

해설 레이놀즈(Reynolds)식
저압에 주로 사용하며, 언로드형으로 기능이 우수하고 정특성은 좋으나 안전성이 부족하고 설치 면적이 비교적 크다.

36 고압배관에서 진동이 발생하는 원인으로 가장 거리가 먼 것은?

① 펌프 및 압축기의 진동
② 안전밸브의 작동
③ 부품의 무게에 의한 진동
④ 유체의 압력 변화

해설 ①, ②, ④ 이외에 외부 충격 등에 의한 진동이 있을 수 있다.

정답 30 ② 31 ② 32 ① 33 ③ 34 ① 35 ③ 36 ③

37 LPG 저장탱크를 지하에 묻을 경우 저장탱크실 상부 윗면으로부터 저장탱크 상부까지의 깊이는 몇 cm 이상으로 하여야 하는가?

① 10　　② 30
③ 50　　④ 60

> **해설** 지하저장탱크 정상부와 윗면과는 60cm 이상, 벽과 저장탱크는 30cm 이상 유지한다.

38 고압가스밸브에 설치하는 압력계의 최고등급은?

① 상용압력의 2배 이상 3배 이하
② 상용압력의 1.5배 이상 2배 이하
③ 내압시험압력의 1배 이상 2배 이하
④ 내압시험압력의 1.5배 이상 2배 이하

> **해설** 압력계의 최고눈금범위는 상용압력의 1.5배 이상 2배 이하가 되도록 한다.

39 조정압력이 3.3kPa 이하이고 노즐관경이 2mm 이하인 일반용 LP가스 압력조정기기의 안전장치 분출용량은 몇 L/h 이상이어야 하는가?

① 100　　② 140
③ 200　　④ 240

> **해설** 안전장치 분출용량(Q)=44×노즐관경
> =44×2=88L/h
> 즉, 노즐관경이 3.2mm 이하일 때 안전장치 분출용량이 140L/h 이하라도 140L/h 이상으로 본다.

40 가스 분출 시 정전기가 가장 발생하기 쉬운 경우는?

① 다성분의 혼합가스인 경우
② 가스 중에 액체나 고체의 미립자가 섞여 있는 경우
③ 가스의 분자량이 작은 경우
④ 가스가 건조해 있을 경우

> **해설** 정전기는 전기 부도체로 미립자의 마찰 충돌에 의해 발생한다.

제3과목 가스안전관리

41 고압가스 저장설비의 내부 수리를 위하여 미리 취하여야 할 조치의 순서로 올바른 것은?

> ㉠ 작업 계획을 수립한다.
> ㉡ 산소농도를 측정한다.
> ㉢ 공기로 치환한다.
> ㉣ 불연성가스로 치환한다.

① ㉠-㉡-㉢-㉣
② ㉠-㉢-㉡-㉣
③ ㉠-㉣-㉡-㉢
④ ㉠-㉣-㉢-㉡

> **해설** 저장설비의 내부 수리 순서
> 작업 계획 수립 → 불연성가스로 치환 → 공기 치환 → 산소농도(18~21%) 측정 → 작업

42 「고압가스 안전관리법」상 가스저장탱크 설치 시 내진설계를 하여야 하는 저장탱크는?(단, 비가연성 및 비독성인 경우는 제외한다.)

① 저장능력이 5톤 이상 또는 500m³ 이상인 저장탱크
② 저장능력이 3톤 이상 또는 300m³ 이상인 저장탱크
③ 저장능력이 2톤 이상 또는 200m³ 이상인 저장탱크
④ 저장능력이 1톤 이상 또는 100m³ 이상인 저장탱크

정답 37 ④　38 ②　39 ②　40 ②　41 ④　42 ①

해설 「고압가스 안전관리법」에 적용받는 5톤(비가연성, 비독성은 10톤) 또는 500m³(비가연성, 비독성은 1,000m³) 이상의 저장탱크 및 압력용기, 지지구조물 및 기초와 이것들의 연결부에 내진설계를 한다.

43 다음 액화가스 저장탱크 중 방류둑을 설치하여야 하는 것은?
① 저장능력이 5톤인 염소저장탱크
② 저장능력이 800톤인 산소저장탱크
③ 저장능력이 500톤인 수소저장탱크
④ 저장능력이 900톤인 프로판저장탱크

해설 방류둑은 가연성가스 또는 산소는 1,000톤 이상, 독성가스(염소)는 5톤 이상 시 설치한다.

44 고압가스 저장시설에서 가스누출사고가 발생하여 공기와 혼합하여 가연성, 독성가스로 되었다면 누출된 가스는?
① 질소   ② 수소
③ 암모니아   ④ 이산화황

해설 암모니아는 가연성가스이며, 독성가스이다.

45 액화석유가스용 용기 잔류가스 회수장치의 성능 등 기밀성능의 기준은?
① 1.56MPa 이상의 공기 등 불활성기체로 5분간 유지하였을 때 누출 등 이상이 없어야 한다.
② 1.56MPa 이상의 공기 등 불활성기체로 10분간 유지하였을 때 누출 등 이상이 없어야 한다.
③ 1.86MPa 이상의 공기 등 불활성기체로 5분간 유지하였을 때 누출 등 이상이 없어야 한다.
④ 1.86MPa 이상의 공기 등 불활성기체로 10분간 유지하였을 때 누출 등 이상이 없어야 한다.

해설 액화석유가스용 용기 잔류가스 회수장치 성능 등 기밀성능 기준
1.86MPa 이상의 공기 등 불활성기체로 10분간 유지하였을 때 누출 등 이상이 없어야 한다.

46 독성가스의 식별 조치에 대한 설명 중 틀린 것은?(단, 예 독성가스○○ 제조시설, 독성가스 ○○저장소)
① ○○에는 가스 명칭을 노란색으로 기재한다.
② 문자의 크기는 가로, 세로 10cm 이상으로 하고, 30m 이상의 거리에서 식별이 가능하도록 한다.
③ 경계표지와는 별도로 게시한다.
④ 식별표지에는 다른 법령에 따른 지시사항 등을 명기할 수 있다.

해설 독성가스의 식별 조치
㉠ 가스 명칭은 적색으로 기재한다.
㉡ 문자와의 크기는 가로·세로 10cm 이상으로 하고, 30m 이상 떨어진 위치에서도 알 수 있어야 한다.
㉢ 식별표지의 바탕색은 백색, 글씨는 흑색으로 한다.
㉣ 문자는 가로 또는 세로로 쓸 수 있다.

47 다음 중 일반 용기의 도색 표시가 잘못 연결된 것은?
① 액화염소 : 갈색
② 아세틸렌 : 황색
③ 수소 : 자색
④ 액화암모니아 : 백색

해설 일반 가스용기 도색

가스의 종류	도색의 구분	가스의 종류	도색의 구분
액화석유가스	회색	산소	녹색
수소	주황색	액화탄산가스	청색

정답 43 ① 44 ③ 45 ④ 46 ① 47 ③

가스의 종류	도색의 구분	가스의 종류	도색의 구분
아세틸렌	황색	질소	회색
액화암모니아	백색	소방용 용기	소방법에 따른 도색
액화염소	갈색	그 밖의 가스	회색

48 고압가스 안전성평가기준에서 정한 위험성 평가기법 중 정성적 평가에 해당되는 것은?

① Checklist기법
② HEA기법
③ FTA기법
④ CCA기법

해설
① 체크리스트(Checklist)기법 : 공정 및 설비의 오류, 결함상태, 위험상황 등을 목록화한 형태로 작성하여 경험적으로 비교함으로써 위험성을 정성적으로 파악하는 안전성평가기법을 말한다.
② 작업자실수분석(HEA ; Human Error Analysis)기법 : 설비의 운전원, 정비보수원, 기술자 등의 작업에 영향을 미칠만한 요소를 평가하여 그 실수의 원인을 파악하고 추적하여 정량적으로 실수의 상대적 순위를 결정하는 안전성평가기법을 말한다.
③ 결함수분석(FTA ; Fault Tree Analysis)기법 : 사고를 일으키는 장치의 이상이나 운전사 실수의 조합을 연역적으로 분석하는 정량적 안전성평가기법을 말한다.
④ 원인결과분석(CCA ; Cause-Consequence Analysis)기법 : 잠재된 사고의 결과와 이러한 사고의 근본적인 원인을 찾아내고, 사고 결과와 원인의 상호관계를 예측·평가하는 정량적 안전성평가기법을 말한다.

49 다음의 폭발범위에 대한 설명 중 옳은 것만으로 나열된 것은?

㉠ 일반적으로 온도가 높으면 폭발범위는 넓어진다.
㉡ 가연성가스의 공기혼합가스에 질소를 혼합하면 폭발범위는 넓어진다.
㉢ 일산화탄소와 공기혼합가스의 폭발범위는 압력이 증가하면 넓어진다.

① ㉠
② ㉢
③ ㉡, ㉢
④ ㉠, ㉡, ㉢

해설
가연성가스에 불연성가스인 질소를 혼합하면 폭발 위험이 적어지고, 일산화탄소는 공기 중에 압력을 높이면 폭발범위는 좁아진다.

50 냉동기를 제조하고자 하는 자가 갖추어야 할 제조설비가 아닌 것은?

① 프레스설비
② 조립설비
③ 용접설비
④ 모터측정기

해설
냉동기 제조에 필요한 설비
프레스설비, 제관설비, 건조설비, 용접설비 또는 조립설비 등

51 「액화석유가스의 안전관리 및 사업법」에 의한 액화석유가스의 주성분에 해당되지 않는 것은?

① 액화된 프로판
② 액화된 부탄
③ 기화된 프로판
④ 기화된 메탄

해설 메탄가스는 천연가스의 주성분이다.

52 가연성가스의 저장능력이 15,000m²일 때 제1종 보호시설과의 안전관리 기준은?

① 17m
② 21m
③ 24m
④ 27m

정답 48 ① 49 ① 50 ④ 51 ④ 52 ②

해설 처리능력 및 저장능력에 따른 이격 거리

처리능력 및 저장능력	산소의 처리설비 및 저장설비		독성가스 또는 가연성가스의 처리설비 및 저장설비		그 밖의 가스의 처리설비 및 저장설비	
	제1종 보호시설	제2종 보호시설	제1종 보호시설	제2종 보호시설	제1종 보호시설	제2종 보호시설
1만 이하	12m	8m	17m	12m	8m	5m
1만 초과 2만 이하	14m	9m	21m	14m	9m	7m
2만 초과 3만 이하	16m	11m	24m	16m	11m	8m
3만 초과 4만 이하	18m	13m	27m	18m	13m	9m
4만 초과 5만 이하	20m	14m	30m	20m	14m	10m
5만 초과 99만 이하	–	–	30m (가연성가스 저온저장탱크는 $\frac{3}{25}\sqrt{X+10,000}\,m$)	20m (가연성가스 저온저장탱크는 $\frac{2}{25}\sqrt{X+10,000}\,m$)	–	–
99만 초과	–	–	30m (가연성가스 저온저장탱크는 120m)	20m (가연성가스 저온저장탱크는 80m)	–	–

53 특정 설비에는 설계온도를 표기하여야 한다. 이때 사용되는 설계온도의 기호는?
① HT
② DT
③ DP
④ IP

해설
㉠ 설계온도 : DT, ℃
㉡ 설계압력 : DP, MPa

54 고압가스 제조자가 가스용기 수리를 할 수 있는 범위가 아닌 것은?
① 용기 부속품의 부품 교체 및 가공
② 특정 설비의 부품 교체
③ 냉동기의 부품 교체
④ 용기밸브의 적합한 규격 부품으로 교체

해설 ① 용기 부속품의 교체는 할 수 있으나 가공을 해서는 안 된다.

55 가연성가스용 충전용기 보관실에 등화용으로 휴대할 수 있는 것은?
① 가스라이터
② 방폭형 휴대용 손전등
③ 촛불
④ 카바이트 등

해설 가연성가스 충전용기 보관실에는 손전등 이외의 점화원이 될 수 있는 것은 휴대해서는 안 된다.

56 다음 중 고압가스 특정제조시설 내의 특정가스 사용시설에 대한 내압시험 실시 기준으로 옳은 것은?
① 상용압력의 1.25배 이상의 압력으로 유지시간은 5~20분으로 한다.
② 상용압력의 1.25배 이상의 압력으로 유지시간은 60분으로 한다.
③ 상용압력의 1.5배 이상의 압력으로 유지시간은 5~20분으로 한다.
④ 상용압력의 1.5배 이상의 압력으로 유지시간은 60분으로 한다.

해설 특정가스 사용시설의 내압시험은 상용압력 1.5배 이상 압력으로 5~20분 유지한다.

57 도시가스 품질검사의 방법 및 절차에 대한 설명으로 틀린 것은?
① 검사방법은 한국산업표준에서 정한 시험 방법에 따른다.
② 품질검사기관으로부터 불합격 판정을 통보받은 자는 보관 중인 도시가스에 대하여 폐기 조치를 한다.
③ 일반 도시가스사업자가 도시가스 제조사업소에서 제조한 도시가스에 대해서 1회 이상 품질검사를 실시한다.
④ 도시가스 충전사업자가 도시가스 충전사업소의 도시가스에 대해서 분기별 1회 이상 품질검사를 실시한다.

정답 53 ② 54 ① 55 ② 56 ③ 57 ②

해설 ② 품질검사기관으로부터 불합격 판정을 통보받은 자는 보관 중인 도시가스에 대하여 품질 보정 등의 조치를 강구한다.

58 도시가스 사용시설에 설치하는 중간밸브에 대한 설명으로 틀린 것은?

① 가스사용시설에는 연소기 기기에 대하여 퓨즈콕 등을 설치한다.
② 2개 이상의 실로 분기되는 경우에는 각 실의 주배관마다 배관용 밸브를 설치한다.
③ 중간밸브 및 퓨즈콕 등은 당해 가스사용시설의 사용압력 및 유량이 적합한 것으로 한다.
④ 배관이 분기되는 경우에는 각각의 배관에 대하여 배관용 밸브를 설치한다.

해설 ④ 배관이 분기되는 경우에는 각각의 배관에 스톱밸브 및 긴급차단밸브를 설치한다.

59 다음 중 고압가스의 분출 또는 누출의 원인이 아닌 것은?

① 과잉충전
② 안전밸브의 작동
③ 용기에서 용기밸브의 이탈
④ 용기에 부속된 압력계의 파열

해설 ① 과충전방지장치 및 부압방지장치는 시설보호장치로 구분한다.

60 가스 냉·난방기에 설치하는 안전장치가 아닌 것은?

① 가스압력스위치
② 공기압력스위치
③ 고온재생기 과열방지장치
④ 급수조절장치

해설 급수조절장치는 흡수식 냉동기에 사용한다.

제4과목 가스계측

61 차압식 유량계로 차압을 취출하는 방법 등 다음 [그림]과 같은 구조인 것은?

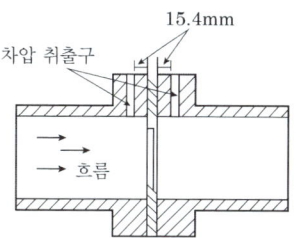

① 코너탭 ② 축류탭
③ D·0/2탭 ④ 플랜지탭

해설 차압식 유량계 관로 중에 조리개를 삽입해서 생기는 압력차를 측정하고, 베르누이 방정식으로 유량을 구하는 것

62 목표차가 미리 정해진 시간적 순서에 따라 변할 경우의 추치제어방법의 하나로, 가스크로마토그래피의 온도제어 등에 사용되는 제어 방법은?

① 정격치제어
② 비율제어
③ 추종제어
④ 프로그램제어

해설 프로그램(Program)제어
목표값이 미리 정해진 계측에 따라 시간적 변화를 할 경우 목표값에 따라 변동하도록 한 제어방법이다.

63 액면상에 부자(浮子)의 변위를 여러 가지 기구에 의해 지침이 변동되는 것을 이용하여 액면을 측정하는 방식은?

① 플로트식 액면계
② 차압식 액면계
③ 정전용량식 액면계
④ 퍼지식 액면계

정답 58 ④ 59 ① 60 ④ 61 ④ 62 ④ 63 ①

해설 직접식 액면계의 종류
㉠ 차압식 액면계 : 액화산소와 같은 극저온의 저장조의 상·하부를 U자관에 연결하여 차압에 의하여 액면을 측정하는 것
㉡ 정전용량식 액면계 : 탐사침을 액 중에 넣어 검출되는 물질의 유전율을 이용하는 것

64 가스누출 시 사용하는 시험지의 변색현상이 옳게 연결된 것은?
① C_2H_2 : 염화제1동 착염지 → 적색
② H_2S : 전분지 → 청색
③ CO : 염화팔라듐지 → 적색
④ HCN : 하리슨 시약 → 황색

해설
② H_2S : 연당지 → 흑색
③ CO : 염화팔라듐지 → 흑색
④ HCN : 초산벤젠지 → 청색

65 분별연소법 중 팔라듐관 연소분석법에서 촉매로 사용되지 않는 것은?
① 구리　　② 팔라듐흑연
③ 백금　　④ 실리카겔

해설 분별연소법의 촉매는 팔라듐흑연, 팔라듐석면, 백금, 실리카겔 등이 사용된다.

66 가스분석법 중 흡수분석법에 속하는 것은?
① 폭발법　　② 적정법
③ 흡광광도법　　④ 게겔법

해설 가스분석법 중 흡수분석법은 헴펠법, 오르자트법, 게겔법 등이 있다.

67 감도에 대한 설명으로 옳지 않은 것은?
① 측정량의 변화에 민감한 정도를 나타낸다.
② 지시량 변화, 측정량 변화로 나타낸다.
③ 감도의 표시는 지시계의 감도와 눈금 너비로 표시한다.
④ 감도가 좋으면 측정시간은 짧아지고, 측정범위는 좁아진다.

해설 ④ 감도가 좋으면 측정시간은 길어지고, 측정범위는 좁아진다.

68 가스미터의 종류 중 실측식에 해당되지 않는 것은?
① 터빈식　　② 건식
③ 습식　　④ 회전자식

해설 가스미터의 구분

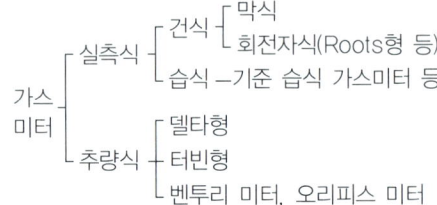

69 액주식 압력계에 사용되는 액주의 구비 조건으로 옳지 않은 것은?
① 점도가 낮을 것
② 혼합성분일 것
③ 밀도 변화가 작을 것
④ 모세관현상이 적을 것

해설 ② 액주가 혼합성분일 경우 정확한 측정이 어렵다.

70 건습구 습도계의 특징에 대한 설명으로 틀린 것은?
① 구조가 간단하다.
② 통풍 상태에 따라 오차가 발생한다.
③ 원격측정, 자동기록이 가능하다.
④ 물이 필요 없다.

해설 ④ 습도를 정확히 측정하려면 수증기를 함유한 공기를 화학적인 건조제 속으로 지나가게 하여 물이 흡수된 정도를 측정하는 것이다.

정답 64 ① 65 ① 66 ④ 67 ④ 68 ① 69 ② 70 ④

71 황화합물과 인화합물에 대하여 선택성이 높은 검출기는?

① 불꽃이온검출기(FID)
② 열전도도검출기(TCD)
③ 전자포획검출기(ECD)
④ 염광광도검출기(FPD)

해설
① 불꽃이온검출기 : 탄화수소에 감도가 양호
② 열전도도검출기 : 모든 물질에 널리 사용
③ 전자포획검출기 : 할로겐 및 산소화합물에서 최고 감도

72 와류 유량계(Vortex Flow Meter)에 대한 설명으로 옳지 않은 것은?

① 액체, 가스, 증기 모두 측정 가능한 범용형 유량계이지만, 증기유량계측에 주로 사용되고 있다.
② 계장 Cost까지 포함해서 Total Cost가 타 유량계와 비교해서 높다.
③ Orifice 유량계 등과 비교해서 높은 정도를 가지고 있다.
④ 압력손실이 작다.

해설 소용돌이의 발생 수는 유속에 비례하기 때문에 단위 시간 내의 소용돌이 수를 검출하는 것에 의해서 유량을 측정하므로 비용이 비교적 작다.

73 막식 가스미터에서 미터의 지침의 감도(感導)에 변화가 나타나지 않는 과정으로, 계량막밸브와 밸브시트의 틈 사이 패킹부 등의 누출로 인하여 발생하는 고장은?

① 불통　　② 부동
③ 기차 불량　　④ 감도 불량

해설
① 불통 : 가스미터를 통과하지 않는 고장
② 부동 : 가스미터는 통과하나 미터지침이 작동하지 않는 고장
④ 감도 불량 : 계량기의 통과 가스가 미약하여 기차를 변화시키지 못하는 고장

74 니켈 저항 측온저항체의 측정 온도 범위는?

① $-200 \sim 500℃$
② $-100 \sim 300℃$
③ $0 \sim 120℃$
④ $-50 \sim 150℃$

해설 저항 온도계
금속제의 저항이 올라가면 증가하는 원리를 이용한 것

75 헴펠(Hempal)법에 의한 가스분석 시 성분 분석의 순서는?

① 일산화탄소 → 이산화탄소·탄화수소 → 산소
② 일산화탄소 → 산소 → 이산화탄소 → 탄화수소
③ 이산화탄소 → 탄소·수소 → 산소 → 일산화탄소
④ 이산화탄소 → 산소 → 일산화탄소 → 탄화수소

해설 헴펠(Hempal)법 가스 성분과 흡수액

가스 성분	흡수액
CO_2	30% KOH 용액
C_mH_n	발연 황산
O_2	알칼리성 피로갈롤 용액
CO_2	암모니아성 염화제1동 용액

순서는 '이산화탄소 → 탄소·수소 → 산소 → 일산화탄소'이다.

76 기체 크로마토그래피(Gas Chromatography)의 특징에 해당하지 않는 것은?

① 연속 분석이 가능하다.
② 여러 가지 가스 성분이 섞여 있는 시료가스 분석에 적당하다.
③ 분리 능력과 선택성이 우수하다.
④ 적외선 가스분석계에 비해 응답속도가 느리다.

정답 71 ④　72 ②　73 ③　74 ④　75 ③　76 ①

해설 ① 기체 크로마토그래피는 분리된 성분이 매우 서서히 움직이거나 부동인 경우가 있어 연속 분석이 어렵다.

77 다음 단위 중 유량의 단위가 아닌 것은?
① m^3/s
② ft^3/h
③ L/s
④ m^2/min

해설 유량의 단위 : m^3/s, ft^3/h, L/s

78 용적식(容積式) 유량계에 해당하는 것은?
① 오리피스식
② 루츠식
③ 벤투리식
④ 피토관식

해설 ㉠ 용적식 유량계 : 가스미터, 루츠식 등
㉡ 간접식 유량계 : 오리피스식, 벤투리식, 피토관식, 로터미터 등

79 다음 중 계측기기의 측정 방법이 아닌 것은?
① 편위법 ② 영위법
③ 대칭법 ④ 보상법

해설 계측기기의 측정 방법은 직접계량법과 간접측정방법, 영위법과 편위법, 보상법과 치환법 등으로 구분한다.

80 기준 가스미터의 지시량이 380m³/h이고, 시험 대상인 가스미터의 유량이 400m³/h 라면 이 가스미터의 오차율은 얼마인가?
① 4.0% ② 4.2%
③ 5.0% ④ 5.2%

해설 오차율(기차)
$= \dfrac{\text{시험용미터 지시량} - \text{기준미터 지시량}}{\text{시험용미터 지시량}}$
$= \dfrac{400 - 380}{400} \times 100$
$= 5\%$
즉 오차율 5%란 시험대상 가스미터가 기준값보다 5% 낮게 측정되었다

정답 77 ④ 78 ② 79 ③ 80 ③

2022 제2회 산업기사 (4. 17. 시행)

제1과목 연소공학

01 다음 최소발화에너지(MIE)에 영향을 주는 요인 중 MIE의 변화를 가장 작게 하는 것은?
① 가연성 혼합기체의 압력
② 가연성 물질 중 산소의 농도
③ 공기 중에서 가연성 물질의 농도
④ 양론농도하에서 가연성 기체의 분자량

해설 최소발화에너지(MIE)에 영향을 주는 요인은 기체압력, 산소농도, 가연성 물질의 농도, 분위기 온도 등이며, 기체의 분자량은 크게 영향을 주지 않는다.

02 압력방폭구조의 기호는 어느 것인가?
① d   ② o
③ I   ④ p

해설 방폭구조별 기호

압력방폭구조	내압방폭구조	유입방폭구조	안전증방폭구조
p	d	o	e

03 다음 중 일반기체상수의 단위를 바르게 나타낸 것은?
① kg-m/kg·K
② kcal/kmol
③ kg·m/kmol
④ kcal/kg·℃

해설 일반기체상수$(R) = 848 \dfrac{kg \cdot m}{kmol \cdot K}$

04 가스시설의 위험장소에 설치된 전기설비가 누출된 가스의 점화원이 되는 것을 방지하기 위하여 행하는 방폭성능을 가진 전기기기를 선정하기 위한 위험장소의 등급 중 다음내용에 해당하는 것은?
① 0종 장소   ② 1종 장소
③ 2종 장소   ④ 3종 장소

해설 장소의 분류
㉠ 0종 장소 : 상용의 상태에서 가연성가스의 농도가 연속해서 폭발하한계 이상으로 되는 장소
㉡ 1종 장소 : 상용 상태에서 가연성가스가 체류하여 위험하게 될 우려가 있는 장소
㉢ 2종 장소 : 밀폐된 용기 또는 설비 내에 밀봉된 가연성가스가 그 용기 또는 설비의 사고로 인해 파손되거나 오조작의 경우에만 누출할 위험이 있는 장소

05 다음 가스 중 공기와 혼합될 때 폭발성 혼합가스를 형성하지 않는 것은?
① 아르곤   ② 도시가스
③ 암모니아   ④ 일산화탄소

해설 아르곤(Ar)은 불활성기체이다.

06 다음 $CO_2(g)$ 및 $H_2O(L)$의 생성열은 각각 94.1kcal/mol 및 68.3kcal/mol이고, $CH_4(g)$ 1mol의 연소열은 212.8kcal/mol이다. CH_4 1mol의 생성열은 몇 kcal/mol인가?
① -17.9   ② 17.9
③ -43.7   ④ 43.7

정답 01 ④ 02 ④ 03 ③ 04 ② 05 ① 06 ②

해설
⊙ $C+O_2=CO_2+94.1kcal/mol$
ⓒ $H_2+1/2O_2=H_2O+68.3kcal/mol$
ⓒ $CH_4+2O_2 \rightarrow CO_2+2H_2O+212.8kcal/mol$
⊙+ⓒ×2−ⓒ=94.1+(68.3×2)−212.8= 17.9kcal/mol

07 가스의 연료로서 주로 LNG와 LPG가 사용된다. 천연가스의 일반적인 연소 특성에 대한 설명으로 옳은 것은?

① 지연성가스이다.
② 폭발범위가 넓다.
③ 화염전파속도가 늦다.
④ 연소 시 많은 공기가 필요하다.

해설
LNG는 가연성가스로 비교적 화염전파속도가 늦으며, 연소범위는 5~15%이고 연소 시 많은 공기를 요하지 않는다.

08 최초의 완만한 연소가 격렬한 폭굉으로 발전할 때까지의 거리를 폭굉유도거리(DID)라 하는데 폭굉유도거리가 짧아지는 원인이 아닌 것은?

① 정상 연소속도가 큰 혼합가스일수록
② 관 속에 방해물이 있을 때
③ 관경이 가늘수록
④ 압력이 낮을수록

해설
폭굉유도거리(DID)가 짧아지는 원인은 ①, ②, ③ 외에 압력이 클수록이다.

09 폭굉에 대한 설명으로 옳은 것은?

① 전파속도가 약 500m/s로, 빠른 편이다.
② 전파에 필요한 에너지는 충격파에너지이다.
③ 폭발 시 압력은 초기 압력의 약 2배 이상이다.
④ 주로 개방된 공간에서 발생된다.

해설 폭굉의 특징
⊙ 폭굉 전파속도는 1,000~3,500m/s이다.
ⓒ 폭굉 전후 압력은 약 15배 이상 상승한다.
ⓒ 폭굉은 밀폐공간에서 발생한다.

10 다음 중 산소농도가 높을 때의 연소의 변화에 대하여 올바르게 설명한 것으로만 나열한 것은?

⊙ 연소속도가 느려진다.
ⓒ 화염온도가 높아진다.
ⓒ 연료 kg당의 발열량이 높아진다.

① ⊙
② ⓒ
③ ⊙, ⓒ
④ ⓒ, ⓒ

해설
산소농도가 높을 때는 급격한 산화반응으로 인한 활성화에너지가 상승함으로써 화염온도가 상승한다.

11 프로판 $1Sm^3$를 완전연소시키는 데 필요한 이론공기량은 몇 Sm^3인가?

① 5.0
② 10.5
③ 21.0
④ 23.8

해설
$C_3H_8+5O_2 \rightarrow 3CO_2+4H_2O$
$1Sm^3 : 5Sm^3$
∴ 이론공기량 $=5 \times \dfrac{100}{21} = 23.8Sm^3$

12 난류확산화염에서 유속 또는 유량이 증대할 경우 시간이 지남에 따라 화염의 높이는 어떻게 되는가?

① 높아진다.
② 낮아진다.
③ 거의 변화가 없다.
④ 어느 정도 낮아지다가 높아진다.

해설
난류유동은 화염전파를 증가시키지만, 화학적인 내용들은 거의 변하지 않는다.

정답 07 ③ 08 ④ 09 ② 10 ② 11 ④ 12 ③

13 열분해를 일으키기 쉬운 불안전한 물질에서 발생하기 쉬운 연소로 열분해로 발생한 휘발분이 자기점화온도보다 낮은 온도에서 표면연소가 계속되기 때문에 일어나는 연소는?

① 분해연소
② 그을음연소
③ 분무연소
④ 증발연소

해설) 그을음연소는 그을음이 화염의 외피면을 빠져나가지 않는 경우이며, 불안전한 물질에서 발생하기 때문에 열분해로 발생한 휘발분이 자기점화온도보다 낮은 온도에서 표면연소가 계속되기 때문에 일어난다.

14 가정용 프로판에 대한 설명으로 옳은 것은?

① 공기보다 가볍다.
② 완전연소하면 탄산가스만 생성된다.
③ 상온에서는 액화시킬 수 없다.
④ 1mol의 프로판을 완전연소하는 데 5mol의 산소가 필요하다.

해설) 프로판(C_3H_8)가스의 성질
㉠ 공기보다 약 1.5배 무겁다.
㉡ 완전연소 시 CO_2와 H_2O를 생성한다.
㉢ 상온에서 쉽게 액화한다.

15 다음 중 연소범위(폭발범위)에 대한 설명으로 틀린 것은?

① 상한치와 하한치의 값을 가지고 있다.
② 연소범위가 좁으면 좁을수록 위험하다.
③ 연소에 필요한 혼합가스의 농도를 말한다.
④ 연소범위의 하한치는 활성화에너지의 영향을 받는다.

해설) ② 연소범위가 좁으면 비교적 안정적이다.

16 공기 중 폭발하한값이 가장 낮은 가스는?

① 프로판
② 벤젠
③ 부탄
④ 에탄

해설) ① 프로판(C_3H_8) : 2.1~9.5%
② 벤젠(C_6H_6) : 1.3~7.9%
③ 부탄(C_4H_{10}) : 1.9~8.5%
④ 에탄(C_2H_6) : 3~12.5%

17 대기압 상태에서 분해폭발을 일으키는 물질이 아닌 것은?

① 아세틸렌
② 산화에틸렌
③ 시안화수소
④ 히드라진

해설) 시안화수소는 중합폭발한다.

18 아세틸렌(C_2H_2, 연소범위 : 2.5~81%)의 연소 범위에 따른 위험도는?

① 30.4
② 31.4
③ 32.4
④ 33.4

해설)
$$위험도(H) = \frac{U-L}{L}$$
$$= \frac{81-2.5}{2.5} = 31.4$$

19 증기운폭발에 영향을 주는 인자로 가장 거리가 먼 것은?

① 방출된 물질의 양
② 증발된 물질의 분율
③ 점화원의 위치
④ 혼합비

해설) 증기운폭발에 영향을 주는 인자
㉠ 방출된 물질의 양
㉡ 분출된 물질의 분율(조성비)
㉢ 점화원의 위치(크기)

정답) 13 ② 14 ④ 15 ② 16 ② 17 ③ 18 ② 19 ④

20 CO_2는 고온에서 다음과 같이 분해한다. 3,000K, 1atm에서 CO_2의 60%가 분해하고, 표준상태에서 11.2L의 CO_2를 일정 압력에서 3,000K로 가열했다면 전체 혼합기체의 부피는 약 몇 L인가?

$$2CO_2 \rightarrow 2CO+O_2$$

① 160 ② 170
③ 180 ④ 190

해설

	$2CO_2 \rightarrow$	$2CO+$	O_2
(부피비)	2 :	2 :	2
(60% 분해)	(11.2× 0.4)	(11.2× 0.6)	(5.6× 0.6)
(전부피, 표준상태) =	4.48 +	6.72 +	3.33 = 14.56L

$\dfrac{V}{T} = \dfrac{V_2}{T_2}$, $\dfrac{14.56}{273} = \dfrac{V_2}{3,000}$

∴ $V_2 = 160L$

제2과목 가스설비

21 다음 각 펌프의 특성에 대한 설명으로 틀린 것은?

① 터빈펌프는 과정, 저점도의 액체에 적당하다.
② 볼류트펌프는 저양정 시동 시 물이 필요하다.
③ 회전식 펌프는 연속 회전하므로 토출액의 맥동이 적다.
④ 축류펌프는 캐비테이션을 일으키지 않는다.

해설 캐비테이션(공동현상)
물이 관 속을 유동하고 있을 때 흐르는 물속 어느 부분의 정압이, 물의 증발온도에 해당하면 증발되어 부분적으로 증기가 발생하는 현상이다.

22 정압기의 부속품 중 2차 압력의 변화와 가장 밀접한 관계가 있는 것은?

① 조정핸들
② 다이어프램
③ 압력게이지
④ 밸브

해설 정압기의 부속품 중 다이이프램에서의 압력 변화로 2차 압력을 조정한다.

23 원심펌프의 회전수가 1,200rpm일 때 양정 15m, 송출유량 2.4m³/min, 축동력 10PS이 다. 이 펌프를 2,000rpm으로 운전할 때의 양정(H)은 약 몇 m가 되겠는가?(단, 펌프의 효율은 변하지 않는다.)

① 41.67 ② 33.75
③ 27.78 ④ 22.72

해설

$\dfrac{H_2}{H_1} = \left(\dfrac{N_2}{N_1}\right)^2$, $\dfrac{H_2}{15} = \left(\dfrac{2,000}{1,200}\right)^2$

∴ $H_2 = 41.67m$

24 저온장치에 관한 설명으로 옳은 것은?

① 냉동기의 성적계수는 냉동효과와 압축기에 의해 가해진 일과의 비이다.
② 1냉동톤이란 0℃의 순수한 물 1톤을 24시간에 0℃의 얼음으로 만드는 데 흡수하는 열량으로서 3,600kcal/h 이다.
③ 공기의 액화에 있어서 압력을 크게 하면 액화율은 나쁘게 된다.
④ 냉매로서는 증발잠열이 크고 임계온도가 높으며, 비체적이 큰 것이 좋다.

해설 냉동기 성적계수(COP)
$= \dfrac{Q}{W} = \dfrac{Q_2}{Q_1 - Q_2} = \dfrac{T_2}{T_1 - T_2}$

25 냉동사이클에 의한 압축냉동기의 작동 순서로 옳은 것은?

① 증발기 → 압축기 → 응축기 → 팽창밸브
② 팽창밸브 → 응축기 → 압축기 → 증발기
③ 증발기 → 응축기 → 압축기 → 팽창밸브
④ 팽창밸브 → 압축기 → 응축기 → 증발기

해설 냉동기 사이클의 작동 순서
증발기 → 압축기 → 응축기 → 팽창밸브

26 다음 중 푸아송의 비가 0.2일 때 푸아송의 수는 얼마인가?

① 2
② 5
③ 20
④ 50

해설 푸아송비$(\nu) = \dfrac{횡변형률}{종변형률}$

푸아송수 $= \dfrac{1}{\nu(푸아송비)} = \dfrac{1}{0.2} = 5$

27 강의 열처리 중 불균일한 조직을 균일한 표준화된 조직으로 하기 위한 방법은?

① 담금질(Quenching)
② 뜨임(Tempering)
③ 불림(Normalizing)
④ 풀림(Annealing)

해설
① 담금질 : 재료를 적당한 온도로 가열하여 물이나 기름 속에 급히 침지하고, 냉각·경화시키는 것
② 뜨임 : 담금질 또는 냉각 가공된 재료의 내부응력을 제거하며, 재료에 연성이나 인장강도를 주기 위해 적당히 낮은 온도로 재가열 후 냉각시키는 것
③ 불림(소준) : 결정조직이 거친 것을 미세화하여 조직을 균일하게 하고. 조직의 변형을 제거하기 위하여 균일하게 가열한 후 공기 중에서 냉각하는 것

28 저온장치용 금속 재료에서 온도가 낮을수록 감소하는 기계적 성질은?

① 인장강도
② 연신율
③ 항복점
④ 경도

해설 연신율은 금속 재료가 온도에 따라 늘어나는 정도를 나타낸 것으로, 온도가 낮으면 감소한다.

29 펌프의 운전 중 공동현상(Cavitation)을 방지하는 방법으로 적합하지 않은 것은?

① 펌프의 회전수를 늦춘다.
② 흡입양정을 크게 한다.
③ 양흡입펌프 또는 두 대 이상의 펌프 사용한다.
④ 손실수두를 작게 한다.

해설 공동현상 방지방법은 ①, ③, ④ 외에 흡입양정을 짧게 하고, 두 대의 펌프를 사용하는 것이 있다.

30 고압가스용기의 충전구에 대한 설명으로 옳은 것은?

① 가연성가스의 경우 대개 오른나사이다.
② 충전가스가 암모니아인 경우 왼나사이다.
③ 가스충전구는 반드시 나사형이어야 한다.
④ 가연성가스의 경우 대개 왼나사이다.

해설 가연성 고압가스용기의 충전구 나사는 왼나사로 한다.

31 발열량 10,500kcal/m³인 가스를 출력 12,000kcal/h인 연소기에서 연소효율 80%로 연소시켰다. 이 연소기의 용량은?

① 0.70m³/h
② 0.91m³/h
③ 1.14m³/h
④ 1.43m³/h

정답 25 ① 26 ② 27 ③ 28 ② 29 ② 30 ④ 31 ④

해설 용량(W) = $\frac{12,000}{10,500 \times 0.8}$ = 1.43m³/h

32 역화방지장치의 구조가 아닌 것은?
① 소염소자
② 역류방지장치
③ 헛불방지장치
④ 방출장치

해설 헛불방지장치는 일종의 공연소방지장치로, 보일러, 순간온수기 등의 연소기 내부에 목적물이 없을 경우 자동으로 연료(가스)를 차단하는 안전장치이다.

33 가스용품의 수집검사 대상에 해당되지 않는 것은?
① 불특정 다수인이 많이 사용하는 제품
② 가스사고 발생 가능성이 높은 제품
③ 동일 제품으로 생산실적이 많은 제품
④ 전년도 수집검사 결과 문제가 없었던 제품

해설 수집검사의 대상이 되는 품목
㉠ 불특정 다수인이 많이 사용하는 제품
㉡ 가스사고 발생 가능성이 높은 제품
㉢ 동일 제품으로 생산실적이 많은 제품
㉣ 전년도 수집검사 결과, 문제가 있었던 제품

34 증기압축 냉동기에서 냉매의 엔탈피가 일정하게 유지되는 부분은?
① 팽창밸브
② 압축기
③ 응축기
④ 증발기

해설 팽창밸브는 부피 변화에 의한 온도강하가 이루어지므로 엔탈피 변화는 거의 없다.

35 내압시험압력 및 기밀시험압력의 기준이 되는 압력으로, 사용 상태에서 해당 설비 등의 각부에 작용하는 최고사용압력을 의미하는 것은?
① 설계압력
② 표준압력
③ 사용압력
④ 설정압력

해설 가스설비의 사용압력은 최고사용압력과 같다.

36 LP가스 수입기지 플랜트를 기능적으로 구별한 설비시스템에서 "고압저장설비"에 해당 하는 것은?

수입가스설비 → 수입설비 → (㉠) →
(㉡) → (㉢) → (㉣)
         ↓
    (2차 기지 소비 플랜트)

① ㉠
② ㉡
③ ㉢
④ ㉣

해설 수입가스설비 → 수입설비 → 저온저장설비 → 이송설비 → 고압저장설비 → 출하설비

37 아세틸렌가스를 온도에도 불구하고 2.5MPa의 압력으로 압축할 때 주로 사용되는 희석제는?
① 질소
② 산소
③ 이산화탄소
④ 암모니아

해설 아세틸렌가스의 분해폭발을 방지하기 위해 희석제로 질소, 에틸렌, 메탄, 일산화탄소 등을 사용한다.

38 원심펌프는 송출구경을 흡입구경보다 작게 설계한다. 이에 대한 설명으로 틀린 것은?
① 회전차에서 빠른 속도로 송출된 액체를 갑자기 넓은 와류실에 넣게 되면 속도가 떨어지기 때문이다.

정답 32 ③ 33 ④ 34 ① 35 ③ 36 ③ 37 ① 38 ④

② 에너지 손실이 커져서 펌프효율이 저하되기 때문이다.
③ 대형펌프 또는 고양정의 펌프에 적용된다.
④ 흡입구경보다 와류실을 크게 설계한다.

해설 흡입구경과 송출구경은 입·출량을 결정하는 것으로, 와류실의 크기는 흐름의 양과는 거의 관계가 없다.

39 전기방식시설의 시공 방법에서 외부전원법인 경우 전위측정용 터미널 설치 간격은?
① 300m 이내
② 500m 이내
③ 700m 이내
④ 900m 이내

해설 전기방식시설의 유지·관리를 위하여 전위측정용 터미널을 설치하되 희생양극법, 배류법은 배관길이 300m 이내 간격으로, 외부전원법은 500m 이내 간격으로 설치한다.

40 다음 중 흡수식 냉동기의 구성 요소가 아닌 것은?
① 압축기   ② 응축기
③ 증발기   ④ 흡수기

해설 흡수식 냉동기에는 압축기가 필요 없다.

제3과목 가스안전관리

41 자기압력기록계로 최고사용압력이 중압인 도시가스배관에 기밀시험을 하고자 한다. 배관의 용적이 15m³일 때 기밀유지시간은 몇 분 이상이어야 하는가?
① 24분   ② 36분
③ 240분   ④ 360분

해설 자기압력계로 기밀시험 시 유지시간은 배관의 내용적이 10m³ 이상 시 24에 배관의 용적을 곱한 시간으로 한다.
∴ 유지시간=24×15=360분

42 압축산소를 충전하는 내용적 50L인 이음매 없는 용기의 검사 시 실시하는 검사항목이 아닌 것은?
① 음향검사
② 외부 및 내부 외관검사
③ 영구팽창측정시험
④ 단열성능시험

해설 이음매 없는 용기 검사 시 실시하는 검사항목
㉠ 음향검사
㉡ 외부 및 내부 외관검사(육안검사, 조명검사)
㉢ 내압검사(영구팽창측정시험)

43 내용적이 50L인 용기에 프로판가스를 충전하는 때에는 얼마의 충전량(kg)을 초과할 수 없는가?(단, 충전상수 C는 프로판의 경우 2.35이다)
① 20   ② 20.4
③ 21.3   ④ 24.4

해설 $W = \dfrac{V}{C} = \dfrac{50}{2.35} = 21.3 kg$

44 용기의 각인에 대한 설명으로 옳은 것은?
① V는 가스 중량으로 단위는 kg이다.
② W는 밸브, 부속품을 제외한 용기의 질량이고, 단위는 kg이다.
③ TP는 용기의 최고충전압력이고, 단위는 MPa이다.
④ FP는 용기의 내압시험압력이고, 단위는 MPa이다.

정답 39 ② 40 ① 41 ④ 42 ④ 43 ③ 44 ②

해설 용기의 각인기호
  ㉠ V : 내용적, 단위는 L이다.
  ㉡ TP : 내압시험압력, 단위는 MPa이다.
  ㉢ FP : 최고충전압력, 단위는 MPa이다.

45 다음 중 가스 관련 용어에 대한 설명으로 틀린 것은?

① 가연성가스란 공기 중에서 연소하는 가스로, 폭발하한이 10% 이하인 것과 폭발한계의 상한과 하한의 차가 20% 이상인 것을 말한다.
② 독성가스란 공기 중에 일정량 이상 존재하는 경우 인체에 유해한 독성을 가진 가스로, LC_{50} 허용농도가 100만분의 5,000 이하인 것을 말한다.
③ 액화가스란 가압냉각 등의 방법에 의하여 액체 상태로 되어 있는 것으로, 대기압에서의 끓는점이 40도 이상 또는 상용온도 이상인 것을 말한다.
④ 압축가스란 일정한 압력에 의하여 압축되어 있는 가스를 말한다.

해설 ③ 액화가스란 액체 상태로 되어 있는 것으로, 대기 압력에서 끓는점(비점)이 40℃ 이하 또는 상용온도 이하인 것을 말한다.

46 내용적이 30,000L인 액화산소 저장탱크의 저장능력은 몇 kg인가?(단, 비중은 1.14이다.)

① 27,520
② 30,780
③ 31,780
④ 31,920

해설 $W = 0.9 \times d \times V = 0.9 \times 1.14 \times 30,000 = 30,780$ kg

47 액화석유가스사업자 등과 시공자 및 액화석유가스 특정 사용자의 안전관리에 관계되는 업무를 하는 자는 시·도지사가 실시하는 교육을 받아야 한다. 다음 교육 대상자의 교육내용에 대한 설명으로 틀린 것은?

① 액화석유가스 배달원으로 신규 종사하게 될 경우 특별교육을 1회 받아야 한다.
② 액화석유가스 특정사용시설의 안전관리책임자로 신규 종사하게 될 경우 산업통상자원부 장관이 별도로 지정한 내용이 없는 경우 6개월 이내 전문교육을 1회 받아야 한다.
③ 액화석유가스를 연료로 사용하는 자동차의 정비 작업에 종사하는 자가 한국가스안전공사에서 실시하는 액화석유가스 자동차 정비 등에 관한 전문교육을 받은 경우에는 별도로 특별교육을 받을 필요가 없다.
④ 액화석유가스 충전시설의 충전원으로 신규 종사하게 될 경우 6개월 이내 전문교육을 1회 받아야 한다.

해설 ④ 액화석유가스 충전시설의 충전원, 액화석유가스운반 자동차운전자와 액화석유가스 배달원, 액화석유가스 사용 자동차운전자는 특별교육을 신규 종사 시 1회 받아야 한다.

48 액화석유가스 수송배관의 온도는 항상 몇 ℃ 이하를 유지하여야 하는가?

① 30   ② 35
③ 40   ④ 50

해설 배관은 그 온도를 항상 40℃ 이하로 유지한다.

49 다음 중 독성이면서 가연성인 가스는?

① 일산화탄소, 황화수소, 시안화수소
② 일산화탄소, 황화수소, 아황산가스

정답 45 ③ 46 ② 47 ④ 48 ③ 49 ①

③ 일산화탄소, 염화수소, 시안화수소
④ 일산화탄소, 염화수소, 아황산가스

해설 염화수소, 아황산가스는 불연성이며, 독성이다.

50 다음 중 역류방지밸브의 설치 장소가 아닌 것은?
① C_2H_2 고압건조기와 충전용 교체밸브 사이
② 가연성가스 압축기와 충전용 주관 사이
③ C_2H_2을 압축하는 압축기의 유분리기와 고압건조기 사이
④ NH_3, CH_3OH 합성탑 또는 정제탑과 압축기 사이

해설 ①은 역화방지장치의 설치 장소이며, 역류방지장치 설치 장소는 ②, ③, ④ 외에 감압설비와 당해 가스의 반응설비 간의 배관이 해당된다.

51 고압가스 특정제조의 시설에서 설비 사이의 거리 기준에 대하여 옳게 설명한 것은?
① 안전구역 안의 고압가스설비는 그 외면으로부터 다른 안전구역 안에 있는 고압가스설비의 외면까지 20m 이상의 거리를 유지한다.
② 제조설비의 외면으로부터 그 제조소의 경계까지 20m 이상의 거리를 유지한다.
③ 가연성가스 저장탱크는 그 외면으로부터 처리 능력이 20만m^3 이상인 압축기까지 20m 이상을 유지한다.
④ 하나의 안전관리체계로 운영되는 2개 이상의 제조소가 한 사업장에 공존하는 경우에는 20m 이상의 안전거리를 유지한다.

해설 고압가스 특정제조시설의 설비 사이의 거리 기준
㉠ 고압의 가스공급시설은 안전구획 안에 설치하고, 그 안전구역의 면적은 2만m^2 미만일 것
㉡ 안전구역 안에 있는 고압인 가스공급시설의 외면까지 30m 이상의 거리를 유지할 것
㉢ 두 개 이상의 제조소가 인접하여 있는 경우의 가스공급시설은 그 외면으로부터 다른 제조소의 경계까지 20m 이상의 거리를 유지할 것
㉣ 액화천연가스의 저장탱크는 그 외면으로부터 처리 능력이 20만m^3 이상인 압축기까지 30m 이상의 거리를 유지할 것

52 물질의 위험 정도를 나타내는 지표로 공기 중에서 액체를 가열하는 경우 액체 표면에서 증기가 발생하여 그 증기에 착화원을 접근하면 연소가 되는 최저의 온도를 무엇이라 하는가?
① 최소점화에너지
② 발화점
③ 착화점
④ 인화점

해설 인화점은 가연성 증기에 점화원을 접근 시 연소되는 최저의 온도를 말한다.

53 액화석유가스 자동차 용기충전의 시설 기준으로 옳지 않은 것은?
① 충전호스에 부착하는 가스주입기는 투터치형으로 한다.
② 충전기의 충전호스의 길이는 5m 이내로 한다.
③ 충전호스에 과도한 인장력이 가해졌을 때 충전기와 가스주입기가 분리될 수 있는 안전장치를 설치한다.
④ 충전기 주위에는 정전기 방지를 위하여 충전 이외의 필요 없는 장비는 시설을 금한다.

해설 ① 충전시설에서 충전호스에 부착하는 가스주입기는 원터치형으로 한다.

정답 50 ① 51 ② 52 ④ 53 ①

부록 과년도 기출문제

54 다음 가스의 공기 중 연소범위로 틀린 것은?

① 수소 : 4~75%
② 아세틸렌 : 2.5~81%
③ 암모니아 : 15~28%
④ 에틸렌 : 2.1~42%

해설 ④ 에틸렌의 연소범위는 3.1~36.8%이다.

55 액화석유가스용 강제용기 검사설비 중 내압시험설비의 가압능력은?

① 0.5MPa 이상
② 1MPa 이상
③ 2MPa 이상
④ 3MPa 이상

해설 강제용기의 내압설비 가압능력은 3MPa 이상이어야 한다.

56 액화프로판을 내용적이 4,700L인 차량에 고정된 탱크를 이용하여 운행 시의 기준으로 적합한 것은?(단, 폭발방지장치가 설치되지 않았다.)

① 최대저장량이 2,000kg이므로 운반책임자 동승이 필요 없다.
② 최대저장량이 2,000kg이므로 운반책임자 동승이 필요하다.
③ 최대저장량이 5,000kg이므로 200km 이상 운행 시 운반책임자 동승이 필요하다.
④ 최대저장량이 5,000kg이므로 운행거리에 관계없이 운반책임자 동승이 필요 없다.

해설 운반책임자 동승 기준

가스의 종류		기준
액화가스	독성가스	1,000kg 이상
	가연성가스	3,000kg 이상
	조연성가스	6,000kg 이상

가스의 종류		기준
압축가스	독성가스	100m³ 이상
	가연성가스	300m³ 이상
	조연성가스	600m³ 이상

57 일정 기준 이상의 고압가스를 적재·운반 시에는 운반책임자가 동승한다. 다음 중 운반책임자의 동승 기준으로 틀린 것은?

① 가연성 압축가스 : 300m³ 이상
② 조연성 압축가스 : 600m³ 이상
③ 가연성 액화가스 : 4,000kg 이상
④ 조연성 액화가스 : 6,000kg 이상

해설 56번 해설 참고

58 다음에 대한 비파괴검사 방법은?

> 표면의 미세한 균열, 작은 구멍, 슬러그 등을 검출할 수 있으며, 철 및 비철 재료에 모두 적용되고 전원이 없는 곳에서도 이용할 수 있다.

① 음향검사
② 침투탐상검사
③ 자분탐상검사
④ 초음파검사

해설 침투탐상검사의 설명이다.

59 고압가스 일반제조시설에서 액화가스의 배관에 반드시 설치하여야 하는 장치는?

① 압력계, 안전밸브
② 스톱밸브
③ 드레인 세퍼레이터
④ 온도계, 압력계

해설 고압가스 일반제조시설에서 액화가스의 배관에는 온도계와 압력계를 반드시 설치하여야 한다.

정답 54 ④ 55 ④ 56 ① 57 ③ 58 ② 59 ④

60 LPG 압력조정기를 제조하고자 하는 자가 반드시 갖추어야 할 검사설비가 아닌 것은?
① 유량측정설비
② 과류차단성능시험설비
③ 내압시험설비
④ 기밀시험설비

해설 압력조정기 제조자의 검사시설 종류
①, ③, ④ 외에 안전장치 작동설비, 출구압력측정시험설비, 저온시험설비, 내구시험설비, 침적설비, 염수분무시험설비 등이 있다.

제4과목 가스계측

61 오리피스 유량계의 측정 원리로 옳은 것은?
① 하겐-푸아죄유의 원리
② 패닝의 법칙
③ 아르키메데스의 원리
④ 베르누이의 원리

해설 오리피스미터, 피토관은 베르누이의 원리를 이용하여 유속을 측정하는 간접측정법에 해당한다.

62 잔류편차(Off-set)가 없고 응답 상태가 좋은 조절 동작을 위한 가장 적절한 제어기는?
① P 제어기
② PI 제어기
③ PD 제어기
④ PID 제어기

해설 PID 제어기
비례·적분·미분 동작을 조합하여 잔류편차(Off-set)가 없고, 응답을 빠르게 한 연속 동작의 대표적 동작이다.

63 열기전력은 크지만 저항 및 온도계수는 작고, 수분에 의한 부식에 강하므로 저온용으로 주로 사용되는 열전대는?

① 구리-콘스탄탄
② 크로멜-알루멜
③ 니켈-구리
④ 백금-백금로듐

해설 구리-콘스탄탄의 설명이다.

64 피드백 자동제어계에서 목표값과 제어량이 같을 때 불필요한 것은?
① 비교부
② 조작부
③ 검출부
④ 피드백 요소

해설 피드백 요소는 제어량과 목표치가 일치하지 않을 때 검출한다.

65 다음 중 탄성압력계의 종류가 아닌 것은?
① 다이어프램(Diaphragm) 압력계
② 벨로스(Bellows) 압력계
③ 부르동(Bourdon) 압력계
④ 시스턴(Cistern) 압력계

해설 탄성압력계는 물리적 성질을 이용한 2차식 압력계이며, 시스턴 압력계는 액주식 유리제 압력계로 1차식 압력계로 볼 수 있다.

66 화학공장에서 누출된 유독가스를 신속하게 현장에서 검지·정량하는 방법은?
① 전위적정법
② 흡광광도법
③ 검지관법
④ 적정법

해설 검지관법은 검지관 양단을 절단하여 가스채취기로 시료가스를 넣은 후 착색층의 길이 정도로 성분을 분석하는 것으로, 유독가스를 신속하게 검지·정량한다.

정답 60 ② 61 ④ 62 ④ 63 ① 64 ④ 65 ④ 66 ③

67 가스미터에 다음과 같이 표시되어 있었다. 다음 중 그 의미에 대한 설명으로 가장 옳은 것은?

> 0.6L/rev, MAX 1.8m³/h

① 기준실 10주기 체적이 0.6L 사용최대유량은 시간당 1.8m³이다.
② 계량실 1주기 체적이 0.6L, 사용감도유량은 시간당 1.8m³이다.
③ 기준실 10주기 체적이 0.6L, 사용감도유량은 시간당 1.8m³이다.
④ 계량실 1주기 체적이 0.6L, 사용최대유량은 시간당 1.8m³이다.

해설
㉠ 0.6L/rev : 계량실 1주기 체적이 0.6L,
㉡ MAX 1.8m³/h :
사용최대유량은 시간당 1.8m³

68 나프탈렌의 분석에 가장 적당한 분석 방법은?
① 요오드적정법
② 중화적정법
③ 가스 크로마토그래피법
④ 흡수평량법

해설 가스 크로마토그래피법은 탄화수소 할로겐 및 산화물 분석에 널리 이용한다.

69 길이 3.09mm인 물체를 마이크로미터로 측정하였더니 3.01mm이었다. 오차율은 약 몇 %인가?
① +2.59
② -2.59
③ +2.70
④ -2.70

해설
오차율 = $\dfrac{측정값 - 기준값}{기준값} \times 100$
= $\dfrac{3.01 - 3.09}{3.09} \times 100 = -2.59\%$

70 가스 크로마토그래피에서 열전도도 검출기에 대한 설명으로 틀린 것은?
① 구조가 비교적 간단하다.
② 선형 감응 범위가 넓다.
③ 검출 후에도 용질을 파괴하지 않는다.
④ 감도가 아주 뛰어나다

해설 ④ 탄화수소에서 최고 감도는 수소이온화 검출기이며, 할로겐 및 산화물의 최고 감도는 전자포획 검출기이다.

71 비례 제어기는 60°C에서 100°C 사이의 온도를 조절하는 데 사용된다. 이 제어기로 측정된 온도가 81°C에서 89°C로 될 때의 비례대(Proportional Band)는?
① 10%   ② 20%
③ 30%   ④ 40%

해설
비례대 = $\dfrac{제어범위}{설정조절범위} \times 100$
= $\dfrac{89-81}{100-60} \times 100 = 20\%$

72 다음 중 피드백(Feedback) 제어에서 외란의 원인이 될 수 없는 것은?
① 가스의 공급 압력
② 가스의 공급 온도
③ 저장탱크의 주위 온도
④ 가스의 공급 속도

해설 외란은 제어계의 상태를 교란시키는 외적인 요인으로 온도, 압력, 틈새바람 등이며, 가스의 공급 속도는 내적 요인이다.

73 열기전력을 이용한 열전 온도계에서 열기전력을 이용하는 법칙이 아닌 것은?
① 균일 온도의 법칙
② 균일 회로의 법칙
③ 중간 금속의 법칙
④ 중간 온도의 법칙

정답 67 ④ 68 ③ 69 ② 70 ④ 71 ② 72 ④ 73 ①

해설) 열전 온도계는 온도에 따라 금속의 열기전력이 서로 다른 관계로 온도를 측정한다.

74 다음 각 유독가스별 검지법이 바르게 짝지어진 것은?

① 시안화수소 – 연당지
② 포스겐 – 하리슨 시험지
③ 아세틸렌 – 염화팔라듐지
④ 일산화탄소 – 염화제1동 착염지

해설) 유독가스 검지
㉠ 시안화수소 – 질산구리벤젠지
㉡ 아세틸렌 – 염화제1동 착염지
㉢ 일산화탄소 – 염화팔라듐지
㉣ 황화수소 – 연당지

75 다음 중 계량의 기본이 되는 단위가 아닌 것은?

① 전류   ② 온도
③ 몰 질량   ④ 광도

해설) 기본 단위에서 몰 질량은 제외한다.

76 계통적 오차 제거 방법이 아닌 것은?

① 외부적인 조건을 표준조건으로 유지한다.
② 진동, 충격 등을 제거한다.
③ 측정자의 부주의로 인해 오차가 생기지 않도록 주의한다.
④ 제작 시부터 생긴 기차를 보정한다.

해설) ③은 우연오차에 해당한다.

77 재현성이 좋기 때문에 상대습도계의 감습소자로 사용되며, 실내의 습도 조절용으로도 많이 이용되는 습도계는?

① 모발습도계
② 냉각식 노점계
③ 저항식 습도계
④ 건습구 습도계

해설) 모발습도계는 습도에 따라 늘어나고 줄어드는 모발의 성질을 이용하여 만든 습도계로, 정확도는 떨어지나 사용이 간편하여 추운 겨울철에 많이 쓴다.

78 가스분석법 중 하나인 게겔(Gockel)법의 흡수액으로 잘못 연결된 것은?

① 아세틸렌 – 옥소수은칼륨 용액
② 에틸렌 – 취화수소(HBr)
③ 프로필렌 – 87% KOH 용액
④ 산소 – 알칼리성 피로갈롤 용액

해설) 프로필렌은 87% 황산을 흡수액으로 사용한다.

79 신호의 전송 방법 중 공기압 전송에 대한 설명으로 틀린 것은?

① 방폭 및 내열성이 우수하다.
② 자동제어에 용이하다.
③ 조작부의 동특성이 양호하다.
④ 신호전송의 시간지연이 짧다.

해설) ④ 공기압식 신호전송 방법은 전송지연이 있으며, 전송거리가 짧다.

80 가연성 가스누출검지기에는 반도체 재료가 널리 사용되고 있다. 이 반도체 재료로 가장 적당한 것은?

① 산화니켈(NiO)
② 산화알루미늄(Al_2O_3)
③ 산화주석(SnO_2)
④ 이산화망간(MnO_2)

해설) 반도체 재료로 산화알루미늄, 산화티타늄 등을 사용한다.

정답 74 ② 75 ③ 76 ③ 77 ① 78 ③ 79 ④ 80 ②

2022 제4회 산업기사 (9. 14. 시행)

제1과목 연소공학

01 점화지연(Ignition Delay)에 대한 설명으로 틀린 것은?
① 혼합기체가 어떤 온도 및 압력 상태에서 자기점화가 일어날 때까지 약간의 시간이 걸린다는 것이다.
② 온도에도 의존하지만, 특히 압력에 의존하는 편이다.
③ 자기점화가 일어날 수 있는 최저온도를 점화온도(Ignition Temperature)라 한다.
④ 물리적 점화지연과 화학적 점화지연으로 나눌 수 있다.

해설 ② 점화지연은 압력보다는 온도의 영향이 크다.

02 정압하에서 30°C의 기체가 100°C로 되었을 때 부피는 최초 부피의 몇 배가 되는가?
① 1.23배 ② 1.52배
③ 2.23배 ④ 2.52배

해설
$$\frac{V}{T} = \frac{V_2}{T_2}, \quad \frac{1배}{(273+30)} = \frac{V_2}{(273+100)}$$
$$\therefore V_2 = \frac{373}{303 \times 1} = 1.23배$$

03 다음 혼합가스 중 폭굉이 발생하기 가장 쉬운 것은 어느 것인가?
① 수소-공기
② 수소-산소
③ 아세틸렌-공기
④ 아세틸렌-산소

해설 가연성가스와 산소가 존재 시 연소범위가 넓어진다.

04 다음 중 빈칸에 알맞은 말은 어느 것인가?

> 폭굉(Detonation)이란 가스 중 (㉠)보다 (㉡)가(이) 큰 것으로, 선단의 압력파에 의해 파괴작용을 일으킨다.

① ㉠ 연소, ㉡ 화염전파속도
② ㉠ 음속, ㉡ 화염전파속도
③ ㉠ 화염온도, ㉡ 충격파
④ ㉠ 화염전파속도, ㉡ 음속

해설 폭굉이란 가스 중의 음속보다 화염전파속도가 큰 것으로, 선단의 압력파라는 충격파가 생겨 격렬히 파괴작용을 일으키는 현상이다.

05 수소의 연소하한계는 4v%이고, 연소상한계는 75v%이다. 수소가스의 위험도는 얼마인가?
① 0.95 ② 4
③ 17.75 ④ 75

해설 위험도$(H) = \frac{U-L}{L} = \frac{75-4}{4} = 17.75$

06 어떤 혼합가스의 조성이 CO : 15%, H_2 : 30%, CH_4 : 55%일 때 혼합가스의 연소하한계(LEL)값은 얼마인가?(단, 각 가스의 연소한계는 CO : 12.5~74% H_2 : 4~75%, CH_4 : 5~15%이다.)
① 5.08% ② 6.38%
③ 18.70% ④ 22.07%

해설
$$\frac{100}{L} = \frac{V_1}{L_1} + \frac{V_2}{L_2} + \frac{V_3}{L_3} + \cdots = \frac{15}{12.5} + \frac{30}{4} + \frac{55}{5}$$
$$\therefore L = 5.08\%$$

정답 01 ② 02 ① 03 ④ 04 ② 05 ③ 06 ①

07 산소 없이도 자기분해하여 폭발을 일으키는 가스가 아닌 것은?

① 프로판
② 아세틸렌
③ 산화에틸렌
④ 히드라진

해설 프로판가스는 분해폭발을 일으키지 않는 가연성가스이다.

08 버너 출구에서 가연성기체의 유출속도가 연소속도보다 큰 경우 불꽃이 노즐에 정착되지 않고 꺼져버리는 현상을 무엇이라 하는가?

① Boil Over
② Flash Back
③ Blow Off
④ Back Fire

해설 블로오프(Blow Off)
가스의 압력이나 유출속도가 큰 경우 불꽃이 노즐에 정착되지 않고 꺼지는 현상이다.

09 일반적으로 온도가 10℃ 상승하면 반응속도는 약 2배 빨라진다. 40℃의 반응온도를 100℃로 상승시키면 반응속도는 몇 배 빨라지는가?

① 2^6 ② 2^5
③ 2^4 ④ 2^3

해설 10℃ 상승하면 2배 빨라지므로,
100 − 40 = 60℃
∴ 반응속도는 2^6배 빨라진다.

10 분진폭발은 가연성 분진이 공기 중에 분산되어 있다가 점화원이 존재할 때 발생한다. 분진폭발이 전파되는 조건과 다른 것은?

① 분진은 가연성이어야 한다.
② 분진은 적당한 공기를 수송할 수 있어야 한다.
③ 분진은 화염을 전파할 수 있는 크기의 분포를 가져야 한다.
④ 분진의 농도는 폭발범위를 벗어나 있어야 한다.

해설 ④ 폭발범위를 벗어나면 폭발(연소)하지 않는다.

11 연소폭발을 방지하기 위한 방법이 아닌 것은?

① 가연성 물질의 제거
② 조연성 물질의 혼입 차단
③ 발화원의 소거 또는 억제
④ 불활성가스 제거

해설 연소방지를 위해 불활성가스로 치환하여야 한다.

12 연료의 저발열량과 고발열량의 차이는 연료 중 어느 성분 때문인가?

① 탄소   ② 유황
③ 수소   ④ 산소

해설 저위발열량은 고위발열량에서 수분(수소)을 제거한 열량이다.

13 프로판과 부탄이 각각 50% 부피로 혼합되어 있을 때 최소산소농도(MOC)의 부피%는 얼마 인가?(단, 프로판과 부탄의 연소하한계는 각각 2.2v%, 1.8v%이다.)

① 1.9%
② 5.5%
③ 11.40%
④ 15.1%

해설 $MOC = \left(2.2 \times \dfrac{5}{1} \times 50\%\right) + \left(1.8 \times \dfrac{6.5}{1} \times 50\%\right)$
     $= 11.4\%$

정답 07 ① 08 ③ 09 ① 10 ④ 11 ④ 12 ③ 13 ③

14 대기 중에 대량의 가연성가스나 인화성 액체가 유출되어 발생 증기가 대기 중의 공기와 혼합하여 폭발성인 증기운을 형성하고, 착화·폭발하는 현상은?

① BLEVE ② UVCE
③ Jet Fire ④ Flash Over

해설 UVCE(Unconfined Vapor Cloud Explosion) 가연성 물질이 용기 또는 배관 내에 액체 상태로 저장·취급되는 경우에 외부 화재, 부식, 내부압력 초과 및 설비결함 등에 의해 대기 중으로 누출되면 액체 상태의 위험 물질이 증발되면서 갑자기 증기로 변화되어 외부로 치솟게 되는데, 이때 스파크, 정전기, 기타 불 등의 발화원에 의하여 화염이 발생하여 폭발하는 현상을 말한다.

15 층류예혼합 화염의 특징이 아닌 것은?

① 연소속도가 난류예혼합 화염에 비해 느리다.
② 화염의 두께가 난류예혼합 화염에 비해 두껍다.
③ 청색을 띤다.
④ 난류예혼합 화염보다 휘도가 낮다.

해설 난류예혼합 화염은 층류예혼합 화염에 비해 화염 두께가 두껍다.

16 이상기체의 성질에 대한 설명 중 틀린 것은?

① 기체 분자 간 인력이나 반발력이 존재한다.
② 분자의 충돌로 총 운동에너지가 감소되지 않는 완전탄성체이다.
③ 0K에서 부피는 0이어야 하며, 평균 운동에너지는 절대온도에 비례한다.
④ 이상기체 상태방정식은 높은 온도, 낮은 압력 조건에서 실제 가스에 비교적 잘 적용된다.

해설 실제 기체는 분자 간의 인력이 존재한다.

17 고체 가연물을 연소시킬 때 나타나는 연소 형태를 순서대로 바르게 나열한 것은?

① 표면연소 – 증발연소 – 분해연소
② 표면연소 – 분해연소 – 증발연소
③ 증발연소 – 분해연소 – 표면연소
④ 증발연소 – 표면연소 – 분해연소

해설 고체의 연소
㉠ 표면(집접)연소 : 열분해에 의해 가연성가스를 발생시키지 않고 그 자체가 연소하는 형태. 즉 가연성 고체가 열분해하여 증발하지 않고 그 고체의 표면에서 산소와 직접 반응하여 연소하는 것(예 목탄, 코크스, 금속분 등)
㉡ 분해연소 : 가연성 고체에 충분한 열이 공급되면 가열분해에 의하여 발생된 가연성가스(CO, H_2, CH_4 등)가 공기와 혼합되어 연소하는 형태 (예 목재, 석탄, 종이, 플라스틱)
㉢ 증발연소 : 고체 가연물을 가열하면 열분해를 일으키지 않고 그 증기가 연소하거나 열에 의한 상태를 일으켜 액체가 된 후 어떤 일정한 온도에서 발생된 가연성증기가 연소하는 형태(예 황, 나프탈렌, 장뇌, 촛불 등)
㉣ 내부(자기)연소 : 가연성 고체물질이 자체 내에 산소를 함유하고 있거나 분자 내의 니트로기와 같이 쉽게 산소를 유리할 수 있는 기를 가지고 있어 외부에서 열을 가하면 분해되어 가연성기체와 산소를 발생하므로 공기 중의 산소를 필요로 하지 않고 그 자체의 산소에 의해 연소하는 형태(예 질산에스테르류, 셀룰로이드류, 니트로화합물 등)

18 연소의 정의에 대하여 가장 잘 설명한 것은?

① 탄화수소가 공기 중의 산소와 화합하는 현상
② 탄소, 수소 등의 가연성 물질이 산소와 화합하여 열과 빛을 발하는 현상
③ 연료 중의 탄소와 산소가 화합하는 현상
④ 이산화탄소와 수증기를 생성하기 위한 연료의 화학반응

해설 연소의 3요소 : 가연물, 산소, 점화원

정답 14 ② 15 ② 16 ① 17 ② 18 ②

19 다음 중 프로판의 완전연소반응식을 옳게 나타낸 것은?

① $C_3H_8 + 2O_2 \rightarrow 3CO + 4H_2O$
② $C_3H_8 + 5O_2 \rightarrow 3CO_2 + 4H_2O$
③ $C_3H_8 + 3O_2 \rightarrow 3CO_2 + 4H_2O$
④ $C_3H_8 + \dfrac{9}{2}O_2 \rightarrow 3CO + 2H_2O$

해설 프로판은 공기 중에서 쉽게 연소·폭발하며, 연소 시 다량의 공기가 필요하다.

20 소형 가열로, 열처리로 등 비교적 소규모의 가열장치에 사용되며, 공기압을 높일수록 무화 공기량이 저감되는 버너는?

① 고압기류식 버너
② 저압기류식 버너
③ 유압식 버너
④ 선회식 버너

해설 저압기류식 버너는 소형이며, 주로 저압용 버너에 사용한다.

제2과목 가스설비

21 시간당 66,400kcal를 흡수하는 냉동기의 용량은 몇 냉동톤인가?

① 20 ② 24 ③ 28 ④ 32

해설 1냉동톤(RT) = 3,320kcal
$RT = \dfrac{66,400}{3,320} = 20$

22 다음 제조법 중 가장 높은 압력을 사용하는 것은?

① 암모니아 합성
② 폴리에틸렌 합성
③ 메탄올 합성
④ 오일 가스화

해설
① 암모니아 합성 : 1,000kg/cm²
② 폴리에틸렌 합성 : 2,000kg/cm²
③ 메탄올 합성 : 1,000kg/cm²
④ 오일 가스화 : 500kg/cm²

23 연소기의 분류 중 연소 시 1차 공기의 혼합비율과 혼합방법에 의한 분류가 아닌 것은?

① 개방식 ② 분젠식
③ 적화식 ④ 전1차 공기식

해설 연소기는 공기의 혼합비에 따라 전1차 공기식, 분젠식, 적화식, 세미분젠식으로 분류된다.

24 도시가스배관 공사 시 주의사항으로 틀린 것은?

① 현장마다 그 날의 작업 공정을 정하여 기록한다.
② 작업 현장에는 소화기를 준비하여 화재에 주의한다.
③ 현장감독자 및 작업원은 지정된 안전모 및 완장을 착용한다.
④ 가스의 공급을 일시 차단할 경우에는 사용자에게 사전 통보하지 않아도 된다.

해설 ④ 가스의 공급을 일시 차단할 경우에는 사용자에게 사전 통보한다.

25 전기방식시설의 유지·관리를 위한 전위측정용 터미널 설치 기준으로 적당한 것은?

① 희생양극법 – 배관 길이 300m 이내 간격
② 외부전원법 – 배관 길이 400m 이내 간격
③ 선택적 배류법 – 배관 길이 400m 이내 간격
④ 강제배류법 – 배관 길이 500m 이내 간격

정답 19② 20② 21① 22② 23① 24④ 25①

해설 전기방식시설의 유지·관리를 위하여 전위측정용 터미널을 설치하되, 희생양극법과 배류법은 배관 길이 300m 이내의 간격으로, 외부전원법은 배관 길이 500m 이내의 간격으로 설치한다.

26 다음은 카르노 냉동사이클을 표시한 것이다. 열을 방출하며, 등온압축을 하는 과정은?

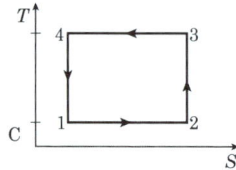

① 1-2의 과정
② 2-3의 과정
③ 3-4의 과정
④ 4-1의 과정

해설
① 1-2 과정 : 등온팽창
② 2-3 과정 : 단열압축
③ 3-4 과정 : 등온압축
④ 4-1 과정 : 단열팽창

27 유량 조절이 정확하고 용이하며, 기밀도가 커서 기체의 배관에 주로 사용되는 밸브는?

① 글로브밸브 ② 체크밸브
③ 게이트밸브 ④ 안전밸브

해설 가스배관에는 글로브밸브를 많이 사용한다.

28 20층인 아파트에서 1층의 가스압력이 1.8kPa일 때 20층에서의 압력은 약 몇 kPa인가?(단, 20층까지의 고저차는 60m, 가스의 비중은 0.65 공기 비중량은 1.3kg/m³이다.)

① 1   ② 2   ③ 3   ④ 4

해설 H(압력강하)$=1.293(S-1)h$
$=1.293\times(0.65-1)\times60$
$=-27.15\text{mmH}_2\text{O}$
$=-0.26\text{kPa}$

∴ 20층에서의 압력 $=1.8-(-0.26)$
$=2.06\text{kPa}$

29 도시가스 수요가 증가함으로써 가스압력이 부족하게 될 때 사용하는 가스공급시설은?

① 가스홀더
② 압송기
③ 정압기
④ 가스계량기

해설 압송기는 압력을 증가시키기 위해 필요하다.

30 다음 가스용기 재료의 구비 조건으로 가장 거리가 먼 것은?

① 충분한 강도를 가질 것
② 무게가 무거울 것
③ 가공 중 결함이 생기지 않을 것
④ 내식성을 가질 것

해설 ② 용기의 무게는 같은 강도에서 가볍게 한다.

31 50kg의 프로판(비중 1.53)이 용기에 충전되어 있다. 이 프로판가스는 최소 몇 L의 부피가 되겠는가?(단, 프로판정수는 2.35이다.)

① 213.6   ② 200.8
③ 193.4   ④ 117.5

해설 $G=\dfrac{V}{C}$, $50=\dfrac{V}{2.35}$
∴ $V=50\times2.35=117.5L$

32 액화석유가스용 압력조정기 중 1단 감압식 준저압 조정기 조정압력은?

① 2.3~3.3kPa
② 5~30kPa 이내에서 제조자가 설정한 기준압력의 ±20%
③ 57~83kPa
④ 0.032~0.083MPa

정답 26 ③ 27 ① 28 ② 29 ② 30 ② 31 ④ 32 ②

해설 LPG용 조정기의 입구압력 및 조정압력

종류	입구압력	조정압력
1단 감압식 저압 조정기	0.07~1.56MPa	2.3~3.3kPa
1단 감압식 준저압 조정기	0.1~1.56MPa	5~30kPa

33 왕복동식 압축기에서 압축기의 흡입온도 상승의 원인이 아닌 것은?

① 흡입밸브 불량에 의한 역류
② 전단냉각기의 능력 저하
③ 전단쿨러의 과냉
④ 관로에 수열이 있을 경우

해설 ③ 과냉각되면 흡입온도가 내려간다.

34 지표면의 비저항보다 깊은 곳의 비저항이 낮은 경우 적용하는 양극 설치 방법은?

① 희생양극법
② 천매전극법
③ 선택배류법
④ 심매전극법

해설 심매전극법은 전기방식의 일종으로, 낙뢰 등의 피해 저감에 이용하며 비저항이 낮은 곳에 이용한다.

35 도시가스 제조 원료가 가지는 특성으로 가장 거리가 먼 것은?

① 파라핀계 탄화수소가 적다.
② C/H비가 작다.
③ 유황분이 적다.
④ 비점이 낮다.

해설 도시가스는 파라핀계 탄화수소가 많다.

36 자동절체식 조정기를 사용할 때의 이점을 가장 잘 설명한 것은?

① 가스 소비 시 압력 변동이 크다.
② 수동절체방식보다 가스 발생량이 크다.
③ 용기교환 시기가 짧고, 계획 배달이 가능 하다.
④ 수동절체방식보다 용기 설치 본수가 많다.

해설 자동절체식은 수동절체식보다 손실이 작아 가스 발생량이 클 수 있다.

37 도시가스배관을 설치하고 나서 그 지역에 대규모로 주택이 들어서거나 주택 및 인구가 증가하면 피크 시 가스공급압력이 저하하게 되는데, 이를 방지하기 위하여 인근 배관과 상호 연결하여 압력 저하를 방지하는 공급방식은?

① 압력 보충 배관 설계
② 송출압 보충 배관 설계
③ 저압 보충망 배관 설계
④ 환상망 배관 설계

해설 환상망 배관은 인근 지역을 연결하여 공급안정에 기여한다.

38 스프링 안전밸브에 대한 설명으로 틀린 것은?

① 설정압력 이상이 되면 서서히 개방(Open)된다.
② 저장탱크 또는 용기에서 주로 사용된다.
③ 고압가스의 양을 결정하여 이 양을 충분히 분출시킬 수 있는 구경이어야 한다.
④ 한 번 작동하면 밸브 전체를 교환하여야 한다.

해설 ④ 스프링식 안전밸브는 스프링의 힘에 의해 압력을 조절하며, 반복 사용이 가능하다.

정답 33 ③ 34 ④ 35 ① 36 ② 37 ④ 38 ④

39 금속의 내부응력을 제거하고 가공·경화된 재료를 연화시켜 결정조직을 결정하고, 상온 가공을 용이하게 할 목적으로 하는 열처리는?

① 담금질 ② 불림
③ 뜨임 ④ 풀림

해설 풀림
금속의 내부응력을 제거하고 연화시켜 상온에서 가공이 용이하도록 하는 가공 방법이다.

40 용접부 내부 결함검사에 가장 적합한 방법으로, 검사 결과의 기록이 가능한 검사 방법은?

① 지분검사
② 침투검사
③ 방사선투과검사
④ 누설검사

해설 방사선투과검사는 용접부 결함검사에 적합하다.

제3과목 가스안전관리

41 탱크로리로부터 저장탱크에 LPG를 주입(注入)할 경우 다음 중 이송작업 기준을 준수하며 작업을 하여야 하는 자는?

① 충전원
② 안전관리자
③ 운반책임자
④ 운반자동차 운전자

해설 안전관리자는 임무를 준수하여야 한다.

42 고압가스 안전성평가기준에서 정성적 위험성평가분석 방법이 아닌 것은?

① 체크리스트(Checklist)기법
② 위험과 운전분석(HAZOP)기법
③ 사고예상질문분석(WHAT-IF)기법
④ 원인결과분석(CCA)기법

해설 안전성평가
(SMS ; Safety Management System)
① 정성분석
 ㉠ 체크리스트(Checklist)기법 : 공정 및 설비의 오류, 결함상태, 위험상황 등을 목록화한 형태로 작성하여 경험적으로 비교함으로써 위험성을 정성적으로 파악하는 안전성평가기법
 ㉡ 상대위험순위결정(Dow and Mond Indices)기법 : 설비에 존재하는 위험에 대하여 수치적으로 상대위험순위를 지표화하고, 그 피해 정도를 나타내어 상대적 위험순위를 정하는 안전성평가기법
 ㉢ 작업자실수분석(HEA ; Human Error Analysis)기법 : 설비의 운전원, 정비보수원, 기술자 등의 작업에 영향을 미칠만한 요소를 평가하여 그 실수의 원인을 파악하고, 추적하여 정량적으로 실수의 상대적 순위를 결정하는 안전성평가기법
 ㉣ 사고예상질문분석(WHAT-IF)기법 : 공정에 잠재하고 있으면서 원하지 않은 나쁜 결과를 초래할 수 있는 사고에 대하여 예상 질문을 통해 사전에 확인함으로써 그 위험과 결과 및 위험을 줄이는 방법을 제시하는 정성적 안전성평가기법
 ㉤ 위험과 운전분석(HAZOP ; Hazard And Operability Studies)기법 : 공정에 존재하는 위험 요소들과 공정의 효율을 떨어뜨릴 수 있는 운전상의 문제점을 찾아내어 그 원인을 제거하는 정성적인 안전성평가기법
② 정량분석
 ㉠ 이상위험도분석(FMECA ; Failure Modes, Effects, and Criticality Analysis)기법 : 공정 및 설비의 고장 형태 및 영향, 고장 형태별 위험도 순위 등을 결정하는 기법
 ㉡ 결함수분석(FTA ; Fault Tree Analysis)기법 : 사고를 일으키는 장치의 이상이나 운전자 실수의 조합을 연역적으로 분석하는 정량적 안전성평가기법

정답 39 ④ 40 ③ 41 ② 42 ④

ⓒ 사건수분석(ETA ; Event Tree Analysis)기법 : 초기 사건으로 알려진 특정한 장치의 이상이나 운전자의 실수로부터 발생되는 잠재적인 사고결과를 평가하는 정량적 안전성평가기법
ⓔ 원인결과분석(CCA ; Cause-Consequence Analysis)기법 : 잠재된 사고의 결과와 이러한 사고의 근본적인 원인을 찾아내고, 사고 결과와 원인의 상호 관계를 예측 · 평가하는 정량적 안전성 평가기법
ⓓ 예비위험분석(PHA ; Preliminary Hazard Analysis)기법 : 공정 또는 설비 등에 관한 상세한 정보를 얻을 수 없는 상황에서 위험물질과 공정요소에 초점을 맞추어 초기 위험을 확인하는 기법
ⓕ 공정위험분석(PHR ; Process Hazard Review)기법 : 기존 설비 또는 안전성 향상 계획서를 제출 · 심사받은 설비에 대하여 설비의 설계 · 건설 · 운전 및 정비의 경험을 바탕으로 위험성을 평가 · 분석하는 기법

43 고압가스 일반제조시설 중 저장탱크에 가스를 얼마 이상 저장하는 것에는 가스방출장치를 설치해야 하는가?

① $3m^3$ ② $5m^3$
③ $10m^3$ ④ $15m^3$

해설 저장량이 $5m^3$ 이상인 가스를 저장하는 경우 가스방출장치를 설치해야 한다.

44 가연성가스를 압축하는 압축기와 충전용 주관 사이에는 무엇을 설치하는가?

① 역류방지밸브
② 액화방지장치
③ 유분리기
④ 액분리기

해설 역류방지밸브 설치 장소
ⓐ 가연성가스 압축기와 충전용 주관 사이
ⓑ C_2H_2 압축기의 유분리기와 고압건조기 사이

ⓒ 암모니아, 메탄올의 합성탑이나 정제탑과 압축기 사이
ⓓ 감압설비와 당해 가스의 반응설비 간의 배관 사이

45 다음 중 용기의 각인표시 기호로 틀린 것은?

① 내용적 : V
② 내압시험압력 : TP
③ 최고충전압력 : HP
④ 동판 두께 : t

해설 ⓐ 내압시험압력(기호 : TP, 단위 : MPa)
ⓑ 최고충전압력(기호 : FP, 단위 : MPa)

46 지름이 10m인 구형 가스홀더의 최고사용압력이 5.0MPa일 때 압축가스 저장능력은 몇 m^3인가?

① 2,940
② 3,140
③ 24,704
④ 26,704

해설 $V = \dfrac{4 \times 3.14 \times 5^3}{3} \times 50기압(5MPa) = 26,166 m^3$

47 액화가스의 고압가스설비 등에 부착되어 있는 스프링식 안전밸브는 상용의 온도에서 그 고압가스설비 등 내 액화가스의 상용체적이 그 고압가스설비 등 내용적의 몇 %까지 팽창하게 되는 온도에 대응하는 그 고압가스설비 등 내의 압력에서 작동하는 것으로 하여야 하는가?

① 90   ② 92
③ 95   ④ 98

해설 스프링식 안전밸브는 고압가스설비 내의 내용적이 98%까지 팽창하게 되는 온도에서부터 작동한다.

48 고압가스 냉동제조시설의 냉동능력 합산 기준으로 틀린 것은?
① 냉매가스가 배관에 의하여 공통으로 되어 있는 냉동설비
② 냉매 계통을 달리하는 2개 이상의 설비가 1개의 규격품으로 인정되는 설비 내에 조립되어 있는 것
③ 4원(元) 이상의 냉동 방식에 의한 냉동설비
④ 모터 등 압축기의 동력설비를 공통으로 하고 있는 냉동설비

해설 냉동설비의 냉동능력 합산 기준
㉠ 냉매가스가 배관에 의하여 공통으로 되어있는 냉동설비
㉡ 냉매 계통을 달리하는 2개 이상의 설비가 1개의 규격품으로 인정되는 설비 내에 조립되어 있는 것(Unit형의 것)
㉢ 2원(元) 이상의 냉동 방식에 의한 냉동설비
㉣ 모터 등 압축기의 동력 설비를 공통으로 하고 있는 냉동설비
㉤ 브라인(Brine)을 공통으로 사용하고 있는 2개 이상의 냉동설비(브라인 중 물과 공기는 포함하지 아니한다)

49 중형 가스 온수보일러는 보일러의 전가스 소비량이 총 발열량 기준으로 얼마인 것을 말하는가?
① 70kW 초과 232.6kW 이하인 것
② 80kW 초과 332.6kW 이하인 것
③ 90kW 초과 432.6kW 이하인 것
④ 100kW 초과 532.6kW 이하인 것

해설 보일러의 전가스 소비량 총 발열량 기준
㉠ 강제배기식 및 강제급배기식 가스 온수보일러 : 70kW 이하
㉡ 중형 가스 온수보일러 : 70kW 초과 232.6kW 이하
㉢ 강제혼합식 가스버너 : 232.6kW 초과

50 질소 충전용기에서 질소의 누출 여부를 확인하는 방법으로 가장 쉽고 안전한 방법은?
① 비눗물 사용
② 기름 사용
③ 전기 스파크 사용
④ 소리 감지

해설 질소 충전용기에서 질소의 누출 여부 확인을 위해 비눗물을 사용한다.

51 산소의 품질검사에 사용하는 시약으로 맞는 것은?
① 동·암모니아 시약
② 발연 황산 시약
③ 브롬 시약
④ 피로갈롤 시약

해설 산소의 품질검사는 동·암모니아 시약을 사용한다.

52 저장탱크에 액화가스를 충전할 때 저장탱크 내용적의 최대 몇 %까지 채워야 하는가?
① 85   ② 90
③ 95   ④ 98

해설 저장탱크에 액화가스를 충전할 때 저장탱크 내용적의 90% 이하로 한다.

53 다음 중 액화가스의 안전 및 사업법상 검사 대상이 아닌 콕은?
① 퓨즈콕
② 상자콕
③ 주물 연소기용 노즐콕
④ 호스콕

해설 액화가스 안전 및 사업법상 검사 대상인 콕
㉠ 퓨즈콕 ㉡ 상자콕 ㉢ 주물 연소기용 노즐콕

정답 48 ③ 49 ① 50 ① 51 ① 52 ② 53 ④

54 아세틸렌가스를 온도에 관계없이 2.5MPa의 압력으로 압축할 때 첨가해야 할 희석제로 옳지 않은 것은?

① 에틸렌　② 메탄
③ 이소부탄　④ 일산화탄소

해설　희석제의 종류로는 에틸렌, 메탄, 일산화탄소, 수소, 프로판, 질소, 탄산가스가 있다.

55 LPG 지상저장탱크 주위에 방류둑을 설치해야 하는 저장탱크의 크기는?

① 500톤 이상
② 1,000톤 이상
③ 1,500톤 이상
④ 2,000톤 이상

해설　가연성가스 또는 산소의 액화가스 저장탱크는 저장능력 1천 톤 이상, 독성가스의 액화가스 저장탱크는 저장능력 5톤 이상에는 액상의 가스가 누출한 경우에 그 유출을 방지하기 위해 방류둑을 설치해야 한다.

56 고압가스 일반제조시설에서 저장탱크 및 처리설비를 실내에 설치하는 경우에 대한 설명으로 틀린 것은?

① 저장탱크실 및 처리설비실은 천장·벽 및 바닥의 두께가 30cm 이상인, 철근콘크리트로 만든 실로서 방수처리가 된 것으로 한다.
② 저장탱크 및 처리설비실은 각각 구분하여 설치하고, 자연통풍시설을 갖춘다.
③ 저장탱크의 정상부와 저장탱크실 천장과의 거리는 60cm 이상으로 한다.
④ 저장탱크에 설치한 안전밸브는 지상 5m 이상의 높이에 방출구가 있는 가스방출관을 설치한다.

해설　② 저장탱크를 실내에 설치하는 경우에는 강제환기시설을 갖추어야 한다.

57 액화석유가스의 성분 중 프로판의 성질에 대한 설명으로 틀린 것은?

① 착화온도는 약 450~550℃ 정도이다.
② 끓는점은 약 −42.1℃ 정도이다
③ 임계온도는 약 96.8℃ 정도이다.
④ 증기압은 21℃에서 28.4kPa 정도이다.

해설　④ 증기압은 21℃에서 686.4kPa 정도이다.

58 저장탱크에 의한 액화석유가스 사용시설에서 배관 이음부와 절연조치를 한 전선과의 이격거리는?

① 10cm 이상　② 20cm 이상
③ 30cm 이상　④ 60cm 이상

해설　배관의 이음매와 전기계량기 및 전기개폐기와의 거리는 60cm 이상, 굴뚝·전기점멸기 및 전기접속기와의 거리는 30cm 이상, 절연전선과의 거리는 10cm 이상, 절연조치를 하지 않은 전선과의 거리는 30cm 이상의 거리를 유지해야 한다.

59 아세틸렌용 용접용기 제조 시 내압시험압력이란 최고압력수치의 몇 배의 압력을 말하는가?

① 1.2　② 1.5
③ 2　④ 3

해설　아세틸렌용기의 내압시험은 최고충전압력 3배의 압력으로 한다.

60 아세틸렌가스를 용기에 충전하는 장소 및 충전용기 보관장소에는 화재 등에 의한 파열을 방지하기 위하여 무엇을 설치해야 하는가?

① 방화설비　② 살수장치
③ 냉각수펌프　④ 경보장치

정답　54 ③　55 ②　56 ②　57 ④　58 ①　59 ④　60 ②

해설 가연성가스 충전 장소에는 화재 등의 영향으로 인한 온도상승방지를 위해 살수장치를 설치한다.

제4과목 가스계측

61 HCN가스의 검지반응에 사용하는 시험지와 반응색이 옳게 짝지어진 것은?

① KI 전분지 – 청색
② 초산벤젠지 – 청색
③ 염화팔라듐지 – 적색
④ 염화제1구리 착염지 – 적색

해설 가스검출 시험지

검지가스	검지 시험지	변색
아세틸렌(C_2H_2)	염화제1구리 착염지	적색
일산화탄소(CO)	염화팔라듐지	흑색
염소(Cl_2)	KI – 전분지 (요오드화 칼륨지)	청색
포스겐($COCl_2$)	하리슨 시험지	황색
황화수소(H_2S)	연당지(초산납 시험지)	흑색
시안화수소(HCN)	질산구리벤젠지 (초산벤젠지)	청색

62 다음 가스분석법 중 흡수분석법에 해당되지 않는 것은?

① 헴펠법   ② 게겔법
③ 오르자트법   ④ 우인클러법

해설 흡수분석법
오르자트법, 헴펠법, 게겔법

63 어느 수용가에 설치한 가스미터의 기차를 측정하기 위하여 지시량을 보니 $100m^3$를 나타내었다. 사용공차를 +4%로 한다면 이 가스미터에는 최소 얼마의 가스가 통과되었는가?

① $40m^3$
② $80m^3$
③ $96m^3$
④ $104m^3$

해설 통과량 = 지시량×(1 – 사용공차)
= 100×(1 – 0.04) = $96m^3$

64 일반적으로 장치에 사용되고 있는 부르동관 압력계 등으로 측정되는 압력은?

① 절대압력
② 게이지압력
③ 진공압력
④ 대기압

해설
① 절대압력 : 완전 진공을 0으로 기준하여 측정한 압력
② 게이지압력 : 대기압의 상태를 0으로 기준하여 측정한 압력, 즉 압력계가 표시한 압력
③ 진공압력 : 대기압보다 낮은 상태의 압력
④ 대기압 : 지구를 둘러싼 공기인 대기에 의하여 누르는 압력

65 사용온도범위가 넓고 가격이 비교적 저렴하며, 내구성이 좋아 공업용으로 가장 널리 사용 되는 온도계는?

① 유리 온도계
② 열전대 온도계
③ 바이메탈 온도계
④ 반도체 저항 온도계

해설 접촉식 온도계
㉠ 유리 온도계 : 수은, 알코올의 액 팽창에 의한 변위 계측
㉡ 바이메탈 온도계 : 열팽창계수가 다른 2종의 금속을 합하여 온도 변위 계측
㉢ 압력식 온도계 : 밀폐관에 기체, 액체를 넣은 것으로 온도 변화에 따른 체적 변화를 계측
㉣ 저항 온도계 : 도체 또는 반도체의 온도 변화에 따른 저항 변화로 계측
㉤ 열전대 온도계 : 사용범위가 넓고, 두 금속을 접합시켜 온도 변화에 따른 열기전력의 변화를 계측

정답 61 ② 62 ④ 63 ③ 64 ② 65 ②

66 추종제어에 대한 설명으로 옳은 것은?

① 목표치가 시간에 따라 변화하지만, 변화의 모양이 미리 정해져 있다.
② 목표치가 시간에 따라 변화하지만, 변화의 모양은 예측할 수 없다.
③ 목표치가 시간에 따라 변하지 않지만, 변화의 모양이 일정하다.
④ 목표치가 시간에 따라 변하지 않지만, 변화의 모양이 불규칙하다.

해설 추종제어는 목표치가 임의의 시간적 변화에 따라 제어하는 방식이다.

67 다음 중 막식 가스미터는?

① 클로버식   ② 루츠식
③ 오리피스식 ④ 터빈식

해설 막식 가스미터 : 클로버식, 독립내기식

68 오르자트 가스분석기에서 가스의 흡수 순서로 옳은 것은?

① $CO \rightarrow CO_2 \rightarrow O_2$
② $CO_2 \rightarrow CO \rightarrow O_2$
③ $O_2 \rightarrow CO_2 \rightarrow CO$
④ $CO_2 \rightarrow O_2 \rightarrow CO$

해설 오르자트법

가스 종류	흡수액
이산화탄소(CO_2)	30% KOH 용액
산소(O_2)	알칼리성 피로갈롤 용액
일산화탄소(CO)	암모니아성 염화제1동 용액

69 산화철, 산화주석 등은 350℃ 전후에서 가연성가스를 통과시키면 표면에 가연성가스가 흡착되어 전기전도도가 상승하는 성질이 있다. 이 성질을 이용하여 가스누출을 검지하는 방법은?

① 반도체식
② 접촉연소식
③ 기체 열전도도식
④ 적외선 흡수식

해설 가스누출을 검지하는 방법
㉠ 반도체식 가스 검지기 : 산화철, 산화주석 등은 350℃ 전후에서 가연성가스를 통과시키면 표면에 가연성가스가 흡착되어 전기전도도가 상승하는데, 그 성질을 이용하여 가스누출을 검지하는 것
㉡ 접촉연소식 가스 검지기 : 가연성가스가 백금상에 촉매와 작용하여 연소하고 온도 상승을 발생하여 백금선의 전기저항이 증가하는 것을 측정하는 것
㉢ 열전도식 가스 검지기 : 열선형 가연성가스 검출기로 백금선의 전기저항 변화에 의해 검지하는 것으로 열전도차가 클수록 감도가 좋음

70 SI 단위의 보조 단위는 어느 것인가?

① 밀도
② 면적
③ 속도
④ 평면각

해설 ①, ②, ③은 기본 단위이다.

71 가스 크로마토그래피에서 이상적인 검출기의 구비 조건으로 가장 거리가 먼 내용은?

① 적당한 강도를 가져야 한다.
② 모든 용질에 대한 감응도가 비슷하거나 선택적인 감응을 보여야 한다.
③ 일정 질량 범위에 걸쳐 직선적인 감응도를 보여야 한다.
④ 유속을 조절하여 감응시간을 빠르게 할 수 있어야 한다.

해설 ④ 가스유출속도와 감응시간이 원활해야 한다.

정답 66 ② 67 ① 68 ④ 69 ① 70 ④ 71 ④

72 흡수법에 사용되는 각 성분가스와 그 흡수액으로 짝지어진 것 중 틀린 것은?

① 이산화탄소 – 수산화칼륨 수용액
② 산소 – 수산화칼륨 + 피로갈롤 수용액
③ 일산화탄소 – 염화칼륨 수용액
④ 중탄화수소 – 발연 황산

해설
① 이산화탄소(CO_2) – 30% KOH 용액
② 산소(O_2) – 알칼리성 피로갈롤 용액
③ 일산화탄소(CO) – 암모니아성 염화제1동 용액
④ 중탄화수소($C_m H_n$) – 무수황산 약 25%를 포함한 발연 황산

73 상대습도가 '0'이라 함은 어떤 의미인가?

① 공기 중에 수증기가 존재하지 않는다.
② 공기 중에 수증기가 760mmHg만큼 존재한다.
③ 공기 중에 포화 상태의 습증기가 존재한다.
④ 공기 중에 수증기압이 포화증기압보다 높음을 의미한다.

해설 상대습도
현재의 온도 상태에서 포함하고 있는 수증기 양과의 비를 백분율(%)로 표시한 것으로, 온도에 따라 변화한다.

$\Phi[\%] = \dfrac{P_w}{P_s} \times 100, \quad P = P_a + P_w$

여기서, P_w : 수증기 분압(노점에서의 포화 증기압)
P_s : $t[℃]$에서 포화증기압(포화습공기의 수증기 분압)
P : 습공기 전압
P_a : 건공기 분압

74 액면계의 구비 조건으로 틀린 것은?

① 내식성이 있을 것
② 고온, 고압에 견딜 것
③ 구조가 복잡하더라도 조작은 용이할 것
④ 지시, 기록 또는 원격측정이 가능할 것

해설 ③ 구조가 간단하고, 조작이 용이하여야 한다.

75 다음 중 유체의 밀도 측정에 이용되는 기구는?

① 피크노미터(Pycno Meter)
② 벤투리미터(Venturi Meter)
③ 오리피스미터(Orifice Meter)
④ 피토관(Pitot Tube)

해설
㉠ 유체의 밀도 측정에 이용되는 기구 : 피크노미터 물질의 밀도는 부피에 대한 질량의 비를 말한다. 또한 어떤 물질의 밀도는 그 물질의 확인에 이용할 수 있는 중요한 물리적 특징이다.
㉡ 유량을 측정하는 기구
 • 벤투리미터 : 오리피스와 같이 관의 지름을 변화시켜 전후의 압력차를 측정하여 속도를 구하는 기구
 • 오리피스미터 : 유체가 흐르는 관의 중간에 구멍이 뚫린 격판(Orifice)을 삽입하고, 그 전후의 압력차를 측정하여 평균유속을 알아 유량을 산출하는 기구
 • 피토관 : 관로에 피토관을 삽입하고, 전압과 정압의 차인 동압을 측정하여 유속을 구하는 기구

76 기체 크로마토그래피(Gas Chromatography)에 대한 설명으로 틀린 것은?

① 기체-액체 크로마토그래피(GLC)가 대표적인 기기이다.
② 최근에는 열린관 칼럼(Column)을 주로 사용한다.
③ 시료를 이동시키기 위하여 흔히 사용되는 기체는 헬륨가스이다.
④ 시료의 주입은 반드시 기체이어야 한다.

해설 액체-가스 크로마토그래피가 있다.

정답 72 ③ 73 ① 74 ③ 75 ① 76 ④

77 진동이 발생하는 장치의 진동을 억제시키는 데 가장 효과적인 제어동작은?

① D동작   ② P동작
③ I동작   ④ 뱅뱅동작

해설 미분동작(Derivative, D동작)
조작량은 제어편차의 미분값에 비례하는 크기로, 조작량을 변화시키는 동작
㉠ 빠른 응답시간으로 진동을 감소시킬 수 있다.
㉡ 비례동작이나 비례적분동작과 조합하여 사용한다.

78 계량, 계측기의 교정이라 함은 무엇을 뜻하는가?

① 계량, 계측기의 지시값과 표준기의 지시값과의 차이를 구하여 주는 것
② 계량, 계측기의 지시값을 평균하여 참값과의 차이가 없도록 가산하여 주는 것
③ 계량, 계측기의 지시값과 참값과의 차를 구하여 주는 것
④ 계량, 계측기의 지시값을 참값과 일치하도록 수정하는 것

해설 계량, 계측기
여러 가지 물리적 양을 재는 데 쓰는 기구와 계기
㉠ 교정 : 계량, 계측기의 지시값을 참값과 일치하도록 수정하는 것
㉡ 오차 : 측정값과 참값의 차이(오차=측정값－참값)
㉢ 보정 : 측정값이 참값에 가깝도록 행하는 조작으로, 오차와의 크기가 같으나 부호는 반대임(보정=참값－측정값)

79 가스미터의 종류 중 정도(정확도)가 우수하여 실험실용 등 기준기로 사용되는 것은?

① 막식 가스미터
② 습식 가스미터
③ Roots 가스미터
④ Orifice 가스미터

해설 습식 가스미터는 정도가 우수하여 가스미터 교정용으로 사용된다.

80 열전도형 진공계의 종류가 아닌 것은?

① 전리 진공계
② 피라니 진공계
③ 서미스터 진공계
④ 열전대 진공계

해설 ②, ③, ④는 열전도형 진공계 종류에 해당하고, 전리 진공계는 진공 압력계에 해당한다.

정답 77 ① 78 ④ 79 ② 80 ①

2023 제1회 산업기사 (3. 2. 시행)

제1과목 연소공학

01 메탄 70%, 에탄 20%, 프로판 8%, 부탄 1%로 구성되는 혼합가스의 공기 중 폭발하한계는 약 몇 vol%인가? (단, 메탄, 에탄, 프로판, 부탄의 폭발하한계 값은 각각 5.0, 3.0, 2.1, 1.9이다.)
① 3.5 ② 4
③ 4.5 ④ 5

해설
$$L = \frac{100}{\frac{V_1}{L_1}+\frac{V_2}{L_2}+\frac{V_3}{L_3}+\frac{V_4}{L_4}}$$
$$= \frac{100}{\frac{70}{5.0}+\frac{20}{3.0}+\frac{8}{2.1}+\frac{1}{1.9}}$$
$$= 4\,\text{vol}\%$$

02 다음 연소에 대한 설명 중 옳은 것은?
① 착화온도와 연소온도는 항상 같다.
② 이론 연소온도는 실제 연소온도보다 높다.
③ 일반적으로 연소온도는 인화점보다 상당히 낮다.
④ 연소온도가 그 인화점보다 낮게 되어도 연소는 계속된다.

해설
① 착화온도와 연소온도는 다르다.
③ 일반적으로 연소온도는 인화점보다 높다.
④ 연소온도가 그 인화점보다 낮게 되면 연소는 중단된다.

03 시안화수소를 장기간 저장하지 못하는 주된 이유는?
① 산화 폭발 ② 분해 폭발
③ 중합 폭발 ④ 분진 폭발

해설 시안화수소를 장기간(60일 이상) 저장하면 중합 폭발의 위험이 있다.

04 이상기체에 대한 설명으로 틀린 것은?
① 아보가드로의 법칙에 따른다.
② 압력과 부피의 곱은 온도에 비례한다.
③ 온도에 대비하여 일정한 비열을 가진다.
④ 기체 분자간의 인력을 일정하게 존재하는 것으로 간주한다.

해설 ④ 기체 분자간의 인력이 없는 것으로 간주한다.

05 기체 연료의 연소에서 일반적으로 나타나는 연소의 형태는?
① 확산 연소
② 증발 연소
③ 분무 연소
④ 액면 연소

해설 ②, ③, ④항은 액체 연료에서 나타난다.

06 0℃, 1atm에서 2L의 산소와 0℃, 2atm에서 3L의 질소를 혼합하여 1L로 하면 압력은 몇 atm이 되는가?
① 1
② 2
③ 6
④ 8

해설
$$P = \frac{P_1V_1 + P_2V_2}{V} = \frac{(1\times2)+(2\times3)}{1}$$
$$= 8\,\text{atm}$$

정답 01 ② 02 ② 03 ③ 04 ④ 05 ① 06 ④

07 가스 연료의 연소에 있어서 확산염을 사용할 경우 예혼합염을 사용하는 것에 비해 얻을 수 있는 장점이 아닌 것은?

① 역화의 위험이 없다.
② 가스량의 조절 범위가 크다.
③ 가스의 고온 예열이 가능하다.
④ 개방 대기 중에서도 완전연소가 가능하다.

해설 ④ 개방 대기 중에서는 완전연소가 불가능하다.

08 $(CO_2)_{max}$%는 공기비(m)가 어떤 때를 말하는가?

① 0 ② 1
③ 2 ④ ∞

해설 CO_2에 의한 공기비 $= \dfrac{(CO_2)_{max}(\%)}{CO_2(\%)}$

여기서, $(CO_2)_{max}(\%)$는 공기비가 1일 때를 기준하다.

09 폭발과 관련한 가스의 성질에 대한 설명으로 틀린 것은?

① 연소속도가 큰 것일수록 위험하다.
② 인화온도가 낮을수록 위험성은 커진다.
③ 안전간격이 큰 것일수록 위험성이 있다.
④ 가스의 비중이 크면 낮은 곳으로 모여 있게 된다.

해설 ③ 안전간격이 클수록 위험도가 낮다.

10 오토사이클에서 압축비(ε)가 10일 때 열효율은 약 몇 %인가? [단, 비열비(k)=1.4이다.]

① 58.2 ② 60.2
③ 62.2 ④ 64.2

해설 $\eta = 1 - \left(\dfrac{1}{\varepsilon}\right)^{k-1} = 1 - \left(\dfrac{1}{10}\right)^{1.4-1} = 0.6109$
$= 60.2\%$

11 폭발에 대한 용어 중 DID에 대하여 가장 잘 나타낸 것은?

① 어느 온도에서 가열하기 시작하여 발화에 이를 때까지의 시간을 말한다.
② 폭발 등급 표시 시 안전간격을 나타낼 때의 거리를 말한다.
③ 최초의 완만한 연소가 격렬한 폭굉으로 발전할 때까지의 거리를 말한다.
④ 폭굉이 전파되는 속도를 의미한다.

해설 폭굉 유도 거리(DID)
최초의 완만한 연소가 격렬한 폭굉으로 발전할 때까지의 거리이다.

12 다음 중 폭발범위(폭발 한계)에 대한 설명으로 옳은 것은?

① 폭발범위 내에서만 폭발한다.
② 폭발상한계에서만 폭발한다.
③ 폭발하한계 이상에서만 폭발한다.
④ 폭발하한계 이하에서만 폭발한다.

해설 폭발범위(폭발 한계)는 공기와 혼합된 경우 연소를 일으킬 수 있는 공기 중 가스 농도의 한계이며 폭발범위 내에서만 폭발한다.

13 아세틸렌 가스의 위험도(H)는 약 얼마인가?

① 21 ② 23
③ 31 ④ 33

해설 ㉠ 아세틸렌 폭발범위 : 2.5~81%
㉡ 위험도(H) $= \dfrac{U-L}{L} = \dfrac{81-2.5}{2.5} = 31.4$

14 완전연소의 필요 조건에 관한 설명으로 틀린 것은?

① 연소실의 온도는 높게 유지하는 것이 좋다.
② 연소실 용적은 장소에 따라서 작게 하는 것이 좋다.

정답 07 ④ 08 ② 09 ③ 10 ② 11 ③ 12 ① 13 ③ 14 ②

③ 연료의 공급량에 따라서 적당한 공기를 사용하는 것이 좋다.
④ 연료는 되도록이면 인화점 이상 예열하여 공급하는 것이 좋다.

> **해설** ② 연소실 용적은 장소에 따라 충분히 하는 것이 좋다.

15 가연성 가스의 연소에 대한 설명으로 옳은 것은?
① 폭굉 속도는 보통 연소속도의 10배 정도이다.
② 폭발범위는 온도가 높아지면 일반적으로 넓어진다.
③ 혼합가스의 폭굉 속도는 1,000m/s 이하이다.
④ 가연성 가스와 공기의 혼합가스에 질소를 첨가하면 폭발범위의 상한값은 크게 된다.

> **해설**
> ① 폭굉 속도(3,500m/s)는 보통 연소속도(0.1~10m/s)의 수백 배 정도이다.
> ③ 혼합가스의 폭굉 속도는 3,500m/s 이하이다.
> ④ 질소를 첨가하면 폭발범위의 상한값은 작게 된다.

16 메탄의 완전연소반응식을 옳게 나타낸 것은?
① $CH_4 + 2O_2 \rightarrow CO_2 + 2H_2O$
② $CH_4 + 3O_2 \rightarrow 2CO_2 + 2H_2O$
③ $CH_4 + 3O_2 \rightarrow 2CO_2 + 3H_2O$
④ $CH_4 + 5O_2 \rightarrow 3CO_2 + 4H_2O$

> **해설** 메탄의 완전연소반응식
> $CH_4 + 2O_2 \rightarrow CO_2 + 2H_2O$

17 아세톤, 톨루엔, 벤젠이 제4류 위험물로 분류되는 주된 이유는?
① 분해 시 산소를 발생하여 연소를 돕기 때문에
② 니트로기를 함유한 폭발성 물질이기 때문에
③ 공기보다 밀도가 큰 가연성 증기를 발생시키기 때문에
④ 물과 접촉하여 많은 열을 방출하여 연소를 촉진시키기 때문에

> **해설** 아세톤, 톨루엔, 벤젠은 제4류 위험물 제1석유류이다.

18 고위 발열량과 저위 발열량의 차이는 연료의 어떤 성분 때문에 발생하는가?
① 유황과 질소 ② 질소와 산소
③ 탄소와 수분 ④ 수소와 수분

> **해설** 고위 발열량과 저위발열량의 차이는 수소가 연소하여 발생한 수분의 증발 잠열에 있다.

19 0℃, 1기압에서 C_3H_8 5kg의 체적은 약 몇 m^3인가? (단, 이상기체로 가정하고, C의 원자량은 12, H의 원자량은 1이다.)
① 0.63   ② 1.54
③ 2.55   ④ 3.67

> **해설** $PV = GRT$
> $V = \dfrac{GRT}{P} = \dfrac{5 \times \dfrac{848}{44} \times 273}{10,332} = 2.55 m^3$

20 일산화탄소와 수소의 부피비가 3 : 7인 혼합가스의 온도 100℃, 50atm에서의 밀도는 약 몇 g/L인가? (단, 이상기체로 가정한다.)
① 16   ② 18
③ 21   ④ 23

정답 15 ② 16 ① 17 ③ 18 ④ 19 ③ 20 ①

해설

$$PV = \frac{W}{M}RT$$

$$\frac{W}{V} = \frac{MV}{RT}$$

부피비 = 몰수비

$M = 28 \times 0.3 + 2 \times 0.7 = 9.8$

$$\frac{W}{V} = \frac{50 \times 9.8}{0.082 \times (273+100)} = 16 g/L$$

제2과목 가스설비

21 금속 플렉시블 호스의 제조 기준 적합 여부에 대하여 실시하는 생산 단계 검사의 검사 종류별 검사 항목이 아닌 것은?

① 구조검사 ② 치수검사
③ 내압시험 ④ 기밀시험

해설
검사 항목
①, ②, ④항 외에 아래의 내용도 있다.
㉠ 내인장 성능
㉡ 내굽힘 성능
㉢ 내비틀림 성능
㉣ 반복 부착 성능
㉤ 내충격 성능
㉥ 표시의 적합 여부

22 천연가스의 비점은 약 몇 ℃인가?

① -84   ② -162
③ -183   ④ -192

해설
천연가스의 주성분 메탄(CH_4)의 특징
㉠ 분자량 : 16.04
㉡ 비점 : -161.5℃
㉢ 폭발범위 : 5~15%

23 다음 중 회전 펌프가 아닌 것은?

① 기어 펌프   ② 나사 펌프
③ 베인 펌프   ④ 제트 펌프

해설
④ 제트 펌프 : 특수 펌프에 해당한다.

24 다음 중 LPG저장탱크에 관한 설명으로 틀린 것은?

① 구형 탱크는 지진에 의한 피해 방지를 위해 2중으로 한다.
② 지상 탱크는 단열재를 사용한 2중 구조로 하여 진공시키면 LNG도 저장할 수 있다.
③ 탱크 재료는 고장력강으로 제작된다.
④ 지하 양반을 이용한 저장시설에서는 외부에서 압력이 작용되고 있다.

해설
① 입형 탱크는 지진에 의한 피해 방지를 위해 2중으로 한다.

25 도시가스 제조 원료의 저장설비에서 액화석유가스(LPG) 저장법으로 옳은 것은?

① 가압식 저장법, 저온식(냉동식) 저장법
② 고온저압식 저장법, 저온식(냉동식) 저장법
③ 가압식 저장법, 고온증발식 저장법
④ 고온저압식 저장법, 예열증발식 저장법

해설
LPG의 저장법 : 가압식 저장법과 저온식 저장법

26 접촉 분해 프로세스로 도시가스 제조 시 일정 온도, 압력하에서 수증기와 원료 탄화수소와의 중량비(수증기비)를 증가시키면 일어나는 현상은?

① CH_4가 많고 H_2가 적은 가스가 발생한다.
② CO의 변성 반응이 촉진된다.
③ CH_4가 많고 CO가 적은 가스가 발생한다.
④ CH_4의 수증기 개질을 억제한다.

정답 21 ③ 22 ② 23 ④ 24 ① 25 ① 26 ②

해설 나프타와 가스 조정의 변화

구분		H₂, CO	CH₄, CO₂
온도	상승	증가	감소
	하강	감소	증가
압력	상승	감소	증가
	하강	증가	감소

27 터보 압축기에 주로 사용되는 밀봉 장치 형식이 아닌 것은?

① 테프론 실
② 메커니컬 실
③ 레비린스 실
④ 카본 실

해설 ① 테프론 실 : 일반 배관용

28 다음 중 정압기의 작동 원리에 대한 설명으로 틀린 것은?

① 작동식에서 2차 압력이 설정 압력보다 높은 경우는 다이어프램을 들어 올리는 힘이 증가한다.
② 파일럿식에서 2차 압력이 설정 압력보다 높은 경우는 파일럿 다이어프램을 밀어 올리는 힘이 스프링과 작용하여 가스량이 감소한다.
③ 작동식에서 2차 압력이 설정 압력보다 낮은 경우는 메인 밸브를 열리게 하여 가스량을 증가시킨다.
④ 파일럿식에서 2차 압력이 설정 압력보다 낮은 경우는 다이어프램에 작용하는 힘과 스프링 힘에 의해 가스량이 감소한다.

해설 ④ 파일럿식에서 2차 압력이 설정압보다 낮은 경우 다이어프램에 작용하는 힘과 스프링의 힘에 의해 가스량이 증가한다.

29 고압장치 배관에 발생된 열응력을 제거하기 위한 이음이 아닌 것은?

① 루프형   ② 슬라이드형
③ 벨로스형 ④ 플랜지형

해설 고압장치 배관의 열응력 흡수 이음
㉠ 루프형
㉡ 슬라이드형
㉢ 벨로스형
㉣ 스위블 이음
㉤ 상온 스프링

30 황동(Brass)과 청동(Bronze)은 구리와 다른 금속과의 합금이다. 각각 무슨 금속인가?

① 주석, 인
② 알루미늄, 아연
③ 아연, 주석
④ 알루미늄, 납

해설 ㉠ 황동 = 구리 + 아연
㉡ 청동 = 구리 + 주석

31 LPG 충전소 내의 가스 사용시설 수리에 대한 설명으로 옳은 것은?

① 화기를 사용하는 경우에는 설비 내부의 가연성 가스가 폭발하한계의 1/4 이하인 것을 확인하고 수리한다.
② 충격에 의한 불꽃에 가스가 인화할 염려는 없다고 본다.
③ 내압이 완전히 빠져 있으면 화기를 사용해도 좋다.
④ 볼트를 조일 때는 한쪽만 잘 조이면 된다.

해설 ② 충격에 의한 불꽃에 가스가 인화할 염려가 있다.
③ 내압이 완전히 빠져 있어도 화기를 사용하면 위험하다.
④ 볼트를 조일 때는 전체적으로 잘 조이면 된다.

정답 27 ① 28 ④ 29 ④ 30 ③ 31 ①

32 펌프에서 발생하는 수격 현상의 방지법으로 틀린 것은?

① 관 내의 유속 흐름 속도를 가능한 작게 한다.
② 서지(Surge) 탱크를 관 내에 설치한다.
③ 플라이 휠을 설치하여 펌프의 속도가 급변하는 것을 막는다.
④ 밸브는 펌프 주입구에 설치하고 밸브를 적당히 제어한다.

해설 ④ 밸브는 펌프 토출구 가까이 설치하고 적당히 제어한다.

33 일반 가스의 공급선에 사용되는 밸브 중 유체의 유량 조절은 용이하나 밸브에서 압력손실이 커 고압의 대구경 밸브로서는 부적합한 밸브는?

① 게이트(Gate) 밸브
② 글로브(Glove) 밸브
③ 체크(Check) 밸브
④ 볼(Ball) 밸브

해설 글로브 밸브의 설명이다.

34 황산염 환원 박테리아가 번식하는 토양에서 부식 방지를 위한 방식 전위는 얼마 이하가 적당한가?

① −0.8V   ② −0.85V
③ −0.9V   ④ −0.95V

해설 전기방식의 기준
㉠ 포화 황산동 기준 전극 : −5V 이상 −0.85V 이하
㉡ 황산염 방식 전위 : −0.95V 이하

35 고압가스 장치 금속 재료의 기계적 성질 중 어느 온도 이상에서 재료에 일정한 하중을 가한 순간에 변형을 일으킬 뿐만 아니라 시간의 경과와 더불어 변형이 증대하고 때로 파괴되는 경우가 있다. 이러한 현상을 무엇이라고 하는가?

① 피로 한도   ② 크리프(Creep)
③ 탄성계수   ④ 충격값

해설 크리프(Creep)의 설명이다.

36 공기 액화 분리 장치에 들어가는 공기 중 아세틸렌 가스가 혼입되면 안 되는 주된 이유는?

① 산소와 반응하여 산소의 증발을 방해한다.
② 응고되어 돌아다니다가 산소 중에서 폭발할 수 있다.
③ 파이프 내에서 동결되어 파이프가 막히기 때문이다.
④ 질소와 산소의 분리 작용을 방해하기 때문이다.

해설 공기 중 아세틸렌 가스가 혼입되면 응고되어 돌아다니다가 산소 중에서 폭발한다.

37 공기 액화 분리 장치에서 산소를 압축하는 왕복동 압축기의 1시간당 분출가스량이 6,000kg이고, 27℃에서의 안전밸브 작동 압력이 8MPa라면 안전밸브의 유효 분출 면적은 약 몇 cm²인가?

① 0.52   ② 0.75
③ 0.99   ④ 1.26

해설 안전밸브의 분출구 면적

$$A = \frac{W}{230 \times P \sqrt{\frac{M}{T}}}$$

$$= \frac{6,000}{230 \times 81.0332 \times \sqrt{\frac{32}{(273+27)}}} = 0.99 \text{cm}^2$$

여기서, W : 분출가스의 양(kg/h)
M : 가스분자량
P : 분출압력(kg/cm²)
T : 절대온도(K)

38 메탄가스에 대한 설명으로 옳은 것은?
① 공기 중에 30%의 메탄가스가 혼합된 경우 점화하면 폭발한다.
② 담청색의 기체로서 무색의 화염을 낸다.
③ 고온에서 수증기와 작용하면 일산화탄소와 수소를 생성한다.
④ 올레핀계 탄화수소로서 가장 간단한 형의 화합물이다.

해설
① 공기 중에 5~15%의 메탄가스가 혼합된 경우 점화하면 폭발한다.
② 무색의 기체로서 청색의 화염을 낸다.
④ 파라핀계 탄화수소로서 가장 간단한 형의 화합물이다.

39 다음 중 조정 압력이 57~83kPa일 때 사용되는 압력 조정기는?
① 2단 감압식 1차용 조정기
② 2단 감압식 2차용 조정기
③ 자동 절체식 일체형 준저압 조정기
④ 1단 감압식 준저압 조정기

해설

종류	입구 압력	사용 압력
2단 감압식 1차용 조정기	0.1~1.56MPa	57~83kPa

40 강관 이음재 중 구경이 서로 다른 배관을 연결시킬 때 주로 사용되는 것은?
① 엘보
② 레듀서
③ 티
④ 소켓

해설
① 엘보 : 방향의 변경(90°, 45°)
③ 티 : 분기 부분
④ 소켓 : 연결 부분

제3과목 가스안전관리

41 액화석유가스 사용시설에 관경 20mm인 가스 배관을 노출하여 설치할 경우 배관이 움직이지 않도록 고정 장치를 몇 m마다 설치하여야 하는가?
① 1 ② 2
③ 3 ④ 4

해설
관경에 따른 고정 장치 설치 기준
㉠ 13mm 미만 : 1m마다
㉡ 13mm 이상 33mm 미만 : 2m마다
㉢ 33mm 이상 : 3m마다

42 프로판(C_3H_8)과 부탄(C_4H_{10})이 동일한 몰(mol) 비로 구성된 LP가스의 폭발 하한이 공기 중에서 1.8vol%라면 높이 2m, 넓이 9m², 압력 1atm, 온도 20℃인 주방에 최소 몇 g의 가스가 유출되면 폭발할 가능성이 있는가? (단, 이상기체로 가정한다.)
① 405 ② 593
③ 688 ④ 782

해설
㉠ 방의 체적 = $2 \times 9 = 18m^3$
㉡ 폭발 가능 누설량 = $18m^3 \times 1,000L/m^3 \times 0.018$
  $= 324L$
㉢ LP가스 평균분자량 = $\frac{(44 \times 0.5) + (58 \times 0.5)}{1}$
  $= 51g$
∴ 가스 누설량(g) = $\frac{324}{22.4} \times 51 \times \frac{273}{273 + 20} = 688g$

43 도시가스 사업자는 가스 공급 시설을 효율적으로 안전관리하기 위하여 도시가스 배관망을 전산화하여야 한다. 전산화 내용에 포함되지 않는 사항은?
① 배관의 설치 도면
② 정압기의 시방서
③ 배관의 시공자, 시공 연월일

정답 38 ③ 39 ① 40 ② 41 ② 42 ③ 43 ④

④ 배관의 가스 흐름 방향

해설 도시가스 배관망 전산화 내용 : ①, ②, ③항이 해당된다.

44 사고를 일으키는 장치의 고장이나 운전자 실수의 상관 관계를 연역적으로 분석하는 위험성 평가기법은?
① 체크리스트(Check list)법
② 위험과 운전분석기법(HAZOP)
③ 결함수 분석기법(FTA)
④ 사건수 분석기법(ETA)

해설 FTA(Fault Tree Analysis)
결함수 분석기법은 정량적 위험 평가의 대표적인 기법이다. 하나의 특정한 사고에 집중한 연역적 기법으로 사건의 원인을 결정하는 위험 평가기법이다.

45 물분무 장치 등은 저장탱크의 외면에서 몇 m 이상 떨어진 위치에서 조작이 가능하여야 하는가?
① 5   ② 10
③ 15   ④ 20

해설 물분무 장치는 당해 저장탱크의 외면에서 15m 이상 떨어진 거리에서 조작이 가능해야 한다.

46 포스핀(PH_3)의 저장과 취급 시 주의사항에 대한 설명으로 가장 거리가 먼 것은?
① 환기가 양호한 곳에서 취급하고 용기는 40℃ 이하를 유지한다.
② 수분과의 접촉을 금지하고 정전기발생 방지 시설을 갖춘다.
③ 가연성이 매우 강하여 모든 발화원으로부터 격리한다.
④ 방독면을 비치하여 누출 시 착용한다.

해설 ④ 취급 시 방독면을 반드시 착용한다.

47 압력이 몇 MPa 이상인 압축가스를 용기에 충전하는 경우 압축기와 가스 충전용기 보관 장소 사이의 벽을 방호벽 구조로 하여야 하는가?
① 8.7   ② 9.8
③ 10.8   ④ 11.7

해설 아세틸렌 가스 또는 압력이 9.8MPa 이상인 압축가스를 용기에 충전하는 경우에는 압축기와 가스 충전용기 보관 장소 사이에 방호벽을 설치한다.

48 고압가스의 운반기준에서 동일 차량에 적재하여 운반할 수 없는 것은?
① 염소와 아세틸렌
② 질소와 산소
③ 아세틸렌과 산소
④ 프로판과 부탄

해설 염소와 아세틸렌·암모니아 또는 수소는 동일 차량에 적재하여 운반할 수 없다.

49 다음 중 고압가스 제조시설로서, 정밀 안전 검진을 받아야 하는 노후 시설은 최초의 완성검사를 받은 날부터 얼마를 경과한 시설을 말하는가?
① 7년   ② 10년
③ 15년   ④ 20년

해설 정밀 안전 검진 대상(노후 시설)
㉠ 최초의 완성 검사를 받은 날부터 15년이 경과된 시설
㉡ 고압가스 특정제조시설로서 특수반응설비가 설치된 시설

50 주택은 제 몇 종 보호시설로 분류되는가?
① 제0종   ② 제1종
③ 제2종   ④ 제3종

정답 44 ③   45 ③   46 ④   47 ②   48 ①   49 ③   50 ③

[해설] 제2종 보호시설
  ㉠ 주택
  ㉡ 사람을 수용하는 건축물(가설 건축물을 제외)로서 사실상 독립된 부분의 연면적이 100m² 이상 1,000m² 미만인 것

51 아세틸렌 용기의 다공성 물질 검사 방법에 해당하지 않는 것은?
  ① 진동시험   ② 부분가열시험
  ③ 역화시험   ④ 파괴시험

[해설] 아세틸렌 용기의 다공성 물질 검사 방법
  ① 진동시험
  ② 부분가열시험
  ③ 역화시험
  ④ 주위가열시험
  ⑤ 충격시험

52 부탄가스의 완전연소 방정식을 다음과 같이 나타낼 때 화학 양론 농도(C_{st})는 몇 %인가? (단, 공기 중 산소는 21%이다.)

$$C_4H_{10} + 6.5O_2 \rightarrow 4CO_2 + 5H_2O$$

  ① 1.8   ② 3.1
  ③ 5.5   ④ 8.9

[해설]
$$C_{st} = \frac{1}{1+\frac{O_2 \text{ 몰수}}{0.21}} \times 100$$
$$= \frac{1}{1+\frac{6.5}{0.21}} \times 100$$
$$= 3.13\%$$

53 다음 합격 용기 등의 각인 사항의 기호 중 용기의 내압시험압력을 표시하는 기호는?
  ① TW   ② TP
  ③ TV   ④ FP

[해설]
  ① TW : 아세틸렌 가스 충전용기의 질량에 용기의 다공질물·용제 및 밸브의 질량을 합한 질량(kg)
  ② TP : 내압시험압력
  ④ FP : 압축가스 충전용기의 최고충전압력

54 다음 독성 가스 중 공기보다 가벼운 가스는?
  ① 황화수소   ② 암모니아
  ③ 염소   ④ 산화에틸렌

[해설]
  ① $\frac{34}{29} = 1.17$ ② $\frac{17}{29} = 0.586$
  ③ $\frac{71}{29} = 2.448$ ④ $\frac{44}{29} = 1.57$

55 아세틸렌 가스를 용기에 충전하는 장소 및 충전용기 보관 장소에는 화재 등에 의한 파열을 방지하기 위하여 무엇을 설치해야 하는가?
  ① 방화 설비
  ② 살수 장치
  ③ 냉각수 펌프
  ④ 경보 장치

[해설] 살수 장치의 설명이다.

56 고압가스 특정제조시설 중 배관의 누출 확산 방지를 위한 시설 및 기술 기준으로 옳지 않은 것은?
  ① 시가지, 하천, 터널 및 수로 중에 배관을 설치하는 경우에는 누출 가스의 확산 방지 조치를 한다.
  ② 사질토 등의 특수성 지반(해저 제외) 중에 배관을 설치하는 경우에는 누출 가스의 확산 방지 조치를 한다.
  ③ 고압가스의 온도와 압력에 따라 배관의 유지 관리에 필요한 거리를 확보한다.

정답 51 ④ 52 ② 53 ② 54 ② 55 ② 56 ③

④ 독성 가스의 용기 보관실은 누출되는 가스의 확산을 적절하게 방지할 수 있는 구조로 한다.

해설 ③ 고압가스의 종류와 압력에 따라 배관의 유지 관리에 필요한 거리를 확보한다.

57 고압가스 제조자 또는 고압가스 판매자가 실시하는 용기의 안전 점검 및 유지 관리 사항에 해당되지 않는 것은?
① 용기의 도색 상태
② 용기 관리 기록 대장의 관리 상태
③ 재검사 기간 도래 여부
④ 용기 밸브의 이탈 방지 조치 여부

해설 용기의 안전 점검 및 유지 관리 사항 : ①, ③, ④

58 다음 중 독성 가스와 중화제(흡수제)가 잘못 연결된 것은?
① 암모니아 – 다량의 물
② 염소 – 소석회
③ 시안화수소 – 탄산소다 수용액
④ 황화수소 – 가성소다 수용액

해설 ③ 시안화수소 – 가성소다 수용액

59 차량에 고정된 탱크의 내용적에 대한 설명으로 틀린 것은?
① 액화천연가스 탱크의 내용적은 18,000L를 초과할 수 없다.
② 산소 탱크의 내용적은 18,000L를 초과할 수 없다.
③ 염소 탱크의 내용적은 12,000L를 초과할 수 없다.
④ 암모니아 탱크의 내용적은 12,000L를 초과할 수 없다.

해설 가연성 가스(LPG 가스 제외) 탱크 및 산소 탱크의 내용적은 18,000L, 독성 가스(액화 NH_3를 제외) 탱크의 내용적은 12,000L를 초과하지 아니한다.

60 시안화수소 충전 작업의 기준으로 틀린 것은?
① 용기에 충전하는 시안화수소는 순도가 98% 이상이어야 한다.
② 용기에 충전하는 시안화수소는 아황산가스 또는 황산 등의 안정제를 첨가한 것이어야 한다.
③ 시안화수소를 충전한 용기는 충전 후 24시간 정치하고, 그 후 1일 1회 이상 질산구리벤젠 등의 시험지로 가스의 누출 검사를 하여야 한다.
④ 순도가 99% 이상으로서 착색된 것은 충전한 후 60일이 경과되기 전에 다른 용기에 옮겨 충전하지 않아도 된다.

해설 ④ 순도가 98% 이상으로 착색되지 아니한 것은 충전한 후 60일이 경과되기 전에 다른 용기에 옮겨 충전하지 않아도 된다.

제4과목 가스계측

61 유기 화합물의 분리에 가장 적합한 기체 크로마토그래피의 검출기는?
① FID
② FPD
③ ECD
④ TCD

해설 FID의 설명이다.

정답 57 ② 58 ③ 59 ④ 60 ④ 61 ①

62 다음은 가연성 가스 검지법 중 접촉 연소법 검지 회로이다. 보상 소자는 어느 부분인가?

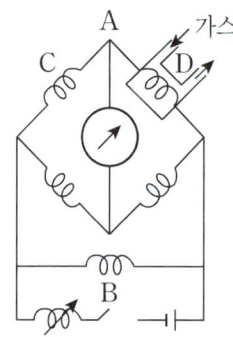

① A ② B
③ C ④ D

해설 ③ C : 보상 소자
④ D : 검출 소자

63 다음 중 바이메탈 온도계에 사용되는 변환 방식은?

① 기계적 변환 ② 광학적 변환
③ 유도적 변환 ④ 전기적 변환

해설 바이메탈 온도계는 기계식 변환 방식을 이용한다.

64 다음 중 계통오차가 아닌 것은?

① 계기 오차 ② 환경 오차
③ 과오 오차 ④ 이론 오차

해설 계통오차의 종류
㉠ 계기 오차   ㉡ 환경 오차
㉢ 이론 오차   ㉣ 개인 오차

65 기체 크로마토그래피에 대한 설명으로 틀린 것은?

① 액체 크로마토그래피보다 분석 속도가 빠르다.
② 컬럼에 사용되는 액체 정지상은 휘발성이 높아야 한다.
③ 운반 기체로서 화학적으로 비활성인 헬륨을 주로 사용한다.
④ 다른 분석기기에 비하여 감도가 뛰어나다.

해설 ② 컬럼에 사용되는 액체 정지상은 휘발성이 낮아야 한다.

66 분별연소법을 사용하여 가스를 분석할 경우 분별적으로 완전연소시키는 가스는?

① 수소, 탄화수소
② 이산화탄소, 탄화수소
③ 일산화탄소, 탄화수소
④ 수소, 일산화탄소

해설 분별연소법
수소 및 일산화탄소를 분별적으로 완전산화시킨다.

67 다음 가스 중 검지관에 의한 측정 농도의 범위 및 검지 한도로서 틀린 것은?

① C_2H_2 : 0~0.3%, 10ppm
② H_2 : 0~1.5%, 10ppm
③ CO : 0~0.1%, 1ppm
④ C_3H_8 : 0~0.1%, 10ppm

해설 ④ C_3H_8 : 0~5.0%, 검지한도 100ppm이다.

68 10호의 가스미터로 1일 4시간씩 20일간 가스미터가 작동하였다면 이때 총 최대 가스 사용량은 얼마인가? (단, 압력차 수주는 30mmH_2O이다.)

① 400L ② 800L
③ 400m³ ④ 800m³

해설 최대 가스 사용량(Q) = 호수×시간×사용일
= 10×4×20
= 800m³

정답 62 ③ 63 ① 64 ③ 65 ② 66 ④ 67 ④ 68 ④

69 차압식 유량계에서 압력차가 처음보다 2배 커지고 관의 지름이 1/2로 되었다면, 나중 유량(Q_2)과 처음 유량(Q_1)과의 관계로 옳은 것은? (단, 나머지 조건은 모두 동일하다.)

① $Q_2 = 0.25 Q_1$
② $Q_2 = 0.35 Q_1$
③ $Q_2 = 0.71 Q_1$
④ $Q_2 = 0.41 Q_1$

해설

㉠ $Q_1 = V_1 A_1 = 14\sqrt{1} \times \dfrac{\pi}{4}(1)^2 = 10.99$

㉡ $Q_2 = V_2 A_2 = 14\sqrt{2} \times \dfrac{\pi}{4}(0.5)^2 = 3.885$

㉢ $Q_2 = \dfrac{3.885}{10.99} Q_1 = 0.3535 Q_1$

70 추량식 가스미터로 분류되는 것은?

① 습식형
② 루츠형
③ 막식형
④ 터빈형

해설 가스미터 분류
㉠ 실측식 : 습식형, 루츠형, 막식형
㉡ 추량식 : 터빈형

71 진동이 일어나는 장치의 진동을 억제시키는 데 가장 효과적인 제어 동작은?

① 뱅뱅 동작
② 미분 동작
③ 비례 동작
④ 적분 동작

해설 미분 동작의 설명이다.

72 막식 가스미터 고장의 종류 중 부동(不動)의 의미를 가장 바르게 설명한 것은?

① 가스가 크랭크축이 녹슬거나 밸브와 밸브시트가 타르(tar)접착 등으로 통과하지 않는다.
② 가스의 누출로 통과하나 정상적으로 미터가 작동하지 않아 부정확한 양만 측정된다.
③ 가스미터는 통과하나 계량막의 파손, 밸브의 탈락 등으로 미터 지침이 작동하지 않는 것이다.
④ 날개나 조절기에 고장이 생겨 회전장치에 고장이 생긴 것이다.

해설 부동의 설명으로 맞는 것은 ③항이다.

73 다음 중 오리피스, 플로 노즐, 벤투리미터 유량계의 공통적인 특징에 해당하는 것은?

① 압력 강하 측정
② 직접 계량
③ 초음속 유체만 유량 계측
④ 직관부 필요 없음

해설 오리피스, 플로 노즐, 벤투리미터 유량계는 차압식 유량계로, 관로 중에 조리개를 삽입해서 생기는 압력차를 측정하여 베르누이 방정식으로 유량을 계산한다.

74 다음 중 초음파 레벨 측정기의 특징으로 옳지 않은 것은?

① 측정 대상에 직접 접촉하지 않고 레벨을 측정할 수 있다.
② 부식성 액체나 유속이 큰 수로의 레벨도 측정할 수 있다.
③ 측정 범위가 넓다.
④ 고온·고압의 환경에서도 사용이 편리하다.

해설 ④ 고온·고압의 환경에서는 사용이 부적합하다.

정답 69 ② 70 ④ 71 ② 72 ③ 73 ① 74 ④

75 아르키메데스 부력의 원리를 이용한 액면계는?

① 기포식 액면계
② 차압식 액면계
③ 정전용량식 액면계
④ 편위식 액면계

해설 편위식 액면계는 부자가 액 중에 잠기는 높이에 비례하는 아르키메데스 부력의 원리를 이용한 것이다.

76 MAX 2.0m³/h, 0.6L/rev라 표시되어 있는 가스미터가 1시간당 40회전하였다면 가스 유량은?

① 12L/h ② 24L/h
③ 48L/h ④ 80L/h

해설 가스 유량 = 40회전/h × 0.6L/rev
= 24L/h

77 진공에 대한 폐관식 압력계로서 표준 진공계로 사용되는 것은?

① 맥라우드 진공계 ② 피라니 진공계
③ 서미스터 진공계 ④ 전리 진공계

해설 맥라우드 진공계
기체를 일정 비율로 압축하여 압축한 기체의 압력을 측정하여 압축 전의 압력을 구하는 진공계로, 가장 낮은 압력까지 측정할 수 있으므로 다른 진공계를 교정할 때 표준 진공계로 사용한다.

78 오리피스 관이나 노즐과 같은 조임 기구에 의한 가스의 유량 측정에 대한 설명으로 틀린 것은?

① 측정하는 압력은 동압의 차이다.
② 유체의 점도 및 밀도를 알고 있어야 한다.
③ 하류측과 상류측의 절대 압력의 비가 0.75 이상이어야 한다.
④ 조임 기구의 재료의 열팽창 계수를 알아야 한다.

해설 측정하는 압력은 정압의 차이다.

79 2차 압력계이며, 탄성을 이용하는 대표적인 압력계는?

① 부르동관 압력계
② 자유 피스톤형 압력계
③ 마크레오드식 압력계
④ 피스톤식 압력계

해설 부르동관 압력계의 설명이다.

80 전기저항 온도계의 온도 검출용 측온 저항체의 재료로 비례성이 좋으나 고온에서 산화되며, 사용 온도 범위가 0~120°C 정도인 것은?

① 백금
② 니켈
③ 구리
④ 서미스터(Thermistor)

해설 사용 온도 범위
① 백금 : −100~500°C
② 니켈 : −50~150°C
③ 구리 : 0~120°C

정답 75 ④ 76 ② 77 ① 78 ① 79 ① 80 ③

2023 제2회 산업기사 (5. 23. 시행)

제1과목 연소공학

01 완전가스의 성질에 대한 설명으로 틀린 것은?

① 비열비는 온도에 의존한다.
② 아보가드로의 법칙에 따른다.
③ 보일-샤를의 법칙을 만족한다.
④ 기체의 분자력과 크기는 무시된다.

해설 ① 비열비는 온도에 무관하며, 일정하다.

02 물의 비열 1, 수증기의 비열 0.45, 100℃에서의 증발 잠열이 539kcal/kg일 때 110℃ 수증기의 엔탈피는? (단, 기준 상태는 0℃, 1atm의 물이며 비열의 단위는 kcal/kg·℃이다.)

① 539kcal/kg
② 639kcal/kg
③ 643.5kcal/kg
④ 653.5kcal/kg

해설 수증기의 엔탈피(h_s)
= 포화수 엔탈피 + 증발 잠열 + 포화증기 엔탈피
= 100 + 539 + (1 × 0.45 × 10)
= 643.5kcal/kg

03 메탄 60vol%, 에탄 20vol%, 프로판 15vol%, 부탄 5vol%인 혼합가스의 공기 중 폭발하한계(vol%)는 약 얼마인가? (단, 각 성분의 폭발하한계는 메탄 5.0vol%, 에탄 3.0vol%, 프로판 2.1vol%, 부탄 1.8vol%로 한다.)

① 2.5 ② 3.0
③ 3.5 ④ 4.0

해설
$$\frac{100}{L} = \frac{V_1}{L_1} + \frac{V_2}{L_2} + \frac{V_3}{L_3} + \frac{V_4}{L_4}$$
$$= \frac{71}{5} + \frac{20}{3} + \frac{8}{2.1} + \frac{1}{1.9}$$
∴ $L = 4.0$vol%

04 압력 1atm, 온도℃에서 공기 1kg의 부피는 약 몇 m³인가? (단, 공기 평균분자량은 29이다.)

① 0.42 ② 0.62
③ 0.75 ④ 0.83

해설
$$PV = \frac{W}{M}RT$$
$$V = \frac{WRT}{PM}$$
$$= \frac{1\text{kg} \times 0.082\text{m}^3 \cdot \text{atm/kmol} \cdot \text{K} \times (273+20)}{1\text{atm} \times 29\text{kg/kmol}}$$
$$= 0.83\text{m}^3$$

05 폭굉(Detonation)의 화염 전파 속도는?

① 0.1~10m/s
② 10~100m/s
③ 1,000~3,500m/s
④ 5,000~10,000m/s

해설 폭굉의 화염 전파 속도는 1,000~3,000m/s이다.

06 $(CO_2)_{max}$[%]는 어느 때의 값인가?

① 실제공기량으로 연소시켰을 때
② 이론공기량으로 연소시켰을 때
③ 과잉공기량으로 연소시켰을 때
④ 부족공기량으로 연소시켰을 때

정답 01 ① 02 ③ 03 ④ 04 ④ 05 ③ 06 ②

해설 $(CO_2)_{max}[\%]$
이론공기량으로 연소시켰을 때 연소가스 중 탄산가스의 비율이 최대가 되는 CO_2의 양

07 다음 연료 중 착화 온도가 가장 낮은 것은?
① 벙커 C유 ② 목재
③ 무연탄   ④ 탄소

해설
① 벙커 C유 : 530~580℃
② 목재 : 240~270℃
③ 무연탄 : 440~500℃
④ 탄소 : 800℃

08 95℃의 온수를 100kg/h 발생시키는 온수 보일러가 있다. 이 보일러에서 저위 발열량이 45MJ/Nm³인 LNG를 1m³/h 소비할 때 열효율은 얼마인가? (단, 급수의 온도는 25℃이고, 물의 비열은 4.184kJ/kg·K 이다.)
① 60.07%
② 65.08%
③ 70.09%
④ 75.10%

해설
$$\text{열효율}(\eta) = \frac{G(h_2 - h_1)}{G_f \cdot H_l} \times 100$$
$$= \frac{100 \times 4.184 \times (95 - 25)}{1,000 \times 45} \times 100$$
$$= 65.08\%$$

09 층류 연소속도 측정법 중 단위 화염 면적당 단위 시간에 소비되는 미연소 혼합기체의 체적을 연소속도로 정의하여 결정하며, 오차가 크지만 연소속도가 큰 혼합기체에 편리하게 이용되는 측정 방법은?
① Slot 버너법
② Bunsen 버너법
③ 평면 화염 버너법
④ Soap bubble법

해설 Bunsen 버너법의 설명이다.

10 다음 연료 중 고위 발열량과 저위 발열량이 같은 것은?
① 일산화탄소 ② 메탄
③ 프로판   ④ 석유

해설 일산화탄소의 고위 발열량과 저위 발열량은 같다.
12.6MJ/Nm³(3,016kcal/Nm³)

11 다음 연소반응식 중 불완전연소에 해당하는 것은?
① $S + O_2 \rightarrow SO_2$
② $2H_2 + O_2 \rightarrow 2H_2O$
③ $CH_4 + \frac{5}{2}O_2 \rightarrow CO + 2H_2O + O_2$
④ $C + O_2 \rightarrow CO_2$

해설 메탄의 연소생성물에 CO가 있으므로 불완전연소이다.

12 증기운 폭발(UVCE)의 특징에 대한 설명으로 옳은 것은?
① 증기운의 크기가 커지면 점화 확률도 커진다.
② 증기운의 재해는 화재보다 폭발이 보통이다.
③ 폭발 효율은 BLEVE보다 크다.
④ 증기와 공기와의 난류 혼합은 폭발의 충격을 감소시킨다.

해설
② 증기운의 재해는 폭발보다 화재가 보통이다.
③ 폭발 효율은 BLEVE보다 작다.
④ 증기와 공기와의 난류 혼합은 폭발의 충격을 증가시킨다.

정답 07 ② 08 ② 09 ② 10 ① 11 ③ 12 ①

13 저발열량이 460MJ/kg인 연료 1kg을 완전연소시켰을 때 연소가스의 평균 정압 비열이 1.3kJ/kg·K이고, 연소가스량은 22kg이 되었다. 연소 전의 온도가 25℃이었을 때 단열 화염온도는 약 몇 ℃인가?

① 1,341　② 1,608
③ 1,633　④ 1,728

해설 단열 화염온도($t_2[℃]$)
$46MJ/kg = 22kg \times 1.3kJ/kg \cdot K \times (t_2℃ - 25℃)$
$46,000kJ/kg = 22kg \times 1.3kJ/kg \cdot K \times (t_2℃ - 25℃)$
$t_2℃ = \dfrac{46,000kJ/kg}{22kg \times 1.3kJ/kg \cdot K} + 25℃ = 1,633℃$

14 상온·상압 하에서 프로판이 공기와 혼합하는 경우 폭발범위는 약 몇 %인가?

① 1.9~8.5
② 2.2~9.5
③ 5.3~14
④ 4.0~75

해설 프로판 폭발범위는 2.2~9.5%이다.

15 다음 중 이상 연소 현상인 리프팅(Lifting)의 원인이 아닌 것은?

① 버너 내의 압력이 높아져 가스가 과다 유출한 경우
② 가스압이 이상 저하한다든지 노즐과 콕 등이 막혀 가스량이 극히 적게 될 경우
③ 공기 조절 장치(Damper)를 너무 많이 열었을 경우
④ 버너가 낡고 염공이 막혀 염공의 유효 면적이 작아져 버너 내압이 높게 되어 분출 속도가 빠르게 되는 경우

해설 ② 역화의 원인이다.

16 다음 중 불완전 연소에 의한 매연, 먼지 등을 제거하는 집진 장치 중 건식 집진 장치가 아닌 것은?

① 백필터　② 사이클론
③ 멀티클론　④ 사이클론 스크러버

해설 ④ 사이클론 스크러버 : 습식 집진 장치

17 점화원이 될 우려가 있는 부분을 용기 안에 넣고 불활성 가스를 용기 안에 채워 넣어 폭발성 가스가 침입하는 것을 방지하는 방폭구조는?

① 압력방폭구조
② 안전증 방폭구조
③ 유입방폭구조
④ 본질방폭구조

해설 압력방폭구조의 설명이다.

18 가스의 반응 속도에 대한 설명으로 틀린 것은?

① 반응 속도 상수는 온도와 관계가 없다.
② 반응 속도 상수는 아레니우스 법칙으로 표시할 수 있다.
③ 반응은 원자나 분자의 충돌에 의해 이루어진다.
④ 반응 속도에 영향을 미치는 요인에는 온도, 압력, 농도 등이 있다.

해설 ① 반응 속도 상수는 온도가 높을수록 증가한다.

19 다음 중 열역학 제2법칙에 대한 설명이 아닌 것은?

① 열은 스스로 저온체에서 고온체로 이동할 수 없다.
② 효율이 100%인 열기관을 제작하는 것은 불가능하다.

정답 13 ③　14 ②　15 ②　16 ④　17 ①　18 ①　19 ④

③ 자연계에 아무런 변화도 남기지 않고 어느 열원의 열을 계속해서 일로 바꿀 수 없다.
④ 에너지의 한 형태인 열과 일은 본질적으로 서로 같고, 열은 일로, 일은 열로 서로 전환이 가능하며, 이때 열과 일 사이의 변환에는 일정한 비례관계가 성립한다.

해설 ④ 열역학 제1법칙에 대한 설명이다.

20 다음 가연물과 일반적인 연소 형태를 짝지어 놓은 것 중 틀린 것은?
① 니트로글리세린 – 확산 연소
② 코크스 – 표면 연소
③ 등유 – 증발 연소
④ 목재 – 분해 연소

해설 ① 니트로글리세린 – 자기(내부) 연소

제2과목 가스설비

21 왕복동식 압축기의 특징에 대한 설명으로 틀린 것은?
① 압축 효율이 높다.
② 용량 조절이 쉽다.
③ 설치 면적이 크다.
④ 저압용으로 적합하다.

해설 ④ 고압용으로 적합하다.

22 단면적이 300mm²인 봉을 매달고 600kg의 추를 그 자유단에 달았더니 이 봉에 생긴 응력은 재료의 허용인장응력에 도달하였다. 이 봉의 인장강도가 400kg/cm²이라면 안전율은 얼마인가?

① 1 ② 2
③ 3 ④ 4

해설
$$\text{안전율} = \frac{\text{인장 강도} \times \text{허용 단면적}}{\text{허용 하중}} = \frac{\text{인장 강도}}{\text{허용 강도}}$$

$$= \frac{400\text{kg/cm}^2 \times \frac{(1\text{cm}^2)}{(10\text{mm})^2} \times 300\text{mm}^2}{600\text{kg}} = 2$$

23 보일러, 난방기, 가스레인지 등에 사용되는 과열 방지 장치의 검지부 방식에 해당되지 않는 것은?
① 바이메탈식 ② 액체 팽창식
③ 퓨즈 메탈식 ④ 전극식

해설 과열 방지 장치의 검지부 방식
㉠ 바이메탈식
㉡ 액체 팽창식
㉢ 퓨즈 메탈식

24 기화기에 의해 기화된 LPG에 공기를 혼합하는 목적으로 가장 거리가 먼 것은?
① 발열량 조절 ② 재액화 방지
③ 압력 조절   ④ 연소 효율 증대

해설 LPG 가스의 공기 혼합 목적
㉠ 발열량 조절
㉡ 재액화 방지
㉢ 누설 시 손실 및 체류 방지
㉣ 연소 효율 증대

25 정압기의 유량 특성에서 메인 밸브의 열량(스트로그리프트)과 유량의 관계를 말하는 유량 특성에 해당되지 않는 것은?
① 직선형   ② 2차형
③ 3차형   ④ 평방근형

해설 유량 특성
㉠ 직선형   ㉡ 2차형   ㉢ 평방근형

정답 20 ① 21 ④ 22 ② 23 ④ 24 ③ 25 ③

26 볼탱크에 저장된 액화프로판(C_3H_8)을 시간당 50kg씩 기체로 공급하려고 증발기에 전열기를 설치했을 때 필요한 전열기의 용량은 몇 kW인가? (단, 프로판의 증발열은 3,740kcal/gmol, 온도 변화는 무시하고, 1cal는, 1.163×10^{-6}kW이다.)

① 0.217 ② 2.17
③ 0.494 ④ 4.94

해설 전열기의 용량

㉠ $3,740 \text{kcal/kgmol} \times \dfrac{50 \text{kg/h}}{44 \text{kg/kmol}} = 4,250 \text{kcal/h}$

㉡ $4,250 \text{kcal/h} \times \dfrac{1\text{h}}{3,600\text{s}} \times \dfrac{4.186\text{kW}}{1\text{kcal/s}} = 4.94\text{kW}$

여기서, $1\text{kcal/s} = 4.186\text{kW}$

27 압축기에서 압축비가 커지면 발생하는 현상으로 틀린 것은?

① 소요동력이 증가한다.
② 실린더 내의 온도가 상승한다.
③ 토출가스의 양이 증가한다.
④ 체적효율이 저하한다.

해설 ③ 토출가스의 온도가 상승한다.

28 나사 펌프의 특징에 대한 설명으로 틀린 것은?

① 고점도액의 이송에 적합하다.
② 고압에 적합하다.
③ 흡입 양정이 크고 소음이 작다.
④ 구조가 간단하고 청소, 분해가 용이하다.

해설 나사 펌프의 특징
①, ②, ④항 외에 토출 압력이 변해도 토출량은 크게 변하지 않는다는 특징이 있다.

29 갈바니 부식에 대한 설명으로 틀린 것은?

① 이중 금속 접촉 부식이라고도 한다.
② 전위가 낮은 금속 표면에서 방식이 된다.
③ 전위가 낮은 금속 표면에서 양극 반응이 진행된다.
④ 두 종류의 금속이 접촉에 의해서 일어나는 부식이다.

해설 ② 전위가 높은 금속 표면에서 음극 반응에 의해 방식이 된다.

30 압력 조정기의 다이어프램에 사용하는 고무의 재료는 전체 배합 성분 중 NBR 성분의 함량 몇 % 이상이어야 하는가?

① 50 ② 85
③ 90 ④ 99

해설 고무 재료 성분
NBR 50% 이상 가소제 성분 18% 이하

31 다음 중 터보형 펌프에 속하지 않는 것은?

① 센트리퓨걸 펌프
② 사류 펌프
③ 축류 펌프
④ 플런저 펌프

해설 ④ 플런저 펌프 : 왕복 펌프

32 배관의 규격 기호와 그 용도 및 사용 조건에 대한 설명으로 틀린 것은?

① SPPS는 350℃ 이하의 온도에서, 압력 9.8N/mm² 이하에 사용한다.
② SPPH는 350℃ 이하의 온도에서, 압력 9.8N/mm² 이하에 사용한다.
③ SPLT는 빙점 이하의 특히 낮은 온도의 배관에 사용한다.
④ SPPW는 정수두 100m 이하의 급수 배관에서 사용한다.

해설 SPPH는 350℃ 이하의 온도에서, 압력 9.8N/mm² 이상에 사용한다.

정답 26 ④ 27 ③ 28 ③ 29 ② 30 ① 31 ④ 32 ②

33 다음 중 신축 이음의 종류가 아닌 것은?
① 루프형   ② 슬리브형
③ 스위블형 ④ 플랜지형

해설 신축 이음 종류
㉠ 루프형, ㉡ 슬리브형, ㉢ 스위블형
㉣ 벨로스형, ㉤ 상온 스프링

34 탄소강에 각종 원소를 첨가하면 특수한 성질을 가진다. 다음 중 각 원소의 영향을 바르게 연결한 것은?
① Ni – 내마멸성 및 내식성 증가
② Cr – 인성 및 저온 충격 저항 증가
③ Mo – 고온에서 인장 강도 및 경도 증가
④ Cu – 전자기성 및 경화 능력 증가

해설 ① Ni – 저온 취성의 개선
② Cr – 내식성, 내열성, 내마모성 증가
④ Cu – 인장 강도, 경도 및 내식성 증가

35 다음 중 도시가스 배관에 대한 설명으로 옳지 않은 것은?
① 폭 8m 이상의 도로에는 1.2m 이상 매설한다.
② 배관 접합은 원칙적으로 용접에 의한다.
③ 지하 매설 배관 재료는 주철관으로 한다.
④ 지상 배관의 표면 색상은 황색으로 한다.

해설 지하 매설 배관 재료
㉠ 가스용 폴리에틸렌관
㉡ 폴리에틸렌 피복 강관
㉢ 분말 용착식 폴리에틸렌 피복 강관

36 레이놀즈(Reynolds)식 정압기의 특징인 것은?
① 로딩형이다.
② 콤팩트하다.
③ 정특성, 동특성이 양호하다.
④ 정특성은 극히 좋으나 안정성이 부족하다.

해설 레이놀즈식 정압기
언로딩형으로, 정특성은 극히 좋으나 안정성이 부족하다.

37 국내에서 주로 사용되는 저장탱크에서 초저온의 LNG와 직접 접촉하는 내부 바닥 및 벽체에 주로 사용되는 재료는?
① 엠브레인   ② 합금주철
③ 탄소강   ④ 알루미늄

해설 엠브레인의 설명이다.

38 20℃, 120atm의 산소 100kg이 들어 있는 용기의 내용적은 약 몇 m³인가? (단, 산소의 가스 정수는 26.5로 한다.)
① 0.34   ② 0.52
③ 0.63   ④ 0.77

해설
$PV = GRT$

$V = \dfrac{GRT}{P}$

$= \dfrac{100\text{kg} \times 26.5\text{m/K} \times 293\text{K}}{120\text{atm} \times \dfrac{1.0332\text{kg/cm}^2}{1\text{atm}} \times \dfrac{100\text{cm}^2}{(1\text{m})^2}}$

$= 0.63\text{m}^3$

39 직경이 각각 4m, 9m인 2개의 액화석유가스 저장탱크가 인접해 있을 경우 두 저장탱크 간에 유지해야 할 거리는 몇 m 이상인가?
① 1   ② 2
③ 3   ④ 4

해설 두 저장탱크 간의 거리
저장탱크의 최대 지름을 합산한 길이의 4분의 1 이상에 해당하는 거리를 유지해야 하므로
(4m+8m)×1/4 = 3m 이상

정답 33 ④ 34 ③ 35 ③ 36 ④ 37 ① 38 ③ 39 ③

40 공기 액화 분리 장치에서 탄산가스를 제거하기 위한 물질은?

① 실리카겔
② 염화칼슘
③ 활성알루미나
④ 수산화나트륨

[해설] 탄산가스는 저온장치에서 드라이아이스가 되므로 수산화나트륨으로 제거한다.

제3과목 가스안전관리

41 차량에 고정된 탱크에 의하여 가연성 가스를 운반할 때 비치하여야 할 소화기의 종류와 최소 수량은? (단, 소화기의 능력 단위는 고려하지 않는다.)

① 분말 소화기 1개
② 분말 소화기 2개
③ 포말 소화기 1개
④ 포말 소화기 2개

[해설] 차량 고정 탱크의 운반 소화설비

가스의 구분	소화기의 종류		비치 개수
	소화 약제의 종류	소화기의 능력 단위	
가연성 가스	분말 소화제	BC용, B-10 이상 또는 ABC용, B-12 이상	차량 좌우에 각각 1개 이상
산소	분말 소화제	BC용, B-8 이상 또는 ABC용, B-10 이상	차량 좌우에 각각 1개 이상

42 용기 및 특정 설비의 재검사 기간의 기준으로 옳은 것은?

① 제조된지 16년이 경과된 47L, 용접 용기는 2년마다 재검사를 받아야 한다.
② 용기에 부착되지 아니한 용기 부속품은 3년마다 재검사를 받아야 한다.
③ 1993년에 신규 검사를 받은 600L 복합 재료 용기는 3년마다 재검사를 받아야 한다.
④ 제조된지 20년이 경과된 차량에 고정된 탱크는 2년마다 재검사를 받아야 한다.

[해설] ② 용기에 부착되지 아니한 용기 부속품은 2년마다 재검사를 받는다.
③ 500L 이상의 복합 재료 용기는 경과 연수에 관계 없이 5년마다 재검사를 받는다.
④ 제조된지 20년이 경과된 차량에 고정된 탱크는 1년마다 재검사를 받는다.

43 다음 중 고압가스 충전용기의 운반기준으로 틀린 것은?

① 가연성 가스 또는 산소를 운반하는 차량에는 소화설비 및 재해 발생 방지를 위한 응급 조치에 필요한 자재 및 공구 등을 휴대할 것
② 염소와 아세틸렌, 암모니아 또는 수소는 동일 차량에 적재하여 운반하지 아니할 것
③ 가연성 가스와 산소를 동일 차량에 적재하여 운반하는 때에는 그 충전용기와 밸브가 마주보도록 할 것
④ 충전용기와 소방기본법이 정하는 위험물과는 동일 차량에 적재하여 운반하지 아니할 것

[해설] ③ 가연성 가스와 산소를 동일 차량에 적재하여 운반하는 때에는 그 충전용기의 밸브가 서로 마주보지 아니하도록 한다.

정답 40 ④ 41 ② 42 ① 43 ③

44 다음 중 고압가스 저장에 대한 기술 기준으로 틀린 것은?

① 충전용기는 항상 40℃ 이하의 온도를 유지할 것
② 가연성 가스를 저장하는 곳에 방폭용, 휴대용 손전등 외의 등화를 휴대하지 아니할 것
③ 산화에틸렌의 저장탱크에는 45℃에서 그 내부 가스의 압력이 0.4MPa 이상이 되도록 탄산가스를 충전할 것
④ 시안화수소의 저장은 용기에 충전한 후 90일을 초과하지 아니할 것

해설 ④ 시안화수소의 저장은 용기에 충전한 후 60일이 경과되기 전에 다른 용기에 옮겨 충전한다.

45 방폭 전기기기의 구조별 표시 방법으로 옳은 것은?

① 내압방폭구조 : p
② 유입방폭구조 : a
③ 안전증 방폭구조 : e
④ 본질안전 방폭구조 : ba

해설 방폭 전기기기 구조의 종류 및 표시 방법

구조의 종류	표시 방법
내압방폭구조	d
유입방폭구조	o
압력방폭구조	p
안전증 방폭구조	e
본질안전 방폭구조	ia 또는 ib
특수방폭구조	s

46 1일 처리 능력이 60,000m³인 가연성 가스 저온 저장탱크와 제2종 보호시설과 안전거리의 기준은?

① 20.0m ② 21.2m
③ 22.0m ④ 30.0m

해설 안전 거리 $= \dfrac{2}{25}\sqrt{X+10,000}\,\mathrm{m}$

$= \dfrac{2}{25}\sqrt{60,000+10,000}\,\mathrm{m} = 21.2\mathrm{m}$

47 다음 중 가스보일러의 안전 장치에 해당하지 않는 것은?

① 소화 안전 장치
② 과충전 방지 장치
③ 과열 방지 장치
④ 저가스압 차단 장치

해설 가스보일러의 안전 장치
㉠ 소화 안전 장치
㉡ 과열 안전 장치
㉢ 저가스압 차단 장치
㉣ 동결 방지 장치
㉤ 정전 재통전 시 안전 장치

48 아세틸렌의 성질에 대한 설명으로 옳은 것은?

① 고체 아세틸렌보다 액체 아세틸렌이 안정하다.
② 흡열 화합물이므로 압축하면 분해 폭발을 일으킨다.
③ 융점(-61℃)과 비점(-84℃)이 비슷하여 승화하지 않고 융해한다.
④ 15℃ 상태에서 물에는 용해되지 않고 아세톤 1L에 약 25배가 융해된다.

해설 ① 액체 아세틸렌보다 고체 아세틸렌이 안정하다.
③ 융점(-81℃)과 비점(-84℃)이 낮으므로 승화한다.
④ 15℃ 상태에서 물에는 1.1배 융해되며 아세톤에는 25배가 융해된다.

정답 44 ④ 45 ③ 46 ② 47 ② 48 ②

49 내용적 50L의 LPG 용기에 프로판을 충전할 때 최대 충전량은 몇 kg인가? (단, 프로판의 충전정수는 2.35이다.)

① 19.15
② 21.28
③ 32.62
④ 117.5

> **해설** 최대 충전량$(W) = \dfrac{V}{C} = \dfrac{50}{2.35} = 21.28\text{kg}$

50 차량에 고정된 탱크의 충전시설에서 가연성 가스 충전시설의 고압가스 설비는 그 외면으로부터 다른 가연성 가스 충전시설의 고압가스 설비와 안전 거리 이상을 유지하도록 하고 있다. 그 거리는 몇 m 이상이어야 하는가?

① 2
② 3
③ 5
④ 7

> **해설** 가연성 가스 충전시설의 고압가스 설비 유지 거리
> ㉠ 그 외면으로부터 다른 가연성 가스 충전시설의 고압가스 설비와 5m 이상
> ㉡ 산소 충전시설의 고압가스 설비와 10m 이상

51 다음 중 휴대용 부탄 가스레인지의 올바른 사용 방법은?

① 바람의 영향을 줄이기 위해서 텐트 안에서 사용한다.
② 효율을 높이기 위해서 두 대를 나란히 연결하여 사용한다.
③ 사용하는 그릇은 레인지의 삼발이보다 폭이 좁은 것을 사용한다.
④ 레인지를 운반 중에는 용기를 레인지 내부에 안전하게 보관한다.

> **해설** 휴대용 부탄 가스레인지에 사용하는 그릇은 레인지의 삼발이보다 폭이 좁은 것을 사용한다.

52 고압가스 특정제조시설에 설치되는 가스누출 검지 경보장치의 설치기준에 대한 설명으로 옳은 것은?

① 경보 농도는 가연성 가스의 경우 폭발한계의 1/2 이하로 하여야 한다.
② 검지에서 발신까지 걸리는 시간은 경보 농도의 1.2배 농도에서 보통 20초 이내로 한다.
③ 경보기의 정밀도는 경보 농도 설정값에 대하여 가연성 가스용은 ±25% 이하이어야 한다.
④ 검지 경보장치의 경보 정밀도는 전원의 전압 등 변동이 ±20% 정도일 때에도 저하되지 아니하여야 한다.

> **해설** ① 경보 농도는 가연성 가스의 경우 폭발 한계의 1/4 이하로 하여야 한다.
> ② 검지에서 발신까지 걸리는 시간은 경보 농도의 1.6배 농도에서 보통 30초 이내로 한다.
> ④ 검지 경보장치의 경보 정밀도는 전원의 전압 등 변동이 ±10% 정도일 때에도 저하되지 아니하여야 한다.

53 액화염소 142g을 기화시키면 표준 상태에서 몇 L의 기체 염소가 되는가? (단, 염소의 원자량은 35.5이다.)

① 22.4
② 44.8
③ 67.2
④ 89.6

> **해설** 부피=무게×비체적
> $= 142\text{g} \times \dfrac{22.4\text{L}}{71\text{g}} = 44.8\text{L}$

54 정전기 제거 또는 발생 방지 조치에 대한 설명으로 틀린 것은?

① 대상물을 접지시킨다.
② 상대 습도를 높인다.
③ 공기를 이온화시킨다.
④ 전기저항을 증가시킨다.

정답 49 ② 50 ③ 51 ③ 52 ③ 53 ② 54 ④

해설 정전기 제거 또는 발생 방지 조치
㉠ 대상물을 접지시킨다.
㉡ 상대 습도를 높인다.
㉢ 공기를 이온화시킨다.

55 다음 중 프레온냉매가 실수로 눈에 들어갔을 경우 눈 세척에 주로 사용하는 약품으로 적당한 것은?

① 바셀린
② 희붕산 용액
③ 농피크린산 용액
④ 유동파라핀

해설 프레온냉매가 눈에 들어갔을 경우의 세척제는 희붕산 용액이다.

56 고압가스 용기, 특정 설비 등은 수리 자격자별로 수리 범위가 제한되어 있다. 다음 중 수리 자격자별 수리 범위로 틀린 것은?

① 저장능력 50톤의 액화석유가스용 저장탱크 제조자는 해당 제품의 부속품 교체 및 가공이 가능하며, 필요한 경우 단열재를 교체할 수 있다.
② 액화산소용 초저온 용기 제조자는 해당 용기에 부착되는 용기 부속품을 탈부착할 수 있으며 용기 용체의 용접도 가능하다.
③ 열처리 설비를 갖춘 용기 전문 검사기관에서는 LPG 용기의 프로텍터, 스커트 교체가 가능하다.
④ 저장능력이 50톤인 석유정제업자의 석유정제 시설에서 고압가스를 제조하는 자는 해당 저장시설의 단열재 교체가 가능하다.

해설 ④ 특정 고압가스를 제조하는 자만이 단열재 교체가 가능하다.

57 차량에 고정된 탱크로 고압가스를 운반하는 차량의 운반기준으로 적합하지 않는 것은?

① 후부 취출식 외의 저장탱크는 저장탱크 후면과 차량 뒤 범퍼와의 수평거리가 20cm 이상 유지되어야 한다.
② 액화가스 중 가연성 가스, 독성 가스 또는 산소가 충전된 탱크에는 손상되지 아니하는 재료로 된 액면계를 사용한다.
③ 액화가스를 충전하는 탱크에는 그 내부에 방파판을 설치한다.
④ 2개 이상의 탱크를 동일한 차량에 고정하여 운반하는 경우에는 탱크마다 탱크의 주밸브를 설치한다.

해설 차량 뒤 범퍼와의 수평 거리
㉠ 후부 취출식 탱크 : 40cm 이상
㉡ 후부 취출식 탱크 외의 탱크 : 30cm 이상
㉢ 조작 상자 : 20cm 이상

58 일반 도시가스 정압기실 경계책의 설치기준에 대한 설명으로 틀린 것은?

① 높이 1.5m 이상의 철책 또는 철망으로 경계책을 설치한다.
② 경계책 주위에는 외부 사람의 무단 출입을 금하는 내용의 경계 표지를 부착(설치)한다.
③ 철근콘크리트로 지상에서 6m 이상의 높이에 설치된 정압기는 경계책을 설치한다.
④ 도로의 지하에 설치되어 사람 또는 차량 통행에 지장을 주는 정압기는 경계 표지를 설치하고 경계책 설치를 생략한다.

해설 철근콘크리트 및 콘크리트블록재로 지상에 설치된 정압기실에 경계 표지를 설치한 것은 경계책을 설치한 것으로 본다.

정답 55 ② 56 ④ 57 ① 58 ③

59 고압가스 제조, 저장, 판매, 수입 시 독성 가스 배관용 밸브의 검사 대상에 해당되지 않는 것은?

① 볼 밸브　② 글로브 밸브
③ 콕　　　④ 앵글 밸브

> 해설　독성 가스 배관용 밸브 검사 대상
> ㉠ 볼 밸브
> ㉡ 글로브 밸브
> ㉢ 콕

60 최고 사용 압력이 고압인 가스 혼합기, 가스 정제 설비, 배송기, 압송기, 그 밖에 공급 시설의 부대 설비는 그 외면으로부터 사업장의 경계까지 얼마 이상의 거리를 유지하여야 하는가?

① 3m　② 10m
③ 20m　④ 30m

> 해설　가스 혼합기, 가스 정제 설비, 배송기, 압송기, 그 밖에 가스 공급 시설의 부대 설비
> 그 외면으로부터 사업장의 경계까지의 거리를 3m 이상 유지할 것(다만, 최고 사용 압력이 고압인 것은 그 외면으로부터 사업장의 경계까지의 거리를 20cm 이상, 제1종 보호시설까지의 거리를 30m 이상으로 함)

제4과목　가스계측

61 실제 길이가 3cm인 물체를 측정하여 2.95cm을 얻었다. 이때 오차는 얼마인가?

① +0.05cm　② −0.05cm
③ +1.67%　④ −1.67%

> 해설　오차=측정값−참값
> 　　　=2.95−3 = −0.05cm

62 다음 중 가스 분석계 중 화학 반응을 이용한 측정 방법은?

① 연소열법
② 열전도율법
③ 적외선 흡수법
④ 가시광선 분석법

> 해설　화학 반응을 이용한 측정 방법
> ㉠ 연소열법
> ㉡ 자동 오르자트법

63 액위(Level) 측정 계측기기의 종류 중 액체용 탱크에 사용되는 사이트글라스(Sight Glass)의 단점에 해당하지 않는 것은?

① 측정 범위가 넓은 곳에서 사용이 곤란하다.
② 동결 방지를 위한 보호가 필요하다.
③ 파손되기 쉬우므로 보호 대책이 필요하다.
④ 내부 설치 시 요동(Turbulence) 방지를 위해 Stilling Chamber 설치가 필요하다.

> 해설　④ 외부에 설치 시 요동 방지를 위해 Stilling Chamber 설치가 필요하다.

64 프로세스계 내에 시간 지연이 크거나 외란이 심할 경우 조절계를 이용하여 설정점을 작동시키게 하는 제어 방식은?

① Sequence 제어
② Cascade 제어
③ Program 제어
④ Feed back 제어

> 해설　Cascade 제어의 설명이다.

정답　59 ④　60 ③　61 ②　62 ①　63 ④　64 ②

65 어떤 비례 제어기가 50℃에서 100℃ 사이에 온도를 조절하는 데 사용되고 있다. 만일 이 제어기기 측정한 온도가 84℃에서 90℃일 때 비례대(Propotional band)는 약 얼마인가?

① 10% ② 11%
③ 12% ④ 13%

해설
$$\text{비례대} = \frac{\text{제어기 측정 온도차}}{\text{비례 제어기 온도차}}$$
$$= \frac{90-84}{100-50} \times 100 = 12\%$$

66 막식 가스미터에서 이물질로 인한 불량이 생기는 원인으로 가장 거리가 먼 것은?

① 크랭크축에 이물질이 들어가 회전부에 윤활유가 없어진 경우
② 밸브와 시트 사이에 점성 물질이 부착된 경우
③ 연동 기구가 변형된 경우
④ 계량기의 유리가 파손된 경우

해설 ④ 이물질로 인한 불량은 미터에 가스를 통과시켰을 때 미터 출구측의 압력이 현저하게 낮아져 가스의 연소 상태를 불안정하게 하는 고장이다.

67 다음 중 유황분 정량 시 표준 용액으로 적절한 것은?

① 수산화나트륨 ② 과산화수소
③ 초산   ④ 요오드칼륨

해설 유황분 정량 시 수산화나트륨이 표준 용액으로 적절하다.

68 가스 크로마토그래피의 주요 구성 요소가 아닌 것은?

① 분리관(칼럼) ② 검출기
③ 기록계   ④ 흡수액

해설 가스 크로마토그래피의 구성 요소
㉠ 분리관(칼럼)
㉡ 검출기
㉢ 기록계

69 다음 중 포스겐 가스의 검지에 사용되는 시험지는?

① 리트머스 시험지
② 하리슨 시험지
③ 연당지
④ 염화제1구리 착염지

해설 가스 누출 시험지

시험지	반응가스	변색
리트머스 시험지	산성	적색
	알칼리성(암모니아 등)	청색
하리슨 시험지	포스겐($COCl_2$)	심등색
연당지	H_2S(황화수소)	흑색
염화제1구리 착염지	C_2H_2(아세틸렌)	적갈색
KI 전분지	할로겐 가스(Cl_2 등)	청색
염화팔라듐지	CO(일산화탄소)	흑색
초산벤젠지	HCN(시안화수소)	청색

70 스텝(Step)과 응답이 [그림]처럼 표시되는 요소를 무엇이라 하는가?

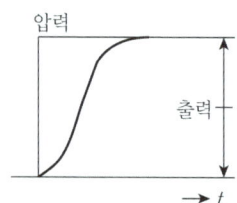

① 1차 지연 요소
② 낭비 시간 요소
③ 적분 요소
④ 고차 지연 요소

해설 1차 지연 요소
입력 신호 x와 출력 신호 y의 관계자 선형 1차 미분 방정식으로 표현한다.

정답 65 ③ 66 ④ 67 ① 68 ④ 69 ② 70 ①

71 도시가스 사용시설에 대하여 실시하는 내압시험에서 내압시험을 공기 등의 기체로 하는 경우 압력을 일시에 시험 압력까지 올리지 아니하여야 한다. 이에 대한 설명으로 옳은 것은?

① 먼저 상용압력의 50%까지 승압하고, 그 후에 상용압력의 10%씩 단계적으로 승압한다.
② 먼저 상용압력의 50%까지 승압하고, 그 후에 상용압력의 20%씩 단계적으로 승압한다.
③ 먼저 상용압력의 80%까지 승압하고, 그 후에 상용압력의 10%씩 단계적으로 승압한다.
④ 먼저 상용압력의 80%까지 승압하고, 그 후에 상용압력의 20%씩 단계적으로 승압한다.

해설 내압시험을 공기 등의 기체에 의해 하는 경우에는 먼저 상용압력의 50%까지 승압하고 그 후에 상용압력 10%씩 단계적으로 승압한다.

72 H_2와 O_2 등에는 감응이 없고, 탄화수소에 대한 감응이 가장 좋은 검출기는?

① 열전도도(TCD) 검출기
② 불꽃이온화(FID) 검출기
③ 전자포획(ECD) 검출기
④ 열이온(TID) 검출기

해설 불꽃이온화(FID)검출기의 설명이다.

73 전자 유량계는 다음 중 어느 법칙을 이용한 것인가?

① 쿨홀의 전자유도법칙
② 옴의 전자유도법칙
③ 패러데이의 전자유도법칙
④ 줄의 전자유도법칙

해설 전자식 유량계는 패러데이의 전자유도법칙을 이용한 것이다.

74 산소(O_2) 중에 포함되어 있는 질소(N_2) 성분을 가스 크로마토그래피로 정량하고자 한다. 다음 방법 중 옳지 않은 것은?

① 열전도도 검출기(TCD)를 사용한다.
② 산소(O_2)의 피크가 질소(N_2)의 피크보다 먼저 나오도록 칼럼을 선택한다.
③ 캐리어 가스로는 헬륨을 쓰는 것이 바람직하다.
④ 산소 제거 트랩(Oxygen Trap)을 사용하는 것이 좋다.

해설 ② 질소(N_2)의 피크가 산소(O_2)의 피크보다 먼저 나오도록 칼럼을 선택한다.

75 오리피스로 유량을 측정하는 경우 압력차가 4배로 증가하면 유량은 몇 배로 변하는가?

① 2배 증가
② 4배 증가
③ 8배 증가
④ 16배 증가

해설 오리피스의 질량 유량 $Q = K \cdot A\sqrt{2gh}$

76 다음 중 탄성식 압력계가 아닌 것은?

① 벨로스식 압력계
② 다이어프램식 압력계
③ 부르동관 압력계
④ 링밸런스식 압력계

해설 탄성식 압력계
㉠ 벨로스식 압력계
㉡ 다어프램식 압력계
㉢ 부르동관 압력계

정답 71 ① 72 ② 73 ③ 74 ② 75 ① 76 ④

77 다음 중 대수용가(100~5,000m³/h)에 적당한 가스미터는?

① 막식 가스미터
② 습식 가스미터
③ 건식 가스미터
④ 루트식 가스미터

해설 가스미터의 용량
① 루트식 : 100~5,000m³/h(대수용가)
② 습식 : 0.2~3,000m³/h(실험실용)
③ 막식 : 1.5~200m³/h(일반 수용가)

78 다이어프램 압력계의 특징이 아닌 것은?

① 미소한 압력을 측정하기 위한 압력계이다.
② 부식성 유체의 측정이 가능하다.
③ 과잉 압력으로 파손되면 그 위험성은 커진다.
④ 감도가 높고 응답성이 좋다.

해설 ③ 과잉 압력으로 파손되면 그 위험성은 작다.

79 측정기의 감도에 대한 일반적인 설명으로 옳은 것은?

① 감도가 좋으면 측정 시간이 짧아진다.
② 감도가 좋으면 측정 범위가 넓어진다.
③ 감도가 좋으면 아주 작은 양의 변화를 측정할 수 있다.
④ 측정량의 변화를 지시량의 변화로 나누어 준 값이다.

해설 측정기의 감도가 좋으면 측정 범위가 좁아지므로 아주 작은 양의 변화를 측정할 수 있다.

80 다음 중 습식 가스미터의 형태는?

① 루트형   ② 피스톤 로터리형
③ 오벌형   ④ 드럼형

해설 습식 가스미터는 드럼형으로, 수중에 담근 드럼 중간에 가스를 공급해서 드럼의 회전수로 유량이 지시가 된다.

정답 77 ④ 78 ③ 79 ③ 80 ④

2023 제4회 산업기사 (11. 2. 시행)

제1과목 연소공학

01 주된 소화 효과가 질식 효과에 의한 소화기가 아닌 것은?
① 분말 소화기
② 포말 소화기
③ 산·알칼리 소화기
④ CO_2 소화기

해설 ③ 산·알칼리 소화기 : 냉각 효과

02 다음 중 표준 상태에서 질소가스의 밀도는 몇 g/L인가?
① 0.97
② 1.00
③ 1.07
④ 1.25

해설 가스 밀도(g/L) = $\dfrac{분자량(g)}{22.4L} = \dfrac{28g}{22.4L} = 1.25 g/L$

03 가연물에 대한 설명으로 옳은 것은?
① 0족 원소들은 모두 가연물이다.
② 가연물은 산화 반응 시 흡열 반응을 일으킨다.
③ 질소와 산소가 반응하여 질소산화물을 만들므로 질소는 가연물이다.
④ 가연물은 산화 반응 시 발열 반응이 일어나므로 열을 축적하는 물질이다.

해설 가연물은 주성분이 C, H, O, S, N, P로 되어 있다.

04 LPG에 대한 설명 중 틀린 것은?
① 포화탄화수소화합물이다.
② 휘발유 등 유기 용매에 용해된다.
③ 상온에서는 기체이나 가압하면 액화된다.
④ 액체 비중은 물보다 무겁고, 기체 상태에서는 공기보다 가볍다.

해설 ④ LP가스의 액체 비중은 물보다 가볍고(0.5), 기체 상태에서는 공기(0.5)보다 무겁다.

05 기체 연료 중 천연가스에 대한 설명으로 옳은 것은?
① 주성분은 메탄가스로 탄화수소의 혼합가스이다.
② 상온, 상압에서 LPG보다 액화하기 쉽다.
③ 발열량이 수성 가스에 비하여 작다.
④ 누출 시 폭발 위험성이 작다.

해설
② 상온, 상압에서 LPG보다 액화하기 어렵다.
③ 발열량이 수성 가스에 비하여 크다.
④ 누출 시 폭발 위험성이 크다.

06 부탄가스 $1m^3$를 완전연소시키는 데 필요한 이론공기량은 약 몇 m^3인가?
① 20
② 31
③ 40
④ 51

해설 $C_4H_{10} + 6.5O_2 \rightarrow 4CO_2 + 5H_2O$
이론공기량 $A_o = \dfrac{O_o}{0.21}$
$x = \dfrac{6.5}{0.21} = 31 m^3$

정답 01 ③ 02 ④ 03 ④ 04 ④ 05 ① 06 ②

07 다음 반응식을 이용하여 메탄(CH_4)의 생성열을 계산하면?

$$C+O_2 \rightarrow CO_2$$
$$\Delta H = -97.2 \text{kcal/mol}$$
$$H_2 + \frac{1}{2}O_2 \rightarrow H_2O$$
$$\Delta H = -57.6 \text{kcal/mol}$$
$$CH_4 + 2O_2 \rightarrow CO_2 + 2H_2O$$
$$\Delta H = -194.4 \text{kcal/mol}$$

① $\Delta H = -20 \text{kcal/mol}$
② $\Delta H = -18 \text{kcal/mol}$
③ $\Delta H = 18 \text{kcal/mol}$
④ $\Delta H = 20 \text{kcal/mol}$

해설 CH_4의 생성열
= 생성물질의 생성열 − CH_4의 연소열
= −97.2 + 2×(−57.6) − (−194.4)
= −18kcal/mol

08 다음 중 연소의 3요소에 해당되지 않는 것은?
① 산소
② 정전기 불꽃
③ 질소
④ 수소

해설 ③ 질소(N_2)는 불연성 물질이다.

09 분진 폭발의 위험성을 방지하기 위한 방법으로 잘못된 것은?
① 분진의 산란이나 퇴적을 방지하기 위하여 정기적으로 분진을 제거한다.
② 분진의 취급 방법을 건식법으로 한다.
③ 분진이 일어나는 근처에 습식의 스크러버 장치를 설치한다.
④ 환기 장치는 공정별로 연독 집진기를 사용한다.

해설 ② 분진의 취급 방법을 습식법으로 한다.

10 메탄 50vol%, 에탄 25vol%, 프로판 25vol%가 섞여 있는 혼합기체의 공기 중에서의 연소 하한계(vol%)는 얼마인가? (단, 메탄, 에탄, 프로판의 연소 하한계는 각각 5vol%, 3vol%, 2.1vol%이다.)
① 2.3
② 3.3
③ 4.3
④ 5.3

해설 혼합가스의 연소 하한계
$$\frac{100}{L} = \frac{V_1}{L_1} + \frac{V_2}{L_2} + \frac{V_3}{L_3}$$
$$= \frac{50}{5} + \frac{25}{3} + \frac{25}{2.1}$$
∴ $L = 3.3 \text{vol}\%$

11 연소에서 유효수소를 옳게 나타낸 것은?
① $H - \dfrac{C}{8}$
② $O - \dfrac{3}{8}$
③ $O - \dfrac{H}{8}$
④ $H - \dfrac{O}{8}$

해설 유효수소 = 총 수소(H) − 무효수소$\left(\dfrac{O}{8}\right)$

12 가스의 폭발범위에 대한 설명으로 옳은 것은?
① 가스의 온도가 높아지면 폭발범위는 좁아진다.
② 폭발 상한과 폭발 하한의 차이가 작을수록 위험도는 커진다.
③ 압력이 1atm보다 낮아질 때 폭발범위는 큰 변화가 생긴다.
④ 고온·고압 상태의 경우에 가스압이 높아지면 폭발범위는 넓어진다.

해설 ① 가스의 온도가 높아지면 폭발범위는 넓어진다.

정답 07 ② 08 ③ 09 ② 10 ② 11 ④ 12 ④

② 폭발 상한과 폭발 하한의 차이가 클수록 위험도는 커진다.
③ 압력이 1atm보다 낮아질 때 폭발범위는 큰 변화가 없다.

13 다음 중 실제공기량(A)을 나타낸 식은? (단, m : 공기비, A_o : 이론공기량)

① $A = m + A_o$ ② $A = m \cdot A_o$
③ $A = A_o - m$ ④ $A = m/A_o$

해설 실제공기량(A) = 공기비(m) × 이론공기량(A_o)

14 다음 중 착화 온도가 가장 높은 것은?

① 메탄   ② 가솔린
③ 프로판   ④ 아세틸렌

해설
① 메탄 : 537℃
② 가솔린 : 300℃
③ 프로판 : 460~520℃
④ 아세틸렌 : 299℃

15 완전연소의 구비 조건 중 틀린 것은?

① 연소에 충분한 시간을 부여한다.
② 연료를 인화점 이하로 냉각하여 공급한다.
③ 적정량의 공기를 공급하여 연료와 잘 혼합한다.
④ 연소실 내의 온도를 연소 조건에 맞게 유지한다.

해설 ② 연료를 인화점 이상의 온도로 유지한다.

16 다음 중 층류 연소속도의 측정법으로 널리 이용되는 방법이 아닌 것은?

① 슬롯 버너법
② 비누거품법
③ 평면화염 버너법
④ 단일화염핵법

해설
층류 연소속도의 측정법
㉠ 슬롯 버너법
㉡ 비누거품법
㉢ 평면화염 버너법
㉣ 쌍화염핵법
㉤ 분젠버너법

17 파라핀계 탄화수소에서 탄소의 수가 증가함에 따른 변화에 대한 설명으로 틀린 것은?

① 발열량(kcal/m³)은 커진다.
② 발화온도는 낮아진다.
③ 연소속도는 느려진다.
④ 폭발하한계는 높아진다.

해설 ④ 폭발하한계는 낮아진다.

18 다음 중 이상기체에 대한 설명으로 틀린 것은?

① 이상기체는 분자 상호간의 인력을 무시한다.
② 이상기체에 가까운 실제기체로는 H_2, He 등이 있다.
③ 이상기체는 분자 자신이 차지하는 부피를 무시한다.
④ 저온·고압일수록 이상기체에 가까워진다.

해설 ④ 고온·저압일수록 이상기체에 가까워진다.

19 메탄을 공기비 1.1로 완전연소시키고자 할 때 메탄 1Nm³당 공급해야 할 공기량은 약 몇 Nm³인가?

① 2.2   ② 6.3
③ 8.4   ④ 10.5

해설 실제공기량(A) = 공기비(m) × 이론공기량(A_o)
$$= 1.1 \times \frac{2}{0.21} = 10.5 \text{Nm}^3$$

정답 13 ② 14 ① 15 ② 16 ④ 17 ④ 18 ④ 19 ④

20 다음 폭발 원인에 따른 종류 중 물리적 폭발은?

① 산화 폭발 ② 분해 폭발
③ 촉매 폭발 ④ 압력 폭발

해설 폭발 원인에 따른 종류
㉠ 물리적 폭발 : 압력 폭발, 기계적 폭발, 증기 폭발
㉡ 화학적 폭발 : 산화 폭발, 분해 폭발, 촉매 폭발, 중합 폭발, 분진 폭발

제2과목 가스설비

21 강의 열처리 방법 중 오스테나이트 조직을 마텐자이트 조직으로 바꿀 목적으로 0℃ 이하로 처리하는 방법은?

① 담금질 ② 불림
③ 심냉 처리 ④ 염용 처리

해설 심냉 처리의 설명이다.

22 전기방식 방법 중 희생 양극법의 특징에 대한 설명으로 틀린 것은?

① 시공이 간단하다.
② 단거리 배관에 경제적이다.
③ 과방식의 우려가 없다.
④ 방식 효과 범위가 넓다.

해설 ④ 방식 효과 범위가 좁다.

23 실린더의 지름이 10cm, 행정 거리가 20cm, 회전수가 1,000rpm인 왕복 압축기의 토출량은 약 몇 m³/h인가? (단, 압축기의 체적효율은 70%이다.)

① 46 ② 56
③ 66 ④ 76

해설 왕복 압축기의 토출량(m³/min)
$$Q = \frac{\pi}{4}(0.1\text{m})^2 \times 0.2\text{m} \times 1{,}000\text{R/min}$$
$$\quad \times 60\text{min/h} \times 0.7$$
$$= 66\text{m}^3/\text{h}$$

24 지름 20mm, 표점 거리 150mm의 연강재 시험연을 인장시험한 결과 표점 거리가 180mm가 되었다. 이때 연신율은 몇 %인가?

① 10
② 15
③ 20
④ 25

해설
$$연신율(\%) = \frac{l' - l}{l} \times 100$$
$$= \frac{180 - 150}{150} \times 100 = 20\%$$

여기서, l' : 인장시험 후 표점 거리
l : 인장시험 전 표점 거리

25 용기 동판의 최대 두께와 최소 두께와의 차이는 평균 두께의 몇 % 이하로 하는가?

① 10
② 15
③ 20
④ 30

해설 용기 동판의 최대 두께와 최소 두께와의 차이는 평균 두께의 20% 이하이다.

26 증기 압축 냉동 사이클에서 냉매가 순환되는 경로를 옳게 나타낸 것은?

① 압축기 → 증발기 → 팽창밸브 → 응축기
② 증발기 → 압축기 → 응축기 → 팽창밸브
③ 증발기 → 응축기 → 팽창밸브 → 압축기
④ 압축기 → 응축기 → 증발기 → 팽창밸브

해설 증기 압축 냉동 사이클 냉매 순환 경로
증발기 → 압축기 → 응축기 → 팽창밸브

정답 20 ④ 21 ③ 22 ④ 23 ③ 24 ③ 25 ③ 26 ②

27 캐비테이션 현상의 발생 방지책에 대한 설명으로 가장 거리가 먼 것은?

① 펌프의 회전수를 높인다.
② 흡입 관경을 크게 한다.
③ 펌프의 위치를 낮춘다.
④ 양흡입 펌프를 사용한다.

> **해설** ① 펌프의 회전수를 낮춘다.

28 다음 중 특정 고압가스이면서 그 성분이 독성가스인 것으로 나열된 것은?

① 액화암모니아, 액화염소
② 액화염소, 액화질소
③ 액화암모니아, 액화석유가스
④ 산소, 수소

> **해설**
> ㉠ 특정 고압가스 : 수소, 산소, 액화암모니아, 아세틸렌, 액화염소, 천연가스
> ㉡ 특정 고압가스이면서 성분이 독성 가스인 것 : 액화암모니아, 액화염소

29 고압가스 제조설비의 가연성 가스 저장탱크에 설치하는 안전밸브의 가스 방출관의 설치 위치는?

① 지면으로부터 3m 이상 또는 저장탱크의 정상부로부터 3m의 높이 중 높은 위치
② 지면으로부터 3m 이상 또는 저장탱크의 정상부로부터 2m 높은 위치
③ 지상으로부터 5m 이상 또는 저장탱크의 정상부로부터 2m의 높이 중 높은 위치
④ 지상으로부터 5m 이하의 높이에 설치하고 저장탱크의 주위에 마른 모래를 채울 것

> **해설** 안전밸브의 가스 방출관의 설치 위치
> 지상으로부터 5m 이상 또는 저장탱크의 정상부로부터 2m의 높이 중 높은 위치

30 터보식 펌프 중 사류 펌프의 비교 회전도 ($m^3/min \cdot m \cdot rpm$) 범위를 가장 옳게 나타낸 것은?

① 50~100   ② 100~600
③ 500~1,200   ④ 120~2,000

> **해설** 터보식 펌프 중 사류 펌프의 비교 회전도 범위는 500~1,200 $m^3/min \cdot m \cdot rpm$이다.

31 배관을 통한 도시가스 공급에 있어서 압력을 변경하여야 할 지점마다 설치되는 설비는?

① 압송기(壓送器)
② 정압기(Governor)
③ 가스전(栓)
④ 홀더(Holder)

> **해설** 정압기(Governor)의 설명이다.

32 일산화탄소에 의한 카르보닐을 생성시키지 않는 금속은?

① 코발트(Co)   ② 철(Fe)
③ 크롬(Cr)   ④ 니켈(Ni)

> **해설** 일산화탄소는 코발트(Co), 철(Fe), 니켈(Ni)과 작용하여 카르보닐을 생성시킨다.

33 다음 보기에서 수소의 성질에 대한 설명으로 옳은 것으로 나열된 것은?

> ㉠ 공기와 혼합된 상태에서의 폭발범위는 4.0~65%이다.
> ㉡ 무색, 무취, 무미이므로 누출되었을 경우 색깔이나 냄새로 알 수 없다.
> ㉢ 고온·고압하에서 강(鋼) 중의 탄소와 반응하여 수소 취성을 일으킨다.
> ㉣ 열전달률이 아주 낮고 열에 대하여 불안정하다.

① ㉠, ㉡   ② ㉠, ㉢
③ ㉡, ㉢   ④ ㉡, ㉣

정답 27 ① 28 ① 29 ③ 30 ③ 31 ② 32 ③ 33 ③

해설
㉠ 폭발범위는 4.0~75%이다.
㉣ 열전달률이 아주 크고 열에 대하여 안정하다.

34 다음 중 신축 조인트 방법이 아닌 것은?
① 슬립온(Slip on)형
② 루프(Loop)형
③ 슬라이드(Slide)형
④ 벨로스(Bellows)형

해설 신축 조인트 방법
㉠ 루프(Loop)형
㉡ 슬라이드(Slide)형
㉢ 벨로스(Bellows)형

35 원심 펌프의 양수 원리에 대한 설명으로 옳은 것은?
① 회전차의 원심력을 이용한다.
② 익형 날개차의 양력과 원심력을 이용한다.
③ 익형 날개차의 양력을 이용한다.
④ 회전차의 케이싱과 회전차 사이의 마찰력을 이용한다.

해설 원심 펌프의 양수 원리
회전차의 원심력을 이용한다.

36 암모니아 압축기 실린더에 일반적으로 워터 재킷을 사용하는 이유가 아닌 것은?
① 압축 효율의 향상을 도모한다.
② 윤활유의 탄화를 방지한다.
③ 밸브 스프링의 수명을 연장시킨다.
④ 압축 소요 열량을 크게 한다.

해설 ④ 압축 소요 열량을 작게 한다.

37 캐스케이드 액화사이클에 사용되는 냉매가 아닌 것은?
① 암모니아(NH_3)   ② 에틸렌(C_2H_4)
③ 메탄(CH_4)   ④ 액화질소(L-N_2)

해설 캐스케이드 액화사이클 냉매
㉠ 암모니아(NH_3)
㉡ 에틸렌(C_2H_4)
㉢ 메탄(CH_4)

38 내용적이 500L, 압력이 12MPa이고 용기 본수는 120개일 때, 압축가스의 저장능력은 몇 m³인가?
① 3,260   ② 5,230
③ 7,260   ④ 7,580

해설 압축가스의 저장능력
$Q = (10P+1)V = (10 \times 12 + 1) \times 0.5 \text{m}^3 = 6.05 \text{m}^3$
$6.05 \text{m}^3 \times 120 = 7,260 \text{m}^3$

39 외경(D) 216.3mm, 구경 두께 5.8mm인 200A의 배관용 탄소강관이 내압 9.9kgf/cm²를 받았을 경우에 관에 생기는 원주 방향 응력은 약 몇 kgf/cm²인가?
① 88   ② 175
③ 263   ④ 351

해설
$\delta = \dfrac{PD}{2t} = \dfrac{9.9 \text{kgf/cm}^2 \times (21.63 - 2 \times 0.58) \text{cm}}{2 \times 0.58 \text{cm}}$
$= 175 \text{kgf/cm}^2$

40 토양 중 배관의 방식 전위는 포화황산동 기준 전극으로 기준하여 얼마 이하이어야 하는가? (단, 황산염환원박테리아가 번식하지 않는 토양이다.)
① -0.85V   ② -0.95V
③ -1.05V   ④ -1.15V

해설 배관의 방식 전위
① 포화황산동 기준 전극으로 -5V 이상, -0.85V 이하
② 황산염환원박테리아가 번식하는 토양에서는 -0.95V 이하

정답 34 ① 35 ① 36 ④ 37 ④ 38 ③ 39 ② 40 ①

제3과목 가스안전관리

41 액화석유가스의 저장설비와 화기 취급 장소와의 사이에는 몇 m 이상의 우회 거리를 유지하여야 하는가?

① 3 ② 5
③ 8 ④ 10

해설 액화석유가스의 저장설비와 화기 취급 장소와의 사이에는 8m 이상의 우회 거리를 유지한다.

42 압축가스 10m³이 충전된 용기를 차량에 적재하여 운반할 때 비치하여야 할 소화설비의 기준으로 옳은 것은?

① 분말 소화제 B-2 이상
② 분말 소화제 B-3 이상
③ 분말 소화제 BC용
④ 분말 소화제 ABC용

해설 충전된 용기 차량 적재 운반 시 비치하여야 할 소화설비

운반가스량	소화약재의 종류	능력 단위	비치 개수
압축가스 100m³ 또는 액화가스 1,000kg 이상	분말 소화제	BC용, B-10 이상 또는 ABC용, B-12 이상	2개 이상
압축가스 15m³ 초과 100m³ 미만 또는 액화가스 150kg 초과 1,000kg 미만	상동	상동	1개 이상
압축가스 15m³ 또는 액화가스 150kg 이상	상동	B-3 이상	1개 이상

43 수소의 확산 속도는 동일 조건에서 산소의 확산 속도에 비하여 몇 배 빠른가?

① 2배 ② 4배
③ 8배 ④ 16배

해설
$$\frac{U_1}{U_2} = \sqrt{\frac{M_2}{M_1}}$$
$$\frac{수소}{산소} = \sqrt{\frac{32}{2}} = \sqrt{\frac{16}{1}} = \frac{4}{1}$$
수소 : 산소 = 1 : 4

44 다음의 액화가스를 이음매 없는 용기에 충전할 경우 그 용기에 대하여 음향 검사를 실시하고 음향이 불량한 용기는 내부 조명 검사를 하지 않아도 되는 것은?

① 액화프로판
② 액화암모니아
③ 액화탄산가스
④ 액화염소

해설 액화프로판의 설명이다.

45 염소가스 취급에 대한 설명 중 옳지 않은 것은?

① 독성이 강하여 흡입하면 호흡기가 상한다.
② 재해제로는 소석회 등이 사용된다.
③ 염소 압축기의 윤활유는 진한 황산이 사용된다.
④ 산소와는 염소 폭명기를 일으키므로 동일 차량에 적재를 금한다.

해설 ④ 수소와 염소는 염소 폭명기를 일으키므로 동일 차량에 적재를 금한다.
$H_2 + Cl_2 \rightarrow 2HCl$

46 도시가스 배관을 지하에 설치 시 되메움 재료는 3단계로 구분하여 포설한다. 이때 '침상 재료'라 함은?

① 배관 침하를 방지하기 위해 배관 하부에 포설하는 재료

정답 41 ③ 42 ② 43 ② 44 ① 45 ④ 46 ④

② 배관에 작용하는 하중을 분산시켜주고 도로의 침하를 방지하기 위해 포설하는 재료
③ 배관 기초에서부터 노면까지 포설하는 배관주위 모든 재료
④ 배관에 작용하는 하중을 수직 방향 및 횡방향에서 지지하고 하중을 기초 아래로 분산하기 위한 재료

해설 침상 재료
배관에 작용하는 하중을 수직 방향 및 횡방향에서 지지하고 하중을 기초 아래로 분산하기 위한 재료

47 액화석유가스 저장탱크에 가스를 충전할 때 액체 부피가 내용적의 90%를 넘지 않도록 규제하는 가장 큰 이유는?
① 액체 팽창으로 인한 압력 상승을 방지하기 위하여
② 온도 상승으로 인한 탱크의 취약 방지를 위하여
③ 동적 팽창으로 인한 온도 상승 방지를 위하여
④ 탱크 내부의 부압(Negative pressure) 발생 방지를 위하여

해설 내용적이 90%를 넘지 않도록 규제하는 이유는 액체 팽창으로 인한 압력 상승을 방지하기 위한 것이다. 그러므로 안전 공간은 10% 이상을 유지한다.

48 고압가스 충전용기의 운반기준 중 틀린 것은?
① 운반 중의 충전용기는 항상 40℃ 이하로 유지하여야 한다.
② 독성 가스 탱크의 내용적은 1만 2천L를 초과하지 않아야 한다.
③ 염소와 아세틸렌은 동일 차량에 적재하여 운반할 수 있다.
④ 가연성 가스와 산소를 동일 차량에 적재하여 운반할 때는 그 충전용기의 밸브가 서로 마주보지 아니하도록 적재한다.

해설 ③ 염소와 아세틸렌, 암모니아 또는 수소는 동일 차량에 적재하여 운반하지 못한다.

49 프로판 가스의 폭굉범위(vol%) 값에 가장 가까운 것은?
① 2.2~9.5   ② 2.7~36
③ 3.2~37   ④ 4.0~75

해설 C_3H_8 가스 폭굉범위 : 3.2~37vol%

50 독성인 액화가스 저장탱크 주위에는 합산 저장 능력이 몇 톤 이상일 경우 방류둑을 설치하여야 하는가?
① 2   ② 3
③ 5   ④ 10

해설 방류둑 설치 대상
㉠ 독성 가스 : 저장능력 5톤 이상
㉡ 가연성 가스, 산소 : 저장능력 1,000톤 이상

51 독성 가스 중 허용 농도가 가장 낮은 가스는?
① 암모니아   ② 염소
③ 산화에틸렌   ④ 포스겐

해설
① 암모니아 : 25ppm
② 염소 : 1ppm
③ 산화에틸렌 : 50ppm
④ 포스겐 : 0.1ppm

52 용기 내부에서 가연성 가스의 폭발이 발생할 경우, 그 용기가 폭발 압력에 견디고 접합면, 개구부 등을 통하여 외부의 가연성 가스에 인화되지 아니하도록 한 구조는?

정답 47 ① 48 ③ 49 ③ 50 ③ 51 ④ 52 ①

① 내압방폭구조
② 유입방폭구조
③ 압력방폭구조
④ 복수방폭구조

해설 내압방폭구조의 설명이다.

53 내용적이 10,000L인 액화산소 저장탱크의 저장능력은? (단, 액화산소의 비중=1.04)

① 6,225kg ② 9,360kg
③ 9,615kg ④ 10,400kg

해설 액화가스 저장탱크의 저장능력
$W = 0.9 d V_2$
$= 0.9 \times 1.04 \times 10,000 = 9,360$kg

54 이동식 부탄 연소기와 관련된 사고가 액화석유가스 사고의 약 10% 수준으로 발생하고 있다. 이를 예방하기 위한 방법으로 잘못된 것은?

① 연소기에 접합 용기를 정확히 장착한 후 사용한다.
② 과대한 조리 기구를 사용하지 않는다.
③ 잔가스 사용을 위해 용기를 가열하지 않는다.
④ 사용한 접합 용기는 파손되지 않도록 조치한 후 버린다.

해설 ④ 사용한 접합 용기는 재사용할 수 없도록 구멍을 뚫어서 잔가스를 처리한 후 버린다.

55 고압가스 용기(공업용)의 외면에 도색하는 가스 종류별 색상이 바르게 짝지어진 것은?

① 액화석유가스 - 회색
② 수소 - 백색
③ 액화염소 - 황색
④ 아세틸렌 - 회색

해설 ② 수소 - 주황색
③ 액화염소 - 갈색
④ 아세틸렌 - 황색

56 메탄 70%, 에탄 20%, 프로판 10%로 구성된 혼합가스의 공기 중 폭발하한계(vol%) 값은? (단, 각 성분의 폭발하한계는 메탄 5.0, 에탄 3.0, 프로판 2.1이다.)

① 3.5 ② 3.9
③ 4.5 ④ 4.9

해설 혼합가스의 폭발하한계
$\frac{100}{L} = \frac{V_1}{L_1} + \frac{V_2}{L_2} + \frac{V_3}{L_3}$
$= \frac{70}{5} + \frac{20}{3} + \frac{10}{2.1}$
$\therefore L = 3.9 \text{vol}\%$

57 각 저장탱크의 저장능력이 20톤인 암모니아 저장탱크를 2기를 지하에 인접하여 매설할 경우 상호간에 몇 m 이상의 이격 거리를 유지하여야 하는가?

① 0.3 ② 0.6
③ 1   ④ 1.2

해설 저장탱크 2기를 지하에 인접하여 매설할 경우 상호간 거리는 1m 이상이다.

58 가연성 가스 저온 저장탱크가 압력에 의해 파괴되는 것을 방지하기 위한 부압 파괴 방지 설비가 아닌 것은?

① 진공 안전밸브
② 다른 저장탱크 또는 시설로부터 가스 도입 배관
③ 압력과 연동되는 긴급 차단 장치를 설치한 냉동 제어 설비
④ 압력과 연동하는 역류 방지 장치를 설치한 송액 설비

정답 53 ② 54 ④ 55 ① 56 ② 57 ③ 58 ④

해설 부압 파괴 방지 설비
㉠ 압력계
㉡ 압력 경보 설비
㉢ 그 밖의 것(다음 중 어느 한 개 이상의 설비)
- 진공 안전밸브
- 다른 저장탱크 또는 시설로부터의 가스 도입 배관(균압관)
- 압력과 연동하는 긴급 차단 장치를 설치한 냉동 제어 설비
- 압력과 연동하는 긴급 차단 장치를 설치한 송액 설비

59 다음 중 LPG 용기 밸브 안전 장치로서 가장 널리 사용되고 있는 형식은?
① 파열관식 ② 스프링식
③ 중추식   ④ 완전 수동식

해설 LP 가스 용기의 안전 밸브는 스프링식을 가장 널리 사용한다.

60 차량에 고정된 탱크 운행 시 반드시 휴대하지 않아도 되는 서류는?
① 고압가스 이동계획서
② 탱크내압 시험성적서
③ 차량등록증
④ 탱크 용량 환산표

해설 차량에 고정된 탱크 운행 시 휴대서류
㉠ 고압가스 이동계획서
㉡ 탱크내압 시험성적서
㉢ 탱크 용량 환산표
㉣ 운전면허증
㉤ 차량운행일지
㉥ 그 밖에 필요한 서류

제4과목 가스계측

61 연소분석법 중 2종 이상의 동족 탄화수소와 수소가 혼합된 시료를 측정할 수 있는 것은?
① 폭발법, 완만연소법
② 분별연소법, 완만연소법
③ 파라듐관 연소법, 산화구리법
④ 산화구리법, 완만연소법

해설 2종 이상 동족 탄화수소와 수소의 혼합시료를 측정할 수 있는 것
㉠ 파라듐관 연소법
㉡ 산화구리법

62 혼합물의 구성 성분을 분리하는 분리관의 분리능에 가장 큰 영향을 미치는 것은?
① 시료의 용량
② 고정상 담체의 입자 크기
③ 담체에 부착되는 액체의 양
④ 분리관의 모양과 배치

해설 담체에 부착되는 액체의 양은 분리관의 분리능에 가장 큰 영향을 미친다.

63 스프링 저울에 의한 무게 측정은 어느 방법에 속하는가?
① 치환법 ② 보상법
③ 영위법 ④ 편위법

해설 편위법
계장 설비에 있어서 측정량을 원인으로 하여 그것의 직접 결과로서 발생하는 지시에서 측정량을 아는 방법

64 염화팔라듐 시험지로 검지할 수 있는 가스는?
① H_2S ② CO
③ HCN   ④ $COCl_2$

정답 59 ② 60 ③ 61 ③ 62 ③ 63 ④ 64 ②

해설 가스 누출 시험지

시험지	검지가스	반응
연당지	H_2S(황화수소)	흑색
염화팔라듐지	CO(일산화탄소)	흑색
초산벤젠지	HCN(시안화수소)	청색
하리슨 시약	포스겐($COCl_2$)	심등색
리트머스 시험지지	암모니아	청색
KI 전분지	Cl_2(염소)	청색
염화제1구리 착염지	C_2H_2(아세틸렌)	적색

65 다음 중 용적식 유량계에 해당되지 않는 것은?
① 루트식　② 피스톤식
③ 오벌식　④ 로터리 피스톤식

해설 용적식 유량계
루트식, 오벌식, 로터리 피스톤식, 습식, 건식, 원판식

66 가스 시험지법 중 염화제1구리 착염지로 검지하는 가스 및 반응색으로 옳은 것은?
① 아세틸렌 – 적색
② 아세틸렌 – 흑색
③ 할로겐화물 – 적색
④ 할로겐화물 – 청색

해설 염화제1구리 착염지 : 아세틸렌 – 적색

67 다음 중 보상도선과 기준접점을 이용하는 온도계는?
① 압력온도계
② 바이메탈 온도계
③ 베크만 온도계
④ 열전대 온도계

해설 열전대 온도계의 설명이다.

68 가스미터 선정 시 고려할 사항으로 틀린 것은?
① 가스의 최대 사용 유량에 적합한 계량 능력인 것을 선택한다.
② 가스의 기밀성이 좋고 내구성이 큰 것을 선택한다.
③ 사용 시 기차가 커서 정확하게 계량할 수 있는 것을 선택한다.
④ 내열성, 내압성이 좋고 유지 관리가 용이한 것을 선택한다.

해설 ③ 사용 시 기차가 작아서 정확하게 계량할 수 있는 것을 선택한다.

69 바이메탈 온도계의 특징에 대한 설명으로 틀린 것은?
① 히스테리시스 오차가 발생한다.
② 온도 변화에 대한 응답이 빠르다.
③ 온도 조절 스위치로 많이 사용한다.
④ 작용하는 힘이 작다.

해설 ④ 바이메탈 온도계는 작용하는 힘이 크다.

70 차압식 유량계로 유량을 측정하였더니 교축기구 전후의 차압이 20.25Pa일 때 유량이 25m³/h이었다. 차압이 10.50Pa일 때의 유량은 약 몇 m³/h인가?
① 13　② 18
③ 23　④ 28

해설 유량은 차압의 평방근에 비례한다.
$$유량(Q) = \sqrt{\frac{25^2 \times 10.50}{20.25}} = 18 m^3/h$$

71 다음 중 유체 에너지를 이용하는 유량계는 무엇인가?
① 터빈 유량계
② 전자기 유량계

정답 65 ② 66 ① 67 ④ 68 ③ 69 ④ 70 ② 71 ①

③ 초음파 유량계
④ 열유량계

해설 유체 에너지를 이용하는 유량계
㉠ 터빈 유량계
㉡ 임펠러식 유량계

72 다음 제어 동작에 따른 분류 중 연속되는 동작은?
① On-off 동작
② 다위치 동작
③ 단속도 동작
④ 비례 동작

해설 ④ 비례 동작 : 연속되는 동작

73 다음 [그림]은 불꽃 이온화 검출기(FID)의 구조를 나타낸 것이다. ㉠~㉣의 명칭으로 부적당한 것은?

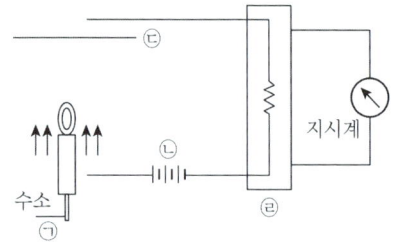

① ㉠ 시료가스   ② ㉡ 직류 전압
③ ㉢ 전극   ④ ㉣ 가열부

해설 ④ ㉣ 증폭부

74 회전차형 및 피스톤형 가스미터를 제외한 건식 가스미터의 경우 검정 증인의 올바른 표시 위치는?
① 외부함
② 전면판
③ 눈금지시부 및 상관의 접합부
④ 본관의 보기 쉬운 부분 및 부관의 출입구

해설 건식 가스미터의 검정 증인 표시 위치
눈금지시부 및 상관의 접합부

75 액면 조절을 위한 자동 체어의 구성으로 가장 적당한 것은?
① 조작기 → 전송기 → 액면계 → 조절기 → 밸브
② 조절기 → 전송기 → 조작기 → 밸브 → 조절기
③ 밸브 → 액면계 → 전송기 → 조작기 → 조절기
④ 액면계 → 전송기 → 조절기 → 조작기 → 밸브

해설 액면 조절 자동 제어 구성
액면계 → 전송기 → 조절기 → 조작기 → 밸브

76 다음 중 실측식 가스미터가 아닌 것은?
① 다이어프램식 가스미터
② 와류식 가스미터
③ 회전자식 가스미터
④ 습식 가스미터

해설 실측식 가스미터
㉠ 다이어프램식
㉡ 회전자식
㉢ 습식

77 습도계의 종류와 보기의 내용이 바르게 연결된 것은?

㉠ 저습도의 측정이 가능하다.
㉡ 물이 필요하다.
㉢ 구조 및 취급이 간단하다.
㉣ 연속 기록, 원격 측정, 자동 제어에 이용된다.

① 저항온도계식 건습구 습도계-㉠, ㉡
② 광전관식 노점계-㉠, ㉢

정답 72 ④ 73 ④ 74 ③ 75 ④ 76 ② 77 ④

③ 전기저항식 습도계-ⓛ, ⓔ
④ 건습구 습도계-ⓛ, ⓒ

해설 건습구 습도계
온도계를 이용하여 물이 증발하는 정도를 재어서 습도를 측정하는 장치이다.

78 MAX 1.0m³/h, 0.5L/rev로 표기된 가스미터가 시간당 50회전하였을 경우 가스 유량은?

① 0.5m³/h   ② 25L/h
③ 25m³/h   ④ 50L/h

해설 ① 0.5L/rev : 가스미터가 1회전했을 때의 체적이다.
② 50회전×유량=0.5×50L/h=25L/h

79 기준 압력과 주피드백량의 차로서 제어 동작을 일으키는 신호는?

① 기준 압력 신호
② 조작 신호
③ 동작 신호
④ 주피드백 신호

해설 동작 신호의 설명이다.

80 배관의 유속을 피토관으로 측정할 때 마노미터의 수주 높이가 30cm이었다. 이때 유속은 몇 m/s인가?

① 0.76   ② 2.4
③ 7.6   ④ 24.2

해설 유속(V)= $\sqrt{2gh}$ = $\sqrt{2\times9.8\text{m/s}^2\times0.3\text{m}}$
= 2.4m/s

정답 78 ② 79 ③ 80 ②

2024 제1회 산업기사 (2. 15. 시행)

제1과목　연소공학

01 다음 중 증기의 상태 방정식이 아닌 것은?
① Van der Waals식
② Lennard-Jones식
③ Clausius식
④ Berthelot식

해설 증기의 상태 방정식
㉠ Van der Waals식
$$\left(P + \frac{n^2 \cdot a}{v^2}\right)(V - n \cdot b) = nRT$$
㉡ Clausius식
$$\left(P + \frac{C}{T(V+C)^2}\right)(V - b) = RT$$
㉢ Berthelot식
$$\left(P + \frac{a}{TV^2}\right)(V - b) = RT$$

02 완전 기체에서 정적 비열(C_V), 정압 비열(C_P)의 관계식을 옳게 나타낸 것은? (단, R은 기체 상수이다.)
① $\dfrac{C_P}{C_V} = R$　② $C_P - C_V = R$
③ $\dfrac{C_V}{C_P} = R$　④ $C_P + C_V = R$

해설 완전 기체 : $C_P - C_V = R$

03 다음 중 연료비에 관한 공식이 바른 것은?
① $\dfrac{고정 탄소}{휘발분}$　② $\dfrac{1 - 고정 탄소}{휘발분}$
③ $\dfrac{휘발분}{고정 탄소}$　④ $\dfrac{1 - 휘발분}{고정 탄소}$

해설 연료비 = $\dfrac{고정 탄소}{휘발분}$

04 공기비가 작을 경우 나타나는 현상과 가장 거리가 먼 것은?
① 매연 발생이 극심해진다.
② 폭발 사고 위험성이 커진다.
③ 연소실 내의 연소 온도가 저하된다.
④ 미연소로 인한 열 손실이 증가한다.

해설 ③ 공기비가 클 경우

05 단열 가역 변화에서의 엔트로피(Entropy) 변화는?
① 증가
② 감소
③ 불변
④ 일정하지 않다.

해설 단열 가역 변화에서 엔트로피(Entropy) 변화는 불변이며 비가역 변화에서 엔트로피는 증가한다.

06 일반적으로 가연성 기체, 액체 또는 고체가 대기 중에서 연소하는 경우 4가지 연소 형식으로 대별된다. 다음 중 일반적인 연소 형식이 아닌 것은?
① 증발 연소　② 확산 연소
③ 표면 연소　④ 폭발 연소

해설 일반적인 연소 형식
㉠ 증발 연소
㉡ 확산 연소(기체 연소)
㉢ 표면 연소(직접 연소)
㉣ 내부 연소(자기 연소)

정답 01 ②　02 ②　03 ①　04 ③　05 ③　06 ④

07 상온, 상압하에서 메탄-공기의 가연성 혼합기체를 완전연소시킬 때 메탄 1k을 완전연소시키기 위해서는 공기 몇 kg이 필요한가?

① 4
② 17.3
③ 19.04
④ 64

해설

$CH_4 + 2O_2 \rightarrow CO_2 + 2H_2O$

16kg   2×32kg
1kg $x$kg

$x = \dfrac{1 \times 2 \times 32}{16} = 4$kg

$= 4\text{kg} \times \dfrac{1}{0.232} = 17.3$kg

08 가스의 연소에 대한 설명으로 옳은 것은?

① 부탄이 완전연소하면 일산화탄소 가스가 생성된다.
② 부탄이 완전연소하면 탄산가스와 물이 생성된다.
③ 프로판이 불완전 연소하면 탄산가스와 불소가 생성된다.
④ 프로판이 불완전 연소하면 탄산가스와 규소가 생성된다.

해설 ② $C_4H_{10} + 6.5O_2 \rightarrow 4CO_2 + 5H_2O$

09 메탄올 96g과 아세톤 116g을 함께 진공상태의 용기에 넣고 기화시켜 25℃의 혼합 기체를 만들었다. 이때 전압력은 약 몇 mmHg인가? (단, 25℃에서 순수한 메탄올과 아세톤의 증기압 및 분자량은 각각 96.5mmHg, 56mmHg 및 32, 58이다.)

① 76.3
② 80.3
③ 152.5
④ 170.5

해설 (1) 메탄올과 아세톤의 몰(mol)수

㉠ 메탄올 몰(mol)수 = $\dfrac{W}{M} = \dfrac{96}{32} = 3$mol

㉡ 아세톤 몰(mol)수 = $\dfrac{W}{M} = \dfrac{116}{58} = 2$mol

(2) 전압력 계산

$P = P_A + P_B$
$= \left(96.5 \times \dfrac{3}{3+2}\right) + \left(56 \times \dfrac{2}{3+2}\right)$
$= 80.3$mmHg

10 다음 중 연소 정의로 가장 적절한 표현은?

① 물질이 산소와 결합하는 모든 현상
② 물질이 빛과 열을 내면서 산소와 결합하는 현상
③ 물질이 열을 흡수하면서 산소와 결합하는 현상
④ 물질이 열을 발생하면서 산소와 결합하는 현상

해설 연소란 발열 산화 반응으로 발열 반응에 의해 온도가 높아지고, 점차 높아진 온도에 의해서 분자의 운동이 증가하여 에너지가 증가되면 그에 따라 열복사선이 방출되는 현상이다.

11 증기 속에 수분이 많을 때 일어나는 현상은?

① 건조도가 증가된다.
② 증기 엔탈피가 증가된다.
③ 증기 배관에 수격 작용이 방지된다.
④ 증기 배관 및 장치 부식이 발생된다.

해설
① 건조도가 감소한다.
② 증증기 엔탈피가 감소한다.
③ 증기 배관에 수격 작용이 발생된다.

12 탄소 2kg을 완전연소시켰을 때 발생된 연소 가스(CO_2)의 양은 얼마인가?

① 3.66kg
② 7.33kg
③ 8.89kg
④ 12.34kg

해설

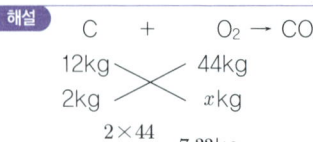

$x = \dfrac{2 \times 44}{12} = 7.33 \text{kg}$

13 자기 연소를 하는 물질로만 나열된 것은?

① 경유, 프로판
② 질화면, 셀룰로이드
③ 황산, 나프탈렌
④ 석탄, 플라스틱(FRP)

해설 자기(내부)연소
가연성 고체 물질이 자체 내에 산소를 함유하고 있어 외부에서 열을 가하면 분해되어 가연성 기체와 산소를 발생하게 되므로 공기 중의 산소를 필요로 하지 않고 그 자체의 산소에 의해 연소하는 형태(질산에스테르류, 질화면, 셀룰로이드류, 니트로화합물, 히드라진과 유도체 등)

14 가로, 세로, 높이가 각각 3m, 4m, 3m인 방에 약 몇 L의 프로판가스가 누출되면 폭발될 수 있는가? (단, 프로판가스의 폭발 범위는 2.2~9.5%이다.)

① 510 ② 610
③ 710 ④ 810

해설 방의체적(L) = $(3 \times 4 \times 3) \times 1,000$
= 36,000L
∴ 폭발할 누출량 = $36,000 \times 0.022 = 792$L

15 메탄올(g), 물(g) 및 이산화탄소(g)의 생성열은 각각 50kcal, 60kcal 및 95kcal 이다. 이때 메탄올의 연소열은?

① 120kcal
② 145kcal
③ 165kcal
④ 180kcal

해설 $CH_3OH + 1.5O_2 \rightarrow CO_2 + 2H_2O$
50kcal   95kcal   60kcal
발열량 = 생성열 − 반응열
= $(2 \times 60) + 95 - 50$ kcal
　　　H_2O　　CO_2　CH_3OH
= 165kcal

16 다음 중 방폭 구조 및 대책에 관한 설명이 아는 것은?

① 방폭 대책에는 예방, 국한, 소화, 피난 대책이 있다.
② 가연성 가스의 용기 및 탱크 내부는 제2종 위험 장소이다.
③ 분진 처리 장치의 호흡 작용이 있는 경우에는 자동 분진 제거 장치가 필요하다.
④ 내압 방폭 구조는 내부 폭발에 의한 내용물 손상으로 영향을 미치는 기기에는 부적당하다.

해설 방폭 지역의 구분 기준
(1) 0종 장소 : 위험 분위기가 지속적으로 또는 장기간 존재하는 장소를 말하며, 용기 내부, 장치 및 배관의 내부 등의 장소는 0종 장소로 구분하며, 다음의 장소는 0종 장소로 할 수 있다.
  ㉠ 설비의 내부
  ㉡ 인화성 또는 가연성 액체가 존재하는 피트(Pit) 등의 내부
  ㉢ 인화성 또는 가연성의 가스나 증기가 지속적으로 또는 장기간 체류하는 곳
(2) 1종 장소 : 상용의 상태에서 위험 분위기가 존재하기 쉬운 장소를 말하며, 0종 장소의 근접 주변

17 기체 연료를 미리 공기와 혼합시켜 놓고 점화해서 연소하는 것으로 혼합기만으로도 연소할 수 있는 연소 방식은?

① 확산 연소 ② 예혼합 연소
③ 증발 연소 ④ 분해 연소

정답 13② 14④ 15③ 16② 17②

> 해설 ① 확산 연소(불균질 연소) : 가연성 기체를 대기 중에 분출·확산시켜 연소하는 방식(불꽃은 있으나 불티가 없는 연소)
> ③ 증발 연소 : 열면에서 연료를 증발시켜 예혼합 연소나 부분 예혼합 연소를 시키는 연소 형태
> ④ 분해 연소 : 가연성 고체에 충분한 열이 공급되면 가열 분해에 의하여 발생된 가연성 가스(CO, H_2, CH_4 등)가 공기와 혼합되어 연소하는 형태

18 안전 간격에 대한 설명 중 틀린 것은?
① 안전 간격은 방폭 전기기기 등의 설계에 중요하다.
② 한계 직경은 가는 관 내부에 화염이 진행할 때 도중에 꺼지는 한계의 직경이다.
③ 두 평행판 간의 거리를 화염이 전파되지 않을 때까지 좁혔을 때 그 거리를 소염 거리라고 한다.
④ 발화의 제반 조건을 갖추었을 때 화염이 최대한으로 전파되는 거리를 화염 일주라고 한다.

> 해설 ④ 화염 일주 또는 소염(Quenching) : 발화한 화염이 전파하지 않고 도중에 꺼져버리는 현상

19 다음은 자연 발화 온도(Autoignition Temperature ; AIT)에 영향을 주는 요인 중 증기의 농도에 관한 사항이다. 가장 옳은 것은?
① 가연성 혼합 기체의 AIT는 가연성 가스와 공기의 혼합비가 1 : 1일 때 가장 낮다.
② 가연성 증기에 비하여 산소의 농도가 클수록 AIT는 낮아진다.
③ AIT는 가연성 증기의 농도가 양론 농도보다 약간 높을 때가 가장 낮다.
④ 가연성 가스와 산소의 혼합비가 1 : 1일 때 AIT는 가장 낮다.

> 해설 자연 발화 온도(AIT)는 가연성 증기의 농도가 양론 농도보다 높을 때가 가장 낮다.

20 연소 관리에 있어서 배기가스를 분석하는 가장 큰 목적은?
① 노내압 조절
② 공기비 계산
③ 연소 열량 계산
④ 매연 농도 산출

> 해설 공기비 계산은 연소 관리에 있어서 배기가스를 분석하는 가장 큰 목적이다.

제2과목 가스설비

21 냉동 설비에 사용되는 냉매가스의 구비 조건으로 옳지 않은 것은?
① 안전성이 있어야 한다.
② 증기의 비체적이 커야 한다.
③ 증발열이 커야 한다.
④ 응고점이 낮아야 한다.

> 해설 ② 증기의 비체적이 작아야 한다.

22 산소 압축기의 윤활제로서 물을 사용하는 주된 이유는?
① 산소는 기름이 분해하므로
② 기름을 사용하면 실린더 내부가 더러워지므로
③ 압축 산소에 유기물이 있으면 산화력이 커서 폭발하므로
④ 산소와 기름은 중합하므로

> 해설 산소 압축기의 윤활제로 물을 사용하는 주된 이유는 압축 산소에 유기물이 있으면 산화력이 커서 폭발하기 때문이다.

정답 18 ④ 19 ③ 20 ② 21 ② 22 ③

23 다음 중 정특성, 동특성이 양호하며 중압용으로 주로 사용되는 정압기는?

① Fisher식 정압기
② KRF식 정압기
③ Reynolds식 정압기
④ ARF식 정압기

해설 Fisher식 정압기의 설명이다.

24 전기 방식에 대한 설명으로 틀린 것은?

① 전해질 중 물, 토양, 콘크리트 등에 노출된 금속에 대하여 전류를 이용하여 부식을 제어하는 방식이다.
② 전기 방식은 부식 자체를 제거할 수 있는 것이 아니고 음극에서 일어나는 부식을 양극에서 일어나도록 하는 것이다.
③ 방식 전류는 양극에서 양극 반응에 의하여 전해질로 이온이 누출되어 금속 표면으로 이동하게 되고 음극 표면에서 음극 반응에 의하여 전류가 유입되게 된다.
④ 금속에서 부식을 방지하기 위해서는 방식전류가 부식 전류 이하가 되어야 한다.

해설 ④ 금속에서 부식을 방지하기 위해서는 방식 전류가 부식 전류 이상이 되어야 한다.

25 압축 산소용 용기의 체적이 50L이고 충전 압력이 12MPa인 경우 저장 능력은 몇 m^3가 되는가?

① 5.50　　② 6.05
③ 8.10　　④ 8.50

해설 압축가스 저장 탱크 및 용기의 능력
$Q = (10P+1)V$
$= (10 \times 12 + 1) \times 50L$
$= 6,050L = 6.05m^3$

26 대용량의 액화가스 저장 탱크 주위에는 방류둑을 설치하여야 한다. 방류둑의 설치 목적으로 옳은 것은?

① 불순분자가 저장 탱크에 접근하는 것을 방지하기 위하여
② 액상의 가스가 누출될 경우 그 가스를 쉽게 방류시키기 위하여
③ 빗물이 저장 탱크 주위로 들어오는 것을 방지하기 위하여
④ 액상의 가스가 누출될 경우 그 가스의 유출을 방지하기 위하여

해설 방류둑의 설치목적
액상의 가스가 누출될 경우 그 가스의 유출을 방지하기 위하여

27 냉동 사이클에 의한 압축 냉동기의 작동 순서로서 옳은 것은?

① 증발기 → 압축기 → 응축기 → 팽창 밸브
② 팽창 밸브 → 응축기 → 압축기 → 증발기
③ 증발기 → 응축기 → 압축기 → 팽창 밸브
④ 팽창 밸브 → 압축기 → 응축기 → 증발기

해설 압축 냉동기의 작동 순서
증발기 → 압축기 → 응축기 → 팽창 밸브

28 리듀서(Reducer)와 부싱(Bushing)을 사용하는 방법으로 옳은 것은?

① 직선 배관에서 90° 혹은 45° 방향으로 따라갈 때의 연결
② 지름이 다른 관을 연결시킬 때
③ 배관의 끝 부분을 마무리할 때
④ 주철판을 납으로 연결시킬 수 없는 장소

정답　23 ①　24 ④　25 ②　26 ④　27 ①　28 ②

[해설]
① 엘보, 벤드
② 리듀서, 부싱
③ 플러그, 캡
④ 플랜지

29 액화석유 저장 탱크를 2개 이상 인접하여 설치하는 경우에는 탱크 상호간 최소 유지 거리는 얼마인가?

① 30cm 이상 ② 60cm 이상
③ 1m 이상   ④ 2m 이상

[해설] 액화석유 저장 탱크를 2개 이상 인접하여 설치하는 경우 탱크 상호간 최소 유지 거리는 1m 이상이다.

30 다음 보기의 특징을 가지는 조정기는?

- 일반 사용자 등이 LPG를 생활용 이외의 용도에 공급하는 경우에 한하여 사용한다.
- 장치 및 조작이 간단하다.
- 배관이 비교적 굵게 되며 압력 조정이 정확하지 않다.

① 1단 감압식 저압 조정기
② 1단 감압식 준저압 조정기
③ 2단 감압식 1차 조정기
④ 자동 절체식 조정기

[해설] 1단 감압식 준저압 조정기에 대한 설명이다.

31 강철 중에 함유되어 있는 5가지 성분 원소는?

① Sn, Pb, Cd, Ag, Fe
② C, N, S, He, P
③ C, Si, Mn, P, S
④ Cr, Ni, Mo, V, Hg

[해설] 강철 성분
Fe(철)과 C(탄소)를 주성분으로 하여 Si(규소), Mn(망간), P(인), S(황) 등의 불순물이 소량 함유되어 있다.

32 압축기의 윤활에 대한 설명으로 옳은 것은?

① 수소 압축기에는 광유가 쓰인다.
② 염소 압축기에는 물이 쓰인다.
③ LP가스 압축기에는 농황산이 쓰인다.
④ 아세틸렌 압축기에는 물이 쓰인다.

[해설] 각종 압축기의 내부 윤활유

종류	윤활유
공기 압축기	양질의 광유(디젤 엔진유)
산소 압축기	물 또는 10% 이하의 묽은 글리세린수
아세틸렌 압축기	양질의 광유
수소 압축기	양질의 광유
염소 압축기	농황산(98% 이상의 진한 황산)
이산화항 압축기	화이트유, 정제된 용제 터빈유
염화메탄 압축기	화이트유
LP가스 압축기	식물성유

33 양정 24m, 송출 유량 0.56m³/min, 효율 65%인 원심 펌프로 물을 이송할 경우의 소요전력은 약 몇 kW인가?

① 1.4
② 2.4
③ 3.4
④ 4.4

[해설]
소요 전력(kW) $= \dfrac{r \cdot Q \cdot H}{102\eta}$

$= \dfrac{1,000 \times 0.56 \times 24}{102 \times 60 \times 0.65}$

$= 3.4\text{kW}$

34 도시가스의 제조 시 사용되는 부취제의 주목적은?

① 냄새가 나게 하는 것
② 발열량을 크게 하기 위한 것
③ 응결되지 않게 하기 위한 것
④ 연소 효율을 높이기 위한 것

해설 도시가스 원료인 LP가스, 천연가스, 나프타가스 등은 색도 없고 냄새도 거의 없거나 약하므로 누설 시 쉽게 발견할 수 없기 때문에 냄새를 낼 수 있는 부취제를 첨가함으로써 가스가 누설되었을 때 조기에 발견 조치하여 폭발 사고나 중독 사고를 방지할 수 있다.

35 산소를 취급할 때 주의 사항으로 틀린 것은?
① 액체 충전 시에는 불연성 재료를 밑에 깔 것
② 가연성 가스 충전 용기와 함께 저장하지 말 것
③ 고압 가스 설비의 기밀시험용으로 사용하지 말 것
④ 밸브의 나사 부분에 그리스(Grease)를 사용하여 윤활시킬 것

해설 산소 용기나 기구류에 유지류(기름, 그리스 등)가 혼합하면 폭발의 위험이 있으므로 유지류는 사염화탄소(CCl_4) 등으로 세척한다.

36 비파괴 검사 방법 중 표면 결함을 주로 시험하는 방법?
① 방사선 투과 시험
② 초음파 탐상 시험
③ 자분 탐상 시험
④ 음향 탐상 시험

해설 자분 탐상 시험
표면 결함 시험으로 피검사물의 자화한 상태에서 표면 또는 표면에 가까운 손상에 의해 생기는 누설자속을 사용하여 검출하는 것

37 증기 압축기 냉동 사이클에서 교축 과정이 일어나는 곳은?
① 압축기   ② 응축기
③ 팽창 밸브 ④ 증발기

해설 팽창 밸브는 증기 압축식 냉동기에서 고온·고압의 액체 냉매를 교축 작용에 의해 증발을 일으킬 수 있는 압력까지 감압시켜 준다.

38 정압기의 설치에 대한 설명으로 틀린 것은?
① 정압기는 설치 후 2년에 1회 이상 분해 점검을 실시한다.
② 정압기 입구에 가스 압력 이상 상승 방지 장치를 설치한다.
③ 정압기 출구에는 가스의 압력을 측정·기록하는 장치를 설치한다.
④ 정압기 입구에는 불순물 제거 장치를 설치한다.

해설 정압기 입구 및 출구에는 가스 차단 장치를 설치하고 출구에는 가스 압력의 이상 상승 방지 장치를 설치한다.

39 메탄염소화에 의해 염화메틸(CH_3Cl)을 제조할 때 반응 온도는 얼마 정도로 하는가?
① 100℃   ② 200℃
③ 300℃   ④ 400℃

해설 염화메틸(CH_3Cl) 제법
㉠ 메탄의 염소화법 : 메탄을 400℃로 염소와 함께 가열하고, 생성된 염화메틸(CH_3Cl), 염화메틸렌(CH_2Cl_2), 클로로포름($CHCl_3$), 사염화탄소(CCl_4)의 혼합물을 분해 증류한다.
㉡ 메탄올법 : 메탄올과 염화수소를 반응시킨다.
$CH_3OH + HCl \rightarrow CH_3Cl + H_2O$

40 다음 중 LP가스의 성분이 아닌 것은?
① 프로판   ② 부탄
③ 메탄올   ④ 프로필렌

해설 LP가스는 탄소수 3 및 4의 탄화수소 또는 그들을 주성분으로 하는 혼합물로서 프로판과 부탄이 주성분이고, 그 밖에 프로필렌, 부틸렌 등이 약간 포함되어 있다.

정답 35 ④ 36 ③ 37 ③ 38 ② 39 ④ 40 ③

제3과목 가스안전관리

41 냉동 설비에는 안전을 확보하기 위하여 액면계를 설치하여야 한다. 가연성 또는 독성가스를 냉매로 사용하는 수액기에 사용할 수 없는 액면계는?

① 환형 유리관 액면계
② 정전 용량식 액면계
③ 편위식 액면계
④ 회전 튜브식 액면계

해설 가연성 또는 독성가스를 냉매로 사용하는 수액기에는 누출시험이 있으므로 환형 유리관 액면계를 사용할 수 없다.

42 다음 중 고압 가스 제조자가 수리할 수 있는 수리 범위에 해당되는 것은?

㉠ 용기 밸브의 부품 교체
㉡ 특정 설비의 부품 교체
㉢ 냉동기의 부품 교체

① ㉠
② ㉠, ㉡
③ ㉡, ㉢
④ ㉠, ㉡, ㉢

해설 고압 가스 제조자가 수리할 수 있는 수리 범위
㉠ 용기 밸브의 부품 교체
㉡ 특정 설비의 부품 교체
㉢ 냉동기의 부품 교체
㉣ 단열재 교체(고압 가스 특정 제조자에 한함)
㉤ 용접가공(고압 가스 특정 제조자에 한함)

43 고압 가스 안전관리법상 용기를 강으로 제조할 경우 성분의 함유량이 제한되어있다. 다음 중 제한된 강 성분이 아닌 것은?

① 탄소
② 인
③ 황
④ 마그네슘

해설 용기를 강으로 제조 시 스테인리스강, 알루미늄 합금, 탄소 0.33% 이하(단, 이음매 없는 용기는 0.55%), 인 0.04% 이하, 황 0.05% 이하인 강을 사용한다.

44 공기 중에서 수소의 폭발 범위(vol%)는?

① 3~80%
② 2.5~81%
③ 4.0~75%
④ 12.5~74%

해설 폭발 범위

가스	하한계	상한계
수소(공기 중)	4	75%
수소(산소 중)	4	94%

45 다음 중 압력 방폭 구조의 표시 방법은?

① p
② d
③ ia
④ s

해설 방폭 전기기기의 구조별 표시 방법

방폭 전기기기의 구조	표시 방법
내압 방폭 구조	d
유입 방폭 구조	o
압력 방폭 구조	p
안전증 방폭 구조	e
본질 안전 방폭 구조	ia·ib
특수 방폭 구조	s

46 특정 설비의 부품을 교체할 수 없는 수리 자격자는?

① 용기 제조자
② 특정 설비 제조자
③ 고압 가스 제조자
④ 검사기관

해설 특정 설비의 부품을 교체할 수 있는 수리 자격자
㉠ 특정 설비 제조자
㉡ 고압 가스 제조자
㉢ 검사기관

정답 41 ① 42 ④ 43 ④ 44 ④ 45 ③ 46 ①

47 지중 또는 수중에 설치된 양극 금속과 매설 배관을 전선으로 연결하여 양극 금속과 매설 배관 사이의 전지 작용에 의하여 전기적 부식을 방지하는 방법은?

① 희생 양극법　② 외부 전원법
③ 직접 배류법　④ 간접 배류법

해설
㉠ 희생 양극법 : 수중에 설치된 양극 금속과 매설 배관을 전선으로 연결하여 양극 금속과 매설 배관 사이의 전지 작용에 의하여 전기적 부식을 방지하는 방법이다.
㉡ 외부 전원법 : 전기 방식법 중 효과 범위가 넓고, 전압, 전류의 조정이 쉬우며, 장거리 배관시에는 수가 적어지는 장점이 있으나 초기 투자가 많다는 단점이 있다.

48 도로 및 도시가스 배관 직상단에는 배관의 위치, 흐름 방향을 표시한 라인 마크(Line mark)를 설치(표시)하여야 한다. 직선 배관인 경우 라인 마크의 최소 설치 간격은?

① 25m　② 50m
③ 100m　④ 150m

해설 직선 배관의 경우 라인 마크는 최소 50m이다.

49 독성 가스가 누출되었을 경우 이에 대한 제독 조치로서 적당하지 않은 것은?

① 물 또는 흡수제에 의하여 흡수 또는 중화하는 조치
② 벤트스택을 통하여 공기 중에 방출시키는 조치
③ 흡착제에 의하여 흡착 제거하는 조치
④ 집액구 등으로 고인 액화 가스를 펌프 등의 이송 설비로 반송하는 조치

해설 독성 가스 누출 시 제독 조치 방법
㉠ ①, ③, ④
㉡ 암모니아, 시안화수소는 연소 설비(플레어 스택, 보일러 등)에서 안전하게 연소시키는 조치

50 최고 충전 압력이 12MPa인 압축 가스 용기의 내압 시험 압력은 몇 MPa인가? (단, 아세틸렌 이외의 가스이며, 강제로 제조한 용기이다.)

① 16
② 18
③ 20
④ 25

해설 압축가스 용기의 내압 시험 압력(TP)

$$TP = 최고\ 충전\ 압력 \times \frac{5}{3}$$
$$= 12\text{MPa} \times \frac{5}{3}$$
$$= 20\text{MPa}$$

51 고압 가스 안전관리법의 적용을 받는 고압 가스의 종류 및 범위에 대한 설명 중 틀린 것은? (단, 압력은 게이지 압력이다.)

① 섭씨 35도의 온도에서 압력이 0Pa을 초과하는 액화 가스 중 액화 산화 에틸렌가스
② 상용의 온도에서 압력이 1MPa 이상이 되는 압축 가스로서 실제로 그 압력이 1MPa 이상이 되는 것 또는 섭씨 35도의 온도에서 압력이 1MPa 이상이 되는 압축 가스(아세틸렌가스 제외)
③ 상용 온도에서 압력이 0.2MPa 이상이 되는 액화 가스로서 실제로 그 압력이 0.2MPa 이상이 되는 것
④ 상용의 온도에서 압력이 0Pa 이상인 아세틸렌가스

해설 ④ 용해 가스는 15℃ 온도에서 압력이 0MPa을 초과하는 아세틸렌가스를 말한다.

52 도시가스 압력 조정기의 제품 성능에 대한 설명 중 틀린 것은?

① 입구 쪽은 압력 조정기에 표시된 최대 입구 압력의 1.5배 이상의 압력으로 내압 시험을 하였을 때 이상이 없어야 한다.
② 출구 쪽은 압력 조정기에 표시된 최대 출구 압력 및 최대 폐쇄 압력의 1.5배 이상의 압력으로 내압 시험을 하였을 때 이상이 없어야 한다.
③ 입구 쪽은 압력 조정기에 표시된 최대 입구 압력 이상의 압력으로 기밀시험 하였을 때 누출이 없어야 한다.
④ 출구 쪽은 압력 조정기에 표시된 최대 출구 압력 및 최대 폐쇄 압력의 1.5배 이상의 압력으로 기밀시험하였을 때 이상이 없어야 한다.

해설 ④ 출구 쪽은 압력 조정기에 표시된 최대 출구 압력 및 최대 폐쇄 압력의 1.1배 이상의 압력으로 기밀시험하였을 때 이상이 없어야한다.

53 액화석유가스의 안전 관리와 관련한 용어의 정의에 대한 설명 중 틀린 것은?

① 저장 설비란 액화석유가스를 저장하기 위한 설비로서 저장 탱크·소형 저장 탱크 및 용기 등을 말한다.
② 저장 탱크란 액화석유가스를 저장하기 위하여 지상 또는 지하에 고정 설치된 탱크로서 그 저장 능력이 3톤 이상인 탱크를 말한다.
③ 충전 설비란 용기 또는 차량에 고정된 탱크에 액화석유가스를 충전하기 위한 설비로서 충전기와 저장 탱크에 부속된 펌프·압축기를 말한다.
④ 충전 용기란 액화석유가스의 충전 질량의 20% 이상이 충전되어 있는 상태의 용기를 말한다.

해설 충전용기 : 충전 질량의 $\frac{1}{2}$ 이상(50% 이상) 충전된 것

54 저장 탱크 설치 방법에서 저장 탱크를 지하에 묻는 경우 지면으로부터 저장 탱크의 정상부까지의 깊이는 최소 얼마 이상으로 하여야 하는가?

① 20cm
② 40cm
③ 60cm
④ 1m

해설 저장 탱크의 지하 설치 방법
㉠ 천정·벽 및 바닥의 두께 : 30cm 이상
㉡ 지면에서 정상부까지 깊이 : 60cm 이상
㉢ 2개 이상 인접설치 상호간 거리 : 1m 이상
㉣ 가스방출관 방출구 높이 : 5m 이상

55 가스 홀더에 설치한 가스를 송출 또는 이입하기 위한 배관에는 가스 홀더와 배관의 접속부 부근에 어떤 안전 장치를 설치하여야 하는가?

① 액화 방지 장치
② 가스 차단 장치
③ 역류 방지 밸브
④ 안전밸브

해설 가스 홀더와 배관의 접속부 부근에는 가스 차단 장치를 설치한다.

56 액화석유가스의 일반적인 특징으로 틀린 것은?

① LP가스는 공기보다 무겁다.
② 액상의 LP가스는 물보다 가볍다.
③ 기화하면 체적이 커진다.
④ 증발 잠열이 작다.

해설 ④ 증발 잠열(기화열)이 크다.

57 초저온 저장 탱크의 내용적이 20,000L일 때 충전할 수 있는 액체 산소량은 몇 kg인가? (단, 상용 온도에서 액화 산소의 비중량은 1.14kg/L이다.)

① 16,350 ② 19,230
③ 20,520 ④ 22,800

해설
$W = 0.9dV_2$
$= 0.9 \times 1.14 \times 20,000 = 20,520 \text{kg}$
여기서, W : 저장 능력(kg)
d : 비중(kg/L)
V_2 : 내용적(L)

58 용기 및 특정 설비는 신규 검사 또는 재검사에 합격한 제품을 사용하여야 하며 검사에 불합격되면 파기하여야 한다. 다음 중 파기 방법에 대한 설명으로 옳은 것은?

① 신규 용기는 절단 등의 방법으로 파기하여 원형으로 재가공하여 사용할 수 있도록 하여야 한다.
② 재검사에 불합격된 용기는 검사원으로 하여금 파기토록 하여야 하며, 파기 후에는 파기일시, 사유, 장소 등을 검사 신청인에게 통지하여야 한다.
③ 재검사에 불합격된 용기는 검사 장소에서 반드시 검사원으로 하여금 파기토록 하여야 하며, 불가피할 경우 검사원 입회하에 해당 검사 기관 직원으로 하여금 파기토록 할 수 있다.
④ 파기된 용기는 검사 신청인이 인수 시한(통지일로부터 1개월 이내) 내에 인수하지 아니하면 검사 기관이 임의로 매각 처분할 수 있다.

해설
① 절단 등의 방법으로 파기하여 원형으로 가공할 수 없도록 한다.
② 검사 신청인에게 파기의 사유·일시·장소 및 인수시한 등을 통지하고 파기한다.
③ 파기하는 때에는 검사 장소에서 검사원으로 하여금 직접 실시하게 하거나 검사원 입회하에 용기 및 특정 설비의 사용자로 하여금 실시한다.

59 다음 중 역류 방지밸브를 설치해야 하는 곳은?

① 가연성 가스를 압축하는 압축기와 오토클레이브 사이의 배관
② 아세틸렌의 고압 건조기와 충전용 교체밸브 사이의 배관
③ 아세틸렌 충전용 지관
④ 메탄올의 합성탑 밑 정제탑과 압축기 사이의 배관

해설
액화 방지기를 설치하는 곳 : ①, ②, ③

60 에어졸 제조 시 금속제 용기의 두께는 얼마 이상이어야 하는가?

① 0.05mm
② 0.1mm
③ 0.125mm
④ 0.2mm

해설
에어졸 제조 시 금속제 용기의 두께는 0.125mm 이상이어야 한다.

제4과목 가스계측

61 외란의 영향으로 인하여 제어량의 목푯값 50L/min에서 53L/min으로 변하였다면 이때 제어 편차는 얼마인가?

① +3L/min ② -3L/min
③ +6.0%   ④ -6.0%

해설
제어 편차 = 50 - 53 = -3L/min

정답 57 ③ 58 ④ 59 ④ 60 ③ 61 ②

62 제어 시스템을 구성하는 각 요소가 어떻게 동작하고, 신호는 어떻게 전달되는지를 나타내는 선도는?

① 블록 선도
② 보상 선도
③ 공중 선도
④ 직선 선도

해설 블록 선도에 대한 설명이다.

63 유속이 6m/s인 물속에 피토(Pitot)관을 세울 때 수주의 높이는 약 몇 m인가?

① 0.54
② 0.92
③ 1.63
④ 1.83

해설 $V = \sqrt{2gh}$
$h = \dfrac{V^2}{2g} = \dfrac{6^2}{2 \times 9.8} = 1.83\text{m}$

64 차압식 유량계 중 플로 노즐식의 일반적인 특징에 대한 설명으로 틀린 것은?

① 압력 손실이 오리피스식보다 크다.
② 슬러지 유체의 측정에 이용된다.
③ 구조가 다소 복잡하다.
④ 고속 및 고압 유체의 측정에도 사용된다.

해설 ① 압력 손실이 오리피스식보다 작다.

65 오르사트 가스 분석기에서 가스의 흡수 순서가 맞는 것은?

① CO → CO_2 → O_2
② CO_2 → CO → O_2
③ O_2 → CO_2 → CO
④ CO_2 → O_2 → CO

해설 ㉠ 오르사트(Orsat)가스 분석기의 가스 흡수 순서 : CO_2 → O_2 → CO
㉡

가스 종류	흡수액
CO_2	33% KOH 용액
O_2	알칼리성 피로갈롤 용액
CO	암모니아성 염화제1동 용액

66 주로 기체 연료의 발열량을 측정하는 열량계는?

① Richter 열량계
② Scheel 열량계
③ Junker 열량계
④ Thomson 열량계

해설 기체 연료의 발열량을 측정하는 열량계는 Junker 열량계이다.

67 다음의 제어 동작 중 비례-적분 동작을 나타낸 것은?

①

②

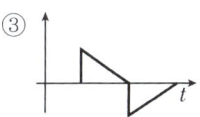
③

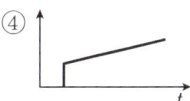
④

해설 ① 비례 동작
② 적분 동작
③ 미분 동작
④ 비례-적분 동작

68 방사성 동위 원소의 자연 붕괴 과정에서 발생하는 베타 입자를 이용하여 시료의 양을 측정하는 검출기는?

① ECD
② FID
③ TCD
④ TID

해설 ② FID(수소 이온화 검출기) : 염으로 시료 성분이 이온화됨으로써 염 중에 놓여진 전극간의 전기 전도도가 증대하는 것을 이용하는 검출기
③ TCD(열전도도 검출기) : 캐리어 가스와 시료 성분 가스의 열전도도 차를 금속 필라멘트의 저항 변화로 검출하는 검출기
④ TID(열이온 검출기) : 인과 질소가 포함된 유기화합물에 사용하는 검출기

69 가스 미터는 실측식과 추량식이 있다. 다음 중 실측식 가스 미터가 아닌 것은?

① Orifice식
② Roots식
③ 막식
④ 습식

해설 가스 미터의 분류

```
         ┌ 실측식 ┬ 건식 ┬ 막식형
가스     │        │      └ 회전사식(Roots형 등)
미터 ────┤        └ 습식 ── 기준 습식 가스 미터 등
         └ 추량식 ┬ Delter형
                  ├ Turbne형
                  └ 기타(벤투리형)
```

70 차압식 유량계 중 벤투리식(Venturi type)에서 교축 기구 전후의 관계에 대한 설명으로 옳지 않은 것은?

① 유량은 차압의 평방근에 비례한다.
② 유량은 조리개비의 제곱에 비례한다.
③ 유량은 관 지름의 제곱에 비례한다.
④ 유량은 유량계수에 비례한다.

해설
$$Q = C \cdot A \sqrt{\frac{2g}{1-m^4} \times \frac{P_1 - P_2}{\gamma}}$$
$$= C \cdot A \sqrt{\frac{2gh}{1-m^4} \times \frac{\gamma_m - \gamma}{\gamma}}$$

즉 유량은 조리개비(m) 4승의 평방근에 반비례한다.

71 가스 미터 중 루츠 미터의 용량 범위를 가장 옳게 나타낸 것은?

① 1.5~200m³/h
② 0.2~3,000m³/h
③ 10~2,000m³/h
④ 100~5,000m³/h

해설 용량 범위
㉠ 루츠 미터 : 100~5,00m³/h
㉡ 막식 : 1.5~200m³/h
㉢ 습식 : 0.2~3,000m³/h

72 가스 분석법 중 하나인 게겔(Gockel)법의 흡수액으로 잘못 연결된 것은?

① 아세틸렌 – 옥소수은칼륨 용액
② 에틸렌 – 취화수소(HBr)
③ 프로필렌 – 87% KOH 용액
④ 산소 – 알칼리성 피로갈롤 용액

해설 게겔(Gockel)법의 흡수법

가스 종류	흡수액
CO_2	33% KOH 용액
C_2H_2	요오드수은칼륨 용액
C_3H_6과 $n-C_4H_8$	87% H_2SO_4 용액
C_2H_4	HBr
O_2	알칼리성 피로갈롤 용액
CO	암모니아성 염화제1동 용액

정답 68 ① 69 ① 70 ① 71 ④ 72 ③

73 루츠 미터(Roots meter)에 대한 설명 중 틀린 것은?

① 유량이 일정하거나 변화가 심한 곳, 깨끗하거나 건조하거나 관계없이 모든 가스 타입을 계량하기에 적합하다.
② 액체 및 아세틸렌, 바이오가스, 침전 가스를 계량하는 데에는 다소 부적합하다.
③ 공업용에 사용되고 있는 이 가스 미터는 칼만(Karman)식과 스월(Swirl)식의 두 종류가 있다.
④ 측정의 정확도와 예상 수명은 가스 흐름 내에 먼지의 과다 퇴적이나 다른 종류의 이물질 출현도에 따라 다르다.

해설 ③ 와류식에는 칼만식과 스월식이 있다.

74 다음 [보기]에서 설명하는 열전대 온도계는?

- 열전대 중 내열성이 가장 우수하다.
- 측정 온도 범위가 0~1,600℃ 정도이다.
- 환원성 분위기에 약하고 금속 증기 등에 침식되기 쉽다.

① 백금 – 백금·로듐 열전대
② 크로멜 – 알루멜 열전대
③ 철 – 콘스탄탄 열전대
④ 동 – 콘스탄탄 열전대

해설 열전대의 종류 및 특성

종류	측정 범위	특성
백금 로듐 –백금 (P.R)	0~ 1,600℃	고온에 잘 견디며, 산화성 분위기에는 침식되지 않으나 환원성에는 약하다.
크로멜– 알루멜 (C.A)	-20~ 1,200℃	기전력이 크고 산화성 분위기에서 열화가 빠르다. 가장 많이 사용된다.
철– 콘스탄탄 (I.C)	-20~ 800℃	환원성에 강하나 산화성에는 약하다.
동– 콘스탄탄 (C.C)	-200~ 350℃	수분에 의한 부식에 강하고 저온용으로 우수하다.

75 전자 유량계는 다음 중 어떤 법칙을 이용한 것인가?

① 패러데이의 전자 유도 법칙
② 뉴턴의 점성 법칙
③ 슈테판–볼츠만의 법칙
④ 존슨의 법칙

해설 전자 유량계는 패러데이의 전자 유도 법칙을 이용하여 기전력을 측정하여 유량을 구한다.

76 초음파 유량계에 대한 설명으로 틀린 것은?

① 압력 손실이 거의 없다.
② 압력은 유량에 비례한다.
③ 대구경 관로의 측정이 가능하다.
④ 액체 중 고형물이나 기포가 많이 포함되어 있어도 정도가 좋다.

해설 ④ 액체 중 고형물이나 기포가 많이 포함되어 있으면 정도가 좋지 않다.

77 도시가스 회사에서는 가스 홀더에서 매주 성분 분석을 하는데, 다음 중 유해 성분이 아닌 것은?

① H_2S ② S
③ NH_3 ④ H_2

해설 유해 성분 물질
㉠ H_2S(황화수소) : 0.02g 이하
㉡ S(유황) : 0.5g 이하
㉢ NH_3(암모니아) : 0.2g 이하

정답 73 ③ 74 ① 75 ① 76 ④ 77 ④

78 황화합물과 인화합물에 대하여 선택성이 높은 검출기는?

① 불꽃 이온 검출기(FID)
② 열전도도 검출기(TCD)
③ 전자 포획 검출기(ECD)
④ 염광 광도 검출기(FPD)

해설
① 불꽃 이온 검출기(FID : Flame Ionization Detector) : 염으로 시료 성분이 이온화됨으로써 염 중에 전극간의 전기 전도도가 증대하는 것을 이용한다.
② 열전도도 검출기(TCD : Thermal Conductivity Detector) : 캐리어 가스와 시료 성분 가스의 열전도도 차를 금속 필라멘트(혹은 더미스터)의 저항 변화로 검출한다.
③ 전자 포획 검출기(ECD : Electron Capture Detector) : 방사선으로 캐리어 가스가 이온화되어 생긴 전자를 시료 성분이 포획하면 이온 전류가 감소하는 것을 이용한다.
④ 염광 광도 검출기(FPD : Flame Photometric Detector) : 공기와 물의 오염 물질, 살충제 및 석탄수소화 생성물 등의 분석에 이용하며, 이 검축기를 주로 황과 인을 포함하는 화합물에 감응하는 선택성 검출기이다.

79 50L의 물이 들어 있는 욕조에 온수기를 사용하여 온수를 넣은 결과 17분 후에 욕조의 온도가 42℃, 온수량이 150L가 되었다. 이때 온수기로부터 물에 가한 열량은 약 몇 kcal인가? (단, 가스 발열량 5,000kcal/m³, 온수기의 가스 소비량 5m³/h, 물의 비열 1kcal/kg·℃, 수도 및 최초 온도는 5℃로 한다.)

① 3,700 ② 5,000
③ 5,550 ④ 7,083

해설 물 1kg → 1℃ → 1kcal

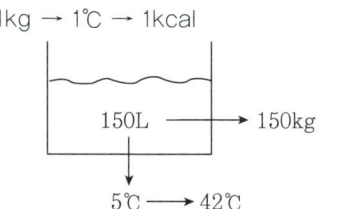

즉, (42-5)kcal/kg×150kg=5,500kcal

80 전기 저항식 습도계의 특징에 대한 설명 중 틀린 것은?

① 저온도의 측정이 가능하고, 응답이 빠르다.
② 고습도에 장기간 방치하면 감습막이 유동한다.
③ 연속 기록, 원격 측정, 자동 제어에 주로 이용된다.
④ 온도 계수가 비교적 작다.

해설 ④ 온도 계수가 비교적 크다.

2024 제2회 산업기사 (5. 9. 시행)

제1과목 연소공학

01 정상 운전 중에 가연성 가스의 점화원이 될 전기 불꽃, 아크 등의 발생을 방지하기 위하여 기계적, 전기적 구조상 또는 온도 상승에 대하여 안전도를 증가시킨 방폭 구조는?

① 내압 방폭 구조
② 압력 방폭 구조
③ 안전증 방폭 구조
④ 본질 안전 방폭 구조

해설 안전증 방폭 구조의 설명이다.

02 $CH_4(g) + 2O_2(g) \rightleftharpoons CO_2(g) + 2H_2O(l)$의 반응열은 약 몇 kcal인가?

- $CH_4(g)$의 생성열 : -17.9 kcal/g·mol
- $H_2O(l)$의 생성열 : -68.4 kcal/g·mol
- $CO_2(g)$의 생성열 : -94 kcal/g·mol

① -144.5 ② -180.3
③ -212.9 ④ -248.7

해설 $CH_4 + 2O_2 \rightarrow CO_2 + 2H_2O$
$Q = [(-94) + 2 \times (-68.4)] - (-17.9)$
$= -212.9$ kcal

03 액체 시안화수소를 장기간 저장하지 못하게 하는 이유는?

① 산화 폭발하기 때문에
② 중합 폭발하기 때문에
③ 분해 폭발하기 때문에
④ 고결되어 장치를 막기 때문에

해설 시안화수소를 장기간(60일 이상) 저장하면 중합 폭발하기 때문이다.

04 잠재적인 사고 결과를 평가하는 정량적 안전성 평가 기법은?

① 위험과 운전 분석
② 이상 위험도 분석
③ 결함수 분석
④ 사건수 분석

해설 사건수 분석(Event Tree Analysis; ETA)
초기 사건으로 알려진 특정한 장치의 이상이나 운전자의 실수로부터 발생하는 잠재적인 사고 결과를 예측 평가하는 정량적 안전성 평가 기법이다.

05 폭굉(Detonation)에 대한 설명으로 옳은 것은?

① 폭속은 정상 연소 속도의 10배 정도이다.
② 폭굉 범위는 폭발(연소) 범위보다 넓다.
③ 가스 중의 연소 전파 속도가 음속 이하로서, 파면선단에 충격파가 발생한다.
④ 폭굉의 상한계값은 폭발(연소)의 상한계값보다 작다.

해설
① 폭속은 정상 연소 속도보다 수백 배 빠르다.
② 폭굉 범위는 폭발 범위보다 좁다.
③ 가스 중의 화염 전파 속도가 음속 이상으로서 파면선단에 충격파가 발생한다.

정답 01 ③ 02 ③ 03 ② 04 ④ 05 ④

06 압력 0.1MPa, 체적 3m³인 273.15K의 공기가 이상적으로 단열 압축되어 그 체적이 1/3으로 되었다. 엔탈피의 변화량은 약 몇 kJ인가? (단, 공기의 기체 상수는 0.287 kJ/kg·K, 비열비는 1.4이다.)

① 480 ② 580
③ 680 ④ 780

해설

$$Wt = \frac{k}{k-1} P_1 V_1 \left\{ 1 - \left(\frac{V_1}{V_2}\right)^{k-1} \right\}$$

$$= \frac{1.4}{1.4-1} \times 0.1 \times 1,000 \times 3 \times \left\{ 1 - \left(\frac{3}{3 \times \frac{1}{3}}\right)^{1.4-1} \right\}$$

$$= -579.43 \text{kJ}$$

즉, $du = -Wt = 579.43 \text{kJ}$

여기서, $0.1\text{MPa} = 0.1 \times 10^3 \text{kPa}$

07 프로판 30vol% 및 부탄 70vol%의 혼합가스 1L가 완전연소하는 데 필요한 이론 공기량은 약 몇 L인가? (단, 공기 중 산소 농도는 20%로 한다.)

① 10 ② 20
③ 30 ④ 40

해설

㉠ 프로판 및 부탄의 완전연소 반응식
$C_3H_8 + 5O_2 \rightarrow 3CO_2 + 4H_2O$
$C_4H_{10} + 6.5O_2 \rightarrow 4CO_2 + 5H_2O$

㉡ 이론 공기량

$$A_o = \frac{O_o}{0.2}$$

$$= \frac{5 \times 0.3 + 6.5 \times 0.7}{0.2} = 30 \text{L}$$

08 난조가 있는 예혼합기 속을 전파하는 난류 예혼합 화염은 층류 예혼합 화염과 다르다. 이에 대한 설명으로 옳은 것은?

① 화염의 배후에 미연소분이 존재하지 않는다.
② 층류 예혼합 화염에 비하여 화염의 휘도가 높다.
③ 난류 예혼합 화염의 구조는 교란없이 연소되는 분젠화염 형태이다.
④ 연소 속도는 층류 예혼합 화염의 연소 속도와 같은 수준이고 화염의 휘도가 낮은 편이다.

해설 층류 및 난류 예혼합 연소 비교

구분	층류 예혼합 연소	난류 예혼합 연소
연소 속도	느리다.	수십 배 빠르다.
화염 두께	얇다.	두껍다.
휘도	낮다.	높다.
연소 특징	화염이 청색이다.	미연소분이 존재한다.

09 밀폐된 용기 내에 1atm, 27℃ 프로판과 산소가 부피비로 1 : 5의 비율로 혼합되어 있다. 프로판이 다음과 같이 완전연소하여 화염의 온도가 1,000℃가 되었다면 용기 내에 발생하는 압력은 얼마나 되겠는가?

$$C_3H_8 + 5O_2 \rightarrow 3CO_2 + 4H_2O$$

① 1.95atm
② 2.95atm
③ 3.95atm
④ 4.95atm

해설 이상기체 상태방정식 $PV = nRT$에서,
㉠ 반응 전 $P_1 V_1 = n_1 R_1 T_1$
㉡ 반응 후 $P_2 V_2 = n_2 R_2 T_2$
여기서, $V_1 = V_2$, $R_1 = R_2$이므로

$$\frac{P_2}{P_1} = \frac{n_2 T_2}{n_1 T_1} \text{이 된다.}$$

즉, $P_2 = \frac{n_2 T_2}{n_1 T_1} \times P_1$

$$= \frac{7 \times (273 + 1,000)}{6 \times (273 + 27)} \times 1 = 4.95 \text{atm}$$

정답 06 ② 07 ③ 08 ② 09 ④

10 100℃의 수증기 1kg이 100℃의 물로 응결될 때 수증기 엔트로피 변화양은 몇 kJ/K인가? (단, 물의 증발 잠열은 2,256.7 kJ/kg이다.)

① −4.87
② −6.05
③ −7.24
④ −8.67

해설
엔트로피 변화량(ΔS) = $\dfrac{H}{T}$ = $\dfrac{2,256.7}{273+100}$
= 6.05kJ/K
수증기에서 물로 응결되므로 −0.65kJ/K이다.

11 폭굉 유도 거리(DID)에 대한 설명으로 옳은 것은?

① 관 지름이 클수록 짧아진다.
② 압력이 높을수록 길어진다.
③ 점화원의 에너지가 높을수록 짧아진다.
④ 폭굉 유도 거리라 함은 폐쇄단에서 최후 폭바파가 형성되는 위치까지의 거리이다.

해설
① 관 지름이 가늘수록 짧아진다.
② 압력이 높을수록 짧아진다.
④ 폭굉 유도 거리라 함은 폭발이 발생한 후 확산되는 거리이다.

12 연소에 사용되는 용어와 그 내용에 대하여 가장 바르게 연결된 것은?

① 폭발 – 정상 연소
② 착화점 – 점화 시 최대 에너지
③ 연소 범위 – 위험도의 계산 기준
④ 자연 발화 – 불씨에 의한 최고 연소 시작 온도

해설
① 폭발 – 비정상 연소
② 착화점 – 점화 시 최소 에너지
④ 자연 발화 – 스스로 연소를 시작하는 최저 온도

13 기상 폭발 발생을 예방하기 위한 대책으로 옳지 않은 것은?

① 환기에 의해 가연성 기체의 농도 상승을 억제한다.
② 집진 장치 등으로 분진 및 분무의 퇴적을 방지한다.
③ 휘발성 액체를 불활성 기체와의 접촉을 피하기 위해 공기로 차단한다.
④ 반응에 의해 가연성 기체의 발생 가능성을 검토하고 반응을 억제하거나 또는 발생한 기체를 밀봉한다.

해설
③ 휘발성 액체를 공기와의 접촉을 피하기 위해 불활성 기체로 차단한다.

14 고체 연료의 착화에 대한 설명으로 옳은 것은?

① 고체 연료의 착화에서 노벽 온도가 높을수록 착화 지연 시간은 짧아진다.
② 고체 연료의 착화에서 노벽 온도가 낮을수록 착화 지연 시간은 짧아진다.
③ 고체 연료의 착화에서 노벽 온도가 높을수록 착화 지연 시간은 일정하다.
④ 고체 연료의 착화에서 노벽 온도와 착화 지연 시간은 무관하다.

해설
착화(발화)지연은 어느 온도에서 가열하기 시작하여 발화에 이르기까지의 시간이다.

15 비중(60℉/60℉)이 0.95인 액체 연료의 API도는?

① 15.45
② 16.45
③ 17.45
④ 18.45

해설
API도 = $\dfrac{141.5}{비중(60℉/60℉)} - 131.5$
= $\dfrac{141.5}{0.95} - 131.5 = 17.447$

여기서, API : American Petroleum Institute

16 다음 중 보일-샤를의 법칙을 바르게 표기한 것은?

① $PV = C$(일정)

② $\dfrac{T}{PV} = C$(일정)

③ $\dfrac{PV}{T} = C$(일정)

④ $\dfrac{TV}{P} = C$(일정)

해설 보일-샤를의 법칙
일정량의 기체가 차지하는 부피는 압력에 반비례하고, 절대온도에 비례한다.
$$\dfrac{PV}{T} = \dfrac{P_1 V_1}{T_1}$$
즉, $\dfrac{PV}{T} = C$(일정)

17 가연성 가스의 연소에서 산소의 농도가 증가할수록 일어나는 현상으로 옳은 것은?

① 연소 속도가 늦어진다.
② 발화 온도가 높아진다.
③ 화염 온도가 낮아진다.
④ 폭발 범위가 높아진다.

해설 ① 연소 속도가 증가한다.
② 발화 온도가 낮아진다.
③ 화염 온도가 높아진다.

18 연소 폭발을 방지하기 위한 방법이 아닌 것은?

① 가연성 물질의 제거
② 조연성 물질의 혼입 차단
③ 발화원의 소거 또는 억제
④ 불활성 가스 제거

해설 불활성 가스를 제거하면 연소와 폭발이 발생된다.

19 기체가 내부 압력 0.05MPa, 체적 2.5m³의 상태에서 압력 1MPa, 체적이 0.3m³의 상태로 변화하였을 때 1kg당 엔탈피 변화량은 약 몇 kJ인가? (단, 이 과정 중에 내부 에너지 변화량은 일정하다.)

① 165
② 170
③ 175
④ 180

해설 엔탈피 변화량(dQ)
$= U + (P_2 V_2 - P_1 V_1)$
$= 0 + \{(1 \times 10^3 \times 0.3) - (0.05 \times 10^3 \times 2.5)\}$
$= 175 \text{kJ}$

20 자연 현상을 판명해주고, 열 이동의 방향성을 제시해주는 열역학 법칙은?

① 제0법칙
② 제1법칙
③ 제2법칙
④ 제3법칙

해설 열역학 법칙
㉠ 제0법칙(열평형의 법칙)
㉡ 제1법칙(에너지 보존의 법칙)
㉢ 제2법칙(방향성의 법칙)
㉣ 제3법칙 : 어느 열기관에서나 절대온도 0도를 만들 수는 없다.

제2과목 가스설비

21 도시가스의 연소 속도(C_p)를 구하는 식은? (단, K는 도시가스 중 산소 함유율에 따라 정하는 정수, H_2는 가스 중의 수소의 함유율(vol%), CO는 가스 중의 CO 함유율(vol%), $C_m H_n$은 가스 중의 CH_4를 제외한 탄화수소 함유율(vol%), CH_4은 가스 중의 CH_4 함유율(vol%), d는 가스의 비중이다.)

① $C_p = K \cdot \dfrac{1.0H_2 + 0.6(CO + C_m H_n) + 0.3CH_4}{\sqrt{d}}$

정답 16 ③ 17 ④ 18 ④ 19 ③ 20 ③ 21 ①

② $C_p = K \cdot \dfrac{1.0\text{CH}_4 + 0.6(\text{CO}) + \text{C}_m\text{H}_n + 0.3\text{H}_2}{\sqrt{d}}$

③ $C_p = K \cdot \dfrac{1.0\text{CH}_4 + 0.3(\text{CO}) + \text{C}_m\text{H}_n + 0.6\text{H}_2}{\sqrt{d}}$

④ $C_p = K \cdot \dfrac{1.0\text{CO} + 0.3\text{CH}_4 + (\text{C}_m\text{H}_n) + 0.6\text{H}_2}{\sqrt{d}}$

해설 ① 도시가스의 연소 속도

22 가스 배관의 부식 방지 조치로서 피복에 의한 방식법이 아닌 것은?
① 아연 도금   ② 도장
③ 도복장   ④ 희생 양극법

해설 ④ 희생 양극법 : 전기 방식법

23 액화산소 탱크 4,000L에 충전할 수 있는 질량은 몇 kg인가? (단, 상용의 온도에서 액화가스의 비중은 1.14이다.)
① 4,104   ② 4,154
③ 5,104   ④ 5,154

해설 $W = 0.9d \cdot V$
$= 0.9 \times 1.14 \times 4{,}000 = 4{,}104\text{kg}$

24 가스의 성질에 대한 설명으로 옳은 것은?
① 질소는 상온에서 대단히 안정된 불연성 가스로서 고온·고압에서도 금속과 화합하지 않는다.
② 염소는 반응성이 강한 가스이며 강에 대해서 상온의 건조 상태에서도 현저한 부식성이 있다.
③ 암모니아는 산이나 할로겐과도 잘 화합한다.
④ 산소는 액체 공기를 분류하여 제조하는 반응성이 강한 가스이며, 그 자신도 연소한다.

해설 ① 고온·고압에서도 금속과 화합한다.
② 강에 대해서 고온 및 수분이 존재할 때에는 부식성이 있다.
④ 그 자신은 연소하지 않는다.

25 로딩(Loading)형으로 정특성, 동특성이 양호한 정압기는?
① Fisher식   ② Axial flow식
③ Reynolds식 ④ KRF식

해설 ② 변칙 언로딩형으로 정특성, 동특성이 양호하다.
③, ④ 언로딩형으로 정특성은 극히 좋으나 안정성이 부족하다.

26 공기 액화 사이클 중 비등점이 점차 낮은 냉매를 사용하여 낮은 비등점의 기체를 액화시키는 액화 사이클을 무엇이라 하는가?
① 캐피자 액화 사이클
② 다원 액화 사이클
③ 린데식 액화 사이클
④ 클라우드 액화 사이클

해설 다원 액화 사이클의 설명이다.

27 바깥지름과 안지름의 비가 1.2 이상인 산소가스 배관의 두께를 구하는 식은 다음과 같다. 여기에서 C는 무엇을 뜻하는가? (단, t는 관 두께, D는 안지름, S는 안전율, P는 상용압력, f는 재료의 인장 강도 규격 최솟값이다.)

$$t = \dfrac{D}{2}\left(\sqrt{\dfrac{\dfrac{f}{S}+P}{\dfrac{f}{S}-P}} - 1\right) + C$$

① 부식 여유 수치
② 인장 강도
③ 이음매의 효율
④ 안전 여유 수치

해설 C : 부식 여유 수치(mm)

28 배관 이음 방법 중 배관의 지름이 서로 다른 관을 이을 때 사용하는 부품은?

① 캡
② 리듀서
③ 유니언
④ 플러그

해설 ㉠ 캡, 플러그 : 관 끝을 막을 때
㉡ 유니언 : 동경관의 직선 연결

29 자연기화와 비교한 강제기화기 사용 시 특징에 대한 설명 중 틀린 것은?

① LPG 종류에 관계없이 한냉 시에도 충분히 기화된다.
② 공급 가스의 조성이 일정하다.
③ 기화량을 가감할 수 있다.
④ 설비 장소가 커지고 설비비는 많이 든다.

해설 ④ 설비 장소가 작고 설비비는 적게 든다.

30 20층인 아파트에서 1층의 가스 압력이 1.8 kPa일 때, 20층에서의 압력은 약 몇 kPa 인가? (단, 20층까지의 고저차는 60m, 가스의 비중은 0.65, 공기의 비중량은 1.3 kg/m³이다.)

① 1
② 2
③ 3
④ 4

해설 $H = 1.3(S-1)h$
$= 1.3 \times (0.65-1) \times 60 \times 10^{-2} = -0.27 \text{kPa}$
여기서, '-'값이 나오면 압력이 상승되는 것이므로
$1.8 + 0.27 = 2.07 ≒ 2\text{kPa}$

31 다음 그림은 압력 조정기의 기본 구조이다. 옳은 것으로만 나열된 것은?

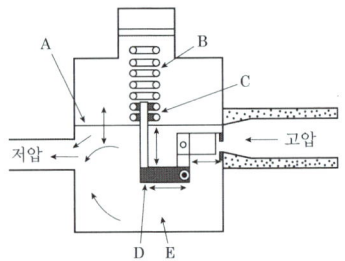

① A : 다이어프램,
  B : 안전 장치용 스프링
② B : 안전 장치용 스프링,
  C : 압력 조절용 스프링
③ C : 압력 조절용 스프링, D : 레버
④ D : 레버, E : 감압실

해설 압력 조정기의 기본 구조
A : 다이어프램
B : 압력 조절용 스프링
C : 안전 장치용 스프링(안전밸브)
D : 레버
E : 감압실

32 다음 중 흡수식 냉동기의 기본 사이클에 해당하지 않는 것은?

① 흡수
② 압축
③ 응축
④ 증발

해설 냉동기의 기본 사이클
㉠ 증기 압축식 : 압축기 → 응축기 → 팽창밸브 → 증발기
㉡ 흡수식 : 발생기 → 응축기 → 팽창밸브 → 흡수기

33 용접 결함의 종류 중 언더필(Underfill)을 설명한 것은?

① 용접 시 양 모재의 단면이 불일치되어 굽어진 상태
② 융착 부족으로 용접부 표면이 주위 모재의 표면보다 낮은 현상
③ 용접 금속이 루트 부분까지 도달하지 못했기 때문에 모재와 모재 사이에 발생한 결함
④ 과잉 용접으로 용접 금속이 국부적으로 홈의 반대면으로 흘러 떨어진 것

해설 언더필
융착 부족으로 용접부 표면이 주위 모재의 표면보다 낮은 현상으로 용접 속도가 너무 빠를 때 생긴다.

34 펌프의 전효율 η를 구하는 식으로 옳은 것은? (단, η_v는 체적 효율, η_m은 기계 효율, η_h는 수력 효율이다.)

① $\eta = \dfrac{\eta_m + \eta_h}{\eta_v}$
② $\eta = \eta_v \cdot \eta_m \cdot \eta_h$
③ $\eta = \eta_v + \eta_h \cdot \eta_m$
④ $\eta = \dfrac{\eta_m \cdot \eta_h}{\eta_v}$

해설 전효율=체적 효율×기계 효율×수력 효율

35 용기 충전부에 'V'홈의 의미는?

① 왼나사를 나타낸다.
② 위험한 가스를 나타낸다.
③ 가연성 가스를 나타낸다.
④ 독성 가스를 나타낸다.

해설 V홈 : 왼나사

36 용기 내압 시험 시 뷰렛은 300mL의 용적을 가지고 있으며 전중가는 200mL, 항구 증가는 15mL일 때 이 용기의 항구 증가율은?

① 5%   ② 6%
③ 7.5% ④ 8.5%

해설 항구 증가율(%) = $\dfrac{\text{항구 증가량}}{\text{전증가량}} \times 100$
$= \dfrac{15}{200} \times 100 = 7.5\%$

37 시간당 50,000kcal의 열을 흡수하는 냉동기의 용량은 몇 냉동톤에 해당하는가?

① 6.01   ② 15.06
③ 63.40 ④ 633.71

해설 냉동기의 냉동톤(RT) = $\dfrac{Q_2}{3,320} = \dfrac{50,000}{3,320}$
$= 15.06RT$

38 다음 중 원심 펌프의 양수 원리를 가장 바르게 설명한 것은?

① 익형 날개차의 양력을 이용한다.
② 익형 날개차의 양력과 원심력을 이용한다.
③ 회전차의 원심력을 압력 에너지로 변환한다.
④ 회전차의 케이싱과 회전차 사이의 마찰력을 이용한다.

해설 양수 원리란 원심력을 이용하여 압력을 상승시켜 축과 직각 방향으로 액체를 이송하는 것이다.

39 전기 방식법 중 외부 전원법에 대한 설명으로 거리가 먼 것은?

① 간섭의 우려가 있다.
② 설비비가 비교적 고가이다.
③ 방식 전류의 양을 조절할 수 있다.
④ 방식 효과 범위가 좁다.

정답 33 ② 34 ② 35 ① 36 ③ 37 ② 38 ③ 39 ④

해설 ④ 방식 효과 범위가 넓다.

40 다음 중 왕복동식(용적식 펌프)에 해당하지 않는 것은?
① 플런저 펌프
② 다이어프램 펌프
③ 피스톤 펌프
④ 제트 펌프

해설 ④ 제트 펌프 : 특수 펌프

제3과목 가스안전관리

41 고압 가스 충전 용기를 취급하거나 보관하는 때의 기준으로 틀린 것은?
① 충전 용기는 항상 40℃ 이하로 유지할 것
② 정전에 대비하여 비상초와 성냥을 비치할 것
③ 용기 보관 장소에는 작업에 필요한 물건 외에는 두지 않을 것
④ 충전 용기와 잔가스 용기는 구분하여 보관할 것

해설 ② 방폭형 휴대용 손전등 외의 등화는 휴대하거나 비치해서는 안된다.

42 용기를 제조할 경우의 기준에 대한 설명 중 틀린 것은?
① 초저온 용기는 오스테나이트계 스테인리스강 또는 알루미늄합금으로 제조한다.
② 내식성이 없는 용기에는 부식 방지 도장을 한다.
③ 액화석유가스용 강제 용기의 스커드 형상은 용기의 길이 방향에 대한 수평단면을 원형으로 하고, 하단에는 외측으로 굴곡부를 만들도록 한다.
④ 용기에는 부착된 부속품을 보호하기 위하여 프로텍터를 부착한다.

해설 ③ 액화석유가스용 강제 용기의 스커드 형상은 용기의 길이 방향에 대한 수직단면을 원형으로 하고, 하단에는 내측으로 굴곡부를 만들도록 한다.

43 도시가스용 PE배관의 매몰 설치 시 배관의 굴곡 허용 반지름은 바깥지름의 몇 배 이상으로 하여야 하는가?
① 10   ② 20
③ 50   ④ 200

해설 PE배관의 굴곡 허용 반지름은 바깥지름의 20배 이상으로 한다. 다만, 굴곡 허용 반지름이 바깥지름의 20배 미만일 경우에는 엘보를 사용한다.

44 액화가스를 차량에 고정된 탱크에 의해 250km의 거리까지 운반하려고 한다. 운반책임자가 동승하여 감독 및 지원을 할 필요가 없는 경우는?
① 에틸렌 : 3,000kg
② 아산화질소 : 3,000kg
③ 암모니아 : 1,000kg
④ 산소 : 6,000kg

해설 운반책임자 동승 기준

가스의 종류		기준
압축가스	가연성가스	300m³ 이상
	조연성가스	600m³ 이상
	독성가스(1ppm 이상)	100m³ 이상
액화가스	가연성가스	3,000kg 이상
	조연성가스	6,000kg 이상
	독성가스(1ppm 이상)	1,000kg 이상

정답 40 ④ 41 ② 42 ③ 43 ② 44 ④

45 산화에틸렌의 제독제로 적당한 것은?
① 물
② 가성 소다 수용액
③ 탄산 소다 수용액
④ 소석회

해설 제독제 종류 및 보유량

독성가스	제독제(보유량)
염소	가성소다 수용액(670kg), 탄산소다 수용액(870kg), 소석회(620kg)
포스겐	가성소다 수용액(390kg), 소석회(360kg)
황화수소	가성소다 수용액(1,140kg), 탄산소다 수용액(1,500kg)
시안화수소	가성소다 수용액(250kg)
아황산가스	가성소다 수용액(350kg), 탄산소다 수용액(700kg), 다량의 물
암모니아, 산화에틸렌, 염화메탄	다량의 물

46 아세틸렌의 충전 시 기준으로 옳지 않은 것은?
① 습식 아세틸렌 발생기 표면은 40℃ 이하의 온도를 유지해야 한다.
② 용기 충전 중의 압력은 2.5MPa 이하로 하고, 충전 후에는 정치하여야 한다.
③ 압축 시 회석제는 질소, 메탄, 일산화탄소 등이 사용된다.
④ 용기에 충전하는 다공 물질의 다공도는 75% 이상 92% 미만이어야 한다.

해설 ① 습식 아세틸렌 발생기 표면 온도는 70℃ 이하의 온도를 유지해야 한다.

47 내용적 20,000L의 저장 탱크에 비중량이 0.8kg/L인 액화가스를 충전할 수 있는 양은?
① 13.6톤   ② 14.4톤
③ 16.5톤   ④ 17.7톤

해설 $W = 0.9dV = 0.9 \times 0.8 \times 20,000 \times 10^{-3} = 14.4$톤

48 표준 상태에서 2,000L의 체적을 갖는 부탄의 질량은?
① 4,000g   ② 4,579g
③ 5,179g   ④ 5,500g

해설 질량(g) = 부피(L) × 밀도(g/L)

부탄의 질량 $= \dfrac{2,000}{22.4} \times 58 = 5,179g$

여기서, C_4H_{10}의 분자량 58g이며 표준상태에서 22.4L이다.

49 고압 가스 충전 용기의 운반 기준 중 동일 차량에 적재 운반이 가능한 것은?
① 수소와 산소
② 염소와 수소
③ 아세틸렌과 염소
④ 암모니아와 염소

해설 동일 차량에 적재 운반 금지기준
염소와 아세틸렌·암모니아 또는 수소

50 공업용 가스 용기와 도색의 구분이 바르게 연결된 것은?
① 액화석유가스 – 갈색
② 수소 용기 – 백색
③ 아세틸렌 용기 – 황색
④ 액화암모니아 용기 – 회색

해설 ① 액화석유가스 – 회색
② 수소 용기 – 주황색
④ 액화암모니아 용기 – 백색

정답 45 ① 46 ① 47 ② 48 ③ 49 ① 50 ③

51 2개 이상의 탱크를 동일한 차량에 고정하여 운반하는 경우의 기준에 대한 설명 중 틀린 것은?

① 탱크마다는 보조밸브를 설치하고 메인 탱크에는 주밸브를 설치할 것
② 탱크 상호간 또는 탱크와 차량과 견고하게 부착할 것
③ 충전관에는 긴급 탈압밸브를 설치할 것
④ 충전관에는 안전밸브, 압력계를 설치할 것

해설 ① 탱크마다 탱크의 주밸브를 설치한다.

52 액화석유가스 저장 설비 및 가스 설비는 그 외면으로부터 화기를 취급하는 장소까지 몇 m 이상의 우회 거리를 두어야 하는가?

① 2
② 3
③ 8
④ 10

해설 저장 설비 및 가스 설비는 그 외면으로부터 화기를 취급하는 장소까지 8m 이상의 우회 거리를 둔다.

53 도시가스 배관의 굴착으로 20m 이상 노출된 배관에 대하여 누출된 가스가 체류하기 쉬운 장소에 매 몇 m마다 가스 누출 경보기를 설치하여야 하는가?

① 5
② 10
③ 15
④ 20

해설 20m마다 누출 경보기를 설치한다.

54 액화석유가스 집단 공급 시설에서 지상에 설치하는 저장 탱크의 내열 구조에 대한 설명 중 틀린 것은?

① 가스 설비실 및 자동차에 고정된 탱크의 이입, 충전 장소에는 외면으로부터 5m 이상 떨어진 위치에서 조작할 수 있는 냉각 장치를 설치한다.
② 살수 장치는 저장 탱크 표면적 $1m^2$당 2L/min 이상의 비율로 계산된 수량을 저장 탱크 전표면적에 분무할 수 있는 고정된 장치로 한다.
③ 소화전의 설치 위치는 해당 저장 탱크의 외면으로부터 40m 이내이고, 소화전의 방수방향은 저장 탱크를 향하여 어느 방향에서도 방수할 수 있어야 한다.
④ 소화전은 동시에 방사를 필요로 하는 최대수량은 30분 이상 연속하여 방사할 수 있는 양을 갖는 수원에 접속되어야 한다.

해설 표면적 $1m^2$당 5L/min 이상의 비율로 계산된 수량을 저장 탱크 전표면적에 분무할 수 있는 고정된 장치로 한다.

55 특수가스의 하나인 실란(SiH_4)의 주요 위험성은?

① 공기 중에 누출되면 자연 발화된다.
② 태양광에 의해 쉽게 분해된다.
③ 분해 시 독성 물질을 생성한다.
④ 상온에서 쉽게 분해된다.

해설 실란은 공기 중에 누출되면 자연 발화의 위험이 있다.

정답 51 ① 52 ③ 53 ④ 54 ② 55 ①

56 다음 가스 중 불연성 가스가 아닌 것은 무엇인가?
① 아르곤
② 탄산가스
③ 질소
④ 일산화탄소

해설 ④ 가연성 가스

57 다음 중 특정 고압 가스에 해당하는 것만으로 나열된 것은?
① 수소, 아세틸렌, 염화수소, 천연가스, 액화석유가스
② 수소, 산소, 액화석유가스, 포스핀, 디보레인
③ 수소, 염화수소, 천연가스, 액화석유가스, 포스핀
④ 수소, 산소, 아세틸렌, 천연가스, 포스핀

해설 ㉠ 특정고압가스 : 수소, 산소, 액화암모니아, 아세틸렌, 액화염소, 천연가스, 압축모노실란, 압축디보레인, 액화알진 그 밖에 대통령령이 정하는 고압가스를 말한다.
㉡ 대통령령이 정하는 고압가스 : 포스핀, 셀렌화수소, 게르만, 디실란, 오불화비소, 오불화인, 삼불화인, 삼불화질소, 삼불화붕소, 사불화유황, 사불화규소

58 액화석유가스 집단 공급 시설의 점검 기준에 대한 내용으로 옳은 것은?
① 충전용 주관의 압력계는 매분기 1회 이상 국가 표준기본법에 따른 교정을 받은 압력계로 그 기능을 검사한다.
② 안전밸브는 매월 1회 이상 설정되는 압력 이하의 압력에서 작동하도록 조정한다.
③ 물분무 장치, 살수 장치와 소화전은 매월 1회 이상 작동 상황을 점검한다.
④ 집단 공급 시설 중 충전 설비의 경우에는 매월 1회 이상 작동 상황을 점검한다.

해설 ① 충전용 주관의 압력계는 매월 1회 이상, 그 밖의 압력계는 3개월에 1회 이상 국가 표준기본법에 따른 교정을 받은 압력계로 그 기능을 검사할 것
② 안전밸브는 연 1회 이상 설정되는 압력 이하의 압력에서 작동하도록 조정한다.
④ 집단 공급 시설 중 충전 설비의 경우에는 1일 1회 이상 작동 상황을 점검한다.

59 가연성 가스 누출 경보기 중 반도체식 경보기의 검지부는 어떤 원리를 이용한 것인가?
① 검지부 표면에 가스가 접촉하면 금속 산화물의 전기전도도가 변화하는 원리
② 백금선이 온도 상승을 일으켜 전기 저항이 변화하는 원리
③ 검지부 전류가 변화하는 원리
④ 검지부 전압이 변화하는 원리

해설 반도체식 경보기의 검지부는 검지부 표면에 가스가 접촉하면 금속 산화물의 전기 전도도가 변화되어 전기 전도도가 증가하는 것을 이용한 것이다.

60 방폭 전기기기의 선정 기준에서 슬립링, 정류자는 어떤 방폭 구조로 하여야 하는가?
① 유입 방폭 구조
② 내압 방폭 구조
③ 안전증 방폭 구조
④ 본질 안전 방폭 구조

해설 ② 슬립링, 정류자 등은 내압 방폭 구조 또는 압력 방폭 구조로 한다.

정답 56 ④ 57 ④ 58 ③ 59 ① 60 ②

제4과목 가스계측

61 열전대 온도계를 수은 온도계와 비교했을 때 갖는 장점이 아닌 것은?
① 열용량이 크다.
② 국부 온도의 측정이 가능하다.
③ 측정 온도의 범위가 넓다.
④ 응답 속도가 빠르다.

해설 ① 열용량이 작다.

62 막식 가스 미터에서 미터의 지침의 시도(示度)에 변화가 나타나지 않는 고장으로서 계량막 밸브와 밸브시트의 틈 사이 패킹부 등의 누출로 인하여 발생하는 고장은?
① 불통 ② 부등
③ 기차 불량 ④ 감도 불량

해설 감도 불량의 설명이다.

63 가스 크로마토그래피에서 사용하는 검출기가 아닌 것은?
① 원자 방출 검출기(AED)
② 황화학 발광 검출기(SCD)
③ 열이온 검출기(TID)
④ 열추적 검출기(TTD)

해설 가스 크로마토그래피 검출기 종류
㉠ ①, ②, ③
㉡ 방사선 이온 검출기(RID)
㉢ 열전도형 검출기(TCD)
㉣ 수소이온화 검출기(FID)
㉤ 전자 포획 이온화 검출기(ECD)

64 100psi를 atm으로 환산하면 약 몇 atm인가?
① 4.8 ② 5.8
③ 6.8 ④ 7.8

해설 $100\text{psi} \times \dfrac{1\text{atm}}{14.7\text{psi}} = 6.8\text{atm}$

65 대기압 이하의 진공 압력을 측정하는 진공계의 원리에 해당하지 않는 것은?
① 수은주를 이용한 것
② 부력을 이용한 것
③ 열전도를 이용한 것
④ 전기적 현상을 이용한 것

해설 진공계의 원리
㉠ 수은주를 이용한 것
㉡ 열전도를 이용한 것
㉢ 전기적 현상을 이용한 것

66 가연성 가스 검출기의 종류가 아닌 것은?
① 안전등형
② 간섭계형
③ 광조사형
④ 열선형

해설 가연성 가스 검출기 종류
㉠ 안전등형
㉡ 간섭계형
㉢ 열선형

67 가스 미터 설치 시 입상 배관을 금지하는 가장 큰 이유는?
① 겨울철 수분 응축에 따른 밸브, 밸브시트 동결 방지를 위하여
② 균열에 따른 누출 방지를 위하여
③ 고장 및 오차 발생 방지를 위하여
④ 계량막 밸브와 밸브시트 사이의 누출 방지를 위하여

해설 가스 미터는 겨울철 수분 응축에 따른 밸브, 밸브시트 동결 방지를 위하여 입상 배관을 금지한다.

정답 61 ① 62 ④ 63 ② 64 ③ 65 ② 66 ③ 67 ①

68 수은을 이용한 U자관 액면계에서 그림과 같이 h가 70cm일 때 P_2는 절대압으로 약 몇 kgf/cm²인가? (단, 수은의 비중은 13.6이고, P_1은 절대압으로 1kgf/cm²이다.)

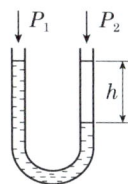

① 1.95
② 19.5
③ 1.70
④ 17.0

해설 절대 압력(P_2) = $P_1 + \gamma \cdot h$
$= 1 + 13.6 \times 10^3 \times 0.7 \times 10^{-4}$
$= 1.95 \text{kgf/cm}^2$

69 일정 부피인 2개의 통에 기체를 교대로 충만하고 배출한 횟수를 이용하여 유량을 측정하는 가스 미터는?
① 습식 가스 미터
② 벤투리 미터
③ 루츠 미터
④ 막식 가스 미터

해설 막식 가스 미터의 설명이다.

70 Roots 가스 미터의 장점으로 옳지 않은 것은?
① 대유량의 가스 측정에 적합하다.
② 중압가스의 계량이 가능하다.
③ 설치 면적이 작다.
④ Strainer의 설치 및 유지 관리가 필요하지 않다.

해설 ④ Strainer의 설치 및 유지 관리가 필요하다.

71 400m 길이의 저압 본관에 시간당 200m³의 가스를 흐르도록 하려면 가스 배관의 지름은 약 몇 cm가 되어야 하는가? (단, 기점·종점 간의 압력 강하를 1.47mmHg, 가스 비중을 0.64로 한다.)
① 12.45 ② 15.93
③ 17.23 ④ 21.34

해설 저압 배관의 유량식 $Q = K\sqrt{\dfrac{H \cdot D^5}{S \cdot L}}$ 에서,

$D = \sqrt[5]{\dfrac{Q^2 \cdot S \cdot L}{K^2 \cdot H}}$

$= \sqrt[5]{\dfrac{200^2 \times 0.64 \times 400}{0.707^2 \times \dfrac{1.47}{760} \times 10.332}} = 15.93 \text{cm}$

72 아르키메데스의 원리를 이용한 액면 측정 방식은?
① 퍼지식
② 편위식
③ 기포식
④ 차압식

해설 편위식 액면 측정 방식은 부력을 토크 튜브의 토손각으로부터 검출하여 로드의 회전각으로 나타내는 것으로 아르키메데스의 원리를 이용한 것이다.

73 도시가스로 사용하는 LNG의 누출을 감지하기 위하여 감지기는 어느 위치에 설치하여야 하는가?
① 검지기 하단은 천장면 등의 아래쪽 0.3m 이내에 부착
② 검지기 하단은 천장면 등의 아래쪽 3m 이내에 부착
③ 검지기 상단은 바닥면 등에서 위쪽으로 0.3m 이내에 부착
④ 검지기 상단은 바닥면 등에서 위쪽으로 3m 이내에 부착

정답 68 ① 69 ④ 70 ④ 71 ② 72 ② 73 ①

해설 감지기 설치 위치
ⓐ 공기보다 가벼운 가스 : 검지기 하단은 천장면 등의 아래쪽 0.3m 이내에 부착
ⓑ 공기보다 무거운 가스 : 검지기 상단은 바닥면 등에서 위쪽으로 0.3m 이내에 부착

74 자동 제어계의 동작 순서로 옳은 것은?
① 비교 → 판단 → 검출 → 조작
② 조작 → 비교 → 검출 → 판단
③ 검출 → 비교 → 판단 → 조작
④ 판단 → 비교 → 검출 → 조작

해설 자동 제어계 동작 순서
검출 → 비교 → 판단 → 조작

75 온도가 60°F에서 100°F까지 비례 제어된다. 측정 온도가 71°F에서 75°F로 변할 때 출력 압력이 3psi에서 15psi로 도달하도록 조정될 때 비례 대역(%)은?
① 5 ② 10 ③ 20 ④ 33

해설 온도 조절기 비례대(%) = $\dfrac{측정\ 온도차}{조정\ 온도차} \times 100$
$= \dfrac{75-71}{100-60} \times 100 = 10\%$

76 25℃, 1atm에서 0.21mol%의 O_2와 0.79mol%의 N_2로 된 공기 혼합물의 밀도는 약 몇 kg/m³인가?
① 0.118 ② 1.18
③ 0.134 ④ 1.34

해설 ⓐ 혼합 가스의 평균 분자량(M)
$= (32 \times 0.21) + (28 \times 0.79) = 28.84$
ⓑ $PV = GRT$에서 밀도를 유도한다.
$\rho = \dfrac{G}{V} = \dfrac{P}{RT}$
$= \dfrac{1 \times 10.332}{\dfrac{848}{28.84} \times (273+25)}$
$= 1.18 \text{kg/m}^3$

77 1차 제어 장치가 제어량을 측정하여 제어 명령을 하고, 2차 제어 장치가 이 명령을 바탕으로 제어량을 조절하는 측정 제어로서 옳은 것은?
① Program 제어 ② 비례 제어
③ 캐스케이드 제어 ④ 정치 제어

해설 캐스케이드 제어의 설명이다.

78 다음 중 용적식 유량계의 형태가 아닌 것은?
① 오벌형 유량계
② 원판형 유량계
③ 피토관 유량계
④ 로터리 피스톤식 유량계

해설 ③ 피토관 유량계 : 속도식 유량계

79 전기 저항식 온도계에서 측온 저항체로 사용되지 않는 것은?
① Ni ② Pt ③ Cu ④ Fe

해설 측온 저항체
Ni, Pt, Cu

80 프로판의 성분을 가스 크로마토그래피를 이용하여 분석하고자 한다. 이때 사용하기 가장 적합한 검출기는?
① FID(Flame Ionization Detector)
② TCD(Thermal Conductivity Detector)
③ NDIR(Non-Dispersive Infra-Red)
④ CLD(Chemiluminescence Detector)

해설 FID는 탄화수소에서 감도가 최고이므로 프로판(C_3H_8)의 성분을 분석할 때 가장 적합하다.

정답 74 ③ 75 ② 76 ② 77 ③ 78 ③ 79 ④ 80 ①

2024 제4회 산업기사 (7. 5. 시행)

제1과목 연소공학

01 다음 중 연료가 구비하여야 할 조건으로 틀린 것은?

① 발열량이 클 것
② 연소 시 유해 가스 발생이 적을 것
③ 공기 중에서 쉽게 연소되지 않을 것
④ 구입하기 쉽고 가격이 저렴할 것

해설 ③ 공기 중에서 쉽게 연소되어야 한다.

02 다음 중 가스와 폭발 범위가 잘못 연결된 것은?

① 메탄 : 5.3~14vol%
② 에탄 : 3~12.5vol%
③ 프로판 : 2.1~9.5vol%
④ 부탄 : 2.7~36vol%

해설 ④ 부탄 : 1.9~8.5vol%

03 C_2H_4의 위험도는 얼마인가? (단, C_2H_4의 폭발 범위는 3~32%이다.)

① 3
② 9.7
③ 19.3
④ 32

해설 위험도 $H = \dfrac{U-L}{L}$
$= \dfrac{32-3}{3} = 9.7$

04 1Sm³의 합성 가스 중의 CO와 H_2의 몰비가 1 : 1일 때 연소에 필요한 이론 공기량은 몇 Sm³/Sm³인가?

① 0.50
② 1.00
③ 2.38
④ 4.76

해설 ㉠ CO와 H_2의 완전연소 반응식에서

$CO + \dfrac{1}{2}O_2 \rightarrow CO_2$: 0.5mol

$H_2 + \dfrac{1}{2}O_2 \rightarrow H_2O$: 0.5mol

㉡ 이론 공기량 $(A_0) = \dfrac{O_0}{0.21}$

$= \left(0.5 \times \dfrac{0.5}{0.21}\right) + \left(0.5 \times \dfrac{0.5}{0.21}\right)$

$= 2.38 Sm^3/Sm^3$

05 다음 [보기]는 가연성 가스의 연소에 대한 설명이다. 이 중 옳은 것으로만 나열된 것은?

㉠ 가연성 가스가 연소하는 데에는 산소가 필요하다.
㉡ 가연성 가스가 이산화탄소와 혼합할 때 잘 연소된다.
㉢ 가연성 가스는 혼합하는 공기의 양이 적을 때 완전연소한다.

① ㉠, ㉢
② ㉡, ㉢
③ ㉠
④ ㉢

해설 ㉡ 가연성 가스가 이산화탄소와 혼합하면 산소 부족으로 연소가 일어나지 않는다.
㉢ 가연성 가스는 혼합하는 공기의 양이 적을 때 불완전연소한다.

정답 01 ③ 02 ④ 03 ② 04 ③ 05 ③

06 자연 발화를 방지하는 방법으로 옳지 않은 것은?
① 통풍을 잘 시킬 것
② 저장실의 온도를 높일 것
③ 습도가 높은 것을 피할 것
④ 열이 축적되지 않게 연료의 보관 방법에 주의할 것

해설 ② 저장실의 온도를 낮춘다.

07 산소 32kg와 질소 7kg의 혼합 기체가 나타내는 전압이 10atm·a일 때 산소의 분압은 약 몇 atm·a인가? (단, 산소와 질소는 이상기체로 가정한다.)
① 5.5
② 6.2
③ 7.1
④ 8.0

해설
㉠ 산소와 질소의 몰(mol)수를 구한다.
$$O_2 = \frac{W}{M} = \frac{32 \times 1,000}{32} = 1,000 \text{mol}$$
$$N_2 = \frac{W}{M} = \frac{7 \times 1,000}{28} = 250 \text{mol}$$
㉡ 산소의 분압(PO_2) = 전압 × $\frac{성분 몰수}{전체 몰수}$
$$= 10 \times \frac{1,000}{1,000 + 250}$$
$$= 8 \text{atm·a}$$

08 기체 연료가 공기 중에서 정상 연소할 때 정상 연소 속도의 값으로 가장 옳은 것은?
① 0.1~10m/s
② 11~20m/s
③ 21~30m/s
④ 31~40m/s

해설 기체 연료 정상 연소 속도 : 0.1~10m/s

09 "착화 온도가 80°C이다."를 가장 잘 설명한 것은?
① 80°C 이하로 가열하면 인화한다.
② 80°C로 가열해서 점화원이 있으면 연소한다.
③ 80°C 이상 가열하고 점화원이 있으면 연소한다.
④ 80°C로 가열하면 공기 중에서 스스로 연소한다.

해설 ④ 착화 온도는 낮으면 낮을수록 위험하다.

10 화염 사출률에 관한 설명으로 옳은 것은?
① 화염의 사출률은 연료 중의 탄소, 수소 질량비가 클수록 높다.
② 화염의 사출률은 연료 중의 탄소, 수소 질량비가 클수록 낮다.
③ 화염의 사출률은 연료 중의 탄소, 수소 질량비가 같을수록 높다.
④ 화염의 사출률은 연료 중의 탄소, 수소 질량비가 같을수록 낮다.

해설 화염의 사출률은 연료 중의 탄소, 수소 질량비가 클수록 높다.

11 1mol의 탄소가 불완전연소할 때 몇 mol의 일산화탄소가 생성되는가?
① $\frac{1}{2}$
② 1
③ $1\frac{1}{2}$
④ 2

해설 탄소의 연소 반응식
㉠ 완전연소 : $C + O_2 \rightarrow CO_2$
㉡ 불완전연소 : $C + \frac{1}{2}O_2 \rightarrow CO$

정답 06 ② 07 ④ 08 ① 09 ④ 10 ① 11 ②

12 연소에서 불꽃의 전파 속도가 음속보다 빠를 때를 무엇이라 하는가?
① 폭발　② 발화
③ 전화　④ 폭굉

해설 | 폭굉의 설명이다.

13 $(CO_2)_{max}$는 어떤 때의 값인가?
① 실제 공기량으로 연소시켰을 때
② 이론 공기량으로 연소시켰을 때
③ 과잉 공기량으로 연소시켰을 때
④ 부족 공기량으로 연소시켰을 때

해설 | $(CO_2)max$
이론 공기량으로 연소시켰을 때 연소 가스 중의 탄산가스의 비율이 최대가 된다. 이때의 CO_2 양이다.

14 CO_2는 고온에서 다음과 같이 분해한다. 3,000K 1atm에서 CO_2의 60%가 분해한다면 표준 상태에서 11.2L의 CO_2를 일정 압력에서 3,000K로 가열했다면 전체 혼합 기체의 부피는 약 몇 L인가?

$$2CO_2 \rightarrow 2CO+O_2$$

① 160　② 170　③ 180　④ 190

해설 | $2CO_2 \rightarrow 2CO+O_2$
2mol → 2mol+1mol
2mol×22.4L : 3mol×22.4L=11.2L : xL
x=16.8L
16.8L의 60%=16.8×0.6=10.08L
표준 상태에서 생성되는 총 부피는
10.08L+(11.2L×0.4)=14.56L

3,000K에서 생성되는 부피 : $\frac{V}{T}=\frac{V_1}{T_1}$

$V_1 = \frac{V \times T_1}{T}$
$= \frac{14.56\text{L} \times 3,000\text{K}}{273\text{K}} = 160\text{L}$

15 이상기체를 정적하에서 가열하면 압력과 온도의 변화는 어떻게 되는가?
① 압력 증가, 온도 상승
② 압력 일정, 온도 일정
③ 압력 일정, 온도 상승
④ 압력 증가, 온도 일정

해설 | 이상기체의 정적 변화
㉠ 가열 : 압력 증가, 온도 상승
㉡ 냉각 : 압력 강하, 온도 저하

16 나무는 다음 중 주로 어떤 연소 형태로 연소하는가?
① 흡착 연소
② 증발 연소
③ 분해 연소
④ 표면 연소

해설 | ③ 분해 연소 : 나무, 종이 등

17 프로판 1몰을 완전연소시키기 위하여 공기 870g을 불어 넣어 주었을 때 과잉 공기는 약 몇 %인가? (단, 공기의 평균 분자량을 29이며, 공기 중 산소는 21vol%이다.)
① 9.8
② 17.6
③ 26.0
④ 58.6

해설 | ㉠ 프로판의 완전연소 반응식
　　$C_3H_8+5O_2 \rightarrow 3CO_2+4H_2O$
㉡ 이론 공기량$(A_0) = \frac{O_0}{0.232}$
　　$= \frac{5 \times 32}{0.232} = 690\text{g}$
㉢ 과잉 공기율(%)$= \frac{A-A_0}{A_0} \times 100$
　　$= \frac{870-690}{690} \times 100$
　　$= 26\%$

정답　12 ④　13 ②　14 ①　15 ①　16 ③　17 ③

18 전 폐쇄 구조인 용기 내부에서 폭발성 가스의 폭발이 일어났을 때 용기가 압력에 견디고 외부의 폭발성 가스에 인화할 우려가 없도록 한 방폭 구조는?

① 내압 방폭 구조
② 안전증 방폭 구조
③ 특수 방폭 구조
④ 유입 방폭 구조

해설 내압 방폭 구조의 설명이다.

19 다음 중 착화 온도가 낮아지는 이유가 되지 않는 것은?

① 반응 활성도가 클수록
② 발열량이 클수록
③ 산소 농도가 높을수록
④ 분자 구조가 단순할수록

해설 착화 온도가 낮아지는 이유
㉠ ①, ②, ③
㉡ 분자 구조가 복잡할수록
㉢ 압력이 높을수록
㉣ 열전도율이 작을수록
㉤ 산소와 친화력이 클수록

20 가스화재 시 밸브 및 콕을 잠그는 소화방법은?

① 질식 소화
② 냉각 소화
③ 억제 소화
④ 제거 소화

해설 제거 소화
가연물을 제거하는 것이다.

제2과목 가스설비

21 배관의 부식 방지를 위한 전기 방식 전류가 흐르는 상태에서 자연 전위와의 전위 변화가 최소 몇 mV 이하이어야 하는가?

① −100   ② −300
③ −550   ④ −850

해설 자연 전위와의 전위 변화가 최소 −300mV 이하일 것

22 용접 용기의 제품 확인(상시 제품) 검사 시 행하는 시험 항목이 아닌 것은?

① 외관 검사
② 내압 시험
③ 방사선 투과 검사
④ 고압 가압 시험

해설 용접 용기 제품 확인 검사 시 시험 항목
㉠ ①, ②, ③
㉡ 재료 검사
㉢ 용접부 검사
㉣ 기밀 검사
㉤ 제조 기술 기준 주수 여부 확인

23 1,000rpm으로 회전하는 펌프를 3,000rpm으로 하였다. 이 경우 양정 및 소요 동력은 각각 얼마가 되는가?

① 2배, 6배
② 3배, 9배
③ 4배, 16배
④ 9배, 27배

해설 ㉠ 양정 : 회전수 변화 2승에 비례한다.
$$H_2 = \left(\frac{N_2}{N_1}\right)^2 = \left(\frac{3,000}{1,000}\right)^2 = 9배$$
㉡ 소요 동력 : 회전수 변화 3승에 비례한다.
$$L_2 = \left(\frac{N_2}{N_1}\right)^3 = \left(\frac{3,000}{1,000}\right)^3 = 27배$$

정답 18 ① 19 ④ 20 ④ 21 ② 22 ④ 23 ④

24 전기 방식법 중 가스 배관보다 저전위의 금속(마그네슘 등)을 전기적으로 접촉시킴으로써 목적하는 방식 대상 금속 자체를 음극화하여 방식하는 방법은?

① 외부 전원법   ② 희생 양극법
③ 배류법   ④ 선택법

해설 희생 양극법의 설명이다.

25 유수식 가스 홀더의 특징에 대한 설명으로 틀린 것은?

① 제조 섭리가 저압인 경우에 사용한다.
② 구형 홀더에 비해 유효 가동량이 많다.
③ 가스가 건조하면 물 탱크의 수분을 흡수한다.
④ 부지 면적과 기초 공사비가 적게 소요된다.

해설 ④ 부지 면적과 기초 공사비가 많이 소요된다.

26 도시가스 배관 등으로 용접 및 비파괴 검사 중 용접부의 외관 검사에 대한 설명으로 틀린 것은?

① 보강 덧붙임은 그 높이가 모재 표면보다 낮지 않도록 하고, 3mm 이상으로 할 것
② 외면의 언더컷은 그 단면이 V자형으로 되지 않도록 하며, 1개의 언더컷 길이 및 깊이는 각각 30mm 이하 및 0.5mm 이하일 것
③ 용접부 및 그 부근에는 균열, 아크 스트라이크, 위해하다고 인정되는 지그의 흔적, 오버랩 및 피트 등의 결함이 없을 것
④ 비드 형상이 일정하며, 슬러그, 스패터 등이 부착되어 있지 않을 것

해설 ① 보강 덧붙임은 그 높이가 모재 표면보다 낮지 않도록 하고, 3mm 이하(알루미늄은 제외)를 원칙으로 한다.

27 바깥지름과 안지름의 비가 1.2 미만인 경우 배관의 두께 산출식은? (단, t : 배관의 두께(mm), P : 상용 압력(MPa), D : 안지름에서 부식 여유를 뺀 수치(mm), f : 재료의 인장강도(N/mm²) 규격 최속값이거나 항복점(N/mm²) 규격 최솟값의 1.6배, C : 관 내면의 부식 여유(mm), S : 안전율)

① $t = \dfrac{P \cdot D}{2 \cdot \dfrac{f}{S} \cdot P} + C$

② $t = \dfrac{P \cdot D}{100 \dfrac{f}{S} - P} + C$

③ $t = \dfrac{D}{2}\left(\sqrt{\dfrac{\dfrac{f}{S} + P}{\dfrac{f}{S} - P}} - 1\right) + C$

④ $t = \dfrac{D}{2}\left(\sqrt{\dfrac{2\dfrac{f}{S} + P}{2\dfrac{f}{S} - P}} - 1\right) + C$

해설 배관의 두께 계산

㉠ 외경과 내경의 비가 1.2 미만인 경우
$t = \dfrac{P \cdot D}{2 \cdot \dfrac{f}{S} \cdot P} + C$

㉡ 외경과 내경의 비가 1.2 이상인 경우
$t = \dfrac{D}{2}\left(\sqrt{\dfrac{\dfrac{f}{S} + P}{\dfrac{f}{S} - P}} - 1\right) + C$

28 LP가스의 자연 기화 방식에 의한 가스 발생 능력과 가장 밀접한 관계가 있는 것은?

① 외기 온도 - 가스 조성비
② 외기 압력 - 가스 조성비
③ 외기 온도 - 피크 시간
④ 외기 압력 - 피크 시간

정답 24 ② 25 ④ 26 ① 27 ① 28 ①

| 해설 | 가스 발생 능력은 외기 온도 – 가스 조성비에 따라 변화한다.

29 도시가스 제조 방법 중 수증기가 가스화제로 사용되지 않는 프로세스는?

① 부분 연소 프로세스
② 수소화 분해 프로세스
③ 접촉 분해 프로세스
④ 열 분해 프로세스

| 해설 | 도시가스 제조 방법
㉠ 열 분해 프로세스 : 수증기
㉡ 접촉 분해 프로세스 : 수증기
㉢ 부분 연소 프로세스 : 수증기+공기
㉣ 수소화 분해 프로세스 : 수소
㉤ 대체 천연가스 프로세스 : 수증기, 수소, 산소

30 프로판 용기에는 V는 47, TP는 31로 각인이 되어 있다. 프로판의 충전 상수가 2.35일 때 충전량(kg)은?

① 10 ② 15
③ 20 ④ 50

| 해설 | $G = \dfrac{V}{C} = \dfrac{47}{2.35} = 20\,\text{kg}$

31 직동식 정압기와 비교한 파일럿식 정압기의 특성에 대한 설명 중 틀린 것은?

① 대용량이다.
② 오프셋이 커진다.
③ 요구 유량 제어 범위가 넓은 경우에 적합하다.
④ 높은 압력 제어 정도가 요구하는 경우에 적합하다.

| 해설 | ② 파일럿에서 2차 압력이 적은 변화를 증폭하여 메인 정압기를 작동시키므로 오프셋이 작게 된다.

32 고압 밸브 중 글로브 밸브의 특징에 대한 설명으로 옳은 것은?

① 기밀도가 작다.
② 유량의 조절이 어렵다.
③ 유체의 저항이 크다.
④ 가스 배관에 부적당하다.

| 해설 | ① 기밀도가 크다
② 유량의 조절이 쉽다.
④ 가스 배관에 적당하다.

33 재료 내·외부의 결함 검사 방법으로 가장 적당한 방법은?

① 침투 탐상법
② 유침법
③ 초음파 탐상법
④ 육안 검사법

| 해설 | 초음파 탐상법이 가장 적당하다.

34 원심 펌프의 특징에 대한 설명으로 틀린 것은?

① 고양정에 적합하다.
② 원심력에 의하여 액체를 이송한다.
③ 가이드 베인이 있는 것을 터빈 펌프라 한다.
④ 캐비테이션이나 서징 현상이 발생하지 않는다.

| 해설 | ④ 캐비테이션이나 서징 현상이 발생한다.

35 파이프 내부의 정압이 액체의 증기압 이하로 되면 증기가 발생하여 진동이 발생하는 현상을 무엇이라 하는가?

① 공동(Cavitation) 현상
② 서징(Surging) 현상
③ 수격(Water hammering) 현상
④ 베이퍼 록(Vapor lock) 현상

정답 29 ② 30 ③ 31 ② 32 ③ 33 ③ 34 ④ 35 ①

해설 공동 현상의 설명이다.

36 아세틸렌 용기의 다공 물질 용적이 150m³, 침윤 잔용적이 30m³일 때 다공도는 몇 %이며 관련법상 합격인지 판단하면 어느 것인가?

① 20%로서 합격이다.
② 20%로서 불합격이다.
③ 80%로서 합격이다.
④ 80%로서 불합격이다.

해설
㉠ 다공도(%) = $\dfrac{V-E}{V} \times 100$
  = $\dfrac{150-30}{150} \times 100$
  = 80%
㉡ 판단 : 다공도 합격 기준이 75% 이상 92% 미만이므로 합격이다.

37 산소 압축기의 내부 윤활제로 주로 사용되는 것은?

① 물 ② 유지류
③ 석유류 ④ 진한 황산

해설

압축가스명	윤활유
염소	진한 황산
아세틸렌	양질의 광유
산소	물 또는 10% 이하의 묽은 글리세린수
LP가스	식물성 섬유
수소	양질의 광유
공기	식물성 섬유
이산화황	정제된 용제 터빈유

38 전기 방식 효과를 유지하기 위하여 빗물이나 이물질의 접촉으로 인한 절연의 효과가 상쇄되지 아니하도록 절연 이음매 등으로 사용하여 절연한다. 절연 조치를 하는 장소에 해당되지 않는 것은?

① 교량 횡단 배관의 양단
② 배관과 철근 콘크리트 구조물 사이
③ 배관과 배관 지지물 사이
④ 타 시설물과 30cm 이상 이격되어 있는 배관

해설 절연 조치 장소
㉠ ①, ②, ③
㉡ 배관과 강재 보호관 사이
㉢ 지하에 매설된 배관 부분과 지상에 설치된 부분의 경계(가스 사용자에게 공급하기 위하여 지중에서 지상으로 연결되는 배관에 한한다)
㉣ 타 시설물과 접근 교차 지점(단, 타시설물과 30cm 이상 이격 설치된 경우에는 제외할 수 있다.)
㉤ 저장 탱크와 배관 사이
㉥ 기타 절연이 필요한 장소

39 도시가스 공급 설비에서 배관의 지름을 산정하는 식으로서 옳은 것은? (단, Q : 가스의 유량(m³/h), D : 배관의 지름(cm), L : 배관의 길이(m), H : 기점 압력과 말단 압력의 차이(mmH₂O), S : 가스의 비중, K : 유량 계수)

① $Q = K\sqrt{\dfrac{H \cdot D^5}{S \cdot L}}$

② $Q = \dfrac{1}{K}\sqrt{\dfrac{H \cdot D^5}{S \cdot L}}$

③ $Q = K\sqrt{\dfrac{H^5 \cdot D}{S \cdot L}}$

④ $Q = \dfrac{1}{K}\sqrt{\dfrac{H \cdot D^3}{S \cdot L}}$

해설 유량 산출식
㉠ 저압 배관 : $Q = K\sqrt{\dfrac{H \cdot D^5}{S \cdot L}}$
㉡ 중압·고압 배관 : $Q = \sqrt{\dfrac{(P_1^2 - P_2^2) \cdot D}{S \cdot L}}$

정답 36 ③ 37 ① 38 ④ 39 ①

40 저온 장치에서 CO_2와 수분이 존재할 때 그 영향에 대한 설명으로 옳은 것은?

① CO_2는 저온에서 탄소와 산소로 분리된다.
② CO_2는 저장 장치에서 촉매 역할을 한다.
③ CO_2는 가스로서 별로 영향을 주지 않는다.
④ CO_2는 드라이아이스가 되고 수분은 얼음이 되어 배관 밸브를 막아 흐름을 저해한다.

해설 저온 장치에 CO_2와 수분이 존재하면 CO_2는 드라이아이스가 되고 수분은 얼음이 되어 배관 밸브를 막아 흐름을 저해한다.

제3과목 가스안전관리

41 탱크차의 내용적이 2,000L인 것에 최고 충전 압력 2.1MPa로 충전하고자 할 때 탱크차의 최대 적재량은 몇 kg이 되는가? (단, 충전상수는 2.1MPa에서 2.35이다.)

① 420 ② 851
③ 1,800 ④ 4,700

해설 $G = \dfrac{V}{C} = \dfrac{2,000}{2.35} = 851\,kg$

42 아세틸렌을 2.5MPa 이상으로 충전 시 사용되는 희석제를 적당하지 않은 것은?

① 메탄
② 부탄
③ 질소
④ 일산화탄소

해설 희석제
메탄, 질소, 일산화탄소, 에틸렌 등

43 특정 고압 가스 사용 시설에서 과압 안전 장치를 설치하여야 하는 액화가스의 저장 능력의 기준은? (단, 용기 접합 장치가 설치되어 있다.)

① 70kg 이상 ② 100kg 이상
③ 250kg 이상 ④ 300kg 이상

해설 과압 안전 장치
액화가스 저장 능력이 300kg 이상이고 용기 접합 장치가 설치된 고압 가스 설비

44 가스 누출 경보기의 설치 기준으로 옳은 것은?

① 건축물 내에 설치된 경우는 그 설비군의 바닥면 둘레 10m에 대하여 1개 이상의 비율로 설치
② 건축물 내에 설치된 경우는 그 설비군의 바닥면 둘레 20m에 대하여 1개 이상의 비율로 설치
③ 건축물 내에 설치된 경우는 그 설비군의 바닥면 둘레 30m에 대하여 1개 이상의 비율로 설치
④ 건축물 내에 설치된 경우는 그 설비군의 바닥면 둘레 50m에 대하여 1개 이상의 비율로 설치

해설 가스 누출 경보기의 검출부 설치 장소 및 개수
㉠ 건축물 내에 설치된 경우 : 바닥면 둘레 10m에 대하여 1개 이상의 비율
㉡ 건축물 밖에 설치된 경우 : 바닥면 둘레 20m에 대하여 20m 1개 이상의 비율
㉢ 특수 반응 설비 : 바닥면 둘레 10m에 대하여 1개 이상의 비율
㉣ 가열로 등 발화원이 있는 제조 설비 주위 : 바닥면 둘레 20m마다 1개 이상의 비율
㉤ 계기실 내부에 1개 이상
㉥ 독성 가스의 충전용 접속구군의 주위에 1개 이상
㉦ 방류둑 내에 설치된 저장 탱크 : 저장 탱크마다 1개 이상

정답 40 ④ 41 ② 42 ② 43 ④ 44 ①

45 용기 내장형 가스 난방기용으로 사용하는 부탄 충전 용기에 대한 설명으로 옳지 않은 것은?
① 용기 몸통부의 재료는 고압 가스 용기용 강판 및 강대이다.
② 프로텍터의 재료는 KS D 3503 SS400의 규격에 적합하여야 한다.
③ 스커트의 재료는 KS D 3533 SG295 이상의 강도 및 성질을 가져야 한다.
④ 넥크링의 재료는 탄소 함유율이 0.48% 이하인 것으로 한다.

해설 넥크링의 재료는 KS D 3752(기계 구조용 탄소강재)의 규격에 적합한 것 또는 이와 동등 이상의 기계적 성질 또는 가공성을 가지는 것으로 탄소 함유량이 0.28% 이하인 것으로 한다.

46 도시가스의 총 발열량이 10,500kcal/m³이고 도시가스의 비중이 0.66인 경우 도시가스의 웨베 지수(WI)는?
① 6,300
② 10,500
③ 12,925
④ 17,500

해설
$$WI = \frac{H_g}{\sqrt{d}}$$
$$= \frac{10,500}{\sqrt{0.66}} = 12,925$$

47 후부 취출식 탱크에 있어서 탱크 주밸브 및 긴급 차단 장치에 속하는 밸브와 뒷범퍼와의 수평 거리를 몇 cm 이상 이격해야 하는가?
① 30
② 40
③ 50
④ 60

해설 차량의 뒷범퍼와의 수평 거리
㉠ 후부 취출식 탱크 : 40cm 이상
㉡ 후부 취출식 탱크 외 : 30cm 이상
㉢ 조작 상자 : 20cm 이상

48 LPG 충전 시설에 설치되는 안전밸브의 성능을 확인하기 위한 작동 시험의 주기는?
① 6개월에 1회 이상
② 1년에 1회 이상
③ 2년에 1회 이상
④ 3년에 1회 이상

해설 안전밸브는 1년에 1회 이상 설정 압력 이하의 압력에서 작동한다.

49 다음 중 용기의 각인 표시 기호로 틀린 것은?
① 내용적 : V
② 내압 시험 압력 : TP
③ 최고 충전 압력 : HP
④ 동판 두께 : t

해설 ③ 최고 충전 압력 : FP

50 다음 중 대기에 방출되었을 때 가장 빨리 공기 중으로 확산되는 가스는?
① 부탄
② 프로판
③ 질소
④ 산소

해설
① $\frac{58}{29} = 2$
② $\frac{44}{29} = 1.52$
③ $\frac{28}{29} = 0.97$
④ $\frac{32}{29} = 1.1$

51 액화석유가스 충전소 내에 설치할 수 없는 시설은?
① 충전소의 관계자가 근무하는 대기실
② 자동차의 세정을 위한 세차 시설
③ 충전소에 출입하는 사람을 대상으로 한 자동판매기 및 현금자동지급기
④ 충전소의 관계자 및 충전소에 출입하는 사람을 대상으로 한 놀이방

해설 LPG 자동차 충전소에 설치 가능한 시설
㉠ ①, ②, ③
㉡ 충전을 하기 위한 작업장
㉢ 충전소의 업무를 행하기 위한 사무실 및 회의실
㉣ 기타 지식경제부장관 고시에서 정한 용기 재검사 시설, 충전소 종업원의 이용을 위한 연면적 100m² 이하의 식당, 공구 등을 보관하기 위한 연면적 100m² 이하 창고

52 수소의 품질 검사에 사용하는 시약은?
① 동·암모니아 시약
② 피로갈롤 시약
③ 발연황산 시약
④ 브롬 시약

해설 품질 검사 및 시약 및 순도

구분	시약	순도
산소	동·암모니아	99.5% 이상
수소	피로갈롤, 하이드로설파이드	98.5% 이상
아세틸렌	발연황산	98% 이상
	브롬 시약	
	질산은 시약	

53 밀폐된 목욕탕에서 도시가스 순간 온수기로 목욕하던 중 의식을 잃은 사고가 발생하였다. 사고 원인을 추정할 때 가장 옳은 것은?
① 가스 누출에 의한 중독
② 부취제(Mercaptan)에 의한 질식
③ 산소 결핍에 의한 질식
④ 이산화탄소에 의한 질식

해설 밀폐된 목욕탕에서 순간 온수기를 사용하면 산소 결핍에 의한 질식 사고가 발생한다.

54 산소, 수소 및 아세틸렌의 품질 검사에서 순도는 각각 얼마 이상이어야 하는가?

① 산소 : 99.5%, 수소 : 98.0%, 아세틸렌 : 98.5%
② 산소 : 99.5%, 수소 : 98.5%, 아세틸렌 : 98.0%
③ 산소 : 98.0%, 수소 : 99.5%, 아세틸렌 : 98.5%
④ 산소 : 98.5%, 수소 : 99.5%, 아세틸렌 : 98.0%

해설 품질 검사
㉠ 산소 : 99.5% 이상
㉡ 수소 : 98.5% 이상
㉢ 아세틸렌 : 98.0% 이상

55 고압 가스 저장 시설에서 가스 누출 사고가 발생하여 공기와 혼합하여 가연성·독성 가스로 되었다면 누출된 가스는?
① 질소 ② 수소
③ 암모니아 ④ 이산화황

해설 ③ 암모니아 : 가연성, 독성

56 가스 성질에 관한 설명으로 옳은 것은?
① 질소나 이산화탄소는 불활성 가스이므로 실내에 대량 누출하여도 위험성이 거의 없다.
② 염소와 산소와는 반응성이 좋으므로 동일 장소에 혼합 적재하면 위험하다.
③ 산화에틸렌은 중합 폭발하기 쉬우므로 취급에 주의를 해야 한다.
④ 산소와 이산화탄소와는 반응하기 쉬우므로 충전 용기의 저장은 동일 장소를 피한다.

해설 ① 불활성 가스도 실내에 대량 누출되면 질식의 위험성이 있다.
② 염소와 산소는 조연성이므로 동일 장소에 혼합 적재하여도 위험하지 않다.
④ 산소와 이산화탄소와는 반응하지 않으므로 동일 장소에 저장해도 무관하다.

정답 52 ② 53 ③ 54 ② 55 ③ 56 ③

57 특정 설비별 기호로서 잘못 짝지어진 것은?
① 압축 가스용 : PG
② 저온 및 초저온 가스용 : LT
③ 그 밖의 가스용 : LG
④ 아세틸렌가스용 : CG

해설 특정 설비별 부속품의 기호
㉠ 아세틸렌가스용 : AG
㉡ 압축 가스용 : PG
㉢ 액화석유가스용 : LPG
㉣ 저온 및 초저온 가스용 : LT
㉤ 그 밖의 가스용 : LG

58 액화석유가스 제조 시설 저장 탱크의 폭발 방지 장치로 사용되는 금속은?
① 아연 ② 알루미늄
③ 철   ④ 구리

해설 액화석유가스 폭발 방지 장치
주거, 상업 지역에 설치하는 저장 능력 10톤 이상의 저장 탱크 및 LPG 탱크로리에 국부적인 온도 상승에 의한 탱크의 파열을 방지하기 위하여 다공성 벌집형 알루미늄 합금박판을 설치한다.

59 도시가스 공급 시 판넬(Panel)에 의한 가스 냄새 농도 측정에서 냄새 판정을 위한 시료의 희석 배수가 아닌 것은?
① 100배   ② 500배
③ 1,000배 ④ 4,000배

해설 깨끗한 공기와 시험 가스와의 희석 배수 종류는 500배, 1,000배, 2,000배, 4,000배 등이 있다.

60 -162℃의 LNG(액비중 : 0.46, CH_4 : 90%, C_2H_6 : 10%) $1m^3$를 20℃까지 기화시켰을 때의 부피는 약 몇 m^3인가?
① 625.6 ② 635.6
③ 645.6 ④ 655.6

해설 $PV = \frac{W}{M}RT$에서,

$V = \frac{WRT}{PM}$

$= \frac{0.46 \times 10^3 \times 0.082 \times (273+20)}{1 \times (16 \times 0.9 + 30 \times 0.1)}$

$= 635.6 m^3$

제4과목 가스계측

61 가스보일러의 화염 온도를 측정하여 가스 및 공기의 유량을 조절하고자 한다. 이때 가장 적당한 온도계는?
① 액체 봉입 유리 온도계
② 저항 온도계
③ 열전대 온도계
④ 압력 온도계

해설 열전대 온도계의 설명이다.

62 측정값의 쏠림(Bias)에 의하여 발생하는 오차는?
① 과오 오차 ② 계통 오차
③ 우연 오차 ④ 상대 오차

해설 계통 오차의 설명이다.

63 2가지 다른 도체의 양 끝을 접합하고 두 접점을 다른 온도로 유지할 경우 회로에 생기는 기전력에 의해 열전류가 흐르는 현상을 무엇이라고 하는가?
① 제벡 효과
② 스테판-볼츠만 법칙
③ 존슨 효과
④ 스케링 삼승근 법칙

해설 ① 제벡 효과 : 열전대 온도계의 원리

64 가스는 분자량에 따라 다른 비중 값을 갖는다. 이 특성을 이용하는 가스 분석기기는?
① 밀도식 CO_2 분석기기
② 자기식 O_2 분석기기
③ 광화학 발광식 NO_x 분석기기
④ 적외선식 가스 분석기기

해설 밀도식 CO_2 분석기기의 설명이다.

65 막식 가스 미터에서 계량막의 파손, 밸브의 탈락, 밸브와 밸브시트 간격에서의 누설이 발생하여 가스는 미터를 통과하나 지침이 작동하지 않는 고장 형태는?
① 부동   ② 누출
③ 불통   ④ 기차 불량

해설 부동의 설명이다.

66 일반적으로 공장 자동화에 가장 많이 응용되는 제어 방법은?
① 캐스케이드 제어
② 프로그램 제어
③ 시퀀스 제어
④ 피드백 제어

해설 ③ 시퀀스 제어(Sequence control) : 미리 정해진 순서에 입각해서 다음 동작이 연속 이루어지는 제어로, 공장 자동화에 가장 많이 응용된다.

67 습식 가스 미터와 비교한 루츠 미터의 특징에 해당되지 않는 것은?
① 설치 면적이 작다.
② 스트레이너의 설치 및 유지 관리가 필요하다.
③ 사용 중에 수위 조정 등의 관리가 필요하다.
④ 대유량의 가스 측정에 적합하다.

해설 ③ 습식 가스 미터의 특징

68 부르동관 압력계에 대한 설명으로 틀린 것은?
① 탄성을 이용한 1차 압력계로서 가장 많이 사용된다.
② 재질은 고압용에 니켈(Ni)강, 저압용에 황동, 인청동, 특수 청동을 사용한다.
③ 높은 압력은 측정 가능하지만 정확도는 낮다.
④ 곡관에 압력을 가하면 곡률 반지름이 변화되는 것을 이용한 것이다.

해설 ① 부르동관 압력계는 탄성을 이용한 2차 압력계이다.

69 다음 유량계측기 중 압력 손실 크기 순서를 바르게 나타낸 것은?
① 전자 유량계 > 벤투리 > 오리피스 > 플로 노즐
② 벤투리 > 오리피스 > 전자 유량계 > 플로 노즐
③ 오리피스 > 플로 노즐 > 벤투리 > 전자 유량계
④ 벤투리 > 플로 노즐 > 오리피스 > 전자 유량계

해설 압력 손실 크기 순서
오리피스 > 플로 노즐 > 벤투리 > 전자 유량계

70 정확한 계량이 가능하여 기준기로 많이 사용되는 가스 미터는?
① 건식 가스 미터
② 습식 가스 미터
③ 회전자식 가스 미터
④ 벤투리식 가스 미터

정답 64 ① 65 ① 66 ③ 67 ③ 68 ① 69 ③ 70 ②

해설 습식 가스 미터는 계량이 정확하여 기준기로 많이 사용된다.

71 2차 지연용 계측기의 제동비가 0.8일 때 대수 감쇠율은 얼마인가?

① 8.37   ② 15.28
③ 34.19   ④ 41.38

해설 제동비 = $\dfrac{\delta}{\sqrt{4\pi^2 + \delta^2}}$

여기서, δ : 대수 감쇠율

$0.8 = \dfrac{\delta}{(4\times\pi^2 + \delta^2)^{0.5}}$

$\delta = 0.8 \times (4\pi^2 + \delta^2)^{0.5}$

$\delta^2 = 0.64 \times 39.4384 + 0.64\delta^2$

$0.36\delta^2 = 25.24$

$\therefore \delta = 8.37$

72 흡수법에 사용되는 각 성분 가스와 그 흡수액으로 짝지어진 것 중 틀린 것은?

① 이산화탄소 - 수산화칼륨 수용액
② 산소 - (수산화칼륨 + 피로갈롤) 수용액
③ 일산화탄소 - 염화칼륨 수용액
④ 중탄화수소 - 발연황산

해설 헴펠법 분석 순서 및 흡수제

분석 가스	흡수제
CO_2	KOH 30% 수용액
C_mH_n	발연황산
O_2	피로갈롤 용액
CO	암모니아성 염화제1구리 용액

73 가스 계량기의 설치에 대한 설명으로 틀린 것은?

① 화기와 2m 이상의 우회 거리를 유지한다.
② 수시로 환기가 가능한 곳에 설치한다.
③ 절연 조치를 하지 않은 전선과는 15cm 이상의 거리를 유지한다.
④ 바닥으로부터 1.6~2.0m 이상의 높이에 수직, 수평으로 설치한다.

해설 ④ 바닥으로부터 1.6m 이상 2.0m 이내의 높이에 수직, 수평으로 설치한다.

74 비례 제어기는 60℃에서 100℃ 사이의 온도를 조절하는데 사용된다. 이 제어기로 측정된 온도가 81℃에서 89℃로 될 때의 비례대(Proportional band)는?

① 10%
② 20%
③ 30%
④ 40%

해설 온도 조절기 비례대(%) = $\dfrac{측정\ 온도차}{조절\ 온도차} \times 100$

$= \dfrac{89-81}{100-60} \times 100 = 20\%$

75 막식 가스 미터에 대한 설명으로 옳지 않은 것은?

① 가스를 일정 부치의 통 속에 넣어 충만 후 배출하여 그 횟수를 부피 단위로 환산하여 표시하는 원리이다.
② 회전수가 비교적 빨라 대용량 100m³/h 이상의 계량에 적합하다.
③ 막의 재질로는 합성고무 등이 사용된다.
④ 가스의 계량실로의 도입 및 배출은 막의 차압에 의해 생기는 밸브와 막의 여동 작용에 의해 일어난다.

해설 가스 미터의 용량 범위
㉠ 막식 : 1.5~200m³/h(일반 수요가)
㉡ 습식 : 0.2~3,000m³/h(실험실용)
㉢ 루츠식 : 100~5,000m³/h(대용량 수요가)

정답 71 ① 72 ③ 73 ④ 74 ② 75 ②

76 초음파의 송수파기(送受波器)에서 액면까지의 거리가 15m인 초음파 액면계에서 초음파가 수신될 때까지 0.3초가 걸렸다면 매질 중에서의 초음파의 전파 속도는 약 몇 m/s 인가?

① 12.5　　② 25
③ 50　　　④ 100

해설
전파 속도 $V = \dfrac{L(거리(m))}{t(시간(s))}$

$= \dfrac{15}{0.3 \times \dfrac{1}{3}} = 100 \text{m/s}$

77 가연성 가스 검지 방식으로 가장 적합한 것은?

① 격막 전극식
② 정전위 전해식
③ 접촉 연소식
④ 원자 흡광 광도법

해설 가스 누설 검지 경보 설비 종류
㉠ 가연성 가스 검지 방식 : 접촉 연소식
㉡ 산소가스 검지 방식 : 격막 갈바니 전지식
㉢ 가연성·독성 가스 검지 방식 : 반도체식

78 기체 크로마토그래피에서 Carrier gas로 사용될 수 없는 것은?

① O_2　　② H_2
③ N_2　　④ He

해설 Carrier gas는 H_2, N_2, He, Ar 등이 사용된다.

79 부르동관 압력계의 종류가 아닌 것은?

① C형
② 수정형
③ 스파이럴형
④ 헬리컬형

해설 부르동관의 종류
㉠ C자형
㉡ 스파이럴형(Spiral type)
㉢ 헬리컬형(Helical type)
㉣ 버튼형(Torquetube type)

80 계측기의 일반적인 주요 구성으로 가장 거리가 먼 것은?

① 전달기구
② 검출기구
③ 구동기구
④ 수신기구

해설 계측기기의 주요 구성
㉠ 검출기구
㉡ 전달기구
㉢ 수신기구

정답 76 ④　77 ③　78 ①　79 ②　80 ③

2025 제1회 산업기사 (2. 7. 시행)

제1과목 연소공학

01 다음 반응에서 평형을 오른쪽으로 이동시켜 생성물을 더 많이 얻으려면 어떻게 해야 하는가?

$$CO + H_2O \rightleftarrows H_2 + CO_2 + Q(kcal)$$

① 온도를 높인다.
② 압력을 높인다.
③ 온도를 낮춘다.
④ 압력을 낮춘다.

해설 온도를 낮추면 온도가 올라가는 방향, 즉 발열반응 쪽으로 이동한다.

02 안전간격에 대한 설명으로 옳지 않은 것은?
① 안전간격은 방폭전기기기 등의 설계에 중요하다.
② 한계직경은 가는 관 내부를 화염이 진행할 때 도중에 꺼지는 관의 직경이다.
③ 두 평행판 간의 거리를 화염이 전파하지 않을 때까지 좁혔을 때 그 거리를 소염거리라고 한다.
④ 발화의 제반 조건을 갖추었을 때 화염이 최대한으로 전파되는 거리를 화염일주라고 한다.

해설 ④ 소염이라고 하며, 온도·압력·조성의 세 가지 조건이 갖추어져도 용기가 작으면 발화하지 않고, 부분적으로 발화하여도 화염이 전파되지 않고 도중에 꺼지는 현상을 화염일주라 한다.

03 폭발과 관련한 가스의 성질에 대한 설명으로 옳지 않은 것은?
① 연소속도가 큰 것일수록 위험하다.
② 인화온도가 낮을수록 위험하다.
③ 안전간격이 큰 것일수록 위험하다.
④ 가스의 비중이 크면 낮은 곳에 체류한다.

해설 안전간격이 폭발 3등급인 0.4mm 이하로 작은 것일수록 위험하다.

04 공기 중에서 압력을 증가시켰더니 폭발범위가 좁아지다가 고압 이후부터 폭발범위가 넓어지기 시작했다. 어떤 가스인가?
① 수소   ② 일산화탄소
③ 메탄   ④ 에틸렌

해설 수소(H_2)와 공기의 혼합가스는 10atm 정도까지는 폭발범위가 좁아지나 그 이상의 압력에서는 다시 점차 넓어진다.

05 가연성 물질의 위험성에 대한 설명으로 틀린 것은?
① 화염일주한계가 작을수록 위험성이 크다.
② 최소점화에너지가 작을수록 위험성이 크다.
③ 위험도는 폭발상한과 하한의 차를 폭발하한계로 나눈 값이다.
④ 암모니아의 위험도는 2이다.

해설 ㉠ 암모니아 연소범위 : 15~28%
㉡ 암모니아 위험도(H) = $\dfrac{28-15}{15} = 0.87$

정답 01 ③ 02 ④ 03 ③ 04 ① 05 ④

06 어떤 기체의 확산속도가 SO_2의 2배였다. 이 기체는 어떤 물질로 추정되는가?
① 수소　　② 메탄
③ 산소　　④ 질소

해설 그레이엄의 기체 확산속도의 법칙
$$\frac{U_A}{U_B} = \sqrt{\frac{M_B}{M_A}}$$
여기서, U_A : A 기체의 확산속도
U_B : B 기체의 확산속도
M_A : A 기체의 분자량
M_B : B 기체의 분자량

① $\dfrac{U_{H_2}}{U_{SO_2}} = \sqrt{\dfrac{64}{2}} = 5.65$배

② $\dfrac{U_{CH_4}}{U_{SO_2}} = \sqrt{\dfrac{64}{16}} = 2$배

③ $\dfrac{U_{O_2}}{U_{SO_2}} = \sqrt{\dfrac{64}{32}} = 1$배

④ $\dfrac{U_{N_2}}{U_{SO_2}} = \sqrt{\dfrac{64}{28}} = 5.3$배

07 층류연소속도에 대한 설명으로 옳은 것은?
① 미연소 혼합기의 비열이 클수록 층류연소속도는 크게 된다.
② 미연소 혼합기의 비중이 클수록 층류연소속도는 크게 된다.
③ 미연소 혼합기의 분자량이 클수록 층류연소속도는 크게 된다.
④ 미연소 혼합기의 열전도율이 클수록 층류연소속도는 크게 된다.

해설 층류연소속도
① 미연소 혼합기의 비열이 작을수록 층류연소속도는 크게 된다.
② 미연소 혼합기의 비중이 작을수록 층류연소속도는 크게 된다.
③ 미연소 혼합기의 분자량이 작을수록 층류연소속도는 크게 된다.

08 일정량의 기체의 체적은 온도가 일정할 때 어떤 관계가 있는가?(단, 기체는 이상기체로 가정한다.)
① 압력에 비례한다.
② 압력에 반비례한다.
③ 비열에 비례한다.
④ 비열에 반비례한다.

해설 이상기체의 상태방정식 $PV = nRT$에서 $V = \dfrac{nRT}{P}$
이므로, 일정량 기체의 체적은 온도가 일정할 때 압력에 반비례한다.

09 폭굉유도거리(DID)가 짧아지는 요인이 아닌 것은?
① 압력이 낮을 때
② 점화원의 에너지가 클 때
③ 관 속에 장해물이 있을 때
④ 관지름이 작을 때

해설 ① 압력이 높을 때

10 다음 중 액체연료의 인화점 측정 방법이 아닌 것은?
① 태그법
② 펜스키 마르텐스법
③ 에벨 펜스키법
④ 봄브법

해설 액체연료의 인화점 측정 방법
㉠ 태그법 : 인화점이 80℃ 이하인 석유 제품의 측정에 적용한다(예 원유 및 가솔린 등).
㉡ 펜스키 마르텐스(Pansky Martens)법 : 인화점이 50℃ 이상인 석유 제품의 측정에 적용한다(예 원유, 경유 및 중유 등)
㉢ 에벨 펜스키(Abel Pansky)법 : 인화점이 50℃ 이하인 석유 제품의 측정에 적용한다(예 공업용 휘발유, 등유, 기타 도료용 용제 등)

정답 06 ② 07 ④ 08 ② 09 ① 10 ④

11 미연소 혼합기의 흐름이 화염 부근에서 층류에서 난류로 바뀌었을 때의 현상으로 옳지 않은 것은?

① 화염의 성질이 크게 바뀌며, 화염대의 두께가 증대한다.
② 예혼합연소일 경우 화염전파속도가 가속된다.
③ 적화식 연소는 난류확산연소로서 연소율이 높다.
④ 확산연소일 경우는 단위 면적당 연소율이 높아진다.

해설 ③ 적화식 연소는 난류확산연소로서 연소율이 낮다.

12 다음 중 분진·폭발에 대한 설명으로 옳지 않은 것은?

① 입자의 크기가 클수록 위험성은 더 크다.
② 분진의 농도가 높을수록 위험성은 더 크다.
③ 수분 함량의 증가는 폭발 위험을 감소시킨다.
④ 가연성 분진의 난류확산은 일반적으로 분진 위험을 증가시킨다.

해설 ① 입자의 크기가 작을수록 위험성은 더 크다.

13 화재나 폭발의 위험이 있는 장소를 위험장소라 한다. 다음 중 제1종 위험장소에 해당하는 것은?

① 상용의 상태에서 가연성가스의 농도가 연속해서 폭발하한계 이상으로 되는 장소
② 상용 상태에서 가연성가스가 체류해 위험하게 될 우려가 있는 장소
③ 가연성가스가 밀폐된 용기 또는 설비의 사고로 인해 파손되거나 오조작의 경우에만 누출할 위험이 있는 장소
④ 환기장치에 이상이나 사고가 발생한 경우에 가연성가스가 체류하여 위험하게 될 우려가 있는 장소

해설 위험장소의 분류
㉠ 제0종 장소 : 상용의 상태에서 가연성가스의 농도가 연속해서 폭발하는 한계 이상으로 되는 장소(폭발한계를 넘는 경우에는 폭발한계 내로 들어 갈 우려가 있는 경우를 포함한다)
㉡ 제1종 장소 : 상용의 상태에서 가연성가스가 체류해 위험하게 될 우려가 있는 장소, 정비보수 또는 누출 등으로 인하여 종종 가연성가스가 체류하여 위험하게 될 우려가 있는 장소
㉢ 제2종 장소
  • 밀폐된 용기 또는 설비 내에 밀봉된 가연성가스가 그 용기 또는 설비의 사고로 인해 파손되거나 오조작의 경우에만 누출할 우려가 있는 장소
  • 확실한 기계적 환기조치에 의하여 가연성가스가 체류하지 않도록 되어 있으나 환기장치에 이상이나 사고가 발생한 경우에는 가연성가스가 체류하여 위험하게 될 우려가 있는 장소
  • 제1종 장소의 주변 또는 인접한 실내에서 위험한 농도의 가연성가스가 종종 침입할 우려가 있는 장소

14 다음 중 가연물의 조건으로 옳지 않은 것은?

① 열전도율이 작을 것
② 활성화에너지가 클 것
③ 산소와의 친화력이 클 것
④ 발열량이 클 것

해설 가연물의 조건
㉠ 산소와의 친화력이 클 것
㉡ 열전도율이 낮을 것
㉢ 산소와의 접촉 면적이 클 것
㉣ 발열량이 클 것
㉤ 활성화에너지가 적을 것
㉥ 건조도가 좋을 것

정답 11 ③ 12 ① 13 ② 14 ②

15 폭발범위(폭발한계)에 대한 설명으로 옳은 것은?
① 폭발범위 내에서만 폭발한다.
② 폭발상한계에서만 폭발한다.
③ 폭발상한계 이상에서만 폭발한다.
④ 폭발하한계 이하에서만 폭발한다.

해설 모든 물질은 폭발범위 내에서만 폭발한다.

16 산소 32kg과 질소 28kg의 혼합가스가 나타내는 전압이 20atm이다. 이때 산소의 분압은 몇 atm인가?(단, O_2의 분자량은 32, N_2의 분자량은 28이다)
① 5   ② 10   ③ 15   ④ 20

해설
산소의 분압 = 전압 × $\dfrac{산소의 몰수}{전체 몰수}$

= $20\text{atm} \times \dfrac{\dfrac{32 \times 10^3}{32}}{\dfrac{32 \times 10^3}{32} + \dfrac{28 \times 10^3}{28}} = 10\text{atm}$

17 가스용기의 물리적 폭발 원인이 아닌 것은?
① 압력조정 및 압력방출장치의 고장
② 부식으로 인한 용기 두께 축소
③ 과열로 인한 용기 강도의 감소
④ 누출된 가스의 점화

해설 ④ 누출된 가스의 점화 : 화학적 폭발의 원인

18 차가운 물체에 뜨거운 물체를 접촉시키면 뜨거운 물체에서 차가운 물체로 열이 전달되지만, 반대의 과정은 자발적으로 일어나지 않는다. 이러한 비가역성을 설명하는 법칙은?
① 열역학 제0법칙
② 열역학 제1법칙
③ 열역학 제2법칙
④ 열역학 제3법칙

해설
① 열역학 제0법칙 : 온도가 서로 다른 두 물체를 접촉시키면 높은 온도를 지닌 물체의 온도는 내려가고, 낮은 온도의 물체는 온도가 올라가서 두 물체의 온도차가 없어지고 두 물체는 열평형이 된다.
② 열역학 제1법칙 : 에너지의 한 형태인 열과 일은 본질적으로 서로 같고 열은 일로, 일은 열로 서로 전환이 가능하며, 이때 열과 일 사이의 변환에는 일정한 비례 관계가 성립된다.
④ 열역학 제3법칙 : 어떠한 이상적인 방법으로도 어떤 계를 절대영도(0K)에 이르게 할 수 없다.

19 고체연료의 일반적인 연소 방법이 아닌 것은?
① 분무연소
② 화격자연소
③ 유동층연소
④ 미분탄연소

해설 ① 분무연소 : 액체연료의 연소 방법

20 탄소 2kg이 완전연소할 경우 이론공기량은 약 몇 kg인가?
① 5.3   ② 11.6
③ 17.9   ④ 23.0

해설
$C + O_2 \rightarrow CO_2$
12kg → 32kg
2kg → x kg
12 : 32 = 2 : x
$x = 5.33$ kg

∴ 이론공기량(kg/kg) = $\dfrac{O_2}{0.232} = \dfrac{5.33}{0.232}$
= 23.0kg

정답 15① 16② 17④ 18③ 19① 20④

제2과목 가스설비

21 고온·고압 하에서 수소를 사용하는 장치 공정의 재질은 어느 재료를 사용하는 것이 가장 적당한가?
① 탄소강
② 스테인리스강
③ 타프치동
④ 실리콘강

해설 수소는 고온·고압에서 강재 중 탄소와 반응하여 수소취성을 일으키는데, 이것은 다음의 반응에 의한 것이라고 한다.
$Fe_3C + 2H_2 \rightarrow 3Fe(탈탄작용) + CH_4$
티탄, 바나듐, 텅스텐, 몰리브덴 등을 첨가하면 내수소성이 좋아지고, 크롬을 5~6% 이상 함유하는 크롬강이나 스테인리스강에서는 이 현상이 일어나기 어렵다.

22 린데식 액화장치의 구조상 반드시 필요하지 않은 것은?
① 열교환기 ② 증발기
③ 팽창밸브 ④ 액화기

해설 린데식 액화장치
압축기에서 압축된 공기는 열교환기, 팽창밸브를 통해서 액화되어 액화기로 들어간다.

23 원통형 용기에서 원주방향 응력은 축방향 응력의 얼마인가?
① 0.5배 ② 1배
③ 2배   ④ 4배

해설 원주방향 응력 = $\dfrac{PD}{2t}$ 이고
축방향 응력 = $\dfrac{PD}{4t}$ 이므로,
원통형 용기에서 원주방향 응력은 축방향 응력의 2배이다.

24 액화천연가스(LNG)의 탱크로서 저온수축을 흡수하는 기구를 가진 금속박판을 사용한 탱크는?
① 프리스트레스트 탱크
② 동결식 탱크
③ 금속제 이중구조탱크
④ 멤브레인 탱크

해설 액화천연가스(LNG) 탱크의 종류
㉠ 지상 금속제 탱크 : 이중구조, 멤브레인
㉡ 프리스트레스트(ps) 콘크리트 탱크 : 지상(멤브레인식 포함), 지하(멤브레인식 포함)
㉢ 동결식 반지하 탱크 : 멤브레인(저온수축을 흡수하는 기구를 가진 금속박판을 사용한 것)

25 가스용 PE배관을 온도 40°C 이상의 장소에 설치할 수 있는 가장 적절한 방법은?
① 단열성능을 가지는 보호판을 사용한 경우
② 단열성능을 가지는 침상재료를 사용한 경우
③ 로게이팅 와이어를 이용하여 단열조치를 한 경우
④ 파이프 슬리브를 이용하여 단열조치를 한 경우

해설 가스용 PE배관을 40°C 이상의 장소에 설치할 수 있는 방법
파이프 슬리브를 이용하여 단열조치를 한 경우

26 에어로졸 용기의 내용적은 몇 L 이하인가?
① 1   ② 3
③ 5   ④ 10

해설 에어로졸 용기의 내용적은 1L 이하이다.

정답 21 ② 22 ② 23 ③ 24 ④ 25 ④ 26 ①

27 아세틸렌용기의 다공질물 용적이 30L, 침윤 잔용적이 6L일 때 다공도는 몇 %이며, 관련 법상 합격인지 판단하면?

① 20%로서 합격이다.
② 20%로서 불합격이다
③ 80%로서 합격이다.
④ 80%로서 불합격이다.

해설
다공도(%) = $\dfrac{V-E}{V} \times 100$

여기서, V : 다공질물의 용적(L)
  E : 아세톤 침윤 잔용적(L)

즉, $\dfrac{30-6}{30} \times 100 = 80\%$

∴ 다공도의 범위는 75% 이상, 92% 미만을 유지해야 하므로 80%는 합격이다.

28 저압가스배관에서 관의 내경이 1/2로 되면 압력손실은 몇 배로 되는가?(단, 다른 모든 조건은 동일한 것으로 본다)

① 4
② 16
③ 32
④ 64

해설 저압배관 지름 결정 방법

$Q = K\sqrt{\dfrac{D^5 \cdot h}{S \cdot L}}$

여기서, Q : 가스의 유량(m³/h)
  D : 관의 지름(cm)
  K : 유량계수
  h : 압력손실(mm)
  S : 가스 비중
  L : 관의 길이

공식에서는 압력손실 h가 $\dfrac{1}{D^5}$에 비례하므로, 관의 내경이 $\dfrac{1}{2}$로 되면 압력손실은 $\dfrac{1}{\left(\dfrac{1}{2}\right)^5}$ = 32배로 된다.

29 저온 수증기 개질 프로세스 방식이 아닌 것은?

① C.R.G식
② M.R.G식
③ Lurgi식
④ I.C.I식

해설 저온 수증기 개질 프로세스 방식
㉠ C.R.G식
㉡ M.R.G식
㉢ Lurgi식

30 자동절체식 조정기 설치에 있어서 사용측과 예비측 용기의 밸브개폐 방법에 대한 설명으로 옳은 것은?

① 사용측 밸브는 열고, 예비측 밸브는 닫는다.
② 사용측 밸브는 닫고, 예비측 밸브는 연다.
③ 사용측, 예비측 밸브 전부를 닫는다.
④ 사용측, 예비측 밸브 전부를 연다.

해설 자동절체식 조정기 설치
사용측, 예비측 밸브 전부를 연다.

31 어떤 냉동기가 20℃의 물에서 −10℃의 얼음을 만드는 데 톤당 50PSh의 일이 소요되었다. 물의 융해열이 80kcal/kg, 얼음의 비열을 0.5kcal/kg · ℃라 할 때 냉동기의 성능계수는 얼마인가?(단, 1PSh = 632.3kcal이다.)

① 3.05 ② 3.32
③ 4.15 ④ 5.17

해설 물 1톤을 얼음으로 만드는 데 필요한 열량
㉠ 20℃ 물 → 0℃ 물
  $Q_1 = GC\Delta t$
   $= 1,000\text{kg} \times 1\text{kcal/kg} \cdot ℃ \times 20℃$
   $= 20,000\text{kcal}$

ⓒ 0℃ 물 → 0℃ 얼음

$Q_2 = G\gamma$
$= 1,000\text{kg} \times 80\text{kcal/kg}$
$= 80,000\text{kcal}$

ⓒ 0℃ 얼음 → 0℃ 얼음

$Q_3 = GC\Delta t$
$= 1,000\text{kg} \times 0.5\text{kcal/kg} \cdot ℃ \times 10℃$
$= 5,000\text{kcal}$

$Q_1 + Q_2 + Q_3$
$= 20,000 + 80,000 + 5,000$
$= 105,000\text{kcal}$

냉동기 성능계수
$= \dfrac{\text{저온체에서 흡수한 열량}}{\text{공급된 일}}$
$= \dfrac{105,000\text{kcal}}{50\text{PSh} \times 632.3\text{kcal}} = 3.32$

32 정압기의 정상 상태에서 유량과 2차 압력의 관계를 의미하는 정압기의 특성은?

① 정특성
② 동특성
③ 유량특성
④ 사용최대차압 및 최소차압

해설
① 정특성 : 정상 상태에서 유량과 2차 압력의 관계를 의미한다.
② 동특성 : 부하변화가 큰 곳에 사용되며, 부하 변동에 대한 응답의 신속성과 안정성이 요구된다.
③ 유량특성 : 메인밸브의 열림과 유량의 관계이다.
④ 사용최대차압 및 작동최소차압 : 메인밸브에 1차와 2차 압력이 작동하여 최대로 되었을 때의 차압 및 정압기가 작동할 수 있는 최소차압

33 가스를 충전하는 경우에 밸브 및 배관이 얼었을 때 응급조치하는 방법으로 틀린 것은?

① 석유버너 불로 녹인다.
② 40℃ 이하의 물로 녹인다.
③ 미지근한 물로 녹인다.
④ 얼어 있는 부분에 열습포를 사용한다.

해설 가스 충전의 경우 밸브 및 배관이 얼었을 때 응급조치 방법
㉠ 40℃ 이하의 물로 녹인다.
㉡ 미지근한 물로 녹인다.
㉢ 얼어 있는 부분에 열습포를 사용한다.

34 고압가스설비 중 특정설비가 아닌 것은?

① 기화장치
② 독성가스 배관용 밸브
③ 특정고압가스용 실린더 캐비닛
④ 초저온용기

해설 특정설비
㉠ 기화장치
㉡ 독성가스 배관용 밸브
㉢ 특정가스용 실린더 캐비닛

35 원심압축기의 특징에 대한 설명으로 틀린 것은?

① 맥동현상이 작다.
② 용량 조정범위가 비교적 좁다.
③ 압축비가 크다.
④ 윤활유가 불필요하다.

해설 원심압축기의 특징
㉠ 맥동현상이 작다.
㉡ 용량 조정범위가 비교적 좁다.
㉢ 압축비가 작고, 효율이 좋지 않다.
㉣ 윤활유가 불필요하다.
㉤ 다단식은 압축비를 크게 할 수 있으나, 설비비가 많이 소요된다.
㉥ 토출압력 변화에 의해 용량 변화가 크다.

정답 32 ① 33 ① 34 ④ 35 ③

36 LPG용기에 대한 설명으로 옳은 것은?
① 재질은 탄소강으로 성분은 C : 0.33% 이하, P : 0.04% 이하, S : 0.05% 이하로 한다.
② 용기는 주물형으로 제작하고, 충분한 강도와 내식성이 있어야 한다.
③ 용기의 바탕색은 회색이며, 가스 명칭과 충전기한은 표시하지 아니한다.
④ LPG는 가연성가스로서 용기에 반드시 "연"자를 표시한다.

해설
② 용기는 탄소강으로 제작하고, 충분한 강도와 내식성이 있어야 한다.
③ 용기의 바탕색은 회색이며, 가스 명칭과 충전기한을 표시한다.
④ 가연성가스(액화석유가스를 제외)는 "연"자를 표시한다.

37 고압가스배관의 기밀시험에 대한 설명으로 옳지 않은 것은?
① 상용압력 이상으로 하되, 1MPa를 초과하는 경우 1MPa 압력 이상으로 한다.
② 원칙적으로 공기 또는 불활성가스를 사용한다.
③ 취성파괴를 일으킬 우려가 없는 온도에서 실시한다.
④ 기밀시험압력 및 기밀유지시간에서 누설 등의 이상이 없을 때 합격으로 한다.

해설
① 상용압력 이상으로 하되, 0.7MPa을 초과하는 경우 0.7MPa 압력 이상으로 한다.

38 다음 중 SNG에 대한 설명으로 옳은 것은?
① 순수천연가스를 뜻한다.
② 각종 도시가스의 총칭이다.
③ 대체(합성)천연가스를 뜻한다.
④ 부생가스로 고로가스가 주성분이다

해설
SNG(Substitute Natural Gas)
대체(합성)천연가스

39 원심펌프로 물을 지하 10m에서 지상 20m 높이의 탱크에 유량 3m³/min로 양수하려고 한다. 이론적으로 필요한 동력은?
① 10PS
② 15PS
③ 20PS
④ 25PS

해설
$$\text{필요한 동력(PS)} = \frac{\gamma QH}{75 \times 60}$$
$$= \frac{1,000 \times 3 \times (10+20)}{75 \times 60} = 20\text{PS}$$

40 강의 열처리 방법 중 오스테나이트 조직을 마텐자이트 조직으로 바꿀 목적으로 0°C 이하로 처리하는 방법은?
① 담금질
② 불림
③ 심랭처리
④ 염욕처리

해설
① 담금질(Quenching) : 보통 금속을 단단하게 만들기 위해 하는 것으로 가열, 급랭, 단단해짐 3가지를 반복할수록 금속이 단단해진다.
② 뜨임(Tempering) : 강철을 담금질하면 경도는 커지나 메지기 쉬우므로 이를 적당한 온도로 재가열했다가 공기 속에서 냉각, 조직을 연화·안정시켜 내부 응력을 없애는 조작이다.
④ 염욕처리 : 균열(Crack)방지와 변형 감소 목적으로 항온변태곡선을 이용한다.

정답 36 ① 37 ① 38 ③ 39 ③ 40 ③

제3과목 가스안전관리

41 가연성가스를 차량에 고정된 탱크에 의하여 운반할 때 갖추어야 할 소화기의 능력 단위 및 비치 개수가 옳게 짝지어진 것은?

① ABC용, B-12 이상 : 차량 좌우에 각각 1개 이상
② AB용, B-12 이상 : 차량 좌우에 각각 1개 이상
③ ABC용, B-12 이상 : 차량에 1개 이상
④ AB용, B-12 이상 : 차량에 1개 이상

해설 차량에 고정된 탱크 운반 시의 소화설비

가스의 구분	소화기의 종류		비치 개수
	소화약제의 종류	소화기의 능력단위	
가연성 가스	분말 소화제	BC용, B-10 이상 또는 ABC용, B-12 이상	차량 좌우에 각각 1개 이상
산소	분말 소화제	BC용, B-8 이상 또는 ABC용, B-10 이상	차량 좌우에 각각 1개 이상

42 최고사용압력이 고압이고, 내용적이 5m³인 도시가스배관의 자기압력기록계를 이용한 기밀시험 시 기밀유지시간은?

① 24분 이상
② 240분 이상
③ 300분 이상
④ 480분 이상

해설 최고사용압력이 고압이고, 내용적이 5m³인 도시가스배관의 자기압력계를 이용한 기밀시험 시 기밀유지시간 : 24분 이상

43 액화석유가스를 충전한 자동차에 고정된 탱크는 지상에 설치된 저장탱크의 외면으로부터 몇 m 이상 떨어져 정차하여야 하는가?

① 1 ② 3 ③ 5 ④ 8

해설 액화석유가스를 충전한 자동차에 고정된 탱크는 지상에 설치된 저장탱크의 외면으로부터 5m 이상 떨어져 정차한다.

44 고압가스 저장탱크 물분무장치의 설치에 대한 설명으로 틀린 것은?

① 물분무장치는 30분 이상 동시에 방사할 수 있는 수원에 접속되어야 한다.
② 물분무장치는 매월 1회 이상 작동 상황을 점검하여야 한다.
③ 물분무장치는 저장탱크 외면으로부터 10m 이상 떨어진 위치에서 조작할 수 있어야 한다.
④ 물분무장치는 표면적 1m²당 8L/분을 표준으로 한다.

해설 ③ 물분무장치는 저장탱크 외면으로부터 15m 이상 떨어진 위치에서 조작할 수 있어야 한다.

45 소형 저장탱크의 설치 방법으로 옳은 것은?

① 동일한 장소에 설치하는 경우 10기 이하로 한다.
② 동일한 장소에 설치하는 경우 충전질량의 합계는 7,000kg 미만으로 한다.
③ 탱크 지면에서 3cm 이상 높게 설치된 콘크리트 바닥 등에 설치한다.
④ 탱크가 손상받을 우려가 있는 곳에는 가드레일 등의 방호조치를 한다.

해설 ① 동일한 장소에 설치하는 경우 6기 이하로 한다.
② 동일한 장소에 설치하는 경우 충전질량의 합계는 5,000kg 미만으로 한다.
③ 소형 저장탱크는 그 기초가 지면보다 5cm 이상 높게 설치된 콘크리트 등에 설치한다.

정답 41 ① 42 ① 43 ③ 44 ③ 45 ④

46 액화가스를 차량에 고정된 탱크에 의해 250km의 거리까지 운반하려고 한다. 운반책임자가 동승하여 감독 및 지원을 할 필요가 없는 경우는?

① 에틸렌 : 3,000kg
② 아산화질소 : 3,000kg
③ 암모니아 : 1,000kg
④ 산소 : 6,000kg

해설 운반책임자 동승 기준

가스의 종류		기 준
압축가스	가연성가스	300m³ 이상
	조연성가스	600m³ 이상
	독성가스(1ppm 이상)	100m³ 이상
액화가스	가연성가스	3,000kg 이상
	조연성가스	6,000kg 이상
	독성가스(1ppm 이상)	1,000kg 이상

47 용기보관장소에 대한 설명 중 옳지 않은 것은?

① 산소 충전용기 보관실의 지붕은 콘크리트로 견고히 하여야 한다.
② 독성가스용기 보관실에는 가스누출 검지경보장치를 설치하여야 한다.
③ 공기보다 무거운 가연성가스의 용기 보관실에는 가스누출 검지경보장치를 설치하여야 한다.
④ 용기보관장소는 그 경계를 명시하여야 한다.

해설 ① 산소 충전용기 보관실의 지붕은 가벼운 재료를 사용한다.

48 고압가스 특정설비 제조자의 수리 범위에 해당되지 않는 것은?

① 단열재 교체
② 특정설비의 부품 교체
③ 특정설비의 부속품 교체 및 가공
④ 아세틸렌용기 내의 다공질물 교체

해설 고압가스 특정설비 제조자의 수리 범위
㉠ 단열재 교체
㉡ 특정설비의 부품 교체
㉢ 특정설비의 부속품 교체 및 가공

49 고압가스 일반제조의 시설 기준에 대한 설명으로 옳은 것은?

① 초저온저장탱크에는 환형유리관 액면계를 설치할 수 없다.
② 고압가스설비에 장치하는 압력계는 상용압력의 1.1배 이상 2배 이하의 최고눈금이 있어야 한다.
③ 공기보다 가벼운 가연성가스의 가스설비실에는 1방향 이상의 개구부 또는 자연환기설비를 설치하여야 한다.
④ 저장능력이 1,000톤 이상인 가연성가스(액화가스)의 지상저장탱크의 주위에는 방류둑을 설치하여야 한다.

해설 ① 산소 또는 불활성가스의 초저온저장탱크의 경우에 한정하여 환형유리제 액면계를 설치할 수 있다.
② 고압가스설비에 설치하는 압력계는 상용압력의 1.5배 이상 2배 이하의 최고눈금이 있는 것으로 한다.

50 어떤 온도에서 압력 6.0MPa, 부피 125L의 산소와 8.0MPa, 부피 200L의 질소가 있다. 두 기체를 부피 500L의 용기에 넣으면 용기 내 혼합기체의 압력은 약 몇 MPa이 되는가?

① 2.5   ② 3.6
③ 4.7   ④ 5.6

해설
$$P = \frac{P_1 V_1 + P_2 V_2}{V} = \frac{6 \times 125 + 8 \times 200}{500}$$
$$= 4.7 \text{MPa}$$

정답 46 ② 47 ① 48 ④ 49 ④ 50 ③

51 차량에 고정된 탱크에 설치된 긴급차단장치는 차량에 고정된 탱크 또는 이에 접속하는 배관 외면의 온도가 몇 ℃일 때 자동적으로 작동할 수 있어야 하는가?

① 40　　② 65
③ 80　　④ 110

해설 차량에 고정된 탱크에 설치된 긴급차단장지는 차량에 고정된 탱크 또는 이에 접속하는 배관 외면의 온도가 110℃일 때 자동적으로 작동할 수 있어야 한다.

52 가스배관은 움직이지 아니하도록 고정·부착하는 조치를 하여야 한다. 관경이 13mm 이상 33mm 미만인 것에는 얼마의 길이마다 고정장치를 하여야 하는가?

① 1m마다　　② 2m마다
③ 3m마다　　④ 4m마다

해설 관경에 따른 고정장치 부착 간격
㉠ 13mm 미만 : 1m마다
㉡ 13mm 이상 33mm 미만 : 2m마다
㉢ 33mm 이상 : 3m마다

53 고압가스 냉동 제조의 기술 기준에 대한 설명으로 옳지 않은 것은?

① 암모니아를 냉매로 사용하는 냉동 제조시설에는 제독제로 물을 다량 보유한다.
② 냉동기의 재료는 냉매가스 또는 윤활유 등으로 인한 화학작용에 의하여 약화되어도 상관없는 것으로 한다.
③ 독성가스를 사용하는 내용적이 1만 L 이상인 수액기 주위에는 방류둑을 설치한다.
④ 냉동기의 냉매설비는 설계압력 이상의 압력으로 실시하는 기밀시험 및 설계압력의 1.5배 이상의 압력으로 하는 내압시험에 각각 합격한 것이어야 한다.

해설 ② 냉동기의 재료는 냉매가스, 흡수용액, 윤활유 또는 이들 혼합물의 작용으로 열화되지 아니하는 것으로 한다.

54 LP가스용 금속플렉시블 호스에 대한 설명으로 옳은 것은?

① 배관용 호스는 플레어 또는 유니언의 접속 기능을 갖추어야 한다.
② 연소기용 호스의 길이는 한쪽 이음쇠의 끝에서 다른 쪽 이음쇠까지로 하며, 길이 허용오차는 +4%, -3% 이내로 한다.
③ 스테인리스강은 튜브의 재료로 사용하여서는 아니 된다.
④ 호스의 내열성시험은 100±2℃에서 10분간 유지 후 균열 등의 이상이 없어야 한다.

해설 ② 연소기용 호스의 길이는 한쪽 이음쇠의 끝에서 다른 쪽 이음쇠 끝까지로 하며, 길이 허용오차는 +3%, -2% 이내로 한다.
③ 튜브의 재료로 스테인리스강, 동합금을 사용한다.
④ 호스의 내열성시험은 120±2℃에서 30분간 유지 후 균열 등의 이상이 없어야 한다.

55 가스 관련법에서 정한 고압가스 관련 설비에 해당되지 않는 것은?

① 안전밸브　　② 압력용기
③ 기화장치　　④ 정압기

해설 고압가스 관련 설비
㉠ 안전밸브, 긴급차단장치, 역화방지장치
㉡ 기화장치
㉢ 압력용기
㉣ 자동차용 가스 자동주입기
㉤ 독성가스 배관용 밸브
㉥ 냉동설비를 구성하는 압축기, 응축기, 증발기 또는 압력용기
㉦ 특정고압가스용 실린더 캐비닛
㉧ 자동차용 압축천연가스 완속충전설비
㉨ 액화가스용 용기 잔류가스 회수장치

정답 51 ④　52 ②　53 ②　54 ①　55 ④

56 고압가스설비에 설치하는 안전장치의 기준으로 옳지 않은 것은?

① 압력계는 상용압력의 1.5배 이상 2배 이하의 최고눈금이 있는 것일 것
② 가연성가스를 압축하는 압축기와 오토클레이브 사이의 배관에는 역화방지장치를 설치할 것
③ 가연성가스를 압축하는 압축기와 충전용 주관과의 사이에는 역류방지밸브를 설치할 것
④ 독성가스 및 공기보다 가벼운 가연성가스의 제조시설에는 가스누출 검지경보장치를 설치할 것

해설 ④ 독성가스 및 공기보다 무거운 가연성가스의 제조시설에는 가스누출 검지경보장치를 설치한다.

57 −162°C의 LNG(액비중 : 0.46, CH_4 : 90%, C_2H_6 : 10%) 1m³를 20°C까지 기화시켰을 때의 부피는 약 몇 m³인가?

① 592.6
② 635.6
③ 645.6
④ 692.6

해설
$$PV = \frac{W}{M}RT$$
$$V = \frac{WRT}{PM} = \frac{460 \times 0.082 \times (273+20)}{1 \times (16 \times 0.9 + 30 \times 0.1)}$$
$$= 635.17 m^3$$

58 독성가스가 누출할 우려가 있는 부분에는 위험표지를 설치하여야 한다. 이에 대한 설명으로 옳은 것은?

① 문자의 크기는 가로 10cm, 세로 10m 이상으로 한다
② 문자는 30m 이상 떨어진 위치에서도 알 수 있도록 한다.
③ 위험표지의 바탕색은 백색, 글씨는 흑색으로 한다.
④ 문자는 가로 방향으로만 한다.

해설 ① 문자의 크기는 가로 5cm, 세로 5cm 이상으로 한다.
② 문자는 10m 이상 떨어진 위치에서도 알 수 있도록 한다.
③ 문자는 가로 또는 세로로 쓸 수 있다.

59 가스설비실에 설치하는 가스누출경보기에 대한 설명으로 틀린 것은?

① 담배 연기 등 잡가스에는 경보가 울리지 않아야 한다.
② 경보기의 경보부와 검지부는 분리하여 설치할 수 있어야 한다.
③ 경보가 울린 후 주위의 가스농도가 변화되어도 계속 경보를 울려야 한다.
④ 경보기의 검지부는 연소기의 폐가스가 접촉하기 쉬운 곳에 설치한다.

해설 ④ 경보기의 검지부는 저장설비 및 가스설비 중 가스가 누출하기 쉬운 설비가 설치되어 있는 장소의 주위로, 누출된 가스가 체류하기 쉬운 장소에 설치한다.

60 다음 중 가연성가스가 아닌 것은?

① 아세트알데히드
② 일산화탄소
③ 산화에틸렌
④ 염소

해설 ④ 염소 : 조연성 및 독성가스

정답 56 ④ 57 ② 58 ③ 59 ④ 60 ④

제4과목 가스계측

61 증기압식 온도계에 사용되지 않는 것은?
① 아닐린
② 프레온
③ 에틸에테르
④ 알코올

해설 증기압식 온도계에 사용되는 물질
아닐린, 프레온, 에틸에테르, 염화메틸, 톨루엔, 염화에틸

62 포스겐가스의 검지에 사용되는 시험지는?
① 하리슨 시험지
② 리트머스 시험지
③ 연당지
④ 염화제1구리 착염지

해설

시험지	검지 가스	반응
KI-전분지	NO_2, ClO, 할로겐	청~갈색
리트머스지	산, 알칼리	적색, 청색
염화 제동 착염지	아세틸렌	적색
염화 팔라듐지	CO	흑색
하리슨 시약	포스겐	심등색
연당지	H_2S	흑색
초산 벤진지	HCN	청색

63 막식 가스미터 고장의 종류 중 부동(不動)의 의미를 가장 바르게 설명한 것은?
① 가스가 크랭크축이 녹슬거나 밸브와 밸브시트가 타르(Tar) 접착 등으로 통과하지 않는다.
② 가스의 누출로 통과하나 정상적으로 미터가 작동하지 않아 부정확한 양만 측정된다.
③ 가스가 미터는 통과하나 계량막의 파손, 밸브의 탈락 등으로 계량기 지침이 작동하지 않는 것이다.
④ 날개나 조절기에 고장이 생겨 회전장치에 고장이 생긴 것이다.

해설 막식 가스미터의 고장 종류
㉠ 부동 : 가스는 계량기를 통과하지만 계량막의 파손, 밸브의 탈락, 밸브와 밸브 시트 사이에서의 누설. 지시장치 기어 불량 등으로 계량기 지침이 작동되지 않는 것
㉡ 불통 : 가스가 계량기를 통과하지 못하는 고장

64 가스 크로마토그래피에서 운반기체(Carrier Gas)의 불순물을 제거하기 위하여 사용하는 부속품이 아닌 것은?
① 수분제거트랩(Moisture Trap)
② 산소제거트랩(Oxyzen Trap)
③ 화학필터(Chemical Filter)
④ 오일트랩(Oil Trap)

해설 가스 크로마토그래피에서 운반 기체의 불순물을 제거하기 위하여 사용하는 부속품
㉠ 수분제거트랩(Moisture Trap)
㉡ 산소제거트랩(Oxygen Trap)
㉢ 화학필터(Chemical Filter)

65 가스 크로마토그래피의 검출기가 갖추어야 할 구비 조건으로 틀린 것은?
① 감도가 낮을 것
② 재현성이 좋을 것
③ 시료에 대하여 선형적으로 감응할 것
④ 시료를 파괴하지 않을 것

해설 ① 감도가 높을 것

정답 61 ④ 62 ① 63 ③ 64 ④ 65 ①

66 도시가스 사용압력이 2.0kPa인 배관에 설치된 막식 가스미터기의 기밀시험압력은?

① 2.0kPa 이상
② 4.4kPa 이상
③ 6.4kPa 이상
④ 8.4kPa 이상

해설 배관은 최고사용압력의 1.1배 또는 8.4kPa 중 높은 압력 이상의 압력으로 기밀성능(완성검사를 받은 후의 정기검사 시에는 사용압력 이상의 압력으로 실시하는 누출 성능)을 갖는 것으로 한다.

67 수평 30°의 각도를 갖는 경사 마노미터의 액면의 차가 10cm라면 수직 U자 마노미터의 액면차는?

① 2cm ② 5cm
③ 20cm ④ 50cm

해설 수직 U자 마노미터의 액면차
$h = 10\text{cm} \times \sin 30° = 5\text{cm}$

68 공업용 액면계가 갖추어야 할 구비 조건에 해당되지 않는 것은?

① 비연속적 측정이라도 정확해야 할 것
② 구조가 간단하고 조작이 용이할 것
③ 고온, 고압에 견딜 것
④ 값이 싸고 보수가 용이할 것

해설 ① 연속 측정이 가능할 것

69 온도가 60°F에서 100°F까지 비례제어된다. 측정온도가 71°F에서 75°F로 변할 때 출력 압력이 3psi에서 15psi로 도달하도록 조정될 때 비례대역(%)은?

① 5% ② 10%
③ 20% ④ 33%

해설
$$\text{비례대역}(\%) = \frac{\text{측정온도차}}{\text{조절온도차}} \times 100$$
$$= \frac{75-71}{100-60} \times 100 = 10\%$$

70 기체 크로마토그래피에 대한 설명으로 틀린 것은?

① 액체 크로마토그래피보다 분석속도가 빠르다.
② 칼럼에 사용되는 액체 정지상은 휘발성이 높아야 한다.
③ 운반 기체로서 화학적으로 비활성인 헬륨을 주로 사용한다.
④ 다른 분석기기에 비하여 감도가 뛰어나다.

해설 ② 칼럼에 사용되는 액체 정지상은 휘발성이 낮아야 한다.

71 다음 압력계 중 미세압 측정이 가능하여 통풍계로도 사용되며, 감도(정도)가 좋은 압력계는 어느 것인가?

① 경사관식 압력계
② 분동식 압력계
③ 부르동관 압력계
④ 마노미터(U자관 압력계)

해설
② 분동식 압력계 : 액체를 사용하는 압력계로 압력을 분동에 의하여 균형을 잡는 압력계를 표준압력계라 하며, 이때 분동을 사용한다.
③ 부르동관 압력계 : 탄성체의 탄성 변형을 이용하여 압력을 측정하는 것으로, 2차 압력계의 가장 대표적인 것이다.
④ 마노미터(U자관 압력계) : U자형의 유리관에 액주(물, 수은 등)를 넣어 만든 압력계이다.

정답 66 ④ 67 ② 68 ① 69 ② 70 ② 71 ①

72 일반적으로 계측기는 크게 3부분으로 구성되어 있다. 이에 해당되지 않는 것은?
① 검출부 ② 전달부
③ 수신부 ④ 제어부

해설 계측기의 구성
㉠ 검출부 : 정보원으로부터 정보를 전달부나 수신부에 전달하기 위한 신호로 변환한다.
㉡ 전달부 : 검출부에서 입력신호를 수신부에 전달하는 데 편리한 신호로 변환하거나 그 크기를 바꾸는 역할을 한다.
㉢ 수신부 : 검출부나 전달부의 출력신호를 받아 지시 · 기록 및 경보를 하는 부분이다.

73 광학적 방법인 슐리렌법(Schlieren Method)은 무엇을 측정하는가?
① 기체의 흐름에 대한 속도변화
② 기체의 흐름에 대한 온도변화
③ 기체의 흐름에 대한 압력변화
④ 기체의 흐름에 대한 밀도변화

해설 광학적 방법인 슐리렌법은 기체의 흐름에 대한 밀도변화를 측정한다.

74 계측기기의 측정과 오차에서 흩어짐의 정도를 나타내는 것은?
① 정밀도 ② 정확도
③ 정도   ④ 불확실성

해설 측정과 오차
㉠ 정밀도 : 계측기기의 측정과 오차에서 흩어짐의 정도를 나타낸다.
㉡ 정확도 : 같은 조건하에서 무한히 많은 횟수의 측정을 하여 그 측정값을 평균해 보아도 참값에는 일치하지 않는다. 이 평균값과 참값의 차를 쏠림이라 하고, 쏠림이 작은 측정을 정확하다고 하며 작은 정도를 말한다.
㉢ 정도 : 계측기가 나타내는 값 또는 측정 결과의 정확도와 정밀도를 포함한 종합적인 결과가 좋음을 뜻한다. 즉, 측정 결과에 대한 신뢰도를 수량적으로 표시한 척도를 말한다.

75 물 100cm 높이에 해당하는 압력은 몇 Pa인가?(단, 물의 비중량은 9,803N/m³이다.)
① 4,901
② 490,150
③ 9,803
④ 980,300

해설 $P = \gamma \cdot h = 9,803 \text{N/m}^3 \times 1\text{m} = 9,803 \text{N/m}^2$
$= 9,803 \text{Pa}$

76 점도가 높거나 점도 변화가 있는 유체에 가장 적합한 유량계는?
① 차압식 유량계
② 면적식 유량계
③ 유속식 유량계
④ 용적식 유량계

해설 ① 차압식 유량계 : 흐르는 관로 도중에 교축기구(조리개)를 넣어서 앞과 뒤에 차압을 발생시켜 이것을 차압지시계나 차압발진기로 차압을 측정하는, 베르누이정리를 이용하여 유량을 측정한다.
② 면적식 유량계 : 관로에 있는 조리개 전후의 차압이 일정해지도록 조리개의 면적을 바꿔 그 면적들로부터 유량을 구한다.
③ 유속식 유량계 : 관로 내를 흐르는 유체의 유속을 측정하고 그 값에 관로의 단면적을 곱하여 유량을 측정한다.

77 0°C에서 저항이 120Ω이고, 저항온도계수가 0.0025인 저항 온도계를 노 안에 삽입하였을 때 저항이 210Ω이 되었다면 노 안의 온도는 몇 °C인가?
① 200 ② 250
③ 300 ④ 350

해설 노 안의 온도 $= \dfrac{210 - 120}{120 \times 0.0025} = 300°C$

정답 72 ④ 73 ④ 74 ① 75 ③ 76 ④ 77 ③

78 다음 열전대 온도계 중 가장 고온에서 사용할 수 있는 것은?

① R형 ② K형
③ T형 ④ J형

해설
① R형(P.R, 백금-백금로듐) : 0~1,600℃
② K형(C.A, 크로멜-알루멜) : -20~1,200℃
③ T형(C.C, 구리-콘스탄탄) : -180~360℃
④ J형(I.C, 철-콘스탄탄) : -20~800℃

79 화합물이 가지는 고유의 흡수 정도의 원리를 이용하여 정성 및 정량분석에 이용할 수 있는 분석 방법은?

① 저온분류법
② 적외선분광분석법
③ 질량분석법
④ 가스 크로마토그래피법

해설
① 저온분류법 : 시료가스를 상압에서 냉각 또는 가압하여 액화시켜 그 증류 온도 및 유출가스의 분압에서 증류곡선을 얻어 시료가스의 조성을 구하는 방법을 저온정밀증류법이라 한다.
③ 질량분석법 : 시료량이 미량이고 저농도에서 고농도까지 광범위한 분석 및 미지성분의 고정에 유용하며, 천연가스와 증열 수성가스의 분석에 이용된다.
④ 가스 크로마토그래피법 : 시료를 증발시켜 기체 상태로 만들 수 있는 경우에만 적용하며, 증발시료를 분리관에 주입한 다음, 비활성기체의 이동상 흐름을 이용하여 용리해서 분리한다.

80 계량에 관한 법률의 목적으로 가장 거리가 먼 것은?

① 계량의 기준을 정함
② 공정한 상거래 질서 유지
③ 산업의 선진화 기여
④ 분쟁의 협의 조정

해설 계량에 관한 법률의 목적
계량의 기준을 정하여 적정한 계량을 실시하게 함으로써 공정한 상거래 질서의 유지 및 산업의 선진화에 기여함을 목적으로 한다.

정답 78 ① 79 ② 80 ④

2025 제2회 산업기사 (5. 10. 시행)

제1과목 　연소공학

01 전폐쇄 구조인 용기 내부에서 폭발성가스의 폭발이 일어났을 때 용기가 압력에 견디고 외부의 폭발성가스에 인화할 우려가 없도록 한 방폭구조는?
① 안전증방폭구조
② 내압방폭구조
③ 특수방폭구조
④ 유입방폭구조

해설 ① 안전증방폭구조 : 정상운전 중에 가연성가스의 점화원이 될 전기불꽃, 아크 등의 발생을 방지하기 위하여 기계적, 전기적 구조상 또는 온도상승에 대해서 안전도를 증가시킨 방폭구조
③ 특수방폭구조 : 가연성가스에 점화를 방지할 수 있다는 것이 시험, 기타의 방법에 의하여 확인된 구조
④ 유입방폭구조 : 전기기기의 불꽃 또는 아크를 발생하는 부분을 기름 속에 넣어 유면상에 존재하는 폭발성가스에 인화될 우려가 없도록 한 구조

02 수소가 완전연소 시 발생되는 발열량은 약 몇 kcal/kg인가?(단, 수증기 생성열은 57.8kcal/mol이다.)
① 12,000
② 24,000
③ 28,900
④ 57,800

해설 몰수 = $\dfrac{질량}{분자량} = \dfrac{1,000g}{2} = 500\text{mol}$
∴ $57.8\text{kcal/mol} \times 500\text{mol} = 28,900\text{kcal}$

03 폭굉유도거리를 짧게 하는 요인에 해당하지 않는 것은?
① 관 지름이 클수록
② 압력이 높을수록
③ 연소열량이 클수록
④ 연소속도가 클수록

해설 ① 관 지름이 가늘수록

04 연소 시 배기가스 중의 질소산화물(NO_x)의 함량을 줄이는 방법으로 가장 거리가 먼 것은?
① 굴뚝을 높게 한다.
② 연소온도를 낮게 한다.
③ 질소함량이 적은 연료를 사용한다.
④ 연소가스가 고온으로 유지되는 시간을 짧게 한다.

해설 질소산화물(NO_x)의 함량을 줄이는 방법
②·③·④ 외에
㉠ 노내압을 낮게 유지한다.
㉡ 연소가스 중의 산소농도를 저하시킨다.
㉢ 과잉공기량을 감소시킨다.

05 수소의 연소반응은 $H_2 + \dfrac{1}{2}O_2 \rightarrow H_2O$로 알려져있으나 실제 반응은 수많은 소반응이 연쇄적으로 일어난다고 한다. 다음은 무슨 반응에 해당하는가?

$$OH + H_2 \rightarrow H_2O + H$$
$$O + HO_2 \rightarrow O_2 + OH$$

① 연쇄창시반응　② 연쇄분지반응
③ 기상정지반응　④ 연쇄이동반응

해설 연쇄이동반응
활성기의 종류가 교체되는 반응이다.

정답 01 ②　02 ③　03 ①　04 ①　05 ④

06 아세틸렌(C_2H_2) 가스의 위험도는 얼마인가? (단, 아세틸렌의 폭발한계는 2.51~81.2%이다)

① 29.15 ② 30.25
③ 31.35 ④ 32.45

해설 위험도(H) = $\dfrac{U-L}{L}$ = $\dfrac{81.2-2.51}{2.51}$ = 31.35

07 불꽃 중 탄소가 많이 생겨서 황색으로 빛나는 불꽃은?

① 휘염 ② 층류염
③ 환원염 ④ 확산염

해설 휘염의 설명이다.

08 탄화도가 커질수록 연료에 미치는 영향이 아닌 것은?

① 연료비가 증가한다.
② 연소속도가 늦어진다.
③ 매연 발생이 상대적으로 많아진다.
④ 고정 탄소가 많아지고 발열량이 커진다.

해설 ③ 매연 발생이 상대적으로 적어진다.

09 LPG가 완전연소될 때 생성되는 물질은?

① CH_4, H_2 ② CO_2, H_2O
③ C_3H_8, CO_2 ④ C_4H_{10}, H_2O

해설 LPG의 완전연소반응식
$C_3H_8 + 5O_2 \rightarrow 3CO_2 + 4H_2O$

10 다음은 고체연료의 연소과정에 관한 사항이다. 보통 기상에서 일어나는 반응이 아닌 것은?

① $C + CO_2 \rightarrow 2CO$
② $CO + \dfrac{1}{2}O_2 \rightarrow CO_2$
③ $H_2 + \dfrac{1}{2}O_2 \rightarrow H_2O$
④ $CO + H_2O \rightarrow CO_2 + H_2$

해설 ① 고체 상태에서 일어나는 반응
$C + CO_2 \rightarrow 2CO$

11 유황 S(kg)의 완전연소 시 발생하는 SO_2의 양을 구하는 식은?

① $4.31 \times S(Nm^3)$
② $3.33 \times S(Nm^3)$
③ $0.7 \times S(Nm^3)$
④ $4.38 \times S(Nm^3)$

해설 유황(S)의 완전연소반응식
㉠ $S + O_2 \rightarrow SO_2$
    32kg 22.4Nm³
㉡ 체적 : $\dfrac{22.4Nm^3}{32kg}$ = 0.7Nm³/kg
㉢ $SO_2 = 0.7 \times S(Nm^3)$
    32kg : 22.4Nm³ = 1kg : xNm³
    ∴ $x = \dfrac{1 \times 22.4}{32} = 0.7Nm^3$

12 밀폐된 용기 속에 3atm, 25℃에서 프로판과 산소가 2 : 8의 몰비로 혼합되어 있으며, 이것이 연소하면 다음 식과 같이 된다. 연소 후 용기 내의 온도가 2,500K로 되었다면 용기 내의 압력은 약 몇 atm이 되는가?

$2C_3H_8 + 8O_2 \rightarrow$
$6H_2O + 4CO_2 + 2CO + 2H_2$

① 3 ② 15 ③ 25 ④ 35

해설 $PV = nRT$에서
반응 전의 상태 $P_1V_1 = n_1R_1T_1$
반응 후의 상태 $P_2V_2 = n_2R_2T_2$라 하면
$V_1 = V_2$, $R_1 = R_2$이므로 $\dfrac{P_2}{P_1} = \dfrac{n_2T_2}{n_1T_1}$이다.
∴ $P_2 = \dfrac{n_2T_2}{n_1T_1} \times P_1$
$= \dfrac{(6+4+2+2) \times 2,500}{(2+8) \times (273+25)} \times 3 = 35$atm

정답 06 ③ 07 ① 08 ③ 09 ② 10 ① 11 ③ 12 ④

13 분진폭발에 대한 설명 중 틀린 것은?

① 분진은 공기 중에 부유하는 경우 가연성이 된다.
② 분진은 구조물 위에 퇴적하는 경우 불연성이다.
③ 분진이 발화·폭발하기 위해서는 점화원이 필요하다.
④ 분진폭발은 입자 표면에 열에너지가 주어져 표면온도가 상승한다.

해설 분진은 구조물 위에 퇴적하는 경우 가연성이다.

14 다음에서 설명하는 법칙은?

> 임의의 화학반응에서 발생(또는 흡수)하는 열은 변화 전과 변화 후의 상태에 의해서 정해지며, 그 경로는 무관하다.

① Dalton의 법칙
② Henry의 법칙
③ Avogadro의 법칙
④ Hess의 법칙

해설 ① Dalton의 법칙 : 혼합기체의 전압은 각 성분 기체들의 분압의 합과 같다.
② Henry의 법칙 : 일정 온도에서 일정량의 용매에 용해하는 그 기체의 질량은 압력에 정비례한다.
③ Avogadro의 법칙 : 온도와 압력이 일정하면 모든 기체는 같은 부피 속에 같은 수의 분자가 들어있다. 즉, 모든 기체 1mole이 차지하는 부피는 표준상태에서 22.4L이며, 그 속에는 6.02×10^{23}개의 분자가 들어 있다.

15 위험성평가기법 중 공정에 존재하는 위험 요소들과 공정의 효율을 떨어뜨릴 수 있는 운전상의 문제점을 찾아내어 그 원인을 제거하는 정성적인 안전성평가기법은?

① What-if
② HEA
③ HAZOP
④ FMECA

해설 HAZOP
공정에 존재하는 위험 요소들과 공정의 효율을 떨어뜨릴 수 있는 운전상의 문제점을 찾아내어 그 원인을 제거하는 정성적인 안전성평가기법

16 데토네이션(Detonation)에 대한 설명으로 옳지 않은 것은?

① 발열반응으로서 연소의 전파속도가 그 물질 내에서 음속보다 느린 것을 말한다.
② 물질 내에서 충격파가 발생하여 반응을 일으키고 또한 반응을 유지하는 현상이다.
③ 충격파에 의해 유지되는 화학반응현상이다.
④ 데토네이션은 확산이나 열전도의 영향을 거의 받지 않는다.

해설 ① 발열반응으로서 연소의 전파속도가 그 물질 내에서 음속보다 큰 것을 말한다.

17 메탄 50%, 에탄 40%, 프로판 5%, 부탄 5%인 혼합가스의 공기 중 폭발하한값(%)은?(단, 폭발하한값은 메탄 5% 에탄 3%, 프로판 2.1%, 부탄 1.8%이다)

① 3.51
② 3.61
③ 3.71
④ 3.81

해설
$$\frac{100}{L} = \frac{V_1}{L_1} + \frac{V_2}{L_2} + \frac{V_3}{L_3} + \frac{V_4}{L_4}$$

$$\therefore L = \frac{100}{\frac{V_1}{L_1} + \frac{V_2}{L_2} + \frac{V_3}{L_3} + \frac{V_4}{L_4}}$$

$$= \frac{100}{\frac{50}{5} + \frac{40}{3} + \frac{5}{2.1} + \frac{5}{1.8}} = 3.51\%$$

18 가스연료와 공기의 흐름이 난류일 때의 연소 상태에 대한 설명으로 옳은 것은?

① 화염의 윤곽이 명확하게 된다.
② 층류일 때보다 연소가 어렵다.
③ 층류일 때보다 열효율이 저하된다.
④ 층류일 때보다 연소가 잘 되며, 화염이 짧아진다.

해설 난류일 때의 연소 상태
층류일 때보다 연소가 잘 되며, 화염이 짧아진다.

19 설치 장소의 위험도에 대한 방폭구조의 선정에 관한 설명 중 틀린 것은?

① 0종 장소에서는 원칙적으로 내압방폭구조를 사용한다.
② 2종 장소에서는 사용하는 전선관용 부속품은 KS에서 정하는 일반 부품으로서 나사접속의 것을 사용할 수 있다.
③ 두 종류 이상의 가스가 같은 위험 장소에 존재하는 경우에는 그 중 위험 등급이 높은 것을 기준으로 하여 방폭 전기기기의 등급을 선정하여야 한다.
④ 유입방폭구조는 1종 장소에서는 사용을 피하는 것이 좋다.

해설 ① 0종 장소에서는 원칙적으로 본질방폭구조를 사용한다.

20 프로판 1몰 연소 시 필요한 이론공기량은 약 얼마인가?(단, 공기 중 산소량은 21v%이다)

① 16mol   ② 24mol
③ 32mol   ④ 44mol

해설 프로판의 완전연소반응식
$C_3H_8 + 5O_2 \rightarrow 3CO_2 + 4H_2O$
$\therefore A_o = \dfrac{O_o}{0.21} = \dfrac{5}{0.21} = 24\text{mol}$

제2과목 가스설비

21 지름 50mm의 강재로 된 둥근 막대가 8,000kgf의 인장하중을 받을 때의 응력은 약 몇 kgf/mm²인가?

① 2   ② 4   ③ 6   ④ 8

해설
$$\text{응력}(\sigma) = \dfrac{W}{A} = \dfrac{W}{\left(\dfrac{\pi}{4} \times a^2\right)} = \dfrac{8,000}{\dfrac{\pi}{4} \times 50^2}$$
$= 4.07\text{kgf/mm}^2$
여기서, W : 하중
A : 면적

22 배관의 온도 변화에 의한 신축을 흡수하는 조치로 틀린 것은?

① 루프이음
② 나사이음
③ 상온 스프링
④ 벨로스형 신축이음매

해설 신축을 흡수하는 조치
㉠ 루프이음 ㉡ 상온 스프링 ㉢ 벨로스형 신축이음매 ㉣ 슬리브형 ㉤ 스위블형

23 정압기의 정특성에 대한 설명으로 옳지 않은 것은?

① 정상 상태에서의 유량과 2차 압력의 관계를 뜻한다.
② Lock-Up이란 폐쇄압력과 기준유량일 때의 2차 압력과의 차를 뜻한다.
③ 오프셋값은 클수록 바람직하다.
④ 유량이 증가할수록 2차 압력은 점점 낮아진다.

해설 오프셋(Off Set)
유량이 변화했을 때 2차 압력과 기준압력(P_S)과의 차이로 작을수록 바람직하다.
③ 오프셋값은 작을수록 바람직하다.

정답 18 ④ 19 ① 20 ② 21 ② 22 ② 23 ③

24 1단 감압식 저압조정기 출구로부터 연소기 입구까지의 허용압력손실로 옳은 것은?

① 수주 10mm를 초과해서는 아니 된다.
② 수주 15mm를 초과해서는 아니 된다.
③ 수주 30mm를 초과해서는 아니 된다.
④ 수주 50mm를 초과해서는 아니 된다.

해설 1단 감압식 저압조정기의 허용압력손실
$30mmH_2O$ 이하

25 기화장치의 성능에 대한 설명으로 틀린 것은?

① 온수가열방식은 그 온수의 온도가 80℃ 이하이어야 한다.
② 증기가열방식은 그 온수의 온도가 120℃ 이하이어야 한다.
③ 가연성가스용 기화장치의 접지저항치는 100Ω 이상이어야 한다.
④ 압력계는 계량법에 의한 검사 합격품이어야 한다.

해설 가연성가스용 기화장치의 접지저항치
10Ω 이하

26 염화비닐호스에 대한 규격 및 검사방법에 대한 설명으로 맞는 것은?

① 호스의 안지름은 1종, 2종, 3종으로 구분하며, 2종의 안지름은 9.5mm이고 그 허용오차는 ±0.8mm이다.
② -20℃ 이하에서 24시간 방치한 후 지체 없이 10회 이상 굽힘시험을 한 후에 기밀시험에 누출이 없어야 한다.
③ 3MPa 이상의 압력으로 실시하는 내압시험에서 이상이 없고 4MPa 이상의 압력에서 파열되지 아니하여야 한다.
④ 호스의 구조는 안층·보강층·바깥층으로 되어 있고 안층의 재료는 염화비닐을 사용하며, 인장강도는 65.6N/5mm 폭 이상이다.

해설 염화비닐호스에 대한 규격 및 검사방법
㉠ 호스의 안지름은 1종, 2종, 3종으로 구분하며 안지름은 1종 6.4mm, 2종 9.5mm, 3종 12.7mm이고 그 허용오차는 ±0.7mm이다.
㉡ 1m의 호스를 -20℃ 이하의 공기 중에서 24시간 방치한 후 굽힘최대반지름으로 좌우 각 5회 이상 굽힘시험을 한 후에 기밀성능시험에 누출이 없는 것으로 한다.
㉢ 1m의 호스를 3.0MPa의 압력으로 5분간 실시하는 내압시험에서 누출이 없으며, 파열 및 국부적인 팽창 등이 없는 것으로 한다.
㉣ 1m의 호스를 4.0MPa 이상의 압력에서 파열되는 것으로 한다.
㉤ 호스는 안층, 보강층, 바깥층의 구조로 하고, 안지름과 두께가 균일한 것으로 굽힘성이 좋고 흠, 기포, 균열 등 결점이 없어야 한다.
㉥ 호스 안층의 인장강도는 73.6N/5mm 폭 이상인 것으로 한다.

27 안지름 10cm의 파이프를 플랜지에 접속하였다. 이 파이프 내에 $40kgf/cm^2$의 압력으로 볼트 1개에 걸리는 힘을 400kgf 이하로 하고자 할 때 볼트는 최소 몇 개가 필요한가?

① 7개   ② 8개
③ 9개   ④ 10개

해설
$$볼트 수 = \frac{전체에 걸리는 힘(P \times A)}{볼트\ 1개에\ 걸리는\ 힘}$$

$$= \frac{40 \times \frac{\pi}{4} \times 10^2}{400} = 7.853 ≒ 8개$$

여기서, P : 파이프 내 압력
W : 볼트 1개에 걸리는 힘
A : 면적

28 가로 15cm, 세로 20cm의 환기구에 철재 갤러리를 설치한 경우 환기구의 유효면적은 몇 cm^2인가?(단, 개구율은 0.3이다.)

① 60   ② 90
③ 150   ④ 300

해설 환기구의 유효면적 = 환기구 면적 × 개구율
$= (15 \times 20) \times 0.3 = 90cm^2$

정답 24 ③ 25 ③ 26 ③ 27 ② 28 ②

29 액화석유가스 저장소의 저장탱크는 몇 °C 이하의 온도를 유지하여야 하는가?

① 20℃
② 35℃
③ 40℃
④ 50℃

해설 저장탱크는 항상 40℃ 이하의 온도를 유지하여야 한다.

30 가스설비 공사 시 지반이 점토질 지반일 경우 허용지지력도(MPa)는?

① 0.02 ② 0.05
③ 0.5   ④ 1.0

해설 지반의 종류와 허용지지력도(MPa)
㉠ 암반 : 1
㉡ 단단히 응결된 모래층 : 0.5
㉢ 황토흙 : 0.3
㉣ 조밀한 자갈층 : 0.3
㉤ 모래질 지반 : 0.05
㉥ 조밀한 모래질 지반 : 0.2
㉦ 단단한 점토질 지반 : 0.1
㉧ 점토질 지반 : 0.02
㉨ 단단한 롬층 : 0.1
㉩ 롬층 : 0.05

31 고온·고압 상태의 암모니아 합성탑에 대한 설명으로 틀린 것은?

① 재질은 탄소강을 사용한다.
② 재질은 18-8 스테인리스강을 사용한다.
③ 촉매로는 보통 산화철에 CaO를 첨가한 것이 사용된다.
④ 촉매로는 보통 산화철에 K_2O 및 Al_2O_3를 첨가한 것이 사용된다.

해설 암모니아 합성탑의 재질은 18-8 스테인리스강을 사용한다.

32 아세틸렌을 용기에 충전하는 경우 충전 중의 압력은 온도에도 불구하고 몇 MPa 이하로 하여야 하는가?

① 2.5   ② 3.0
③ 3.5   ④ 4.0

해설 아세틸렌용기
㉠ 충전 중의 압력 : 온도에도 불구하고 2.5MPa 이하
㉡ 충전 후의 압력 : 15℃에서 1.5MPa 이하

33 압축기 실린더 내부 윤활유에 대한 설명으로 옳지 않은 것은?

① 공기 압축기에는 광유(鑛油)를 사용한다.
② 산소 압축기에는 기계유를 사용한다.
③ 염소 압축기에는 진한 황산을 사용한다.
④ 아세틸렌 압축기에는 양질의 광유(鑛油)를 사용한다.

해설 산소 압축기에는 물 또는 10% 정도의 묽은 글리세린수를 사용한다.

34 냄새가 나는 물질(부취제)의 구비 조건으로 옳지 않은 것은?

① 부식성이 없어야 한다.
② 물에 녹지 않아야 한다.
③ 화학적으로 안정하여야 한다.
④ 토양에 대한 투과성이 낮아야 한다.

해설 ④ 토양에 대한 투과성이 커야 한다.

35 다음 중 LP가스의 성분이 아닌 것은?

① 프로판   ② 부탄
③ 메탄올   ④ 프로필렌

해설 LP가스의 성분
프로판(C_3H_8), 프로필렌(C_3H_6), 부탄(C_4H_{10}), 부틸렌(C_4H_8)

정답 29 ③ 30 ① 31 ① 32 ① 33 ② 34 ④ 35 ③

36 가스의 압축방식이 아닌 것은?
① 등온압축
② 단열압축
③ 폴리트로픽압축
④ 감열압축

해설 가스의 압축방식
㉠ 등온압축 ㉡ 단열압축 ㉢ 폴리트로픽압축

37 고압산소용기로 가장 적합한 것은?
① 주강용기
② 이중용접용기
③ 이음매 없는 용기
④ 접합용기

해설 고압가스 충전용기
㉠ 압축가스 : 이음매 없는 용기(예 고압산소용기)
㉡ 액화가스 : 용접용기

38 다음 중 용접장치에서 토치에 대한 설명으로 틀린 것은?
① 불변압식 토치는 니들밸브가 없는 것으로 독일식이라 한다.
② 팁의 크기는 용접할 수 있는 판 두께에 따라 선정한다.
③ 가변압식 토치를 프랑스식이라 한다.
④ 아세틸렌 토치의 사용압력은 0.1MPa 이상에서 사용한다.

해설 아세틸렌 토치의 사용압력은 0.007~0.1MPa 이하에서 사용한다.

39 전기방식 방법 중 희생양극법의 특징에 대한 설명으로 틀린 것은?
① 시공이 간단하다.
② 과방식의 우려가 없다.
③ 방식효과 범위가 넓다.
④ 단거리 배관에 경제적이다.

해설 ③ 방식효과 범위가 비교적 좁다.

40 수동교체 방식의 조정기와 비교한 자동절체식 조정기의 장점이 아닌 것은?
① 전체 용기 수량이 많아져서 장시간 사용할 수 있다.
② 분리형을 사용하면 1단 감압식 조정기의 경우보다 배관의 압력손실을 크게 해도 된다.
③ 잔액이 거의 없어질 때까지 사용이 가능하다.
④ 용기 교환주기의 폭을 넓힐 수 있다.

해설 ① 전체 용기 수량이 수동교체 방식보다 적어도 된다.

제3과목 가스안전관리

41 LPG 저장설비 주위에는 경계책을 설치하여 외부인의 출입을 방지할 수 있도록 해야 한다. 경계책의 높이는 몇 m 이상이어야 하는가?
① 0.5m ② 1.5m
③ 2.0m ④ 3.0m

해설 경계책의 높이는 1.5m 이상이어야 한다.

42 에어로졸 충전시설에는 온수시험탱크를 갖추어야 한다. 충전용기의 가스누출시험 온도는?
① 26℃ 이상 30℃ 미만
② 30℃ 이상 50℃ 미만
③ 46℃ 이상 50℃ 미만
④ 50℃ 이상 66℃ 미만

해설 에어로졸 충전용기의 가스누출시험 온도
46℃ 이상 50℃ 미만

정답 36 ④ 37 ③ 38 ④ 39 ③ 40 ① 41 ② 42 ③

43 다음 중 특수가스의 하나인 실란(SiH_4)의 주요 위험성은?

① 상온에서 쉽게 분해된다.
② 분해 시 독성물질을 생성한다.
③ 태양광에 의해 쉽게 분해된다.
④ 공기 중에 누출되면 자연발화한다.

해설 실란의 주요 위험성은 공기 중에 누출되면 자연발화한다.

44 내용적 20,000L의 저장탱크에 비중량이 0.8kg/L인 액화가스를 충전할 수 있는 양은?

① 13.6톤　② 14.4톤
③ 16.5톤　④ 17.7톤

해설
$W = 0.9 d V_2$
$= 0.9 \times 0.8 \times 20,000$
$= 14,400 kg$
$= 14.4$톤
여기서, W : 저장량(kg)
d : 상용온도에서의 액화가스 비중 (kg/L)
V_2 : 내용적(L)
0.9 : 내용적의 90% 이하를 충전할 것

45 다음 중 암모니아의 성질에 대한 설명으로 틀린 것은?

① 20℃에서 약 8.5기압의 가압으로 액화시킬 수 있다.
② 암모니아를 물에 계속 녹이면 용액의 비중은 물보다 커진다.
③ 액체 암모니아가 피부에 접촉하면 동상에 걸려 심한 상처를 입게 된다.
④ 암모니아 가스는 기도, 코, 인후의 점막을 자극한다.

해설 ② 암모니아를 물에 계속 녹이면 용액의 비중은 변화가 없다.

46 기업 활동 전반을 시스템으로 보고 시스템 운영규정을 작성·시행하여 사업장에서의 사고 예방을 위한 모든 형태의 활동 및 노력을 효과적으로 수행하기 위한 체계적으로 종합적인 안전관리체계를 의미하는 것은?

① MMS
② SMS
③ CRM
④ SSS

해설 SMS(Safety Management System)
체계적이고 종합적인 안전관리체계

47 용기 파열 사고의 원인으로 가장 거리가 먼 것은?

① 염소용기는 용기의 부식에 의하여 파열 사고가 발생할 수 있다.
② 수소용기는 산소와 혼합 충전으로 격심한 가스폭발에 의한 파열 사고가 발생할 수 있다.
③ 고압 아세틸렌가스는 분해폭발에 의한 파열 사고가 발생될 수 있다.
④ 용기 내 과다한 수증기 발생에 의한 폭발로 용기 파열이 발생할 수 있다.

해설 ④ 수증기는 불연성이므로 용기 파열이 발생할 수 없다.

48 도시가스배관을 도로 매설 시 배관의 외면으로부터 도로 경계까지 얼마 이상의 수평거리를 유지하여야 하는가?

① 0.8m　② 1.0m
③ 1.2m　④ 1.5m

해설 도시가스배관을 도로 매설 시 배관의 외면으로부터 도로 경계까지 1m 이상의 수평거리를 유지한다.

정답 43 ④　44 ②　45 ②　46 ②　47 ④　48 ②

49 에어로졸의 충전기준에 적합한 용기의 내용적은 몇 L 이하이어야 하는가?

① 1 ② 2 ③ 3 ④ 5

해설 에어로졸의 충전기준에 적합한 용기의 내용적 1L 이하

50 도시가스를 지하에 매설할 경우 배관은 그 외면으로부터 지하의 다른 시설물과 얼마 이상의 거리를 유지하여야 하는가?

① 0.3m ② 0.5m
③ 1m   ④ 1.5m

해설 도시가스를 지하에 매설할 경우 배관은 그 외면으로부터 지하의 다른 시설물과 0.3m 이상의 거리를 유지한다.

51 고압가스 특정제조시설에 설치되는 가스누출 검지경보장치의 설치기준에 대한 설명으로 옳은 것은?

① 경보 농도는 가연성가스의 경우 폭발한계의 1/2 이하로 하여야 한다.
② 검지에서 발신까지 걸리는 시간은 경보 농도의 1.2배 농도에서 보통 20초 이내로 한다.
③ 경보기의 정밀도는 경보 농도 설정치에 대하여 가연성가스용은 ±25% 이하이어야 한다.
④ 검지경보장치의 경보 정밀도는 전원의 전압 등 변동이 ±20% 정도일 때에도 저하되지 아니하여야 한다.

해설
① 경보 농도는 가연성가스의 경우 폭발한계의 1/4 이하로 하여야 한다.
② 검지에서 발신까지 걸리는 시간은 경보 농도의 1.2배 농도에서 보통 30초 이내로 한다.
③ 경보기의 정밀도는 경보 농도 설정치에 대하여 가연성가스용은 ±25% 이하, 독성가스용은 ±30% 이하이어야 한다.
④ 검지경보장치의 경보 정밀도는 전원의 전압 등 변동이 ±10% 정도일 때에도 저하되지 아니하여야 한다.

52 액화석유가스 저장설비 및 가스설비실의 통풍 구조 기준에 대한 설명으로 옳은 것은?

① 사방을 방호벽으로 설치하는 경우 한 방향으로 2개소의 환기구를 설치한다.
② 환기구의 1개소 면적은 2,400cm² 이하로 한다.
③ 강제통풍시설의 방출구는 지면에서 2m 이상의 높이에 설치한다.
④ 강제통풍시설의 통풍능력은 1m²마다 0.1m³/분 이상으로 한다.

해설
① 사방을 방호벽으로 설치하는 경우 두 방향으로 분산 설치한다.
② 강제통풍시설의 방출구는 지면에서 5m 이상의 높이에 설치한다.
③ 강제통풍시설의 통풍능력은 1m²마다 0.5m³/분 이상으로 한다.

53 다음 중 수소용기의 외면에 칠하는 도색의 색깔은?

① 주황색
② 적색
③ 황색
④ 흑색

해설 가연성가스 및 독성가스 용기의 도색

가스의 종류	도색의 구분
수소	주황색
아세틸렌	황색
액화석유가스	회색
액화암모니아	백색
액화염소	갈색
그 밖의 가스	회색

아르곤(Ar)가스는 그 밖의 가스에 해당되므로 회색이다.

정답 49 ① 50 ① 51 ③ 52 ② 53 ①

54 다음 중 산화에틸렌(C_2H_4O)에 대한 설명으로 틀린 것은?

① 휘발성이 큰 물질이다.
② 독성이 없고, 화염속도가 빠르다.
③ 사염화탄소, 에테르 등에 잘 녹는다.
④ 물에 녹으면 안정된 수화물을 형성한다.

> 해설 ② 독성이 있다(허용농도는 TLV-TWA 50ppm).

55 독성가스 충전시설에서 다른 제조시설과 구분하여 외부로부터 독성가스 충전시설임을 쉽게 식별할 수 있도록 설치하는 조치는?

① 충전표지　② 경계표지
③ 위험표지　④ 안전표지

> 해설 위험표지
> 독성가스 충전시설임을 쉽게 식별할 수 있도록 설치하는 조치

56 최대지름이 6m인 고압가스 저장탱크 2기가 있다. 이 탱크에 물분무장치가 없을 때 상호 유지되어야 할 최소이격거리는?

① 1m　② 2m
③ 3m　④ 4m

> 해설 저장탱크 간의 거리
> 저장탱크의 최대지름의 합산한 길이의 1/4 이상에 해당하는 거리, 즉 (6m+6m)×1/4=3m이다.

57 LP가스용기 저장소를 다음과 같이 설치할 때 자연환기시설의 위치로 가장 적당한 곳은?

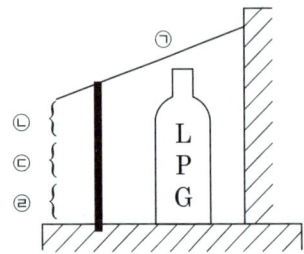

① ㉠　② ㉡
③ ㉢　④ ㉣

> 해설 LP가스는 공기보다 무거운 가스이므로, 환기시설은 바닥면에 가깝게 설치한다.

58 LPG 판매사업소의 시설기준으로 옳지 않은 것은?

① 가스누출경보기는 용기보관실에 설치하되 일체형으로 한다.
② 용기보관실의 전기설비스위치는 용기보관실 외부에 설치한다.
③ 용기보관실의 실내 온도는 40℃ 이하로 유지한다.
④ 용기보관실 및 사무실은 동일 부지 내에 구분하여 설치한다.

> 해설 ① 가스누출경보기는 용기보관실에 설치하되 분리형으로 한다.

59 고압가스 특정제조의 기술기준으로 옳지 않은 것은?

① 가연성가스 또는 산소의 가스설비 부근에는 작업에 필요한 양 이상의 연소하기 쉬운 물질을 두지 아니할 것
② 산소 중의 가연성가스 용량이 전용량의 3% 이상의 것은 압축을 금지할 것
③ 석유류 또는 글리세린은 산소 압축기의 내부 윤활제로 사용하지 말 것
④ 산소 제조 시 공기액화분리기 내에 설치 된 액화산소 통 내의 액화산소는 1일 1회 이상 분석할 것

> 해설 ② 산소 중의 가연성가스의 용량이 전용량의 4% 이상의 것은 압축을 금지한다.

정답　54 ②　55 ③　56 ③　57 ④　58 ①　59 ②

60 LPG용 가스레인지를 사용하는 도중 불꽃이 치솟는 사고가 발생하였을 때 가장 직접적인 사고 원인은?

① 압력조정기 불량
② T관으로 가스누출
③ 연소기의 연소 불량
④ 가스누출자동차단기 미작동

해설 압력조정기 불량으로 공급압력이 조정압력 이상으로 공급되어 불꽃이 치솟는 사고가 발생한다.

제4과목 가스계측

61 도플러효과를 이용한 것으로 대유량을 측정하는 데 적합하며, 압력손실이 없고 비전도성 유체도 측정할 수 있는 유량계는?

① 임펠러 유량계
② 초음파 유량계
③ 코리올리 유량계
④ 터빈 유량계

해설 초음파 유량계 : 도플러효과를 이용한 것이다.

62 30°C는 몇 °R(Rankine)인가?

① 528°R
② 537°R
③ 546°R
④ 555°R

해설 °R=(t°C+273)×1.8=546°R

63 기본단위가 아닌 것은?

① 전류(A)
② 온도(K)
③ 속도(V)
④ 질량(kg)

해설 기본단위

기본량	길이	질량	시간	전류
기본단위	m	kg	s	A
기본량	물질량	온도	광도	
기본단위	mol	K	cd	

64 가스 크로마토그래피의 불꽃이온화검출기에 대한 설명으로 옳지 않은 것은?

① N_2 기체는 가장 높은 검출한계를 갖는다.
② 이온의 형성은 불꽃 속에 들어온 탄소원자의 수에 비례한다.
③ 열전도도검출기보다 감도가 높다.
④ H_2, NH_3 등 비탄화수소에 대하여는 감응이 없다.

해설 ① 탄화수소에서 가장 높은 검출한계를 갖는다.

65 연소분석법 중 2종 이상의 동족 탄화수소와 수소가 혼합된 시료를 측정할 수 있는 것은?

① 폭발법, 완만연소법
② 산화구리법, 완만연소법
③ 분별연소법, 완만연소법
④ 팔라듐관연소법, 산화구리법

해설 2종 이상의 동족 탄화수소와 수소가 혼합된 시료를 측정할 수 있는 것
팔라듐관연소법, 산화구리법

66 복사에너지의 온도와 파장과의 관계를 이용한 온도계는?

① 열선 온도계
② 색 온도계
③ 광고 온도계
④ 방사 온도계

해설 ② 색 온도계의 설명이다.

정답 60 ① 61 ② 62 ③ 63 ③ 64 ① 65 ④ 66 ②

67 다음 중 가스 크로마토그래피의 구성 요소가 아닌 것은?

① 분리관(칼럼) ② 검출기
③ 유속조절기 ④ 단색화장치

해설 가스 크로마토그래피의 구성 요소
캐리어가스, 압력조정기, 유량조절밸브, 유속조절기, 압력계, 분리관(칼럼), 검출기, 기록계 등

68 공업용으로 사용될 수 있는 LP가스 미터기의 용량을 가장 정확하게 나타낸 것은?

① $1.5m^3/h$ 이하
② $10m^3/h$ 초과
③ $20m^3/h$ 초과
④ $30m^3/h$ 초과

해설 공업용 LP가스 미터기의 용량 : $30m^3/h$ 초과

69 가스미터 출구측 배관을 수직배관으로 설치하지 않는 가장 큰 이유는?

① 설치 면적을 줄이기 위하여
② 화기 및 습기 등을 피하기 위하여
③ 검침 및 수리 등의 작업이 편리하도록 하기 위하여
④ 수분 응축으로 밸브의 동결을 방지하기 위하여

해설 수직배관으로 설치하지 않는 가장 큰 이유는 수분 응축으로 밸브의 동결을 방지하기 위함이다.

70 제어기기의 대표적인 것을 들면 검출기, 증폭기, 조작기기, 변환기로 구분되는데, 서보전동기(Servo Motor)는 어디에 속하는가?

① 검출기 ② 증폭기
③ 변환기 ④ 조작기기

해설 서보전동기는 조작기기에 속한다.

71 도로에 매설된 도시가스가 누출되는 것을 감지하여 분석한 후 가스누출 유무를 알려주는 가스검출기는?

① FID ② TCD
③ FTD ④ FPD

해설 FID의 설명이다.

72 1차 제어장치가 제어량을 측정하여 제어명령을 발하고 2차 제어장치가 이 명령을 바탕으로 제어량을 조절하는 측정제어는?

① 비율제어
② 자력제어
③ 캐스케이드제어
④ 프로그램제어

해설 캐스케이드 제어의 설명이다.

73 다음과 같은 조작량의 변화는 다음 중 어떤 동작인가?

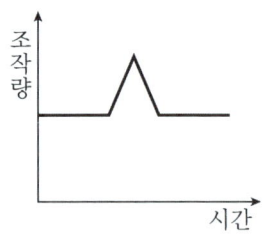

① I동작
② PD 동작
③ D동작
④ PI동작

해설 PD동작의 설명이다.

정답 67 ④ 68 ④ 69 ④ 70 ④ 71 ① 72 ③ 73 ②

74 액면계의 종류로만 나열된 것은?

① 플로트식, 퍼지식, 차압식, 정전용량식
② 플로트식, 터빈식, 액비중식, 광전관식
③ 퍼지식, 터빈식, Oval식, 차압식
④ 퍼지식, 터빈식, Roots식, 차압식

해설 액면계의 분류
㉠ 직접식 : 플로트식 등
㉡ 간접식 : 퍼지식, 차압식, 정전용량식 등

75 기계식 압력계가 아닌 것은?

① 환상식 압력계
② 경사관식 압력계
③ 피스톤식 압력계
④ 자기변형식 압력계

해설 기계식 압력계
환상식 압력계, 경사관식 압력계, 피스톤식 압력계

76 MAX 1.0m³/h 0.5L/rev로 표기된 가스미터가 시간당 50회전하였을 경우 가스 유량은 얼마인가?

① 0.5m³/h   ② 25L/h
③ 25m³/h   ④ 50L/h

해설
㉠ MAX 1.0m³/h : 사용최대유량이 시간당 1.0m³
㉡ 0.5L/rev : 계량실의 1주기 체적이 0.5L
∴ 가스 유량 : 0.5×50＝25L/h

77 다음 중 가연성가스 검지방식으로 가장 적합한 것은?

① 격막전극식   ② 정전위전해식
③ 접촉연소식   ④ 원자흡광광도법

해설 가연성가스 검지방식으로 가장 적합한 것
접촉연소식

78 다음 중 공업계기의 구비 조건으로 가장 거리가 먼 것은?

① 구조가 복잡해도 정밀한 측정이 우선이다.
② 주변 환경에 대하여 내구성이 있어야 한다.
③ 경제적이며, 수리가 용이하여야 한다.
④ 원격조정 및 연속측정이 가능하여야 한다.

해설 구조가 간단해야 한다.

79 염소(Cl_2)가스 누출 시 검지하는 가장 적당한 시험지는?

① 연당지
② KI - 전분지
③ 초산벤젠지
④ 염화제1구리 착염지

해설

시험지	검지가스	반응
KI - 전분지	NO_2, ClO, 할로겐	청～갈색
리트머스지	산, 알칼리	적색, 청색
염화제1동 착염지	아세틸렌	적색
염화팔라듐지	CO	흑색
하리슨 시약	포스겐	심등색
연당지	H_2S	흑색
초산벤젠지	HCN	청색

80 동특성 응답이 아닌 것은?

① 과도 응답   ② 임펄스 응답
③ 스텝 응답   ④ 정오차 응답

해설 동특성 응답
㉠ 과도 응답, ㉡ 임펄스 응답, ㉢ 스텝 응답

정답 74 ① 75 ④ 76 ② 77 ③ 78 ① 79 ② 80 ④

2025 제4회 산업기사 (8. 9. 시행)

제1과목 연소공학

01 메탄(CH_4)에 대한 설명으로 옳은 것은?
① 고온에서 수증기와 작용하면 일산화탄소와 수소를 생성한다.
② 공기 중 메탄 성분이 60% 정도 함유되어있는 혼합기체는 점화되면 폭발한다.
③ 부취제와 메탄을 혼합하면 서로 반응한다.
④ 조연성가스로서 유기화합물을 연소시킬 때 발생한다.

[해설]
② 공기 중 메탄 성분이 5~11% 정도 함유되어 있는 혼합기체는 점화되면 폭발한다.
③ 부취제와 메탄을 혼합하면 서로 반응하지 않는다.
④ 가연성가스이다.

02 상온·상압에서 프로판-공기의 가연성 혼합기체를 완전연소시킬 때 프로판 1kg을 연소시키기 위하여 공기는 약 몇 kg이 필요한가?(단, 공기 중 산소는 23.15wt%이다.)
① 13.6   ② 15.7
③ 17.3   ④ 19.2

[해설]
㉠ 프로판의 완전연소반응식
$C_3H_8 + 5O_2 \rightarrow 3CO_2 + 4H_2O$
44kg   5×32kg
×
1kg   kg
$x = \dfrac{1 \times 5 \times 32}{44} = 3.636$ kg
㉡ 이론공기량 $(A_o) = \dfrac{3.636}{0.2315} = 15.706$ kg

03 발화지연시간(Ignition Delay Time)에 영향을 주는 요인으로 가장 거리가 먼 것은?
① 온도   ② 압력
③ 폭발하한값   ④ 가연성가스의 농도

[해설] 발화지연시간에 영향을 주는 요인
㉠ 온도, ㉡ 압력, ㉢ 가연성가스의 농도

04 다음 중 폭발범위가 가장 좁은 것은?
① 이황화탄소   ② 부탄
③ 프로판   ④ 시안화수소

[해설] 가스의 명칭과 폭발범위

가스의 명칭	폭발범위
이황화탄소	1.2~44%
부탄	1.9~8.5%
프로판	2.2~9.5%
시안화수소	6~41%

05 프로판(C_3H_8)가스 $1Sm^3$를 완전연소시켰을 때의 건조 연소가스량은 약 몇 Sm^3인가? (단, 공기 중 산소의 농도는 21vol%이다.)
① 19.8   ② 21.8
③ 23.8   ④ 25.8

[해설]
㉠ 공기 중 프로판의 완전연소반응식
$C_3H_8 + 5O_2 + (N_2) \rightarrow 3CO_2 + 4H_2O + (N_2)$
㉡ 건조 연소가스량 : 연소가스 중 수분(H_2O)을 포함하지 않은 가스량이고, 질소는 산소량의 $3.76\left(\dfrac{79}{21}\right)$배이다.
∴ $G_{od} = CO_2 + N_2 + 3 + (5 \times 3.76)$
$= 21.8 Sm^3/Sm^3$
$(1-0.21) \times 5 \times \left(\dfrac{1}{0.21}\right) + 3$
$= 21.809$

정답 01 ① 02 ② 03 ③ 04 ② 05 ②

06 다음 중 산소 공급원이 아닌 것은?
① 공기   ② 산화제
③ 환원제   ④ 자기연소성 물질

해설) 환원제 : 가연물

07 LPG 저장탱크의 배관이 파손되어 가스로 인한 화재가 발생하였을 때 안전관리자가 긴급 차단장치를 조작하여 LPG 저장탱크로부터의 LPG 공급을 차단하여 소화하는 방법은?
① 질식소화   ② 억제소화
③ 냉각소화   ④ 제거소화

해설) 제거소화
LPG 저장탱크로부터의 LPG 공급을 차단하여 소화하는 방법

08 연소로(燃燒盧) 내의 폭발에 의한 과압을 안전하게 방출시켜 노의 파손에 의한 피해를 최소화 하기 위해 폭연벤트(Deflagration Vent)를 설치한다. 이에 대한 설명으로 옳지 않은 것은?
① 가능한 한 곡점부에 설치한다.
② 과압으로 손쉽게 열리는 구조로 한다.
③ 과압을 안전한 방향으로 방출시킬 수 있는 장소를 선택한다.
④ 크기와 수량은 노의 구조와 규모 등에 의해 결정한다.

해설) ① 곡점부에 설치하지 않는다.

09 가연물의 위험성에 대한 설명으로 틀린 것은?
① 비등점이 낮으면 인화의 위험성이 높아진다.
② 파라핀 등 가연성 고체는 화재 시 가연성 액체가 되어 화재를 확대한다.
③ 물과 혼합되기 쉬운 가연성 액체는 물과 혼합되면 증기압이 높아져 인화점이 낮아진다.
④ 전기전도도가 낮은 인화성 액체는 유동이나 여과 시 정전기를 발생하기 쉽다.

해설) 물과 혼합되기 쉬운 가연성 액체는 물과 혼합되면 증기압이 낮아져 인화점이 높아진다.

10 공기와 연료의 혼합기체의 표시에 대한 설명 중 옳은 것은?
① 공기비(Excess Air Ratio)는 연공비의 역수와 같다.
② 연공비(Fuel Air Ratio)라 함은 가연 혼합기 중의 공기와 연료의 질량비로 정의된다.
③ 공연비(Air Fuel Ratio)라 함은 가연 혼합기 중의 공기와 연료의 질량비로 정의된다.
④ 당량비(Equivalence Ratio)는 이론 연공비 대비 실제연공비로 정의한다.

해설) ① 공기비 : 실제공기량(A)과 이론공기량(A_o)의 비
② 연공비 : 가연 혼합기 중 연료와 공기의 질량비
③ 공연비 : 가연 혼합기 중의 공기와 연료의 질량비

11 1atm, 27°C의 밀폐된 용기에 프로판과 산소가 1 : 5 부피비로 혼합되어 있다. 프로판이 완전연소하여 화염의 온도가 1,000°C가 되었다면 용기 내에 발생하는 압력은?
① 1.95atm   ② 2.95atm
③ 3.95atm   ④ 4.95atm

해설) 프로판의 완전연소반응식
$C_3H_8 + 5CO_2 \rightarrow 3CO_2 + 4H_2O$
$PV = nRT$에서
반응 전의 상태 $P_1V_1 = n_1R_1T_1$
반응 후의 상태 $P_2V_2 = n_2R_2T_2$라 하면
$V_1 = V_2, R_1 = R_2$이므로 $\dfrac{P_2}{P_1} = \dfrac{n_2T_2}{n_1T_1}$이다.
$\therefore P_2 = \dfrac{n_2T_2}{n_1T_1} \times P_1 = \dfrac{7 \times (273+1,000)}{6 \times (273+27)} \times 1$
$= 4.95\text{atm}$

정답) 06 ③ 07 ④ 08 ① 09 ③ 10 ④ 11 ④

12 연소에 대한 설명으로 옳지 않은 것은?
① 열, 빛을 동반하는 발열반응이다.
② 반응에 의해 발생하는 열에너지가 반 자발적으로 반응이 계속되는 현상이다.
③ 활성물질에 의해 자발적으로 반응이 계속 되는 현상이다.
④ 분자 내 반응에 의해 열에너지를 발생하는 발열·분해반응도 연소의 범주에 속한다.

해설 ② 공기 중 산소와 급격히 반응하여 열과 빛을 동반하는 산화반응이다.

13 어떤 기체가 168kJ의 열을 흡수하면서 동시에 외부로부터 20kJ의 열을 받으면 내부에너지의 변화는 약 얼마인가?
① 20kJ   ② 148kJ
③ 168kJ ④ 188kJ

해설 $U_2 = U_1 + q = 168 + 20 = 188$kJ

14 연소에 대한 설명으로 옳지 않은 것은?
① 착화온도는 인화온도보다 항상 낮다.
② 인화온도가 낮을수록 위험성이 크다.
③ 착화온도는 물질의 종류에 따라 다르다.
④ 기체의 착화온도는 산소의 함유량에 따라 달라진다.

해설 ① 착화온도는 인화온도보다 항상 높다.

15 다음 중 자연발화(自然發火)의 원인으로 옳지 않은 것은?
① 건초의 발효열
② 활성탄의 흡수열
③ 셀룰로이드의 분해열
④ 불포화 유지의 산화열

해설 활성탄의 흡착열

16 고압가스설비의 퍼지(Purging) 방법 중 한쪽 개구부에 퍼지가스를 가하고 다른 개구부로 혼합가스를 대기 또는 스크러버로 빼내는 공정은?
① 진공퍼지(Vacuum Purging)
② 압력퍼지(Pressure Purging)
③ 사이펀퍼지(Siphon Purging)
④ 스위프퍼지(Sweep-Through Purging)

해설 ① 진공퍼지(Vacuum Purge) : 용기를 진공시킨 후 불활성가스를 주입시켜서 원하는 최소산소농도에 이르게 하는 것
② 압력퍼지(Pressure Purge) : 불활성가스로 용기를 가압한 후 대기 중으로 방출하는 작업을 반복하여 원하는 최소산소농도에 이르는 것
③ 사이펀퍼지(Siphon Purge) : 용기에 물을 충반시킨 다음 용기로부터 물을 배출시킴과 동시에 불활성가스를 주입하여 원하는 최소산소농도를 만드는 작업
④ 스위프퍼지(Sweep Through Purge) : 한쪽으로는 불활성가스를 주입하고, 반대쪽에서는 가스를 방출하는 작업을 반복하는 것으로 저장탱크 등에서 하는 것

17 연소가스량 10Nm³/kg, 비열 0.325kcal/Nm³·℃인 어떤 연료의 저위발열량이 6,700kcal/kg이었다면 이론연소온도는 약 몇 ℃인가?
① 1,962℃
② 2,062℃
③ 2,162℃
④ 2,262℃

해설 $t = \dfrac{H_l}{G_s \times C_p} = \dfrac{6,700}{10 \times 0.325} = 2,061.538$℃
여기서, t : 이론연소온도
G_s : 연소가스량
C_p : 정압비열
H_l : 연료의 저위발열량

정답 12 ② 13 ④ 14 ① 15 ② 16 ④ 17 ②

18 용기 내부에 공기 또는 불활성가스 등의 보호가스를 압입하여 용기 내의 압력이 유지됨으로써 외부로부터 폭발성가스 또는 증기가 침입하지 못하도록 한 방폭구조는?

① 내압방폭구조
② 압력방폭구조
③ 유입방폭구조
④ 안전증방폭구조

해설
① 내압방폭구조 : 전폐쇄 구조인 용기 내부에서 폭발성가스의 폭발이 일어났을 때 용기가 압력에 견디고 외부의 폭발성가스에 인화할 우려가 없도록 한 방폭구조
③ 유입방폭구조 : 전기기기의 불꽃 또는 아크를 발생하는 부분을 기름 속에 넣어 유면상에 존재하는 폭발성가스에 인화될 우려가 없도록 한 구조
④ 안전증방폭구조 : 정상운전 중에 가연성가스의 점화원이 될 전기불꽃, 아크 등의 발생을 방지하기 위하여 기계적, 전기적 구조상 또는 온도상승에 대해서 안전도를 증가시킨 방폭구조

19 메탄(CH_4)의 기체 비중은 약 얼마인가?

① 0.55 ② 0.65
③ 0.75 ④ 0.85

해설
기체 비중 = $\dfrac{\text{메탄의 분자량}}{\text{공기의 분자량}} = \dfrac{16}{29} = 0.551$

20 석탄이나 목재가 연소 초기에 화염을 내면서 연소하는 형태는?

① 표면연소
② 분해연소
③ 증발연소
④ 확산연소

해설
② 분해연소 : 연소 초기에 화염을 내면서 연소하는 형태(예 석탄, 목재 등)

제2과목 가스설비

21 구형 저장탱크의 특징이 아닌 것은?

① 모양이 아름답다.
② 기초 구조를 간단하게 할 수 있다.
③ 동일 용량, 동일 압력의 경우 원통형 탱크보다 두께가 두껍다.
④ 표면적이 다른 탱크보다 작으며 강도가 높다.

해설
③ 동일 용량, 동일 압력의 경우 원통형 탱크보다 두께가 얇다.

22 다음 중 정류(Rectification)에 대한 설명으로 틀린 것은?

① 비점이 비슷한 혼합물의 분리에 효과적이다.
② 상층의 온도는 하층의 온도보다 높다.
③ 환류비를 크게 하면 제품의 순도는 좋아진다.
④ 포종탑에서는 액량이 거의 일정하므로 접촉효과가 우수하다.

해설
② 상층의 온도는 하층의 온도보다 낮다.

23 용기내장형 LP가스 난방기용 압력조정기에 사용되는 다이어프램의 물성시험에 대한 설명으로 틀린 것은?

① 인장강도는 12MPa 이상인 것으로 한다.
② 인장응력은 3.0MPa 이상인 것으로 한다.
③ 신장영구 늘음률은 20% 이하인 것으로 한다.
④ 압축영구 늘음률은 30% 이하인 것으로 한다.

해설
② 인장-부력은 2.0MPa 이상인 것으로 한다.

정답 18 ② 19 ① 20 ② 21 ③ 22 ② 23 ②

24 가스충전구가 왼나사 구조인 가스밸브는?
① 질소용기 ② LPG용기
③ 산소용기 ④ 암모니아용기

해설 충전구 나사 형식
㉠ 왼나사 : 가연성가스(LPG용기 등)
  ※ 암모니아, 브롬화메탄은 오른나사
㉡ 오른나사 : 가연성 이외의 것

25 다음 중 도시가스 정압기의 일반적인 설치 위치는?
① 입구밸브와 필터 사이
② 필터와 출구밸브 사이
③ 차단용 바이패스밸브 앞
④ 유량조절용 바이패스밸브 앞

해설 도시가스 정압기는 필터와 출구 밸브 사이에 설치한다.

26 도시가스 제조공정 중 가열방식에 의한 분류로 원료에 소량의 공기와 산소를 혼합하여 가스발생의 반응기에 넣어 원료의 일부를 연소시켜 그 열을 열원으로 이용하는 방식은?
① 자열식 ② 부분연소식
③ 축열식 ④ 외열식

해설
① 자열식 : 가스화에 필요한 열을 발열반응에 의해 가스를 발생시키는 방식
③ 축열식 : 반응기 내에서 연료를 연소시켜 충분히 가열한 후 원료를 송입하여 가스화하는 방법
④ 외열식 : 원료가 들어있는 용기를 외부에서 가열하는 방법

27 왕복식 압축기의 특징에 대한 설명으로 틀린 것은?
① 기체의 비중에 영향이 없다.
② 압축하면 맥동이 생기기 쉽다.
③ 원심형이어서 압축효율이 낮다.
④ 토출압력에 의한 용량변화가 작다.

해설 ③ 용적형이어서 압축효율이 높다.

28 20kg 용기(내용적 47L)를 3.1MPa 수압으로 내압시험 결과 내용적이 47.8L로 증가하였다. 영구(항구)증가율은 얼마인가? (단, 압력을 제거하였을 때 내용적은 47.1L이었다)
① 8.3% ② 9.7%
③ 11.4% ④ 12.5%

해설
영구(항구)증가율 = $\dfrac{영구(항구)증가량}{전증가량} \times 100$

$= \dfrac{47.1 - 47}{47.8 - 47} \times 100 = 12.5\%$

29 고온·고압장치의 가스배관 플랜지 부분에서 수소가스가 누출되기 시작하였다. 누출 원인으로 가장 거리가 먼 것은?
① 재료 부품이 적당하지 않았다.
② 수소취성에 의한 균열이 발생하였다.
③ 플랜지 부분의 개스킷이 불량하였다.
④ 온도의 상승으로 이상압력이 되었다.

해설 가스배관 플랜지 부분의 누출 원인
㉠ 재료 부품이 적당하지 않았다.
㉡ 수소취성에 의한 균열이 발생하였다.
㉢ 플랜지 부분의 개스킷이 불량하였다.

30 안지름 10cm의 파이프를 플랜지에 접속하였다. 이 파이프 내에 40kgf/cm²의 압력으로 볼트 1개에 걸리는 힘을 300kgf 이하로 하고자 할 때 볼트의 수는 최소 몇 개 필요한가?
① 7개 ② 11개
③ 15개 ④ 19개

해설
볼트의 수 = $\dfrac{전체에 걸리는 힘(P \cdot A)}{볼트\ 1개에\ 걸리는\ 힘}$

$= \dfrac{40 \times \dfrac{\pi}{4} \times 10^2}{300} = 11개$

정답 24 ② 25 ② 26 ② 27 ③ 28 ④ 29 ④ 30 ②

31 배관의 부식과 그 방지에 대한 설명으로 옳은 것은?

① 매설되어 있는 배관에 있어서 일반적인 강관이 주철관보다 내식성이 좋다.
② 구상흑연 주철관의 인장강도는 강관과 거의 같지만 내식성은 강관보다 나쁘다.
③ 전식이란 땅속으로 흐르는 전류가 배관으로 흘러들어간 부분에 일어나는 전기적인 부식을 말한다.
④ 전식은 일반적으로 천공성 부식이 많다.

해설
① 매설되어 있는 배관에 있어서 일반적인 주철관이 강관보다 내식성이 좋다.
② 구상흑연 주철관의 인장강도는 강관과 거의 같고 내식성은 강관보다 좋다.
③ 전식이란 땅속으로 흐르는 전류가 배관으로 흘러들어간 후 이것이 유출되는 부분에 일어나는 전기적인 부식을 말한다.

32 금속재료에 대한 충격시험의 주된 목적은?

① 피로도 측정
② 인성 측정
③ 인장강도 측정
④ 압축강도 측정

해설 충격시험의 주된 목적 : 인성 측정

33 다음의 특징을 가진 오토클레이브는?

- 가스누설의 가능성이 작다.
- 고압력에서 사용할 수 있고 반응물의 오손이 없다.
- 뚜껑판에 뚫어진 구멍에 촉매가 끼어 들어갈 염려가 없다.

① 교반형
② 진탕형
③ 회전형
④ 가스교반형

해설
① 교반형 : 모터에 연결된 교반베인을 회전시키거나 전자코일 등을 이용해 교반베인을 고속으로 휘저어주는 방식이다.
③ 회전형 : 오토클레이브 자체를 회전시켜 주는 방식이며, 고체를 액체 또는 기체로 처리하거나 액체에 가스를 작용시키는 경우에 적합하다.
④ 가스교반형 : 공업적으로 레페반응장치 등에 채택되고 있는 형식이다.

34 LiBr-H_2O계 흡수식 냉동기에서 가열원으로서 가스가 사용되는 곳은?

① 증발기
② 흡수기
③ 재생기
④ 응축기

해설 ③ 재생기의 설명이다.

35 시안화수소를 용기에 충전하는 경우 품질검사 시 합격최저순도는?

① 98%
② 98.5%
③ 99%
④ 99.5%

해설 시안화수소 품질검사 시 합격최저순도 : 98%

36 다음은 압력조정기의 기본 구조이다. 옳은 것으로만 나열된 것은?

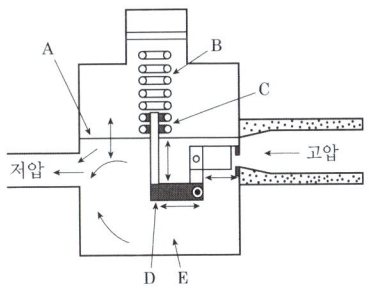

① A : 다이어프램, B : 안전장치용 스프링
② B : 안전장치용 스프링, C : 압력조정용 스프링
③ C : 압력조정용 스프링, D : 레버
④ D : 레버, E : 감압실

정답 31 ④ 32 ② 33 ② 34 ③ 35 ① 36 ④

> **[해설]** 압력조정기의 기본 구조
> ㉠ A : 다이어프램
> ㉡ B : 압력조정용 스프링
> ㉢ C : 안전장치용 스프링
> ㉣ D : 레버
> ㉤ E : 감압실

37 정압기의 유량특성에서 메인밸브의 열림(스트로그 리프트)과 유량의 관계를 말하는 유량특성에 해당되지 않는 것은?
① 직선형 ② 2차형
③ 3차형 ④ 평방근형

> **[해설]** 정압기의 유량특성
> ㉠ 직선형
> ㉡ 2차형
> ㉢ 평방근형

38 배관설비에 있어서 유속을 5m/s, 유량을 20m³/s이라고 할 때 관경의 직경은?
① 175cm ② 200cm
③ 225cm ④ 250cm

> **[해설]**
> $Q = A \times V = \dfrac{\pi}{4} \times D^2 \times V$ 에서
> $\therefore D = \sqrt{\dfrac{4 \times Q}{\pi \times V}} = \sqrt{\dfrac{4 \times 20}{\pi \times 5}} \times 100 = 225\text{cm}$

39 도시가스의 공급방식에 의한 분류방법 중 저압공급방식이란 어떤 압력을 뜻하는가?
① 0.1MPa 미만
② 0.5MPa 미만
③ 1MPa 미만
④ 0.1MPa 이상 1MPa 미만

> **[해설]** 공급방식에 의한 분류
> ㉠ 저압공급방식 : 0.1MPa 미만
> ㉡ 중압공급방식 : 0.1MPa 이상 1MPa 미만
> ㉢ 고압공급방식 : 1MPa 이상

40 도시가스배관의 굴착으로 인하여 20m 이상 노출된 배관에 대하여 누출된 가스가 체류하기 쉬운 장소에 설치하는 가스누출경보기는 몇 m마다 설치하여야 하는가?
① 10 ② 20 ③ 30 ④ 50

> **[해설]** 가스누출경보기는 20m마다 설치하여야 한다.

제3과목 가스안전관리

41 액화석유가스 저장탱크에 가스를 충전할 때 액체의 부피가 내용적의 90%를 넘지 않도록 규제하는 가장 큰 이유는?
① 액체팽창으로 인한 탱크의 파열을 방지하기 위하여
② 온도 상승으로 인한 탱크의 취약방지를 위하여
③ 등적팽창으로 인한 온도상승의 방지를 위하여
④ 탱크 내부의 부압(Negative Pressure) 발생 방지를 위하여

> **[해설]** 가스충전 시 액체 부피가 내용적의 90%를 넘지 않도록 규제하는 이유는 액체팽창으로 인한 탱크의 파열을 방지하기 위함이다.

42 공기액화분리에 의한 산소와 질소 제조시설에 아세틸렌가스가 소량 혼입되었다. 이때 발생 가능한 현상으로 가장 유의하여야 할 사항은?
① 산소에 아세틸렌이 혼합되어 순도가 감소한다.
② 아세틸렌이 동결되어 파이프를 막고 밸브를 고장 낸다.
③ 질소와 산소 분리 시 비점 차이의 변화로 분리를 방해한다.
④ 응고되어 이동하다가 구리 등과 접촉하면 산소 중에서 폭발할 가능성이 크다.

정답 37 ③ 38 ③ 39 ① 40 ② 41 ① 42 ④

해설 ① 아세틸렌가스가 소량 혼입되면 응고되어 이동하다가 구리 등과 접촉하면 산소 중에서 폭발할 가능성이 있다.

43 가스안전사고를 방지하기 위하여 내압시험 압력이 25MPa인 일반가스용기에 가스를 충전할 때는 최고충전압력을 얼마로 하여야 하는가?

① 42MPa ② 25MPa
③ 15MPa ④ 12MPa

해설 내압시험압력(TP) = $FP \times \dfrac{5}{3}$

∴ $FP = TP \times \dfrac{3}{5} = 25 \times \dfrac{3}{5} = 15\text{MPa}$

44 냉장고 수리를 위하여 아세틸렌 용접작업 중 산소가 떨어지자 산소에 연결된 호스를 뽑아 얼마 남지 않은 것으로 생각되는 LPG용기에 연결하여 용접 토치에 불을 붙이자 LPG 용기가 폭발하였다. 그 원인으로 가장 가능성이 높을 것으로 예상되는 경우는?

① 용접열에 의한 폭발
② 호스 속의 산소 또는 아세틸렌이 역류되어 역화에 의한 폭발
③ 아세틸렌과 LPG가 혼합된 후 반응에 의한 폭발
④ 아세틸렌 불법제조에 의한 아세틸렌 누출에 의한 폭발

해설 ② 산소 또는 아세틸렌의 역류는 압력차에 의해서 이동하게 된다.

45 다음 중 고압가스 충전용기 운반 시 운반책임자의 동승이 필요한 경우는?(단, 독성가스는 허용농도가 100만 분의 200을 초과한 경우이다.)

① 독성 압축가스 100m³ 이상
② 독성 액화가스 500kg 이상
③ 가연성 압축가스 100m³ 이상
④ 가연성 액화가스 1,000kg 이상

해설 충전용기 운반 시 운반책임자 동승

구분	비독성 고압가스	독성 고압가스
압축 가스	• 가연성 : 300m³ 이상 • 조연성 : 600m³ 이상	• 허용농도 100만분의 200 이하 : 10m³ 이상 • 허용농도 100만분의 200 초과 : 100m³ 이상
액화 가스	• 가연성 : 3,000kg 이상(에어졸 용기 : 2,000kg 이상) • 조연성 : 6,000kg 이상	• 허용농도 100만분의 200 이하 : 100kg 이상 • 허용농도 100만분의 200 초과 : 1,000kg 이상

46 고압가스사업소에 설치하는 경계표지에 대한 설명으로 틀린 것은?

① 경계표지는 외부에서 보기 쉬운 곳에 게시한다.
② 사업소 내 시설 중 일부만이 같은 법의 적용을 받더라도 사업소 전체에 경계표지를 한다.
③ 충전용기 및 잔가스용기 보관장소는 각각 구획 또는 경계선에 따라 안전확보에 필요한 용기 상태를 식별할 수 있도록 한다.
④ 경계표지는 법의 적용을 받는 시설이란 것을 외부 사람이 명확히 식별할 수 있어야 한다.

해설 ② 사업소 내 시설 중 일부만이 같은 법의 적용을 받을 때에는 당해 시설이 설치되어 있는 구획, 건축물 또는 건축물 내에 구획된 출입구 등 외부로부터 보기 쉬운 장소에 게시한다.

47 독성가스 충전용기를 운반하는 차량의 경계표지 크기의 가로 치수는 차체 폭의 몇 % 이상으로 하는가?

① 5%   ② 10%
③ 20% ④ 30%

정답 43 ③ 44 ② 45 ① 46 ② 47 ④

해설 가로 치수 : 차체 폭의 30% 이상

48 용기의 각인기호에 대해 잘못 나타낸 것은?
① V : 내용적
② W : 용기의 질량
③ TP : 기밀시험압력
④ FP : 최고충전압력

해설 ③ TP : 내압시험압력

49 다음 중 용기 제조자의 수리범위에 해당하는 것을 모두 옳게 나열한 것은?

ⓐ 용기 몸체의 용접
ⓑ 용기 부속품의 부품 교체
ⓒ 초저온용기의 단열재 교체
ⓓ 아세틸렌용기 내의 다공질물 교체

① ⓐ, ⓑ
② ⓒ, ⓓ
③ ⓐ, ⓑ, ⓒ
④ ⓐ, ⓑ, ⓒ, ⓓ

해설 용기 제조자의 수리범위
㉠ 용기 몸체의 용접
㉡ 아세틸렌용기 내의 다공질물 교체
㉢ 용기의 스커트, 프로텍터 및 네크링의 교체 및 가공
㉣ 용기 부속품의 부품 교체
㉤ 저온 또는 초저온용기의 단열재 교체

50 고압가스용 용접용기 제조의 기준에 대한 설명으로 틀린 것은?
① 용기동판의 최대두께와 최소두께의 차이는 평균두께의 20% 이하로 한다.
② 용기의 재료는 탄소, 인 및 황의 함유량이 각각 0.33%, 0.04%, 0.05% 이하인 강으로 한다.
③ 액화석유가스용 강제용기와 스커트 접속부의 안쪽 각도는 30° 이상으로 한다.
④ 용기에는 그 용기의 부속품을 보호하기 위하여 프로텍터 또는 캡을 부착한다.

해설 ① 용기동판의 최대두께와 최소두께의 차이는 평균두께의 10% 이하로 한다.

51 가연성가스에 대한 정의로 옳은 것은?
① 폭발한계의 하한 20% 이하, 폭발범위 상한과 하한의 차가 20% 이상인 것
② 폭발한계의 하한 20% 이하, 폭발범위 상한과 하한의 차가 10% 이상인 것
③ 폭발한계의 하한 10% 이하, 폭발범위 상한과 하한의 차가 20% 이상인 것
④ 폭발한계의 하한 10% 이하, 폭발범위 상한과 하한의 차가 10% 이상인 것

해설 가연성 가스
폭발한계의 하한 10% 이하, 폭발범위 상한과 하한의 차가 20% 이상인 것

52 다음은 LPG 저장탱크의 최저부이다. 이는 어떤 기능을 하는가?

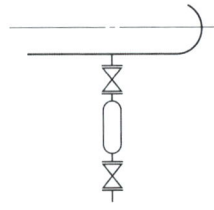

① 대량의 LPG가 유출되는 것을 방지한다.
② 일정압력 이상 시 압력을 낮춘다.
③ LPG 내의 수분 및 불순물을 제거한다.
④ 화재 등에 의해 온도가 상승 시 긴급 차단한다.

해설 LPG 저장탱크의 최저부는 LPG 내의 수분 및 불순물을 제거한다.

정답 48 ③ 49 ④ 50 ① 51 ③ 52 ③

53 용기에 의한 액화석유가스 사용시설에서 용기보관실을 설치하여야 할 기준은?

① 용기저장능력 50kg 초과
② 용기저장능력 100kg 초과
③ 용기저장능력 300kg 초과
④ 용기저장능력 500kg 초과

해설 액화석유가스 사용시설 기준
㉠ 저장능력 100kg 이하 : 용기, 용기밸브, 압력조정기가 직사광선·눈·빗물에 노출되지 않도록 조치한다.
㉡ 저장능력 100kg 초과 : 용기보관실을 설치한다.
㉢ 저장능력 250kg 이상 : 고압부에 안전장치를 설치한다.
㉣ 저장능력 500kg 초과 : 저장탱크 또는 소형저장탱크를 설치한다.

54 다음 중 허가를 받아야 하는 사업에 해당되지 않는 자는?

① 압력조정기 제조사업을 하고자 하는 자
② LPG자동차 용기 충전사업을 하고자 하는 자
③ 가스난방기용 용기 제조사업을 하고자 하는 자
④ 도시가스용 보일러 제조사업을 하고자 하는 자

해설 허가를 받아야 하는 사업
㉠ 압력조정기 제조사업을 하고자 하는 자
㉡ LPG자동차 용기 충전사업을 하고자 하는 자
㉢ 도시가스용 보일러 제조사업을 하고자 하는 자

55 고압가스 특정제조시설에서 안전구역 안의 고압가스설비는 그 외면으로부터 다른 안전구역 안에 있는 고압가스설비의 외면까지 몇 m 이상의 거리를 유지하여야 하는가?

① 10m   ② 20m
③ 30m   ④ 50m

해설 안전구역 안의 고압가스설비는 그 외면으로부터 다른 안전구역 안에 있는 고압가스설비의 외면까지 30m 이상의 거리를 유지한다.

56 가연성가스와 공기혼합물의 점화원이 될 수 없는 것은?

① 정전기
② 단열압축
③ 융해열
④ 마찰

해설 점화원이 될 수 없는 것
융해열, 기화열, 온도, 압력 등

57 액화석유가스 집단공급시설의 점검기준에 대한 설명으로 옳은 것은?

① 충전용 주관의 압력계는 매분기 1회 이상 국가표준기본법에 따른 교정을 받은 압력계로 그 기능을 검사한다.
② 안전밸브는 매월 1회 이상 설정되는 압력 이하의 압력에서 작동하도록 조정한다.
③ 물분무장치, 살수장치와 소화전은 매월 1회 이상 작동상황을 점검한다.
④ 집단공급시설 중 충전설비의 경우에는 매월 1회 이상 작동상황을 점검한다.

해설
① 충전용 주관의 압력계는 매월 1회 이상, 그 밖의 압력계는 1년에 1회 이상 「국가표준기본법」에 따른 교정을 받은 압력계로 그 기능을 검사한다.
② 안전밸브 중 압축기의 최종단에 설치한 것은 1년에 1회 이상, 그 밖의 안전밸브는 2년에 1회 이상 설치 시 설정되는 압력 이하의 압력에서 작동하도록 조정한다.
④ 집단공급시설 중 충전설비의 경우에는 1일 1회 이상 작동상황을 점검한다.

정답 53 ② 54 ③ 55 ③ 56 ③ 57 ③

58 자동차 용기 충전시설에서 충전용 호스의 끝에 반드시 설치하여야 하는 것은?

① 긴급자단장치
② 가스누출경보기
③ 정전기제거장치
④ 인터록장치

해설 충전용 호스의 끝에 정전기제거장치를 반드시 설치한다.

59 다음 가스 안전성평가기법 중 정성적 안전성 평가기법은?

① 체크리스트기법
② 결함수분석기법
③ 원인결과분석기법
④ 작업자실수분석기법

해설 안전성 평가기법
㉠ 정성적 평가기법 : 체크리스트기법 등
㉡ 정량적 평가기법 : 결함수분석기법, 원인결과분석기법, 작업자실수분석기법

60 이동식 부탄연소기와 관련된 사고가 액화석유가스 사고의 약 10% 수준으로 발생하고 있다. 이를 예방하기 위한 방법으로 가장 부적당한 것은?

① 연소기에 접합용기를 정확히 장착한 후 사용한다.
② 과대한 조리기구를 사용하지 않는다.
③ 잔가스 서핑을 위해 용기를 가열하지 않는다.
④ 사용한 접합용기는 파손되지 않도록 조치한다.

해설 ④ 사용한 접합용기는 구멍을 뚫어 잔가스가 남아 있지 않도록 버린다.

제4과목 가스계측

61 가스폭발 등 급속한 압력변화를 측정하는 데 가장 적합한 압력계는?

① 다이어프램 압력계
② 벨로스 압력계
③ 부르동관 압력계
④ 피에조 전기압력계

해설 ④ 피에조 전기압력계 : 가스폭발 등 급속한 압력변화를 측정하는 데 가장 적합한 압력계

62 가스는 분자량에 따라 다른 비중값을 갖는다. 이 특성을 이용하는 가스분석기기는?

① 자기식 O_2 분석기기
② 밀도식 CO_2 분석기기
③ 적외선식 분석기기
④ 광화학발광식 NO_x 분석기기

해설 밀도식 CO_2 분석기기의 설명이다.

63 다음에서 나타내는 제어동작은?(단, Y : 제어출력신호, P_s : 전시간에서의 제어출력신호, K_c : 비례상수, ε : 오차를 나타낸다.)

$$Y = P_s + K_c \varepsilon$$

① O동작
② D동작
③ I동작
④ P동작

해설 비례동작(P동작) : $Y = P_s + K_c \varepsilon$

64 직접적으로 자동제어가 가장 어려운 액면계는?

① 유리관식
② 부력검출식
③ 부자식
④ 압력검출식

해설 ① 유리관식 액면계 : 직접적으로 자동제어가 가장 어렵다.

65 다음 중 차압유량계의 특징에 대한 설명으로 틀린 것은?
① 액체, 기체, 스팀 등 거의 모든 유체의 유량측정이 가능하다.
② 관로의 수축부가 있어야 하므로 압력 손실이 비교적 높은 편이다.
③ 정확도가 우수하고, 유량측정범위가 넓다.
④ 가동부가 없어 수명이 길고 내구성도 좋으나, 마모에 의한 오차가 있다.

해설 ③ 관로에 오리피스, 플로노즐 등이 설치되어 있다.

66 루츠미터에서 회전자는 회전하고 있으나 미터의 지침이 작동하지 않는 고장의 형태로서 가장 옳은 것은?
① 부동   ② 불통
③ 기차 불량   ④ 감도 불량

해설 ② 불통 : 크랭크축이 녹슬거나 날개 등의 납땜이 떨어지는 등 회전장치 부분에 고장이 생겨 가스가 미터를 통과하지 않는 고장의 형태
③ 기차 불량 : 미터의 지침의 강도에 변화가 나타나지 않는 고장으로, 계량막밸브와 밸브 시트의 틈 사이 패킹부 등의 누출로 인하여 발생하는 고장
④ 감도 불량 : 미터의 지침의 시도에 변화가 나타나지 않는 고장으로, 계량막밸브와 밸브 시트의 틈 사이 패킹부 등의 누출로 인하여 발생하는 고장

67 최대유량이 10m³/h인 막식 가스미터기를 설치하고 도시가스를 사용하는 시설이 있다. 가스레인지 2.5m³/h를 1일 8시간 사용하고, 가스보일러 6m³/h를 1일 6시간 사용했을 경우 월 가스사용량은 약 몇 m³인가?(단, 1개월은 31일이다.)

① 1,570
② 1,680
③ 1,736
④ 1,950

해설 월 가스사용량 = 가스레인지 + 가스보일러
= (2.5×8×31) + (6×6×31) = 1,736m³

68 자동조정의 제어량에서 물리량의 종류가 다른 것은?
① 전압   ② 위치
③ 속도   ④ 압력

해설 물리량의 종류 : 위치, 속도, 압력 등

69 습도에 대한 설명으로 틀린 것은?
① 상대습도는 포화증기량과 습가스 수증기와의 중량비이다.
② 절대습도는 습공기 1kg에 대한 수증기 양과의 비율이다.
③ 비교습도는 습공기의 절대습도와 포화증기의 절대습도와의 비이다.
④ 온도가 상승하면 상대습도는 감소한다.

해설 ② 절대습도는 습공기 중에서 건조공기 1kg에 대한 수증기 양과의 비율이다.

70 적외선 분광분석법으로 분석이 가능한 가스는?
① N_2 ② CO_2
③ O_2 ④ H_2

해설 단원자 분자(He, Ne, Ar 등), 이원자 분자(H_2, O_2, N_2, Cl_2 등)는 적외선을 흡수하지 않으므로 적외선 분광분석계로 분석이 불가능하다.

정답 65 ③ 66 ① 67 ③ 68 ① 69 ② 70 ②

71 어떤 잠수부가 바다에서 15m 아래 지점에서 작업을 하고 있다. 이 잠수부가 바닷물에 의해 받는 압력은 약 몇 kPa인가? (단, 해수의 비중은 1.025이다)

① 46 ② 102
③ 151 ④ 252

해설
$P = \gamma \times h = (1.025 \times 10^3) \times 15 \times 9.8$
$= 150,675 \, Pa = 151 \, kPa$

72 오리피스 유량계는 어떤 형식의 유량계인가?

① 용적식 ② 오벌식
③ 면적식 ④ 차압식

해설 오리피스 유량계의 형식 : 차압식

73 전자밸브(Solenoid Valve)의 작동 원리는?

① 토출압력에 의한 작동
② 냉매의 과열도에 의한 작동
③ 냉매 또는 유압에 의한 작동
④ 전류의 자기작용에 의한 작동

해설 전자밸브의 작동 원리
전류의 자기작용에 의한 작동

74 오르자트 분석기에 의한 배기가스의 성분을 계산하고자 한다. 다음의 식은 어떤 가스의 함량 계산식인가?

$$\frac{암모니아성\ 염화제1구리\ 용액흡수량}{시료채취량} \times 100$$

① CO_2 ② CO ③ O_2 ④ N_2

해설 가스 성분에 따른 흡수제
㉠ CO_2 : 수산화칼륨(KOH) 30% 수용액 → 본액 1cc에 40cc의 이산화탄소가 흡수된다.
㉡ O_2 : 알칼리성 피로갈롤 용액, 황인, 차아황산소다 → 본액 1cc에 8cc의 산소가 흡수된다.
㉢ CO : 암모니아성 염화제1구리($CuCl_2$) 용액 (알칼리성 용액), 산성 염화제1구리 용액(산성 용액) → 본액 1cc에 10cc의 일산화탄소가 흡수된다.
㉣ N_2 : 전부 흡수되고 남는 것을 질소(N_2)로 계산한다.

75 압력계의 부품으로 사용되는 다이어프램의 재질로서 가장 부적당한 것은?

① 고무
② 청동
③ 스테인리스
④ 주철

해설 다이어프램의 재질
고무, 청동, 스테인리스

76 가스미터의 원격계측(검침) 시스템에서 원격계측방법으로 가장 거리가 먼 것은?

① 제트식 ② 기계식
③ 펄스식 ④ 전자식

해설 가스미터의 검침 시스템에서 원격계측 방법
기계식, 펄스식, 전자식

77 가스미터 선정 시 고려할 사항으로 틀린 것은?

① 가스의 최대사용유량에 적합한 계량 능력인 것을 선택한다.
② 가스의 기밀성이 좋고 내구성이 큰 것을 선택한다.
③ 사용 시 기차가 커서 정확하게 계량할 수 있는 것을 선택한다.
④ 내열성, 내압성이 좋고 유지관리가 용이한 것을 선택한다.

해설 사용 시 오차변화가 없어서 정확하게 계량할 수 있는 것을 선택한다.

정답 71 ③ 72 ④ 73 ④ 74 ② 75 ④ 76 ① 77 ③

78 가스 크로마토그래피에 사용되는 운반기체의 조건으로 가장 거리가 먼 것은?

① 순도가 높아야 한다.
② 비활성이어야 한다.
③ 독성이 없어야 한다.
④ 기체 확산을 최대로 할 수 있어야 한다.

해설 기체 확산을 최소로 할 수 있어야 한다.

79 메탄, 에틸알코올, 아세톤 등을 검지하고자 할 때 가장 적합한 검지법은?

① 시험지법
② 검지관법
③ 흡광광도법
④ 가연성가스 검출기법

해설 가연성가스 검출기법의 설명이다.

80 열전도형 진공계 중 필라멘트의 열전대로 측정하는 열전대 진공계의 측정범위는?

① $10^{-5} \sim 10^{-3}$ torr
② $10^{-3} \sim 0.1$ torr
③ $10^{-3} \sim 1$ torr
④ $10 \sim 100$ torr

해설 열전대 진공계 측정범위 : $10^{-3} \sim 1$ torr

정답 78 ④ 79 ④ 80 ③

〈저자 약력〉

저자 김 재 호

- 한국폴리텍I대학 겸임교수
- 경남정보대학 외래교수

가스산업기사 기출문제집 필기 [핵심이론＋10개년 기출]

1판 1쇄 발행	2024년 2월 10일	
2판 1쇄 발행	2025년 1월 10일	
2판 2쇄 발행	2025년 2월 20일	
3판 1쇄 발행	2026년 1월 12일	

저자	김재호
펴낸이	박 용
펴낸곳	도서출판 세화
주소	경기도 파주시 회동길 325-22(서패동69-2)
영업부	(031)955-9331~2
편집부	(031)955-9333
FAX	(031)955-9334
등록	1978년 12월 26일 제1-338호

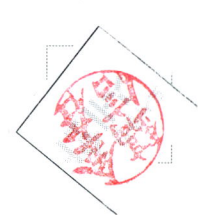

이 책에 실린 모든 내용에 대한 저작권은 도서출판 세화에 있으므로
무단으로 복사 복제할 수 없습니다.
copyright©Sehwa Publishing Co.,Ltd.

ISBN 978-89-317-1368-8 13530

정가 **20,000원**

독자 여러분의 의견을 기다립니다.
잘못된 책은 교환하여 드립니다.